中国国家标准汇编

540

GB 28527～28546

（2012 年制定）

中国标准出版社　编

中国标准出版社

北　京

图书在版编目(CIP)数据

中国国家标准汇编:2012年制定.540:
GB 28527～28546/中国标准出版社编.—北京:
中国标准出版社,2013.11
ISBN 978-7-5066-7270-2

Ⅰ.①中… Ⅱ.①中… Ⅲ.①国家标准-
汇编-中国-2012 Ⅳ.①T-652.1

中国版本图书馆CIP数据核字(2013)第186298号

中国标准出版社出版发行
北京市朝阳区和平里西街甲2号(100013)
北京市西城区三里河北街16号(100045)
网址 www.spc.net.cn
总编室:(010)64275323 发行中心:(010)51780235
读者服务部:(010)68523946
中国标准出版社秦皇岛印刷厂印刷
各地新华书店经销
*
开本 880×1230 1/16 印张 35.25 字数 1092千字
2013年11月第一版 2013年11月第一次印刷
*
定价 220.00 元

目　　录

ICS 29.120.50
K 31

中华人民共和国国家标准

GB 28527—2012

家用和类似用途的带或不带过电流保护的插座式剩余电流电器(SRCD)

Residual current devices with or without overcurrent protection for socket-outlets for household and similar uses

(IEC 62640:2011,MOD)

2012-06-29 发布 2013-05-01 实施

中华人民共和国国家质量监督检验检疫总局
中国国家标准化管理委员会 发布

前　　言

本标准的全部技术内容为强制性。

本标准按照GB/T 1.1—2009给出的规则起草。

本标准修改采用IEC 62640:2011《家用和类似用途的带或不带过电流保护的插座式剩余电流电器》(英文版)。

本标准与IEC 62640:2011的主要差异如下:

——关于扁销型式插座的适用性。考虑到我国家用插头是扁销系统,第8.3.1增加了我国家用和类似用途的单相插头插座型式、基本参数和尺寸的内容,第9.2增加了专用的检查内容。

——关于注的处理。IEC 62640:2011中所有的注,凡与我国情况不符或不适用于我国情况的,在本标准中均予以删去和作适当处理。

——增加了4.10根据有无保护门分类的内容。

——对带过电流保护的SRCD,在附录D常规试验中增加过电流脱扣试验。

——"对地泄漏电流"改为"对地故障电流"。因为故障电流才能引起火灾。

——表6中注a的"9.13.2"改为"9.16"。因为只有符合9.16的冲击电压试验,8.3.2中的电气间隙才能减小。

——9.19.2中"在最后21 h通电周期结束时,用细线热电偶测定接线端子温升,这温升不应超过50 K"改为"在最后21 h通电周期结束时,用细线热电偶测定接线端子温升,该温升不应超过60 K"。这样才符合表8的规定。

本标准由中国电器工业协会提出。

本标准由全国低压电器标准化技术委员会归口(SAC/TC 189)。

本标准负责起草单位:上海电器科学研究院。

本标准参加起草单位:上海电科电器科技有限公司、浙江正泰建筑电器有限公司、通领科技集团、益而益(集团)有限公司、南京鼎牌电器有限公司、余姚市嘉荣电子电器有限公司、浙江正泰电器股份有限公司、施耐德电气(中国)投资有限公司、上海电器设备检测所、浙江人民电器股份有限公司。

本标准主要起草人:刘金琰、周积刚。

本标准参与起草人:陈玉、方凤枢、余昉、李成力、朱遵义、钱加灿、张萍、祝嘉、包启树。

引　　言

GB 16916 和 GB 16917 系列标准适用于安装在电气装置任何部位的具有一至四个极的剩余电流电器。这些电器可以安装在整个电气装置的进线端，或一个或几个固定电气装置电路的前端，或供电给一个或几个插座电路的前端。这些电器也可以与插座组装在同一个外壳中。

这些 RCD 能够提供故障保护(间接接触保护)、附加保护(直接接触保护)(如果额定剩余电流等于或者小于 30 mA 时)，以及对由于过电流保护不动作而持续存在的对地故障电流引起的火灾危险提供保护。满足 GB 16916 或 GB 16917 系列标准要求的 RCD 能确保隔离，能够耐受家用和类似场所的高电平电磁骚扰，并且可以安全使用电气装置。

虽然 GB 16916 和 GB 16917 系列标准可适用于“组合在插座中的 RCD”，但是大家知道由于插座的特定用途和安装部位，在固定电气装置边界，紧临通过插入插座的插头而取电的电气设备的前端，这些 RCD 要求不同的特性。

插座中的 RCD 通常由熟练人员或受过培训的人来安装，每天可以操作数次。由于认为将插头从插座拔出已提供了有效的隔离，所以不要求具有隔离功能。RCD 的出线端没有永久连接的长导线以及有限数量的用电器具证明其降低 EMC 水平是合理的。本标准包括的 SRCD 仅预期用于直接接触的附加保护。考虑到这些独特特性，有必要起草一份 SRCD 的标准。

家用和类似用途的带或不带过电流保护的插座式剩余电流电器(SRCD)

1 范围

本标准规定了剩余电流电器包括检测剩余电流的功能，把该剩余电流值与剩余动作电流值相比较的功能，以及当剩余电流超过该值时，断开被保护电路的功能。

最大额定剩余电流是 30 mA。

对于额定电压不超过交流 250 V 的 SRCD，其最大额定电流是 16 A；对于额定电压不超过交流 130 V 的 SRCD，其最大额定电流是 20 A。

本标准适用于组装入或专门与家用和类似用途的带或不带接地触头的两极插座一起使用的剩余电流动作电器(SRCD：插座式剩余电流电器)。符合本标准的 SRCD 由相—中性线供电、相—相供电或相—中间接地导体供电。

SRCD 仅用于对其出线端提供附加保护。SRCD 预期使用在其前级已确保提供故障保护(间接接触防护)的电路中。

注 1：例如，故障保护(间接接触保护)可由下列装置提供：

—TT 系统中，前级采用符合 GB 16916.1 和 GB 16917.1 的 RCCB 或 RCBO。

—TN 系统中，前级可采用过电流保护装置。

SRCD 既不能提供隔离功能，也不能使用在 IT 系统中。

注 2：对于预期提供隔离功能或故障保护，或使用在 IT 系统中的 SRCD，应采用 GB 16916.1 和 GB 16917.1 与 GB 2099.1一起作为适用标准。

注 3：预期使用在 IT 系统中的 SRCD 的技术要求和试验在考虑中。

SRCD 不应使用在配电板中，它们不用来保护一个完整的配电电路或完整的终端电路。这些产品预期安装在符合 GB 17466.1 的安装盒内；或符合 GB/T 19215.1 的电缆槽管系统；或符合 IEC 61534 供电管道系统；或靠近插座盒并符合上述标准之一的安装盒内。这些产品不预期使用在符合 GB 17466.24 或 GB 7251 系列的外壳中。

本标准范围未涉及的家用和类似用途的 RCD，包括在 GB 16916 或者 GB 16917 中。由电池，或除了供电给负载以外的其他电路供电的 SRCD 没有包括在本标准的范围内。

本标准也适用于带过载或过电流保护的 SRCD。

本标准也适用于组装有剩余电流电器的接线组件，该剩余电流电器仅用来对临近接线组件的单台固定电气设备(例如：干手器、水冷却器等)提供保护。

注 4：SRCD 设计成由非专业人员操作且不需要维修。

本标准的技术要求适用于正常温度和环境条件。在更严酷环境条件下使用的 SRCD 可能需要补充技术要求。

SRCD 的插座部分符合 GB 2099.1—2008 的要求。

2 规范性引用文件

下列文件对于本文件的应用是必不可少的。凡是注日期的引用文件，仅注日期的版本适用于本文件。凡是不注日期的引用文件，其最新版本(包括所有的修改单)适用于本文件。

GB 2099.1 家用和类似用途插头插座 第1部分:通用要求(GB 2099.1—2008,IEC 60884-1:2006,E3.1,MOD)

GB/T 2423.4 电工电子产品环境试验 第2部分:试验方法 试验Db:交变湿热(12 h+12 h循环)(GB/T 2423.4—2008,IEC 60068-2-30:2005,IDT)

GB/T 2424.2 电工电子产品环境试验 湿热试验导则(GB/T 2424.2—2005,IEC 60068-3-4:2001,IDT)

GB/T 2900(所有部分) 电工术语(GB/T 2900,IEC 60050系列,EQV)

GB 4208 外壳防护等级(IP代码)(GB 4208—2008,IEC 60529:2001,IDT)

GB/T 5169.10 电工电子产品着火危险试验 第10部分:灼热丝/热丝基本试验方法 灼热丝装置和通用试验方法(GB/T 5169.10—2006,IEC 60695-2-10:2000,IDT)

GB/T 5169.11 电工电子产品着火危险试验 第11部分:灼热丝/热丝基本试验方法 成品的灼热丝可燃性试验方法(GB/T 5169.11—2006,IEC 60695-2-11:2000,IDT)

GB 8898 音频、视频及类似电子设备 安全要求(IEC 60065:2005,EQV)

GB/T 14472 电子设备用固定电容器 第14部分:分规范 抑制电源电磁干扰用固定电容器(GB/T 14472—1998,IEC 384-14:1993,IDT)

GB/T 16842 外壳对人和设备的防护 检验用试具(GB/T 16842—2008,IEC 61032:1997,IDT)

GB 16916.1 家用和类似用途的不带过电流保护的剩余电流动作断路器(RCCB) 第1部分:一般规则(GB 16916.1—2003,IEC 61008-1:1996,MOD)

GB 16917.1 家用和类似用途的带过电流保护的剩余电流动作断路器(RCBO) 第1部分:一般规则(GB 16917.1—2003,IEC 61009-1:1996,MOD)

GB/T 16935.3 低压系统内设备的绝缘配合 第3部分:利用涂层、罐封和模压进行防污保护(GB/T 16935.3—2005,IEC 60664-3:2003,IDT)

GB 17466.1 家用和类似用途固定式电气装置电器附件安装盒和外壳 第1部分:通用要求(GB 17466.1—2008,IEC 60670-1:2002,MOD)

GB 17466.24 家用和类似用途固定式电气装置的电器附件安装盒和外壳 第24部分:住宅保护装置和类似电源功耗装置的外壳的特殊要求(GB 17466.24—2008,IEC 60670-24:2005,MOD)

GB 18499 家用和类似用途的剩余电流动作保护器(RCD) 电磁兼容性(GB 18499—2008,IEC 61543:1995,IDT)

GB/T 19215.1 电气安装用电缆槽管系统 第1部分:通用要求(GB/T 19215.1—2003,IEC 61084-1:1991+A1:1993,MOD)

GB 4343.1—2009 家用电器、电动工具和类似器具的电磁兼容要求 第1部分:发射(IEC/CISPR 14-1:2005,IDT)

IEC 61008-1:2008 家用和类似用途的不带过电流保护的剩余电流动作断路器(RCCB) 第1部分:一般规则(Residual current operated circuit-breakers without integral overcurrent protection for household and similar uses(RCCBs)—Part 1:General rules)

IEC 61009-1:2008 家用和类似用途的带过电流保护的剩余电流动作断路器(RCBO) 第1部分:一般规则(Residual current operated circuit-breakers with integral overcurrent protection for household and similar uses(RCBOs)—Part 1:General rules)

IEC 61534-1:2003 供电管道系统 第1部分:一般要求(Powertrack systems—Part 1:General requirements)

3 术语和定义

GB/T 2900界定的术语和定义以及下列术语和定义适用于本文件。

3.1 关于从带电部件流入大地的电流的定义

3.1.1

接地故障电流　earth fault current

由于绝缘故障而流入大地的电流。

3.1.2

对地泄漏电流　earth leakage current

无绝缘故障，从电气装置带电部件流入大地的电流。

3.1.3

脉动直流电流　pulsating dirent current

在每一个额定工频周期内，用角度表示至少为150°的一段时间间隔内电流值为0或不超过直流0.006 A的脉动波形电流。

3.1.4

电流滞后角　current delay angle

α

通过相位控制，使电流导通的起始时刻滞后的用角度表示的时间。

3.1.5

平滑直流电流　smooth direct current

无波纹的直流电流。

注：波纹系数小于10%时，可以认为电流无波纹。

3.2 剩余电流装置激励的定义

3.2.1

剩余电流　residual current

I_{Δ}

流过剩余电流电器主回路电流瞬时值的矢量和(用有效值表示)。

3.2.2

剩余动作电流　residual operating current

$I_{\Delta n}$

使剩余电流电器在规定条件下动作的剩余电流值。

3.2.3

剩余不动作电流　residual non-operating current

$I_{\Delta no}$

在该电流或低于该电流时，剩余电流电器在规定条件下不动作的剩余电流值。

3.3 剩余电流电器动作和功能的定义

3.3.1

剩余电流电器　residual current device

RCD

具有剩余电流检测，将剩余电流值与剩余电流动作值相比较以及当剩余电流超过该值时断开被保护电路等功能的开关电器。

3.3.2

检测　detection

感知剩余电流存在的功能。

3.3.3

判别　evaluation

当检测的剩余电流超过规定的基准值时，使剩余电流保护电器可能动作的功能。

3.3.4

中断　interruption

使得剩余电流保护电器的主触头从闭合位置转换到断开位置，从而切断其流过的电流的功能。

3.3.5

开关电器　switching device

专门用于接通或分断一个或几个电气回路中电流的电器。

[IEC 60050-442:1998,442-01-46]

3.3.6

剩余电流电器的自由脱扣机构　trip-free mechanism of a residual current device

在闭合操作后，若进行断开操作，即使闭合命令仍维持着，其动触头能返回并保持在断开位置上。

注：为了保证正常分断可能被接通的电流，触头可能需要瞬时地到达闭合位置。

3.3.7

不带过电流保护的 SRCD　SRCD without integral overcurrent protection

不能用来执行过载和/或短路保护功能的 SRCD。

3.3.8

带过电流保护的 SRCD　SRCD with integral overcurrent protection

能用来执行过载和/或短路保护功能的 SRCD。

3.3.9

剩余电流单元　residual current unit

一个能同时执行检测剩余电流、将该电流值与剩余动作电流值相比较的功能，以及具有操作与其组装或组合的断路器脱扣机构的器件的装置。

3.3.10

RCD 的分断时间　break-time of a RCD

从达到剩余动作电流瞬间起至所有极电弧熄灭瞬间为止所经过的时间间隔。

3.3.11

极限不驱动时间　limiting non-actuating time

能对剩余电流保护电器施加一个剩余动作电流而不使其动作的最长时间。

3.3.12

延时型 RCD　time-delay RCD

专门设计的对应于一个给定的剩余电流值，能达到一个预定的极限不驱动时间的剩余电流保护电器。

3.3.13

试验装置　test device

组装在剩余电流保护电器中的模拟 SRCD 在规定条件下动作的剩余电流条件的装置。

3.3.14

功能接地　functional earth

FE

预期与 PE 连接的导线或端子，以确保当 SRCD 仅由一相供电时，能向 SRCD 供电，从而使 SRCD 在此条件下能工作。

3.3.15

极限阻抗值　limiting impedance value

R_e

当 SRCD 仅由任一相线和 FE 供电时，能确保保护的从 FE 至电源的最大阻抗值。

3.3.16

电源断开　loss of supply

指一个或多个带电导线断开。

3.3.17

熔断器　fuse

当电流超过规定值足够长的时间，通过熔断一个或几个成比例的特殊设计的熔体分断此电流，由此断开其接入的电路的开关电器。

注：熔断器由形成完整装置的所有部件组成。

3.3.18

极　pole

仅与主电路的一个独立的导电路径相连的 SRCD 的部件，具有用来连接和断开主电路本身的触头。它不包括那些用来将各极固定在一起并使各极一起动作的部件。

3.4　与激励量值和范围有关的定义

3.4.1

在单相负载情况下不动作过电流的极限值　limiting value of the non-operating over-current in the case of a single-phase load

没有剩余电流时，能流过 SRCD(无论极数是多少)而不使其动作的单相过电流最大值。

注 1：在主电路过电流情况下，由于检测装置也可能由于其自身的不对称，即使没有剩余电流时，检测装置也可能会发生误脱扣。

注 2：对于带过电流保护的 SRCD，不动作电流的极限值可以由过电流保护装置确定。

3.4.2

剩余短路耐受电流　residual short-current withstand current

在规定条件下能够确保 SRCD 动作的剩余电流最大值，大于该值时，该装置可能遭受不可逆转的变化。

3.4.3

短时电流的发热极限值　limiting thermal value of the short-time current

电器在规定短时间内且在规定条件下，没有遭受由于热效应造成的永久性特性损伤所承载的最大电流值有效值。

3.4.4

预期电流　prospective current

如果剩余电流电器和过电流保护电器(如果有的话)的每个主电流回路用一个阻抗可忽略不计的导体代替时，在电路中流过的电流。

注：预期电流同样可以看作一个实际电流，例如预期分断电流、预期峰值电流、预期剩余电流等。

3.4.5

接通能力　making capacity

SRCD 在规定使用和工作条件下以及在规定的电压下能够接通的预期电流的交流分量值。

3.4.6

分断能力　breaking capacity

SRCD 在规定使用和工作条件下以及在规定的电压下能够分断的预期电流的交流分量值。

3.4.7

剩余接通和分断能力　residual making and breaking capacity

$I_{\Delta m}$

在规定使用和工作条件下，SRCD 能够接通、承载其断开时间以及能够分断的预期剩余电流的交流分量值。

3.4.8

限制短路电流　conditional short-circuit current

I_{nc}

被一合适的串联的短路保护装置（以下简称 SCPD）保护的不带过电流保护的 SRCD 在规定的使用和工作条件下能够承受的预期电流的交流分量值。

3.4.9

限制剩余短路电流　conditional residual short-circuit current

$I_{\Delta c}$

被一合适的串联的 SCPD 保护的不带过电流保护的 SRCD 在规定的使用和工作条件下能够承受的剩余预期电流的交流分量值。

3.4.10

I^2t（焦耳积分）　Joule integral

电流的平方在给定的时间间隔（t_0，t_1）内的积分：

$$I^2 t = \int_{t_0}^{t_1} i^2 \, dt$$

3.4.11

恢复电压　recovery voltage

分断电流后，在 SRCD 的电源端子之间出现的电压。

注：此电压可以认为由两个连续的时间间隔组成，第一个时间间隔出现瞬态电压，接着的第二个时间间隔只出现工频恢复电压。

3.4.12

瞬态恢复电压　transient recovery voltage

在具有显著瞬态特征的时间内的恢复电压。

注 1：根据电路和 SRCD 的特性，瞬态电压可以是振荡的，或非振荡的，或两者兼有。它包括多相电路中性点位移的电压转换。

注 2：除非另有声明，否则三相电路中的瞬态恢复电压是指第 1 极对零的电压，因为此电压一般比其他两极中任一极出现的电压高。

3.4.13

工频恢复电压　power-frequency recovery voltage

在瞬态电压现象消失后的恢复电压。

3.4.14

过电流　overcurrent

超过额定电流的任何电流。

3.4.15

过载电流　overload current

在一个电气未损坏电路里发生的过电流。

注：如果过载电流持续足够长时间，可能会引起损坏。

3.4.16

暂时过电压　temporary overvoltage

相对长时间的工频过电压。

3.4.17

短路电流　short-circuit current

正常工作时电位不同的点之间阻抗可忽略的故障产生的过电流。

注：短路电流可能由故障引起或者错误连接引起。

3.5　与影响量值和范围有关的定义

3.5.1

影响量　influencing quantity

可能改变 SRCD 规定动作的任何量。

3.5.2

影响量的基准值　reference value of an influencing quantity

与制造厂声明的特性有关的影响量值。

3.5.3

影响量的基准条件　reference conditions of an influencing quantities

所有影响量的基准值集合。

3.5.4

影响量的范围　range of an influencing quantity

可使 SRCD 在规定条件下满足规定要求的一个影响量值的范围。

[IEV 446-14-06,修改]

3.5.5

影响量的极限范围　extreme range of an influencing quantity

在这个影响量范围内,剩余电流装置仅受到自发的可逆性的变化,但不必符合本标准的所有技术要求。

[IEV 446-14-08,修改]

3.5.6

周围空气温度　ambient air temperature

在规定条件下确定的 SRCD 周围的空气温度。

注：对装在外壳里的 SRCD,周围空气温度是外壳外面的空气温度。

3.6　操作条件

3.6.1

操作　operation

动触头从断开位置到闭合位置的转换或相反的转换。

注：如果必须加以区别,则电气含义上的操作(即接通和分断)称为开关操作,而机械含义上的操作(即闭合和断开)称为机械操作。

3.6.2

闭合操作　closing operation

SRCD 从断开位置转换到闭合位置的操作。

3.6.3

断开操作　opening operation

SRCD 从闭合位置转换到断开位置的操作。

3.6.4

操作循环　operating cycle

从一个位置转换到另一个位置再返回至起始位置的连续操作。

3.6.5

操作顺序　sequence of operation

具有规定的时间间隔的规定的连续操作。

3.6.6

电气间隙　clearance

两个导电部件之间在空气中的最短距离。

注：在确定对易触及部件的电气间隙时，绝缘材料的易触及表面应视为导电的，好像该外壳的能被手或按 GB 4208 中试验指触及的表面覆盖一层金属箔一样。

3.6.7

爬电距离　creepage distance

两个导电部件之间，沿绝缘材料表面的最短距离。

注：在确定对易触及部件的爬电距离时，绝缘材料的易触及表面应视为导电的，好像该外壳能被手或按 GB 4208 中试验指触及的表面覆盖一层金属箔一样。

3.7　试验

3.7.1

型式试验　type test

对按某一设计制造的一个或几个电器所进行的试验，以表明该设计符合某一规范。

3.7.2

常规试验　routine tests

对每个正在制造的和/或制造完毕的电器进行的试验，以确定其是否符合某些标准。

3.8　与剩余电流保护器相关的定义

3.8.1

短路保护电器　short-circuit protective device

SCPD

在本标准的范围内，短路保护电器是由制造商规定的一种电器，与 SRCD 串联安装于电路中，以保护电路免受短路电流损坏。

3.8.2

电源端子　supply terminals

RCD 部分前面的端子。

3.8.3

负载端子　load terminals

RCD 部分后面的端子。

3.8.4

直接馈电　feed through

SRCD 上提供的装置，用于连接一个或几个由 RCD 保护的附加插座。

3.8.5

受指导人员　instructed person

在熟练人员指导或监护下能避免触电的人员(如操作、维护人员)。

3.8.6

接线组件　connection unit

与电气装置的固定布线组合的器件，使单台电气设备能直接与电气装置连接。

4 分类

SRCD 按下述分类：

注 1：正确使用按本标准分类的 SRCD 要符合安装规范(例如按 GB 16895 系列)。

注 2：SRCD 可以配有 FE 连接，当仅一相供电时能使 SRCD 动作。

4.1 根据电源电压故障时的工作状况分类

4.1.1 电源电压故障时不自动断开的 SRCD

4.1.2 电源电压故障时自动断开的 SRCD

a) 电源电压恢复时不能自动重闭合；

b) 电源电压恢复时能自动重闭合。

4.2 根据设计分类

4.2.1 RCD 组装在固定插座中的 SRCD

a) 无直接馈电的 SRCD；

b) 带直接馈电的 SRCD。

4.2.2 RCD 预期与固定插座安装在同一安装盒内，或在两个相邻的匹配的安装盒内的 SRCD

注 1：相邻是指两个盒子相互紧靠或毗邻。

a) 具有专用的与插座连接方式的 SRCD(例如飞线)；

b) 带负载端子的 SRCD。

4.2.3 RCD 组装在接线组件中构成的 SRCD，接线组件仅用来保护紧靠 SRCD 的单台固定电气设备(如干手器、水冷却器等)

4.3 根据有直流分量时的工作状况分类

a) AC 型 SRCD；

b) A 型 SRCD。

4.4 根据接地设施分类

a) 带接地设施的 SRCD(PE 接线端子)；

b) 不带接地设施的 SRCD。

没有接地设施的 SRCD 不能提供任何 FE 端子。

4.5 根据盖板结构分类

a) 不用移动导线就能移走盖子或盖板的 SRCD(A 设计)；

b) 不用移动导线就不能移走盖子或盖板的固定 SRCD(B 设计)。

注：如果固定 SRCD 有一个不能与盖子或盖板分离的底座(主体部分)，并且要求一辅助盖板来满足不用移动导线就可以移走它而重新装饰外墙的标准，只要辅助盖板满足对盖子和盖板规定的要求，就认为是 A 设计。

4.6 根据安装方式分类

a) 明装式 SRCD；

b) 暗装式 SRCD；

c) 半暗装式 SRCD；

d) 镶板式 SRCD(开关板和配电板除外)；

e) 地板暗装式 SRCD。

4.7 根据环境条件分类

4.7.1 根据防止固体异物进入的防护等级分类

a) IP2X：防止手指接近危险部件以及防止由于直径大于或等于 12.5 mm 的固体异物进入产生有害影响的 SRCD；

b) IP4X：防止导线接近危险部件以及防止由于直径大于或等于 1.0 mm 的固体异物进入产生有害影响的 SRCD；

c) IP5X：防止导线接近危险部件和防尘的 SRCD。

4.7.2 根据防止水有害进入的防护等级分类

a) 安装在垂直表面作为一般用途的普通型 SRCD，如防护等级 IPX0 或者 IPX1；

注：就本标准而言，术语“普通”仅适用于防止水有害进入的防护等级。

b) IPX4：防溅水型 SRCD；

c) IPX5：防喷水型 SRCD。

4.7.3 根据周围空气温度的范围分类

a) 在－5 ℃和＋40 ℃之间使用的 SRCD；

b) 在－25 ℃和＋40 ℃之间使用的 SRCD。

4.8 根据接线端子类型分类

a) 具有螺纹型接线端子的 SRCD；

b) 具有仅用于硬导线的无螺纹接线端子的 SRCD；

c) 具有用于硬导线和软导线的无螺纹接线端子的 SRCD。

4.9 根据过电流保护分类

a) 没有过电流保护的 SRCD；

b) 过电流保护与 RCD 断开装置无关的 SRCD(例如，带熔断器的 SRCD 或带熔断器的插头插座系统)；

c) 过电流保护与 RCD 断开装置组成一体的 SRCD。

  1) 具有 1 个或 2 个过载保护极的两极 SRCD；

  2) 具有如下 1 个或 2 个过电流保护极的两极 SRCD：

  ——B 型 SRCD；

  ——C 型 SRCD。

4.10 根据有无保护门分类

a) 无保护门的 SRCD；

b) 有保护门的 SRCD。

5 SRCD 的特性

5.1 特性概述

SRCD 的特性应由以下几个项目来说明，如适用：

a) 结构型式和安装方式(见 4.5 和 4.6)；

b) 额定电流 I_n(见 5.2.1)；

c) 剩余电流含有直流分量时的动作特性(见 5.2.7)；

d) 额定剩余动作电流 $I_{\Delta n}$(见 5.2.2)；

e) 额定剩余不动作电流 $I_{\Delta no}$，如果不同于优选值(见 5.2.3)；

f) 额定电压 U_n(见 5.2.4)；

g) 额定频率(见 5.2.5)；

h) 额定接通和分断能力 I_m(见 5.3.1.4)；

i) 额定剩余接通和分断能力 $I_{\Delta m}$(见 5.2.6)；

j) 过电流保护(见 3.4.6 和 3.4.8)；

  1) 根据 4.9a)，4.9b)和 4.9c)1)的分类情况：

  ——额定限制短路电流 I_{nc}(见 5.3.2)；

  ——额定限制剩余短路电流 $I_{\Delta c}$(见 5.3.1.3)；

  ——过载特性(见 4.9c)1)。

  2) 根据 4.9c)2)的分类情况：

  ——额定短路能力 I_{cn}(见 5.3.2.1)；

  ——B 型或 C 型瞬时脱扣。

5.2 所有 SRCD 的通用特性

5.2.1 额定电流(I_n)

制造厂规定的 SRCD 在不间断工作制下能承载的电流。

5.2.2 额定剩余动作电流($I_{\Delta n}$)

制造厂规定的，SRCD 应在规定的条件下动作的剩余动作电流值(见 3.2.2)。

注：$I_{\Delta n}$用额定频率下交流电流的有效值表示。

5.2.3 额定剩余不动作电流($I_{\Delta no}$)

制造厂规定的，SRCD 应在规定的条件下不动作的剩余不动作电流最大值(见 3.2.3)。

5.2.4 额定电压(U_n)

制造厂规定的，与 SRCD 性能有关的电压有效值(特别是短路特性)。

5.2.5 额定频率

制造厂规定的，SRCD 应在规定的条件下正确动作的频率值。

5.2.6 额定剩余接通和分断能力($I_{\Delta m}$)

SRCD 在规定条件下能够接通、承载其断开时间和分断的预期剩余电流(见 3.4.7 和 3.4.9)的交流分量有效值，而不遭受任何妨碍其功能的变化。

5.2.7 剩余电流动作特性

5.2.7.1 AC 型 SRCD

对突然施加或缓慢上升的剩余正弦交流电流确保脱扣的 SRCD。

5.2.7.2 A 型 SRCD

在下述条件下能确保脱扣的 SRCD：

——剩余正弦交流电流；

——剩余脉动直流电流；

——剩余脉动直流电流叠加 6 mA 的平滑直流电流。

有或没有相角控制，与极性无关，无论突然施加或缓慢上升。

5.3 具有过电流保护的 SRCD 独特特性（见 4.9）

5.3.1 根据 4.9a)，4.9b)和 4.9c)1)分类的 SRCD

5.3.1.1 与短路保护电器的协调配合

短路保护电器与 SRCD 的配合使用以确保 SRCD 免受短路电流的影响。

SRCD 制造厂应规定短路保护电器的以下特性：

——最大允通过 I^2t；

——允通峰值电流 I_p 的最大值。

任何符合相关标准并且上述特性值低于 SRCD 制造厂规定的短路保护电器，只要不影响正常使用，均可用来保护 SRCD。

5.3.1.2 额定限制短路电流（I_{nc}）

制造厂规定的由一个短路保护电器保护的 SRCD 在规定的条件下能够承受的预期电流有效值，而不遭受任何妨碍其功能的变化。

注：对与一个给定的短路保护电器配合的 SRCD 规定额定限制短路电流，是指这样的组合能够承受规定值及以下的任何短路电流值。

5.3.1.3 额定限制剩余短路电流（$I_{\Delta c}$）

制造厂规定的由一个短路保护电器保护的 SRCD 在规定的条件下能够承受的预期剩余电流值，而不遭受任何妨碍其功能的变化。

注：对与一个给定短路保护电器配合的 SRCD 规定额定限制短路电流，是指这样的组合能够承受规定值及以下的任何剩余短路电流值。

5.3.1.4 额定接通和分断能力（I_m）

SRCD 在规定条件下能接通，承载其断开时间和分断的预期电流有效值（见 3.4.4），而不遭受任何妨碍其功能的变化。

5.3.2 按 4.9c)2)分类的 SRCD 的额定短路能力（I_{cn}）

SRCD 的额定短路能力是由制造厂规定的 SRCD 的极限短路分断能力值。

5.4 优先值或标准值

5.4.1 额定电压(U_n)的优先值

额定电压的优先值为 230 V。

注：除 230 V 以外，220 V、240 V 暂定也是一个优先值。

5.4.2 额定电流(I_n)标准值

额定电压 130 V 及以下时，额定电流标准值为：
6 A—10 A—13 A—16A—20 A。
额定电压 250 V 及以下时，额定电流的标准值为：
6 A—10 A—13 A—16 A。

5.4.3 额定剩余动作电流($I_{\Delta n}$)标准值

额定剩余动作电流标准值为：6 mA－10 mA－30 mA。

5.4.4 额定剩余不动作电流($I_{\Delta no}$)标准值

额定剩余不动作电流标准值是 $0.5I_{\Delta n}$。

注：$0.5I_{\Delta n}$的值仅指工频交流剩余电流。

5.4.5 额定频率标准值

额定频率标准值为 50 Hz，60 Hz 或 50/60 Hz。

5.4.6 额定接通和分断能力(I_m)标准值

额定接通和分断能力标准值为：250 A。
表 30 中给出了与该值有关的功率因数。
I_m 的值应该大于或等于 $I_{\Delta m}$的值。

5.4.7 额定剩余接通和分断能力($I_{\Delta m}$)标准值

额定剩余接通和分断能力标准值为：250 A。
表 30 中给出了与该值有关的功率因数。

5.4.8 额定限制短路电流(I_{nc})标准值

额定限制短路电流 I_{nc}的标准值为：1 500 A—3 000 A。
表 30 中给出了与这些值有关的功率因数。

5.4.9 额定限制剩余短路电流($I_{\Delta c}$)标准值

额定限制剩余短路电流 $I_{\Delta c}$为：1 500 A—3 000 A。
表 30 中给出了与这些值有关的功率因数。

5.4.10 额定短路能力(I_{cn})标准值

额定短路能力(I_{cn})标准值为：1 500 A—3 000 A

表 30 中给出了与这些值有关的功率因数。

5.4.11 分断时间标准值

5.4.11.1 交流剩余电流最大分断时间标准值，见表 1。

表 1 SRCD 交流剩余电流最大分断时间标准值

$I_{\Delta n}$ A	最大分断时间标准值 s			
	$I_{\Delta n}$	$2\ I_{\Delta n}$	$5\ I_{\Delta n}$[a]	250 A
任何值	0.3	0.15	0.04	0.04

[a] 可用 0.25 A 代替 $5I_{\Delta n}$(此值的修订在考虑中)。

5.4.11.2 脉动直流电流最大分断时间标准值，见表 2。

表 2 SRCD 脉动直流剩余电流最大分断时间标准值

$I_{\Delta n}$ A	最大分断时间标准值 s						
	$1.4I_{\Delta n}$	$2I_{\Delta n}$	$2.8I_{\Delta n}$	$4I_{\Delta n}$	$7I_{\Delta n}$[a]	$10I_{\Delta n}$[b]	175 A
≤0.010		0.3		0.15		0.04	0.04
>0.010	0.3		0.15		0.04		0.04

注：使用在 120 V 带中间点两相系统的 SRCD 的脉动直流剩余电流最大分断时间可替代标准值正在考虑中。

[a] 对于 $I_{\Delta n}=0.030$ A 的 SRCD，可用 0.35 A 代替 $7I_{\Delta n}$。

[b] 对于 $I_{\Delta n}\leqslant 0.010$ A 的 SRCD，可用 0.5 A 代替 $10I_{\Delta n}$。

5.5 4.9c)2)的 SRCD 过电流瞬时脱扣的标准范围

过电流瞬时脱扣的标准范围，如表 3 所示。

表 3 过电流瞬时脱扣的标准范围

型 式	范 围
B	$>3I_n\sim5I_n$(含 $5I_n$)
C	$>5I_n\sim10I_n$(含 $10I_n$)

6 标志和其他产品数据

6.1 一般原则

应提供表 4 所示信息。

表 4　标志的位置

	标记或项目信息	标记或信息的位置		
		安装后产品上清晰可见	产品上	说明书中
A	制造商名字或商标		X	
B	型号或系列号		X	
C	额定电压		X	
D	额定频率(如果不同于 50 Hz 或 60 Hz)		X	
E_1	4.9a)和 4.9b)中 SRCD 的额定电流		X[a]	
E_2	4.9c)1)和 4.9c)2)中 SRCD 的额定电流	X[b]		
F1	A 型标志 		X	
F2	AC 型标志 		X	
G	额定剩余动作电流(A 或 mA)	X		
H	额定剩余不动作电流,如果不同于优选值			X
I	额定短路接通和分断能力(如适用)			X
J	额定限制短路电流(如适用),在这样的情况下,根据 5.3.1 组装的短路保护电器的特性			X
K	防护等级(如果不同于 IP20)	X		
L	使用位置(如适用)			X
M	运行温度范围,如果按 4.7.3b)来分类 		X	
N	用字母“T”或单词“Test”来标明试验装置	X		
O	应提供区别 SRCD 断开和闭合状态的方式。 对不是用按钮操作的 SRCD,断开位置应用符号“○”表示,而闭合位置用“丨”(一根短直线)表示。 允许对该指示增加国家符号,暂时允许用国家符号作为唯一的位置指示。这些指示在 SRCD 正常使用时应清晰可见。 对用两个按钮操作的 SRCD,只用来断开操作的按钮应用红色和/或标识符号“○”。这时,独立的试验按钮不应采用红色,而应标记字母“T”或者单词“Test”。 如试验按钮是唯一的断开操作器件,它仍标志“T”或者“Test”,这时可使用红色。 SRCD 的任何其他按钮不应是红色。如果用一个按钮来闭合触头,并能明显地区分,则按钮保持在按下位置就足以指示闭合位置	X		

表 4（续）

<table>
<tr><td rowspan="2"></td><td rowspan="2">标记或项目信息</td><td colspan="3">标记或信息的位置</td></tr>
<tr><td>安装后产品上清晰可见</td><td>产品上</td><td>说明书中</td></tr>
<tr><td>P</td><td>对 FE 导线或端子应标注“FE”</td><td></td><td>X</td><td>X</td></tr>
<tr><td>Q</td><td>有负载接线端子的 SRCD，电源端子和负载端子应该有清晰的标志（例如，在相应的接线端子旁标志“电源”和“负载”或用指示电功率流向的箭头）。
对于具有直接馈电装置的 SRCD，电源和直接馈电装置需要清晰标记（例如：“电源”和“直接馈电”）</td><td></td><td>X</td><td></td></tr>
<tr><td>R</td><td>专门用于中性点连接的接线端子应该用符号 N 表示</td><td></td><td>X</td><td></td></tr>
<tr><td>S</td><td>有关内置的过电流保护装置的信息（如适用）</td><td></td><td></td><td>X</td></tr>
<tr><td>T</td><td>有关与前级保护电器配合的信息（如适用）</td><td></td><td></td><td>X</td></tr>
<tr><td>U</td><td>应提供所有有关产品正确装配（如果有时）、安装和使用的信息</td><td></td><td></td><td>X</td></tr>
<tr><td>V</td><td>额定短路能力（I_{cn}），单位 A（如适用）</td><td></td><td>X</td><td></td></tr>
<tr><td colspan="5">[a] 按正常使用组装后不必可见。
[b] 对于 4.9c)1)中的 SRCD，过载保护的额定电流用符号“A”表示，例如 6A。对于 4.9c)2)中的 SRCD，额定电流不用符号“A”，而在前面冠以过电流瞬时脱扣符号（B 或者 C）表示，例如：B16。</td></tr>
</table>

6.2 无螺纹接线端子的附加标志

无螺纹接线端子的 SRCD 应具有以下标识：

——合适的表明导线在插入无螺纹接线端子前要剥去绝缘长度的标志；

——对于有硬性导线限制的 SRCD，标明仅适合安装硬导线。

该附加标志应位于 SRCD 上，或位于随同 SRCD 一起提供的包装件或说明书上。

6.3 带 FE 连接的 SRCD 的附加标志

对于所有带 FE 连接的 SRCD，要求在制造商的说明书中给出以下附加信息：

“该 SRCD 在接地回路阻抗不超过 R_e 值的电气装置中能提供保护”；

FE 导线或接线端子应标注“FE”；

FE 导线不允许使用下列颜色：绿、黄、蓝和黄绿；

制造商说明书中应声明 FE 宜直接与 PE 线相连接，不允许环形安装。

通过检查来检验是否符合要求。

7 使用和安装的标准工作条件

表 5 中给出了使用的标准范围，影响量/因素的基准值和它们相关的试验允许误差。

表 5 影响量的值

影响量	使用的优选范围	基准值	试验允许误差
周围空气温度	−5 ℃～+40 ℃ −25 ℃～+40 ℃ （见[a,b]和[e]）	—	按试验所允许的值
海拔	不超过 2 000 M	—	—
相对湿度：40 ℃时最大值	50% [c]	—	—
外磁场	在任何方向不超过地球磁场的 5 倍	地磁场	[d]
位置	按制造厂规定，在任何方向允差为 5° [d]	按制造厂规定	任何方向 2°
频率	基准值 ±5%	按制造厂规定的额定频率	±2%
正弦波畸变	不超过 5%	0	5%
污染等级	2		—

[a] 日平均最高温度值是+35 ℃或按 GB 2099.1。

[b] 经常出现更恶劣气候条件的地方，允许超出这个范围。

[c] 在较低温度时允许有较高的相对湿度（例如 20℃时为 90%）。

[d] 在固定 SRCD 时，不应有妨碍其功能的变形。

[e] 对使用于−5 ℃～+40 ℃范围的 SRCD，在贮存和运输过程中允许的极端温度范围为−20 ℃～+60 ℃；对使用于−25 ℃～+40 ℃范围的 SRCD，极端温度范围是−35 ℃～+60 ℃。并应在设计 SRCD 时予以考虑。

8 结构和操作的要求

8.1 概述

符合本标准的 SRCD 应符合范围和相关分类。

通过直观检查和相关的试验来检查是否符合要求。

8.2 信息和标志

SRCD 上的标志应是不易擦掉并且容易识别的。

提供永久信息的标签应不易从 SRCD 上移开。

通过直观检查和 9.2 的试验来检查是否符合要求。

8.3 机械设计和电气设计

8.3.1 机构

SRCD 的 RCD 部分应有 2 个极。

RCD 所有极的动触头机械上应这样连接，使其无论在手动操作还是自动操作，基本上同时接通和分断。

应配有指示触头断开和闭合状态的方式。

机械应是自由脱扣机构，其结构应使得动触头只能置于闭合位置或断开位置，即使当操作件人工释放在某一中间位置时也是如此。

如果用操作件来指示触头的位置，在释放时，操作件应自动地置于与动触头位置相对应的位置。这时操作件应有两个明显区分的对应于动触头的静止位置。但是对于自动断开，操作件可以有第 3 个明显的位置。

如果使用符号，应该用“|”和“○”来分别表示闭合与断开位置。

如果使用颜色，应用红色表示闭合位置，绿色表示断开位置。

可选用替代的国家符号，此时可带上述符号，也可不带上述符号。

SRCD 内的接地回路 PE(如果有时)应是连续的并且不受 SRCD 动作的影响。

通过直观检测和 9.3 的试验来检查是否满足要求。

家用和类似用途单相插头插座型式、基本参数和尺寸按 GB 1002，通过 9.2 的试验来检查是否满足要求。

8.3.2 电气间隙和爬电距离

表 6 给出了要求的最小电气间隙和爬电距离，这是根据 SRCD 专门运行于污染等级 2 的环境中。

然而，只要能耐受 9.16 的额定冲击电压试验，表 6 中 1、2、3 和 4 项的电气间隙可以减小。

注：根据 GB/T 16935.1 的 2.7.1.1 和 2.7.1.3，按绝缘材料相比电痕化指数(CTI)将其分为材料组别并按 GB/T 4207 来测量绝缘材料。

符合 GB/T 16935.3 的 2 型覆盖层的印刷电路板不需要本验证。

当触头处于闭合位置时，连接在带电导体(相线和中性线)之间和/或带电导体与接地回路之间的电子电路，其电气间隙和爬电距离小于表 6 要求的值，必须符合 9.4 的试验。

通过检查和/或测量以及 9.4 和 9.5 的试验(如适用)来检查电子电路是否符合要求。

表 6 最小电气间隙和爬电距离

<table>
<tr><td rowspan="3"></td><td colspan="3">最小电气间隙
mm</td><td colspan="12">最小爬电距离[e,f]
mm</td></tr>
<tr><td colspan="3" rowspan="1"></td><td colspan="4">绝缘材料组别Ⅲa[h]
(175 V≤CTI＜400 V)[d]</td><td colspan="4">绝缘材料组别Ⅱ
(400 V≤CTI＜600 V)[d]</td><td colspan="4">绝缘材料组别Ⅰ
(600 V≤CTI)[d]</td></tr>
<tr><td colspan="3">额定电压/V</td><td colspan="12">工作电压/V[e]</td></tr>
<tr><td>部位</td><td>120/240
120</td><td>120/240
240</td><td>230/400
230</td><td>＞25
≤50[i]</td><td>120</td><td>250</td><td></td><td>＞25
≤50[i]</td><td>120</td><td>250</td><td></td><td>＞25
≤50[i]</td><td>120</td><td>250</td><td></td></tr>
<tr><td>1. 当主触头处于断开位置时，分开的带电部件之间</td><td rowspan="3">2.0[a]</td><td rowspan="3">3.0[a]</td><td rowspan="3">3.0[a]</td><td rowspan="3">1.2</td><td rowspan="3">1.5</td><td rowspan="3">3.0</td><td rowspan="3"></td><td rowspan="3">0.9</td><td rowspan="3">1.5</td><td rowspan="3">3.0</td><td rowspan="3"></td><td rowspan="3">0.6</td><td rowspan="3">1.5</td><td rowspan="3">3.0</td><td rowspan="3"></td></tr>
<tr><td>2. 不同极的内部带电部件之间</td></tr>
<tr><td>3. 内部带电部件与 FE 接线端子/FE[j]导线之间</td></tr>
</table>

表 6(续)

				电源系统额定电压/V					
				120/240	230/400	120/240	230/400	120/240	230/400
4. 带电部件与 —操作件可接触表面之间； —安装 SRCD 时必须拆卸的固定盖子的螺钉或其他器件之间； —SRCD 安装的表面之间[b]； —固定 SRCD 的螺钉或其他器件之间[b]； —金属盖子或外壳之间[b]； —其他易触及的金属部件之间[c]； —支撑嵌入式 SRCD 的金属框架之间	1.5	3.0	3.0	1.5	4.0	1.5	3.0	1.5	3.0
5. 机构的金属部件与： —易接触金属部件之间[c]； —固定 SRCD 的螺钉或其他器件之间； —支撑嵌入式 SRCD 的金属框架之间									

[a] 只要符合 9.16 的试验，此值最小可以降低到 1.2 mm。

[b] 如果 SRCD 带电部件和金属屏或安装断路器的表面之间的电气间隙和爬电距离不仅仅与断路器的设计有关，而是当断路器安装在最不利情况时，电气间隙和爬电距离可能减小，则表中的值应加倍。

[c] 包括在按正常使用安装后，覆盖在易触及绝缘材料表面的金属箔。用直的无关节的试验指把金属箔推至各个角落和凹槽等部位。

[d] 见 GB/T 4207。

[e] 在确定对应于那些所列工作电压的中间电压值的爬电距离时，允许用插值法。爬电距离的确定见附录 B。

[f] 爬电距离不能小于相应的电气间隙。

[h] 对材料组别Ⅲb(CTI<175 V)，材料组别Ⅲa 的值乘以 1.6 适用。

[i] 对工作电压为 25 V 及以下时，可以参考 GB/T 16935.1。

[j] 就本条技术要求而言，下列条件适用：

——FE 的处理如同 PE；

——FE 导线的自由端不考虑。

8.3.3 FE中的稳态电流

当中性线连接时，FE中的稳态电流不应超过0.5 mA。

当中性线没有连接时，FE中的稳态电流不应超过2 mA。

通过9.26的试验来检验是否符合要求。

8.3.4 螺钉、载流部件和连接

电气连接不应遭受不适当的老化影响。

8.3.4.1 无论电气连接或机械连接应能承受正常使用时产生的机械应力。

SRCD接线时使用的螺钉不应是螺纹削切式螺钉。

注：SRCD接线时使用的螺钉(或螺母)包括固定盖子或盖板的螺钉，但不包括用于螺纹导线管和固定SRCD基座的连接装置。

通过直接检查和9.6的试验来检验是否符合要求。

8.3.4.2 对与绝缘材料螺纹啮合的，并且是在安装时装配SRCD所使用的螺钉，必须确保螺钉正确导入螺钉孔或螺母。

注：如果能防止螺钉倾斜导入，例如用一个内螺纹中的凹槽固定的零件或使用一个去掉前端导入螺纹的螺钉等即可达到正确导入的要求。

通过检查和9.6手动试验来检验是否符合要求。

8.3.4.3 电气连接的设计应使得接触压力不是通过绝缘材料(但陶瓷、天然云母或其他性能相当的绝缘材料除外)来传递，除非在金属部件中有足够的弹性以补偿绝缘材料任何可能的收缩或变形。

通过检查来检验是否符合要求。

注：材料的适用性是就材料尺寸稳定性来考虑的。

8.3.4.4 载流部件，包括接线端子(也包括接地端子)的载流部件应由金属制成，在设备所能遇到的条件下，该金属具有预期使用所需的足够的机械强度、导电率和耐腐蚀性能。

注：在允许的温度范围内和正常的化学污染条件下，合适的金属如下：

——铜；

——冷轧板材制成的部件至少为含铜58%的合金，或其他部件至少为含铜50%的合金；

——含铬至少为13%，而含碳不大于0.09%的不锈钢；

——其他能满足预期使用要求的金属或适当的涂覆金属。

本条要求不适用于触头、磁路、加热元件、双金属、分流器、电子装置的部件以及接线端子的螺钉、螺母、垫圈、夹紧板、接线端子的类似部件以及试验回路的部件。

通过检查来检验，必要时，可通过化学分析来检验是否符合要求。

8.3.5 接线端子

8.3.5.1 连接外部导线的接线端子

连接外部导线的接线端子应使连接导体能持久地保持必须的接触压力。

通过9.7的试验来检验是否符合要求。

8.3.5.2 直接馈电端子

只有在移开遮拦(屏障)后才能进入直接馈电端子。

通过检查来检验是否符合要求。

8.4 动作特性

SRCD 的动作特性应考虑以下条款的分类和技术要求(适用时)。

通过 9.8 的试验来检查以下条款是否符合要求。

8.4.1 相应剩余电流类型的动作

8.4.1.1 交流剩余电流

额定频率的交流剩余电流在表 7 的剩余不动作电流 $I_{\Delta no}$和额定剩余动作电流 $I_{\Delta n}$范围内稳定增加时,所有的 SRCD 应动作。

8.4.1.2 A 型的脉动直流剩余电流

按表 7 在规定不动作和动作电流的限值内稳定增加额定频率脉动直流剩余电流,A 型 SRCD 应动作。

表 7 脱扣电流极限值

型式	电流波形	脱扣电流		
		不动作电流 (下限值)	动作电流(上限值)	
			$I_{\Delta n}$<30 mA	$I_{\Delta n}$=30 mA
AC 型和 A 型	正弦交流	$0.5I_{\Delta n}$	$I_{\Delta n}$	
A 型	单相脉动直流 0° 90° 135°	 $0.35I_{\Delta n}$ $0.25I_{\Delta n}$ $0.11I_{\Delta n}$	 $2I_{\Delta n}$ $2I_{\Delta n}$ $2I_{\Delta n}$	 $1.4I_{\Delta n}$ $1.4I_{\Delta n}$ $1.4I_{\Delta n}$

脱扣极限值的适用性与脉动直流剩余电流的极性无关。

8.4.1.3 叠加 6 mA 稳定平滑直流电流的脉动直流剩余电流

额定频率的脉动剩余电流在表 7 规定的不动作电流和动作电流范围内稳定地增加,同时在 SRCD 的任一电流路径流过 6 mA 的平滑直流电流,A 型 SRCD 应动作。

即使脉动直流剩余电流和平滑直流剩余电流的极性相同,脉动直流电流的脱扣限值应保持不变。

8.4.2 剩余电流大于或等于 $I_{\Delta n}$时的动作

突然施加剩余电流时,SRCD 的动作应符合表 1 和表 2(如适用)。

8.5 带直接馈电端子的 SRCD 在错接线时的特性

当电源电路直接与 SRCD 的直接馈电端子连接时,按 4.2.1b)分类的 SRCD 应不允许将电源连接到插座部分和/或电源接线端子。

通过 9.9 的试验来检验是否符合要求。

8.6 试验装置

SRCD 应具有一个试验装置用来模拟额定电压下不超过 $2.5I_{\Delta n}$的剩余电流通过检测装置,以定期地检查 SRCD 的工作能力。

通过 9.10 的试验来检验是否符合要求。

当 SRCD 按正常使用接线并处于断开位置时，操作试验装置应不可能对负载电路供电。

通过检查来检验是否符合要求。

操作试验装置时，电气装置的保护导体不应带电。

通过检查来检验是否符合要求。

8.7 温升

按 9.11 规定条件测量时，表 8 规定的 SRCD 各部件的温升不应超过表中规定的极限值。

SRCD 不应受到妨碍其功能和安全使用的损坏。

表 8 温升值

部件[a,b]	温升/K
与外部连接的 SRCD 的接线端子	60
正常使用时易触及的外部部件	40
其他外部部件，包括与安装表面直接接触的 SRCD 的表面	60

[a] 对触头的温升值不作规定，因为大部分 SRCD 的结构，如不改动或拆卸一些部件是不能直接测量触头温升的，而这些部件的变动或拆卸往往会影响试验的再现性。

可以认为 9.11 的试验已间接地对触头使用中过度发热的情况作了充分的考核。

[b] 对其他未列出部件的温升不作规定，但不应引起相邻绝缘材料部件的损坏。

通过 9.11 的试验来检验是否符合要求。

8.8 耐潮湿性能

SRCD 应具有足够的机械特性来耐受潮湿环境。

通过 9.12 的试验来检验是否符合要求。

8.9 介电性能

SRCD 应具有足够的介电性能。

通过 9.13 的试验来检验是否符合要求。

8.10 EMC 符合性和误脱扣

8.10.1 EMC

SRCD 应符合相关的 EMC 要求。

通过 9.14.1 的试验来检验是否符合要求。

8.10.2 $I_{\Delta n} \geq 0.010$ A 的 SRCD 在冲击电压产生的对地电涌电流下，防止误脱扣的能力

SRCD 对负载中的电容负载引起的对地电涌电流应有足够的耐受能力。

注：这样的电涌电流可能是电容负载、电涌保护器(SPD)或者闪络所引起。

通过 9.14.2 的试验来检验是否符合要求。

8.11 过电流条件下 SRCD 的动作特性

8.11.1 对于所有 SRCD

在过载或短路条件下 SRCD 应具有足够的能力。

如适用，通过 9.15 的试验来检验是否符合要求。

8.11.2 在过电流条件下按 4.9c)分类的 SRCD 的动作特性

在过载和过电流情况下，SRCD 的动作特性应符合 8.11.3 的要求。

8.11.3 按 4.9c)1)和 4.9c)2)分类的 SRCD 的标准时间—(过)电流带

按 4.9c)1)和 4.9c)2)分类的 SRCD 脱扣特性应确保对过载和过电流有充分的保护，而无过早动作。

SRCD 的时间—电流特性(脱扣特性)带由表 9 和表 10 规定的条件和数值来定义。

表 9 适用于按 4.9c)1)和 4.9c)2)分类的所有 SRCD。

除了表 9 以外，表 10 仅适用于按 4.9c)2)分类的 SRCD。

表 9 是指 SRCD 按基准条件(见 9.1)安装，并在 30℃ 基准整定温度下工作，允许误差为(0～+5)℃(见表 9 的注)。

通过 9.23.1 中规定的试验来检验是否符合要求。

检验可在任何合适温度下进行，但试验结果应按制造厂所给的资料修正到 30℃ 的基准温度下。

在任何情况下，整定温度每变化 1 K，表 8 试验电流的变化不应超过 1.2%。

表 9 时间—过载动作特性

试验	型式	试验电流	初始状态	脱扣或不脱扣时间极限	预期结果	备注
a	所有	1.13 I_n	冷态[a]	$t \leqslant 1$ h	不脱扣	
b	所有	1.45 I_n	紧接着试验[a]	$t < 1$ h	脱扣	在 5 s 内电流稳定增加
c	所有	2.55 I_n	冷态[a]	1 s $< t <$ 60 s	脱扣	

[a] 术语“冷态”指基准整定温度下，试验前不带负载。

表 10 瞬时动作特性

试验	型式	试验电流	初始状态	脱扣或不脱扣时间极限	预期结果	备注
d	B C	$3I_n$ $5I_n$	冷态[a]	$t \leqslant 0.1$ s	不脱扣	闭合辅助开关接通电流
e	B C	$5I_n$ $10I_n$	冷态[a]	$t < 0.1$ s	脱扣	闭合辅助开关接通电流

[a] 术语“冷态”指在任何合适的空气温度下，试验前不带负载。

8.11.3.1 约定量

a) 约定时间

约定时间为 1 h。

b) 约定不脱扣过电流(I_{nt})

SRCD 的约定不脱扣过电流是其额定电流的 1.13 倍。

c) 约定脱扣过电流(I_t)

SRCD 的约定脱扣过电流是其额定电流的 1.45 倍。

8.11.3.2 脱扣特性

SRCD 的过载和瞬时脱扣特性应包括在 8.11.3 中规定的时间—电流带内。

8.11.3.3 周围空气温度对过电流脱扣特性的影响

周围温度不是基准温度而在−5 ℃和+40 ℃范围内,不应对 SRCD 的过电流脱扣特性有不合格的影响。

通过 9.23.1.3 的试验来检验是否符合要求。

8.12 绝缘耐冲击电压性能

SRCD 的绝缘应具有足够的耐冲击电压的性能。

通过 9.16 的试验来检验是否符合要求。

8.13 机械和电气耐久性

SRCD 应能进行规定的闭合和断开操作次数以及接通和分断操作次数。

通过 9.17 的试验来检验是否符合要求。

8.14 耐机械冲击性能

SRCD 应能承受在安装和使用过程中所遭受的正常的应力。

通过 9.18 的试验来检验是否符合要求。

8.15 可靠性

在其预期使用寿命内,考虑到可能工作条件下的老化,SRCD 应提供保护。

通过 9.19 和 9.24 中的试验来检验是否符合要求。

8.16 SRCD 的电击防护和 IP 防护等级

对本条款用途来讲,油漆、瓷漆不能提供足够的绝缘。

8.16.1 不易触及的带电部件

SRCD 的结构应使其在按制造商说明书安装和接线后,带电部件是不易触及的,即使在不用工具就能移开可移部件之后。

如果部件能被标准试指所触及,则认为该部件是易触及部件(见图 1)。

通过 9.20.1 的试验来检验是否符合要求。

8.16.2 易触及的旋钮、操作件等

易触及的旋钮、操作件、按钮、摇杆和其他类似部件应由绝缘材料制成，除非它们的易触及金属部件通过双重绝缘或加强绝缘与机构的金属部件相隔离，或者作为一种替代方法，它们与大地可靠连接。

通过检查来检验是否符合要求。

8.16.3 SRCD 的易触及部件

易触及部件应由绝缘材料制成，除下列以外：

a) 与带电部件隔离和用于固定底座和盖子或盖板的小螺丝钉和类似器件；

b) 符合 8.16.2 的操作件；

c) 符合 8.16.3.1 或者 8.16.3.2 要求的金属盖子或盖板。

d) 预与 PE 和接地回路部件连接的插座管。

8.16.3.1 预期不接地的金属盖子或盖板应采用由绝缘衬套或绝缘隔板构成的附加绝缘来保护

绝缘衬套或绝缘隔板应符合：

a) 固定在盖子/盖板或开关本体上，使其不永久性地损坏就不能移走；

b) 或者这样设计，使得：

1) 它们不能放在不正确的位置；

2) 如果遗漏的话，SRCD 就不能操作或明显的不完整；

3) 带电部件和金属盖子或盖板之间没有偶然接触的危险，例如：通过固定螺钉触及，即使导体脱离其接线端子也是如此；

4) 采取措施来防止电气间隙或爬电距离小于 GB 2099.1 中 23 规定的值。

通过检查来检验是否符合要求。

以上的衬套或隔板应满足 GB 2099.1 中 16 和 23 的试验。

8.16.3.2 金属盖子或金属盖板的接地

在固定金属盖子或盖板的同时使得盖子或盖板接地。除了固定盖子或盖板的器件以外，不需要使用其他器件就可使其接地。形成的连接应是低阻抗的。

注：允许采用固定螺钉或其他器件。

通过检查和 9.20.1 的试验来检验是否符合要求。

8.16.4 SRCD 的 IP 防护等级

SRCD 的最小防护等级应是 IP20。

对防护等级大于 IP20 的 SRCD，通过 9.20.2 的试验来检验其是否符合要求。

8.17 耐热性

SRCD 应有足够的耐热性能。

通过 9.21 的试验来检验是否符合要求。

8.18 耐异常发热和耐燃

SRCD 中由绝缘材料制成的外部零件，当它邻近的载流部件在故障或过载情况下达到高温状态时，应不会点燃和蔓延火灾。其他绝缘材料部件的耐异常发热和着火可以认为已由本标准的其他试验来验证。通过 9.22 的试验来检验是否符合要求。

8.19 环境温度范围内 SRCD 的工作状况

SRCD 应在－5 ℃和＋40 ℃之间正确动作。

按 4.7.3b)分类的 SRCD 应在－25 ℃和＋40 ℃之间正确动作。

通过 9.8.5 的试验来检验是否符合要求。

8.20 耐暂时过电压

SRCD 应能足够耐受由于各种现象引起的暂时过电压(如高压网络故障;中性线断开;相导线与中性线之间短路等)。

表 11 给出了耐受交流过电压值和持续时间。

表 11 暂时过电压的耐受值和耐受时间

暂时过电压		
过电压部位	电 压	持续时间
大地和所有极之间,包括中性线(如果有时)[a]	1 200 V+U_n	5s
大地和所有极之间,包括中性线,(如果有时)[a]	250 V+U_n	1h
两极之间	$\sqrt{3}U_n$	1h
[a] 仅适用带 PE 或 FE 端子的 SRCD。		

通过 9.25 的试验来检验是否符合上述要求。

9 试验

9.1 概述

9.1.1 试验条件

除非另有规定,SRCD 按制造厂的说明书单独地安装在周围温度为 20 ℃～25 ℃之间的大气中,(包括 FE 经过 R_e 与 PE 线连接,如适用)并应避免外界过度的加热或冷却。

除非另有规定,否则试验在(额定频率±5%)下进行。

设计成安装在单独外壳中的 SRCD 应在制造厂规定的最小的外壳中进行试验。

按 4.2.2 分类的 SRCD 应不带组装的固定插座进行试验。

按 4.2.1 分类的 SRCD 的插座部分应按 GB 2099.1 进行试验,但要在 RCD 的额定电压下进行。

除非另有规定,否则试验应在 1.1U_n 下进行,如适用。

表 12 对应于额定电流的试验铜导体

额定电流 I_n A	I_n≤6	6<I_n≤13	13<I_n≤20	20<I_n≤25	25<I_n≤ 32
S mm^2	1	1.5	2.5	4	6

注:对于 AWG 铜导体,见附录 C。

试验过程中，不允许维修或拆开样品。

对于试验9.4、9.8、9.11、9.17和9.24，SRCD按以下接线：

——连接导线按表12用单芯聚氯乙烯绝缘的铜电缆线；

——接线端子与接线端子之间每根临时连接的最小长度为1 m。

施加在接线端子螺钉上的拧紧扭矩为表20规定值的三分之二。

9.1.2 通过型式试验来检验的SRCD的特性

本标准所要求的型式试验列于表13。

表13 型式试验表

参考条款	要求	试验条款
8.1	概述	
8.2	信息和标志	9.2
8.3	机械和电气设计	9.3、9.4、9.5、9.6、9.7、9.26
8.4	动作特性	9.8
8.5	带直接馈电端子的SRCD在错接线时的特性	9.9
8.6	试验装置	9.10
8.7	温升	9.11
8.8	耐潮湿性能	9.12
8.9	介电特性	9.13
8.10	EMC符合性和误脱扣	9.14
8.11	过电流条件下SRCD的动作特性	9.15、9.23
8.12	绝缘耐冲击电压	9.16
8.13	机械和电气耐久性	9.17
8.14	耐机械冲击性能	9.18
8.15	可靠性	9.19、9.24
8.16	电击防护	9.20
8.17	耐热性	9.21
8.18	耐异常发热和着火	9.22
8.19	在环境温度范围内SRCD的工作状况	9.8.5
8.20	耐暂时过电压(TOV)	9.25

9.2 标志和标志的耐久性试验

标志应符合第 6 章的要求。

标志的耐久性试验是用手拿一块浸透水的棉花擦标志 15 s，接着再用一块浸透脂族乙烷溶剂（芳香剂容积含量最多为 0.1%，贝壳松脂丁醇值为 29，初沸点约为 65 ℃，干点约为 69 ℃，密度为 0.68 g/cm³）的棉花擦 15 s 进行试验。

对用压印、模印或蚀刻方式制造的标志不进行本试验。

在本试验后，标志应容易识别。在本标准的所有试验后，标志仍应保持容易识别。

标签（牌）应不可能轻易地移动，并没有翘曲现象。

插头插座系统专用的检查内容按 GB 2099.1 的第 9 章、24.2、24.10 等相关章节进行。

9.3 验证自由脱扣机构

9.3.1 一般试验条件

SRCD 按正常使用接线。

SRCD 在基本上为电阻性的电路里进行试验，试验电路图见图 2。

9.3.2 试验程序

S_1、S_4 和 SRCD 先闭合并把操作件保持在闭合位置，通过闭合开关 S_2 通以 $1.5I_{\Delta n}$ 的剩余电流。SRCD 应脱扣。

然后，在约 1 s 内缓慢地将 SRCD 复位和/或再扣至剩余电流开始流过的位置，重复进行试验，操作件不再移动，SRCD 应脱扣。

两项试验各进行 3 次，预期连接相线的每极至少进行一次试验。

注：如果 SRCD 有一个以上的操作件，则对每个操作件都要验证自由脱扣动作。

9.4 验证爬电距离和电气间隙的替代试验

在运行中可能出现异常状况下，SRCD 不应发生火灾和/或电击危险。

SRCD 中所使用的元件的工作条件应符合标记在元件上的工作特性和/或制造商提供的数据中给出的工作特性。

当 SRCD 置于异常条件下时，任何部件不应达到使 SRCD 的周围物体产生着火危险的温度，并且任何带电部件不应成为可触及。

通过把 SRCD 置于以下所述的故障条件下的加热试验来检验是否符合要求：

除非另有规定，否则试验时 SRCD 按 9.11 规定安装和接线。

检查 SRCD 及其电路图可显示应采用的故障条件。

通常，对每个试验的故障条件采用一个独立的试品。

应依次施加以下 a）至 e）的每一个故障条件。在以下每一个故障情况下仅进行一次试验。

a） 如果电气间隙和爬电距离小于图 3 曲线 A 给出的值，跨过电气间隙和爬电距离短路，下列情况例外：

对印刷线路板上的导线之间（其中一根可能连接至电源回路的一极）的电气间隙和爬电距离的要求，图 3 给出的值由下列公式计算得到的值代替：

$$\lg d = 0.78\lg\frac{V}{300}，最小为 0.2 mm$$

式中：

d——距离，单位为毫米(mm)；

V——电压峰值，单位为伏特(V)。

注1：可以参照图4确定这些距离。

注2：上述降低的值适用于导线本身，但不适用于安装的元件或相关的焊接头，计算距离时，印刷线路板上的漆层或类似材料忽略不计。

符合表6要求的电气间隙和爬电距离以及具有符合GB/T 16935.3的2型覆盖层的印刷板不需要进行本试验。

b) 跨过由油漆或瓷漆覆盖层组成的绝缘短路。

c) 半导体短路或断开。

注3：对于具有多个接线端口的集成电路或其他半导体器件，所指的试验数量实际上不可能采用所有的接线端组合开路或短路。在这种情况下，允许采用估算的方法，首先详细分析SRCD中由于电子器件或其他电路元件的故障可能引发的所有机械、热和电气的故障。在上述分析的基础上，仅对可能引起SRCD不符合本条款最后两段要求的故障相应的组合，才必须采用本方法进行研究。

d) 电解电容器短路。

e) 电阻器、电感器或电容器的短路或断开。

注4：如果这些元件符合9.5的要求，那么不需要采用e)的条件。

在a)至e)每个故障情况下，达到稳定状态之后或者4 h之后(两者中取较短的时间)测量表14所述的各部件由于故障情况产生的温度。

在试验b)和c)中温度不应超过表14中规定的值，试验a)中温度可以超过表14中规定的值。

在试验a)至e)以后，SRCD可以不再符合其所有的性能要求，但它们应符合9.20的电击防护要求。

9.5 电容器和特定的电阻器和电感器的要求

当触头在闭合位置时，连接在带电导体(相线与中性线)和/或带电导体和接地电路之间的电子电路中使用的电容器、特定的电阻器和电感器的技术要求。

9.5.1 电容

电容器应满足GB/T 14472的要求。

相应的形式为：

——与干扰有关时，X_1 和 X_2；

——与电击危险有关时，Y_1 或 Y_2。

这些电容器应用伏特标志额定电压，用微法标志额定电容，用摄氏度标志参考温度，或可由制造商提供数据表。

9.5.2 电阻器和电感器

在9.4的试验中，其短路或断开引起不满意结果的电阻器和电感器应符合GB 8898中的相关安全要求。

在符合GB 8898的电阻器或电感器上已进行过的试验不需要再重复。

表 14 在异常条件下允许的最高温度

SRCD的部件	在特定异常情况下允许的最高温度/℃
可触及部件	
旋钮、手柄、可触及表面、外壳,如果是:	
——金属	100
——非金属[a]	100
	[b]
绝缘外壳的内表面	135
供电电缆和配线绝缘:[c,f]	
——聚氯乙烯或合成橡胶	135
——天然橡胶	
其他绝缘[c]:	
——热塑性材料[d]	[e]
——非浸渍纸	105
——非浸渍纸板	115
——浸渍棉纱、丝、纸和纺织品	125
——纤维或织物的层压制品,用下列材料粘合:	
·苯酚甲醛、三聚氢胺甲醛、苯酚糠醛或聚酯	145
·环氧	185
——模压材料	
·具有下列填料的酚醛,或苯酚糠醛、三聚氢胺和三聚氢胺化合物	
——纤维素填料	165
——矿物填料	185
·热固性矿物填料聚酯	185
·矿物填料醇酸树脂	185
——由下列材料组成的复合材料:	
·玻璃纤维增强聚酯树脂	185
·增强环氧树脂	185
——硅橡胶	225
用作支撑或用作机械隔板的热塑性材料[d] 部件	[e]
用下列材料绝缘的绕组线[c,f]	
·非浸渍的丝、棉纱等	110
·浸渍的丝、棉纱等	135
·油性树脂材料	170
·聚乙烯醇缩甲醛或聚氨酯树脂	185
·聚酯树脂	190
·聚酰胺酯树脂	215
叠片铁芯	与相应绕组相同
接线端子以及安装时可能与电缆绝缘接触的部件	135

注:本表格中的数值取自 GB 8898 中的表 3。

[a] 如果这温度高于相关绝缘材料等级允许的温度,材料的特性是决定的因素。

[b] 绝缘外壳内部部件的允许温度是对相关绝缘材料规定的温度。

[c] 在本标准中,允许温度是以材料的热稳定性有关的运行经验为基础。引用的材料是示例。对于要求更高温度极限值的材料和上表列举以外的材料,最高温度不宜超过已证明的满足要求的温度。

[d] 天然橡胶和合成橡胶不是热塑性材料。

[e] 由于材料的种类较多,不可能规定热塑性材料的允许温度。

考虑这些事情时,应采用以下方法:

a) 在 GB/T 1633 规定的情况下,在分开的试样上测定的材料软化温度,作如下修改:

——穿透深度是 0.1 mm;

——在千分表置零或置于其记录的初始读数前,施加的总的插入力为 10 N。

b) 考虑的温度极限是软化温度本身。

[f] 对耐热聚氯乙烯绝缘导线和电缆,提高其温度值的可能性正在考虑中。

9.6 螺钉、载流部件和连接的可靠性试验

通过直观检查，对 SRCD 安装和接线时使用的螺钉和螺母还要通过下列试验来检验是否符合 8.3.4 的要求。

拧紧或拧松螺钉和螺母。

——对与绝缘材料螺纹啮合的螺钉，10 次；

——所有其他情况，5 次。

与绝缘材料螺纹啮合的螺钉或螺母，每次试验时应完全旋出然后重新旋入。

试验时应采用合适的螺丝刀或扳手施加表 15 所示的扭矩。

螺钉和螺母不应用冲击力拧紧。

用表 12 规定的最大截面积的硬导体进行试验。每次拧松螺钉或螺母时，要移动导体。

表 15 螺纹直径和施加力矩

螺纹标称直径/mm		力矩/Nm	
大于	至	Ⅰ[a]	Ⅱ[b]
—	2.8	0.2	0.4
2.8	3.0	0.25	0.5
3.0	3.2	0.3	0.6
3.2	3.6	0.4	0.8
3.6	4.1	0.7	1.2
4.1	4.7	0.8	1.8
4.7	5.3	0.8	2.0

[a] 第Ⅰ栏适用于拧紧时不能伸出孔外的无头的螺钉，以及不能用刀口宽度比螺钉直径宽的螺丝刀来拧紧的其他螺钉。

[b] 第Ⅱ栏适用于用螺丝刀来拧紧的其他螺钉。

在试验过程中，螺钉连接不应松动，并不应有妨碍 SRCD 继续使用的损坏，例如，螺钉断裂或螺钉头的槽、螺纹、垫圈或螺钉夹头损坏等。

此外，外壳和盖也不应损坏。

9.7 螺纹型和无螺纹接线端子

9.7.1 用于外部铜导线的螺纹型接线端子

9.7.1.1 SRCD 的接线端子应能连接表 16 所示标称截面积的合适的铜导线。

表 16 额定电流及相应的可连接的铜导线标称截面积

SRCD 的电流和型式	硬性(实心或绞合)铜导线[c]		软铜导线	
	标称截面积 mm^2	最大导线直径 mm	标称截面积 mm^2	最大导线直径 mm
6 A	—	—	从 0.75～1.5(包括 1.5)	1.73
10 A 2P 和 2P+⏚	从 1～2.5(包括 2.5)[a]	2.13	—	—

表 16（续）

SRCD的电流和型式	硬性（实心或绞合）铜导线[c]		软铜导线	
	标称截面积 mm^2	最大导线直径 mm	标称截面积 mm^2	最大导线直径 mm
13A 和 16A 2P 和 2P+⏚	从 1.5～2×2.5 （包括 2.5）[b]	2.13	—	—
20A 2P 和 2P+⏚	从 1.5～4（包括 4）	2.72	—	—

[a] 接线端子应允许连接两根直径 1.45 mm、截面积 1.5 mm^2 的导线。

[b] 一些国家要求接入三根 2.5 mm^2 导线或两根 4 mm^2 的导线的线环。

[c] 允许使用软导线。

导体空间应至少如图 5、图 6、图 7、图 8 中的规定。

通过直观检查、测量和按规定装配最小最大标称截面积的导线来检验是否符合要求。

9.7.1.2 螺纹夹紧接线端子应能连接未经特殊加工的导线

通过直观检查来检验是否符合要求。

注：术语“特殊加工”包括导线线丝的焊锡，使用电缆接头及弯成环形等，但不包括在导线插入接线端子前将导线整形或将软导线捻紧以增强端部强度等措施。

9.7.1.3 螺纹夹紧接线端子应有足够的机械强度

用于夹紧导线的螺钉和螺母应具有公制 ISO 螺纹或者螺距和机械强度相当的螺纹。

螺钉不应是软金属或易蠕变的金属，如锌或铝。

通过直观检查和 9.7.1.6 和 9.7.1.8 的试验来检验是否符合要求。

注：一般认为 SI、BA 和 UN 螺纹在螺距和机械强度方面与公制 ISO 螺纹相当。

9.7.1.4 螺纹夹紧接线端子应耐腐蚀

认为本体由 8.3.4 规定的铜或铜合金制成的接线端子符合本要求。

9.7.1.5 螺纹夹紧接线端子的结构应使其能夹紧导线，又不会过度损坏导线

通过以下试验来检查是否满足要求。

按图 9 把接线端子放入试验装置中，连接硬性实心导线、硬性绞合导线和/或软导线，先按表 12 连接最小截面积，然后连接最大标称截面积的导线，用表 15 中规定的力矩拧紧夹紧螺钉或螺母。

如果没有硬性绞合导线，可仅用硬性实心导线试验。在这种情况下，不需要更多的试验。

试验导线的长度应比表 17 中规定的高度（H）长 75 mm。

导线末端穿过位于设备下面（H）高度处（如表 15 规定）的金属板上的一个合适套管。套管放置在一个水平平面上，使其中心线画出一个直径为 75 mm、与水平面板上夹紧装置同心的圆。滚筒以（10±2）r/min 的转速旋转。

夹紧装置开口端和套管上表面之间的距离应在表 17 规定的高度的±15 mm 范围之内。套管应该润滑以防止绝缘导线绞合、扭曲或旋转。

表 17 中规定的重物悬挂在导线端部。试验的持续时间大约 15 min。

试验过程中，导线既不应滑出夹紧装置也不应在靠近夹紧装置处断裂，也不应有妨碍导线继续使用的损坏。

如果首次试验用硬性绞合导线进行，则应采用硬性实心导线重复试验(如果有时)。

表 17 铜导线在机械负载试验中的弯曲值

导体的标称截面积 mm^2	套管孔直径[a] mm	高度 H mm	与导线对应的重物 kg
0.75	6.5	260	0.4
1.0 1.5	6.5 6.5	260 260	0.4 0.4
2.5 4.0	9.5 9.5	280 280	0.7 0.9
注 1：对于额定电流为 32 A 的 SRCD，应该用 10 mm^2 截面积的导线来进行试验(见条款 GB 2099.1 中 12.2)。 **注 2**：对于 AWG 铜导线，见附录 C。			
[a] 如果套管孔的直径不够大，没有捆绑不能放进导体，可使用相近的较大孔尺寸的套管。			

9.7.1.6 螺纹夹紧接线端子应能将导线可靠地夹紧在金属表面之间

通过直观检查和以下试验来检查是否满足要求。

对固定插座的接线端子连接硬实心导体或绞合导线，对插头和移动式插座连接软导线，采用表 16 规定的最小和最大截面积的导线。用表 15 相应栏目中规定值的三分之二的扭矩拧紧接线端子螺钉。

如果螺纹有一个带槽的六角头，要施加等于表 15 第三栏中相应值三分之二的扭矩。

对每根导线施加表 18 规定的拉力，施加拉力时不能用冲击力，时间为 1 min，方向为导体位置的轴线方向。

表 18 螺纹型接线端子的拉力试验值

接线端子能容纳的导体标称截面积/mm^2	拉力/N
0.75～1.5	40
1.5～2.5	50
2.5～4	50
注：对于额定电流为 32 A 的 SRCD，应该用 10 mm^2 截面积的导线来进行试验(见 GB 2900.1 中 12.2)。	

如果夹具适用于两根或三根导线，依次对每根导线施加合适的拉力。

在试验过程中，接线端子中导线应没有可觉察的移动。

9.7.1.7 螺纹夹紧端子应设计或放置在拧紧螺钉或螺母时，实心导线或绞合导线的线丝均不会滑出

通过以下试验来检查是否满足要求。

接线端子与具有表 19 规定的最大标称截面积的导线连接。

固定插座的接线端子用硬性实心导线和硬性绞合线进行检查。

插头和移动式插座的接线端子用软导线进行检查。

预期用于二根或三根导线环形连接的接线端子检查时，连接允许的导线根数。

接线端子所接的导线的构成如表 19 所示。

表 19 导线构成

标称截面积 mm^2	线丝根数(n)和导线直径(d)/mm $n \times d$		
	软导线	实心导线	绞合线
0.75	24×0.20	—	—
1.0	32×0.20	1×1.13	7×0.42
1.5	30×0.25	1×1.38	7×0.52
2.5	50×0.25	1×1.78	7×0.67
4.0	56×0.30	1×2.25	7×0.86
	—		
注：对于额定电流为 32 A 的 SRCD，应该用 10 mm^2 截面积的导线来进行试验(见 GB 2099.1 中的 12.2)。			

将硬实心导线或绞合导线插入端子的夹紧装置之前，应将实心线或绞合线的线丝弄直，另外可将绞合线扭动，使之能大约恢复到原来的形状。而软导线要朝一个方向扭动，使其在约 20 mm 的长度内均匀地扭成一整圈。

导线插入到夹紧装置中至规定的最短距离。如果没有规定距离，则插入至刚好从另一边露出为止，并且处于最容易使绞合导线的线丝穿出的位置。

然后用表 20 适当栏目中规定值三分之二的扭矩拧紧紧固螺钉。

对软导线用一根新导线重复试验，按上述方法扭动但方向相反。

试验后，不得有任何线丝从夹紧件中脱出，从而使爬电距离和电气间隙减少到低于表 6 的规定值。

9.7.1.8 SRCD 中的螺纹夹紧接线端子应这样固定或定位，使得接线端子在拧紧或拧松紧固螺钉或螺母时不会从 SRCD 的固定处松脱

注 1：这些要求并不意味着端子一定要设计得使它们无法旋转或移位，但对任何移动要有足够的限制以免不符合本标准的要求。

注 2：采用密封胶或树脂可认为足以防止接线端子松脱，但应符合：

——在正常使用过程中，密封胶或树脂不会受应力影响；

——在本标准规定的最不利情况下，接线端子所达到的温升不会损害密封化合物或树脂的效果。

通过直观检查、测量和以下试验来检查是否满足要求。

将一根表 12 规定的最大标称横截面积的硬实心铜导线放入端子中。

如果没有硬实心导线，可用硬绞合导线进行试验。

在将硬实心导线或绞合导线插入端子的夹紧装置之前，应将实心导线或绞合导线的线丝弄直，另外可将绞合线扭动，使之能大约恢复到原来的形状。

导体插入到接线端子中至规定的最短距离。如果没有规定距离，则插入至刚好从另一边露出为止，并且处于最容易使绞合线的线丝穿出的位置。

用合适的试验用螺丝旋具或扳手将螺钉和螺母拧紧或拧松 5 次，拧紧时施加的扭矩等于表 20 相应栏目的值或相应的图 5、图 6 或图 7 中的表里所示力矩，二者中取大值。

每次拧松螺钉或螺母时，均要移动导线。

如果螺栓有带槽的六角螺钉头，仅用螺丝旋具进行试验，所施加的力矩值在表 20 第三栏给出。

表 20　验证螺纹接线端子机械强度用的拧紧扭矩

螺纹标称直径 mm	扭矩 Nm		
	1[a]	2[b]	3[c]
≤2.8	0.2	0.4	—
>2.8～3.0	0.25	0.5	—
>3.0～3.2	0.3	0.6	—
>3.2～3.6	0.4	0.8	—
>3.6～4.1	0.7	1.2	1.2
>4.1～4.7	0.8	1.8	1.2
>4.7～5.3	0.8	2.0	1.4

[a] 第 1 栏适用于拧紧时不会从螺孔中突出的无头螺钉，以及其他不能用刀口比螺钉直径宽的螺丝旋具来拧紧的螺钉。

[b] 第 2 栏适用于用螺丝旋具来拧紧的其他螺钉和用除螺钉旋具以外的工具来拧紧的螺钉或螺母。

[c] 第 3 栏适用于用螺丝旋具来拧紧的罩式接线端子的螺母。

在试验过程中，接线端子不应松动，并不应有妨碍接线端子继续使用的损坏，例如，螺钉断裂或螺钉头、槽的损坏(导致无法使用适当的螺丝旋具)，螺纹、垫圈或夹头的损坏等。

注 3：罩式接线端子的标称直径就是带槽的螺栓的标称直径。

注 4：试验用螺丝旋具刀口形状宜适合于被试的螺钉头。

注 5：不能用冲击力拧紧螺钉和螺母。

9.7.1.9　螺纹夹紧接地端子的夹紧螺钉和螺母应充分锁定以免意外松动，并且不用工具应不可能使其松开。

通过手动试验来验证是否满足要求。

注：通常，图 5、图 6、图 7 和图 8 所示接线端子的结构具有足够的弹性来满足本要求；对于其他结构，可能需要采取特别的措施，例如，使用一个不太可能因疏忽而丢失的、具有足够弹性的部件。

9.7.1.10　螺纹夹紧接地端子，应不会因这些部件与接地铜导线或与其接触的其他金属之间的接触，而引起腐蚀的危险。

接地端子的本体应由黄铜或耐腐蚀性能不亚于黄铜的其他金属制成，除非它是金属框架或外壳的一部分，这时，其螺钉或螺母应由黄铜或耐腐蚀性能不亚于黄铜的其他金属制成。

如果接地端子本体是铝合金框架或外壳的一部分，要采取措施防止由于铜和铝或铝合金接触而产生腐蚀的危险。

通过直观检查来检验是否满足要求。

注：能经受住腐蚀试验的电镀钢制成的螺钉或螺母，被视为耐腐蚀性不亚于黄铜的金属制品。

9.7.1.11　对于柱形接线端子，导线完全插入时夹紧螺钉与导线端部之间的距离至少应是图 5 规定的值。

注：夹紧螺钉与导线端部之间的最小距离，仅适用于导线不能直接穿过的柱型端子。

对于罩式接线端子，导线完全插入时固定的部件与导体端的距离至少应是图 8 规定的值。

在将表 12 规定的最大标称截面积实心导线完全插入并夹紧后，通过测量来验证是否符合要求。

9.7.2 用于外部铜导线的无螺纹接线端子

9.7.2.1 无螺纹接线端子的型式可以是仅适用于硬性铜导线，也可以是既适用于硬性铜导线又适用于软铜导线

对于后一种类型的接线端子，首先要用硬性导线进行试验，然后再用软导线重复试验。

注：本条款不适用于带下列接线端子 SRCD：

——无螺纹接线端子在夹紧导线之前，要求在导线上安装特定的器件，例如，推入式连接器；

——需要将导线扭绞的无螺纹端子，例如，扭绞式接头；

——采用刀口或尖端刺穿绝缘直接与导线接触的无螺纹端子。

9.7.2.2 无螺纹接线端子应有两个夹紧件，每个均能正确连接表 21 所示的标称截面积的硬铜导线或硬和软铜导线

表 21 无螺纹端子的额定电流和可连接的铜导线的截面积之间的关系

额定电流 A	导线		
	标称截面积 mm^2	最大硬导线直径 mm	最大软导线直径 mm
10～16	1.5～2.5	2.13	2.21

当必须连接两根导线时，每根导线应插入一个分开的单独的夹紧件里（但不一定是分开的孔）。

通过直观检查，并连接规定的最小和最大标称截面积的导线来检验是否满足要求。

9.7.2.3 无螺纹接线端子应能连接未经特殊加工的导线

通过直观检查来检验是否满足要求。

注：术语“特殊加工”包括导线线丝的焊接，使用端子接头等，但不包括导线插入端子前的整型和软导线的扭绞以增加端部的强度。

9.7.2.4 主要用于载流的无螺纹接线端子部件应由 8.3.4 中规定的材料制成

通过直观检查和化学分析来检验是否满足要求。

注：弹簧、弹性件、夹紧板之类，不视为端子中的主要载流的部件。

9.7.2.5 无螺纹接线端子应设计得既有足够的接触压力来夹紧规定的导线，又不会过度损伤导线

应将导线夹紧在两个金属表面之间。

注：如果导线明显地有深的或尖锐的压痕，则视作受到过度损伤。

通过直观检查和 9.7.2.10 的试验来检验是否满足要求。

9.7.2.6 如何连接和拆卸导线应是明确的

要拆卸导线，除了拉动导线外，应需要进行一项操作，即借助或不借助一般用途工具通过手动操作将导线拆卸。

连接或拆卸导线时工具所用的孔与导线所用的孔应不可能出错。

通过直观检查和 9.7.2.10 的试验来检验是否满足要求。

9.7.2.7 预期用于将两根或多根导线互连的无螺纹端子的设计要求

——在导线插入过程中，某根导线的夹紧件的操作与其他导线夹紧件的操作无关；

——在拆卸导线的过程中，导体可以同时拆卸也可以分别拆卸；

——每根导线应插入到单独的夹紧件里(但不必是分开的孔)；

——应能可靠地夹紧设计的最多数量及以下的任何根数导线。

通过直观检查和适当根数和尺码的导线进行手工试验来检验是否满足要求。

9.7.2.8 固定式SRCD的无螺纹接线端子的设计应使得适当的插入导线是明显的，如果导线继续插入会降低表6要求的爬电距离和/或电气间隙或影响插座的功能，则应能防止导线过度插入

注：就本要求而言，可以在SRCD上或在随同SRCD的说明书中给出适当的标志，表明将导线插入无螺纹端子之前需剥去的导线绝缘的长度。

通过直观检查和9.7.2.10的试验来检验是否满足要求。

9.7.2.9 无螺纹接线端子应适当地固定到SRCD上

在安装过程中，无螺纹接线端子不应因导线的连接或拆卸而松动。

通过直观检查和9.7.2.10的试验来检验是否满足要求。

仅用密封胶覆盖而无其他锁定措施是不够的，然而可以用自固化树脂来固定在正常使用时不会受到机械应力的端子。

9.7.2.10 无螺纹接线端子应能承受住正常使用时出现的机械应力

通过如下试验检验是否合格，该试验采用无绝缘的导线在每个试品的一个无螺纹端子上进行，每次试验均要使用新的试品。

用硬性铜导线进行试验，先用表12规定的最大标称截面积的导线，然后再用最小标称截面积的导线。

将导线连接和拆卸5次，每次均要用新的导线，但第5次除外。第5次要将用作第4次连接的导线夹紧在同一位置。每次连接时，或将导线尽量推入端子里，或者插入到可明显看出已经适当连接。

每次连接后，导线要经受表22中所示值的拉力。施力达1 min，但不得使用爆发力。施力的方向，为导线所占空间的纵轴方向。

表22 无螺纹接线端子拉力试验值

额定电流/A	拉力/N
10～16	30

在施加拉力的过程中，导线不应脱出螺纹端子。

然后用9.7.2.2中规定的最大和最小截面积硬绞合铜导线重复试验，但仅连接和拆卸一次。

用于连接硬软两种导线的无螺纹端子，也要用软导线作5次连接和拆卸的试验。

对带有无螺纹接线端子的固定式SRCD，要用试验装置使每根导线以(10±2)r/min的速率作圆周运动15 min。试验装置的示例如图9所示。在试验过程中，表23中规定的重物悬挂在导线端部。

表 23 铜导线在机械负载试验下的弯曲值

导线的标称截面积 mm^2	套管孔直径[a] mm	高度 H mm	与导线对应的重物 kg
0.5	6.5	260	0.3
0.75	6.5	260	0.4
1.0	6.5	260	0.4
1.5	6.5	260	0.4
2.5	9.5	280	0.7
4.0	9.5	280	0.9
注：对于 AWG 铜导线，见附录 C。			
[a] 如果套管孔的直径不够大，要将导线捆绑才能插进套管孔，可以改用大一个尺码的套管。			

试验过程中，导线在夹紧件里不应明显窜动。

试验之后，接线端子和夹紧件均不能松动，导体不应有会影响其继续使用的损坏。

9.7.2.11 **无螺纹接线端子应能经受住正常使用时出现的电应力和热应力。**

通过以下 a)和 b)试验来检验是否满足要求。在 5 个未做过任何试验的 SRCD 的无螺纹接线端子上试验。

这两项试验均用新的铜导线进行。

a) 无螺纹接线端子接上表 24 规定的截面积，长 1 m 硬实心导线，并通以表 24 中规定值的交流电流持续 1 h。

试验在每个夹紧件上进行。

表 24 验证无螺纹接线端子在正常使用中电应力和热应力的试验电流

额定电流 A	试验电流 A	导线的标称截面积 mm^2
10	17.5	1.5
16	22	2.5
注 1：额定电流小于 10 A 的 SRCD，试验电流应按比例确定，导线的截面积选 1.5 mm^2。		
注 2：额定电流小于 16 A 大于 10 A 的 SRCD，试验电流应按比例确定，导线的截面积选 2.5 mm^2。		

在试验期间，电流不流过 SRCD，仅流过接线端子。

试验结束后，立即测量每个无螺纹接线端子流过额定电流时两端的电压降。

电压降均不能超过 15 mV。

应在每个无螺纹端子的两端，尽可能靠近接触点的地方测量。

如果端子的背后连接是不易触及的，试样可以由生产厂适当处理，但必须注意，不得影响端子的性能。

在本试验及其测量期间，还应注意，导线及测量装置均不得明显移动。

b) 已经进行过上述 a)项电压降测量的无螺纹端子应按如下进行试验：

试验期间通以等于表 24 规定的试验电流。

整个测试装置，包括导线在内，在电压降的测量完成之前均不得移动。

端子应经受 192 个温度周期，每个周期的持续时间约为 1 h，并按如下程序进行：

——通电流约 30 min；

——随后，断电流约 30 min。

在每 24 个温度周期之后和在第 192 个温度周期完成之后，应按 a)项的规定，测出每个无螺纹端子的电压降。

任何情况下，电压降均不得大于 22.5 mV 或在第 24 个温度周期之后测得的值的两倍，二者中取较小值。

试验之后，在无任何附加放大的情况下，以正常或校正视力检查，应无任何明显影响其继续使用的变化，例如，开裂、变形或类似情况。

此外，还要重复进行 9.7.2.10 中规定的机械强度试验。所有试样均应能经受住这项试验。

9.7.2.12 无螺纹接线端子的设计应保证所连接的实心硬导线，即使在正常安装时已经弯曲(例如装进安装盒内)，而且弯曲应力已传到夹紧件中，也能被夹紧

在三个未做过任何试验的 SRCD 试品上进行下列试验来检验是否符合要求。

试验设备的原理见图 10a)，该设备结构如下：

——将一根规定的导线适当地插入至接线端子，导线可在 12 个方向弯曲，每二个弯曲方向之间相差 30°±5°；

——起始点离原点可有 10°和 20°的变化。

注 1：不需要规定基准方向。

导线由直线位置弯曲到试验位置应采用一个合适的装置来实现，在离端子一定距离处对导线施加规定的力。

弯曲装置的设计应确保：

——施力方向为垂直于未弯曲的导线方向；

——弯曲时导线在夹紧件内不会旋转和移位；

——在进行规定的电压降测量时，保持施力状态。

应采取措施，使导线连接时能测量夹紧件两端的电压降，如图 10b)所示的例子。

将试样安装在试验装置的固定部件上，使插入至被试夹紧件的规定导线能自由弯曲。

注 2：必要时，可将被插入的导线绕过障碍物持续地弯曲，只要这样做不影响试验的结果。

注 3：在某些场合，最好将试验中妨碍受力导体弯曲的那些部件拆掉，但导线的导向部件除外。

为避免氧化，应在即将开始试验前剥掉导线的绝缘。

夹紧件按正常使用连接表 25 中规定的最小标称截面积的硬单心铜导线，并进行第一个试验顺序。同一个夹紧件再连接最大标称横截面积的导线进行第二个试验顺序，除非第一个试验顺序已失败。

弯曲导线的力如表 26 规定。距离 100 mm 测量是从接线端子端部，包括导线的导向部分(如果有时)，至导线的施力点。

试验在持续电流下进行(即试验时，不要接通和断开电流)。宜采用合适的电源并宜在电路中接入一个适当的电阻，以便在试验时使电流变化保持在±5%范围内。

表 25 无螺纹接线端子弯曲试验用的硬铜导线的标称横截面积

SRCD 的额定电流 A	试验导体的标称截面积 mm^2	
	第一顺序试验	第二顺序试验
$I_n \leqslant 6$	1.0[a]	1.5
$6 < I_n \leqslant 16$	1.5	2.5
[a] 仅适用于允许在固定电气装置中使用 1.0 mm^2 导线的国家。		

表 26 弯曲试验的力

试验导线的标称横截面积 mm²	使试验导线弯曲所用的力[a] N
1.0	0.25
1.5	0.5
2.5	1.0
[a] 力的选择应使得导线的应力接近弹性极限。	

被试的夹紧件通以试验电流等于 SRCD 的额定电流。在图 10a)所示的 12 个方向中一个方向，对插入至被试夹紧件的导线施加表 25 规定的力。测出此夹紧件两端的电压降。然后将力撤掉。

然后按同样的试验顺序，依次对图 10a)所示的其余 11 个方向中的每一个方向施加该力。

如果在 12 个试验方向中任一方向的电压降大于 25 mV，则继续在该方向施力，直至电压降降到 25 mV 以下，但不超过 1 min。在电压降降到低于 25 mV 后，继续在该方向施力 30 s，此时，电压降不得增大。

该组试品的其他两个 SRCD 试品按同样的试验顺序试验，但施力的 12 个方向要变动，使每个试样的施力方向相差约 10°。

如果有一个试样在施力的任一方向上不合格，则要在另一组试样上重复进行试验。复试时，所有的试样均应合格。

9.8 验证 AC 型和 A 型 SRCD 动作特性

9.8.1 试验电路

SRCD 按图 2 接线。

除非另有规定，否则试样应在 $0.85U_n$ 和 $1.1U_n$ 进行试验。

试验电路应是电感可以忽略不计的。

测量剩余电流的仪表应显示(或测量)真有效值。

测量时间的仪表，其最大相对误差应不大于测量值的 10%。

9.8.2 验证电源电压故障时的工作性能

试验开关 S_2 处于断开位置，S_1、S_4 和 SRCD 处于闭合位置。

然后断开 S_1。

只有按 4.1.2a)和 4.1.2b)分类的 SRCD 应自动断开。

重新闭合 S_1。

只有按 4.1.2b)分类的 SRCD 应自动重新闭合。

开关 S_2 和 SRCD 在断开位置，S_1 和 S_4 处于闭合位置，重复试验。

开关 S_1 然后打开再重闭合。

SRCD 不应自动重闭合。

9.8.3 在基准温度(20±5)℃下，不带负载，用剩余正弦交流电流进行试验

SRCD 应进行 9.8.3.1、9.8.3.2 和 9.8.3.3 试验(每项试验测量 5 次，但在 175 A 及以上仅做一次)，仅在任选的一极进行试验，但对各个试品应在不同极上进行。

9.8.3.1 剩余电流稳定增加时,验证正确动作

试验开关 S_1、S_2、S_4 和 SRCD 处于闭合位置,剩余电流从不大于 $0.2I_{\Delta n}$ 开始以在 30 s 内增加到 $I_{\Delta n}$ 的速度稳定地增加,每次测量脱扣电流。

所有 5 次测量值均应在 $I_{\Delta no}$～$I_{\Delta n}$ 之间。

9.8.3.2 闭合剩余电流时,验证正确动作

a) 试验电路调节到 $I_{\Delta n}$。试验开关 S_1、S_2、S_4 先闭合,用 SRCD 闭合电路以便尽可能地模拟使用条件。测量 5 次分断时间,所有的测量值均不应超过表 1 或表 2 相应规定的极限值。

b) 对按 4.1.2a)分类的 SRCD,在最后一次剩余电流脱扣后,不手动复位。断开试验开关 S_1,然后重新闭合。SRCD 应保持在断开位置。

c) 对按 4.1.2b)分类的的 SRCD,开关 S_1、S_4 在闭合位置,闭合 SRCD。然后断开 S_1,则 SRCD 应断开。接着,闭合开关 S_2,然后闭合 S_1,如果 SRCD 重新闭合,则应在相应规定时间内脱扣。试验在 $I_{\Delta n}$ 时进行 5 次,测量分断时间,所有的测量值均不应超过表 1 中规定的极限值。

9.8.3.3 突然出现剩余电流时,验证正确动作

对按 4.1.1 分类的 SRCD,试验电路的试验电流依次调节到表 1 规定的每一个剩余电流值,试验开关 S_2、S_4 和 SRCD 处于闭合位置,然后闭合试验开关 S_1 使电路中突然产生一个剩余电流。

对按 4.1.2a)和 b)分类的 SRCD,试验电路的试验电流依次调节到表 1 规定的每一个剩余电流值,试验开关 S_1、S_4 和 SRCD 处于闭合位置,然后闭合试验开关 S_2 使电路中突然产生剩余电流。

每次试验 SRCD 应脱扣。

每一个剩余电流值试验 5 次,并测量分断时间,每次试验间隔 60 s。在 175 A 及以上仅做一次试验。

所有的测量值均不应超过表 1 中规定的极限值。

9.8.4 在基准温度下,带负载验证正确动作

SRCD 带负载通以额定电流足够的时间以达到热稳定状态,重复 9.8.3.2a)和 9.8.3.3 的试验。实际上,当温升变化不超过 1 K/h 时,即认为达到了热稳定状态。

9.8.5 在极限温度下,带和不带负载时验证正确动作

9.8.5.1 按 4.7.3a)和 4.7.3b)分类的 SRCD

SRCD 应在下列条件下进行试验:

a) 环境温度 −5 ℃或 −25 ℃,空载;$0.85U_n$ 下进行 9.8.3.3 中的试验。

b) SRCD 按 9.11 温升试验那样安装,在环境温度 +40 ℃和 $1.1U_n$ 条件下带负载通以额定电流至热稳定状态,然后进行 9.8.3.2a)和 9.8.3.3 的试验。

实际上,当温升变化不超过 1 K/h 时,即认为达到了热稳定状态。

注 1:预加热可以在低电压下进行。

注 2:电流和电压可取自两个分开的电源。图 11 给出了例子。

9.8.5.2 按 4.7.3b)分类的 SRCD,在低周围空气温度下验证正确动作

封闭式 SRCD 在其外壳内进行试验,非封闭式 SRCD 安装在保护等级为 IP55 的独立外壳内,并按正常使用连接(见图 2)。

注 1:本试验不能打开外壳的泄水孔。

注 2：在 IP55 外壳中试验的 SRCD，在－25 ℃～＋40 ℃温度范围内，也可在不是 IP55 防护等级的外壳中使用。

将 SRCD(包括外壳)置于环境温度为 23 ℃±2 ℃、相对湿度为 93％±3％的试验室中。试验室和试品(包括外壳)的容积比应大于 50。

SRCD 处于闭合位置，不带负载，并应承受住下列试验循环(见图 12)。

最初的 6 h(稳定阶段)温度保持在(23 ℃±2 ℃)、湿度保持在 93 ℃±3％。在接着的 6 h 内，周围空气温度降低到(－25 ℃±2 ℃)，不加湿。然后保持(－25 ℃±2 ℃)的温度至 6 h。在接着的 6 h 内，温度增加到(23 ℃±2 ℃)，相对湿度增加到(93％±3％)(第一个试验循环结束)。共进行 5 次这样的循环试验。

在试验循环时，SRCD 不应脱扣。

在第 5 个试验循环期间，在(－25 ℃±2 ℃)周期结束时，对 SRCD 的一极通以交流剩余电流(见图2)。

对于 SRCD，剩余电流调节到 $1.25I_{\Delta n}$ 并通过闭合开关 S_2 接通电流。仅对任选的一极进行试验。测量的分断时间不应超过表 1 对 $I_{\Delta n}$ 的规定值。

此外，紧接着上述交流剩余电流试验后，对 A 型 SRCD 进行脉动直流剩余电流试验，试验电路按图 14。

对于 $I_{\Delta n} \leqslant 0.01$ A 的 SRCD，剩余电流调整到 $1.25 \times 2I_{\Delta n}$；对于 $I_{\Delta n} > 0.01$ A 的 SRCD，剩余电流调整到 $1.25 \times 1.4I_{\Delta n}$。电流滞后角应等于 0°，试验开关 S_3 的位置任选，并通过闭合试验开关 S_2 产生电流。仅对任选的一极进行一次试验。测量的分断时间不应超过表 1 对 $I_{\Delta n}$ 的规定值。

这些试验之后，通过直观检查应显示，材料没有遭受到妨碍 SRCD 继续使用的损坏，并且在－25 ℃温度下以及没有任何剩余电流时可以闭合 SRCD。

9.8.6 配有 FE 连接的 SRCD 的附加试验

图 2 中 R_e 的值应为 150 Ω。

注：上述 R_e 的值考虑到 SRCD 不使用在 IT 系统中。

9.8.6.1 剩余电流稳定增加时，验证正确动作

在 $0.85U_n$ 下，重复一次 9.8.3.1 的试验，且断开试验开关 S_4。

测量值应在 $I_{\Delta no} \sim I_{\Delta n}$ 之间。

9.8.6.2 闭合剩余电流时，验证正确动作

在 $0.85U_n$ 下，重复一次 9.8.3.2 的试验，且断开试验开关 S_4。

9.8.6.3 突然出现剩余电流时，验证正确动作

在 $0.9U_n$ 下，试验电路中电流调整到 $5I_{\Delta n}$，试验开关 S_1 和 SRCD 处于闭合位置，试验开关 S_4 处于断开位置，然后闭合试验开关 S_2 突然产生剩余电流。

SRCD 应脱扣。

以 $5I_{\Delta n}$ 进行一次试验，测量分断时间。

分断时间的值不应超过表 1 中规定的相应的极限值。

9.8.7 验证 A 型 SRCD 剩余电流包含有直流分量时的正确动作

除了试验电路应是图 14 和图 15(适用时)所示的电路外，9.8.1 的试验条件适用。

9.8.7.1 验证剩余脉动直流电流连续上升时的正确动作

试验应按图 14 进行。

试验开关 S_1、S_2、S_4 和被试 SRCD 应闭合，相应的可控硅应这样控制，使电流滞后角 α 分别为 0°、90°和 135°。SRCD 的每极应在每个电流滞后角以及试验开关 S_3 在位置Ⅰ和位置Ⅱ各试验二次。

每次试验时，电流要从零稳定地增加，在 30 s 内至

——对于 $I_{\Delta n}>0.01$ A 的 SRCD，为 $1.4I_{\Delta n}$；

——对于 $I_{\Delta n}\leqslant 0.01$ A 的 SRCD，为 $2I_{\Delta n}$。

脱扣电流应符合表 27 的规定。

表 27　在脉动直流电流情况下，SRCD 的脱扣电流范围

滞后角 α	脱扣电流 A	
	每个 α 值的下限值	所有 α 值的上限值
0°	$0.35I_{\Delta n}$	$I_{\Delta n}\leqslant 10$ mA：2 $I_{\Delta n}$ $I_{\Delta n}>10$ mA：$1.4I_{\Delta n}$
90°	$0.25I_{\Delta n}$	
135°	$0.11I_{\Delta n}$	

9.8.7.2　验证剩余脉动直流电流叠加 6 mA 平滑直流电流时正确动作

SRCD 按图 15 用半波整流剩余电流（电流滞后角 $\alpha=0°$）叠加 6 mA 平滑直流电流进行试验。

依次对 SRCD 的每极在开关 S_3 的位置Ⅰ和位置Ⅱ各试验二次。

每次试验时，半波电流 I_1 要从零稳定增加，在 30 s 内至：

——对于 $I_{\Delta n}>0.01$ A 的 SRCD，为 $1.4I_{\Delta n}$

——对于 $I_{\Delta n}\leqslant 0.01$ A 的 SRCD，为 $2I_{\Delta n}$

SRCD 应在半波电流 I_1 分别达到不超过 $1.4I_{\Delta n}$ 或 $2I_{\Delta n}$ 值前脱扣，如适用。

9.8.7.3　验证突然出现剩余脉动直流电流时的正确动作

SRCD 应按图 14 进行试验。

电路要依次调整到表 2 中给出的每个 I_Δ 值。

试验电路依次调节到表 2 规定的电流值，试验开关 S_1、S_4 和 SRCD 处于闭合位置，然后闭合试验开关 S_2 使电路中突然产生一个剩余电流。

每个值在电流滞后角 $\alpha=0°$时测量两次分断时间，试验开关 S_3 在位置Ⅰ进行第一次测量，在位置Ⅱ进行第二次测量。

测量值不能超过表 2 中规定的极限值。

9.8.7.4　验证在基准温度下，带负载时正确动作

SRCD 通以额定电流负载，仅在电流滞后角 $\alpha=0°$时重复 9.8.7.1 试验，额定电流负载在试验前不久接通。

注：额定电流负载在图 14 中没有标明。

9.9　验证按 4.2.1b）分类的 SRCD 在误接线时的工作状况

SRCD 处于断开位置。对于额定电压不超过交流 250 V 的 SRCD，将 $0.7U_n$ 的电源电压直接与直接馈电端子连接；对于额定电压不超过交流 130 V 的 SRCD，将 $0.85U_n$ 的电源电压直接与直接馈电端子连接。在这种情况下，SRCD 的电源端子和插座部分不应有电压。

然后应试图闭合 SRCD。如果可能闭合 SRCD,它不应保持在闭合状态。

9.10 验证试验装置

9.10.1 验证模拟剩余电流

为了验证在额定电压下操作试验装置产生的安匝数小于 $I_{\Delta n}$的剩余电流产生的安匝数的 2.5 倍,可根据试验装置电路的结构,测量试验装置电路的阻抗并计算试验电流。

对于这个验证项目,如果必须拆开 SRCD,则应另外使用一个试品。

注 1:验证试验装置的耐久性可认为已包括在 9.17 的试验中。

注 2:如果试验是在脉动直流剩余电流下进行,对于 $I_{\Delta n} \leqslant 10$ mA 的 SRCD,$2.5I_{\Delta n}$要乘以 2,对于 $I_{\Delta n} > 10$ mA 的 SRCD,$2.5I_{\Delta n}$要乘以 1.4。

9.10.2 验证试验装置的动作性能

a) 对 SRCD 施加 1.1 倍的额定电压,瞬时地操作试验装置 25 次,间隔 5 s,每操动作前重新闭合 SRCD。

b) 接着重复试验 a),但仅试一次,试验装置的操作件保持在闭合位置 30 s。

c) 然后,在 0.85 倍的额定电压下重复 a)项试验。

a)、b)和 c)的每次试验时,SRCD 应动作。试验后,SRCD 应无妨碍其继续使用的损坏。

9.11 验证温升限值

9.11.1 试验条件

除了 SRCD 应施加 $1.05U_n$ 的电压外,9.1 的试验条件适用。

SRCD 在结构上应符合如下的温升试验要求。

接线端子螺钉或螺母用表 15 规定值 2/3 的扭矩拧紧。

嵌入式 SRCD 安装在嵌装盒里。安装盒放置于松木槽里。松木槽与安装盒之间填满灰泥,使安装盒的正面边缘不会高出松木槽的正表面,也不能低于正表面 5 mm 以上。

注 1:这一试验组合体在制成后,应至少先晾干 7 d 才进行试验。

松木槽可以由多于一小块拼凑而成。松木槽的大小应能使至少有 25 mm 的木头包围着灰泥;在安装盒各边和底部最大尺寸处,灰泥的厚度应在 10 mm～15 mm 之间。

注 2:松木槽里的腔穴可以是圆柱形的。

连接到 SRCD 的电缆应从盒子顶部进入,进入点应密封防止空气循环。安装盒中每个导线的长度应为 80 mm±10 mm。

明装式 SRCD 固定于木块表面的中心,该木块至少厚 20 mm,宽 500 mm,高 500 mm。

其他类型的 SRCD 按制造商的说明安装,如果没有这种说明,要安装在正常使用时为最严酷条件的位置。

试验组合体应放在不通风的环境里进行试验。

需要插头进行试验时,插头的插销应为黄铜制品,并应具有规定的最小尺寸。

9.11.2 周围空气温度

在试验周期的最后 1/4 时间内,应至少用两只温度计或热电偶,均匀地分布在 SRCD 周围,高度约为 SRCD 高度的一半,距 SRCD 约 1 m 的地方测量周围空气温度。

温度计或热电偶应免受对流和热幅射的影响。

注:应注意避免由于温度突然变化产生的误差。

9.11.3 试验顺序

9.11.3.1 按 4.2.1、4.2.2 和 4.2.3 分类的 SRCD 试验

SRCD 的二极从 SRCD 的电源端子到负载侧(插座或负载端子或飞线)同时通以 I_n 的电流,通电时间应足以使温升达到稳定值。实际上,当温升变化每小时不超过 1 K 时,即可认为已达到稳定条件。

在这些试验中,温升不应超过表 8 所示的值。

9.11.3.2 按 4.2.1b)分类的 SRCD 的附加试验

SRCD 的二极从电源端子到直接馈电装置同时通以 I_n 的电流重复 9.11.3.1 的试验。

9.11.4 测量不同部件的温升

用细线热电偶或等效的工具在最可接近最热点的位置上,测量表 8 提及的各部件的温度。

热电偶与被测部件表面之间应保证有良好的热传导性。

9.12 耐潮湿性能

9.12.1 被试 SRCD 的预处理

将不用工具就能拆卸的 SRCD 的部件拆下并和主要部件一起进行潮湿处理,在潮湿处理过程中,弹簧盖(如果有的话)保持打开。

进线孔(如有),全部打开。如果有敲落孔,打开其中一个。SRCD 应在断开位置,不施加电源电压并处于大气中。

9.12.2 试验条件

潮湿处理在空气相对湿度保持在 91%~95%之间的潮湿箱中进行。

放置试品处的空气温度保持在 20 ℃~30 ℃之间的任何合适温度 $T \pm 1$ ℃范围内。

试品在放入到潮湿箱前,预热到 T ℃~(T+4)℃的温度。

9.12.3 试验顺序

试品在潮湿箱中保持 48 h。

注 1:在潮湿箱中放置硫酸钠(Na_2SO_4)或硝酸钾(KNO_3)的饱和水溶液,并使其与箱内空气有一个足够大的接触面,就可获得 91%~95%之间的相对湿度。

注 2:为了使箱内达到规定的条件,建议使用一个绝热的箱子并确保箱内空气不断循环。

9.12.4 试验后 SRCD 的状况

在潮湿处理后,试品应无本标准含义内的损坏,并应承受 9.13.1 和 9.13.2 的试验。

9.13 介电性能试验

9.13.1 主电路的绝缘电阻

在 9.12 试验后,经过 30 min~60 min 的时间间隔,施加约 500 V 的直流电压 5 s 后,并在该电压下依次测量下列部位的绝缘电阻:

a) SRCD 处于断开位置,依次对每对接线端子之间或插销或插座的接触套之间,当 SRCD 处在闭合位置时,它们在电气上是连接在一起的;

b) SRCD 处于闭合位置,极与极之间,试验时连接在电流回路之间的电子元件断开(如果 SRCD 不可能保持在闭合位置,每个极用外部连接线短接);

c) SRCD处于闭合位置，所有连接在一起的极与框架，包括覆盖在绝缘材料内壳（如果有的话）外表面的金属箔之间（试验时连接在SRCD带电部件和接地回路之间的元器件断开）；

d) 机构内部的金属部件与框架之间；

注：为了进行这个测量项目，可由制造厂专门提供触及机构内部金属部件的通路。

e) 对具有绝缘材料内衬的金属外壳的SRCD，框架与覆盖在绝缘材料衬垫（如果有的话），包括套管和类似装置内表面的金属箔之间。

术语“框架”包括：

——所有易触及的金属部件和正常使用时易触及的绝缘材料表面覆盖的金属箔；

——SRCD接线时必须拆下的固定盖的螺钉。

进行本试验时，保护导线应连接到框架上。

对b)、c)、d)和e)项的测量，金属箔应这样覆盖，使得密封化合物（如果有的话）也受到有效的试验。

绝缘电阻应不小于：

——2 MΩ，对a)项和b)项的测量；

——5 MΩ，对其他项的测量。

9.13.2 主电路的介电强度

SRCD通过9.13.1的试验后，立即在9.13.1所指定的部件之间施加下面规定的试验电压1 min。试验时，电子元件（如果有的话）应断开。

试验电压应基本上为正弦波形，频率在45 Hz～65 Hz之间。

试验电压的电源应能输出至少为0.2 A的短路电流。

当输出电路的电流小于100 mA时，试验变压器的过电流脱扣装置不应动作。

试验电压值应如下所示：

——2 000 V，对9.13.1的a)～d)项；对于预期使用在带120 V中性点的双相系统中的额定剩余电流为6 mA的SRCD，允许用1 500 V。

——2 500 V，对9.13.1的e)项。

试验开始时，施加的电压不大于规定值的一半，然后在5 s内把电压升至全值。

试验过程中，不应发生闪络或击穿。

无电压降的辉光放电可忽略不计。

9.13.3 绝缘测量时耐直流高压能力

使用的直流电压源具有以下的特性：

——开路电压：600^{+25}_{0} V；

——最大波纹系数：5%

其中：

$$纹波系数=\frac{最大值-平均值}{平均值}\times 100$$

——短路电流：12^{+2}_{0} mA。

进行试验的SRCD处于闭合位置。如不可能使SRCD处于闭合位置，每个极用外部连接线短接。

施加试验电压1 min。

a) 连接在一起的两个极与连接至FE线和PE端子（如果有时）的金属框架之间（如果有时）；

b) 在两个极之间。

本次处理之后，SRCD应能进行9.8.3.1规定的试验。

9.14 EMC的符合性和误脱扣

9.14.1 电磁兼容性(EMC)

按GB 18499进行如下EMC试验:

表28所列试验已包括在本标准中,因而不应重复试验。

表28 EMC采用的试验

参考GB 18499中表4和表5	电磁现象	本标准的试验
T1.3	电压幅度变化	9.8.1
T1.4	电压不平衡	9.8.1
T1.5	电源频率变化	9.1.1
T1.8	辐射磁场	9.15和9.23
T2.4	瞬变振荡电流	9.14.2

GB 18499中表4、表5和表6中其余的试验应按本标准附录A中列出的试验顺序EMC1、EMC2和EMC3进行。

对于包含连续工作振荡器的SRCD,CISPR 14-1的试验应在GB 18499试验之前先在样品上进行。

9.14.2 验证$I_{\Delta n}\geqslant 0.010$ A的SRCD在冲击电压产生的对地浪涌电流下,防止误脱扣的能力

SRCD用浪涌电流发生器进行试验,浪涌发生器能产生一个图16所示的衰减的振荡电流波。SRCD试验的电路图示例见图17。对SRCD任选的一极施加10次浪涌电流,每施加两次应变换浪涌电流波的极性,连续两次施加浪涌电流之间的时间间隔应约为30 s。

用一适当的装置测量浪涌电流,并用另外一个相同型号的SRCD试品调节电流以满足下列要求:

——峰值电流:25 A$^{+10\%}_{0}$;

——前沿时间:0.5 μs±0.15 μs;

——后续振荡电流波形周期:10 μs±2 μs;

——每个后续波形的峰值:约为前一个波形峰值的60%。

试验过程中,SRCD不应脱扣。

9.15 验证SRCD在过电流条件下的工作状况

9.15.1 过电流试验一览表

验证SRCD在过电流条件下,工作状况的各种试验项目见表29。

表29 验证SRCD在过电流条件下工作状况的试验

验证项目	按以下分类的SRCD的试验条款	
	4.9a)、b)、c)1)	4.9c)2)
额定接通分断能力I_m	9.15.2.2	—
额定剩余接通分断能力$I_{\Delta m}$	9.15.2.3	9.15.2.3
在250 A和额定限制短路电流I_{nc}时的配合	9.15.2.4 a)	—
在额定接通分断能力I_m时的配合	9.15.2.4 b)	—
在250 A和额定限制剩余短路电流$I_{\Delta c}$时的配合	9.15.2.4 c)	—
SRCD中分开的或构成一体的插头和插座的接通分断能力	9.15.3	9.15.3
在1 500 A下的短路试验		9.23.2.1
额定短路能力I_{cn}		9.23.2.2

9.15.2 短路试验

9.15.2.1 一般试验条件

9.15.2 规定的试验条件适用于验证 SRCD 在短路条件下工作状况的任何试验项目。

a) 试验电路

试验电路图如图 18 所示。

由电源 S 供电的电路包括电阻器 R，电感器 L，SCPD(如果有的话)，被试 SRCD 和附加电阻 R_2 和/或 R_3(适用时)。

如 SRCD 或相关的插头已装有熔断器，则不必再接 SCPD。

试验电路的电阻器的电阻值和电感器的电感值应可调节到满足规定的试验条件。

电感器 L 应是空心电抗。电感器和电阻器 R 串联。电感值应由各个电感器串联耦合得到。如果这些电感器的时间常数基本上相同，则电感器也可以并联。

因为带有大空心电感器的试验电路的暂态恢复电压不能代表正常的工作条件，所以除非制造厂和用户之间另有约定，否则空心电感器应并联一个电阻，此电阻的分流电流约为通过电感器电流的 0.6%。

每个试验电路的电阻器 R 和电感器 L 接在电源 S 和被试 SRCD 之间。

SCPD 或等效的阻抗[(见 9.15.2.2a)和 9.15.2.3a)] 接在电阻器 R 和被试 SRCD 之间。

如果用附加电阻 R_3，应接在被试 SRCD 负载侧。

对 9.15.2.4a)和 c)项的试验，SRCD 应在每极连接一根长 0.75 m，其截面积为表 12 规定的与额定电流相应的最大截面积的导线。

注 1：推荐在 SRCD 的电源侧接 0.5 m 导线，负载侧接 0.25 m 导线。

应在试验报告中给出试验电路图，并和本标准相应的试验电路图一致。

试验电路应有一个点，而且只有一个点直接接地，这个点可以是试验电路的短路连接点，也可是电源的中性点或者其他任何合适的点，但是接地方式应在试验报告中注明。

适当调节 R_2，得到下列电流：

——$10I_{\Delta n}$ 剩余电流，以便使 SRCD 在表 1 或表 2 相应规定的合适的最小动作时间内动作；

——额定剩余接通和分断能力 $I_{\Delta m}$；

——额定限制剩余短路电流 $I_{\Delta c}$。

S_1 是辅助开关。

为了在验证按 4.9a)和 4.9c)1)分类的 SRCD 所能承受的最小允许通过能量 I^2t 和最小峰值电流 I_p 时得到可重复的试验结果，SCPD 应为一根银丝，并固定在图 19 所示的试验装置里。

银丝的纯度至少应为 99.9%，直径为 0.35 mm。

额定电流 16 A 及以下，在额定限制短路电流或额定限制剩余短路电流(预期电流值为 1 500 A)试验时，其相应的 I^2t 和 I_p 近似值分别为 1 kA^2s 和 1.02 kA。对更高的额定电流，银丝的直径应为 0.5 mm，相应的允许通过能量 I^2t 和峰值电流 I_p 近似值分别为 4.1 kA^2s 和 1.5 kA。

银丝应水平地插入到试验装置的相应位置上并绷紧。

每次试验后应更换银丝。

SRCD 所有正常工作时接地的导电部件，包括安装或放置 SRCD 的金属支架或任何金属外壳(见 9.15.2.1f))，都应接到电源中性点或一个基本上无电感的人为的中性点上，该中性点至少允许通过 100 A 的预期故障电流。

在这个电路中应包括一个检测故障电流的直径为 0.1 mm，长度至少为 50 mm 的铜丝 F，如果必要时，还应有一个限制预期故障电流在 100 A 左右的电阻器 R_1。

电流传感器 O_1 连接在被试 SRCD 的负载侧。

电压传感器 O_2 跨接在被试 SRCD 的电源连接线之间。

除非试验报告中另有规定，否则测量电路的电阻至少应为每伏工频恢复电压 100 Ω。

SRCD 应在电源侧施加额定电压。

对动作功能与电源电压有关的 SRCD，为了在试验时能进行断开操作，必须把短路接通开关 T 接到被试 SRCD 负载侧的相应位置，或在这个位置接入一个附加的短路接通装置。

b) 试验量的允许误差

除非另有规定，否则验证额定接通分断能力以及 SRCD 和 SCPD 正确配合的全部试验，均应在制造厂按本标准表 5 规定的影响量和影响因数下进行。

如果试验报告记录的量值在下列规定值的允许误差范围内，则认为试验是有效的：

——电流：$^{+5\%}_{0}$；

——频率：±5%；

——功率因数：$0^{0}_{-0.05}$；

——电压（包括工频恢复电压）：±5%。

c) 试验电路的功率因数

试验电路的功率因数（见表 30）应按常规的方法来确定，并应在试验报告里说明。

表 30 试验电路的功率因数范围

试验电流 I_{cc}/A	相应功率因数范围
$I_{cc} \leqslant 1\ 500$	0.93～0.98
$1\ 500 < I_{cc} \leqslant 3\ 000$	0.85～0.90

d) 工频恢复电压

工频恢复电压应为被试 SRCD 额定电压的 105%。

注 2：额定电压 105% 的值被认为包括了正常运行条件下系统电压变化的影响。制造厂同意时，可提高上限值。

每次电弧熄灭后，工频恢复电压保持时间至少应为 0.1 s。

e) 试验电路的调节

被试 SRCD 和 SCPD（如果有的话），用一个阻抗与试验电路相比可以忽略不计的临时连接线 G_1 代替。

对于 9.15.2.4 a）的试验，被试 SRCD 负载端的连接线用阻抗可以忽略不计的连接线 C 短接。调节电阻器 R 和电感器 L 使电路在试验电压及规定的功率因数下流过的电流等于额定限制短路电流。试验电路二极同时通电，用电流传感器 O_1 记录电流曲线。

此外，对于 9.15.2.2、9.15.2.3、9.15.2.4 b）和 c）的试验，必要时使用附加电阻 R_2 和/或 R_3，以便调节到所要求的电流值（分别为 I_m，$I_{\Delta m}$ 和 $I_{\Delta c}$）。

f) 被试 SRCD 的条件

SRCD 应按制造厂的说明安装和接线，嵌入式 SRCD 应在合适的盒内进行试验。

仅在断开操作（O）时，把一块厚为 0.05 mm±0.01 mm ，每边至少比 SRCD 前面外形尺寸大 50 mm，但不小于 200 mm×200 mm 的清洁的聚乙烯簿膜固定在一个框架上并适当张紧。此框架放置在距离下列部位 20 mm 处：

——对没有操作件凹口的 SRCD，操作件的最突出的部位（脱扣或不脱扣位置）；

——对有操作件凹口的 SRCD，操作件凹口的边缘。

薄膜的物理性能如下：

——在 23 ℃时密度：(0.92±0.05) g/cm^3；

——熔点:110 ℃～120 ℃。

开闭操作的控制机构应尽可能地摸拟正常的手动操作。

应验证被试 SRCD 在规定条件下操作时,能空载正确动作。

g) 操作程序

试验过程由一个操作程序组成。确定操作程序时,采用了下列符号:

——O:表示被试 SRCD 和 SCPD(如果有时)处在闭合位置,由开关 T 接通短路,SRCD 的断开操作;

——CO:表示开关 T 和 SCPD(如果有时)处在闭合位置,被试 SRCD 的闭合操作以及紧接的自动断开操作(有 SCPD 时,见 9.15.2.4);

——t:表示连续两次短路操作之间的时间间隔,这时间应是 3 min 或为复位或更换 SCPD(如果有时)所需的更长的时间。

h) 试验过程中 SRCD 的工作状况

在试验过程中,被试 SRCD 不应危及操作者。

此外,不应有持续燃弧,极间或极与外露的导电部件之间应没有闪络,装置 F 也不应动作。

如果装有内置式熔断器,在试验过程中可动作。

i) 试后 SRCD 的状况

按 9.15.2.2、9.15.2.3、9.15.2.4 a)、9.15.2.4 b) 和 9.15.2.4 c) 进行的每个适用的试验后,被试 SRCD 应没有妨碍其继续使用的损坏。不采用附加的放大措施,用正常视力或矫正视力观察,聚乙烯薄膜应没有可见的孔。

不经维修,SRCD 应能符合下列要求:

——符合 9.13.2 的要求,但电压为 2 倍额定电压,保持 1 min,试前不进行湿热处理;

——在额定电压下接通和分断其额定电流。

在 9.8.3.2 a)的试验条件下,SRCD 应能在 1.25$I_{\Delta n}$ 试验电流下脱扣,仅对任选的一极进行一次试验,试验时不测分断时间。

9.15.2.2 验证额定接通分断能力(I_m)

这个试验不适用于按 4.9 c)2)分类的 SRCD。

本试验是用来验证,当剩余电流引起 SRCD 动作时,SRCD 能接通、承载一个规定的时间并分断短路电流的能力。

试验应通过插座或负载接线端子或飞线(适用时)进行。

对于按 4.2.1 b)分类的 SRCD,一次试验应通过插座部分进行,一次试验应在另外一组试品上通过直接馈电装置进行。

a) 试验条件

SRCD 在 9.15.2.1 规定的一般试验条件所确定的试验电路里进行试验。试验电路里不另外接入 SCPD。

用 SRCD 和阻抗与 SCPD 接近的连接取代阻抗可忽略的连接线 G_1。

开关 S_1 闭合。

b) 试验过程

通过开关 S_1 和电阻 R_2 流过 10$I_{\Delta n}$ 的剩余动作电流,进行下面的操作程序:

[CO—t—CO—t—CO]

9.15.2.3 验证额定剩余接通和分断能力($I_{\Delta m}$)

本试验是用来验证 SRCD 接通、承载一个规定时间并分断剩余短路电流的能力。

试验应通过插座或负载接线端子或飞线(适用时)进行。

对于按 4.2.1b)分类的 SRCD,一次试验应通过插座部分进行,一次试验应在另外一组试品上通过直接馈电装置进行。

a) 试验条件

SRCD 在 9.15.2.1 规定的一般试验条件所确定的试验电路里进行试验。试验电路里不另外接入 SCPD,但是 SCPD 的短路电流是剩余电流。

这个试验中不使用电阻 R_3,电路要处于断开状态。

不承载剩余短路电流的电流回路,其电源端子连接至电源。对于符合 4.1.1 分类且配有 FE 的 SRCD,连接 FE,不连接电源的中性线。

用 SRCD 和阻抗与 SCPD 接近的连接取代阻抗可忽略的连接线 G_1。

开关 S_1 闭合。

依次对每极进行试验,除中性极外(如有的话)。

b) 试验过程

进行下面的操作程序:

[O—t—CO—t—CO]

分断操作时,开关 T 应和电压波形同步,使接通起始点为 (45±5)°。

9.15.2.4 验证 SRCD 和 SCPD 的配合

本试验不适用于按 4.9 c)2)分类的 SRCD。

本试验是用来验证用 SCPD 保护的 SRCD 能够承受额定限制短路电流及以下的短路电流的能力,而不引起 SRCD 损坏(见 5.3.1.2 和 5.3.1.3)。

试验应通过插座或负载接线端子或飞线(适用时)进行。

对于按 4.2.1 b)分类的 SRCD,一次试验应通过插座部分进行,一次试验应在另外一组试品上通过直接馈电装置进行。

短路电流由 SRCD 和 SCPD 共同来分断。

在试验过程中,可以由 SRCD 断开或 SCPD 断开或由 SRCD 和 SCPD 同时断开。然而,只有 SRCD 断开,也认为试验是合格的。

每次操作后,更换 SCPD 或使 SCPD 复位(适用时)。

在 9.15.2.1 规定的一般试验条件下进行下列试验:

——按下面 a)的要求,不通以任何剩余电流进行试验,验证在额定限制短路电流 I_{nc} 及以下的电流下,SCPD 保护 SRCD;

——按下面 b)的要求,不通以任何剩余电流进行试验,验证在相当于额定接通分断能力 I_m 的短路电流下,SCPD 动作并保护 SRCD;

——按下面 c)的要求,验证在相对地短路电流达到额定限制剩余短路电流 $I_{\Delta c}$ 值时,由于 SCPD 的保护,SRCD 能承受相应的应力。

分断操作时,辅助开关 T 应和电压波形同步,使接通起始点为 (45±5)°。

a) 验证在 250 A 和额定限制短路电流(I_{nc})时的配合

1) 试验条件

用被试 SRCD 和 SCPD 代替阻抗可忽略的连接 G_1。

开关 S_1 断开,没有剩余电流流过。

2) 试验过程

进行下列的操作程序:

[O—t—CO]

b) 验证在额定接通分断能力(I_m)时的配合

1) 试验条件

用被试 SRCD 和 SCPD 代替阻抗可忽略的连接 G_1。

开关 S_1 断开,没有剩余电流流过。

2) 试验过程

进行下列的操作程序:

[O—t—CO—t—CO]

c) 验证在 250 A 和额定限制剩余短路电流($I_{\Delta c}$)时的配合

1) 试验条件

SRCD 应这样接线,使短路电流是一个剩余电流。

依次对每极进行试验,除中性线外(如有的话)。

不承载剩余短路电流的电路,其电源接线端子与电源连接。

用被试 SRCD 和 SCPD 代替阻抗可忽略的连接 G_1。

辅助开关 S_1 闭合。

2) 试验过程

进行下列的操作程序:

[O—t—CO—t—CO]

9.15.3 验证按 4.2.1 分类的 SRCD 插座的接通和分断能力

按 GB 2099.1 的第 20 章检验是否符合要求,但是在 RCD 部分的额定电压下进行检验。

9.16 验证 SRCD 的电气间隙耐冲击电压试验

如果测出表 6 中 2、3 和 4 项的电气间隙比所要求的长度减小,本条适用。本试验在 9.13 绝缘电阻和介电性能测量之后立即进行。

注 1:本试验可代替电气间隙的测量。

SRCD 按正常使用接线并处在闭合位置进行试验。

由一个冲击电压发生器施加冲击电压,冲击电压前沿时间为 1.2 μs;至半值时间为 50 μs,允许误差如下:

峰值:±5%;

前沿时间:±30%;

至半值时间:±20%。

每一个试验,均施加 5 次正向电压和 5 次负向冲击电压;同极性相邻两次冲击电压之间的时间间隔至少为 1 s,反极性相邻两次冲击电压之间的时间间隔至少为 10 s。

当对完整的 SRCD 进行冲击电压试验时,应考虑试验电压的衰减和放大。需要确保所要求的试验电压值施加在被试 SRCD 的端子间。

试验装置的冲击阻抗不应超过 500 Ω。

注 2:为了验证 SRCD 基本绝缘的电气间隙,试验需要低阻抗的发生器。由于此目的,如果试验前内部元器件没有断开,实际阻抗为 2 Ω 的混合发生器是合适的。但在这种情况下,要求直接在电气间隙上测量准确的试验电压。

调节冲击电压波形时,把被试 SRCD 连接到冲击电压发生器上。为此,应采用合适的分压器以及电压传感器。建议在试验前断开电涌保护器件。

注 3:对于与 SRCD 整体组合在一起的电涌抑制器可以不断开,但在 SRCD 没有与冲击发生器连接时,要调整冲击电压波形。

允许冲击电压波形有小的振荡，只要靠近冲击电压峰值处的振荡幅值小于峰值的5%。

第一组试验，冲击电压施加在SRCD两个极之间。试验冲击电压值从表31中选取。这些值是根据试验所处的气压和海拔情况进行修正的。

表31 验证极间冲击耐受电压的试验电压

额定冲击耐受电压 U_{imp} kV	相应海拔高度下的试验电压峰值 $U_{1.2/50\ a.c.}$ kV				
	海平面	200 m	500 m	1 000 m	2 000 m
2.5[a]	2.9	2.8	2.8	2.7	2.5
4	4.9	4.8	4.7	4.4	4

[a] 此值仅适用于使用在额定电压120 V的产品。

第二组试验，冲击电压施加在与保护导线接线端子连接在一起的金属支架与连接在一起的各极之间。试验冲击电压值从表32中选取。这些值是根据试验所处的气压和海拔情况进行修正的。

表32 验证金属支架冲击耐受电压的试验电压

额定冲击耐受电压 U_{imp} kV	相应海拔高度下的试验电压峰值 $U_{1.2/50\ a.c.}$ kV				
	海平面	200 m	500 m	1 000 m	2 000 m
3[a]	3.5	3.5	3.4	3.2	3
5	6.2	6	5.8	5.6	5

[a] 此值仅适用于使用在额定电压120 V的产品。

如果SRCD在试验过程中脱扣，应在下次试验前重新闭合。

不应发生非故意的击穿放电。

然而，如果仅发生一次这样的击穿，可增加施加10次冲击电压，增加试验的冲击电压的极性和接线方式与发生击穿放电试验失败时的极性和接线方式相同。

除非是设计预期的故意放电(见注5)，否则不应再发生击穿放电。

注4：“非故意击穿放电”被用来表示绝缘在电气应力下失效的现象，包括电压骤降以及电流流过等。

注5：故意击穿放电包括任何内装的浪涌抑制器的放电。

调节冲击电压波形时，把被试SRCD连接到冲击电压发生器上。为此，应采用合适的分压器以及电压传感器。

允许冲击电压波形有小的振荡，只要靠近冲击电压峰值处的振荡幅值小于峰值的5%。

冲击电压前沿的前半部的振荡幅值允许达到峰值的10%。

9.17 机械和电气的耐久性

9.17.1 SRCD插座的正常操作

按4.2.1分类的SRCD，GB 2099.1第21章适用，但是在SRCD的额定电压下进行试验。

按4.2.2分类的SRCD，插座要符合GB 2099.1。

9.17.2 SRCD的RCD部分的试验

试验在新的试品上进行。

SRCD 在 20 ℃～25 ℃的周围温度下按制造商的说明书如正常使用接线。

按 4.2.1 分类的 SRCD，用一个连接一根 1 m 长的软性导体的插头进行试验，导线符合表 33 的规定。

对多位插座，依次在每个插座上或在最严酷的插座(如果明确时)上进行试验。

表 33　试验导线的截面积

SRCD 的额定电流/A	标称截面积/mm^2	
	试验插头及 SRCD 端子的软导线	固定安装的试验插座的硬导线 (实心或绞合导线)
≤10	1	1.5
>10～16(含 16)	1.5	2.5
>16～20(含 20)	2.5	4
注：对于美国线规(AWG)的导线，见 GB 16916.1 的附录 C。		

施加到接线端子螺钉上的拧紧力矩是表 13 中规定值的三分之二。试验过程中，不允许维修和拆开样品。

耐久性试验的操作频率为每分钟 4 个操作循环，接通时间为 1.5 s～2 s。

9.17.2.1　负载试验顺序

在额定工作电压下用串联连接在负载端的电阻器和电感器把电流调节到额定电流进行试验。

如果使用空心电感器，每个电感器应并联连接一个电阻器，流过电阻器的电流约为流过电感器电流的 0.6%。

如果使用铁芯电感器，则这些电感器的铁芯功耗不应明显地影响恢复电压。

电流应基本上为正弦波形，功率因数应在 0.85～0.9 之间。

SRCD 要进行 2 000 次操作循环，每个操作循环包括一次接通操作和接着的一次分断操作。

SRCD 应按正常使用操作。

断开操作按下列要求进行。

a)　先用手动操作件操作 500 次(如果有时)。

b)　接着对一极通以 $I_{\Delta n}$ 的剩余动作电流操作 750 次。对于按 4.1.1 分类且带 FE 的 SRCD，用断开中性线的方法操作 250 次。

c)　对于按 4.1.2 分类的电源电压故障时自动断开的 SRCD，用断开电源电压的方法操作 250 次。

d)　用试验装置进行剩下的操作次数直至总数为 2 000 次。

9.17.2.2　空载试验顺序

在 9.17.2.1 的试验后，SRCD 不带负载，用手动操作件进行 2 000 次操作循环。

注：对没有手动操作件的 SRCD，用试验装置进行断开操作，而用复位装置进行闭合操作。

9.17.2.3　试验后 SRCD 的状况

试验 9.17.2.1 和 9.17.2.2 之后，检查 SRCD 应无下列状况：

——过度磨损；

——外壳损坏，而使图 19 的标准量规能触及带电部件；

——电气或机械连接松脱；

——密封胶渗漏(如果有的话)。

在9.8.3.3的试验条件下，对SRCD通以1.25$I_{\Delta n}$的试验电流，SRCD应脱扣。仅做一次试验，并且不测分断时间。

然后，SRCD还应能承受9.13.2规定的介电强度试验，但试验电压为900 V，持续时间1 min，试前不进行潮湿处理。

9.18 耐机械振动

9.18.1 一般要求

SRCD，明装式安装盒和螺纹压盖应有足够的机械强度以承受正常使用中所施加的机械应力。

通过9.18.1～9.18.4适当的试验来检验是否符合要求：

——对于所有类型的固定式SRCD，见9.18.2；

——对带有直接安装在平面上底座的固定式插座，见9.18.3；

——对IP代码高于IP20的SRCD的螺纹压盖，见9.18.4；

——对于SRCD中带保护门的插座，见9.18.5；

——对于明装式安装盒，见9.18.2。

9.18.2 冲击试验装置

通过图21、图22、图23和图24所示的冲击试验装置对试品进行冲击试验。

冲击元件的头部有一个半径是10 mm半球面，由洛氏硬度为HR100的聚酰胺制成，冲击元件的质量为(150±1)g。

冲击元件被刚性地固定在一根外径为9 mm，壁厚为0.5 mm的钢管下端，钢管的上端用枢轴固定，使其只能在一个垂直平面内摆动。

枢轴的轴线在撞击元件轴线上方1 000 mm±1 mm处。

确定撞击元件头部聚酰胺的洛氏硬度时，用下列条件：直径为12.7 mm±0.002 5 mm的球；起始载荷为100 N±2 N；过负荷为500 N±2.5 N。

注1：关于确定塑料洛氏硬度的补充说明见ISO 2039-2。

试验装置应这样设计，使得要钢管保持在水平位置，则必须在冲击元件的前面施加一个1.9 N～2.0 N的力。

试品应安装在一块175 mm×175 mm，厚为8 mm的胶合板上，胶合板的上下两边固定在作为安装支架一部分的刚性托架上。

安装支架的质量应为10 kg±1 kg，并应用枢轴安装在一个刚性框架上。框架固定在实心墙上。

安装装置的设计是这样的：

——试品能放置在使冲击点位于通过枢轴轴线的铅垂面上；

——试品能在水平方向移动，并能绕着一根与胶合板表面垂直的轴线转动；

——胶合板可以绕垂直轴线朝两个方向各转动60°。

明装式SRCD和明装盒按正常使用安装在胶合板上。不是敲落孔的进线孔打开；如果是敲落孔，打开其中一个。

嵌入式SRCD先要安装在一硬质木块或具有类似机械特性的凹槽里，安装好后，再整个地固定在一块胶合板上，而不是固定在其相应的安装盒里。

如用的是木块，则木纹的方向应垂直于冲击的方向。

嵌入式螺钉固定的SRCD用螺钉固定在凹陷在木块里的凸耳上。嵌入式卡爪固定的SRCD用卡爪固定在木块槽里。

在施加冲击之前，用等于表15规定值三分之二的扭矩把固定基座和盖子的螺钉拧紧。

试品应安装得使冲击点位于通过枢轴轴线的铅垂面上。

使冲击元件从表34规定的高度落下。

表34 冲击试验的跌落高度

跌落高度 mm	经受冲击的外壳部位	
	IPX0 的 SRCD	高于 IPX0 的 SRCD
100	A 和 B	操作件
150	C	A 和 B
200	D	C
250	—	D

A:前表面上的部位,包括凹陷部位。

B:按正常使用要求安装之后,突出安装表面(与墙壁的距离)不超过15 mm的部位,上述A类部位除外。

C:按正常使用安装之后,突出安装表面(与墙壁的距离)过15 mm,但不超过25 mm的部位,上述A类部位除外。

D:按正常使用安装之后,突出安装表面(与墙壁的距离)超过25 mm的部位,上述A类部位除外。

冲击施加在试品安装表面的所有部位,除A类部位之外。

跌落高度是当摆锤被释放的一瞬间测试点与冲击点之间的垂直距离。测试点应标在冲击元件的表面上。测试点的确认方法是:使一条线通过摆的钢管轴与冲击元件轴的相交点并且垂直于两轴所在的平面,这条线与冲击元件表面的相交点即为测试点。

对试品进行冲击,并且要使冲击点均匀分布。敲落孔或任何由透明材料覆盖的孔不进行冲击。

——对RCD部分的操作件冲击2次;

——对A类部位,冲击5次,见图27a)和b):

- 对中心处进行1次冲击;
- 在试品水平移动后,在中心处与边缘之间的最不利点各种冲击1次;
- 然后,在试样绕垂直于胶合板的轴线转动90°之后,在类似点上各冲击1次。

——对B类(如适用)、C类和D类部位,冲击4次:

- 在胶合板绕垂直轴的方向转动60°之后,在试品可以进行冲击的一个侧面冲击1次,见图27c);
- 在胶合板绕垂直轴向相反的方向转动60°以后,在试品可以进行冲击的另一个侧面上冲击1次,见图27c);

在试品绕其垂直于胶合板的轴线转动90°之后:

- 在胶合板绕垂直轴方向转动60°之后,在试品上可以进行冲击的一个侧面上冲击1次,见图27d);
- 在胶合板绕垂直轴向相反的方向旋转60°以后,在试样可以进行冲击的另一侧面上冲击1次,见图27d);

如果有进线口,则试品要安装得使两行冲击点连线与进线口的距离尽量相等。

多位SRCD的盖板和其他盖子要按相应数目的单独盖子来处理,但对任何一点只冲击1次。

对IP代码大于IPX0的SRCD试验时,盖子(如有)要合上。此外,对当打开盖子时会暴露的部件,要进行相应次数的冲击。

试验后,试品不得有本标准意义范围内的损坏,尤其是带电部件不应变为易触及。

对透镜(导光窗口)的试验后,透镜可以破裂和/或移动,但应不可能触及带电部件,用下列方法检查:

——在每个可能的位置施加GB/T 16842的试验探针B,用电压为40 V~50 V的电气指示器显示与相关部位的接触。

——在上述规定条件下用 GB/T 16842 的试验探针 11 进行试验，但采用 10 N 的力。

——对带加强保护的 SRCD，用图 20 的钢丝施加 1 N 的力。

如有怀疑，则应验证能否在拆卸或更换外部部件如安装盒、外壳、盖子或盖板等的情况下而不会使这些部件或其绝缘衬套破裂。

如果由内盖支承的外部盖板破裂，则应在内盖上重复进行试验；试验后，内盖不得破裂。

注 2：涂饰表面损坏、不会使爬电距离或电气间隙降至低于表 5 规定值的小凹痕，以及不会影响防触电保护或防有害进水的小碎片可以忽略不计。

在无附加放大的情况下，正常或校正视力看不见的裂缝及增强纤维模制件等的表面裂缝等可忽略不计。

如果即使某一部件省略，SRCD 仍符合本标准，则 SRCD 上该部件外表面上的裂缝或孔可忽略不计。如果装饰盖由一内盖支承，而且在卸下装饰盖后，内盖仍能经受得住试验，则装饰盖的破裂可以忽略不计。

9.18.3 明装式 SRCD

明装式插座的底座先固定到硬钢板制成的圆柱体上，圆筒的半径等于固定孔之间距离的 4.5 倍，但不小于 200 mm。固定孔的轴线所在的平面要垂直于圆柱体的轴线，而且是平行于穿过固定孔之间距离的中心的半径。

将底座的固定螺钉逐渐拧紧，对螺纹直径小于或等于 3 mm 螺钉，施加的最大扭矩为 0.5 N・m；对螺纹直径大于 3 mm 的螺钉，施加的最大扭矩为 1.2 N・m。

然后将 SRCD 的底座以类似方法固定在平钢板上。在试验过程中和试验之后，SRCD 的底座不应有影响其继续使用的损坏。

9.18.4 螺纹压盖

在螺纹压盖上装上一圆柱形金属棒，棒的直径小于密封圈内径、取最近的整数，这个金属棒的直径单位为 mm。然后用合适的扳手来拧紧盖板，施加表 35 所示的扭矩 1 min。

表 35 压盖的扭矩试验值

试验棒的直径/mm	扭矩/N・m	
	金属压盖	模铸材料压盖
≤14	6.25	3.75
>14～20	7.5	5.0
>20	10.0	7.5

试验后，压盖和试品的外壳应不出现本标准意义范围内的损坏。

9.18.5 带保护门的 SRCD

对于带保护门的插座，其保护门应设计得能经受得住正常使用时可能出现的机械应力。例如，当插头的插销无意地被强压在插座插孔的保护门时。

通过下列试验来检验是否符合要求，在经受过 9.8 试验的试品上进行试验。

用同一系统的插头的一个插销朝垂直于插座正表面的方向，向一个插孔的保护门施加 40 N 的力达 1 min。

对于为防止单极插入而装设的保护门，这个力应该是 75 N，而不是 40 N。

如果插座是设计用于插入不同型号的插头者，试验要用最大尺寸插销的插头来进行。

插销不得与带电部件接触。

用电压不小于 40 V 但不大于 50 V 的电指示器来显示与有关部件接触的情况。

试验之后，试品应不出现本标准意义上的损坏。

注：表面上不影响插座继续使用的小凹痕可忽略不计。

9.19 可靠性

用试验 9.19.1 和 9.19.2 来检查是否符合要求。

9.19.1 气候试验

9.19.1.1 试验室

试验室的结构应如 GB/T 2423.4 中第 4 章的规定。冷凝水应不断地从室内排出，并且在被净化以前应不再使用。应该只能采用蒸馏水来维持室内湿度。

蒸馏水在进入试验室前，电阻率应不小于 500 Ωm，pH 为 7.0±0.2。在试验过程中和试验后，电阻率不小于 100 Ωm 并且 pH 宜保持在 7.0±1.0。

9.19.1.2 严酷性

试验周期应符合下列条件：

——上限温度：(55±2)℃；

——周期数：28。

9.19.1.3 试验顺序

试验顺序应按 GB/T 2423.4 中第 6、7 章和 IEC GB/T 2423.2 的规定。

a) 初始验证

初始验证时，SRCD 按 9.8.3.3 进行试验，但仅在 $I_{\Delta n}$时试验。

b) 试验条件

1) SRCD 按正常使用安装和接线，然后放入试验室。

SRCD 应施加额定电压，或在有几个额定电压时，施加任何一个额定电压。SRCD 应处在闭合位置。

2) 稳定阶段(见图 25)

SRCD 的温度应稳定在 25 ℃±3 ℃：

——在把 SRCD 放入试验室前，先放在另外一个单独的试验室中稳定；

——或在放入 SRCD 后，把试验室的温度调节到 25 ℃±3 ℃，并把温度保持在这个值下直至达到温度稳定。

在用上述任一方法稳定温度期间，相对湿度应在试验标准大气条件规定的极限范围(见表 4)内。

在最后 1 h，SRCD 在试验室内，在 25 ℃±3 ℃的周围温度下，相对湿度应增加到不小于 95%。

3) 24 h 周期的说明(见图 25)

ⅰ) 试验室的温度应逐渐地上升到 9.19.1.2 规定的合适的上限温度。上限温度应在 3 h±30 min 的时间内达到，温度上升速率应在图 25 阴影面积规定的范围内。

在这期间，相对湿度不应小于 95%。在这期间，SRCD 上应产生凝露。

注：产生凝露的条件是指 SRCD 的表面温度低于大气的露点。这意味着，如果热时间常数较小时，则相对湿度必须大于 95%。注意冷凝水滴不能落到试品上。

ⅱ) 然后温度应基本上恒定在规定的上限温度±2 ℃的极限范围内，直至从试验周期开始后的

12 h±30 min。

在此期间，除了最初和最后的 15 min 相对湿度应在 90%～100%之间外，其余时间的相对湿度应为(93±3)%。

在最后 15 min，SRCD 上不应产生凝露。

ⅲ) 然后，温度应在 3 h～6 h 内降到 25 ℃±3 ℃。开始 1.5 h 的降温速率应是这样的，如果保持图 25 所示的速率，则温度将在 3 h±15 min 内达到 25 ℃±3 ℃。在降温期间，除了最初 15 min 相对湿度应不小于 90%外，其余时间的相对湿度应不小于 95%。

ⅳ) 接着，温度保持在 25 ℃±3 ℃，相对湿度不小于 95%直至 24 h 周期结束。

9.19.1.4 恢复

在试验周期结束时，SRCD 不应从试验室中取出。

应打开试验室门，并停止调节温度和湿度。

然后经过 4 h～6 h，使得重新建立环境条件(温度和湿度)后进行最后测量。

在 28 个试验周期中，SRCD 不应脱扣。

9.19.1.5 最后验证

在 9.8.3.3 规定的试验条件下，SRCD 通以 $1.25I_{\Delta n}$ 的试验电流应脱扣。仅在任意选取的一极进行一次试验，试验时不测量分断时间。

9.19.2 40 ℃温度试验

SRCD 按正常使用放置在一块厚约 20 mm，涂有无光泽黑漆的胶合板支架上。

SRCD 每极的两侧连接一根长 1 m，标称截面积如表 15 规定的单芯电缆，接线端子的螺钉或螺母用表 15 规定值三分之二的扭矩拧紧，把这一组件放入加热箱。

SRCD 在任何合适电压下通以额定电流负载并在 40 ℃±2 ℃的温度下进行 28 周期试验，每个周期包括 21 h 通以电流和 3 h 不通电流。用一个辅助开关断开电流，不操作 SRCD。

SRCD 施加额定电压，或在有多个额定电压时，施加最高的一个额定电压(电路的示例见图 11)。

在最后 21 h 通电周期结束时，用细线热电偶测定接线端子温升，该温升不应超过 60 K。

在这个试验后，SRCD 在加热箱内，不通电流，冷却到接近室温。

在 9.8.3.3 规定的试验条件下，SRCD 通以 $1.25I_{\Delta n}$ 的试验电流应脱扣。仅在任意选取的一极进行一次试验，试验时不测量分断时间。

注：本验证的试验电路的示例见图 11。

9.20 电击保护和 SRCD 的 IP 防护等级

9.20.1 电击保护

9.20.1.1 概述

SRCD，包括任何规定的盖板，按正常使用安装和连接，先用表 16 的最小截面积的导线进行试验，然后用规定的最大截面积的导线重复试验。

对 SRCD 的每个可能的位置施加图 1 所示的标准试指。

对插头部分，将试验指施加到插头与插座部分插合或完全插合时的各个可能的位置上。

用电压在 40 V～50 V 之间的电指示器显示试验指与相关部分的接触情况。

对由于使用热塑性材料或弹性材料可能影响要求的 SRCD，要在 40 ℃±2 ℃的环境温度下重复试验，SRCD 也应达到此温度。

在这个补充试验中，应用一个与标准试指同样尺寸的直的无关节试指的端端对 SRCD 施加一个 75 N的力持续 1 min。试指连接一个如上所述的指示灯，施加到对所有绝缘材料变形可能影响 SRCD 安全性的位置。

在试验过程中，SRCD 不应变形到使有关标准规定的用以确保安全性的尺寸产生过度变化，而且标准试指(见图 1)不应触及任何带电部件。

移走试验装置后 15 min，试品不应有这样的变形，使得有关标准规定的确保安全的尺寸产生过度的变化。

9.20.1.2 按 4.2.1 分类的 SRCD 的附加试验

9.20.1.2.1 插头完全拔出时对 SRCD 进行试验，按图 20 所示的钢制探针，以 3 个完全不同的方向施加 1 N 的力，施加在最不利的位置，每次碰触后都要拔出探针。

供插头插入的插座部分应用标准试指来检查(见图 1)。

对带有热塑性材料外壳和本体的 SRCD，试验要在 35 ℃±2 ℃的环境温度下进行，SRCD 和探针均应处于这一温度。

在试验过程中，探针不应触及任何带电部件。用电压在 40 V～50 V 之间的电指示器显示试验指与相关部分的接触情况。

9.20.1.2.2 将插座放置在使啮合面处于水平的位置。将与插座类型配套的试验插头，用 150 N 的力插入插座中并保持 1 min。

试验后，试品不应有这样的变形，使得有关标准规定的确保安全的尺寸产生过度的变化。

验证接地端子和易触及金属部件之间的电阻。依次在接地端子和每个易触及金属部件之间通以 1.5 倍的额定电流或 25 A(二者取较大者)，交流电源的空载电压不超过 12 V。

测量接地端子和易触及金属部件之间的电压降，并根据电流和电压降计算出电阻。

任何情况下，电阻不能超过 0.05 Ω。

注：要注意，测量探头端部与被试金属部件之间的接触电阻不能影响试验结果。

9.20.2 SRCD 的 IP 保护等级

用 GB 4208 中相关的试验来验证保护等级。

9.21 耐热性

9.21.1 一般要求

按 9.21.2、9.21.3 和 9.21.4 进行试验(如适用)。

对陶瓷材料部件，不进行 9.21.2 和 9.21.3 的试验。

如果 9.21.2 和 9.21.3 所述的几个绝缘材料部件由同一种材料制成，试验仅在任何一种部件上按 9.21.2 或 9.21.3 进行(适用时)。

9.21.2 预处理

把没有可拆卸盖子的试品，放在温度为 100 ℃±2 ℃的加热箱中保持 1 h。

可拆卸的盖子(如有)放在温度为 70 ℃±2 ℃的加热箱中保持 1 h。

试验过程中，试品不应有任何影响试品继续使用的改变，密封胶(如果有时)不应流失到使带电部件外露的程度。

试验后，并使试品冷却到接近室温，应不能触及到正常使用时不可触及的带电部件，即使用标准试指施加一个不大于 5 N 的力时也是如此。

在 9.8.3.2a)的试验条件下，SRCD 通以 1.25$I_{\Delta n}$ 的试验电流应脱扣，仅在任选的一极进行一次试验，试验时不测分断时间。

试验后，标志仍应清晰可见。

注：密封胶褪色、起泡或轻微的流动，只要在本标准含义内的安全性不受影响，可忽略不计。

9.21.3 SRCD 外部部件

用绝缘材料制成的用以将载流部件或保护电路部件保持在正常位置所必须的 SRCD 的外部部件以及将接线端子或接线端头保持在正常位置的部件用图 26 所示的装置进行球压试验。

宽度为 2 mm 的用热塑性材料制成的，插座的相线和中线插孔周围的正面部件也要进行上述试验。

被试部件应放在一块厚度至少为 3 mm 的钢板上，并直接与钢板接触。

部件放在钢支架上使被试表面置于水平位置。并用 20 N 的力将一个直径为 5 mm 的钢球压住该表面。

试验开始前，把试验负载和支承装置放到加热箱中以足够的时间，使其达到稳定的试验温度。

试验在温度为 125 ℃±2 ℃的加热箱中进行。

1 h 后，把钢球从试品上移开，并把试品浸入冷水中 10 s，使其冷却到约为室温。

测量钢球压痕的直径，直径不应大于 2 mm。

9.21.4 外部绝缘部件

用绝缘材料制成的不是用以将载流部件和保护电路部件保持在正常位置所必需的 SRCD 的外部部件，即使与其接触，也按 9.21.2 的规定进行球压试验，但试验温度为 70 ℃±2 ℃或 40 ℃±2 ℃加上 9.11 试验时测定的该部件的最高温升，这两者中取较高的温度。

9.22 耐异常发热和耐火-灼热丝试验

在下列条件下，按 GB/T 5169.10 的第 4 章至第 8 章的要求进行试验：

——用以将载流部件和接地电路部件保持在正常位置所必须的绝缘材料部件，在 850 ℃温度下进行试验；

——不是用以将载流部件和接地电路部件保持在正常位置所必须的绝缘材料部件，即使与其接触，均在 650 ℃温度下进行试验。

如果在同一试品上必须在多于一个地方进行规定的试验时，则必须小心，确保前次的试验所引起的劣化不会影响将要进行试验的结果。

符合 GB/T 5169.11 的小部件，即部件的每个表面完全位于一个直径为 15 mm 的圆内，或表面的任何部分位于直径为 15 mm 的圆外，但该表面的任何部位均不可能放下直径为 8 mm 的圆，不进行本条的试验(见图 28 图示说明)。

陶瓷材料部件不进行本试验。

本试验在一台试品上进行。

在有疑问的情况下，再用两台试品重复进行本试验。

施加灼热丝一次。

试验时，试品应放在预期使用的最不利的位置(被试表面在垂直位置)。

考虑到预期使用的发热元件或灼热元件可能与试品接触的情况，应把灼热丝的顶端施加到试品上规定的表面。

如果满足下列的一个条件，则认为灼热丝试验合格：

——无可见的火焰和无持续的辉光；

——灼热丝移开后 30 s 内,试品上的火焰和辉光在 30 s 内自行熄灭。

不应点燃薄纸或烧焦松木板。

9.23 带过电流保护的 SRCD

这些试验不适用于按 4.9a)和 4.9b)分类的 SRCD。

9.23.1 验证过电流情况下的动作特性

这些试验用来验证按 4.9c)1)和 4.9c)2)分类的 SRCD 符合 8.11.2 的要求。

试验在任何合适的电压下进行。

对于试验时需要电源电压的 SRCD,可用图 11 的电路来提供任何合适的电源电压。

9.23.1.1 时间—(过)电流特性试验

a) 从冷态(见表 10)开始,对两极通以等于 1.13I_n 的电流(约定不脱扣电流)至约定时间(见8.11.3)。
   SRCD 不应脱扣。
   然后在 5 s 内把电流稳定地增加到 1.45I_n(约定脱扣电流)。
   SRCD 应在约定时间内脱扣。
b) 从冷态开始,对两极通以等于 2.55I_n 的电流。

断开时间应不小于 1 s 也不大于 60 s。

9.23.1.2 瞬时脱扣特性试验(仅对按 4.9 c)2)分类的 SRCD)

a) 对于 B 型脱扣的 SRCD
   从冷态开始,对两极通以等于 3I_n 的电流。
   断开时间应不小于 0.1 s。
   然后再从冷态开始,对两极通以 5I_n 的电流。
   SRCD 应在 0.1 s 时间之内脱扣。
b) 对于 C 型脱扣的 SRCD
   从冷态开始,对两极通以等于 5I_n 的电流。
   断开时间应不小于 0.1 s。
   然后再从冷态开始,对两极通以等于 10I_n 的电流。
   SRCD 应在 0.1 s 时间之内脱扣。

9.23.1.3 环境温度对脱扣特性影响的试验

通过以下试验来检查是否符合要求。

a) SRCD 放置在比周围空气基准温度低 35 ℃±2 ℃的周围温度下,直至其达到稳态温度;
   对所有极通以等于 1.13I_n 的电流(约定不脱扣电流)至约定时间,然后在 5s 内把电流稳定地增加至 1.9I_n。
   SRCD 应在约定时间内脱扣。
b) SRCD 放置在比周围空气基准温度高 10 ℃±2 ℃的周围温度下,直至其达到稳态温度。
   对所有极通以等于 I_n 的电流。
   SRCD 不应在约定时间内脱扣。

9.23.2 按 4.9c)2)分类的 SRCD 的短路试验

这些试验用来验证按 4.9c)2)分类的 SRCD 能够承受小于等于其额定短路电流能力的短路电流

(见 5.3.2)而没有损伤。

应通过插座或负载端子或飞线(适用时)进行试验。

对于按 4.2.1 b)分类的 SRCD,一次试验通过插座部分进行,一次试验在另外一组试品上通过直接馈电装置进行。

9.23.2.1 在 1 500 A 下试验

a) 试验条件

SRCD 在符合 9.15.2.1 规定的一般试验条件的电路中进行试验,电路中不接入外部的 SCPD。

用 SRCD 替换电阻可以忽略的连接 G_1。

开关 S_1 处于断开状态,无剩余电流产生。

b) 试验顺序

进行下列的操作程序:

[O—t—O—t—O—t—O—t—O—t—O—t—CO—t—CO—t—CO]

对于"O"操作,辅助开关 A 与电压波形同步,以便使断开操作的 6 个起始点均匀地分布在半波形上,同步公差应为±5%。

9.23.2.2 额定短路能力试验(I_{cn})

本试验仅适用于额定短路能力大于 1 500 A 的 SRCD。

a) 试验条件

按 9.15.2.1 调整试验电路,但是功率因数要在 0.85~0.90 之间。

SRCD 在符合 9.15.2.1 中规定的一般试验条件的电路中进行试验,电路中不接入外部的 SCPD。

用 SRCD 替换电阻可以忽略的 G_1 连接。

b) 试验顺序

进行下列的操作程序:

[O—t—O—t—CO]

对于"O"操作,辅助开关 A 与电压波形同步,使第一个试品的"O"操作在电压波形的 0°处闭合电路。

然后移位 45°进行第一个试品的第 2 次"O"操作。对于第二台试品,两次"O"操作应分别在 15°和 60°进行同步。第三台试品,两次"O"操作应分别在 30°和 75°时进行同步。

同步公差应为±5%。

9.23.3 试验后 SRCD 的状况

在按照 9.23.1 和 9.23.2 进行完每次试验后,被试 SRCD 应无妨碍其继续使用的损坏,且不采用附加的放大手段,用正常的或校正的视力进行观察,聚乙烯薄膜应无可见的洞。

SRCD 不经维修,应能:

——满足 9.13.2 的介电强度要求,施加两倍其额定电压 1 min,试前不进行潮湿处理。

——在其额定电压下接通和分断其额定电流。

此外,当 SRCD 的两极从冷态开始通以等于 0.85 倍约定不脱扣电流至约定时间,SRCD 不应脱扣。在本验证结束时,电流在 5 s 内稳定地增加到 1.1 倍的约定脱扣电流。SRCD 应在 1 h 内脱扣。

9.24 验证电子元件的老化

SRCD 通以额定电流在(40±2)℃的环境温度下放置 168 h。电子部件上的电压应为 1.1 倍额定电压。

试验后，试品放在加热箱内，不通电流，冷却至约为室温。电子元件不应受损。

在9.8.3.3规定的试验条件下，SRCD通以1.25$I_{\Delta n}$试验电流时，应脱扣。仅对任选的一极进行一次试验，试验时不测分断时间。

注：本验证的试验电路示例见图11。

9.25 验证SRCD在暂时过电压下的性能

试验电压的电源应能提供至少0.2 A的短路电流。

当输出电路的电流低于100 mA时，变压器过电流脱扣电器不应动作。

试验电压应基本上为正弦波，且与U_n频率相同。

试验电压施加在SRCD的电源侧。

按下列a)，b)，c)项试验顺序在不同的试品上进行验证，每个试验仅在一个试品上进行。

a) SRCD处于闭合位置，按图29施加1 200 V的试验电压5 s。
   FE接线端子和框架(如有)应与PE线连接。
   试验过程中，SRCD可以自动脱扣，但不应发生闪络或击穿。无压降的辉光放电可忽略。
   试验后，SRCD应通过试验d)的验证。

b) SRCD处于闭合位置，按图29施加250 V的试验电压1 h。
   FE接线端子和框架(如有)应与PE线连接。
   试验过程中，SRCD可以自动脱扣，但不应发生闪络或击穿。无压降的辉光放电可忽略。
   试验后，SRCD应通过试验d)的验证。

c) SRCD施加$\sqrt{3}U_n$的电压1 h。
   试验过程中，SRCD可以自动脱扣但不应发生闪络或击穿。无压降的辉光放电可忽略。
   试验后，SRCD应通过试验d)的验证。

d) 每一试验之后，SRCD闭合并施加额定电压，然后用试验按钮将SRCD断开。SRCD应无本标准意义上的损坏。

在9.8.3.3规定的试验条件下，SRCD通以1.25$I_{\Delta n}$的试验电流应脱扣。仅在任意选取的一极进行一次试验，试验时不测量分断时间。

9.26 验证FE/PE稳态电流的极限值

9.26.1 中性线连接时，验证FE/PE稳态电流的极限值

闭合S_1，再闭合SRCD，按图13接线并施加1.1U_n的电压。

对于没有专门连接中性导线极的SRCD，电源的中性线和相线反相与SRCD连接，进行第二次试验。

电阻器R_1阻值应为1 Ω±1%。

测量电阻器R_1的压降有效值，计算出功能接地连接通过的电流值且不应超过0.5 mA。

9.26.2 中性线断开时，验证FE/PE稳态电流的极限值

断开S_1，闭合SRCD，按图13接线并施加1.1U_n的电压。

对于没有专门连接中性导线极的SRCD，电源的中性线和相线反相与SRCD连接，进行第二次试验。

电阻器R_1阻值应为1 Ω±1%。

测量电阻器R_1的压降有效值，计算出功能接地连接通过的电流值且不应超过2 mA。

尺寸单位为毫米

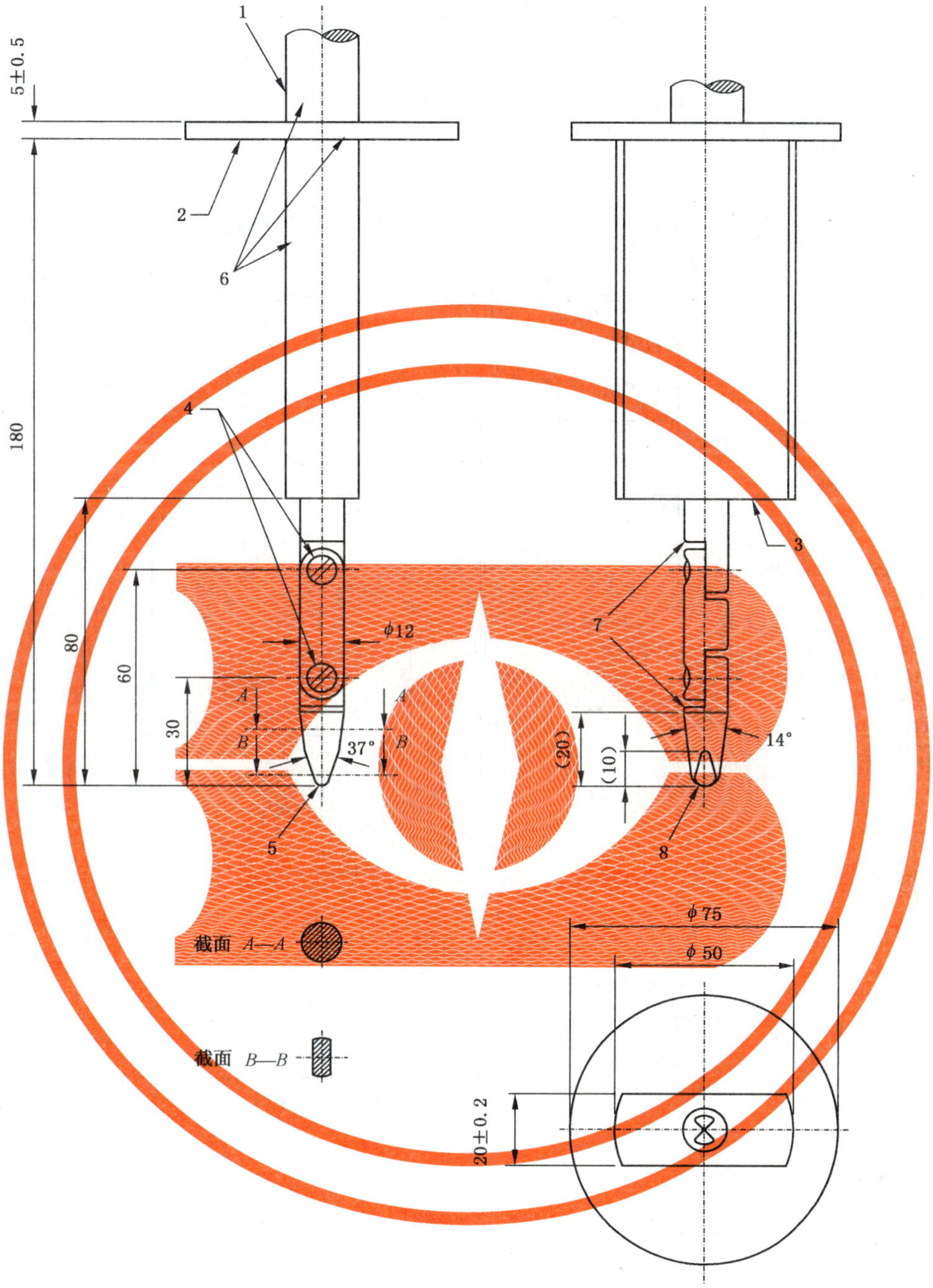

说明：

1——手柄；

2——防护板；

3——止动面；

4——铰链关节。

5——R_2±0.05 圆柱形；

6——绝缘材料；

7——所有边倒圆角；

8——R_4±0.05 球形。

材料：金属，除另有规定的以外；

线尺寸：mm；

没有规定误差的尺寸的允许误差；

角度：$^{0}_{-0'}$；

线尺寸：小于或等于 25 mm 为 $^{0}_{-0.05}$；大于 25 mm 为±0.2；

两个关节应能在同一平面及同一方向转过 90°角，允许误差 0～+10°。

图 1 标准试指

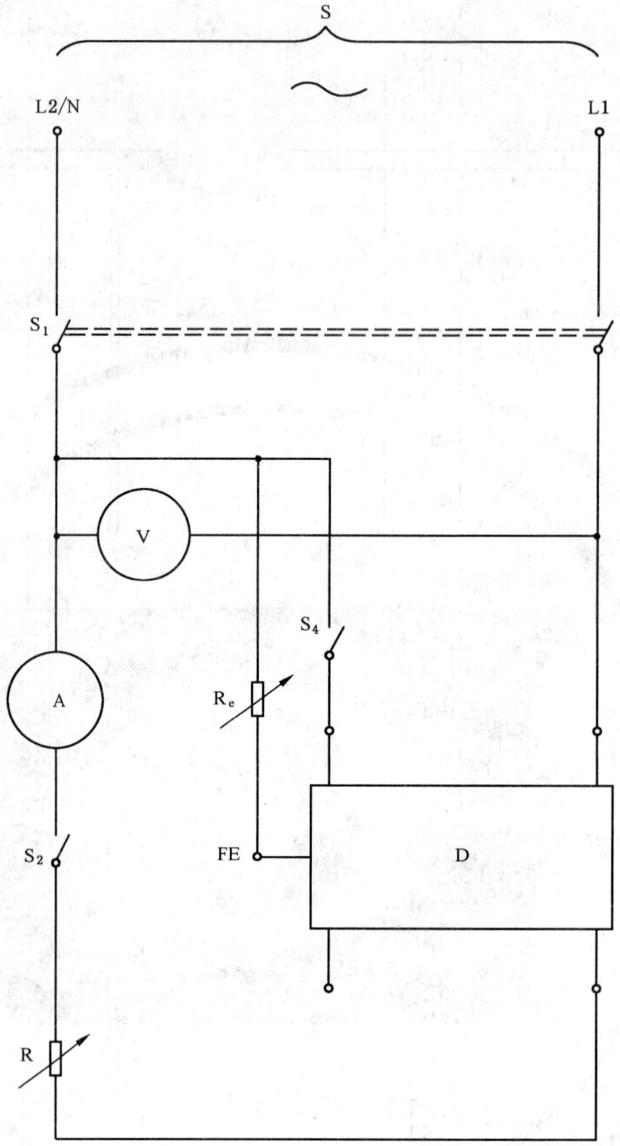

说明：

S——电源；

V——电压表；

A——电流表；

D——被试 SRCD；

S_1——二极开关；

S_2 或 S_4——单极开关；

R——可变电阻器；

R_e——150 Ω 电阻器；

FE——功能接地。

图 2　一般试验电路

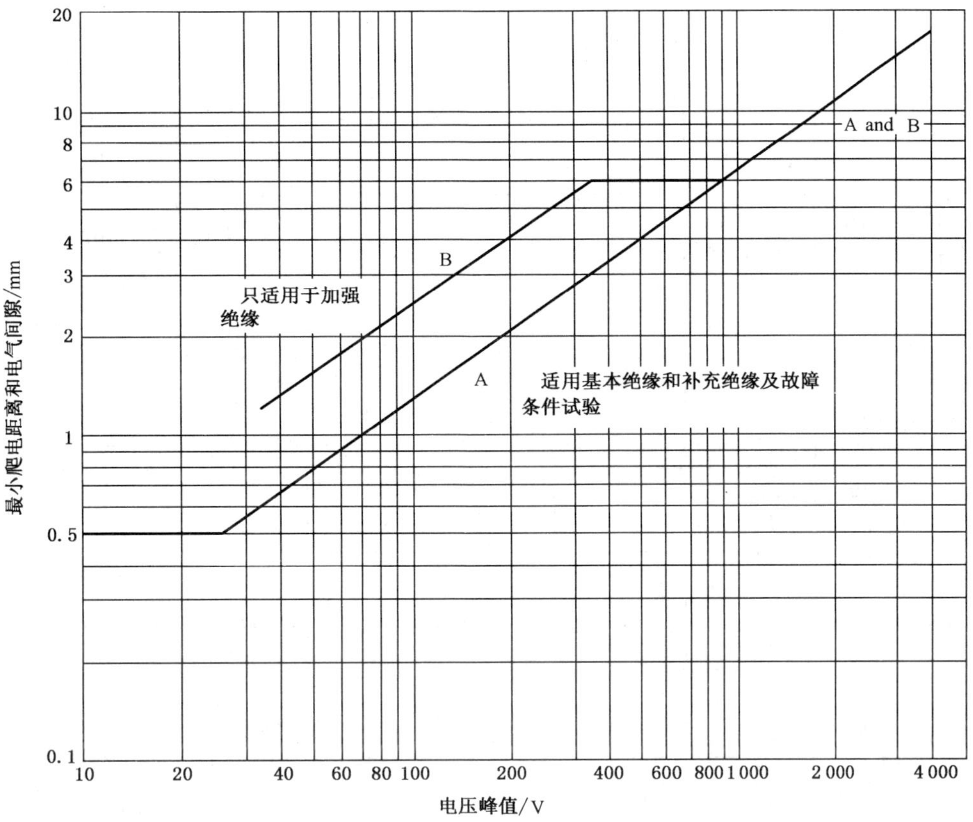

说明:

对连接到电压范围为 220 V～250 V(有效值)的主电源的导电部件,爬电距离和电气间隙等于 354 V(峰值)相应的尺寸。

曲线 A:34 V 相应于 0.6 mm;354 V 相应于 3 m。

曲线 B:34 V 相应于 1.2 mm;354 V 相应于 6 m。

图 3 最小爬电距离及电气间隙与电压峰值之间的关系

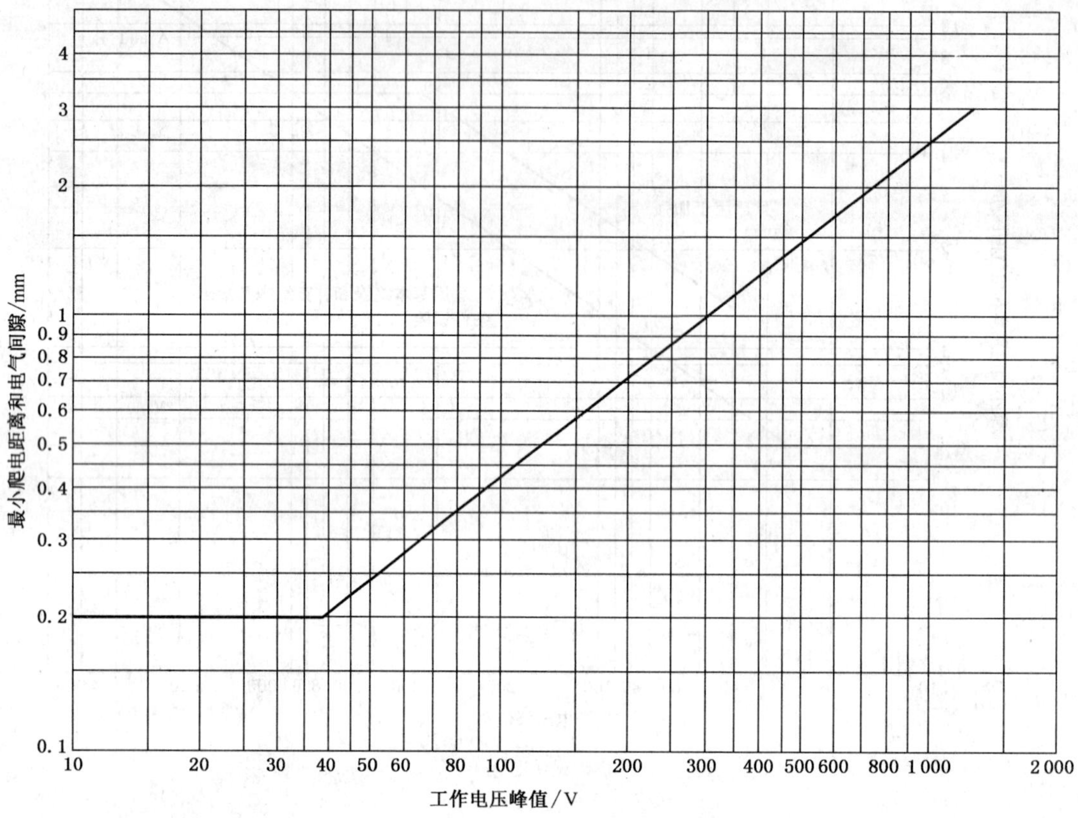

图 4 最小爬电距离及电气间隙与工作电压峰值之间的关系

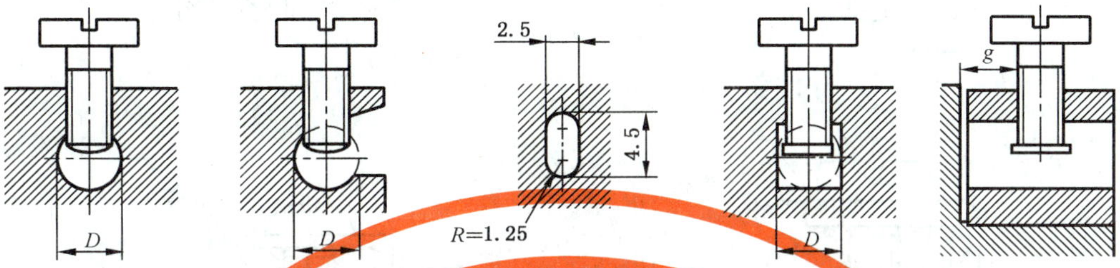

无压板的接线端子　　长孔接线端子　　带压板的接线端子

尺寸单位为毫米

接线端子可接受导线的截面积/mm²	导线的最小直径 D(或最小尺寸)/mm	当完整插入时夹紧螺钉和导线端面之间的最小距离 g/mm		扭矩/Nm					
				1[a]		2[a]		3[a]	
		1 个螺钉	2 个螺钉	1 个螺钉	2 个螺钉	1 个螺钉	2 个螺钉	1 个螺钉	2 个螺钉
至 1.5	2.5	1.5	1.5	0.2	0.2	0.4	0.4	0.4	0.4
2.5(圆孔)	3.0	1.5	1.5	0.25	0.2	0.5	0.4	0.5	0.4
2.5(长孔)	2.5×4.5	1.5	1.5	0.25	0.2	0.5	0.4	0.5	0.4
4	3.6	1.8	1.5	0.4	0.2	0.8	0.4	0.8	0.4
6	4.0	1.8	1.5	0.4	0.25	0.8	0.5	0.8	0.5
10	4.5	2.0	1.5	0.7	0.25	1.2	0.5	1.2	0.5
[a] 规定的值适用于表 6 中相应栏包括的螺钉。									

带有螺纹孔的接线端子部件和导体被螺钉夹紧的接线端子部件可以是 2 个分开的部件，例如带有夹头的接线端子。导线的形状可以与所示的不同，只要直径等于规定的最小尺寸 D 或最小外形尺寸等于长孔可接受导线截面积不大于 2.5 mm² 的圆可以内接。

图 5　柱接线端子

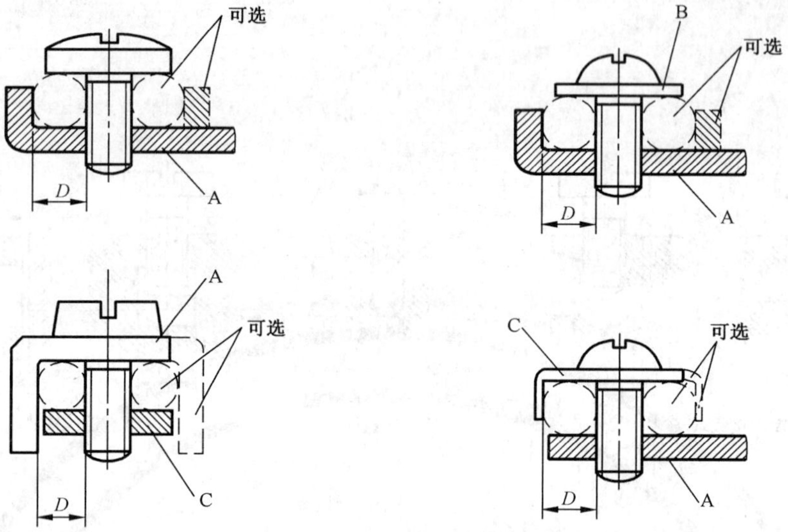

螺钉接线端子

螺栓接线端子

a)　不要求垫圈或夹紧板的螺钉/螺栓　　　**b)　要求垫圈、夹紧板或防散部件的螺钉/螺栓**

说明：

A——固定部件；

B——垫圈或夹紧板；

C——防散装置；

D——导体空间；

E——螺栓。

接线端子可接受导线的截面积/mm^2	导线的最小直径 *D*（或最小尺寸）/mm	扭矩/Nm	
		3[a]	
		1 个螺钉或螺栓	2 个螺钉或螺栓
至 1.5	1.7	0.5	—
至 2.5	2.0	0.8	—
至 4	2.7	1.2	0.5

[a] 规定的值适用于表 7 中相应栏包括的螺钉。

只要夹紧导体所必须的压力不是通过绝缘材料传递，使导体定位的部件可以由绝缘材料制成。接线端子可接受截面积不超过 2.5 mm^2 的第二种可选空间可以用作当要求连接两个 2.5 mm^2 导线时的第二种导线连接。

图 6　螺钉接线端子和螺栓接线端子

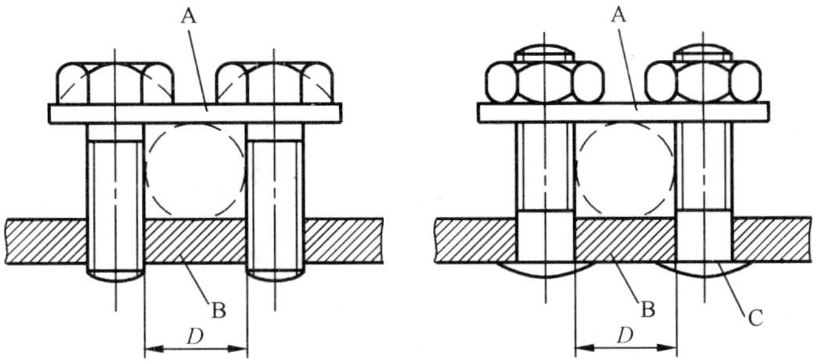

说明：

A——鞍架；

B——被固定部件；

C——螺栓；

D——导线所占空间。

接线端子可接受导线的截面积/mm²	导线所占空间最小直径 *D*/mm	扭矩/Nm
≤4	3.0	0.5

只要能与直径等于规定 *D* 的最小值的圆内切，导线的形状可以与图中所示有所不同。为了能通过反转鞍架的办法来容纳大小两种横截面积的导线，鞍架的上表面和下表面的形状可以不同。

图 7　鞍形接线端子

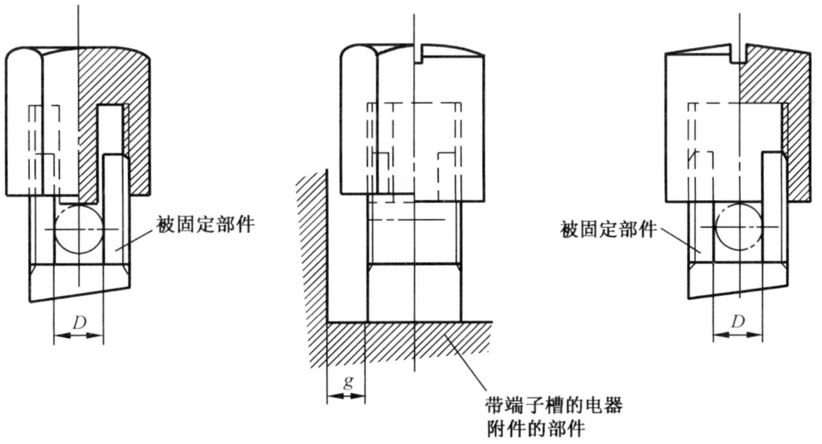

端子所接导线的横面积/mm²	导线所占空间最小直径 *D*/mm	被固定部件与导线完全插入时的线端之间的最小距离 *g*/mm
≤1.5	1.7	1.5
≤2.5	2.0	1.5
≤4	2.7	1.8

[a] 为了获得可靠连接，导线所占空间的底部必须稍为倒圆。

注：所施加的力矩为表 7 第 2 栏或第 3 栏的规定值。

图 8　罩式端子

尺寸单位为毫米

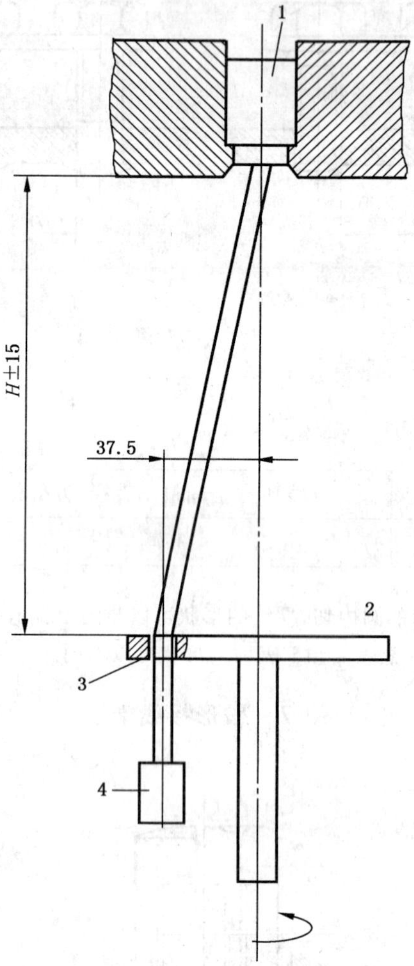

说明：

1——接线端子；

2——滚筒；

3——套管；

4——重物。

套管孔应能使作用于电缆的力是纯拉力，还应能避免将力矩传到夹紧装置里的导线上。

图 9　检查导线受损程度的装置

尺寸单位为毫米

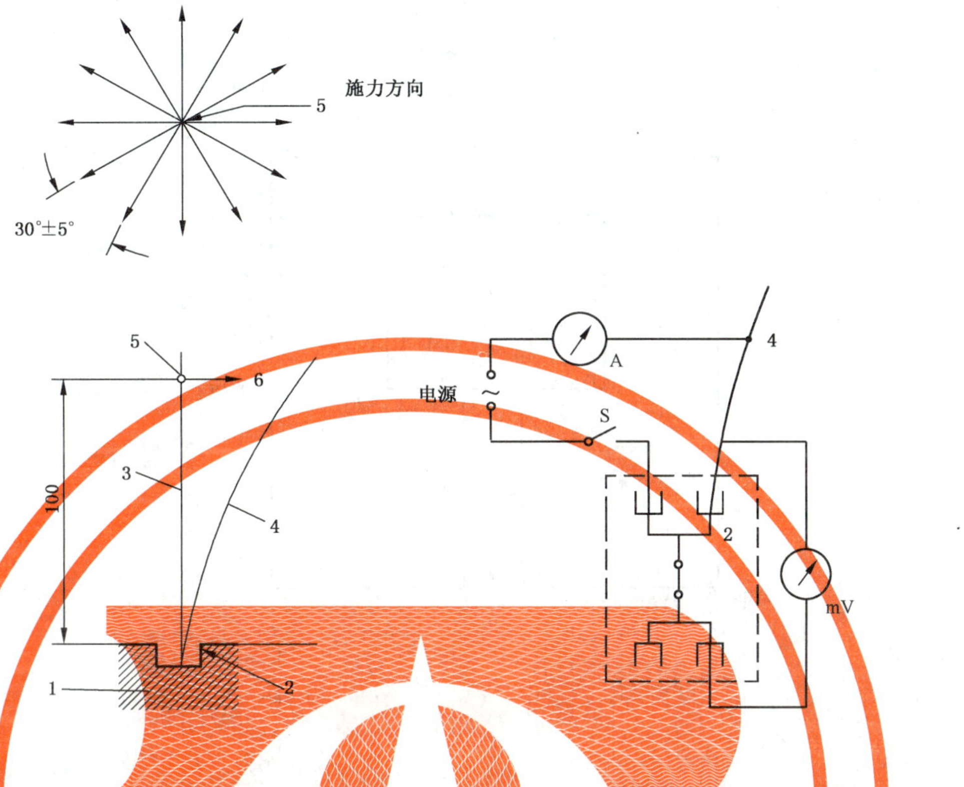

a） 无螺纹端子弯曲试验装置的原理

b） 测量在无螺纹端子上弯曲试验期间的电压降的试验装置的示例

说明：

A——电流表(A)；

mV——电压表(mV)；

S——开关；

1——试品；

2——受试夹紧件；

3——试验导线；

4——被弯曲的试验导线；

5——使导线弯曲的施力点；

6——弯曲力(垂直于直的导线)。

图 10 弯曲试验示意图

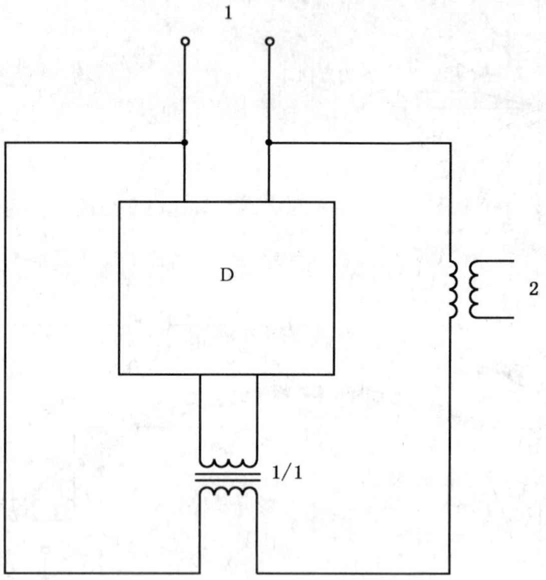

说明：

1——1.1U_n 的电源；

2——电流源；

D——受试 SRCD。

图 11 独立电流源和电压源的试验电路示例

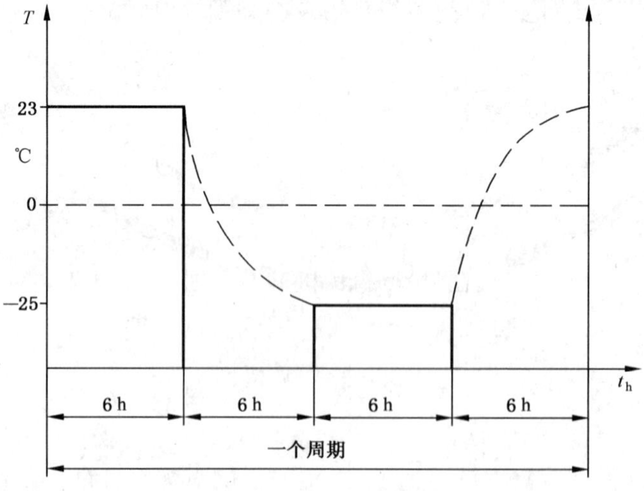

图 12 低温试验的试验周期

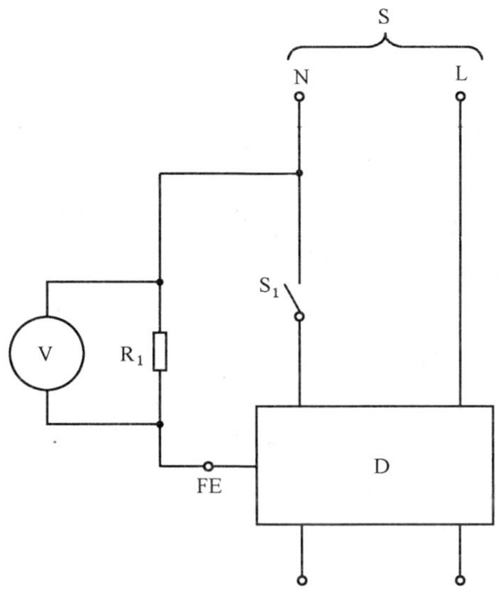

说明：
D——被试 SRCD；
S——电源；
S_1——开关；
V——电压表；
R_1——电阻器；
FE——功能接地。

图 13 测量 FE/PE 的稳态电流

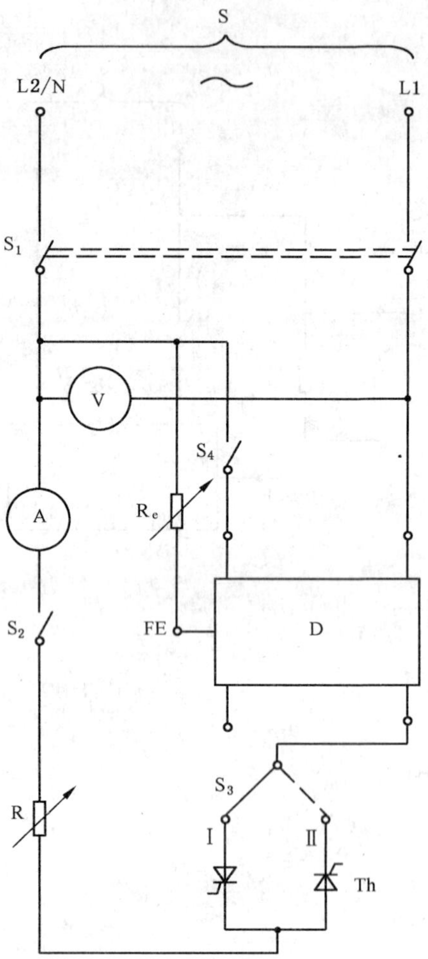

说明：

S——电源；

V——电压表；

A——电流表(测量有效值)；

D——被试 SRCD；

R——可变电阻器；

R_e——150 Ω 电阻器；

Th——可控硅；

S_1——两极开关；

S_2——单极开关；

S_3——单极双向开关；

S_4——单极开关；

FE——功能接地。

图 14　验证 SRCD 在剩余脉动直流电流时正确动作的试验电路

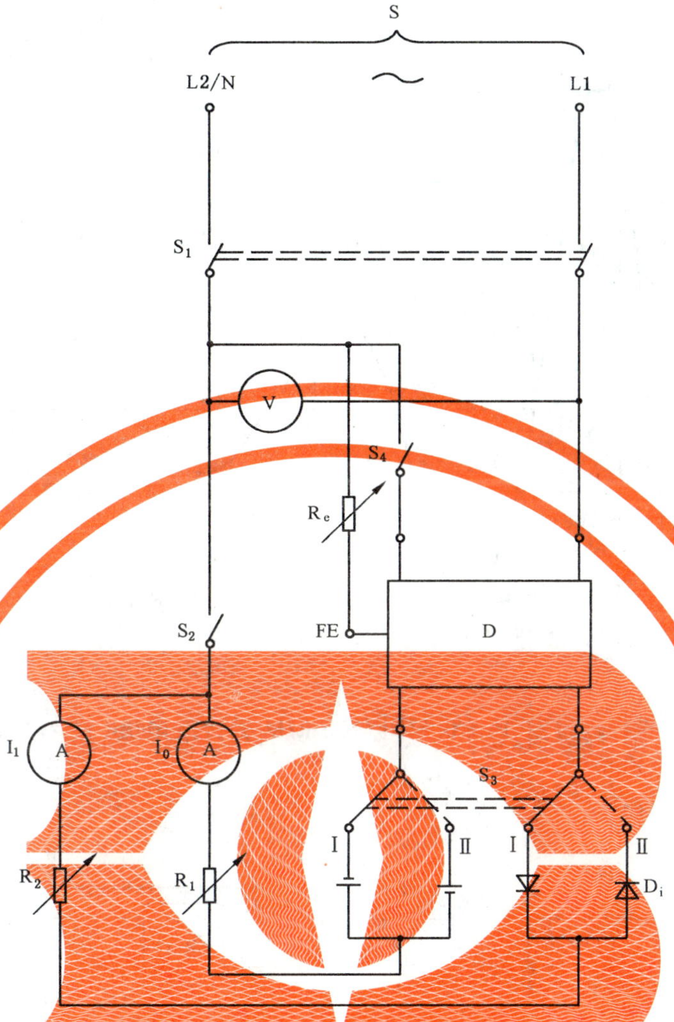

说明：

S——电源；

V——电压表；

A——电流表(测量有效值)；

D——被试 SRCD；

R_e——可变电阻器；

R_1——可变电阻器；

R_2——可变电阻器；

D_i——二极管；

S_1——两极开关；

S_2——单极开关；

S_3——单极双向开关；

S_4——单极开关；

FE——功能接地。

图 15 验证 SRCD 在剩余脉动直流叠加平滑直流电流时正确动作的试验电路

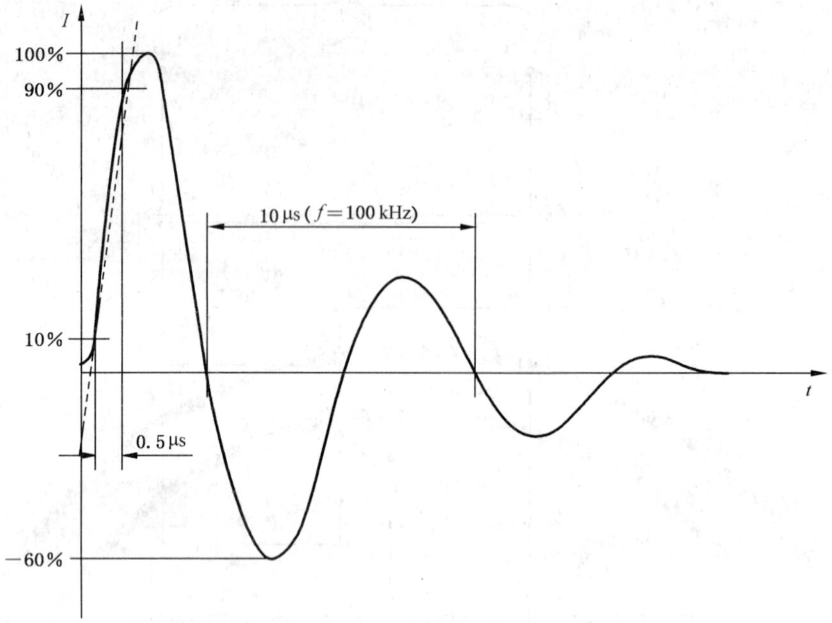

图 16 0.5 μs/100 kHz 振铃波电流

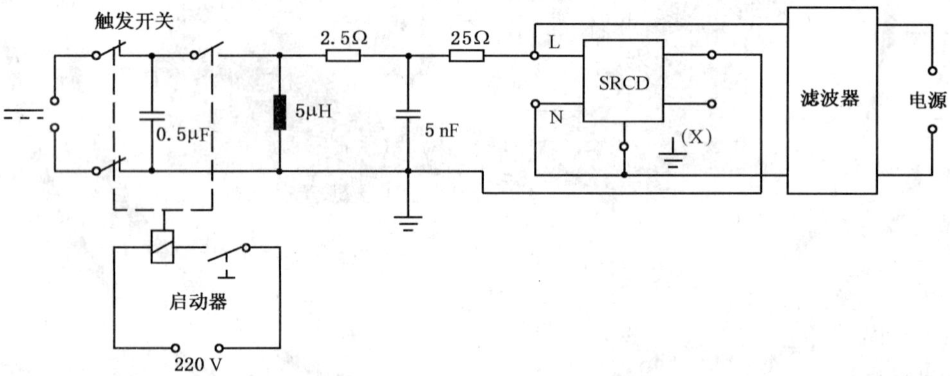

如果 SRCD 上有标志(X),则接地端子应接到中性线端子上。

图 17 验证冲击电压产生的浪涌电流作用下 SRCD 防误脱扣的试验电路示例

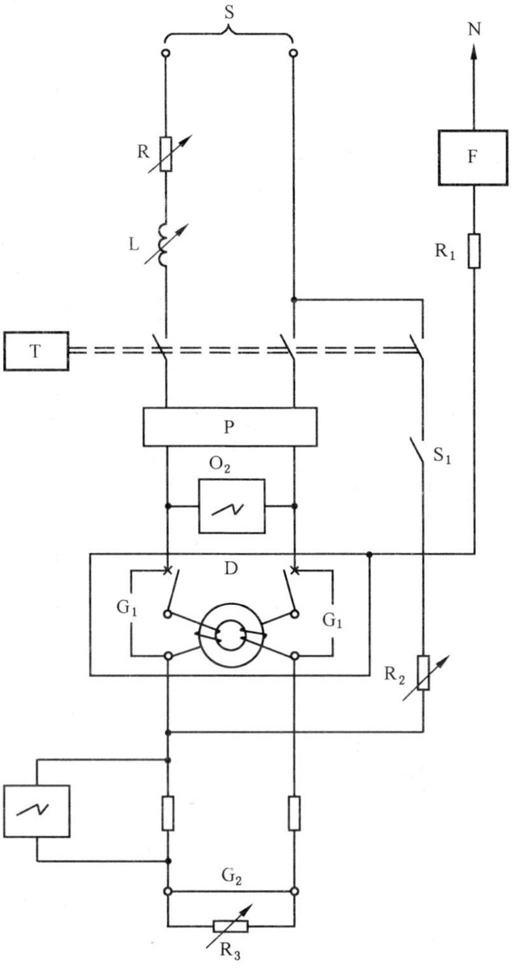

说明：

N——中性线；

S——电源；

R——可变电阻器；

L——可变电感器；

P——短路保护器(SCPD)；

D——SRCD；

G_1——调节时的暂时连接；

G_2——额定限制短路电流试验的连接；

T——短路接通装置；

O_1——记录电流传感器；

O_2——记录电压传感器；

F——检测故障电流的装置；

R_1——装置 F 中限流电阻器；

R_2——调节时的可变电阻器；

R_3——为获得低于额定限制短路电流的附加可变电阻器；

S_1——开关。

图 18　验证额定接通和分断能力以及协调配合能力的试验电路

尺寸单位为毫米

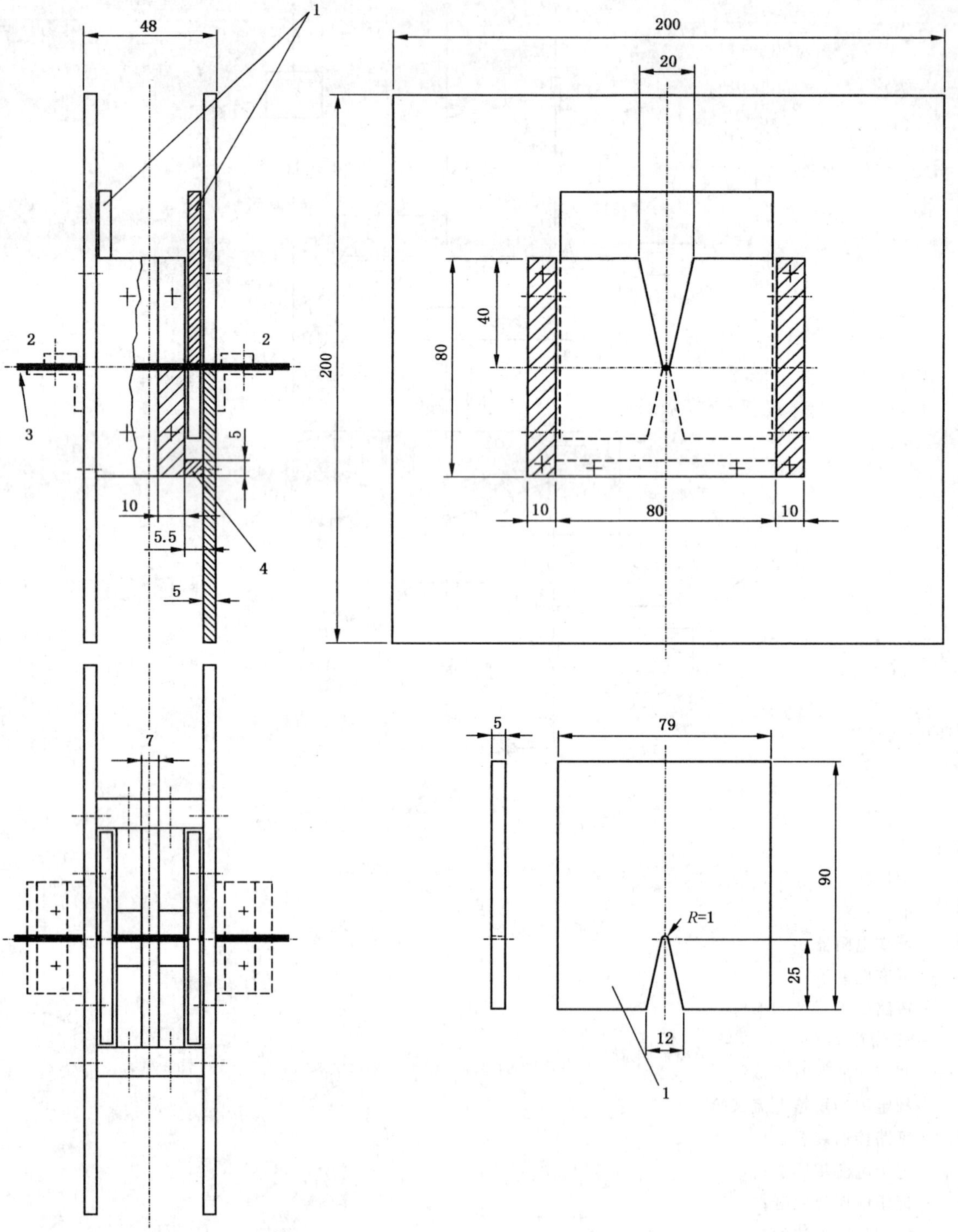

说明：

1——导板；

2——端子；

3——银丝；

4——导板定位。

图 19　验证 SRCD 能耐受的 I^2t 和 I_p 最小值的试验装置(9.15.2.1a))

尺寸单位为毫米

说明：

1——刚性钢丝。

图 20　检查带电部件不可触及性用的探针

尺寸单位为毫米

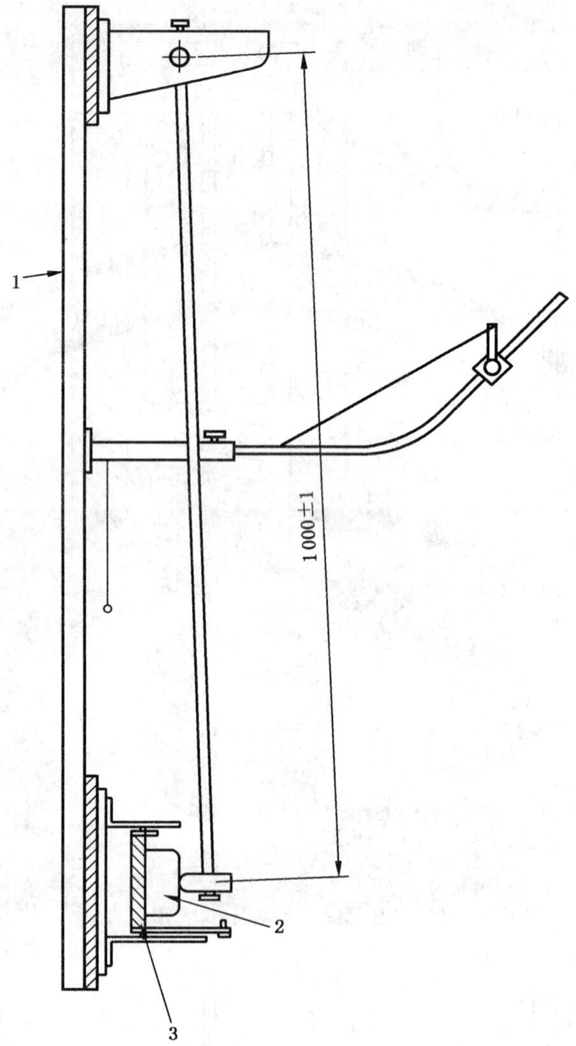

说明：

1——框架；

2——试品；

3——安装支架。

图 21　冲击试验装置

尺寸单位为毫米

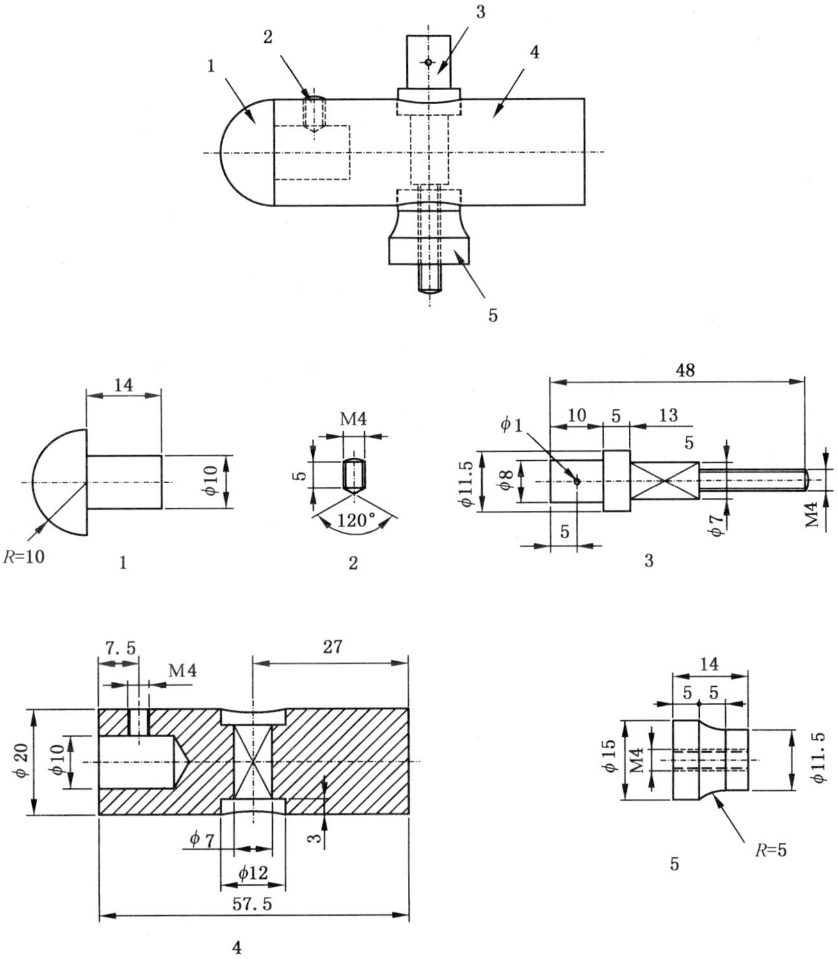

说明：

1——聚酰胺；

2,3,4,5——钢压 360。

图 22　锤的详图

尺寸单位为毫米

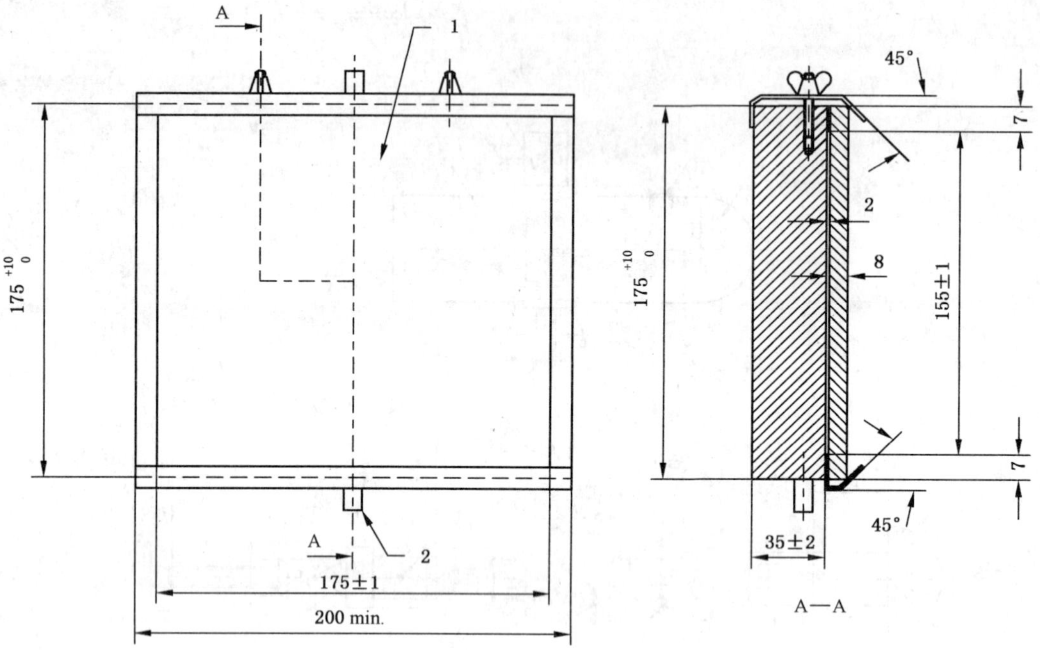

说明：
1——胶合板；
2——轴。

图 23　试品的安装支架

尺寸单位为毫米

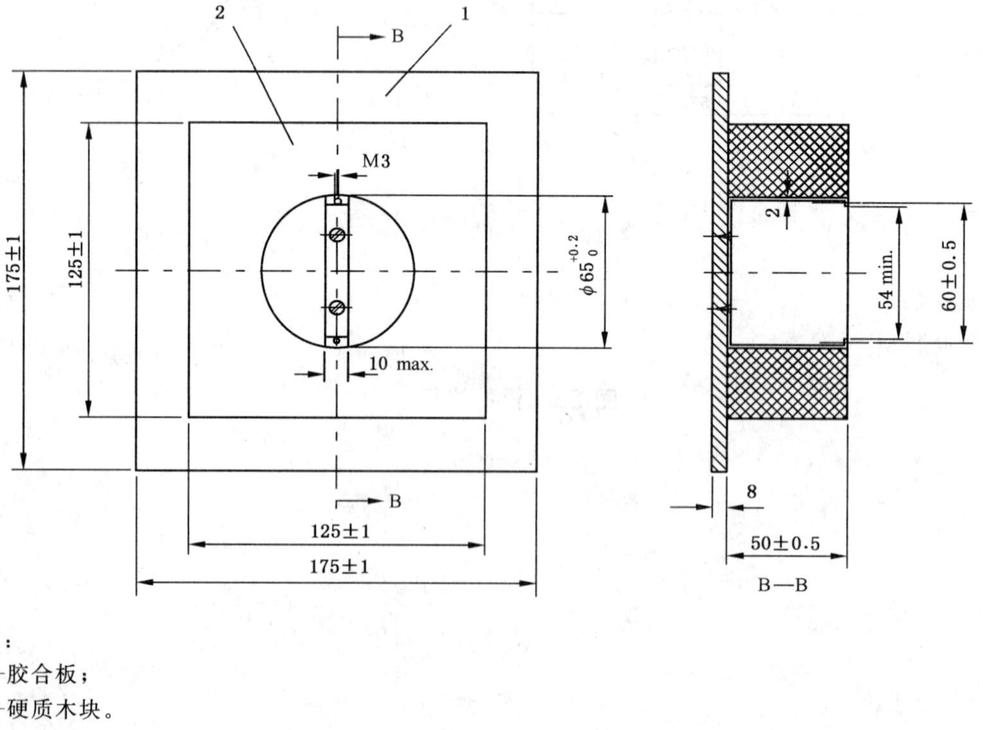

说明：
1——胶合板；
2——硬质木块。
硬质木块凹槽的尺寸仅是示例，更多的应用尺寸在考虑中。

图 24　暗装式 SRCD 用的安装木块

尺寸单位为毫米

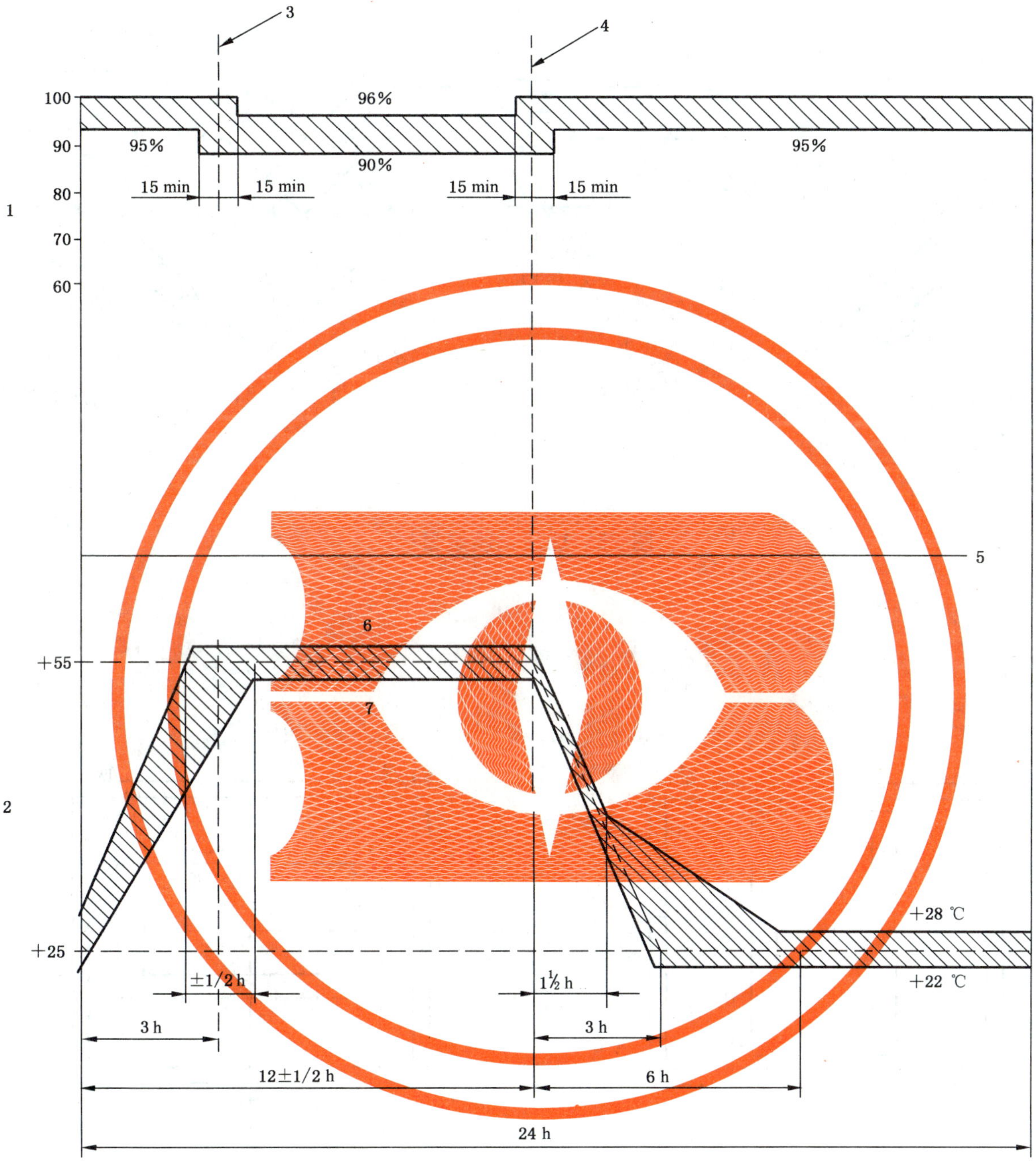

说明：

1——相对湿度；

2——周围温度；

3——温度上升结束；

4——温度下降开始；

5——时间；

6——上限温度；

7——下限温度。

图 25　可靠性试验周期

尺寸单位为毫米

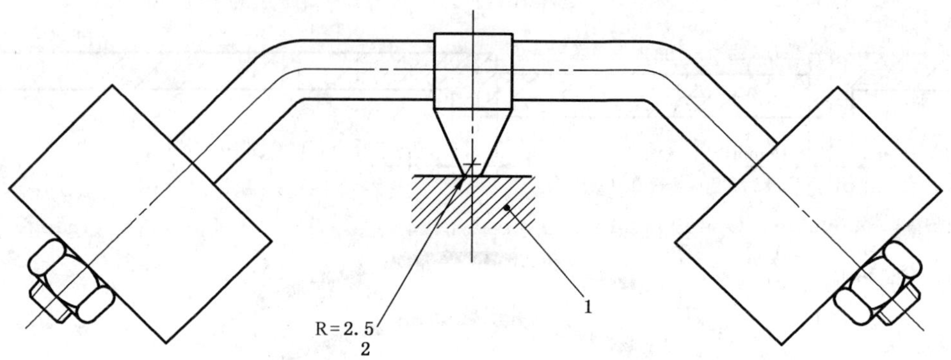

说明：
1——试品；
2——球形。

图 26　球压试验装置

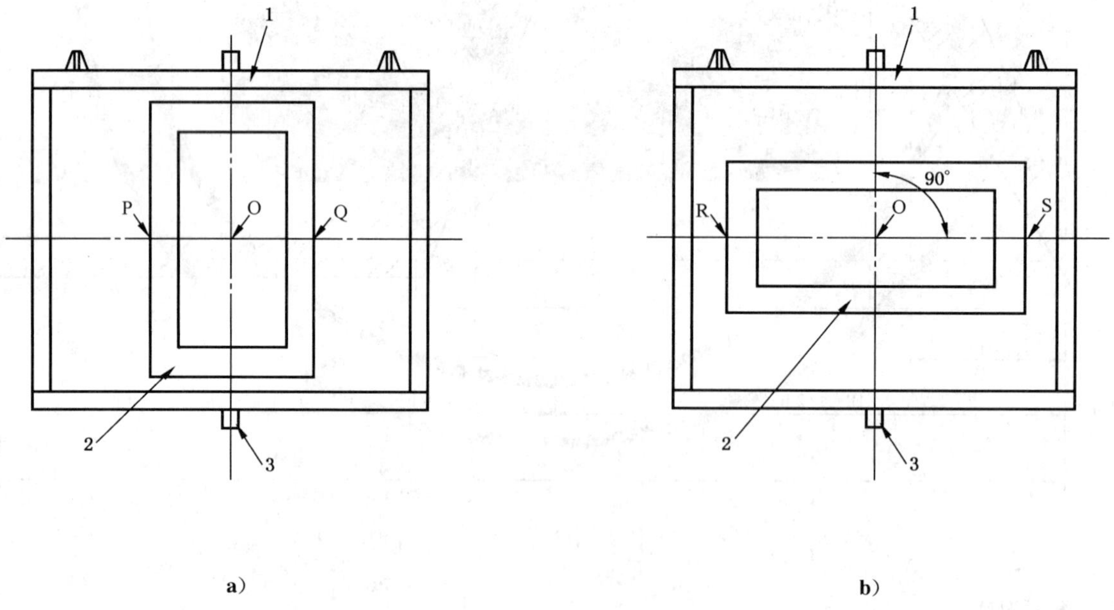

图 27　冲击应用所示的表和示意图

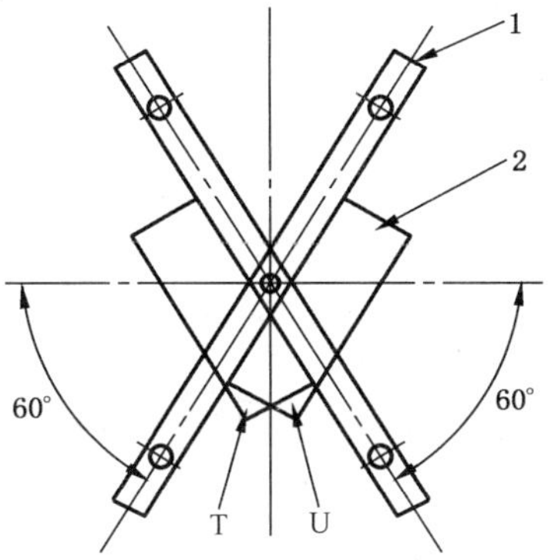

c)

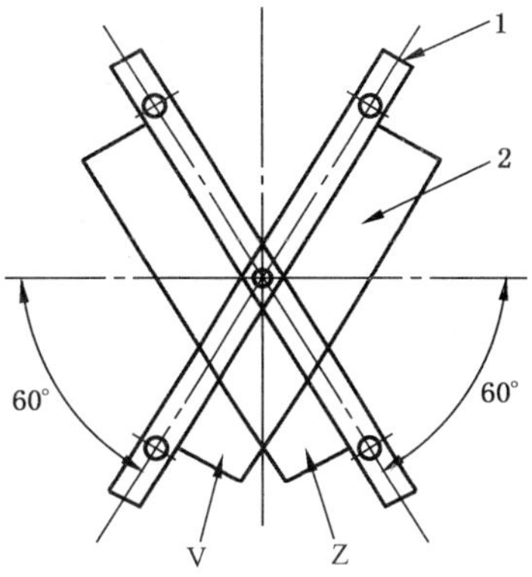

d)

说明：
1——胶合板；
2——试品；
3——轴。

冲击操作			
示意图	总冲击数	施加的点	被试部位
a)	3	在中心一次 O 和 P 之间一次[a)] O 和 Q 之间一次[a)]	A
b)	2	O 和 R 之间一次[a)] O 和 S 之间一次[a)]	A
c)	2	在 T 表面一次[a)] 在 U 表面一次[a)]	B,C 和 D
d)	2	在 V 表面一次[a)] 在 Z 表面一次[a)]	B,C 和 D
[a)] 把冲击施加到最不利的点。			

图 27（续）

尺寸单位为毫米

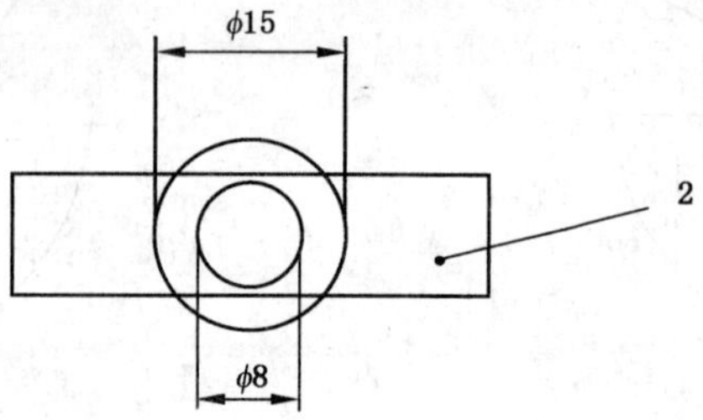

1

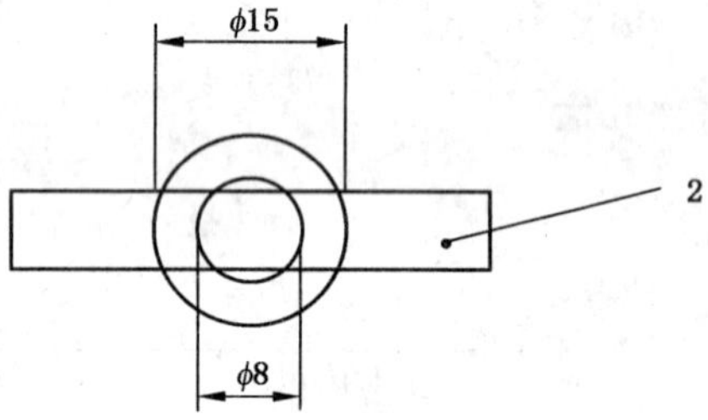

3

说明：

1——要求进行试验；

2——试品；

3——不要求进行试验。

图 28 9.22 的图示

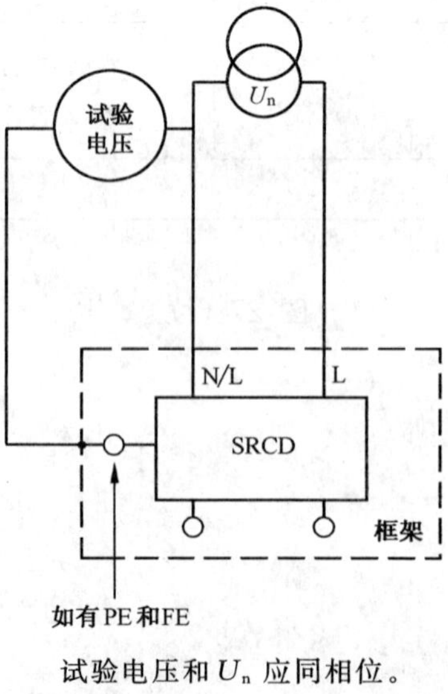

试验电压和 U_n 应同相位。

图 29 验证耐受暂时过电压(TOV)的试验电路(9.25)

附 录 A
（规范性附录）
认证试验的试验程序和试品数量

A.1 概要

术语“认证”是指：

——制造厂的合格声明，或是；

——第三方认证，例如由一个独立的试验站认证。

A.2 试验程序

试验应按表 A.1 进行，每一个程序的试验按规定的次序执行。

表 A.1 试验程序

试验程序	条款	试验（或检查）项目
A	9.2	标志和标志的耐久性试验
	9.3	验证自由脱扣机构
	9.6	螺钉、载流部件和连接的可靠性试验
	9.7	带螺纹接线端子和无螺纹的接线端子
	9.20	电击保护
	9.21	耐热性
	8.3.2	电气间隙和爬电距离
	9.22	耐异常发热和耐燃性
B_0	9.12	耐潮湿性
	9.13	介电性能试验
	9.11.3.1	按 4.2.1、4.2.2 和 4.2.3 分类的 SRCD 的温升试验
	9.11.3.2	按 4.2.1 b)分类的 SRCD 的附加温升试验
	9.16	验证 SRCD 耐冲击电压性能
	9.19.2	40 ℃温度试验
	9.24	验证电子元件的老化
B_1	9.26	验证 FE/PE 稳态电流的限制
	9.25	验证 SRCD 在暂时过电压（TOV）下的性能
C_0	9.17	机械和电气耐久性
C_1	9.15.3	验证按 4.2.1 分类的 SRCD 插座的接通和分断能力
D_0	9.8	验证 AC 型和 A 型的 SRCD 的动作特性
	9.9	验证按 4.2.1b)分类的 SRCD 在误接线时的性能

表 A.1(续)

试验程序	条款	试验(或检查)项目
D_0	9.4	当触头处于闭合位置时,连接在带电导线(相和中性线)之间和/或带电导线与接地回路之间的电子元件,验证电器间隙和爬电距离的替代试验
	9.5	当触头处于闭合位置时,用于连接在带电导线(相和中性线)之间和/或带电导线与接地回路之间电子元件的电容器、电阻器和电感器的要求
D_1	9.23.1	验证过电流情况下的动作特性(如适用)
	9.14.2	对于 $I_{\Delta n} \geqslant 0.010$ A 的 SRCD,验证防止由于冲击电压引起对接地电涌电流的误脱扣性能
	9.10	验证试验装置
	9.15.2.3	验证额定剩余短路接通和分断能力($I_{\Delta m}$)
	9.15.2.1 i)	试验后 SRCD 的验证
	9.18	耐机械冲击
E_1 [a]	9.15.2.4 a)	验证在 250 A 和额定限制短路电流(I_{nc})下的配合
	9.15.2.2	验证额定接通分断能力(I_m)
	9.15.2.1 i)	试验后 SRCD 的验证
E_2 [a]	9.15.2.4 b)	验证在额定接通分断能力(I_m)下的配合
	9.15.2.4 c)	验证在 250 A 和额定限制剩余短路电流($I_{\Delta c}$)下的配合
	9.15.2.1 i)	试验后 SRCD 的验证
F_1 [a]	9.23.2.1	在电流为 1 500 A 下的试验
	9.23.3	试验后 SRCD 的验证
F_2 [a]	9.23.2.2	额定短路能力试验(I_{cn})
	9.23.3	试验后 SRCD 的验证
G	9.19.1	气候试验
EMC_1	9.14.1	GB 18499 表 4-T1.1 谐波、谐间波
		GB 18499 表 4-T1.2 信号电压
		GB 18499 表 5-T2.3 ms 和 μs 级单向传导脉冲
EMC_2	9.14.1	GB 18499 表 5-T2.1 传导振荡电压或电流和 T2.5 高频辐射现象
		GB 18499 表 5-T2.2 快速脉冲(脉冲群)共模
EMC_3	9.14.1	GB 18499 表 6-T2.6 在低于 150 kHz 下传导共模扰动
		GB 18499 表 6-T3.1 静电放电

[a] 试验顺序 E 或者 F 适用于按 4.9 的相关分类。

A.3 提交全部试验程序的试品数量

如果只有一种型式的一个电流额定值和一个剩余动作电流额定值的SRCD提交试验，提交不同试验序列的试品数量如表A.2所示，表中还列出了最低性能合格判别标准。

如果按表A.2第二栏提交的所有试品都通过试验，则满足了符合本标准的要求。如果只有第三栏中最少的试品数量通过试验，则应对第四栏所示增加的试品进行试验，并且所有的试品都应完满地完成整个试验程序。

对只有一个额定电流，但有一个以上剩余动作电流的SRCD，每个试验程序应分别用二组试品进行试验：一组调节到最大剩余动作电流；另一组调节到最小剩余动作电流。

表 A.2 全部试验程序的试品数量

试验程序	试品数量	应通过试验的最少试品数量[a,b]	重复试验的最多试品数量[c]
A	1	1	
B_0	3	2	3
B_1	3	2	3
C_0	3	2	3
C_1	3	2	3
D_0	3	2[d]	3
D_1[g]	3	2[d]	3
E_1[g]	3	2[d]	3
E_2[g]	3	2[d]	3
F_1[g]	3	2[e]	3
F_2[g]	3	2[e]	3
G	3	2	3
EMC_1[f]	3	2	3
EMC_2[f]	3	2	3
EMC_3[f]	3	2	3

[a] 总共最多可重复试验3个试验顺序。

[b] 假定没有通过试验的试品没有满足技术要求是由于工艺或装配的缺陷造成，而不是由于设计的原因。

[c] 在重复试验时，所有的试验结果必须合格。

[d] 在9.8.3、9.8.4、9.15.2.3、9.15.2.4a)、9.15.2.4b)和9.15.2.4c)（适用时）试验过程中，所有试品均应通过试验。

[e] 所有试品应符合9.23.2.1和9.23.2.2的要求。

[f] 如制造厂要求时，同一组试品可以用于多个试验程序。

[g] 按4.2.1b)分类的SRCD，试品数量加倍。

A.4 基本设计结构相同的一个系列 SRCD 同时提交试验时，简化试验程序的试品数量

A.4.1 概述

如果满足以下的条件，可认为 SRCD 具有相同的基本设计结构：

a) 按分类具有相同的基本设计；

b) 除了 c)和 d)许可的不同外，剩余电流动作装置具有相同的脱扣机构和相同的继电器或螺线管；

c) 除了 a)所列举的不同外，内部载流部件的材料、涂层和尺寸相同；

d) 接线端子有类似的结构(见 b))；

e) 触头尺寸、材料、结构和连接方式相同；

f) 手动操作机构，材料和机械性能相同；

g) 模塑材料和绝缘材料相同；

h) 灭弧装置的灭弧方法，材料和结构相同；

i) 除了 c)允许的不同外，对于一个给定特性的形式，剩余电流检测装置的基本设计相同；

j) 除了 d)允许的不同外，剩余电流脱扣装置的基本设计相同；

k) 除了 e)允许的不同外，试验装置的基本设计相同。

只要 SRCD 在所有的其他方面均符合上面详细列举的要求，则下面的不同是允许的：

1) 内部载流连接的截面积和环形连接的长度；

2) 接线端子尺寸；

3) 绕组的匝数和截面积以及差动互感器铁芯的尺寸和材料；

4) 继电器的灵敏度和/或有关的电子电路(如有的话)；

5) 为符合 9.10 的试验，产生最大安匝数所必须的试验装置的电阻值。

A.4.2 简化的试验程序

对于具有相同基本设计的 SRCD，对于相同分类、具有不同电流额定值或者额定剩余动作电流的 SRCD，试验的试品数量可按表 A.3 减少。

表 A.3 简化试验程序的试品数量

试验程序	试品的数量[a][b]
A	1 最大 I_n 额定值，最小 $I_{\Delta n}$ 额定值
B_0	3 最大 I_n 额定值，最小 $I_{\Delta n}$ 额定值
B_1	3 最大 I_n 额定值，最小 $I_{\Delta n}$ 额定值
C	3 最大 I_n 额定值，最小 $I_{\Delta n}$ 额定值
D_0+D_1	3 最大 I_n 额定值，最小 $I_{\Delta n}$ 额定值
D_0	1 所有其他 $I_{\Delta n}$ 额定值，最大 I_n
E_1 和 F_1	3 最大 I_n 额定值，最小 $I_{\Delta n}$ 额定值
D_1[c]	1 所有其他 I_n 额定值，最小 $I_{\Delta n}$

表 A.3（续）

试验程序	试品的数量[a,b]
E_2	3 最大 I_n 额定值，最小 $I_{\Delta n}$ 额定值
F_2	3 最小 I_n 额定值，最大 $I_{\Delta n}$ 额定值
G	3 最大 I_n 额定值，最小 $I_{\Delta n}$ 额定值
EMC_1	3 任何 I_n 额定值，最小 $I_{\Delta n}$ 额定值
EMC_2	3 任何 I_n 额定值，最小 $I_{\Delta n}$ 额定值
EMC_3	3 任何 I_n 额定值，最小 $I_{\Delta n}$ 额定值

[a] 如果按 A.2 的最低合格性能判别标准重复进行试验，对相关的试验用一组新的试品。重复试验时所有的试验结果均应合格。

[b] 如果仅提交一个 $I_{\Delta n}$ 值，用 $I_{\Delta n}$ 替代最小额定值 $I_{\Delta n}$ 和最大额定值 $I_{\Delta n}$。

[c] 对于这个程序，仅要求 9.23.1 的试验。

附 录 B
（规范性附录）
确定电气间隙和爬电距离

在确定电气间隙和爬电距离时，建议应考虑下列几点：

——如果电气间隙和爬电距离受到一个或几个金属部件的影响，则各部分的总和至少应为规定的最小值；

——当几个单独部分的长度小于 1 mm 时，在计算电气间隙和爬电距离的总长度长时，不考虑这些部分的长度。

在确定爬电距离时：

——槽的宽度和深度均大于或等于 1 mm 时，应沿着槽的轮廓线测量；

——槽的任何尺寸小于上述尺寸时，应忽略不计；

——筋高度大于或等于 1 mm 时：

a） 如果筋和绝缘材料部件是一体的（例如，用模压、焊接或胶合方式制成的），则沿着筋的轮廓线测量。

b） 如果筋和绝缘材料部件不是一体的，则沿着筋与绝缘材料的连接处或筋的剖面的轮廓线中较短的路径测量。

用下列图例对上述推荐的应用进行说明：

——图 B.1～图 B.3 表示在计算爬电距离时，包括槽或不包括槽在内的图例；

——图 B.4 和 B.5 表示在计算爬电距离，包括筋或不包括筋在内的图例；

——图 B.6 说明当筋由插入的绝缘隔板组成，其外部轮廓线比结合部分长度长时，考虑结合部分的爬电距离；

——图 B.7～图 B.10 说明当绝缘材料部件的凹槽中有固定的零件时，如何确定爬电距离。

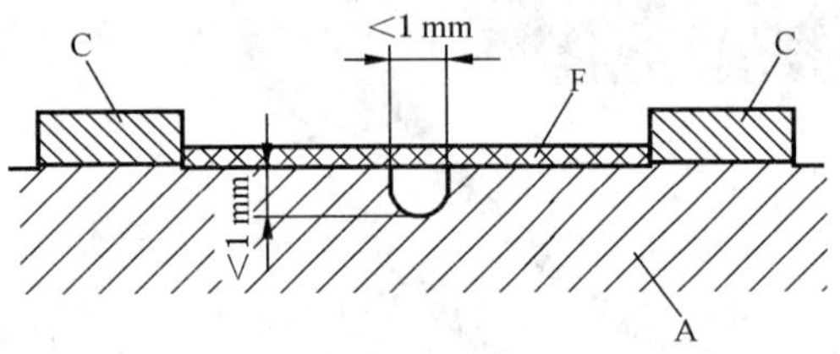

图 B.1

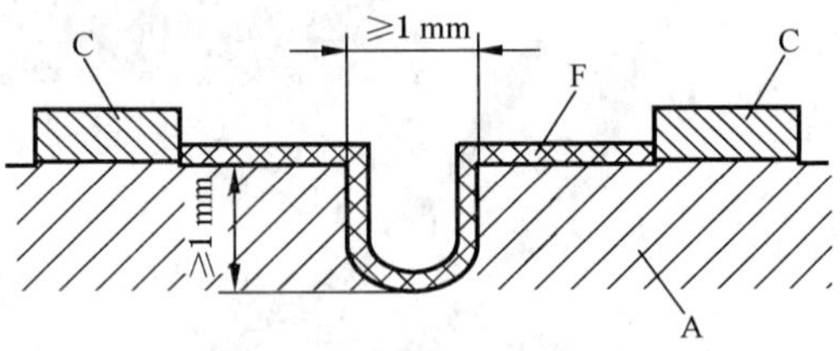

图 B.2

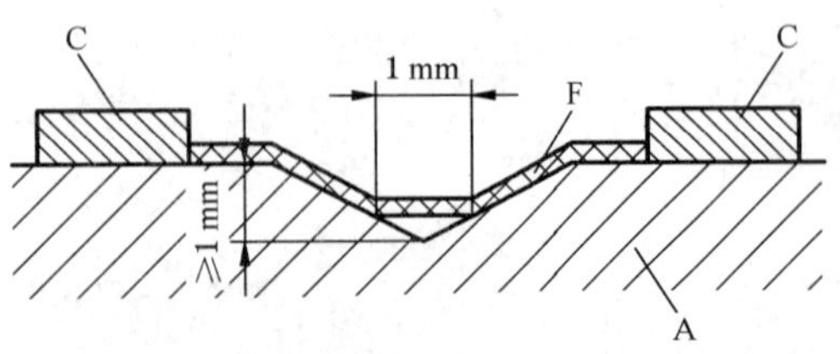

图 B.3

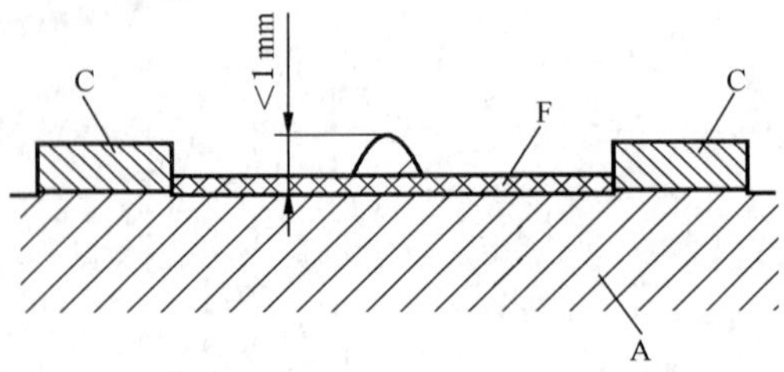

图 B.4

图 B.1～图 B.10 爬电距离应用图示说明

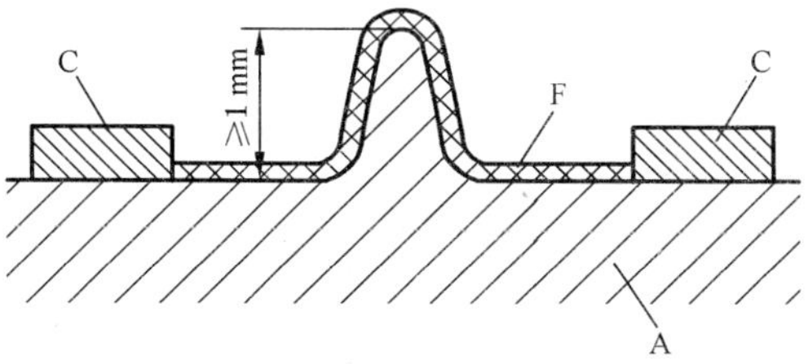

图 B.5

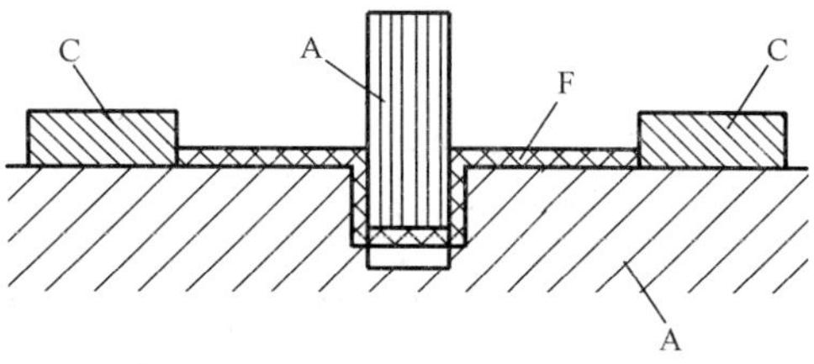

图 B.6

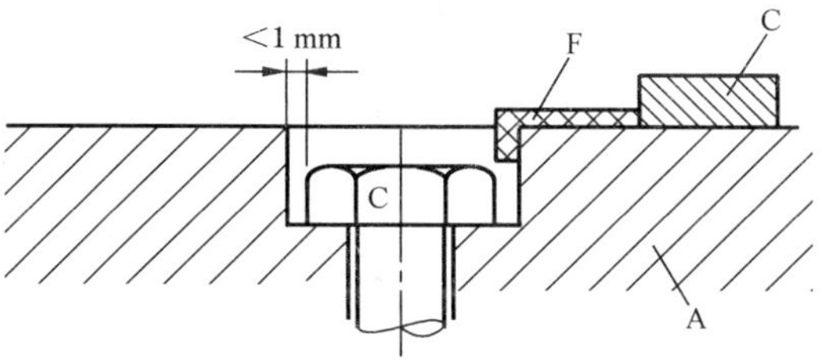

图 B.7

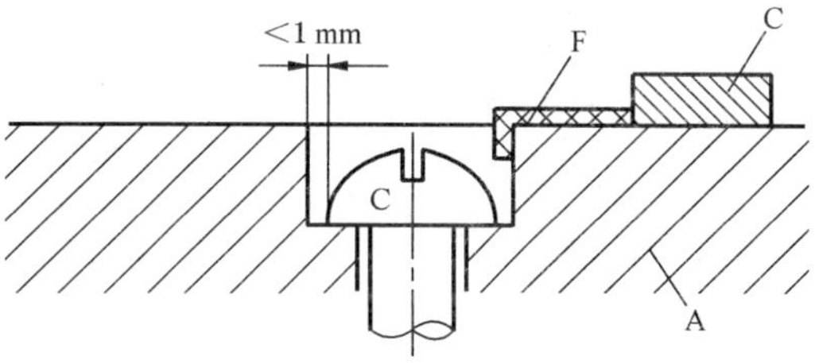

图 B.8

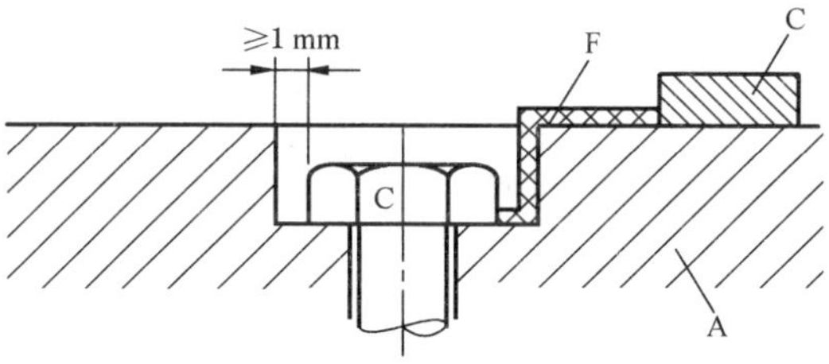

图 B.9

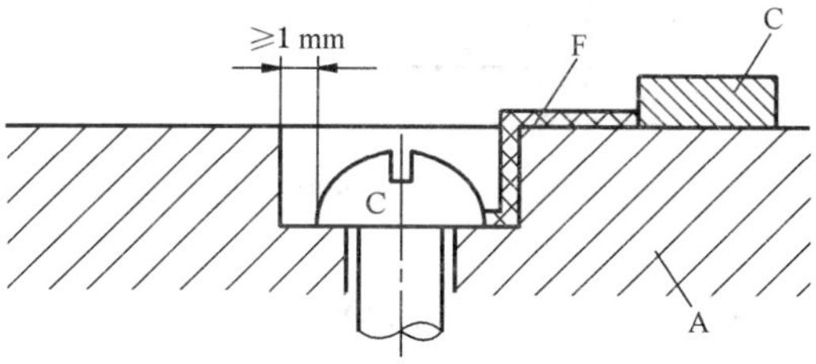

图 B.10

说明：

A——绝缘材料；

C——导电部件；

F——爬电距离。

图 B.1～图 B.10（续）

附　录　C
（资料性附录）
以 mm^2 为单位的截面积和 AWG 尺寸之间的对应关系

ISO 尺寸 mm^2	AWG	
	尺寸号码	公制截面积 mm^2
0.20	24	0.21
0.34	22	0.32
0.50	20	0.5
0.75	18	0.8
1.00	—	—
1.50	16	1.3
2.50	14	2.1
4.00	12	3.3
6.00	10	5.3

附　录　D
(规范性附录)
常 规 试 验

D.1　一般原则

本附录所规定的试验的目的是用来从安全性方面揭示材料或制造方面不合格的缺陷。

一般来说,根据制造厂的经验,为确保每个 SRCD 符合经受本标准试验的试品,必须做更多的试验。

D.2　脱扣试验

依次对 SRCD 的每极通以一个剩余电流,在电流小于或等于 $0.5I_{\Delta n}$ 时,SRCD 不应脱扣,但在 $I_{\Delta n}$ 时,SRCD 应在规定时间(见表 1a 和表 1b)内脱扣。

对每个 SRCD 至少应施加 5 次试验电流,而对每极至少应施加 2 次试验电流。

D.2.1　验证时间—电流特性

从冷态开始,对每个保护极分别通以约定脱扣电流与表 2 的瞬时脱扣范围(按断路器的脱扣特性:B 或 C)下限值之间任何合适的电流值。

断路器应在脱扣特性极限时间之间,相应于制造厂所选择的点的时间内脱扣。

D.2.2　验证瞬时脱扣

每台断路器应在相应于脱扣型式 B 或 C 的试验电流上限值的电流下进行 9.23.1.2 的瞬时脱扣试验。试验在任何合适的电压下进行。

D.3　介电强度试验

在下列部位之间,施加频率为 50 Hz/60 Hz,基本上为正弦波的 1 500 V 电压 1 s。

a)　SRCD 在断开位置,SRCD 闭合时电气上连接在一起的接线端子之间;

b)　对没有电子元件的 SRCD,SRCD 在闭合位置,依次在每极和其他连接在一起的极之间;

c)　对带有电子元件的 SRCD,SRCD 在断开位置,取决于电子元件的位置,依次在各极的进线端之间或依次在各极的出线端之间。不应发生闪络和击穿。

D.4　试验装置的性能

SRCD 处在闭合位置并连接到合适电压的电源上,操作试验装置时,SRCD 应断开。

当试验装置可在几个额定电压值下操作时,试验应在最低额定电压值下进行。

附 录 E
（规范性附录）
确定短路功率因数的方法

E.1 概述

目前尚无精确确定短路功率因数的统一方法，本附录给出二个可适用的方法的例子。

E.2 方法Ⅰ：根据直流分量确定

相角 ϕ 可根据短路瞬间和触头分开瞬间之间非对称电流波形的直流分量曲线来确定，方法如下：

a） 直流分量的公式

$$i_d = i_{do} \times e^{-Rt/L}$$

式中：

i_d ——在 t 时刻的直流分量值；

i_{do}——时间起始时刻的直流分量值；

L/R——电路的时间常数，以 s 为单位；

t ——从起始时刻开始算起的时间，以 s 为单位；

e ——自然对数的底。

时间常数 L/R 能从上述公式算出，方法如下：

1） 测量短路时刻的 i_{do} 值和在触头分开前另一个时刻 t 的 i_d 值；

2） 用 i_d 除以 i_{do} 得出 $e^{-Rt/L}$ 值；

3） 根据 e^{-x} 值的表确定相应于比值 i_d/i_{do} 的 $-x$ 值；

4） x 值表示 Rt/L，由此可求出 L/R。

b） 确定相角 ϕ 公式

$$\phi = \arctan \omega L/R$$

式中 ω 是实际频率的 2π 倍。

当用电流互感器测量电流时，不应采用本方法。

E.3 方法Ⅱ：用辅助发电机确定

当使用一台与试验发电机同轴的辅助发电机时，首先在示波图上比较辅助发电机和试验发电机的相电压，然后比较辅助发电机的相电压与试验发电机的电流。

一方面根据辅助发电机电压和试验发电机电压的相角差，另一方面根据辅助发电机电压和试验发电机电流之间的相角差得出试验发电机电压和电流之间的相角，由此能确定功率因数。

参 考 文 献

[1] GB/T 156 标准电压.

[2] GB/T 2900.25 电工术语 旋转电机.

[3] GB/T 2900.35 电工术语 爆炸性环境用设备.

[4] GB/T 2900.18 电工术语 低压电器.

[5] GB/T 2900.70 电工术语 电器附件.

[6] GB/T 2900.8 电工术语 绝缘子.

[7] GB/T 4207 固体绝缘材料在潮湿条件下相比电痕化指数和耐电痕化指数的测定方法.

[8] GB 16895 低压电气装置.

[9] GB 7251.3 低压成套开关设备和控制设备 第3部分:对非专业人员可进入场地的低压成套开关设备和控制设备——配电板的特殊要求.

[10] GB/T 16935.1 低压系统内设备的绝缘配合 第1部分:原理、要求和试验.

[11] GB 17466.24 家用和类似用途固定式电气装置的电器附件安装盒和外壳 第24部分:住宅保护装置和类似电源功耗装置的外壳的特殊要求.

[12] GB/T 20636 连接器件 电气铜导线 螺纹型和非螺纹型夹紧件的安全要求 适用于35 mm^2 以上至300 mm^2 导线的特殊要求.

[13] GB 16916 家用和类似用途的不带过电流保护的剩余电流动作断路器(RCCB).

[14] GB 16917 家用和类似用途的带过电流保护的剩余电流动作断路器(RCBO).

[15] GB/T 19215 电气安装用电缆槽管系统.

[16] GB/T 1633 热塑性塑料维卡软化温度(VST)的测定.

[17] GB/T 3398.2—2008 塑料 硬度测定 第2部分:洛氏硬度.

[18] IEC 61439-1:2009 成套低压开关设备和控制设备 第1部分:一般规则.

[19] IEC 61534(所有部分) 供电管道系统.

ICS 27.140
K 55

中华人民共和国国家标准

GB/T 28528—2012

水轮机、蓄能泵和水泵水轮机型号编制方法

Model compilation method of hydraulic turbines, storage pumps and pump-turbines

2012-06-29 发布　　　　2012-11-01 实施

中华人民共和国国家质量监督检验检疫总局
中国国家标准化管理委员会　发布

前　言

本标准按照 GB/T 1.1—2009 给出的规则起草。

本标准由中国电器工业协会提出。

本标准由全国水轮机标准化技术委员会(SAC/TC 175)归口。

本标准起草单位:天津电气传动设计研究所、哈尔滨大电机研究所。

本标准主要起草人:何国任、覃大清、王国栋。

水轮机、蓄能泵和水泵水轮机
型号编制方法

1 范围

本标准规定了水轮机、蓄能泵和水泵水轮机型号编制的方法。

本标准适用于各类水轮机、蓄能泵和水泵水轮机产品型号的编制。

2 规范性引用文件

下列文件对于本文件的应用是必不可少的。凡是注日期的引用文件,仅注日期的版本适用于本文件。凡是不注日期的引用文件,其最新版本(包括所有的修改单)适用于本文件。

GB/T 2900.45 电工术语 水电站水力机械设备(GB/T 2900.45—2006,IEC/TR 61364:1999,MOD)

GB/T 20043 水轮机、蓄能泵和水泵水轮机水力性能现场验收试验规程(GB/T 20043—2005,IEC 60041:1991,MOD)

3 术语和定义

GB/T 2900.45 和 GB/T 20043 界定的术语和定义适用于本文件。

4 型号编制方法

4.1 型号的组成

水轮机、蓄能泵和水泵水轮机产品型号由三部分或四部分代号组成,第四部分仅用于蓄能泵及水泵水轮机,各部分之间用“-”(其长度相当于半个汉字宽)隔开。

4.2 型号的第一部分代号的意义

4.2.1 水轮机型号的第一部分由水轮机型式和转轮的代号组成。

水轮机型式用汉语拼音字母表示,其代号规定如下:

水轮机型式	**代号**
混流式	HL
斜流式	XL
轴流转桨式	ZZ
轴流调桨式	ZT
轴流定桨式	ZD
贯流转桨式	GZ
贯流调桨式	GT

贯流定桨式	GD
冲击(水斗)式	CJ
双击式	SJ
斜击式	XJ

转轮代号采用模型转轮编号和/或水轮机原型额定工况比转速表示,模型转轮编号与比转速之间采用"/"符号分隔。比转速代号用阿拉伯数字表示,单位为米千瓦(m·kW)。

4.2.2 蓄能泵型号的第一部分由蓄能泵型式及叶轮的代号组成。

蓄能泵型式用字母"B"及汉语拼音字母表示,其代号规定如下:

蓄能泵型式	代号
混流式	BHL
斜流式	BXL
轴流转桨式	BZZ
轴流定桨式	BZD

对于两级或多级蓄能泵,在蓄能泵型号前加上与级数相同的阿拉伯数字表示。

示例:

五级混流泵　　5BHL

叶轮代号采用模型叶轮编号和/或蓄能泵原型额定工况比转速表示,模型叶轮编号与比转速与之间采用"/"符号分隔。比转速代号用阿拉伯数字表示,单位为米千瓦(m·kW)。

4.2.3 水泵水轮机型号的第一部分由水泵水轮机型式及转轮或与叶轮的代号组成。

4.2.3.1 可逆式水泵水轮机

可逆式水泵水轮机型式用字母"N"及汉语拼音字母表示,其代号规定如下:

可逆式水泵水轮机型式	代号
混流式水泵水轮机	NHL
斜流式水泵水轮机	NXL
轴流转桨水泵水轮机	NZZ
轴流定桨水泵水轮机	NZD
贯流转桨水泵水轮机	NGZ
贯流定桨水泵水轮机	NGD

对于两级或多级可逆式水泵水轮机,在各型式的可逆式水泵水轮机前加上与级数相同的阿拉伯数字表示。

示例:

两级可逆式混流式水泵水轮机　　2NHL

五级可逆式混流式水泵水轮机　　5NHL

转轮代号采用模型转轮编号和/或水轮机原型额定工况比转速表示,模型转轮编号与比转速之间采用"/"符号分隔。比转速代号用阿拉伯数字表示,单位为米千瓦(m·kW)。

4.2.3.2 组合式水泵水轮机

组合式水泵水轮机型式用"水轮机型式代号/蓄能泵型式代号"表示,其代号规定如下:

组合式水泵水轮机型式	代号
混流式水轮机配单级混流泵	HL/BHL
两级或多级组合式水泵水轮机	在水轮机型号前以及在水泵型号前加上与级数相同的阿拉伯数字表示

示例:

一级混流式水轮机配二级混流泵　　HL/2BHL

冲击式水轮机配五级混流泵　　CJ/5BHL

水轮机转轮及水泵叶轮代号分别采用:模型转轮编号和/或水轮机原型额定工况比转速以及水泵模型叶轮编号和/或水泵真机额定工况比转速表示,各代号之间采用"/"符号分隔。比转速代号用阿拉伯数字表示,单位为米千瓦(m·kW)。

4.3 型号的第二部分代号的意义

型号的第二部分由水轮机、蓄能泵和水泵水轮机的主轴布置型式和结构特征的代号组成。

主轴布置型式用汉语拼音字母表示,其代号规定如下:

主轴布置型式	代号
立轴	L
卧轴	W
斜轴	X

水轮机结构特征用汉语拼音字母表示,其代号规定如下:

结构特征	代号
金属蜗壳	J
混凝土蜗壳	H
明槽式	M
有压明槽式	My
罐式	G
全贯流式	Q
灯泡式	P
竖井式	S
虹吸式	X
轴伸式	Z

4.4 型号的第三部分代号的意义

型号的第三部分由水轮机转轮直径 D_1(以厘米为单位)或转轮直径和其他参数组成,用阿拉伯数字表示;或由水泵叶轮直径 D_1(以厘米为单位)表示(适用于蓄能泵);或同时由水轮机转轮直径 D_1 及水泵叶轮直径 D_1(以厘米为单位)表示(适用于组合式水泵水轮机)。

对于水斗和斜击式水轮机,型号的第三部分用下列方式表示:转轮直径/喷嘴数目×射流直径。

对于双击式水轮机,型号的第三部分用下列方式表示:转轮直径/转轮宽度。

4.5 型号的第四部分代号的意义

4.5.1 型号的第四部分由原型水泵在电站实际使用范围内的最高扬程(m)和最大流量(m^3/s)组成。

4.5.2 对于蓄能泵,在电站实际使用范围内的最高扬程用阿拉伯数字及单位(m)表示,在电站实际使用范围内的最大流量用阿拉伯数字及单位(m^3/s)表示。

4.5.3 对于可逆式水泵水轮机,用水泵在电站实际使用范围内的最高扬程(m)及最大流量(m^3/s)值表示。

4.5.4 对于组合式水泵水轮机,只用水泵在电站实际使用范围内的最高扬程(m)及最大流量(m^3/s)值表示。

5 型号排列顺序规定及示例

5.1 型号排列顺序规定

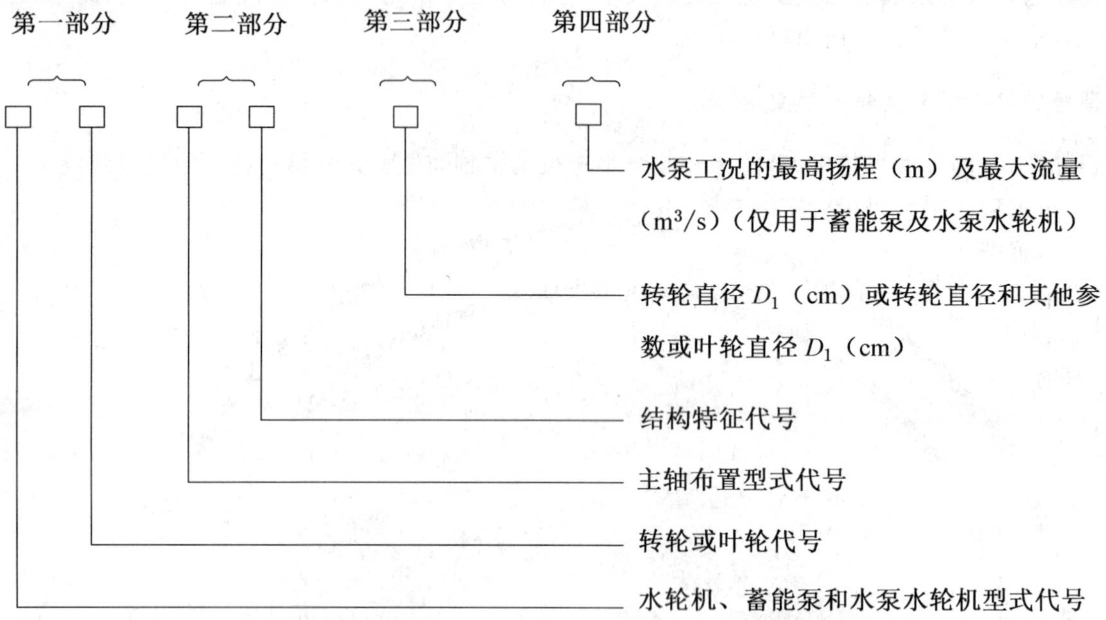

5.2 水轮机型号示例

示例 1：

HL A153/××-LJ-300

表示模型转轮编号为 A153 和/或水轮机原型额定工况比转速为××m·kW，立轴，金属蜗壳混流式水轮机，转轮直径为 300 cm。

示例 2：

ZZ 560A/××-LH-300

表示模型转轮编号为 560A 和/或水轮机原型额定工况比转速为××m·kW，立轴，混凝土蜗壳轴流转桨式水轮机，转轮直径为 300 cm。

示例 3：

GZ××/××-WP-450

表示模型转轮编号为××和/或水轮机原型额定工况比转速为××m·kW，卧轴，灯泡贯流转桨式水轮机，转轮直径为 450 cm。

示例 4：

CJ A475/××-W-120/2×10

表示模型转轮编号为 A475 和/或水轮机原型额定工况比转速为××m·kW，卧轴，两喷嘴冲击（水斗）式水轮机，转轮直径为 120 cm，射流直径为 10 cm。

示例 5：

GZ 006/××-WZ-275

表示模型转轮编号为 006 和/或水轮机原型额定工况比转速为××m·kW，卧轴，轴伸贯流转桨式水轮机，转轮直径为 275 cm。

示例 6：

SJ 115/××-W-40/20

表示模型转轮编号为 115 和/或水轮机原型额定工况比转速为××m·kW，卧轴，双击式水轮机，转轮直径为

40 cm，转轮宽度为 20 cm。

5.3 蓄能泵型号示例

示例 1：

BHL××/××-LJ-380-550/60

表示模型叶轮编号为××和/或水泵原型额定工况比转速为××m·kW，立轴，金属蜗壳，混流式蓄能泵，叶轮直径为 380 cm，在电站实际使用范围内的最高扬程为 550 m，最大流量为 60 m^3/s。

示例 2：

BXL××/××-LJ-250-59/38.5

表示模型叶轮编号为××和/或水泵原型额定工况比转速为××m·kW，立轴，金属蜗壳，斜流式蓄能泵，叶轮直径为 250 cm，在电站实际使用范围内的最高扬程为 59 m，最大流量为 38.5 m^3/s。

示例 3：

BZZ××/××-LJ-450-30/64

表示模型叶轮编号为××和/或水泵原型额定工况比转速为××m·kW，立轴，金属蜗壳，轴流转桨式蓄能泵，叶轮直径为 450 cm，在电站实际使用范围内的最高扬程为 30 m，最大流量为 64 m^3/s。

2BHL××/××-LJ-250-600/27

表示模型叶轮编号为××和/或水泵原型额定工况比转速为××m·kW，立轴，金属蜗壳，二级混流式蓄能泵，叶轮直径为 250 cm，在电站实际使用范围内的最高扬程为 600 m，最大流量为 27 m^3/s。

5.4 水泵水轮机型号示例

5.4.1 可逆式水泵水轮机型号示例

示例 1：

NHL××/××-LJ-408-615/57.7

表示模型转轮编号为××和/或水轮机原型额定工况比转速为××m·kW，立轴，金属蜗壳，可逆式混流水泵水轮机，转轮直径为 408 cm，水泵在电站实际使用范围内的最高扬程为 615 m，最大流量为 57.7 m^3/s。

示例 2：

NXL××/××-LJ-250-59/38.5

表示模型转轮编号为××和/或水轮机原型额定工况比转速为××m·kW，立轴，金属蜗壳，可逆式斜流水泵水轮机，转轮直径为 250 cm，水泵在电站实际使用范围内的最高扬程为 59 m，最大流量为 38.5 m^3/s。

示例 3：

NZZ××/××-LJ-450-30/64

表示模型转轮编号为××和/或水轮机原型额定工况比转速为××m·kW，立轴，金属蜗壳，可逆式轴流转桨水泵水轮机，转轮直径为 450 cm，水泵在电站实际使用范围内的最高扬程为 30 m，最大流量为 64 m^3/s。

示例 4：

NGZ××/××-WP-610-10.2/330

表示模型转轮编号为××和/或水轮机原型额定工况比转速为××m·kW，卧轴，金属蜗壳，可逆式灯泡贯流转桨水泵水轮机，转轮直径为 610 cm，水泵在电站实际使用范围内的最高扬程为 10.2 m，最大流量为 330 m^3/s。

示例 5：

2NHL××/××-LJ-250-100/38

表示模型转轮编号为××和/或水轮机原型额定工况比转速为××m·kW，立轴，金属蜗壳，二级可逆式混流水泵水轮机，转轮直径为 250 cm，水泵在电站实际使用范围内的最高扬程为 100 m，最大流量为 38 m^3/s。

示例 6：

5NHL××/××-LJ-300-1000/37.6

表示模型转轮编号为××和/或水轮机原型额定工况比转速为××m·kW，立轴，金属蜗壳，五级可逆式混流水泵水轮机，转轮直径为 300 cm，水泵在电站实际使用范围内的最高扬程为 1 000 m，最大流量为 37.6 m^3/s。

5.4.2 组合式水泵水轮机型号示例

组合式水泵水轮机由组成的水轮机及水泵分别按第4章型号排列顺序规定表示。

示例1:

HL××/××-LJ-400;BHL××/××-LJ-450-500/65

表示由模型转轮编号为××和/或水轮机原型额定工况比转速为××m·kW,立轴,金属蜗壳,混流式水轮机,转轮直径为400 cm;与模型叶轮编号为××和/或水泵原型额定工况比转速为××m·kW,立轴,金属蜗壳,叶轮直径为450 cm,水泵在电站实际使用范围内的最高扬程为500 m,最大流量65 m^3/s的蓄能泵组成的混流式水泵水轮机。

示例2:

CJ××/××-L-160/4×13;5BHL××/××-LJ-100-1000/6.5

表示由模型转轮编号为××和/或水轮机原型额定工况比转速为××m·kW,立轴,四喷嘴(水斗)冲击式水轮机,转轮直径为160 cm,射流直径为13 cm;与模型叶轮编号为××和/或水泵原型额定工况比转速为××m·kW,立轴,金属蜗壳,叶轮直径为100 cm,水泵在电站实际使用范围内的最高扬程为1 000 m,最大流量6.5 m^3/s的五级混流式蓄能泵组成的组合式水泵水轮机。

ICS 43.180
R 17

中华人民共和国国家标准

GB/T 28529—2012

平板式制动检验台

Platform brake tester

2012-12-31 发布　　　　2013-06-01 实施

中华人民共和国国家质量监督检验检疫总局
中国国家标准化管理委员会　发布

前　言

本标准按照GB/T 1.1—2009给出的规则起草。

本标准由中华人民共和国交通运输部提出。

本标准由全国汽车维修标准化技术委员会(SAC/TC 247)归口。

本标准起草单位:成都成保发展股份有限公司、中国测试技术研究院、石家庄华燕交通科技有限公司、浙江江兴汽车检测设备有限公司。

本标准主要起草人:高建国、宋新民、罗发贵、陈南峰、周申生、戚桂芬。

平板式制动检验台

1 范围

本标准规定了平板式制动检验台的术语和定义、分类、型号、技术要求、试验方法、检验规则以及标志、包装、运输和贮存。

本标准适用于平板式制动检验台(以下简称平板台)。

2 规范性引用文件

下列文件对于本文件的应用是必不可少的。凡是注日期的引用文件,仅注日期的版本适用于本文件。凡是不注日期的引用文件,其最新版本(包括所有的修改单)适用于本文件。

GB/T 191 包装储运图示标志

GB/T 13306 标牌

3 术语和定义

下列术语和定义适用于本文件。

3.1

平板式制动检验台 platform brake tester

用于模拟机动车在平坦道路上实施制动,并检测其制动性能的装置。

3.2

额定承载质量 rated loading capacity

平板台允许承载受检车辆的最大静态轴载质量。

3.3

最大称量 maximum weighting

平板台可称量的最大值,其值为受检车辆的最大静态轮载荷。

3.4

制动平板 brake panel

承载机动车车轮,并在机动车实施制动和称重时,传递制动力、轮载荷至测力传感器的部件。

3.5

制动平板挠度 deflection of brake panel

在最大静态轮载荷作用下,与空载相比,制动平板垂直方向的最大线位移。

4 分类

平板台按额定承载质量分为 3 t、10 t、13 t 三种。

5 型号

产品型号表示方法如下:

PB-□ □

——改进序列号(用大写英文字母 A、B、C… 表示)

——额定承载质量,单位为吨(t)

——产品代号

示例:额定承载质量为 10 t,第二次改进型平板式制动检验台,其型号表示为 PB-10B。

6 技术要求

6.1 基本要求

6.1.1 在下列条件下,平板台应能正常工作:

a) 环境温度为 0 ℃～40 ℃;相对湿度不大于 85%;

b) 电源:AC 220 V±22 V ,单相,50 Hz±1 Hz;

c) 工作现场的电磁干扰应对测试结果无影响。

6.1.2 平板台测量参数的物理量单位应符合以下要求:

a) 制动力——单位为 10^1 牛顿(daN);

b) 质量——单位为吨(t)。

6.1.3 平板台检测能力应符合表 1 的要求。

表 1 平板台检测能力

额定承载质量/t	轮制动力/daN	最大称量/t
3	≥1 350	≥1.5
10	≥4 000	≥5
13	≥4 550	≥6.5

6.1.4 外观质量要求如下:

a) 平板台外表面应平整,不应有明显的磕伤、划痕。

b) 涂装表面涂层应均匀、附着力强。金属基底应经除油、除锈处理,采用喷漆工艺时,应有防锈底漆。

c) 所有螺栓、螺母均应经过表面处理,主要螺栓的紧固应符合设计文件规定的力矩要求。

d) 焊接件的焊缝应平整、均匀,不应有焊穿、裂纹、脱焊、漏焊等缺陷,并清除焊渣。

e) 仪表或显示界面应有清晰、正确的文字或符号标识,没有影响读数的缺陷。

f) 制动平板不应有损伤轮胎的尖角和影响测量的缺陷。

6.2 台体

6.2.1 平板台台体应具有标称额定承载质量的承载能力。

6.2.2 平板台体应有用于安装的起吊挂钩装置。

6.2.3 平板台体应预留校准操作空间。

6.3 制动平板

6.3.1 平面度

制动平板的平面度应不大于 2 mm/m,单块板高差不大于 8 mm。

6.3.2 挠度

制动平板挠度容许值为$\frac{l}{300}$ mm。

注：l 为制动平板相邻支撑点的最大跨度，单位为毫米(mm)。

6.3.3 附着系数

制动平板(与车辆轮胎相接触的测试表面)的附着系数应不低于0.75。

6.4 数据采样及传输

6.4.1 每路制动力、轮重的数据采样频率应不低于200 Hz。

6.4.2 具备测量数据的打印功能。

6.4.3 系统应有标准通讯接口，并提供接口定义和相关的通讯协议。

6.5 电气系统

6.5.1 系统应有良好的绝缘性能，绝缘电阻应不小于5 MΩ。

6.5.2 系统应有接地装置和接地标志。

6.6 整机性能

整机性能要求见表2。

表2 基本参数

项目		额定承载质量/t		
		3	10	13
制动力	分辨力/daN	1		
	鉴别力[阈]/daN	±3	±7	
	零点漂移/daN	±2	±5	
	示值误差/%	±2		
	零值误差/daN	±5	±8	
	示值间差/%	2		
轮重	分辨力/kg	1		
	鉴别力[阈]	±3	±7	
	零点漂移/kg	±2	±5	
	示值误差/%	±2		
	零值误差/kg	±2	±5	
	示值间差/%	2		
	偏载	0.2%(F·S)		
	重复性/%	1		

6.7 标定装置

6.7.1 平板台应随机配备符合表3中要求的制动力及轮重标定仪、轮载荷加载装置和制动力加载装置。

6.7.2 使用说明书中应有制动力及轮载荷标定仪、轮载荷加载装置和制动力加载装置安装、使用及标定方法的详细说明。

7 试验方法

7.1 试验仪器设备

试验仪器、设备及工量具见表3，计量器具应经过计量检定合格并在有效期内。

表3 试验仪器设备要求

序号	名 称	规 格	准确度等级或分度值
1	制动力及轮重标定仪	仪表式	准确度0.3级
2	平板附着系数测试装置	自制	—
3	轮载荷加载装置	自制	—
4	制动力加载装置	自制	—
5	砝码	1 kg;2 kg;5 kg;10 kg;20 kg	6级，M_2
6	绝缘电阻测量仪(兆欧表)	500 MΩ 500 V	5.0
7	百分表	0 mm～10 mm	0.01 mm，1级
8	磁性表座	—	—
9	水准仪	—	S3级

7.2 基本要求

7.2.1 物理量单位

人工检视显示仪表或界面各物理量单位。

7.2.2 检测能力

7.2.2.1 轮制动力

轮制动力按以下步骤检验：

a) 安装制动力加载装置，连接制动力及轮重标定仪，并调整加力方向与平板台测取制动力方向即行车方向一致，标定仪调零，示意图见图1；

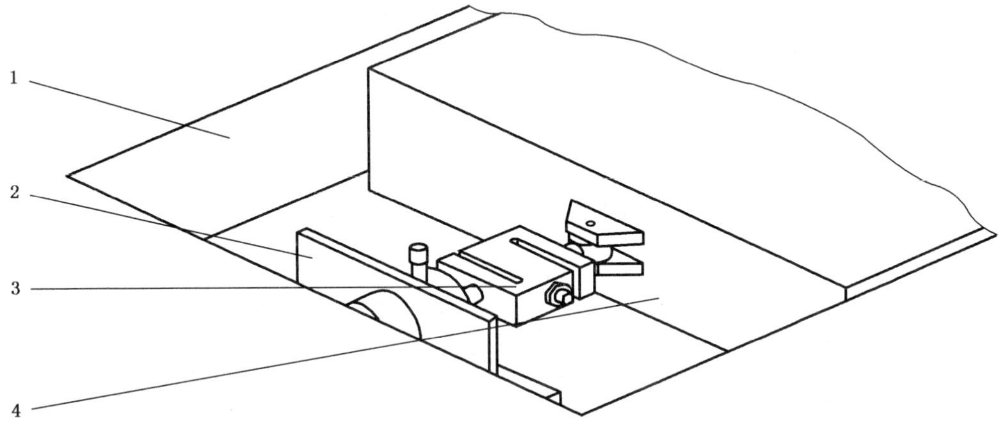

说明：

1——地面或承载框架；

2——制动力加载装置；

3——制动力及轮重标定仪；

4——制动平板。

图 1　轮制动力试验示意图

b）　施加载荷至产品铭牌标示的最大轮制动力，读取并记录轮制动力示值。

7.2.2.2　最大称量

最大称量按以下步骤检验：

a）　安装轮载荷加载装置，并将加力点置于制动平板的四个相邻承载支点的中心处，连接制动力及轮重标定仪，标定仪调零，示意图见图 2；

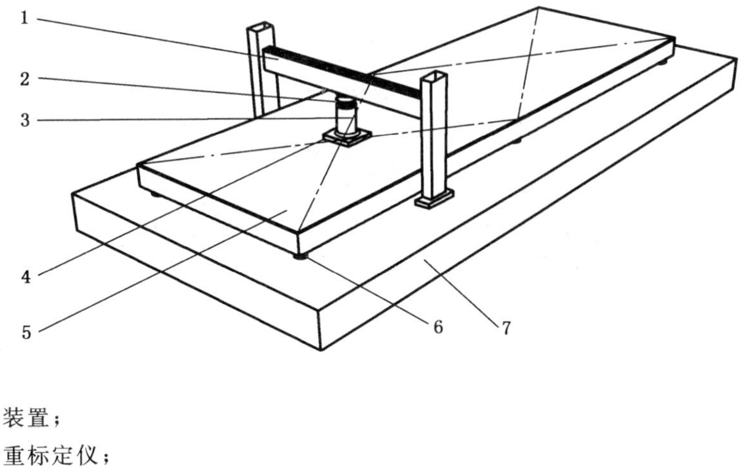

说明：

1——轮载荷加载装置；

2——制动力及轮重标定仪；

3——千斤顶；

4——辅助支撑板(500 mm×500 mm)；

5——制动平板；

6——承载支点；

7——地面或承载框架。

图 2　最大称量、台体承载能力试验示意图

b) 施加载荷至产品铭牌标示的最大称量，读取轮重示值。

7.3 外观质量

涂装表面采用“井”字画线法，所检部位涂层不应脱落，目测检验。其他项目通过目测、手感进行。

7.4 台体

7.4.1 台体承载能力

将轴载质量相当于平板台额定承载质量的120%的试验车置于平板台上(必要时可以进行配载)，并在此负荷下静压4 h，平板台台体结构不应变形和破损。

7.4.2 其他项采用人工检视的方法。

7.5 制动平板

7.5.1 平面度和高度差

平面度和高度差按以下步骤检验：

a) 调平制动平板；

b) 在每块制动平板上选取五个测量点(距平板边缘约200 mm的四个角位上和平板中心)；

c) 用水准仪测量；

d) 记录并计算五个测量点间的最大差值，五个测量点间的最大差值与最大差值点间的距离之比为制动平板的平面度。

7.5.2 挠度

挠度按以下步骤检验：

a) 安装轮载荷加载装置，并将加力点置于制动平板的四个相邻承载支点的中心处，连接制动力及轮重标定仪，标定仪调零，示意图见图3；

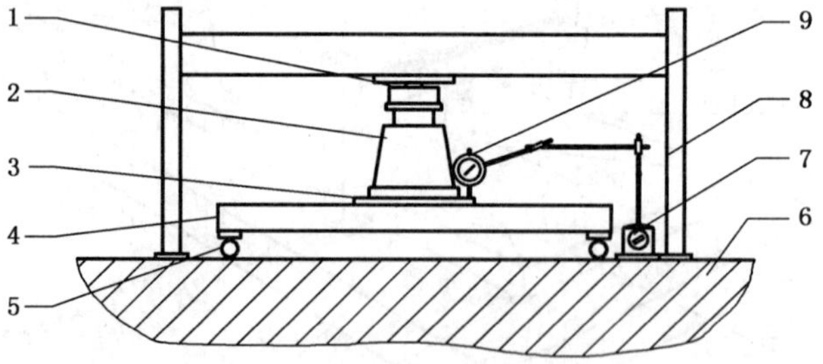

说明：

1——力传感器；

2——千斤顶；

3——辅助支撑板；

4——制动平板；

5——承载支点；

6——地面或承载框架；

7——磁性表座；

8——轮载荷加载装置；

9——百分表。

图3 挠度试验示意图

b) 测量并记录四个相邻承载支点间的跨度，取其最大值为最大跨度；并计算制动平板挠度容许值；

c) 固定百分表，百分表测量杆应垂直于制动平板表面，百分表测量头应置于辅助支撑板上，示意图见图3；

d) 施加垂直负荷至最大称量，百分表读数的变化量值即为制动平板挠度，其值应不超过挠度容许值。

7.5.3 附着系数

按附录A规定的方法，测量并计算每块制动平板的附着系数。

7.6 整机性能

7.6.1 基本参数

7.6.1.1 分辨力

人工检视显示装置的制动力和轮重参数的最低显示位。

7.6.1.2 鉴别力[阈]

7.6.1.2.1 制动力鉴别力[阈]

安装制动力加载装置，连接制动力及轮重标定仪，并调整加力方向与平板台测取制动力方向即行车方向一致，仪表调零或复位。

平板台在加载20%最大轮制动力的状态下，额定承载质量3 t的平板台分别加减3 daN的制动力，额定承载质量10 t、13 t的平板台分别加减7 daN的制动力，观察仪表制动力示值变化。

7.6.1.2.2 轮重鉴别力[阈]

在制动台板上加载砝码(砝码质量应不小于50 kg)，待平板台轮重示值稳定后，额定承载质量3 t的平板台加减3 kg的砝码；额定承载质量10 t、13 t的平板台加减7 kg的砝码，观察仪表轮重示值变化。

7.6.1.3 零点漂移

平板台空载，接通电气系统电源并预热，将制动力空载示值设定为20 daN，轮重空载示值设定为20 kg以上，并以此为基准点，30 min后读取仪表制动力示值和轮重示值，与相应基准点比较，计算其偏离值。

7.6.1.4 制动力示值误差

制动力示值误差按以下步骤检验：

a) 安装制动力加载装置，连接制动力及轮重标定仪，并调整加力方向与平板台测取制动力方向即行车方向一致，仪表和标定仪调零；

b) 选择平板台最大轮制动力的10%、20%、50%、80%、100%作为测试点，按序逐级施加相应载荷，再逐级减载至零，分别读取、记录加载和减载时的示值，重复三次，计算加载和减载平均值，每次过程仪表和标定仪应清零或复位；

c) 按式(1)分别计算各测试点加载和减载的制动力示值误差：

$$\delta_{L(R)i}=\frac{\overline{F}_{L(R)i}-F_i}{F_i}\times 100\% \qquad \cdots\cdots(1)$$

式中：

$\delta_{L(R)i}$ ——i 测试点左(右)轮制动力示值误差；

F_i ——i 测试点制动力的标准值，单位为 10^1 牛顿(daN)；

$\overline{F}_{L(R)i}$ ——i 测试点左(右)轮制动力三次加载或减载示值的平均值，单位为 10^1 牛顿(daN)。

7.6.1.5 制动力零值误差

三次逐级减载至零时，取仪表显示偏离零值的最大值作为零值误差。

7.6.1.6 制动力示值间差

按式(2)计算各测试点左制动平板与右制动平板的制动力示值间差，取其最大值为平板台的示值间差。

$$\delta_{Fi} = |\ \delta_{Li} - \delta_{Ri}\ | \qquad \cdots\cdots(2)$$

式中：

δ_{Fi}——i 测试点左制动平板与右制动平板的制动力示值间差；

δ_{Li}——i 测试点左制动平板的制动力示值误差；

δ_{Ri}——i 测试点右制动平板的制动力示值误差。

7.6.1.7 轮重示值误差

轮重示值误差按以下步骤检验：

a) 安装专用轮载荷加载装置，仪表和标定仪调零；

b) 选择平板台最大称量的10%、50%和100%作为称量点，按序逐级加载至最大称量点，再逐级减载至零，分别读取、记录加载和减载时的示值，重复三次，计算加载和减载平均值，每次过程仪表和标定仪应清零或复位；

c) 按式(3)分别计算各测试点加载和减载的轮重示值误差：

$$\Delta_{L(R)i} = \frac{\overline{\chi_{L(R)i}} \times g - A_i}{A_i} \times 100\% \qquad \cdots\cdots(3)$$

式中：

$\Delta_{L(R)i}$ ——i 称量点左(右)轮轮重示值误差；

$\overline{\chi_{L(R)i}}$ ——i 称量点左(右)轮轮重三次加载或减载示值的平均值，单位为千克(kg)；

A_i ——i 称量点轮重的标准值，单位为牛顿(N)；

g ——重力加速度(取9.8)，单位为米每二次方秒(m/s^2)。

7.6.1.8 轮重零值误差

开机预热待稳定后，调整平板台仪表的轮重零点。加载50 kg～100 kg破坏其平衡状态后卸载，读取、记录空载的示值，重复三次。

7.6.1.9 轮重示值间差

按式(4)计算各称量点左轮重与右轮重的示值间差，取其最大值为轮重示值间差。

$$\Delta_i = |\ \Delta_{Li} - \Delta_{Ri}\ | \qquad \cdots\cdots(4)$$

式中：

Δ_i ——i 秤量点左、右轮轮重示值间差；

Δ_{Li}——i 称量点左轮的轮重示值误差；

Δ_{Ri}——i 称量点右轮的轮重示值误差。

7.6.1.10 轮重偏载

在制动平板任意不同位置(至少应包括制动平板的四个角位上)施加不小于50 kg的固定载荷,取其示值间的差值为轮重偏载。

7.6.1.11 轮重重复性

选择7.6.1.7中的50%称量点测量值,按式(5)计算重复性。

$$R=\frac{x_{\max}-x_{\min}}{m}\times 100\% \qquad \cdots\cdots(5)$$

式中:

R ——重复性;

$x_{\max}$——三次测量中轮重示值的最大值,单位为千克(kg);

$x_{\min}$——三次测量中轮重示值的最小值,单位为千克(kg);

m ——所加的砝码值,单位为千克(kg)。

7.6.2 数据采集及传输

7.6.2.1 采样频率

采用人工检视的方法,检查软件界面时标。

7.6.2.2 打印功能、通讯接口及通讯协议

采用人工检视的方法,检查软件打印功能,检查电气系统是否装有通讯接口,检查是否有通讯协议。

7.7 电气系统

7.7.1 绝缘性能

在断电状态下,用500 V绝缘电阻测量仪测量用绝缘材料隔开的两导电体之间、导体与金属外壳之间的电阻值。

7.7.2 接地装置和接地标志

人工检视电气系统是否装有接地装置和接地标志。

7.8 标定装置

检查装箱单和制动力标定装置制动力及轮载荷标定仪、轮载荷加载装置和制动力加载装置。

检查使用说明书的内容。

8 检验规则

8.1 检验分类

平板台的检验分为型式检验和出厂检验。

8.2 型式检验

8.2.1 有下列情况之一时,应进行型式检验:

a) 新产品或老产品转厂生产的试制定型鉴定时;

b) 正式生产后，如结构材料工艺有较大改变可能影响产品性能时；
c) 正常生产，每一年或累积 50 台产量时；
d) 产品停产一年或一年以上，恢复生产时；
e) 出厂检验结果与上次型式检验有较大差异时；
f) 国家质量监督机构或检验机构提出进行型式检验的要求时。

8.2.2 型式检验内容应为第 6 章的全部条款。

8.2.3 型式检验、抽样和判定原则为：抽样基数三台，抽样样品数一台，在检验中出现不合格项时，应在抽样基数中加倍抽样并对不合格项复检，复检合格，判定型式检验合格，否则，判定型式检验不合格。

8.3 出厂检验

8.3.1 平板台经生产企业质检部门检验合格，并签发产品合格证后方可出厂。

8.3.2 出厂检验内容应按 6.1.3、6.1.4、6.3.1、6.5、6.6 的要求进行。

8.3.3 判定原则：出厂检验项中，有一项不合格则判定为不合格。

9 标志、包装、运输和贮存

9.1 标志

9.1.1 产品标志

9.1.1.1 平板台永久性标牌应固定在平板台醒目位置，并在醒目位置上应标有车辆驶入方向。

9.1.1.2 产品标牌除符合 GB/T 13306 的规定外，至少应包括下述内容：

a) 平板台制造商名；
b) 产品名称及型号；
c) 生产日期，出厂编号；
d) 主要技术参数：额定承载质量、最大轮制动力和最大称量。

9.1.2 包装标志

包装图示标志除符合 GB/T 191 的有关规定外，应包含下列内容：

a) 产品名称及型号；
b) 箱号；
c) 体积(长×宽×高)；
d) 毛重、净重；
e) 收、发货单位及发站、到站；
f) 起吊位置。

9.2 包装

9.2.1 平板台部件应采用分类包装。

9.2.2 电器仪表等应采用防潮、抗振、抗冲击包装。

9.2.3 零散的部件需装箱或装包，不便于装箱或装包的部件，应扎紧捆牢置于包装箱适当位置。

9.2.4 未做防锈处理的外露表面，应采取防锈措施。

9.2.5 包装箱应能防雨、防潮、防尘。

9.2.6 随机文件应包括：

a) 使用说明书；

b) 合格证；

c) 装箱单；

d) 其他有关技术文件。

9.3 运输

9.3.1 平板台在运输过程中，严禁抛掷、倒置、剧烈振动和雨淋。

9.3.2 平板台应能承受−25 ℃～55 ℃温度范围内的长途运输，并能经受温度70 ℃、时间不超过24 h的短途运输。

9.4 贮存

9.4.1 包装的平板台应贮存在环境温度−10 ℃～40 ℃、相对湿度不大于85%、周围空气中无酸、碱性和其他腐蚀性气体、通风良好的环境中。

9.4.2 平板台贮存时宜单层放置。

附　录　A
（规范性附录）
平板附着系数测试装置

A.1　专用平板附着系数测试装置

专用平板附着系数测试装置的结构和测试工作原理见图 A.1。

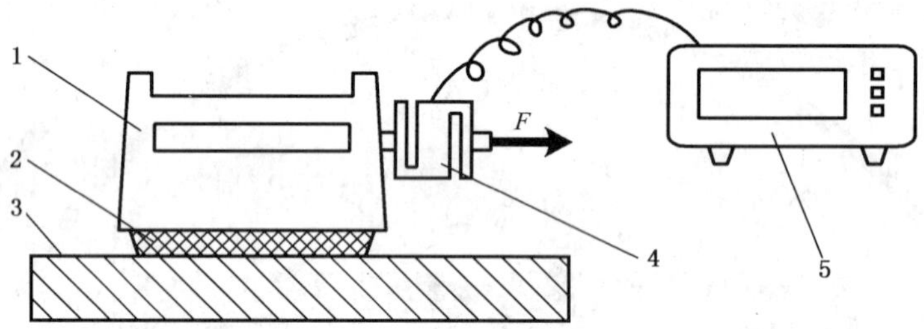

说明：

1——砝码；

2——摩擦层；

3——制动台板；

4——拉力传感器；

5——显示仪表。

图 A.1　附着系数测试示意图

A.2　专用平板附着系数测试装置的要求

A.2.1　摩擦层材料应使用较新的轮胎材料，模拟的轮胎着地面积为 130 mm×100 mm(长×宽)；

A.2.2　拉力传感器及显示仪表的测量范围：0 N～500 N；

A.2.3　示值误差应为±1%；

A.2.4　显示仪表具有峰值保持功能；

A.3　平板附着系数计算方法

平板附着系数 f 按式(A.1)计算：

$$f=\frac{\overline{F}}{m\times g} \qquad \text{(A.1)}$$

式中：

$\overline{F}$ ——水平拽拉专用测试装置由静止开始滑动时，显示仪表三次峰值测量的算术平均值，单位为牛顿(N)；

m——专用测试装置总质量，m 为 40 kg±2 kg；

g——重力加速度(g=9.8 m/s^2)。

ICS 03.100.01
A 02

中华人民共和国国家标准

GB/T 28530—2012

国际货运代理系列单证 单证数据项

Aligned series of international freight forwarding documents—Documentary data entry

2012-06-29 发布 2012-10-01 实施

中华人民共和国国家质量监督检验检疫总局
中国国家标准化管理委员会 发布

前 言

本标准起草单位:浙江双马国际货运有限公司、国富通信息技术发展有限公司、上海新景程国际物流有限公司、深圳市联合纵横国际货运代理公司、福建金航国际货运代理有限公司厦门分公司、广州惠尔通物流有限公司、全国国际货运代理标准化技术委员会、大连锦程物流网络技术有限公司、中国外运长航集团有限公司、中国海运(集团)总公司、中钢国际货运有限公司、新时代保险经纪有限公司、内蒙古安快物流集团。

本标准主要起草人:林忠、高爽、陈峥、冯建萍、曹玺、杨旭、刘嫩珊、景洪德、张海峰、李莉丽、陈智勇。

引　言

本标准为国际货运代理单证系列标准之一——单证数据项。

与货运代理业务相关的纸质单证在业内已流传多年，虽然各地所使用的单证在用途、内容和形式上并不统一，但单证上的数据项的属性基本接近相同。随着计算机技术和网络技术的发展，电子单证应用日益普遍，迫切需要规范这些单证数据项属性及其数据元，以实现与业务关联方间的信息共享与数据交换，有效地提高单证处理效率，保证数据准确、安全、及时和有效，减少差错和降低成本。

在一段时间内，由于纸质单证在国际买卖货物的交付、运输、保险、商检、报关、结汇等中仍具有不可替代的作用，将在本标准的基础上，陆续制定一些重要的、在短时间内依然需要保留纸质单证的标准以规定。

国际货运代理系列单证
单证数据项

1 范围

本标准规定了国际货运代理以及与其业务关联的单证数据项和数据元。

本标准适用于国际货运代理及其业务关联的单证缮制、复制、套印和应用电子复制、数据处理;亦可作为管理部门规范单证管理。

2 规范性引用文件

下列文件对于本文件的应用是必不可少的。凡是注日期的引用文件,仅注日期的版本适用于本文件。凡是不注日期的引用文件,其最新版本(包括所有的修改单)适用于本文件。

GB/T 14392—2009 国际贸易单证样式

GB/T 14393—2008 贸易单证中代码的位置

GB/T 15310.1—2009 国际贸易出口单证格式 第1部分:商业发票

GB/T 15310.2—2009 国际贸易出口单证格式 第2部分:装箱单

GB/T 15310.3—2009 国际贸易出口单证格式 第3部分:装运通知

GB/T 15310.4—1994 外贸出口单证格式 中华人民共和国出口货物原产地证明书

GB/T 17298—2009 国际贸易单证格式标准编制规则

GB/T 26321—2010 国际货运代理业务数据元

《关于简化和协调海关业务制度的国际公约》(International Convention on the Simplification and Harmonization of Customs Procedures)

《联合国国际货物多式联运公约》(United Nations Convention on International Multimodal Transport of Goods)

国际植物保护公约(International Plant Protection Convention)

国际便利海上运输公约(Convention on Facilitation of International Maritime Traffic)

UN/ECE Rec. 1 UN/ECE 第1号推荐标准 贸易单证设计样式(UN/ECE Rec. 1—United Nations Layout Key for Trade Documents)

UN/ECE Rec. 6 UN/ECE 第6号推荐标准-套合式国际贸易发票样式(UN/ECE Rec. 6—Aligned Invoice Layout Key for International Trade)

UN/ECE Rec. 11 UN/ECE 第11号推荐标准-关于危险货物运输的建议书(UN/ECE Rec. 11—Documentary Aspects of the Transport of Dangerous Goods)

UN/ECE Rec. 18 UN/ECE 第18号推荐标准-国际贸易程序简化措施(UN/ECE Rec. 18—Facilitation Measures Related to International Trade Procedures)

UN/ECE Rec. 22 UN/ECE 第22号推荐标准-标准委托书设计样式(UN/ECE Rec. 22—Layout Key for Standard Consignment Instrucitons)

3 术语和定义

3.1

单证 document

一种数据载体及其所记录的数据，通常具有永久性并可为人或机器读取。

[GB/T 14393—2008，定义 2.7]

3.2

国际货运代理单证 international freight forwarding Documents

指在国际货运代理业务中所应用的单据、文件、证书，用于处理货物的交付、运输、储存、搬运、包装、流通加工、配送、货物监管、信息处理、保险、代理报关、代理报检、支付与结算等。

3.3

单证代码 document code

以代码形式表示的单证标识符。

[GB/T 14393—2008，定义 2.8]

3.4

单证标识符 document identifier

规定了单证功能的文本或代码。

[GB/T 14393—2008，定义 2.9]

3.5

单证名称 document name

以普通语言形式描述的单证标题。

[GB/T 14393—2008，定义 2.10]

3.6

数据载体 data carrier

为存储/或传输数据指定的数据媒介。

[GB/T 14393—2008，定义 3.10]

3.7

数据项 data entry

数据载体中所输入的数据。

[GB/T 14393—2008，定义 2.4]

3.8

数据栏 data field

为特定数据项指定的区域。

[GB/T 14393—2008，定义 3.5]

3.9

栏目代码 field code

以代码形式表示的栏目标识符。

[GB/T 14392—2009，定义 3.17]

3.10

栏目标题 field heading

用普通语言以完整或缩略形式表示的栏目标识符。

[GB/T 14392—2009，定义 3.18]

3.11

栏目标识符　field identifier

规定数据栏中数据属性的文本或代码。

改写[GB/T 14392—2009,定义 3.18]

3.12

样式　layout key

一种形式文件,以集成方法为文件中展现某些表述预先定义指定空间。

[GB/T 14392—2009,定义 3.26]

3.13

格式　form

为传送数据项的可视化记录而指定的一种数据载体。

[GB/T 14393—2008,定义 2.14]

3.14

格式设计单　forms design sheet

样式表的一种应用,在含有边缘指示符和指出印刷规则位置网线的格式设计中该样式表准备用来帮助取代这些规则和预印刷。

[GB/T 14392—2009,定义 3.21]

3.15

套合式表单　aligned forms

为使所有表单上的公共信息项在每个表单上都处在同一相对位置上而设计的一系列表单。

3.16

自由处置区　free disposal

在单证设计样式中,为迎合个性化应用的特定需求而专门设置的区域,用于所需的但未能纳入指定栏目的补充信息,可通过划定虚线对单项间隔进行精确的限制。

3.17

主单证　master

为制造其他单证而准备的一个单证,其他单证可通过对该单证完整或部分数据进行复制或复印而获得。

[GB/T 14392—2009,定义 3.29]

3.18

一对多复制方法　one run method

把记录在主单证上的所有或部分信息传输到构成一个或多个配套格式上进行的复制处理。

[GB/T 14392—2009,定义 3.29]

4　缩略语

下列缩略语适用本文件。

ATA Convention	《关于货物暂准进口的 ATA 报关单证册海关公约》,简称 ATA 公约(Customs Convention on the ATA Carnet for the Temporary Admission of Goods,ATA Convention)
AWB	国际航空运输协会(IATA)空运单(IATA Air Waybill)
BIMCO	波罗的海国际航运公会(The Baltic and International Maritime Council)
CCC	海关合作理事会(Customs Co-operation Council

CCC Glossary	海关合作理事会术语汇编(Customs Co-operation Council Glossary)
CIM	铁路托运单(CIM 公约)(Rail Consignment Note) (CIM Convention)
CIM Convention	国际铁路货物运输公约 (Convention Concerning International Carriage of Goods by Rail,CIM)
CIMP	国际航空运输协会(IATA)货物交换报文程序手册(CARGO-IMP 手册) [(IATA Cargo Interchange Message Procedures Manual (CARGO-IMP manual)]
CMR	公路托运单(CMR 公约)[Road Consignment Note (CMR Convention)]
CMR Convention	《国际公路货物运输合同公约》(Convention on the Contract for the International Carriage of Goods by Road ,CMR)
EC	欧共体(European Communities)
ECE	欧洲经济委员会(Economic Commission for Europe)
EFTA	欧洲自由贸易协会(European Free Trade Association)
FIATA	国际货运代理协会联合会 (International Federation of Freight Forwarders Associations)
GIT	欧洲经济委员会内陆运输委员会术语汇编(Glossary of the ECE Inland Transport Committee IATA International Air Transport Association) (ME/TRANS/D. 40)
IATA	国际航空运输协会(International Air Transport Association)
ICC	国际商会 [International Chamber of Commerce (ICC)]
ICS	国际航运公会(International Chamber of Shipping)
IMO	国际海事组织(International Maritime Organisation)
IMO-FAL Convention	1965 年国际海上组织-国际海上运输便利化协定 (Convention on Facilitation of International Maritime Traffic 1965)
INV	联合国套合式发票格式(United Nations Layout Key for Aligned Invoices)
Kyoto Convention	京都公约,即《关于简化和协调海关业务制度的国际公约》(International Convention on the Simplification and Harmonization of Customs Procedures)
MAR	国际海事组织(IMO)格式和国际航运公会(ICS)标准提单 (IMO Model forms and ICS Standard Bill of Lading)
SAD	单一管理单证(EC 和 EFTA) [Single Administrative Document (EC and EFTA)]
S. W. I. F. T.	环球银行金融电信协会(Society for Worldwide Interbank Financial Telecommunication)
TIR covention	《关于在国际公路运输手册担保下进行国际货物运输的海关公约》(简称 TIR 公约) (Customs Convention on the International Transport of Goods under Cover of TIR Carnets,TIR Convention)
UNLK	联合国单证样式 (United Nations Layout Key)
UNSM	联合国标准报文(UN/EDIFACT)[United Nations Standard Message(UN/EDIFACT)]
WCO	世界海关组织 (World Customs Organization)
UNCTAD	联合国贸易和发展会议 (United Nations Conference on Trade and Development)
UNTDED tag	联合国贸易数据元(United Nations Trade Data Elements Directory)标记
UPU	万国邮政联盟(Universal Postal Union)
Universal Postal Convention	万国邮政公约 (Convention of Universal Postal Union)

5 商业交易相关单证数据项及其数据元

5.1 相关单证

5.1.1 本章包括在国际贸易招标过程中各方所交换的所有单证，报盘方（预期卖方）和受盘方（预期买方）通过这些单证交换以达成合同。

5.1.2 本章所认定的单证功能是按单证发起方分类分为买方和卖方。合同单证对买卖双方是一致的，但因合同单证常由卖方准备，多指卖方单证。

5.1.3 相关单证的功能按采购（询价单、订单）、销售（发盘/报价、订单确认、形式发票）或既采购又销售（合同）进行分类。

5.1.4 商业发票不属于合约文件的一部分，考虑到其广泛的运用和独特的作用，列入本章作为参考。

5.2 单证样式

5.2.1 商业发票设计样式

商业发票设计样式（UN/ECE Rec. 6）见附录 A。

5.2.2 商业发票

商业发票（GB/T 15310.1—2009）见附录 A。

5.2.3 与 UNLK 一致的单证样式

——210 询价单/报价申请/要约邀请（Enquiry/Request for quote/Offer invitation）；
——310 发盘/报价（Offer/Quotation）；
——220 订单（Order）；
——351 发运通知（Despatch Advice）；
——320 订单确认/形式发票（Acknowledgement of order/Pro forma invoice）。
见附录 A。

5.3 数据项及其数据元

在上述单证中使用的数据元，按 P、S、C 分开标注在三列专栏内，见表 1。
“P”表示采购（purchase）；
“S”表示销售（sale）；
“C”表示合同（contracts）；
“X”表示该数据元通常在特定类型的单证中使用，加括号表示该数据元可能被引用。

表 1 商业交易相关单证数据项及其数据元

与 UNLK 一致的数据项	Identical with the UNLK	UNTDED tag	P	S	C
单证（据）日期	Document date	2006/7	X	X	X
收货人	Consignee	3132/3	X	X	X
交货地址	Delivery address	3144/5	(X)	(X)	(X)
运输细目	Transport details	8012	X	X	X
买方（如与收货人不同）	Buyer(if other than consignee)	3002/3		X	X

表 1（续）

与 UNLK 一致的数据项	Identical with the UNLK	UNTDED tag	P	S	C
原产国(地区)	Country of origin	3238/9		X	X
目的地国家(地区)	Country of destination	3216/7	X	X	X
单证签发地点	Place of issue of document	3410/1	X	X	X
交货条件	Terms of delivery	4052/3	X	X	X
付款条件	Terms of payment	4276/7	X	X	X
鉴证	Authentication	4426/7	X	X	X
运输标记	Shipping marks	7102	X	X	X
件数	Number of packages	7224		X	X
货物描述(商品名称)	Description of goods	7002		X	X
包装种类	Type of packages	7064/5		X	X
承运人商品代码	Carrier's commodity code	7357	(X)	(X)	(X)
与 UNLK 同义的数据项	**Synonymous with the UNLK**	**UNTDED tag**	**P**	**S**	**C**
合同号	Contract number	1296	(X)	(X)	(X)
合同日期	Contract date	2326/7	(X)	(X)	(X)
卖方	Seller	3346/7		X	X
UNLK 附加的数据项	**Additional to the UNLK**	**UNTDED tag**	**P**	**S**	**C**
订单号	Order number	1022			X
订单日期	Order date	2010			X
交货时间	Time of delivery	2138			X
订单金额	Order amount	5390	X		
单价	Unit price	5110	X	X	X
发盘总额	Offer amount	5210		X	
合同金额	Contract amount	5060			X
量	Quantity	6060/1/3	X	X	X
买方认证	Buyer's authentication		X		X
卖方认证	Seller's authentication		X	X	
一般条件的陈述	Statements as to general conditions				X

6 付款相关单证数据项及其数据元

6.1 相关单证

6.1.1 本章包括国际贸易各方及其银行、各银行之间为商业交易支付而进行交换的单证。

6.1.2 单证功能主要分类：

——客户给银行的有关支付款项的指令或申请书；

a) 银行转账指示(Instructions for bank transfer);
b) 银行汇票申请书(Application for banker's draft);
c) 银行担保申请书(Application for banker's Guarantee);
d) 托收单(Collection order);
e) 跟单信用证申请书(Documentary credit application);
f) 单证提交单(Documents presentation form);

——银行给客户或付款受益人的通知或信息:

g) 托收支付通知书(Collection payment advice);
h) 跟单信用证支付通知(Documentary credit payment advices);
i) 跟单信用证承兑通知书(Documentary credit acceptance advices);
j) 跟单信用证议付通知书 (Documentary credit negotiation advices);
k) 跟单信用证(Documentary credit);
l) 银行保函(Banker's guarantee)。

见附录 B。

6.2 单证样式

——托收单(Collection order)(ICC)。
——跟单信用证申请书(Documentary credit application)(ICC) 见附录 B。
——跟单信用证(Documentary credit)(ICC)见附录 B。

6.3 数据项及其数据元

在上述单证中使用的数据元,按 A、C、O 分开标注在三列专栏内,见表 2。
"A"表示 跟单信用证申请书(Documentary credit application);
"C"表示 跟单信用证 (Documentary credit);
"O"表示托收单(Collection Order)。

表 2 付款相关单证数据项及其数据元

与 UNLK 上相同的项目	Identical with the UNLK	UNTDED tag	A	C	O
单证日期	Document date	2006		X	
签发地点	Place of issue	3410		X	
运输细目	Transport details	8012			X
与 UNLK 同义的项目	**Synonymous with the UNLK**	**UNTDED tag**	**A**	**C**	**O**
信用证号	Letter of credit number	1172	X		
通知行参考号	Advising bank's reference number		X		
申请人/申请开证人	Applicant	3132/3002	X	X	
受益人	Beneficiary	3336/3030	X	X	
委托人/委托开证人	Principal	3336/3030			X
委托人参考号	Reference, principal	1154	X		
付款人(收货人)	Drawee/Consignee	3132			X
付款人(如与收货人不同)	Drawee if not consignee	3002			X

表 2（续）

与 UNLK 同义的项目	Synonymous with the UNLK	UNTDED tag	A	C	O
货物(无过多细节的概述)	Goods (brief desc. Without excessive detail)	7002			X
货物(货物说明)	Goods(=7002 Description of goods)			X	
其他条款	FOB/C&F/CIF/other terms	2138	X		
申请人名称、印章和授权签名	Name, stamp and authorized signature of applicant	4426	X		
地点、日期和委托人鉴证	Place, date and authentication of principal	3410/4426			X
UNLK 附加的数据项	**Additional to the UNLK**	**UNTDED tag**	**A**	**C**	**O**
文件制作、参考	**Documentation, references**	**UNTDED tag**	**A**	**C**	**O**
由受益人呈递的单证	Documents to be presented by the beneficiary			X	
单证	Documents				X
日期	**Dates**	**UNTDED tag**	**A**	**C**	**O**
申请日期	Date of this application		X		
信用证有效期和有效地点	Date and Place of expiry (of the credit)	2210/3212	X	X	
参与方、地址、地点	**Parties, addresses, places**	**UNTDED tag**	**A**	**C**	**O**
开证行名称	Name of issuing bank	3320	X	X	
通知行	Advising bank	3190		X	
托收行	Remitting bank				X
指定代收行	Collecting bank to be issued				X
开具以…为付款人的汇票	Drafts drawn on			X	X
可议付银行	Credit to be available (with)		X		
跟单信用证承兑行	Credit available with	3242		X	
场所	Domicile				X
从/在…装船/发运/接管	Shipment/dispatch/Taking in charge from/at	3214	X	X	
运至	For transportation to	3258	X	X	
条件、指示	**Conditions, instructions**	**UNTDED tag**	**A**	**C**	**O**
托收指示	Collection instructions				X
适于付款/承兑/议付的信用证	Credit available for payment/acceptance/negotiation		X	X	
适于提交单证…和你方/受益人的汇票的信用证	Credit available against/Presentation of documents…and your/Beneficiary's drafts			X	X
装船/发运/接管不迟于	Shipment/Dispatch/Taking in charge not later than		X		
单证由受益人呈递	Documents to be presented by the Beneficiary		X		
在…天内呈递单证	Documents to be presented within … days			X	X

表 2（续）

条件、指示	Conditions, instructions	UNTDED tag	A	C	O
附加条款	Additional conditions		X		
附加指示	Additional instructions				X
由我方安排保险	Insurance covered by us	4210	X		
数额	Amount	5450	X	X	X
其他	**Other**	**UNTDED tag**	**A**	**C**	**O**
跟单信用证附件信息	Documentary Credit Document Additional Information	4270			
跟单信用证费用说明	Documentary Credit Charge Instruction	5460			
所需单证功能名称	Required Document Function Name	1160			
单证所需副本	Document Copies Required	1220			
跟单信用证交单期限	Documentary Credit Document Presentation Duration	2060			
跟单信用证有效截止日期时间	Documentary Credit Document Effective End Date Time	2211			
跟单信用证签发日期时间	Documentary Credit Document Issue Date Time	2237			
发运地点	Despatch Location	3150			
跟单信用证失效地点	Documentary Credit Document Expiry Location	3213			
运输工具目的地	Transport Means Destination Location	3259			
跟单信用证受票人	Documentary Credit Drawee	3290			
跟单信用证偿付行	Documentary Credit Drawee	3350			

7 运输及服务的相关单证数据项及其数据元

7.1 中介服务-转运(货运代理)和装卸作业

7.1.1 相关的单证

所涉及的单证用于与运输有连带关系、与贸易方和承运人衔接相关的业务环节，如与国际贸易货物运输和装卸环节有关的，包括码头、仓库和港口作业及其中介服务报酬。

7.1.2 单证功能主要分类

——客户给货运代理人的指令

运送指示单(Forwarding instructions)

——货物收据

货运代理收货凭证(Forwarder's certificate of receipt)

货运代理仓库收据(Forwarder's warehouse receipt)

场站收据(Dock receipt)

出库(货棚)收据(Warehouse (shed) receipt)

——通知书

货运代理给进口商代理的通知(Forwarder's advice to import agent)

货运代理给出口商的通知(Forwarder's advice to exporter)

——授权书或指示单

交货单(Delivery order)

装卸单(Handling order)

通行证(Gate pass)

——管理单证

货运代理发票(Forwarder's invoice)

港口费用单(Port charges documents)

注：在有些情况下，一些功能有时涵盖在联合单证集内，例如由货主或者其代理人向承运人提供的装运通知 Shipping Note GB/T 15310.3。

7.1.3 单证样式

7.1.3.1 标准委托书设计样式(Layout Key for Standard Consignment Instructions)(UN/ECE Rec 22)见附录C转运(货运代理)和装卸作业部分的单证示例。

7.1.3.2 运送指示单(Forwarding instructions)-FFI (FIATA)见附录C。

7.1.3.3 货运代理收货凭证(Forwarder's certificate of receipt)-FCR(FIATA)见附录C。

7.1.3.4 货运代理仓库收据(Forwarder's warehouse receipt)-FWR(FIATA)见附录C。

7.1.3.5 装运通知 (GB/T 15310.3)见附录C。

7.1.3.6 装箱单(GB/T 15310.2)见附录C。

7.1.4 数据项及其数据元

中介服务-转运(货运代理)和装卸作业部分的单证数据项及其数据元，见表3。

表3 中介服务-转运(货运代理)和装卸作业相关单证数据项及其数据元

与UNLK相同的项目	Identical to the UNLK	UNTDED tag
发货人	Consignor	3336
收货人	Consignee	3132
通知方	Notify party	3180
原产地国/原产地/货源地/货物产地	Country of origin	3238
目的地国	Country of destination	3216
交付条件/交货条款	Terms of delivery	4052
件数	Number of packages	7224
货物说明	Description of goods	7002
包装类型	Types of packages	7064
毛重	Gross weight	6292
净重	Net weight	6160
体积	Cube	6322

表 3(续)

与 UNLK 相同的项目	Identical to the UNLK	UNTDED tag
签发地点/单证签发地	Place of issue	3410
签发日期	Date of issue	2006
鉴证/认证	Authentication	4426
与 UNLK 同义的项目	**Synonymous with the UNLK**	**UNTDED tag**
供应商,托运人,发送人	Supplier,Shipper,Sender	3336/3030/3346
凭指示交付	Consigned to order of	3132
出口商参考号/港口账户/参考号	Exporter's reference Number/Port account Number/References	1154
单证标识	**Document identification**	**UNTDED tag**
发货人参考号	Consignor's Reference number	1140
订舱参考/订舱编号	Booking reference	1016
单证名称	Document name	1000/3
包裹附单号	Despatch Note Number	1128
报价号/招标号	Quote number/Bid number	1332
参考号	Reference number	1154
舱单号	Manifest Number	1037
运输合同号	Contract of affreightment /Contract number for freight	1274
出口许可证号	Export licence number	1208
贷记单号	Credit Note Number	1113
单证号	Document number	1004
订单号	Order number	1022
订购单回复号	Purchase order response number	1018
发票号	Invoice number	1334
发运通知书号	Despatch Advice Number	1035
分(批)交货物托运号	Part consignment number	1310
分提单号/分运单号	House bill of lading/House waybill number	1039
附加单证	Additional Document	1010
个人证件登记号	Personal documcnt rcgistration number	1194
跟单信用证号	Documentary credit number	1172
合同附件号	Contract addendum number	1318
合同号	Contract number	1296
货运代理参考号	Freight forwarder's reference number	1460
交付指示号	Delivery instruction number	1174

表 3（续）

单证标识	Document identification	UNTDED tag
借记单号	Debit Note number	1117
进口许可证号	Import licence number	1107
收货人装运参考号	Consignee's shipment reference number	1362
收款通知书号	Advice of collection number	1030
收讫号	Received number	1150
顺序位置号	Sequence position number	1050
提货单号	Delivery note number	1033
危险品申报书号	Dangerous goods note number	1115
行项号	Line item number	1082
形式发票号	Proforma invoice number	1088
页号	Page number	1212
佣金单号	Commission Note Number	1111
运费号	Freight charge number	1236
运输工具抵达申报文件标识符	Conveyance Arrival Declaration Document Identifier	1077
运输工具启程申报文件标识符	Conveyance Departure Declaration Document Identifier	1079
运送指示单号/托运委托书号	Freight forwarding instruction number/Shippers letter of instruction number	1121
装箱单号	Packing List number	1014
装运通知单号	Shipping Note Number	1123
装运许可证号	Certificate Of Shipment Number	1109
主提单号/运单号	Master Bill of Lading/waybill number	1188
参与方	**Parties**	**UNTDED tag**
货棚经营人/货物入库管理员/泊位经营人/码头经营人/货物搬运及装卸组织/港务管理局	Shed operator/Warehouse keeper/Berth operator/Terminal operator/Cargo handling organization/Port administration	3022
财务结算责任方	Party responsible for financial settlement	3451
仓库用户	Warehouse depositor	3004
承运人/服务提供方	Carrier/Service provider	3126/7
承运人代理人	Carrier's agent	3052/3
代理人	Agent	3196/7
单证接收方	Document recipient	1370
发运方	Despatch party	3282/3
费用付款方	Charges payer	3472/3
个人国籍	Personal nationality	3484/5
个人职位	Personal job title	3480

表 3（续）

参与方	Parties	UNTDED tag
跟单信用证偿付行	Documentary Credit Reimbursing Bank	3350
跟单信用证承兑行	Documentary Credit Available Bank	3242
跟单信用证开证行	Documentary Credit Issuing Bank	3320
跟单信用证申请人	Documentary Credit Applicant	3198
跟单信用证申请人代理银行	Documentary Credit Applicant Agent Bank	3234
跟单信用证受票人	Documentary Credit Drawee	3290
跟单信用证受益人	Documentary Credit Beneficiary	3260
货运代理人/货物代理人/货物代理人/进口商代理	Freight forwarder; Forwarder; Forwarding agent; Import Agent	3170
交货方	Delivery party	3144/5
进口商	Importer	3020/1
联系人/联系人地址/部门或人员	Contact name/Communication address/Department or employee	3412/3148
买方	Buyer	3002/3
买方联系人姓名	Buyer contact name	3202
卖方	Seller	3346/7
卖方部门或人员名称	Seller's department or employee Name	3468
卖方代理人	Seller Agent	3254/5
人名	Personal name	3404
申报方	Declarant	3140/1
通知行	Advising bank	3190
委托单位	Entrusting party	3036/3124
运费付款人	Freight payer	3470/1
运输工具负责人名称	Transport Means Master Name	3408
运输设备经营者标识符	Transport Equipment Operator Identifier	3175
运输设备装载方/装箱方/装载方/拼箱方/装箱人名称/地址	Loader indicator/Stuffing party/Vanning party/Loader/Packer's Name/Address	3120
日期、时间	**Dates/Time**	**UNTDED tag**
报价日期	Quotation Date	2158/9
标准托运单签发日期	Standard Shipping Note date	2187
贷记单签发日期	Credit Note Date	2177
单证日期	Document date	2006/7
单证有效截止日期	Document Effective End Date	2059
订单确认书签发日期	Order Acknowledgement Issue Date	2040/1

表 3（续）

日期、时间	Dates/Time	UNTDED tag
订单日期	Order date	2010/1
发票日期	Invoice Date	2376/7
发运单签发日期	Despatch Note Date	2218/9
发运通知书签发日期	Despatch Notice Date	2175
付款到期日期	Payment Due Date	2480/1
个人出生日期	Personal Birth Date	2490/1
跟单信用证交单期限	Documentary Credit Presentation Duration	2060
跟单信用证开证日期	Documentary Credit Issue Date	2236/7
合同附件日期	Contract Addendum Date	2354/5
合同日期	Contract date	2326/7
交货开始日期	Delivery First Date	2136/7
交货期限	Delivery Period	2310/1
交货日期	Date of delivery	2138/9
交货最后日期	Delivery last date	2024/5
接收日期	Receiving date	2126/7
借记单签发日期	Debit Note Date	2181
进口许可证签发日期/进口许可证日期	Import Permit Issue Date/Import Licence Date	2293
进口许可证有效期限	Import licence validity period	2442
启程日期和时间/起飞日期/开航日期	Departure date and time/Flight date/Sailing date	2281
日期/时间/期限功能代码限	Date or time or period function code qualifier	2005
事件日期时间/委托日期	Event Date Time/Date of consignation	2193
收货日期	Goods Receipt Date	2440/1
停留期	Period of stay	2350/1
危险品申报文件签发日期	Dangerous Goods Declaration Issue Date	2179
委托书有效期/有效期/单证有效截止日期	Power of attorney effective end date/Period of validity/Document Effective End Date	2058/9
信用证有效期/跟单信用证到期日期	Documentary Credit Document effective end date/Documentary credit expiry date	2210/1
形式发票日期	Proforma Invoice Date	2404/5
佣金单签发日期	Commission Note Date	2173
预计到达日期时间	Estimated Arrival Date	2348
预计交货日期/预计交货时间	Estimated Date of Delivery/Expected Time of Delivery	2109

表 3（续）

日期、时间	Dates/Time	UNTDED tag
预计启程时间	Estimated time of departure	2195
原产地证签发日期	Certificate Of Origin Document Issue Date	2039
运输工具登记日期时间	Transport Means Registration Date Time	2063
运输工具抵达日期(和时间)	Transport Means Arrival date(and time)	2106
运输工具抵达日期(和时间)	Transport Means Arrival date(and time)	2107
运输合同日期	Transport Contract Date	2417
运输受载期	Transport acceptance time limit	2080
制单日期	Document prepared date	2000/1
装货日期/装运日期/货物装载运输工具时间	loading date/Shipment Date/Consignment loading date	2346/7
装箱单签发日期	Packing List Date	2458/9
装箱日期	Packing Date/Stuffing date/Vanning date	2045
装载指示单签发日期	Shipping Instruction Date	2185
状态报告文件签发日期	Status Report Date	2189
文件制作	**Documentation**	**UNTDED tag**
总页数	Total Number of Pages	1046
正本提单份数	Number of original Bills of Lading	1066/7
副本提单份数	Number of Copies Bills of Lading	1069
费用单	Charges Note	1070
所需单证	Document required	1160
装货清单份数/舱单份数	Number of loading lists/Manifests	1166
所需正本单证份数	Number of originals of document required	1218
所需副本单证份数	Number of copies of document required	1220
随附单证名称/随附单证清单	Enclosed Document Name/List of attachments	1346
地点	**Location/Place**	**UNTDED tag**
出生地点	Birth Location	3486
船舶在港停泊地点	Location of ship in Port	3416
搭乘地点	Embarkation Location	3488
地点/位置名称	Place/Location Name	3224/5
发运地点	Despatch Location	3150
跟单信用证失效地点	Documentary Credit Document Expiry Location	3212/3
国家行政区划	Country Subdivision	3228/9
货物仓储位置/地点	Storage Location of Goods	3384/5
基本港装货地点	Baseport Loading Location	3322/3

表 3（续）

地点	Location/Place	UNTDED tag
交货地	Place of delivery	3246/7
接货地点	Place of acceptance/ Place of receipt	3348/9
街道名称和门牌号码/邮政信箱	Street and number/P. O. Box	3042
目的地	Place of destination	3258/9
启运地	Place of departure	3214/5
泊位/码头/货棚/仓库	Berth/Dock/Shed/Warehouse	3156
前程承运人接货地点	Place of Receipt By Pre-carrier	3302/3
人员登陆或着陆地点名称	Disembarkation Location Name	3490
收货地点名称	Goods Receipt Location Name	3160
首次装货地点标识符	Original Loading Location Identifier	3099
完成申报的港口位置	Declaration Reporting Port Location	3040
完成申报的港口位置标识符	Declaration Reporting Port Location Identifier	3041
位置功能代码限定符	Location Function Code Qualifier	3227
下一个停靠港口	Next Port of Call Location	3095
卸货港/目的火车站	Place/Port of discharge/Destination station (rail)	3392/3
邮政编码	Postcode identification	3251
运费率结合地点标识符	Rate Combination Location Identifier	3369
运输工具登记地点	Transport Means Registration Location	3105
转运地	Transhipment place	3424/5
装货地点/装货港	Place/Port of loading	3334/5
运输细目	**Transport details**	**UNTDED tag**
国际集装箱安全公约最大重量/车辆负荷限制(吨)	Container Safety Convention Maximum Weight/Vehicle load limit(ton)	6080
运输设备(如集装箱或运输单元)标识号/设备标识号	Equipment(such as container or transportation unit) identification number	8260
装货索具/集装箱的标志和编号	Loading tackle/container marks and numbers	8030
车辆数量/运输设备数量/集装箱数量/集装箱数合计	Number of vehicles/Number of Transport Equipments/Number of containers/Total number of containers/Number of consignment pieces	8046
计费距离(公路)	Tariff distance	6110
车辆轴数	Vehicle axles	8040
车辆使用装载量	Vehicle capacity used	6306
车辆满载重量	Vehicle laden weight	6298
车辆(船舶)类型	Vehicle(Vessel)type	8178/9
车辆自重	Vehicle tare	6052

表 3（续）

运输细目	Transport details	UNTDED tag
乘务人员随带物品描述	Crew's Effects Description	7410
乘务人员总数	Total number of the crew	6106
船舶存储物品	Ships Stores	8045
船舶存储物品	Ships Stores	8044
船舶名称/船名/运输工具标识/车辆注册号	Vessel name/Ship's Name/Identification of the means of transport/Vehicle registration number	8212/8213
船上存储物品项目名称	Ships Stores Item Name	7054
负责出具装箱证明者/检验方	Party Responsible for proof of vanning/Surveyor	3182
货/箱总重量/集装箱毛重	Cgo/Cont Total WT/Container gross weight	6294
货物/集装箱运送服务/动态类型/运输动态类型描述/运输动态类型描述代码	Cargo/Container movement/Movement type/Movement type description/Movement type description Code	8334/5
积载位置(在运输工具上)/货物单元位置	Stowage place(onboard)/Cell Location	8042/3
集装箱尺寸和类型/设备规格和类型	Container size and type/Equipment size and type	8154/5
集装箱项目号/运输设备序号	Container item number/Transport Equipment Sequence number	1492
集装箱运输信息	Container transport information	4014
集装箱状态/满载或空载指示符	Container status/Full or Empty Indicator	8169
运输工具标识符	Transport Means Identifier	8213
旅客人数	Number of Passengers	7056
拼箱地点/装箱地点	Stuffing location Vanning location	3268/9
前程运输方式	Pre-carriage Transport Mode	8170/1
施封方	Sealing party	9302/3
箱型/箱类 ISO 标准代码	ISO Code For Container Size/Type	8193
航次/行程参考号	Voyage number/Conveyance reference number	8028
由…发运/前程运输	Despatched by/Pre-carriage by	8428/9
由…续运	On-carriage by	8082/3
运输方式	Mode of transport	8066/7
运输工具附件信息	Transport Means Additional Information	4032
运输工具上人员总数	Total number of persons on board	6104
运输工具停靠目的描述	Conveyance call purpose description	8024/5
集装箱经营人/运输设备经营者	Container operator/Transport Equipment operator	3174/5
运输设备种类代码限定符	Equipment Category Code Qualifier	8053
运输设备自重/集装箱自重	Transport Equipment Tare Weight/Container tare weight	6156

表 3（续）

运输细目	Transport details	UNTDED tag
运输细目/运输消息	Transport details/Transport information	8012
装货索具种类	Loading tackle category	8021
装箱人签名	Packed By	4426
货物细目	**Goods details**	**UNTDED tag**
(一票托运物)总体积托运体积	Gross Volume Consignment cube	6422
证书	ADR/IMDGR/LMDG certification	4202
船舶载运危险货物应急措施号	EMS Number	8364
国际海运危险货物分类号/关于危险货物道路国际运输的欧洲协议分类号/国际铁路运输危险货物规则分类号/危险品规则代码	IMDG/ADR/RID class number/Dangerous Goods Regulation Code	8351/8273
UNDG 号	G(United Nations Dangerous Goods Identifier) number	7124
包装件长度	Length of Package	6096
包装件净重	Package Net Weight	6026
包装件毛重	Package Gross Weight	6022
包装件总体积	Package Gross Volume	6028
包装类型	Type of packages	7064/5
包装危险等级代码	Packaging Danger Level Code	8339
长度/车辆长度	Length/Vehicle length	6168
宽度	Width	6140
高度	Height	6008
承运人商品代码/海关税则编号	Carrier's commodity code/Tariff code number	7357
纯净重/海关重量	Net Net Weight/Customs weight	6048
单证申报的毛重/单证申报总重量	Document Declared Gross Weight	6092
已订货量	Quantity ordered	6024
分批到、发货的货物件数/分批件数	Number of Package Split/Package split	7226
分批到/发货的货物项目代码	Split Goods Item Code	4223
分批到、发货的货物总体积/分批体积	Split Gross Cube /Cube split	6324
分批重量	Weight split	6296
海关商品编码		7361
货物项目号	Goods item number	1496
货物项目净重	Goods Item Net Weight	6016
货物状况批注	Remarks On Goods Condition	4030
交付货量	Delivered Quantity	6270

表 3（续）

货物细目	Goods details	UNTDED tag
买方的物品号	Buyer's article number	7304
卖方的物品号	Seller's article number	7194
实际总重量	Gross weight Actual gross weight	6292
每货物项下件数	Number Of Packages Per Goods Item	7012
批号	Lot number	7338
拼装货的货物项目总数	Total Number Of Goods Items as one consolidation	6056
拼装货的货物总数	Total Number Of Consolidation	6054
拼装货件数	Consolidation Packages	6094
拼装货物净重	Consolidation Net Weight	6040
拼装货物毛重	Consolidation Gross Weight	6036
拼装货物装载所需长度	Consolidation Loading Length	6042
拼装货物总体积	Consolidation Gross Volume	6038
商品/商品和描述	Commodities/Commodities and descriptions	7002
识别号	Identity number	7402
数量	Quantity	6061
体积(行项)	Cube(Line item)	6316
总体积	Gross Measurement Cube	6322
托运物毛重/货物总重量	Consignment gross weight/Total gross weight	6012
托运物净重	Consignment net weight	6014
托运物装载所需长度	Consignment Loading Length	6044
托运物状况代码	Consignment Status Code	4225
危险品/项目/页号	Hazard substance/item/page number	8078
危险品/RID 指示符	Dangerous goods/RID indicator	7184
危险品标记	Dangerous Goods Label Marking	8246
危险品附加信息	Dangerous goods additional information	7488
危险品技术名称/危险货物项目	Dangerous goods technical name/Dangerous goods details	7254
危险品净重	Dangerous goods net weight	6420
危险品闪点	Dangerous goods flashpoint	7088
危险物质事故医疗急救指南	Medical First Aid Guide	8410
唯一托运物编号	Unique Consignment reference	1202
项号	Item Number	7140
项目总数	Total Number of Items	7240
行项净重	Line Item Net Weight	6020
行项毛重	Line Item Gross Weight	6018

表 3（续）

货物细目	Goods details	UNTDED tag
行项描述	Line Item Description	7008
型号	Model Number/Style Number	7242
性质分类	Property class	7059
运输标志/标记及号码	Shipping marks/Marks and numbers	7102
装箱件数	Number of Packages Stuffed	7228
装运闪点	Shipment flashpoint	7106
总件数	Total number of packages	7368/7370
海关数据/统计	**Customs data/Statistics**	**UNTDED tag**
报关单交存地点	Customs Declaration Document Lodgement Location	3265
报关单编号	Goods declaration number	1426
出境地海关地点	Exit Customs Office Location	3096/7
单证/报文功能代码	Document/Message function code	1225
第一目的地国(地区)	First Destination Country	3219
法定重量	Legal weight	6146
封志号	Seal number	9308
附加量	Supplementary quantity	6102
国家关系代码	Country Relationship Code	4443
过境担保海关地点	Transit Guarantee Customs Office Location	3110/1
过境地海关地点	Transit Customs Office Location	3106/7
海关价格/供海关用声明价值	Customs value/Declared Value for Customs	5032
海关申报发票金额	Customs Declaration Invoice Amount	5072
海关申报文件签发日期	Issue Date of Customs Declaration Document	2055
海关手续	Customs procedure	9380/1
海关信息	Customs Information	4034
海关允许扣除基准金额	Customs Allowable Deduction Basis Amount	5020
会计信息	Accounting information	4410
货币	Currency	6344/5
货物报关单号	Goods declaration number	1426
货物报关单提交日期	Goods Declaration Presentation date	2032/3
货物价值/申报的全部托运货物的海关完税价格/海关申报总价	Consignment Value/Declared Customs value for entire consignment/For Customs Total Amount	5070
货物项目统计申报价格	Goods Item For Statistics Declared Value	5218
集装箱运输指示符	Containerized Indicator	4140
计量单位限定符	Measurement Unit Qualifier	6411

表 3（续）

海关数据/统计	Customs data/Statistics	UNTDED tag
计量目的代码限定符	Measurement Purpose Code Qualifier	6311
计量值	Measurement Value	6314
交付最后收货人地点	Final Delivery Location	3000/1
结关地点	Customs clearance place	3080/1
跨境运营的运输工具标识/运输工具跨境标识符	Identification of active means of transport crossing the border/Transport Means At Border Crossing Identifier	8270
贸易分类代码	Trade class code	4043
前期海关手续	Previous Customs procedure	9032/3
前期海关文件标识符	Previous Customs Document Identifier	1091
入境地海关	Customs Office of Entry	3088/9
税/费估价基准金额	Tax Or Fee Assessment Basis Amount	5286
税/费估定值金额	Tax Or Fee Assessed Amount	5504
税/费类型名称	Tax Or Fee Type name	5152/3
税/费评估基准数量	Tax Or Fee Assessment Basis Quantity	6090
税款扣除金额	Tax Deduction Amount	5074
税款支付号	Tax Payment Number	1168
税制类型	Type of duty regime	9212/3
托运国(地区)	Country whence consigned	3220/1
应增加的其他金额	Other amount to be added	5238
原产国行政区划	Origin Country Subdivision Identifier	3267
运输工具的国籍	Nationality of means of transport	8452/3
责任保证代码	Obligation Guarantee Code	4377
支付方式代码	Payment Method Code	4467
主要责任方	Principal responsible party Identifier	3340/1
转关地海关	Customs office of destination (transit)	3086/7
状态描述代码	Status Description Code	4405
最后出口国(地区)标识符	Final Exportation Country	3331
运费和费用	**Freight and charges**	**UNTDED tag**
Incoterms 规定的地点	Incoterms place	3018/9
承运人应收的其他总费用金额	Total Collect Carrier Other Charge Amount	5320
代理人科目号	Agent's account number	1142
代理人应收其他费用金额	Agent Other Charge Amount	5240
单价基准费率/单位费率	Unit Price Rate/Rate per unit	5420

表 3（续）

运费和费用	Freight and charges	UNTDED tag
发货人按费率表支付费用金额	Consignor Tariff Charge Amount	5250
发货人按运价表应付总费用金额	Consignor Total Tariff Charge Amount	5372
发货人附加费用金额	Consignor Additional Charge Amount	5008
发货人应付区段费用金额	Consignor Section Amount	5352
发送人结转付款金额	Sender Brought Forward Payment Amount	5080
发送人应付余额	Sender Balance	5276
发送人支付承运人费用总金额	Total Paid To Carrier By Sender Charge Amount	5428
发运申报价格/供运输用声明价值	Declared value for carriage	5036
费用描述	Charge description	5252
费用支付方式代码	Charge Payment Method Code	5139
付款安排代码/预付/到付指示符	Payment Arrangement code/Prepaid/Collect indicator	4237
付款安排说明	Payment Arrangement Description	4236
附加费用金额	Additional Charge Amount	5280
附属费用	Accessorial charges(AWB/CIMP)	5253
国际贸易术语	Incoterms Code	4053
货到付款金额	Cash-on-delivery amount	5016/7
结转到付费用金额	Collect Carry Forward Charge Amount	5142
目的地费用金额	Destination Charge Amount/Charges at destination	5436
其他(成本)费用金额	Other Cost Amount	5346
收费基准	Charge basis	5099
收货人按运价表应付费用金额	Consignee Tariff Charge Amount	5228
收货人费用金额	Consignee Charge Amount	5042
收货人付款总额	Total amount to be collected from the consignee	5132
收货人附加费用金额	Consignee Additional Charge Amount	5022
收货人结转到付费用金额	Consignee Brought Forward Collect Charge Amount	5088
收货人应付区段费用	Consignee Section Amount	5332
应收从价计费金额	Collect Valuation Charge Amount	5146
应收从重计费金额	Collect Weight Charge Amount	5364
应收从重计费指示符	Collect Weight Charge Indicator	5328
应收运费总额/收费总额/到付	Total Collect Freight Charge Amount/Total collect charges/Collect	5398
预付从重/从价计费	Prepaid Weight And Valuation Charge Indicator/Weight/Valuation charge,prepaid	5298
预付从重计费金额	Prepaid Weight Charge Amount	5350

表 3（续）

运费和费用	Freight and charges	UNTDED tag
预付给承运人的其他总费用金额	Total Prepaid Due Carrier Other Charge Amount	5270
预付给代理人其他费用金额	Agent Prepaid Other Charge Amount	5336
预付金额/预付运费总额/	Prepaid amount/Total Prepaid Freight Charge Amount	5302
预付款说明	Pre-payment instructions	4102/3
预付已用金额	Prepaid Utilised Amount	5150
运费吨	Revenue Tons/freight ton/scale ton	6030
运费费率/运费率	Freight rate	5126
运费和费用/运费与附加费	Freight and charges/FREIGHT & CHARGE	8022
运费基准	Freight Charge Basis	6130/1
运费计费量	Freight quantity	6256
运费金额	Freight Charge Amount	5290
运费扣除额	Freight Charge Deduction	5264
运费起算地	Freight from	3090/1
运费预付确认	Freight pre-payment confirmation	4106
运费预付至地点	Freight Charge Prepaid To Location	3032
运费至/运费和成本应付至/运输支付地点	Freight to/Freight charges and costs payable to/Freight payable at	3102/3
运价表等级代码/运价表等级说明符	Tariff Class Code/Tariff class specifier	5440
运价表等级金额/运费项目金额	Tariff Class Amount/Freight item amount	5432
运输设备费率等级代码	Transport Equipment Rate Class Code	5134
支付金额/以托收货币计价的支付金额	Disbursement Amount/Disbursement amount in currency of collection	5416
支付条款描述	Payment Term Description	4276/7
保险	**Insurance**	**UNTDED tag**
承保人	Insurer	3070
被保险人	Insured	3136
保险行为说明符	Insurance action specifier	4210
险种细目	Insurance coverage details	4264
保险金额(字母)	Value insured (in letters)/Amount of insurance	5010
保险金额(数字)/保险价值	Value insured (in figures)/Value insured	5011
保险费	Insurance Cost	5486
条款、条件、指示	**Clauses, conditions, instructions**	**UNTDED tag**
差异性质标识符代码	Discrepancy Nature Identifier Code	4221
单证背书/签名	Document Endorsement/Signature	4428

表 3（续）

条款、条件、指示	Clauses, conditions, instructions	UNTDED tag
发送人给承运人的指示/发送人指示、应办理手续、所提供单证的编号和性质等	Sender's instructions to carrier/Sender's instruction, formalities to be completed, number and nature of documents to be supplied, etc.	4284
跟单信用证费用说明	Documentary Credit Charges Instructions	5460
跟单信用证附加条件	Documentary Credit Additional Condition	4260
跟单信用证附加信息	Documentary Credit Document Additional Information	4270
合同和运输条件	Contract and carriage condition	4002
合约文件类型	Contract Document Type	4422
货物收据	Goods Receipt	4006
声明	Declaration	4020
收货人信息	Information for consignee	4070
文本主题代码限定符	Text Subject Code Qualifier	4451
行为代码	Action code	1229
运输合同备注	Remarks On Transport Contract	4244
运输(合同)条款/提单条款/接受货物/铁路信息	Transport Contract Clause/Bill of Lading clause/Bill of lading remark/Acceptance of goods/Information for railway purposes	4180
运输合同条款代码	Transport Contract Clause Code	4181
运输线路/要求航线	Routes requested routing	3050/1
运输优先级	Transport priority	4218/9
整车/零担货载(铁路)；整箱/拼箱指示符；整车/零担货载指示符；专用/非专用车指示符	Wagon/part load (rail); FCL/LCL indicator; FTL/LTL indicator; Wagon exclusive/nonexclusive use indicator	8112
支付担保方式代码	Payment Guarantee Means Code	4431
转运指示符/可否转船(转运)	Transhipment indicator	4133
装货授权号	Loading authorization number	4092
装卸说明	Handling instructions	4078/9
装载说明	Loading instructions	4080/1
自由文本	Free Text	4440/1
数额	**Amount**	**UNTDED tag**
百分比	Percentage	5482
单价	Unit Price	5110
单项价格	Item price	5116
发票附加费金额	Invoice Surcharge Amount	5140
发票扣除额	Invoice Deduction Amount	5180

表 3（续）

数额	Amount	UNTDED tag
发票行项金额	Invoice Line Item Amount	5068
发票总金额/物品项总额	Invoice Total Amount/Article items total	5214
付款折扣百分比数	Payment Discount Percentage Numeric	5056
附加费/扣除额	Additional charges/deductions	5044
跟单信用证金额'	Documentary Credit Amount	5450
合并发票金额	Consolidated Invoice Amount	5444
金额	Amount	5082
可用的结转余额金额	Balance available brought forward Amount	5190
可用余额	Available Balance	5162
上期结转金额	Amount Brought Forward	5062
拖欠利息	Interest on arrears	5028
应收税额	Tax Collect Amount	5294
预付从价计费金额	Valuation Prepaid Charge Amount	5452
预付税金额	Tax Prepaid Amount	5480
折扣金额	Discount Amount	5014
总货币金额	Total Monetary Amount	5160
证明	**Authentication**	**UNTDED tag**
重量确定	Ascertained Weight	4240
证书	Certificate	4192
承运人签署	Carrier signature	4130
发货人认证	Authentication By Sending Party	4136
计量单位	**measuring unit**	**UNTDED tag**
冷冻/冷藏货物温度设定/运输温度/要求的冷冻温度	Reefer/cool cargo temperature setting/Transport temperature/Reefer Temperature Required	6242
温度类型代码限定符	Temperature Type Code Qualifier	6245
温度	Temperature	6246
储存温度	Storage temperature	6240

7.2 运输相关单证数据项及其数据元

7.2.1 相关的单证

所涉及的单证用于国际贸易的货物运输，不含与短途运输、卡车运输和运输服务有关的单证。

7.2.2 单证功能分类

7.2.2.1 合约文件，组成或证实一份运输合同。如通用（多用）运输单证、海运单（班轮运单、海运单、河运单）、提单、铁路和公路托运单、空运单、邮递包裹投递单、多式联运（联合运输）单证、联运提单。

7.2.2.2 收据凭证,确认收到托运货物收据。如大副收据、验收证明书(水路)、铁路和公路托运通知书副本、运输凭证。

7.2.2.3 目录单据,运输组件或运输工具上的载货清单。如货物和运费清单、公路运输货物清单、集装箱载货清单(装箱单)。

7.2.2.4 行政管理和法定单证,如陆运单、卸货报告,要求交货通知、运费发票、保函。

7.2.2.5 通知书,如订舱确认、要求交货通知、到达通知、无法交货或运输通知、提货通知书。

7.2.3 单证样式

7.2.3.1 标准提单(Standard Bill of Lading)(ICS)见附录C。

7.2.3.2 标准货物和运费清单(Standard Cargo and Freight Manifests)(ICS)。

7.2.3.3 国际铁路托运单(International Rail Consignment Note) (CIM Convention)见附录C。

7.2.3.4 国际公路托运单(International Road Consignment Note)(CMR Convention)见附录C。

7.2.3.5 通用航空运单(Universal Air Waybill)(IATA)见附录C。

7.2.3.6 邮递包裹投递单(Despatch Note for post parcels)(Universal Postal Convention)。

7.2.3.7 可转让FIATA多式联运提单(Negotiable FIATA Multimodal Transport Bill of Lading)(FIATA-FBL)见附录C。

7.2.3.8 不可转让FIATA多式联运运单(Non-negotiable FIATA Multimodal Transport Way Bill)(FIATA-FWB)见附录C。

7.2.3.9 货运代理运输凭证 (Forwarders Certificate of Transport) (FIATA-FCT)见附录C。

7.2.3.10 托运人多式联运重量凭证(Shippers Intermodal Weight Certificate) (FIATA-SIC)见附录C。

7.2.4 数据项及其数据元

在上述单证中使用的数据元,按Sea、Rail、Road、Air、Post和Mult分开标注在6列专栏内,见表4,其中:

"Sea"表示海上运输;

"Rail"表示铁路运输;

"Road"表示公路运输;

"Air" 表示航空运输;

"Post" 表示邮递;

"Mult"表示多式联运。

表4 运输相关单证数据项及其数据元

与UNLK上相同的项目	Identical to the UNLK	UNTDED tag	Sea	Rail	Road	Air	Post	Mult
收货人	Consignee	3132	X	X	X	X	X	X
通知人	Notify address	3180	X					X
运输标志/集装箱编号	Shipping marks/Container number	7102	X					X
件数	Number of packages	7224	X	X	X		X	X
包装种类	Type of packages	7064	X	X	X		X	X

表 4（续）

与 UNLK 上相同的项目	Identical to the UNLK	UNTDED tag	Sea	Rail	Road	Air	Post	Mult
货物描述(产品名称)	Description of goods	7002	X	X	X	X	X	X
毛重	Gross weight	6292	X	X	X	X	X	X
签发地	Place of issue	3410	X	X	X	X		X
单证日期	Document date	2416	X	X	X	X		X
鉴证	Authentication	4426	X	X	X	X		X
与 UNLK 同义的项目	**Synonymous with the UNLK**	**UNTDED tag**	**Sea**	**Rail**	**Road**	**Air**	**Post**	**Mult**
交付指定人	Consigned to order of	3132					X	
托运人/发送人	Shipper/Sender	3336	X	X	X	X	X	X
发送人参考	Sender's ref	1154	X	X	X	X	X	X
货物交付地点	Place of delivery of goods	3246			X			X
标志与号码	Marks and numbers	7102	(X)	X				X
搬运信息/处理事项	Handling information	7102					X	
尺寸/体积/容量	Measurement/Cubage/Volume	6322	X		X	X		X
UNLK 附加的项目	**Additional to the UNLK**	**UNTDED tag**	**Sea**	**Rail**	**Road**	**Air**	**Post**	**Mult**
单证标识	**Document identification**	**UNTDED tag**	**Sea**	**Rail**	**Road**	**Air**	**Post**	**Mult**
报文名称代码	Message name code	1003				X		
场站收据号/单证号	D/R No/Document number	1004	X			X		X
单证/报文名称	Document/Message name	1000	X					
单证/报文名称代码	Document/Message name code	1001		X		X		
订舱编号	Booking reference number	1016	X			X		
货运代理提单	House bill/House bill of lading	1039	X			X		
提单号/主运单号	Bill of Lading number/Master waybill number	1188	X					X
订单号	Order number	1022		X				
费用单	Charges note	1070		X				
分(批)交货物托运号	Part consignment number	1310				X		
个人证件登记号	Person document registration number	1194	X					
收讫号	Received number	1150		X				
顺序位置号	Sequence Position Number	1050	X					X

表 4（续）

单证标识	Document identification	UNTDED tag	Sea	Rail	Road	Air	Post	Mult
随附单证	Document enclosed	1346		X	X			
所需单证份数	Number of copies of document required	1220	X					X
危险品申报书号	Dangerous Goods Note Number	1115	X					
运输工具抵达申报文件标识符	Conveyance Arrival Declaration Document Identifier	1077	X					
运输工具启程申报文件标识符	Conveyance Departure Declaration Document Identifier	1079	X					
参与方	**Parties**	**UNTDED tag**	**Sea**	**Rail**	**Road**	**Air**	**Post**	**Mult**
被通知方	Notify party	3180				X		
泊位/码头/货棚/仓库	Berth/Dock/Shed/Warehouse	3156				X		
承运人代理人	Carrier's agent	3052	X			X		
承运人代理人	Carrier's agent	3053				X		
个人国籍	Nationality of person	3484/5	X					
个人职位	Person Job Title	3480	X					
货运代理人/货物代理人/进口商代理	Freight forwarder/Forwarder/Forwarding agent/Import agent	3170/1				X		
交货方	Delivery party	3144/5			X			
船舶/运输工具标识	Vessel/ID of the means of transport	8212/3	X			X		X
承运人名称	Carrier name	3126	X	X	X	X		X
承运人标识	Carrier identification	3127	X	X	X	X		X
卖方代理人	Seller agent	3254/5				X		
人名	Person name	3404	X					
收货人	Consignee	3132/3		X		X		
运输工具负责人名称	Transport means master name	3408	X					
运输设备经营者标识符	Transport equipment operator identifier	3175				X		
运输设备装载方/装箱方	Loader indicator (rail)/Stuffing party/Vanning party	3120/1		X				
日期、时间	**Date, time**	**UNTDED tag**	**Sea**	**Rail**	**Road**	**Air**	**Post**	**Mult**
单证日期	Document date	2006	X					X
单证日期	Document date	2007	X			X		

表 4（续）

日期、时间	Date,time	UNTDED tag	Sea	Rail	Road	Air	Post	Mult
单证有效截止日期时间	Document Effective End Date Time	2059	X					
个人出生日期	Person Birth Date	2490/1	X					
接收日期	Receiving date	2126		X				
启程日期和时间/起飞日期/开航日期	Departure date and time/Flight date/Sailing date	2280	X					
启程日期和时间/起飞日期/开航日期	Departure date and time/Flight date/Sailing date	2281	X			X		
日期/时间/期限功能代码限定符	Date or time or period function code qualifier	2005	X					
停留期	Period of stay	2350/1	X					
预计到达日期时间	Estimated Arrival Date	2348	X					
预计启程时间	Estimated time departure	2195	X					
运输工具登记日期时间	Transport Means Registration Date Time	2063	X					
运输工具抵达日期（和时间）	Transport Means Arrival date (and time)	2106	X					
运输工具抵达日期（和时间）	Transport Means Arrival date (and time)	2107	X			X		
地点	**Place/Location**	**UNTDED tag**	**Sea**	**Rail**	**Road**	**Air**	**Post**	**Mult**
报告单制作港口	Port where report is made	3040	X					
出生地点	Birth Location	3486	X					
船舶在港停泊地点	Location of ship in Port	3416	X					
搭乘地点	Embarkation Location	3488	X					
单证签发地	Place of issue of document	3411	X		X			X
地点/位置名称	Placc/Location Name	3224	X					
地点/位置名称	Place/Location Name	3225	X					
货物仓储位置/地点	Storage Location of Goods	3384/5				X		
接货地点	Place of acceptance Place of receipt	3348/9			X			
目的地机场/抵达地	Airport of station/Arrival location	3258/9	X			X		X
启运地/起运地	Place of departure	3214/5	X			X		X

表 4（续）

地点	Place/Location	UNTDED tag	Sea	Rail	Road	Air	Post	Mult
启运机场	Airport of departure	3214				X		
前程承运人接货地点	Place of receipt by pre-carrier	3302	X					X
前程运输由	Pre-carriage by	8428	X					X
人员登陆或着陆地点名称	Disembarkation Location Name	3490	X					
收货地点名称	Goods Receipt Location Name	3160			X			
首次装货地点标识符	Original Loading Location Identifier	3099	X					X
位置功能代码限定符	Location Function Code Qualifier	3227	X					
下一个停靠港口	Next Port of Call Location	3095	X					
卸货港/卸货地点/卸货机场/泊位/码头/集装箱卸站/卸货码头/卸货地点/目的站	Port of charge/Discharge Location/Airport of discharge/Berth/Dock/Conta iner base of discharge/Pier of discharge/Place of unloading/Destination station	3392	X	X	X	X		X
续运承运人交货地点	Place of delivery by on-carrier	3358	X					X
要求的运输线路	Requested routing	3050		X		X		
原产地国(地区)	Country of origin	3238/9				X		
运费率结合地点标识符	Rate Combination Location Identifier	3369				X		
运输工具登记地点	Transport Means Registration Location	3105	X					
转运地	Transhipment place	3424/5				X		
装货港	Port of loading	3334/5	X					X
运输细目	**Transport details**	**UNTDED tag**	**Sea**	**Rail**	**Road**	**Air**	**Post**	**Mult**
车辆轴数	Vehicle axles	8040		X				
车辆自重	Vehicle tare	6052		X				
乘务人员随带物品描述	Crew's Effects Description	7410	X					
乘务人员总数	Total number of the crew	6106	X					
储存位置	Store place	8044/5	X					
船旗/船舶国籍/运输工具的国籍	Flag of vessel/Nationality of ship/Nationality of means of transport	8452/3	X					
船上存储物品项目名称	Ships Stores Item Name	7054	X					

表 4（续）

运输细目	Transport details	UNTDED tag	Sea	Rail	Road	Air	Post	Mult
国际集装箱安全公约最大重量	Container Safety Convention Maximum Weight	6080		X				
航次/行程参考号	Voyage number/Conveyance reference number	8028	X			X		
货物/集装箱运送服	Cargo/Container movement	8334/5				X		
积载位置(在运输工具)/货物单元位置	Stowage place onboard/Cell Location	8042	X					
积载位置(在运输工具)/货物单元位置	Stowage place onboard/Cell Location	8043	X			X		
集装箱箱类/设备规格和类型/箱主	Container Type/Equipment size and type	8154/5/3174	X	X				
集装箱运输信息	Container transport information	4014				X		
集装箱状态/满载或空载指示符	Container status/Full or empty indicator	8169				X		
集装箱自重	Container tare weight	6156				X		
旅客人数	Number of Passengers	7056	X					
铅封号	Seal number	9308	X					
特种箱标记代码/集装箱种类/设备限定符	Special container identification code/Containers Category/Equipment qualifier	8053		X				
体积/尺寸/容积/容量/可更换设备的尺码	Cube/Measurement/Cubage/Volume/Exchangeable equipment, measurement	6322	X	X	X	X	X	X
运输工具类型/车辆类型/船舶类型	Type of means of transport/Vehicle type/Vessel type	8178/9	X		X			
运输工具上人员总数	Total number of persons on board	6104	X					
运输工具停靠目的描述	Conveyance call purpose description	8024/5	X					
运输设备(如集装箱或运输单元)标识号/设备标识号	Equipment identification number	8260	X					
运输细目/运输消息	Transport details/Transport information	8012				X		
运输线路/要求航线	Routes/Requested routing	3050/1		X				
运输优先级	Transport priority	4219				X		

表 4（续）

运输细目	Transport details	UNTDED tag	Sea	Rail	Road	Air	Post	Mult
装货索具/集装箱的标志和编号	Loading tackle/Container marks and numbers	8030		X				
装货索具种类	Loading tackle category	8021		X				

货物细目	Goods details	UNTDED tag	Sea	Rail	Road	Air	Post	Mult
国际海运危险货物运输规则代码	IMDG Code page number	8273/8078/8351	X					X
船舶载运危险货物应急措施号	EMS Number	8364	X					
国际海运危险货分类号	IMDG class number	8351/8273	X		X			X
UND 号	UNDG(United Nations Dangerous Goods Identifier)number	7124	X					
包装分类代码	Package classification code	7065	X					
包装危险等级代码	Packaging Danger Level Code	8339	X					
危险品/RID 指示符	Dangerous goods/RID indicator	7184	X					
危险品标记	Dangerous Goods Label Marking	8246	X					
危险品附加信息	Dangerous goods additional information	7488	X					
危险品技术名称/危险货物项目	Dangerous goods technical name/Dangerous goods details	7254	X					
危险品闪点	Dangerous goods flashpoint	7088	X					
包装信息代码	Packaging related information, coded	7233				X		
车辆数量/集装箱数量/运输设备数量/托运物件数	Number of vehicles/Number of containers/Number of Transport equipment/Number of consignment pieces	8046	X	X	X	X		X
分批到/发货的货物件/分批件数	Number of Package Split/Package split	7226				X		
净重	Net weight	6160	X					
收货人信息	Information for consignee	4070		X				
托运物毛重/货物总重	Consignment gross weight/Total gross weight	6012	X			X		X
唯一托运物编号	Unique Consignment reference	1202		X				

表 4（续）

货物细目	Goods details	UNTDED tag	Sea	Rail	Road	Air	Post	Mult
装货授权号	Loading authorization number	4092		X				
装运闪点	Shipment flashpoint	7106	X					
总件数	Total Number of packages	7368/7370	X	X	X	X	X	X
件数	Number of packages	7224	X	X	X	X	X	X

海关数据/统计	Customs data/Statistics	UNTDED tag	Sea	Rail	Road	Air	Post	Mult
报关单编号/货物报关单号	Goods declaration number	1426				X		
出境地海关	Customs office of exit	3097	X					
发运申报价格/供运输用声明价	Declared value for carriage	5036		X	X	X		
海关信息	Customs Information	4034		X				
货物价值/向海关申报的货物总价格/海关申报总价	Consignment value/Declared customs value for entire consignment/For customs total amount	5070				X		
结关地点	Customs clearance place	3080		X		X		
目的地国(地区)	Country of destination	3216/7	X					X

运费和费用详细说明	Details of freight and charges	UNTDED tag	Sea	Rail	Road	Air	Post	Mult
承运人应收的其他总费用金额	Total Collect Carrier Other Charge Amount	5320				X		
代理人科目号	Agent's account number	1142				X		
代理人应收其他费用金额	Agent Other Charge Amount	5240				X		
单价基准费率/单位费率	Unit Price Rate/Rate per unit	5420		X				
兑换率	Rate of exchange	5402		X		X		
发货人按费率表支付费用金额	Consignor Tariff Charge Amount	5250		X				
发货人按运价表应付总费用金额	Consignor Total Tariff Charge Amount	5372		X				
发货人附加费用金额	Consignor Additional Charge Amount	5008		X				
发货人应付区段费用金额	Consignor Section Amount	5352		X				
发票总金额/物品项总额	Invoice Total Amount/Article items total	5214	X					
发送人应付附加费	Supplementary charges, sender	5002			X			

表 4（续）

运费和费用详细说明	Details of freight and charges	UNTDED tag	Sea	Rail	Road	Air	Post	Mult
发送人结转付款金额	Sender Brought Forward Payment Amount	5080		X				
发送人所付运费	Carriage charges, sender	5176			X			
发送人应付其他费用	Other charges, sender	5322			X			
发送人应付余额	Sender Balance	5276			X			
发送人运费扣除额	Deductions/Carriage deductions, sender	5264			X	X		
发送人支付承运人费用总金额	Total Paid To Carrier By Sender Charge Amount	5428		X	X			
费用描述	Charge description	5252				X		
费用支付方式代码	Charge Payment Method Code	5139				X		
附加费/扣除	Additional charges/deductions	5044		X				
附加费用金额	Additional Charge Amount	5280		X				
附属费用	Accessorial charges	5253				X		
会计信息	Accounting information	4410				X		
货币	Currency	6344		X		X		
货到付款金额	Cash on delivery amount	5017		X	X			
货到付款金额	Cash on delivery amount	5016/7			X			
计费距离，千米	Tariff distance, km	6110		X				
计费重量，千克	Chargeable weight, kg	6030		X		X		
结转到付费用金额	Collect Carry Forward Charge Amount	5142		X				
可用的结转余额金额	Balance available brought forward Amount	5190		X				
可用余额	Available Balance	5162		X				
目的地费用金额	Destination Charge Amount/ Charges at destination	5436				X		
其他费用金额	Other charges, amount	5208				X		
商品编码/承运人商品代码	Commodity item Number/ Carrier's commodity code	7357	X	X	X	X		X
上期结转金额	Amount Brought Forward	5062		X				
收费基准	Charge basis	5099				X		
收货人按运价表应付费用金额	Consignee Tariff Charge Amount	5228		X				

表 4（续）

运费和费用详细说明	Details of freight and charges	UNTDED tag	Sea	Rail	Road	Air	Post	Mult
收货人费用金额	Consignee Charge Amount	5042			X			
收货人付款总额	Total amount to be collected from the consignee	5132				X		
收货人附加费用金额	Consignee Additional Charge Amount	5022		X	X			
收货人结转到付费用金额	Consignee Brought Forward Collect Charge Amount	5088		X				
收货人所付运费	Carriage charges, consignee	5202			X			
收货人应付附加费用	Supplementary charges, consignee	5120			X			
收货人应付其他费用	Other charges, consignee	5246			X			
收货人应付区段费用	Consignee Section Amount	5332		X				
所用运价表	Tariff applied	5430		X				
应收从价计费金额	Collect Valuation Charge Amount	5146				X		
应收从重计费金额	Collect Weight Charge Amount	5364				X		
应收从重计费指示符	Collect Weight Charge Indicator	5328				X		
应收运费总额/收费总额/到付	Total Collect Freight Charge Amount/Total collect charges/Collect	5398				X		
由…支付	To be paid by	3472				X		
预付从价计费金额	Valuation Prepaid Charge Amount	5452				X		
预付从重/从价计费指示符/预付从重/从价计费	Prepaid Weight And Valuation Charge Indicator/Weight/Valuation charge, prepaid	5298				X		
预付从重计费金额	Prepaid Weight Charge Amount	5350				X		
预付给承运人的其他总费用金额	Total Prepaid Due Carrier Other Charge Amount	5270				X		
预付给代理人其他费用金额	Agent Prepaid Other Charge Amount	5336				X		
预付金额/预付运费总额/预付总额	Prepaid amount/Total Prepaid Freight Charge Amount	5302		X		X		
预付其他费用	Other charges, prepaid	5158				X		
预付税金额	Tax Prepaid Amount	5480				X		

表 4（续）

运费和费用详细说明	Details of freight and charges	UNTDED tag	Sea	Rail	Road	Air	Post	Mult
预付已用金额	Prepaid Utilised Amount	5150		X				
运费费率	Freight rate	5126				X		
运费启算站	Freight from	3090/1		X				
运费至/运费结算	Freight to	3102/3		X				
运价表等级代码/运价表等级说明符	Tariff Class Code/Tariff class specifier	5440		X				
运价表等级金额/运费项目金	Tariff Class Amount/Freight item amount	5432				X		
运输设备费率等级代码	Transport Equipment Rate Class Code	5134				X		
折扣金额	Discount Amount	5014				X		
支付承运人的指示	Instructions as to payment for carriage	4236/7			X			
支付金额/以托收货币计价的支付金额	Disbursement amount/Disbursement amount in currency of collection	5416		X				
应收税额	Tax,to collect	5294				X		
所用运价表,代码型	Tariff applied,coded	5431		X				
保险	**Insurance**	**UNTDED tag**	**Sea**	**Rail**	**Road**	**Air**	**Post**	**Mult**
保险金额(数字表示)	Value insured (in figures)	5011				X		
条款、条件、指示	**Clauses,conditions,instructions**	**UNTDED tag**	**Sea**	**Rail**	**Road**	**Air**	**Post**	**Mult**
发货人给承运人的指示	Sender's instructions to carrier	4284		X	X			
货物收据	Goods receipt	4006			X			
货物状况批注	Remarks On Goods Condition	4030				X		
进出场目的/自由文本	Purpose for inward/outward container yard/free text	4441	X					
声明	Declaration	4020		X				
文本主题代码限定符	Text Subject Code Qualifier	4451	X					
行动请求/通知,代码型/行为代码	Action request/notification,coded/Action code	1229				X		
运输工具附件信息	Transport Means Additional Information	4032	X					
运输合同备注	Remarks On Transport Contract	4244						

表 4（续）

条款、条件、指示	Clauses, conditions, instructions	UNTDED tag	Sea	Rail	Road	Air	Post	Mult
运输合同条款	Transport contract clause	4180/1	X	X				X
装载说明	Loading instructions	4080/1				X		

鉴证	Authentication	UNTDED tag	Sea	Rail	Road	Air	Post	Mult
承运人签署	Carrier signature	4130			X	X		
搬运方签署/发运人认证	Haulage party signature/Authentication by sender	4136				X		
AD/IMDG 证书	ADR/LMDG certification	4202				X		
重量确定(戳记)	Weight ascertained(stamp)	4240		X				

计量单位		UNTDED tag	Sea	Rail	Road	Air	Post	Mult
计量目的代码限定符	Measurement Purpose Code Qualifier	6311	X					
计量值	Measurement Value	6314	X					
计量单位限定符	Measure unit qualifier	6411				X		

7.3 保险相关单证数据项及其数据元

7.3.1 相关的单证

所涉及的单据用于国际贸易货物保险，包括保险费的支付。

7.3.2 单证主要功能分类

7.3.2.1 保险协议

——保险合同(Insurance contract)；
——保险单(Insurance policy)；
——保险证明书(Certificate of Insurance)。

7.3.2.2 通知书

——保险通告(Notice of insurance)；
——暂保单(Cover note)。

7.3.2.3 管理单证

——保险费付费通知书(Premium payment notice)；
——保险人发票(Insurer's invoice)。

7.3.3 数据项及其数据元

保险部分的单证数据项及其数据元见表5。

表5 保险部分的单证数据项及其数据元

与UNLK上相同的数据项	Identical with the UNLK	UNTDED tag
运输项目	Transport details	8012
运输标志	Shipping marks	7102
件数	Number of packages	7224
包装类型	Type of packages	7064
货物描述(商品名称)	Description of goods	7002
毛重	Gross weight	6292
签发日期	Date of issue	2006
签发地点	Place of issue	3410
鉴证	Authentication	4426
与UNLK上同义的数据项	**Synonymous with the UNLK**	**UNTDED tag**
被保险人	Insured	3136
参考	References	1004/1154
UNLK附加的数据项	**Additional to the UNLK**	**UNTDED tag**
承保人	Insurer	3070
保险金额(字母表示)	Value insured (in letters)	5010
保险金额(数字表示)	Value insured (in figures)	5011
保险条件	Insurance conditions	4112
目的地保险代理人	Name and address of Insurer's Agent at destination	3430
目的地保险代理	Agent at destination	3430
保险索赔理赔人	Insurance Claims Adjuster	
海损理算人	Average adjuster	3360
其他项目	Other particulars	

8 官方管制相关单证数据项及其数据元

8.1 相关的单证

8.1.1 本章所涉及的单证用于国际贸易活动中的进、出口国和中转国对货物基于多种目的的管制。

8.1.2 单证功能分类

8.1.2.1 关税和其他税征收,税收保护

——出口货物报关单(Customs Goods declarations for export);

——国内消费货物报关单(Customs Goods declarations for home use export);

——入仓报关单(Customs Goods declarations for warehousing);

——过境货物报关单（Customs Goods declarations for transit export）；
——欧共体统一单证（Single Administrative Documents）；
——货物报关单（Cargo Declarations）；
——海关发票（Customs invoice）；
——增值附加税纳税申报单（Tax declarations for value-added tax）；
——转运保税单（Transit bond-notes）。

8.1.2.2 进、出口数量限制

——进、出口许口证申请表（Applications for export or import licences）；
——进、出口许口证（export and import licences）。

8.1.2.3 汇兑调控与限制

——结汇核销单（Exchange control declaration）；
——外汇配额申请单（Application for exchange allocation）；
——调汇许可证（Foreign exchange permit）。

8.1.2.4 卫生、兽医、植物检疫管制

——植物、卫生和兽医检疫证书及其申请单（Phytosanitary，Sanitary and Veterinary certificates，and applications for such certificates）。

8.1.2.5 质量监管和产品标准

——货物监管和检验证明以其申请书（Goods control and inspection certificates and **applications for such certificates**）；
——地区名称证书（Regional appellation certificates）。

8.1.2.6 对特定原产地的物品给予特惠待遇

——原产地证书及其申请书（Certificates of origin and applications for such certificates）；
——普惠制原产地证明书（GSP Certificate）；
——原产地声明书（Declarations of origin）。

8.1.2.7 保护公共安全、文化遗产等施加的限制

——危险货物申报单（Dangerous goods declaration）。

8.1.2.8 外贸统计数据收集

——进、出口统计单据（Statistical documents for export and import）。

领事发票在有些国家仍然被要求使用，有时亦可将其归类到上述单证总类中。

8.2 单证样式

8.2.1 国内消费货物报关单（Goods declaration for home use）（Kyoto Convention）。
8.2.2 出口货物报关单（Goods declaration for export）（Kyoto Convention）。
8.2.3 过境货物报关单（Goods declaration for transit ）（Kyoto Convention）。
8.2.4 植物检疫证书（Phytosanitary certificate）（International Plant Protection Convention）。
8.2.5 原产地证（Certificate of origin）（Kyoto Convention）。
8.2.6 危险货物申报单（Dangerous goods declaration）（UN/ECE Rec. 11）。
8.2.7 货物申报单（Cargo declaration）（IMO-FAL Convention）。
8.2.8 普惠制原产地证明书（GSP Certificate）（UNCTAD）。
8.2.9 欧共体统一单证（Single Administrative Document）（SAD）。
8.2.10 外贸出口单证样式，中华人民共和国出口货物原产地证明书（GB/T 15310.4）见附录 D。

8.3 数据项及其数据元

在上述单证中使用的数据元，按 E/I、Tr 、Or 、GSP、FAO 和 IMO 分开标注在五列专栏内，见表 6。

E/I＝进出口报关手续(Export and import entries)；

Tr＝过境报关手续(Transit entries)；

Or＝原产地证书(Certificates of origin)；

GSP＝普惠制证书(GSP Certificates)；

FAO＝植物检疫证明书(Phytosanitary certificates)；

IMO＝IMO 货物申报单(IMO Cargo declarations)。

表 6　官方管制相关单证数据项及其数据元

与 UNLK 上相同的项目	Identical to the UNLK	UNTDED tag	E/I	Tr	Or	GSP	FAO	IMO
参考号	Reference Number	1154	X	X	X	X	X	X
发货人/出口商	Consignor/Exporter	3336	X	X	X	X	X	X
收货人	Consignee	3132		X	X		X	
交货地址	Delivery address	3246		X				
托运国(地区)	Country whence consigned	3220		X	X			
原产地国(地区)	Country of origin	3238	X		X			
目的地国(地区)	Country of destination	3216		X	X			
件数	Number of packages	7224	X	X	X	X	X	X
包装类型	Type of packages	7064	X	X	X	X	X	X
货物描述(商品名称)	Description of goods	7002	X	X	X	X		X
商品编码	Commodity number	7357		X				
毛重	Gross weight	6292	X	X	X	X		X
海关价格	Customs value	5032	X					
签发地	Place of issue	3410	X	X	X	X	X	
签发日期	Date of issue	2416	X	X	X	X	X	
与 UNLK 同义的项目	**Synonymous with the UNLK**	**UNTDED tag**	**E/I**	**Tr**	**Or**	**GSP**	**FAO**	**IMO**
进口商/货物交付给	Importer/Goods consigned to	3132		X		X		
原产地国(地区)	Country of origin	3238					X	
标志与号码	Marks and numbers	7102						
识别标志	Distinguishing marks	7102					X	
产品名称	Name of produce	7002					X	
税则目	Tariff heading	7357		X				
货物净重/净重/数量/申报数量	Net weight/Quantity/Quantity declared	6160		X			X	
尺寸	Measurement	6322						X
UNLK 附加的项目	**Additional to the UNLK**	**UNTDED tag**	**E/I**	**Tr**	**Or**	**GSP**	**FAO**	**IMO**

表 6（续）

文件制作、参考	Documentation, references	UNTDED tag	E/I	Tr	Or	GSP	FAO	IMO
随附单证	Documents attached	1346		X				
进口许可证号码	Import licence number	1107		X				
出口许可证号码	Export licence number	1208		X				
舱单号码/运输单证号码	Manifest number/Transport document number	1188		X				
发票日期	Invoice date	2376		X	X			
发票号码	Invoice number	1334	X	X				
参与方	**Parties**	**UNTDED tag**	**E/I**	**Tr**	**Or**	**GSP**	**FAO**	**IMO**
申请人	Declarant	3140	X	X				
银行	Bank		X					
官方签发机构	Official issuing body				X			
运输细目	**Transport details**	**UNTDED tag**	**E/I**	**Tr**	**Or**	**GSP**	**FAO**	**IMO**
行程	Itinerary	3050		X				
运输工具标识	Identification of means of transport	8212	X	X				
船舶	Vessel	8212		X				
其他	**Others**	**UNTDED tag**	**E/I**	**Tr**	**Or**	**GSP**	**FAO**	**IMO**
单证/报文名称代	Document/message name code	1001						
单证/报文	Document/message number	1004						
事件序号	Event Sequence Number	1008						
总页数	Total Number of Pages	1046						
前期海关文件标识符	Previous Customs Document Identifier	1091						
发货人参考号	Consignor's Reference number	1140						
装货清单份数/舱单份数	Number of loading lists/Manifests	1166						
税款支付号	Tax Payment Number	1168						
页号	Page number	1212						
单证/报文功能代码	Document/Message function code	1225						
货物申报号	Goods Declaration Number	1426						
认证日期/单证签发日期	Date of authentication/Date of issue of document	2007						

表 6（续）

其他	Others	UNTDED tag	E/I	Tr	Or	GSP	FAO	IMO
运输工具抵达日期（和时间）	Transport Means Arrival date (and time)	2107						
交付最后收货人地点	Final Delivery Location	3001						
Incoterms 规定的地点	Incoterms place	3018						
进口方(商)	Importer	3020/1						
出口方(商)	Exporter	3030/1						
转关地海关	Customs office of destination (transit)	3086						
入境地海关	Customs Office of Entry	3089						
出境地海关地点	Exit Customs Office Location	3097						
过境地海关地点	Transit Customs Office Location	3106						
过境担保海关地点	Transit Guarantee Customs Office Location	3110						
仓库	Warehouse	3156/7						
被通知方	Notify Party	3180						
代理人	Agent	3196/7						
最终目的地国(地区)	Final Destination Country	3216/7						
第一目的地国(地区)	First Destination Country	3219						
出口国(地区)名称	Exportation Country Name	3220/1						
报关单交存地点	Customs Declaration Document Lodgement Location	3265						
原产国行政区划	Origin Country Subdivision	3267						
最后出口国(地区)	Final Exportation Country	3331						
装货地	Place of Loading	3334						
托运人/发货人	Shipper/Consignor Name	3336/7						
主要责任方	Principal responsible party	3340/1						
货物仓储位置	Storage Location of Goods	3384						
单证签发地名称	Document Issue Location Name	3410						
货物转运地名称	Consignment Transshipment Location Name	3424						
财务结算责任方	Party responsible for financial settlement	3450/1						
海关信息	Customs Information	4034						
国际贸易术语代码	Incoterms Code	4053						

表 6（续）

其他	Others	UNTDED tag	E/I	Tr	Or	GSP	FAO	IMO
集装箱运输指示符	Containerized Indicator	4140						
证书	Certificate	4192						
责任保证代码	Obligation Guarantee Code	4377						
状态描述	Status Description	4404/5						
会计信息	Accounting Information	4410						
交易性质	Nature of transaction	4422/3						
单证认证	Document Authentication	4426						
自由文本	Free Text	4440						
国家关系代码	Country Relationship Code	4443						
支付方式代码	Payment Method Code	4467						
海关申报发票金额	Customs Declaration Invoice Amount	5072						
单项价格	Item price	5116						
税/费类型类型	Duty/Tax/Fee type	5152/3						
货物项目统计申报价格金额	Goods Item For Statistics Declared Value Amount	5218						
应增加的其他金额	Other amount to be added	5238						
税/费估价基准金额	Tax Or Fee Assessment Basis Amount	5286						
货币兑换率	Currency conversion rate	5402						
合并发票金额	Consolidated Invoice Amount	5444						
税/费估定值金	Tax Or Fee Assessed Amount	5504						
海关重量	Customs weight	6048						
税/费评估基准数	Tax Or Fee Assessment Basis Quantity	6090						
附加量	Supplementary quantity	6102						
货物项目毛重	Goods Item Gross Weight	6292						
货币标识符	Currency Identifier	6345						
计量单位限定符	Measurement Unit Qualifier	6411						
货物性质	Nature of goods	7002						
包装分类代码	Package classification code	7065						
唛头及件号	Marks and numbers	7102						
项号	Item Number	7140						
项目总数	Total Number of Items	7240						

表 6（续）

其他	Others	UNTDED tag	E/I	Tr	Or	GSP	FAO	IMO
承运人商品代码	Carrier's commodity code	7357						
总件数	Total number of packages	7370						
运输方式	Mode of transport	8066/7						
车辆(船舶)类型	Vehicle(Vessel)type	8178						
运输工具类型代码	Transport Means Type Code	8179						
运输工具申报标识符	Transport Means At Presentation Identifier	8250						
运输工具跨境标识符	Transport Means At Border Crossing Identifier	8270						
运输工具国籍/船旗国/船舶国籍	Transport Means Nationality/ Nationality of means of transport/ Flag of vessel/Nationality of ship	8452/3						
海关前期手续代码	Customs Previous Procedure Code	9033						
税制类型代码	Tax Regime Type Code	9213						
封志号	Seal Number	9308						
海关手续	Customs Procedure	9380/1						

9 使用原则

9.1 单证样式

9.1.1 单证格式标准编制应遵循 GB/T 17298 规定的规则。

9.1.2 单证中代码的位置应符合 GB/T 14393 的规定要求。

9.1.3 单证格式标准应能广泛适用于业务管理需要。

9.1.4 所设计的单证应能满足数据自动处理的需要。

9.1.5 样式中已有的数据项，应设计在单证的相应位置上。

9.1.6 样式中没有的数据项，应设计在样式的“自由处置区”。

9.1.7 样式中的某些数据项，如果不需要设计在单证上，可以取消。相应的位置可以空置或作为“自由处置区”。

9.1.8 样式中的货物品类和自由处置区的大小，可视需要上下移动虚线进行调整。

9.1.9 栏目标识符仅指数据栏中包含的信息性质，可根据各类单证运用惯例对数据栏进一步细分。如，在委托书中的发货人栏下方可能留有填写发货人代理人的位置；在运输事项栏内可细分安排各种说明运输路线、方式和工具等的数据元的位置；货物描述栏的高度可按要求调高或调低点线以适应平均需要。

9.1.10 单证编号见附录 E。

9.2 数据元使用原则

9.2.1 所选择的单证数据项为目前广泛使用的单证上的数据项，其属性参照 GB/T 26321。

9.2.2 所列表的数据元并不详尽，也不是强制性的，仅为选择相关数据提供一个基础。所选择的数据元摘自 GB/T 26321 中与相关单证数据项有关的数据元；这些数据元大体上是以其功能进行分类。例如“海关数据(出口)/统计”包括许多数据元，这些数据元在一些运用中可能并无大的作用，或许仅在某特定条件下才适用，与其他的运用可能并无关系。

9.2.3 所有金额，应与数据元 6344/6345 货币连用。

9.2.4 所有测量值，应与计量单位连用，酌情参考数据元 6410 计量单位说明符。

9.2.5 数据元视需要可重复。

9.3 数据元的代码表示

对于用代码表示的数据元应采用现有的国家代码标准或国际代码标准。在填写代码时应符合 GB/T 14393 对于单证中代码标识的位置、栏目代码标识的位置以及代码型数据项的位置的要求。

附 录 A
（资料性附录）
商业交易相关单证示例

A.1 主单证

按照 UN/ECE Rec. 1 的格式。

MASTER

Sender		Invoice date		Invoice No.	
		Our order date		Our order No.	
Agent in place of shipping		Your order date		Your order No.	
Consignee		Buyer (if other than consignee)			
Notify address		Country of origin		Country of destination	
Domestic carriage by	from	Terms of delivery			
Pre-carriage by	from	Time of delivery			
Main-carriage by	Port of loading	Terms of payment			
On-carriage from	Final destination	Insurance value		Insurance ☐ covered by us ☐ covered by you	
Shipping marks, container Nr.	Number and kind of packages: goods description		Commodity No.	Quantity	Value
				Gross weight	Cube
Quantity ordered Item/Art. No.	Article		Quantity delivered	Unit price	Total amount
Freight payment		Docs. attached	Costs	Included above	Not incl. above
		☐ Export decl.	Packing		
Doc. sent to / Invoice	Banker Orig. / Copy	Buyer Orig. / Copy	Rec. spec. below Orig. / Copy	☐ Invoice copy	Freight
Bill of lading			☐ Invoice specific.	Insurance	
Ins.policy			☐ Freight doc.		
Certificate of origin			☐	Total invoice amount	
Additional receiver of documents					
Name of bank		Freight to be paid at			
Other information		No. of original Bs/L			

A.2 商业发票设计样式

按照 UN/ECE Rec. 6 的格式。

INVOICE LAYOUT KEY

Seller	Invoice date and N°. Other references
Consignee	Buyer (if other than consignee)
	 Country of origin of goods
Transport details	Terms of delivery and payment

Shipping marks; Container N°.	N°. and kind of packages; Goods description (in full and/or in code)	Gross weight. kg.	Cube. m3

Specification of commodities (in code and/or in full)	Quantity	Unit price	Amount

	Included above	Not incl. above
Packing		
Freight		
Other costs (Specify)		
Insurance		
Total invoice amount		

A.3 商业发票

按照国际贸易出口单证格式第1部分商业发票，见GB/T 15310.1—2009。

商业发票

Commercial Invoice

1 出口商 Exporter	4 发票日期和发票号 Invoice Date and No.	
	5 合同号 Contract No.	6 信用证号 L/C No.
2 进口商 Importer	7 原产地国 Country/region of origin	
	8 贸易方式 Trade mode	
3 运输事项 Transport details	9 交货和付款条款 Terms of delivery and payment	

10 运输标志和集装箱号 Shipping marks;Container No.	11 包装类型及件数;商品编码;商品描述 Number and kind of packages;Commodity No.;Commodity description	12 数量 Quantity	13 单价 Unit price	14 金额 Amount

自由处置区

Free disposal

15 总值(用数字和文字表示) Total amount(in figure and word)

自由处置区 Free disposal	16 出口商签章 Exporter stamp and signature

A.4 国际贸易单证样式

按照国际贸易单证样式，见 GB/T 14392—2009。

国际贸易单证样式

LAYOUT KEY FOR TRADE DOCUMENTS

<table>
<tr><td colspan="3">发货人(出口商)
Consignor(Exporter)</td><td colspan="4">日期和参考号等
Date,Reference No. ,etc</td></tr>
<tr><td colspan="3">收货人
Consignee</td><td colspan="4">买方(其他收货人)或其他地址
Buyer(if other than consignee)or other address</td></tr>
<tr><td colspan="3" rowspan="2">通知方地址或交货地址
Notify or delivery address</td><td colspan="2">出口国
Country whence consigned</td><td colspan="2"></td></tr>
<tr><td colspan="2">原产地国
Country of origin</td><td colspan="2">目的地国
Country of destination</td></tr>
<tr><td colspan="3">运输事项
Transport details</td><td colspan="4">交货和付款条款
Terms of delivery and payment</td></tr>
<tr><td rowspan="2">运输标志和集装箱号码
Shipping marks;Container No.</td><td colspan="2" rowspan="2">包装类型和件数、货物描述
Number and kind of packages;
Goods description</td><td colspan="2" rowspan="2">商品编码
Commodity No.</td><td>毛重
Gross weight</td><td>体积
Cube</td></tr>
<tr><td>净数量
Net quantity</td><td>价值
Value</td></tr>
<tr><td colspan="7">自由处置区
Free disposal</td></tr>
<tr><td colspan="3"></td><td colspan="4">认证(签署)
Place and date of issue,Authentication</td></tr>
</table>

A.5 询价单/报价申请/要约邀请(Enquiry/Request for quote/Offer invitation)

按照 UN/ECE Rec. 1 的格式。

210 - ENQUIRY /REQUEST FOR QUOTE

Consignor (Exporter, Seller)	Date; Reference No. etc.
Consignee	Buyer (if other than consignee) or other address
Notify party or delivery address	Country of origin / Country of destination
Transport details	Terms of delivery and payment
	Terms of delivery
	Time of delivery
Place of destination	Terms of payment / Currency of payment
Shipping marks, container Nr.	Type of packages; Description of goods
Specification of goods Item number Item description	Quantity
	Date and place of Issue; Authentication

A.6 发盘/报价(Offer/Quotation)

按照 UN/ECE Rec. 1 的格式。

310-OFFER/QUOTATION

Consignor (Exporter, Seller)		Date; Reference No.		
Consignee		Buyer (if other than consignee) or other address		
Notify party or delivery address		Country of origin	Country of destination	
Mode of transport		Terms of delivery and payment		
Means of transport	Place of despatch	Terms of delivery		
	Place of loading	Time of delivery		
Place of discharge	Place of destination	Terms of payment	Currency of payment	
Shipping marks, container Nr.	Number and kind of packages; Description of goods		Gross weight Net weight	Cube
Specification of goods Item number	Item description	Quantity	Unit price	Amount
		Date and place of Issue; Authentication		

A.7 发运通知 Despatch Advise

按照 UN/ECE Rec. 1 的格式。

DESPATCH ADVICE

Seller (Consignor)		References Buyer References
Consignee		Buyer (If not Consignee)
Notify party or delivery address		Carrier
Shipping date		Terms of delivery and payment
Pre-carriage by	Place of receipt	
Transport ID	Place of loading	
Place of discharge	Place of destination	

Shipping marks, container Nr.	Number, kind of packages	Description of goods	Gross weight Net weight	Cube m3
Total				

We advise despatch of goods and/or distribution as detailed herein.

Documents attached	Con-signee	Buyer	Bank	Clearing agent	Sales agent	No.	Special notes
Invoice							
Proforma invoice							
Credit note							Place and date of Issue; Authentication
Forwarding agent's receipt							
Certificate of Origin							
Certificate of Insurance							
Bill of exchange							

A.8 订单(Order)

按照 UN/ECE Rec. 1 的格式。

220 - ORDER

Consignor (Exporter, Seller)		Date; Reference No.	
Consignee		Buyer	
		Buyer's bank	
		Country of origin	Country of destination
Mode of transport	Date of despatch	Terms of delivery	
Means of transport	Place of despatch	Time of delivery	
	Place of loading	Terms of payment	Currency of payment
Place of discharge	Place of destination		
Shipping marks, container Nr.	Number and kind of packages: description of goods	Gross weight kg	Cube m3
Description of goods (in code and in full)	Quantity U/M	Unit price	Amount
Packing / Freight / Other costs / Insurance	Total amount		
Special Information	Total charges		
	Total deduct		
	Total to pay		
	Date and place of Issue; Authentication		

A.9 订单确认/形式发票(Acknowledgement of order/Pro forma invoice)

按照 UN/ECE Rec. 1 的格式。

320 - ACKNOWLEDGEMENT OF ORDER

Consignor (Exporter, Seller)	Date; Reference no. etc.
Consignee	Buyer (if other than consignee)
Notify party or delivery address	Seller's bank and account number
	Country of origin
Transport details	Terms of delivery and payment

Shipping marks, container Nr.	Number and kind of packages: Goods description	Commodity no.	Gross weight kg Net weight kg	Cube m3
Description of goods (in code and / or in full)		Quantity	Unit price	Amount

Packing	Freight	Other costs	Insurance	Total amount	
Deductions (specify kind and amount)				Total charges	
				Total deduct	
				Total to pay	

Date and place of Issue; Authentication

附　录　B
（资料性附录）
付款相关单证示例

B.1　不可撤销跟单信用证申请书（Documentary credit application）

按照 UN/ECE Rec. 1 的格式。

Irrevocable Documentary Credit Application

Applicant:	**Issuing Bank:**
Date of Application:	**Expiry Date and Place for Presentation of Documents** Expiry Date: Place for Presentation:
☐ Issue by (air) mail ☐ with brief advice by teletransmission (see UCP 500 Article 11) ☐ Issue by teletransmission (see UCP 500 Article 11) ☐ Transferable Credit-As per UCP 500 Article 48	**Beneficiary:**
Confirmation of the Credit: ☐ not requested ☐ requested ☐ authorised if requested by Beneficiary	**Amount in figures and words** (Please use ISO Currency Codes):
Partial shipments ☐ allowed ☐ not allowed Transhipments ☐ allowed ☐ not allowed Please refer to UCP 500 transport Articles for exceptions to this condition. ☐ Insurance will be covered by us **Shipment as defined in UCP 500 Article 46** From: For transportation to: Not later than:	**Credit available with Nominated Bank:** ☐ by payment at sight ☐ by deferred payment at: ☐ by acceptance of drafts at: ☐ by negotiation: **Against the documents detailed herein:** ☐ and Beneficiary's draft(s) drawn on:
Goods (Brief description without excessive details - See UCP 500 Article 5):	**Terms:** ☐ FAS ☐ CIF ☐ FOB ☐ Other terms: ☐ CFR ☐ as per INCOTERMS

Commercial invoice ☐ signed, original and ☐ copies.

Transport Document:

☐ Multimodal Transport Document, covering at least two different modes of transport
☐ Marine/Ocean Bill of Lading covering a port-to-port shipment
☐ Non-Negotiable Sea Waybill covering a port-to-port shipment
☐ Air Waybill, original for the consignor
☐ Other transport document:
☐ to the order of
☐ endorsed in blank
☐ marked freight ☐ prepaid ☐ payable at destination
☐ notify:

Insurance Document:

☐ Policy ☐ Certificate ☐ Declaration under an open cover. Covering the following risks:

Certificates:

☐ Origin
☐ Analysis
☐ Health
☐ Other

Other Documents:

☐ Packing List
☐ Weight List

Documents to be presented within ☐ days after the date of shipment but within the validity of the Credit.

Additional Instructions:	We request you to issue on our behalf and for our account your Irrevocable Credit in accordance with the above instructions (marked (x) where appropriate). This Credit will be subject to the Uniform Customs and Practice for Documentary Credits (1993 Revision, Publication No. 500 of the International Chamber of Commerce, Paris, France), insofar as they are applicable. Name and signature of the Applicant

B.2 不可撤销跟单信用证 Documentary credit (ICC)

按照 UN/ECE Rec. 1 的格式。

Name of Issuing Bank:	**Irrevocable Documentary Credit** Number
Place and Date of Issue:	**Expiry Date and Place for Presentation of Documents** Expiry Date: Place for Presentation:
Applicant:	**Beneficiary:**
Advising Bank: Reference No.	**Amount:**
Partial shipments ☐ allowed ☐ not allowed Transhipment ☐ allowed ☐ not allowed ☐ Insurance covered by buyers	**Credit available with Nominated Bank:** ☐ by payment at sight ☐ by deferred payment at: ☐ by acceptance of drafts at: ☐ by negotiation
Shipment as defined in UCP 500 Article 46 From: For transportation to: Not later than:	Against the documents detailed herein: ☐ and Beneficiary's draft(s) drawn on:

Documents to be presented within ☐ days after the date of shipment but within the validity of the Credit.

We have issued the Irrevocable Documentary Credit as detailed above. It is subject to the Uniform Customs and Practice for Documentary Credits (1993 Revision, International Chamber of Commerce, Paris, France, Publication No. 500). We request you to advise the Beneficiary

☐ without adding your confirmation ☐ adding your confirmation ☐ adding your confirmation, if requested by the Beneficiary

Bank-to-Bank Instructions:

This document consists of ☐ signed page(s)

Name and signature of the Issuing Bank

附 录 C
（资料性附录）
运输及服务相关单证示例

C.1 中介服务-转运（货运代理）和装卸作业相关单证示例

C.1.1 标准委托书单设计样式（Layout Key for Standard Consignment Instructions）

按照 UN/ECE Rec. 22 的格式。

CONSIGNEMENT INSTRUCTIONS LAYOUT KEY

Consignor		References
Consignee		Service provider
Notify/Delivery address		Customs data
Transport details		Free text
Mode/Means of transport	Place of loading	
Place of discharge	Place of destination	Insurance details

Shipping marks; Container No.; Number and type of pkgs; Goods description	Gross weight	Cube/Dimensions
	Net weight	Customs value

Documentation	Freight and charges	Free text
		Authentication

C.1.2 运送指示单(Forwarding instructions)-FFI (FIATA)

按照 UN/ECE Rec.1 的格式。

FIATA FORWARDING INSTRUCTIONS FFI

3336 Consignor 1	Emblem of National Association (approved by FIATA) 1492 Consignor's reference No. 2
3132 Consignee 3	3170 Freight Forwarder 4

3180 Notify party 5	3238 Country of origin 6	Documentary credit 7
Goods ready for shipment Place Date 8	4490 Conditions of sale 9	
8066 Mode of transport 10 Air Road Rail Sea	Transport insurance 11 Covered by us Covered by consignee To be covered by you	4112 Insurance conditions 6345 Currency and 5011 value insured
3258 Place of destination		

7102 Marks & numbers	7224 Number & 7064 type of pkgs.	7002 Description of goods	7357 Commodity code	6292 Gross weight	6322 Cube
12		13	14	15	16
				6048 Net net weight	Value

The goods and instructions are accepted and dealt with subject to the Trading Conditions printed overleaf.

4078 Handling instructions (dangerous goods etc.)

17

Dimensions/Measurement and weight of each package

1346 Document enclosed: 1160 Document required: Orig. Copy 18	4052 Terms of delivery 19
	3410 Place and 2006 date of issue 20
	4426 Authentication 21

C.1.3 货运代理收货凭证(Forwarder's certificate of receipt)-FCR (FIATA)

按照 UN/ECE Rec. 1 的格式。

Suppliers or Forwarders Principals

Emblem of National Association

FIATA FCR

No. Country Code

Forwarders Certificate of Receipt

ORIGINAL Forw. Ref.

Consignee

Marks and numbers	Number and kind of packages	Description of goods	Gross weight	Measurement

specimen

according to the declaration of the consignor

The goods and instructions are accepted and dealt with subject to the General Conditions printed overleaf

We certifiy having assumed control of the above mentioned consignment in external apparent good order and condition

☐ at the disposal of the consignee

with irrevocable instructions*

☐ to be forwarded to the consignee

* Forwarding instructions can only be cancelled or altered if the original Certificate is surrendered to us, and then only provided we are still in a position to comply with such cancellation or alteration.

Instructions authorizing disposal by a third party can only be cancelled or altered if the original Certificate of Receipt is surrendered to us, and then only provided we have not yet received instructions under the original authority.

Remarks

Instructions as to freight and charges

Place and date of issue

Stamp and signature

C.1.4 货运代理仓库收据(Forwarder's warehouse receipt)-FWR (FIATA)

按照 UN/ECE Rec.1 的格式。

Supplier

Emblem of National Association

FWR

FIATA WAREHOUSE RECEIPT

No.

ORIGINAL

Depositor

Warehouse Keeper

Warehouse

Identification of means of transport

Insurance

- ☐ Coverd
- ☐ Against fire
- ☐ Against burglary / pilferage
- ☐ Other risks covered (specifiy) ....
- ☐ not covered

Insurance amount

Marks and numbers; Number and kind of packages; Description of goods

Gross weight

Received in apparent good order and condition

Description of merchandise (contents):

- ☐ Stated by Depositor
- ☐ Controlled by warehouse keeper

Gross weight

- ☐ Stated by Depositor
- ☐ Controlled by warehouse keeper

Warehousing is subject to standard business conditions; vide reverse
As warehouse keepers we are liable to deliver the stored merchandise against presentation of this document only, and in case of cession of rights exclusively to the holder of this document being legitimated by an uninterrupted chain of transfers as outlined overleaf.
We acknowledge that we can only lodge a complaint with the legitimated holder of this document if and when this refers to the validity of issue of said document and / or results therefrom.
Our legal lien or right of retention will not be affected by this clause.
In case of partial deliveries warehouse receipt must be submitted for entering outgoing stock.

Place and date of issue

Stamp and signature

DELIVERIES

Date	Marks and numbers; Number and kind of packages; Description of goods	Gross weight	Signature of warehousekeeper

TRANSFER OF PROPERTY

Hereby, the undersigned depositor ……………………………………………………………………
transfer the property of the goods specified in this "WAREHOUSE RECEIPT" and his rights towards the warehouse-keepers in view of the restitution of the goods to Messrs

………

………

Date: …………………………………………… Signature: ……………………………………………

CESSION OF DELIVERY CLAIM

Messrs …………………………………………………… cede the claim for delivery of the merchandise towards the warehouse keepers to Messrs ……………………………………

Date: …………………………………………… Signature: ……………………………………………

C.1.5 装运通知 Shipping Note

按照国际贸易出口单证格式第 3 部分:装运通知,见 GB/T 15310.1—2009。

装运通知

Shipping note

1 出口商 Exporter	4 发票号 Invoice No.	
	5 合同号 Contract No.	6 信用证号 L/C No.
2 进口商 Importer	7 运输单证号 Transport document No.	
	8 价值 Value	
3 运输事项 Transport details	9 装运口岸和日期 Shipping port and date	
10 运输标志和集装箱号 Shipping marks;Container No.	11 包装类型及件数;商品编码;商品描述 Number and kind of packages;Commodity No.;Commodity description	
自由处置区 Free disposal		
	12 出口商签章 Exporter stamp and signature	

C.1.6 装箱单

按照国际贸易出口单证格式第 2 部分:装箱单,见 GB/T 15310.2 的格式。

装箱单

Packing list

<table>
<tr><td colspan="2">1 出口商 Exporter</td><td colspan="4">3 装箱单日期 Packing list date</td></tr>
<tr><td colspan="2" rowspan="2">2 进口商 Importer</td><td colspan="2">4 合同号 Contract No.</td><td colspan="2">5 信用证号 L/C No.</td></tr>
<tr><td colspan="4">6 发票日期和发票号 Invoice Date and No.</td></tr>
<tr><td>7 运输标志和集装箱号
Shipping marks;
Container No.</td><td colspan="2">8 包装类型及件数;商品编码;商品描述
Number and kind of packages; Commodity No. ;Commodity description</td><td>9 毛重 kg
Gross weight</td><td>10 净重 kg
Net weight</td><td>11 体积 m³
Cube</td></tr>
<tr><td colspan="6">自由处置区
Free disposal</td></tr>
<tr><td colspan="3"></td><td colspan="3">12 出口商签章
Exporter stamp and signature</td></tr>
</table>

C.2 运输相关单证示例

C.2.1 标准提单(Standard Bill of Lading)(ICS)

按照 UN/ECE Rec. 1 的格式。

BILL OF LADING

Shipper

B/L No.

Reference No.

Consignee

FREE DISPOSAL AREA

Name of Carrier †

Notify Address

FREE DISPOSAL AREA

Pre-Carriage by *	Place of Receipt by Pre-Carrier*
Vessel	Port of Loading
Port of Discharge	Place of Delivery by On-Carrier*

Marks and Nos; Container No.	Number and Kind of Packages, description of Goods.	Gross Weight	Measurement

Freight details, Charges, etc. †

Shipped on board in apparent good order. †

FREE DISPOSAL AREA

Freight Payable at	Place and Date of Issue
Number of Original B's/L	Signature

*Applicable only when document used as a Through Bill of Lading.

†Suggested positions for these details within free disposal area "Name of Carrier" applicable only in case of common documents.

C.2.2 国际铁路托运单(International Rail Consignment Note)(CIM Convention)

按照 UN/ECE Rec. 1 的格式。

(9) Lettre de voiture / Frachtbrief — CIM 1 ☐ — Colis express / Expressgut 2 ☐
(46) (47) (48) (49) (50) (51) (52) (53)
(54) Autorisation de chargement – Verladebewilligung No

Timbre de contrôle / Kontrollstempel

(10) Expéditeur (nom, adresse) – Absender (Name, Anschrift)
(11)
(12)
N° TVA / MWSt.-Nr. Tel. Fax

(13) Déclarations – Erklärungen (CIM/TIEx Art. 13, 19, 26, etc.)

(14) Référence expéditeur – Absender Referenz

Transport international ferroviaire / Internationale Eisenbahnbeförderung

(15) Destinataire (nom, adresse, pays) – Empfänger (Name, Anschrift, Land)
(16)
(17)
N° TVA / MWSt.-Nr. Tel. Fax

Agrès – Conteneur/Lademittel – Container
(18) Catégorie – Art
(19) Marque N° – Merkmal Nr.
(20) Palettes échangeables / Tauschpaletten — Nombre / Anzahl — EUR — EUR

(21) Wagons N° – Wagen Nr.
(22) Tare / Eigenm. kg — P
(55) Lim. de charge / Lastgrenze t
(56) Essieux / Achsen

(23) Informations pour le destinataire – Vermerke für den Empfänger (CIM Art. 13 § 3)

Paiement des frais – Zahlung der Kosten
(24) CIM — y compris – einschliesslich — jusqu'à – bis
1 Franco de port / Franko Fracht
2 Franco pour / Franko (somme déterminée) / (bestimmter Betrag) ▶
3 Franco de tous frais – Franko aller Kosten
4 Port dû / Unfrankiert
5 INCOTERMS ▶

(25) Colis express / Expressgut
1 Franco / Franko
2 Port dû / Unfrankiert

(26) Tarifs et itinéraires demandés – Verlangte Tarife und Wege
(27)

(28) Wagon complet / Wagenladung 1 ☐ — Détail / Stückgut 2 ☐
(29) Chargé par / Verladen durch — Expéditeur / Absender 1 ☐ — Chemin de fer / Eisenbahn 2 ☐
(57) 1 3

(30) Gare destinataire et pays – Bestimmungsbahnhof und Land
(59)
Nom – Name ▶
Pays – Land ▶

(58) A dédouaner à – Zu verzollen in
(60) Itinéraires – Leitungswege
(61)

(31) Marques (le cas échéant)/Nombre/Nature de l'emballage/Désignation de la marchandise / Zeichen (gegebenenfalls)/Anzahl/Art der Verpackung/Bezeichnung des Gutes
(32) oui / ja ☐
(33) N° du tarif douanier / Zolltarifnummer
(34) Masse kg
(62) NHM Code

(35) Indications douanières – Zollamtliche Vermerke
(36) Annexes à la lettre de voiture – Beilagen zum Frachtbrief
(37) Intérêt à la livraison – Interesse an der Lieferung — Monnaie
(81) Cours
(38) Débours – Barvorschuss — Währung
(86)
(39) Remboursement – Nachnahme — Monnaie
(81) Kurs
(86)

1 Port de la gare expéditrice / Fracht vom Versandbahnhof — (66) — (67) Tarif appliqué — (68) — (69) — (70) — (71) Prix par unité — (72) Masse taxée kg — (73) Franco – Franko — (74) Dû – Überw. — (86)
pour – bis
(75) Code — (76) km/Zone — (82) Monnaie — (77) Frais / Gebühren = = — (78) Cours — (83) — (79) — (84) — (80) — (85) — (81) Cours — (86)

2 Port – Fracht / de – von — (66) — (67) Angewandter Tarif — (68) — (69) — (70) — (71) Frachtsatz — (72) Frachtpfl. Masse kg — (73) — (74)
pour – bis
(75) Code — (76) km/Zone — (82) Währung — (77) Frais / Gebühren = = — (78) Kurs — (83) — (79) — (84) — (80) — (85) — (81) Kurs — (86)

3 Port – Fracht / de – von — (66) — (67) Tarif appliqué — (68) — (69) — (70) — (71) Prix par unité — (72) Masse taxée kg — (73) — (74)
pour – bis
(75) Code — (76) km/Zone — (82) Monnaie — (77) Frais / Gebühren = = — (78) Cours — (83) — (79) — (84) — (80) — (85) — (81) Cours — (86)

(87) Avis d'encaissement N° / Nachnahmebegleitschein Nr.
(88) Mise à disposition (mois – jour – heure) / Bereitgestellt (Monat – Tag – Stunde)
(89) Bulletin d'affranchiss. / Frankaturrechnung — oui / ja ☐
(90) ◀ Montant général / Gesamtbetrag — ou / oder — A reporter / Zu übertragen ▶
(91)

(92) Timbre à date «départ» / Tagesstempel «Abgang»
(93) Timbre à date «arrivée» / Tagesstempel «Ankunft»
(94) Timbre de pesage – Wiegestempel
Masse constatée / Festgestellte Masse
(95) Acceptation – Annahme
- Date (mois - jour - heure) / Datum (Monat - Tag - Stunde)
- Train n° – Zug-Nr.
(97) Arrivage N° / Empfang Nr.
(96) Etiquette de contrôle – Kontroll-Etikette
Pays – Land — Gare – Bahnhof
Exp. N° – Vers. Nr.
Gare exp. effective (nom) – Tatsächlicher Vers.-Bhf. (Name):

Ⓐ **Désignation des monnaies et codes – Währungsbezeichnungen und Codes**

ALL	Lek albanais Albanischer Lek	DEM	Mark allemand Deutsche Mark	GBP	Livre anglaise Englisches Pfund	ITL	Lire italienne Italienische Lira	NOK	Couronne norvégienne Norwegische Krone	SKK	Couronne slovaque Slowakische Krone
ATS	Schilling autrichien Österreichischer Schilling	DKK	Couronne danoise Dänische Krone	GRD	Drachme grecque Griechische Drachme	LBP	Livre libanaise Libanesisches Pfund	PLN	Zɫoty polonais Polnische Zɫoty	SYP	Livre syrienne Syrisches Pfund
BAD	Dinar bosniaque Bosnischer Dinar	DZD	Dinar algérien Algerischer Dinar	HRK	Kuna croate Kroatische Kuna	LTL	Litas lituanien Litauische Litas	PTE	Escudo portugais Portugiesischer Escudo	TND	Dinar tunisien Tunesischer Dinar
BEF	Franc belge Belgischer Franken	ESP	Peseta espagnole Spanische Peseta	HUF	Forint hongrois Ungarischer Forint	LUF	Franc luxembourgeois Luxemburgischer Franken	ROL	Leu roumain Rumänische Leu	TRL	Livre turque Türkisches Pfund
BGL	Leva bulgare Bulgarische Lew	EUR	EURO	IEP	Livre irlandaise Irisches Pfund	MAD	Dirham marocain Marokkanischer Dirham	RUB	Nouveau rouble Neuer Rubel	UAH	Hryvnia ukrainien Ukrainischer Hryvnia
CHF	Franc suisse Schweizer Franken	FIM	Mark finlandais Finnländische Mark	IQD	Dinar irakien Irakischer Dinar	MKD	Denar macédonien Mazedonischer Denar	SEK	Couronne suédoise Schwedische Krone	USD	Dollar USA USA-Dollar
CZK	Couronne tchèque Tschechische Krone	FRF	Franc français Französischer Franken	IRR	Rial iranien Iranischer Rial	NLG	Florin néerlandais Holländischer Gulden	SIT	Tolar slovène Slowenische Tolar	XDR	Droit de tirage spécial Sonderziehungsrecht
										YUM	Nouveau Dinar yougoslave Neuer jugoslawischer Dinar

Sections de taxation (suite)
Frachtberechnungsabschnitte (Fortsetzung)

Montant perçu au départ – Betrag bei der Abfertigung erhoben

FRANCO – FRANKO
Monnaie du tarif
Tarifwährung

PORT DÛ – ÜBERWEISUNG
Monnaie du tarif
Tarifwährung
Monnaie d'encaissement
Erhebungswährung

4 Port – Fracht/de – von (66) (67) Angewandter Tarif (68) (69) (70) (71) Frachtsatz (72) Frachtpfl. Masse kg (73) (74)
pour – bis
(75) Code (76) km/Zone (82) Währung (77) Frais Gebühren = = = = (78) Kurs (79) (80) (81) Kurs (83) (84) (85) (86)

5 Port – Fracht/de – von (66) (67) Tarif appliqué (68) (69) (70) (71) Prix par unité (72) Masse taxée kg (73) (74)
pour – bis
(75) Code (76) km/Zone (82) Monnaie (77) Frais Gebühren = = = = (78) Cours (79) (80) (81) Cours (83) (84) (85) (86)

6 Port – Fracht/de – von (66) (67) Angewandter Tarif (68) (69) (70) (71) Frachtsatz (72) Frachtpfl. Masse kg (73) (74)
pour – bis
(75) Code (76) km/Zone (82) Währung (77) Frais Gebühren = = = = (78) Kurs (79) (80) (81) Kurs (83) (84) (85) (86)

7 Port – Fracht/de – von (66) (67) Tarif appliqué (68) (69) (70) (71) Prix par unité (72) Masse taxée kg (73) (74)
pour – bis
(75) Code (76) km/Zone (82) Monnaie (77) Frais Gebühren = = = = (78) Cours (79) (80) (81) Cours (83) (84) (85) (86)

(8) Indications de service – Dienstliche Vermerke

Somme payée par l'expéditeur / Frankatur des Absenders (100) (101)
Partie du port payé / Davon verwendete Frankatur (103) (104)
Reliquat disponible / Restbetrag (106) (107) (108)
Dépôt / Hinterlegung **1** (110)

(98) Report du recto / Übertrag von Vorderseite (99)
Report des feuilles supplémentaires / Übertrag von Ergänzungsblättern (102)
Montant général / Gesamtbetrag (105)
(81) Cours – Kurs / Reliquat / Restbetrag (109)
Somme à percevoir du destinataire / Vom Empfänger zu erhebender Betrag (111)

C.2.3 国际公路托运单(International Road Consignment Note)(CMR Convention)

按照 UN/ECE Rec. 1 的格式。

1 Exemplaire de l'**expéditeur**
Copy for **sender**

A remplir sous la responsabilité de l'expéditeur 1 – 15 y compris et 19+21+22. Les parties encadrées de lignes grasses doivent être remplies par le transporteur
To be completed on the sender's responsability 1 – 15 including and 19+21+22. The spaces framed with heavy lines must be filled in by the carrier

1 Expéditeur (nom, adresse, pays)
Sender (name, address, country)

LETTRE DE VOITURE INTERNATIONALE
INTERNATIONAL CONSIGNMENT NOTE
No 24382

CMR

Ce transport est soumis, nonobstant toute clause contraire, à la Convention relative au contrat de transport international de marchandises par route (CMR).

This carriage is subject, notwithstanding any clause to the contrary, to the Convention on the Contract for the International Carriage of goods by road (CMR).

2 Destinataire (nom, adresse, pays)
Consignee (name, address, country)

16 Transporteur (nom, adresse, pays)
Carrier (name, address, country)

3 Lieu prévu pour la livraison de la marchandise (lieu, pays)
Place of delivery of the goods (place, country)

17 Transporteurs successifs (nom, adresse, pays)
Successive carriers (name, address, country)

4 Lieu et date de la prise en charge de la marchandise (lieu, pays, date)
Place and date of taking over the goods (place, country, date)

18 Réserves et observations du transporteur
Carrier's reservations and observations

5 Documents annexés
Documents attached

6 Marques et numéros / Marks and Nos	7 Nombre des colis / Number of packages	8 Mode d'emballage / Method of packing	9 Nature de la marchandise / Nature of the goods	10 No statistique / Statistical number	11 Poids brut, kg / Gross weight in kg	12 Cubage m3 / Volume in m3
Classe / Class	Chiffre / Number	Lettre / Letter	(ADR *)			

13 Instructions de l'expéditeur
Sender's instructions

19 Conventions particulières
Special agreements

14 Prescriptions d'affranchissement
Instructions as to payment for carriage

☐ Franco / Carriage paid

☐ Non franco / Carriage forward

20 A payer par / To be paid by :	Expéditeur / Senders	Monnaie/Currency	Destinataire / Consignee
Prix de transport / Carriage charges :			
Réductions / Deductions : –			
Solde / Balance			
Supplém. / Supplem. charges :			
Frais accessoires / Other charges : +			
TOTAL :			

21 Etablie à / Established in — le / on — 19

15 Remboursement / Cash on delivery

22

Signature et timbre de l'expéditeur
Signature and stamp of the sender

23

Signature et timbre du transporteur
Signature and stamp of the carrier

24 Marchandises reçues / Goods received

Lieu / Place — le / on — 19

Signature et timbre du destinataire
Signature and stamp of the consignee

C.2.4 通用航空运单(Universal Air Waybill)(IATA)

按照 UN/ECE Rec. 1 的格式。

Shippers Name and Address	Shippers Account Number	Not Negotiable **Air Waybill** Issued by
		Copies 1, 2 and 3 of this Air Waybill are originals and have the same validity
Consignee's Name and Address	Consignee's Account Number	It is agreed that the goods described herein are accepted in apparent good order and condition (except as noted) for carriage SUBJECT TO THE CONDITIONS OF CONTRACT ON THE REVERSE HEREOF. ALL GOODS MAY BE CARRIED BY ANY OTHER MEANS INCLUDING ROAD OR ANY OTHER CARRIER UNLESS SPECIFIC CONTRARY INSTRUCTIONS ARE GIVEN HEREON BY THE SHIPPER, AND SHIPPER AGREES THAT THE SHIPMENT MAY BE CARRIED VIA INTERMEDIATE STOPPING PLACES WHICH THE CARRIER DEEMS APPROPRIATE. THE SHIPPER'S ATTENTION IS DRAWN TO THE NOTICE CONCERNING CARRIER'S LIMITATION OF LIABILITY. Shipper may increase such limitation of liability by declaring a higher value for carriage and paying a supplemental charge if required.
Issuing Carriers's Agent Name and City		Accounting Information
Agent's IATA Code	Account No.	
Airport of Departure (Addr. of First Carrier) and Requested Routing		

To	By First Carrier	Routing and Destination	To	By	To	By	Currency	CHGS Code	WT/VAL PPD	WT/VAL COLL	Other PPD	Other COLL	Declared Value for Carriage	Declared Value for Customs

Airport of Destination	Flight/Date	For Carrier Use only	Flight/Date	Amount of Insurance	INSURANCE - If Carrier offers insurance, and such insurance is requested in accordance with the conditions thereof, indicate amount to be insured in figures in box marked "Amount of Insurance".

Handling Information

SCI

No. of Pieces RCP	Gross Weight	kg lb	Rate Class / Commodity Item No.	Chargeable Weight	Rate / Charge	Total	Nature and Quantity of Goods (incl. Dimensions or Volume)

Prepaid	Weight Charge	Collect	Other Charges
	Valuation Charge		
	Tax		
	Total Other Charges Due Agent		Shipper certifies that the particulars on the face hereof are correct and that **insofar as any part of the consignment contains dangerous goods, such part is properly described by name and is in proper condition for carriage by air according to the applicable Dangerous Goods Regulations.**
	Total Other Charges Due Carrier		
			Signature of Shipper or his Agent
Total Prepaid		Total Collect	
Currency Conversion Rates		CC Charges in Dest. Currency	Executed on (Date) at (place) Signature of Issuing Carrier or its Agent
For Carriers Use only at Destination		Charges at Destination	Total Collect Charges

IATA CASS. BELUX

Le texte français du présent document est tenu à la disposition de la clientèle dans les bureaux du transporteur.

ORIGINAL 3 (FOR SHIPPER)

De Nederlandse tekst van onderhavig dokument is ter beschikking van de cliënten in de kantoren van de vervoerder.

NOTICE CONCERNING CARRIER'S LIMITATION OF LIABILITY

IF THE CARRIAGE INVOLVES AN ULTIMATE DESTINATION OR STOP IN A COUNTRY OTHER THAN THE COUNTRY OF DEPARTURE, THE WARSAW CONVENTION MAY BE APPLICABLE AND THE CONVENTION GOVERNS AND IN MOST CASES LIMITS THE LIABILITY OF THE CARRIER IN RESPECT OF LOSS, DAMAGE, OR DELAY TO CARGO TO 250 FRENCH GOLD FRANCS PER KILOGRAM, UNLESS A HIGHER VALUE IS DECLARED IN ADVANCE BY THE SHIPPER AND A SUPPLEMENTARY CHARGE PAID IF REQUIRED.
THE LIABILITY LIMIT OF 250 FRENCH GOLD FRANCS PER KILOGRAM IS APPROXIMATELY USD 20.00 PER KILOGRAM ON THE BASIS OF USD 42.22 PER OUNCE OF GOLD.

CONDITIONS OF CONTRACT

1. As used in this contract 'carrier' means all air carriers that carry or undertake to carry the goods hereunder or perform any other services incidental to such air carriage, 'Warsaw Convention' means the Convention for the Unification of certain rules relating to International Carriage by Air, signed at Warsaw, 12 October 1929, or that Convention as amended at The Hague, 28 September 1955, which ever may be applicable, and French gold francs means francs consisting of 65 1/2 milligrams of gold with a fineness of nine hundred thousandths.

2. 2.1. Carriage hereunder is subject to the rules relating to liability established by the Warsaw Convention unless such carriage is not 'international carriage' as defined by that Convention.
2.2. To the extent not in conflict with the foregoing, carriage hereunder and other services performed by each carrier are subject to:
2.2.1. applicable laws (including national laws implementing the Convention), government regulations, orders and requirements;
2.2.2. provisions herein set forth, and
2.2.3. applicable tariffs, rules, conditions of carriage, regulations and timetables (but not the times of departure and arrival therein) of such carrier, which are made part hereof and which may be inspected at any of its offices and at airports from which it operates regular services. In transportation between a place in the United States or Canada and any place outside thereof the applicable tariffs are the tariffs in force in those countries.

3. The first carrier's name may be abbreviated on the face hereof, the full name and its abbreviation being set forth in such carrier's tariffs, conditions of carriage, regulations and timetables. The first carrier's address is the airport of departure shown on the face hereof. The agreed stopping places (which may be altered by carrier in case of necessity) are those places, except the place of departure and the place of destination, set forth on the face hereof or shown in carrier's timetables as scheduled stopping places for the route. Carriage to be performed hereunder by several successive carriers is regarded as a single operation.

4. Except as otherwise provided in carrier's tariffs or conditions of carriage, in carriage to which the Warsaw Convention does not apply carrier's liability shall not exceed USD 20.00 or the equivalent per kilogram of goods lost, damaged or delayed, unless a higher value is declared by the shipper and a supplementary charge paid.

5. If the sum entered on the face of the air waybill as 'Declared Value for Carriage' represents an amount in excess of the applicable limits of liability referred to in the above Notice and in these Conditions and if the shipper has paid any supplementary charge that may be required by the carrier's tariffs, conditions of carriage or regulations, this shall constitute a special declaration of value and in this case carrier's limit of liability shall be the sum so declared. Payment of claims shall be subject to proof of actual damages suffered.

6. In cases of loss, damage or delay of part of the consignment, the weight to be taken into account in determining carrier's limit of liability shall be only the weight of the package or packages concerned.
Note:
Notwithstanding any other provision, for foreign air transportation as defined in the U.S. Federal Aviation Act as amended, in case of loss or damage or delay of a shipment or part thereof, the weight to be used in determining the carrier's limit of liability shall be the weight which is used (or a pro rata share in the case of a part shipment loss, damage or delay) to determine the transportation charge for such shipment.

7. Any exclusion or limitation of liability applicable to carrier shall apply to and be for the benefit of carrier's agents, servants and representatives and any person whose aircraft is used by carrier for carriage and its agents, servants and representatives. For purpose of this provision carrier acts herein as agent for all such persons.

8. 8.1. Carrier undertakes to complete the carriage hereunder with reasonable dispatch. Carrier may use alternate carriers or aircraft and may without notice and with due regard to the interests of the shipper use other means of transportation.
Carrier is authorized by shipper to select the routing and all intermediate stopping places that it deems appropriate or to change or deviate from the routing shown on the face hereof.
This Sub-paragraph is not applicable to/from USA.
8.2. Carrier undertakes to complete the carriage hereunder with reasonable dispatch. Except within USA where carrier tariffs will apply, carrier may use alternate carriers or aircraft and may without notice and with due regard to the interests of the shipper use other means of transportation. Carrier is authorized by shipper to select the routing and all intermediate stopping places that it deems appropriate or to change or deviate from the routing shown on the face hereof.
This Sub-paragraph is applicable only to/from USA.

9. Subject to the conditions herein, the carrier shall be liable for the goods during the period they are in its charge or the charge of its agent.

10. 10.1. Except when the carrier has extended credit to the consignee without the written consent of the shipper, the shipper guarantees payment of all charges for carriage due in accordance with carrier's tariffs, conditions of carriage and related regulations, applicable laws (including national laws implementing the Convention), government regulations, orders and requirements.
10.2. When no part of the consignment is delivered, a claim with respect to such consignment will be entertained even though transportation charges thereon are unpaid.

11. Notice of arrival of goods will be given promptly to the consignee or to the person indicated on the face hereof as the person to be notified. On arrival of the goods at the place of destination, subject to the acceptance of other instructions from the shipper prior to arrival of the goods at the place of destination, delivery will be made to, or in accordance with the instructions of the consignee. If the consignee declines to accept the goods or cannot be communicated with, disposition will be in accordance with instructions of the shipper.

12. 12.1. The person entitled to delivery must make a complaint to the carrier in writing in the case;
12.1.1. of visible damage to the goods, immediately after discovery of the damage and at the latest within fourteen (14) days from receipt of the goods;
12.1.2. of other damage to the goods, within fourteen (14) days from the date of receipt of the goods;
12.1.3. of delay, within twenty-one (21) days of the date the goods are placed at his disposal; and
12.1.4. of non-delivery of the goods, within one hundred and twenty (120) days from the date of the issue of the air waybill.
12.2. For the purpose of 12.1. complaint in writing may be made to the carrier whose air waybill was used, or to the first carrier or to the last carrier or to the carrier who performed the transportation during which the loss, damage or delay took place.
12.3. Any rights to damages against carrier shall be extinguished unless an action is brought within two years from the date of arrival at the destination, or from the date on which the aircraft ought to have arrived, or from the date on which the transportation stopped.

13. The shipper shall comply with all applicable laws and government regulations of any country to, from, through or over which the goods may be carried, including those relating to the packing, carriage or delivery of the goods, and shall furnish such information and attach such documents to this air waybill as may be necessary to comply with such laws and regulations. Carrier is not liable to the shipper for loss or expense due to the shipper's failure to comply with this provision.

14. No agent, servant or representative of carrier has authority to alter, modify or waive any provisions of this contract.

15. If carrier offers insurance and such insurance is requested, and if the appropriate premium is paid and the fact recorded on the face hereof, the goods covered by this air waybill are insured under an open policy for the amount requested as set out on the face hereof (recovery being limited to the actual value of goods lost or damaged provided that such amount does not exceed the insured value). The insurance is subject to the terms, conditions and coverage (from which certain risks are excluded) of the open policy, which is available for inspection at an office of the issuing carrier by the interested party. Claims under such policy must be reported immediately to an office of carrier.

Carrier maintains cargo liability insurance to protect itself against claims for which it is legally liable.

C.2.5 可转让 FIATA 多式联运提单(Negotiable FIATA Multimodal Transport Bill of Lading)(FIATA-FBL)

按照 UN/ECE Rec. 1 的格式。

Consignor	Emblem of National Association **FBL** NEGOTIABLE FIATA MULTIMODAL TRANSPORT BILL OF LADING issued subject to UNCTAD/ICC Rules for Multimodal Transport Documents (ICC Publication 481).
Consigned to order of	
Notify address	
Place of receipt	
Ocean vessel / Port of loading	
Port of discharge / Place of delivery	

Marks and numbers	Number and kind of packages	Description of goods	Gross weight	Measurement

specimen

according to the declaration of the consignor

Declaration of Interest of the consignor in timely delivery (Clause 6.2.)	Declared value for ad valorem rate according to the declaration of the consignor (Clauses 7 and 8).

The goods and instructions are accepted and dealt with subject to the Standard Conditions printed overleaf.

Taken in charge in apparent good order and condition, unless otherwise noted herein, at the place of receipt for transport and delivery as mentioned above.

One of these Multimodal Transport Bills of Lading must be surrendered duly endorsed in exchange for the goods. In Witness where of the original Multimodal Transport Bills of Lading all of this tenor and date have been signed in the number stated below, one of which being accomplished the other(s) to be void.

Freight amount	Freight payable at	Place and date of issue
Cargo Insurance through the undersigned ☐ not covered ☐ Covered according to attached Policy	Number of Original FBL's	Stamp and signature
For delivery of goods please apply to:		

C.2.6 不可转让 FIATA 多式联运运单(Non-negotiable FIATA Multimodal Transport Way Bill)(FIATA-FWB)

按照 UN/ECE Rec. 1 的格式。

Consignor	Emblem of National Association **FWB** NON-NEGOTIABLE FIATA MULTIMODAL TRANSPORT WAYBILL issued subject to UNCTAD/ICC Rules for Multimodal Transport Documents (ICC Publication 481) ICC
Consigned to	
Notify address	

	Place of receipt
Vessel	Port of loading
Port of discharge	Place of delivery

Marks and numbers	Number and kind of packages	Description of goods	Gross weight	Measurement

according to the declaration of the consignor

Declaration of Interest of the consignor in timely delivery (Clause 7.2.)	Transfer of right of control to consignee (Clause 4.)	Declared value for ad valorem rate according to the declaration of the consignor (Clauses 8. and 9.)
YES / Final delivery date if agreed	YES	

The goods and instructions are accepted and dealt with subject to the Standard Conditions printed overleaf.

Taken in charge in apparent good order and condition, unless otherwise noted herein, at the place of receipt for transport and delivery to the consignee as mentioned above.

Freight amount	Freight payable at	Place and date of issue
Cargo insurance through the undersigned ☐ not covered ☐ Covered according to attached Policy		Stamp and signature
For delivery of goods please apply to:		

C.2.7 货运代理运输凭证(Forwarders Certificate of Transport)(FIATA-FCT)

按照 UN/ECE Rec.1 的格式。

Suppliers or Forwarders Principals

Emblem of National Association

FIATA FCT

No. Country Code

Forwarders Certificate of Transport

ORIGINAL Forw. Ref.

Consigned to order of

Notify address

Conveyance from/via

Destination

Marks and numbers	Number and kind of packages	Description of goods	Gross weight	Measurement

according to the declaration of the consignor

The goods and instructions are accepted and dealt with subject to the General Conditions printed overleaf.

Acceptance of this document or the invocation of rights arising therefrom acknowledges the validity of the following conditions, regulations and exceptions also of the trading conditions printed overleaf, except where the latter conflict with conditions 1-6 below.

1. The undersigned are authorized to enter into contracts with carriers and others involved in the execution of the transport subject to the latter's usual terms and conditions.
2. The undersigned do not act as Carriers but as Forwarders. In consequence they are only responsible for the careful selection of third parties, instructed by them, subject to the conditions of Clause 3 hereunder.
3. The undersigned are responsible for delivery of the goods to the holder of this document through the intermediary of a delivery agent of their choice. They are not responsible for acts or omissions of Carriers involved in the execution of the transport or of other third parties. The undersigned Forwarders will, on request, assign their rights and claims against Carriers and other parties.
4. Insurance of the goods will only be effected upon express instructions in writing.
5. Unforeseen and/or unforeseeable circumstances entitle the undersigned to arrange for deviation from the envisaged route and/or method of transport.
6. Unforeseen and/or unforeseeable disbursements and charges are for the account of the goods.

Insurance through the intermediary or the undersigned Forwarders

☐ Not covered

☐ Covered according to the attached Insurance Policy/Certificate

All disputes shall be governed by the law and within the exclusive jurisdiction of the courts at the place of issue.

For delivery of the goods please apply to:

Freight and charges prepaid to:

thence for account of goods, lost or not lost.

We, the Undersigned Forwarders in accordance with the instructions of our Principals, have taken charge of the abovementioned goods in good external condition at: ....

for despatch and delivery as stated above or order against surrender of this document properly endorsed.

In witness thereof the Undersigned Forwarders have signed originals of this FCT document, all of this tenor and date. When one of these has been accomplished, the other(s) will lose their validity. ....

Place and date of issue

Stamp and signature

C.2.8 托运人多式联运重量凭证(Shippers Intermodal Weight Certificate)(FIATA-SIC)

按照 UN/ECE Rec. 1 的格式。

Name and address of certifying shipper

Emblem of National Association

FIATA SIC

No. Country Code

Shippers Intermodal Weight Certification

Marks and numbers	Number and kind of packages	Description of goods	Gross weight*

specimen

Container or trailer number (if applicable)

* packaging material (including ice), pallets and dunnage, if not included above

Actual gross cargo weight

The undersigned shipper here with certifies that the gross weight of the goods listed herein is true and correct and includes all applicable packaging material, pallets and dunnage.

(For shipments to or from the USA see notes overleaf)

Place and date of certification

Stamp and signature of certifying shipper

附 录 D
（资料性附录）
官方监管相关单证示例

D.1 中华人民共和国出口货物原产地证明书

按照外贸出口单证格式，即中华人民共和国出口货物原产地证明书格式，见 GB/T 15310.4。

ORIGINAL

1. Exporter	Certificate No. CERTIFICATE OF ORIGIN OF THE PEOPLE' S REPUBLIC OF CHINA
2. Consignee	
3. Means of transport and route	5. For certifying authority use only
4. Country/region of destination	

6. Marks and numbers	7. Number and kind of packages; description of goods	8. H.S.Code	9. Quantity	10. Number and date of invoices

11. Declaration by the exporter The undersigned hereby declares that the above details and statements are correct. that all the goods were produced in China and that they comply with the Rules of Origin of the People's Republic of China.	12. Certification It is hereby certified that the declaration by the exporter is correct.
Place and date. signature and stamp of authorized signatory	Place and date. signature and stamp of certifying authority

COPY

1. Exporter	Certificate No. CERTIFICATE OF ORIGIN OF THE PEOPLE'S REPUBLIC OF CHINA
2. Consignee	
3. Means of transport and route	5. For certifying authority use only
4. Country/region of destination	

6. Marks and numbers	7. Number and kind of packages; description of goods	8. H.S.Code	9. Quantity	10. Number and date of invoices

11. Declaration by the exporter The undersigned hereby declares that the above details and statements are correct. that all the goods were produced in China and that they comply with the Rules of Origin of the People's Republic of China.	12. Certification It is hereby certified that the declaration by the exporter is correct.
Place and date. signature and stamp of authorized signatory	Place and date. signature and stamp of certifying authority

附 录 E
（资料性附录）
联合国单证设计样式指南和实例运用附件 单证名称的定义和说明

E.1 简介

1982年，联合国欧洲经济委员会国际贸易流程简化工作组采用了一份带有数字标识和功能说明的贸易单证名录（以下简称为“名录”）。该名录曾刊登在由UN/ECE和UNCTAD联合发行的系列贸易便利化信息的文件中—TRADE/WP.4/INF.84。

该名录的背景要追溯到1966年，其时作为“欧洲经济委员会对外贸易单证简化和标准化指南”的一部分首次发行。名录于1981年重新修订并于1982年最终正式采用。

该名录收编的原则是这些单证正在国际贸易中使用，用于货物贸易而非服务贸易，并且与单票托运物的单证有关而不涉及涵盖运输工具的全部货物或货载的集定单证。

另外一个原则是采用通用性的而非特定的名称来表示单证功能，而不采用以特定名称说明功能的单证，除非这些特定单证名称具有全球性或有着非常广泛的应用，入选名录理由充足。TRADE/WP.4/INF文件中给出更详细的解释。

名录中的单证分成以下九个应用领域：

——生产（UN/ECE第18号推荐标准-国际贸易程序简化措施中的A组）；

——采购（UN/ECE第18号推荐标准-国际贸易程序简化措施中的A组）；

——销售（UN/ECE第18号推荐标准-国际贸易程序简化措施中的A组）；

——付款-银行业务（UN/ECE第18号推荐标准-国际贸易程序简化措施中的B组）；

——保险（UN/ECE第18号推荐标准-国际贸易程序简化措施中的C组）；

——中介服务（UN/ECE第18号推荐标准-国际贸易程序简化措施中的C组）；

——运输（UN/ECE第18号推荐标准-国际贸易程序简化措施中的C组）；

——出口管理规则（UN/ECE第18号推荐标准-国际贸易程序简化措施中的AD组）；

——进口和过境管理规则（UN/ECE第18号推荐标准-国际贸易程序简化措施中的D组）。

单证涉及不同的领域，只考虑其签发地点或时间或有效性，而不考虑其使用或应用的地点和场合。

名录中每个单证按其功能被赋予以三位数的数字代码（标记），第一位数字表示该单证所属的归类组别。对适用于特定制度的单证，加注予以说明，如720-CIM为《国际铁路货物运输公约》规定的铁路托运单。单证功能的说明是经联合国欧洲经济委员会工作组同意的，或取自其他来源，其注明引用于相关公约（或类似）或来源说明。如标注“UN/ECE/FAL”表明该说明已经被欧洲经济委员会便利化机构正式采用。

E.2 单证的名称和说明

下述单证说明适用于本指南中所涉及的表单。

E.2.1 生产（Production）

105 采购订单（Purchase order）

企业为了生产或制造将销售或供应给客户的货物而开始采购物品或材料，并由此在其内部所签发

的单证。(UN/ECE/FAL)

110 制造说明(Manufacturing instructions)

企业为了开始制造将销售或供应给客户的货物,在其内部所签发的单证。(UN/ECE/FAL)

120 领料申请单(stores requisition)

企业为了预约取出客户订购的存货,在其内部所签发的单证。(UN/ECE/FAL)

130 商品售价单(Invoicing data sheet)

企业内部签发的单证,单证包含已销售货物的数据,用于制作商业发票。(UN/ECE/FAL)

140 包装说明(Packing instructions)

企业内部用于指示货物包装而签发的单证。(UN/ECE/FAL)

141 装箱单(Packing list)

说明单个包装件内物品分发详情的单证。(UN/ECE/FAL)

150 内部运输单(Internal transport order)

企业内部用于指示货物运输的单证。(UN/ECE/FAL)

190 统计及其他管理用内部单证(Statistical and other administrative internal documents)

企业内部为了收集生产和其他内部统计数据,或是为了其他管理目的而签发的单证。(UN/ECE/FAL)

E.2.2 采购(Purchase)

210 询价单(Enquiry)

以期取得报价,有意于采购的一方签发给预期供应商的单证,单证中对采购的货物予以详细说明,并表明有关货物交付等细节和合适的条件。(UN/ECE/FAL)

215 意向书(Letter of intent)

买方发给卖方的文书,借此通知卖方原则上接受卖方的报盘,并有意进行签署合同谈判。(UN/ECE/FAL)

220 订单(Order)

买方发给卖方的文书,买方借此根据报盘中设定或周知于买方的条件,向卖方发起指定货物供应的交易。(UN/ECE/FAL)

240 交货说明 (Delivery instructions)

买方签发的单证,就已订货物的交付细节给予说明。

245 发货通知(Delivery release)

接到卖方发运就绪通知后,买方允许货物发运而签发的单证。(UN/ECE/FAL)

E.2.3 销售(Sale)

310 发盘/报价(Offer/Quotation)

陈述订立合同所需的货物报价条款的单证。(UN/ECE/FAL)

315 合同(Contract)

证实买、卖双方达成货物供应协议的单证,其与订单之后的订单确认等效。(UN/ECE/FAL)

320 订单确认(Acknowledgement of order)

承诺履行订单并确认或接受条款的单证。(UN/ECE/FAL)

325 形式发票(Proforma invoice)

起到预先发票作用的单证,总体上包含与最终发票相同的信息,但实际不作为索要付款的单证。(UN/ECE/FAL)

330 交货说明请求(Request for delivery instructions)

供应商签发的单证，就所订购货物的交付细节请求买方指示。(UN/ECE/FAL)

335 订舱申请(Booking request)

供应商签发给承运人的单证，要求为特定托运物保留舱位，指明适货的运输工具和发运时间等。(UN/ECE/FAL)

340 装运说明(Shipping instructions)

用于告知货物细节以及专家提出的对货物运输要求的单证。(UN/ECE/FAL)

343 短途货运单(短途运输)(Cartage order) (local transport)

给予短途货物运输指令的单证，如从某一企业的经营场地到某一承接随后货物运输的承运人的经营场地。(UN/ECE/FAL)

345 待运通知(Ready for despatch advice)

由供应商签发的单证，通知买方所订购货物已备妥等待发运。(UN/ECE/FAL)

350 发运单(Despatch order)

供应商开始发运货物给买方(收货人)而签发的单证。(UN/ECE/FAL)

351 发运通知(Despatch advice)

卖方或发货人凭此通知收货人有关货物发运的单证。(UN/ECE/FAL)

370 单证分发通知(Advice of distribution of documents)

由负责签发整套贸易单证的一方签发的单证，凭此指定了这些单证的正本或副本的接受者，并指明每个单证接收者所分配的单证副本的数量。(UN/ECE/FAL)

380 商业发票(Commercial invoice)

要求支付按照买、卖双方约定条件所提供货物的款项的凭证。(UN/ECE/FAL)

E.2.4 银行付款

409 银行转账指示(Instructions for bank transfer)

客户用于指示其开户行按指定的方式(如电讯或航空邮件方式传递)或由银行自行决定的方式支付给所指定的国外当事人一定数额的指定货币的单证。(UN/ECE/FAL)

447 托收委托书(Collection order)

指示或要求银行处理金融单据和/或商业单据以便取得承兑或付款，或按照其他条款和条件交付单据的单证。(ICC Uniform Rules for Collections)

450 付款单(Payment order)

包含发起付款所需信息的单证。它可能涉及一笔或多笔商业贸易交易的财务结算。付款单是指示约定的银行安排一定数额的款项给受益人的一种指令。(UN/ECE/FAL)

460 跟单信用证申请书(Documentary credit application)

请求银行签发跟单信用证的单证。(UN/ECE/FAL)

465 跟单信用证(Documentary credit)

银行据此说明跟单信用证已经签发，在符合一定的条款和条件并出示各种规定的单证以及指定的汇票，受益人可凭其获得付款、承兑或议付的单证。信用证有可能被其他的银行认可，也有可能不被认可。(UN/ECE/FAL)

E.2.5 保险

520 保险凭证(Insurance certificate)

签发给投保人的证明文件，用于证明保险已生效，保险单已签发。此证明主要适用于不确定的或预约保险方式投保的货物。在投保人的要求下，保险凭证可更换为保险单。(UN/ECE/FAL)

530 保险单 (Insurance policy)

由保险人签发的单证，是按约定条件承保的合同证明，保险人据此向被保险人承担因发生合同中规

定的风险与事故而引起损失的赔偿。(UN/ECE/FAL)

575 保险发票(Insurer's invoice)

由保险人签发的凭证,已交付的保险费用并依此提出索赔付款的详细说明。(UN/ECE/FAL)

580 暂保单(Cover note)

由保险人(保险经纪人,代理人等)签发的单证,用于通知被保险人保险合同已成立。(UN/ECE/FAL)

E.2.6 中介服务(Intermediary services)

610 运送指示单(Forwarding instructions) (FIATA-FFI)

发货人签发给货运代理的单证,指示货运代理运送其中所指货物时应采取的行动。(UN/ECE/FAL)

621 货运代理对进口代理的通知(Freight Forwarder's advice to import agent)

由出口国家的货运代理签发的单证,用于通知其在进口国家的代理有关其中所指的货物运输事项。(UN/ECE/FAL)

622 货运代理对出口商的通知(Freight Forwarder's advice to exporter)

由货运代理签发的单证,用于通知出口商应采取行动以履行已收到的指示。(UN/ECE/FAL)

623 货运代理发票(Freight Forwarder's invoice)

由货运代理开具的发票,对提供的服务、发生的费用以及相关付款要求的详细说明。(UN/ECE/FAL)

624 货运代理收货凭证(Forwarder's certificate of receipt) (FIATA-FCR)

由货运代理签发的不可转让的凭证,证明其已取得对某一特定托运物的掌控权,按照不可撤销的指令将货物运送给凭证中所指定的收货人或由其掌控货物。(UN/ECE/FAL)

630 装运通知(Shipping note)

由托运人或其代理提供给承运人、多式联运经营人、码头及其他的接收方的通知,提供出口待运托运物的信息、必要收据和责任声明(具有多用途功能的货物作业单证有时也满足单证 632,633,640 和 655 的功能要求)。(UN/ECE/FAL)

631 货运代理仓库收据(Forwarder's warehouse receipt) (FIATA-FWR)

由作为仓库管理员的货运代理签发的单证,确认收到储入仓库内的货物,同时列明货物入库和出库条款。该收据包含有关背书持有人权利和货物所有权转移等详细条款。(UN/ECE/FAL)

632 货物收据(Goods receipt)

由港口、仓库、货棚或码头经营者签发的单证,确认收到其中所述状况的货物。(UN/ECE/FAL)

633 港口费用单(Port charges documents)

对所提供的服务、存储操作费、滞期费以及与其所指的货物所有人有关的其他费用进行详细说明的单证。(UN/ECE/FAL)

640 提货单(Delivery order)

有资格授权将其所指货物放行给指定的收货人或由货物监管人保存的一方签发的单证。(UN/ECE/FAL)

650 装卸单(Handling order)

货物装卸单位(港口管理局,码头经营者)为搬运或装卸由其照料下的货物而签发的单证。(UN/ECE/FAL)

655 通行证(Gate pass)

允许将其中所指定的货物带出港口或码头区域的单证。(UN/ECE/FAL)

E.2.7 运输

701 通用(多用)运输单证(Universal (multipurpose) transport document)

用于证明运输合同的单证,包含任何运输模式或联运模式下进行的国内以及国际货物运输,并适用于任何国际公约或国内法律以及在任何承运人或运输经营者承担或安排其中所指的运输条件。(UN/ECE/FAL)

702 货物运输收据(Goods receipt,carriage)

由承运人或承运人代理人签发的单证,确认收到其中所述状况的货物,据以承运人签发运输单证。(UN/ECE/FAL)

710 海运单(Sea waybill)

用于证明海上货物运输合同和货物已经由承运人接收以及承运人保证据以交付货物给其中指定的收货人的不可转让单证。

注:与某些国家如加拿大和美国所使用的"记名"或"不可转让"提单同义。

710 河运单(River waybill)

由承运人签发给河运货物托运人的单证,用以证明已接收货物,并约束承运人将货物交付给目的港收货人。(UN/ECE/FAL)

711 提单(Bill of Lading)

用以证明海上货物运输合同和货物已经由承运人接收或者装船,以及承运人保证据以交付货物的单证。提单中载明的向记名人交付货物,或者按照指示人的指示交付货物,或者向提单持有人交付货物的条款,构成承运人据以交付货物的保证。(联合国海上运输公约)

注:在某些国家如加拿大和美国,术语"提单"习惯指"可转让提单"。

711 内河航运提单(Inland waterways Bill of lading)

凭记名人或者指示人或持有人提货的可转让的运输单证,承运人接受货物后签发并交给发送人。(UN/ECE/FAL)

713 大副收据(Mate's receipt)

由大副签发的单证,确认特定的托运物已装船,货物外表状况良好;据以承运人签发提单。(UN/ECE/FAL)

720 铁路托运单(通用条款)(Rail consignment note) (generic term)

构成发送人和承运人(铁路)之间的货物运输合同的运输单证。

注:作为国际铁路运输单证,它必须符合国际铁路货物运输公约所规定的样式,如 CIM 公约、SMGS 公约(GIT)。

730 公路托运单(Road consignment note)

证明承运人和发送人之间的道路货物运输合同的运输单证。(通用条款)

注:作为国际道路运输单证,它至少必须包含国际道路货物运输合同公约中规定的内容(CMR)。

740 空运单(Air waybill)

托运人或受托运人委托填写的单证,证明托运人为在承运人的航班上运输货物与承运人订立运输合同。单证上应标识签发单证的航空公司代码及序列号。(IATA)

750 邮递包裹投递单(Despatch note) (post parcels)

根据《万国邮政公约》的《邮政包裹协定》第 106 条规定,是指随附于邮政包裹的单证(UPU)。

760 多式联运/联合运输单证(通用)(Multimodal/combined transport document)(generic)

用于一种运输方式以上的货物运输的单证,其既是运输合同又是多式联运货物的收据,并表明在联运中负责运输的公司对货物承担责任的起始和终止地点,以及所涉及的运输工具。(UN/ECE/FAL)

760-MTD 多式联运单证(Multimodal transport document)

证明多式联运合同以及证明多式联运人接管货物并负责按照合同条款交付货物的单据。(国际货

物多式联运公约,尚未生效)

760-BIMCO 多式联运提单(BIMCO Multimodal Transport Bill of Lading)(MULTIDOC 95)

证明履行或实现履行多式联运合同以及证明多式联运经营人接管货物并负责按照合同条款交付货物的可转让单证。该单证是由波罗的海国际海事委员会根据联合国贸易和发展会议/国际商会多式联运单证规则而发布的。(ICC Publication No 481)

760-FBL FIATA 可转让多式联运提单(FBL Negotiable FIATA Multimodal Transport Bill of Lading)(FIATA-FBL)

证明多式联运合同以及多式联运经营人接管货物并负责按照合同条款进行货物交付的单证。该单证也适用于单一运输方式的港到港海上运输。

该单证是由 FIATA 根据联合国贸易和发展会议/国际商会多式联运单证规则(国际商会出版物第481号)而发布的。(FIATA)

760-FWB FIATA 不可转让多式联运运单(FWB Non-negotiable FIATA Multimodal Transport Way Bill)(FIATA-FWB)

证明多式联运合同以及多式联运经营人接管货物,并负责按照合同条款进行货物交付的单证。该单证是由 FIATA 根据联合国贸易和发展会议/国际商会多式联运单证规则(国际商会出版物第 481号)而发布的。(FIATA)

761 联运提单(Through bill of lading)

证明从一处到另一处分段进行的运输合同的提单,其中至少一段是海运,签发单证的承运人据此承担在联运提单中规定的运输责任。(UN/ECE/FAL)

763 货运代理运输凭证(Forwarder's certificate of transport) (FIATA-FCT)

由货运代理签发的单证,用于证明其已接管某一特定的托运物并按照单证中所指的托运人指示发运并交付货物,以及用于证明其承担通过所指定的交付代理人将货物交付给单证持有人的责任。如该运输凭证标明"凭指示",则是可转让的单证。(FIATA)

770 订舱确认(Booking confirmation)

由承运人签发的用于证实运输工具上的舱位已预留给所托运的货物的单证。(UN/ECE/FAL)

775 要求交货通知(Calling forward notice)

要求放行货物或交付货物的指令。(UN/ECE/FAL)

780 运费发票(Freight invoice)

由运输营运方出具的凭证,用于说明运输成本和运输费用以及列明付款条件(UN/ECE/FAL)。

781 货物到达通知(Arrival notice) (goods)

承运人通过书面、电话或其他方式(快递、口信、电报等)传递给收货人的通知,告知托付给他的货物正准备或不久后将在目的地所规定的地点交由其处置。(GIT)

782 无法交货通知(Notice of circumstances preventing delivery) (goods)

当交付受阻而且在运输单证中并没有表明托运人要求运回货物时,由承运人缮制发给发送人或视情况发给收货人对货物进行处置的指示的请求书。(GIT)

783 无法运货通知(Notice of circumstances preventing transport) (goods)

承运人接收到货物后,在出运前或运输途中遇到阻碍不能进行运输时,由承运人缮制发给发送人或视情况发给收货人对货物进行处置的指示的请求书(GIT)。

784 交货通知 (Delivery notice) (goods)

由承运人签发给托运人的书面通知,按其要求告知其具体的交货日期(GIT)。

785 载货清单(Cargo manifest)

运输工具或运输单元上所载货物的清单。载货清单列明了货物的商业细节,如运输单据数量、托运人、收货人、装运标记、编号、包装件数与种类以及货物的品名与质量(CCC Glossary)。

786 运费清单 (Freight manifest)

包含与载货清单相同的信息,并附加运费额、费用等补充信息的单证(UN/ECE/FAL)。

787 公路运输货物清单(Bordereau)

用于公路运输的单证,列明公路车辆上所载的货物的清单,常作为公路托运单的附单。(UN/ECE/FAL)

788 集装箱载货清单(Container manifest)(unit packing list))

由负责装箱或装载运输单元的一方缮制的,详细说明特定货物集装箱或其他运输单元装载内容的单证。(UN/ECE/FAL)

789 托运人联运重量证明书(Shippers Intermodal Weight Certification (FIATA-SIC))

托运人开具给货运代理的单证,证明货物的总重量符合某些国家限重的规定(如 1992 年美国联运安全集装箱法案中的规定)。(FIATA)

E.2.8 出口管制

810 出口许可证申请表(Export licence application)

申请许可出口具有特定价值的特定货物到特定的目的地的许可。(UN/ECE/FAL)

811 出口许可证(Export licence)

准许在特定的时间内出口所述货物的单证。(UN/ECE/FAL)

812 出口结汇核销单(Exchange control declaration,export)

由出口商/卖方填写的单证。主管机构凭此作为一种监管手段,对按现行支付条件和外汇管理规定汇回的贸易外汇数量进行监管。(UN/ECE/FAL)

830 出口货物报关单(Goods declaration for exportation)

凭依进行货物出口清关申报的单证,该单证符合京都公约附件 C.1 中的附录 I 所规定的单证样式(CCC)。

833 货物申报单(Cargo declaration)

专业术语,有时又称作货运申报单,用于提供海关要求的与商业运输工具所载货物有关的细节。(CCC Glossary)

833-IMO 货物申报单(IMO Cargo declaration)

国际便利海上运输公约(1965 年伦敦)中规定的特定货物申报单,是主管机构要求船舶抵离港时提供货物相关信息的基础单证。(IMO-FAL)

840 货物监管证书申请表(Application for goods control certificate)

有关当事人呈交给主管机构的单证,请求依据国家或国际标准或进口国的法律法规或按合同中所规定的要求签发货物监管证书。(UN/ECE/FAL)

841 货物监管证书(Goods control certificate)

由主管机构签发的单证,证明其中所述的货物质量与国家或国际标准一致,或满足进口国的法规,或合同所规定的要求(UN/ECE/FAL)。

850 植物检疫申请表(Application for phytosanitary certificate)

由请求签发植物检疫证书的一方呈交给主管机构的单证。(UN/ECE/FAL)

851 植物检疫证书(Phytosanitary certificate)

由出口国主管机构签发的单证,证明出口的植物、水果或蔬菜未受病害影响,适合食用,并对可能已经熏蒸或其他处理细节予以详细说明。(UN/ECE/FAL)

852 卫生检疫证书(Sanitary certificate)

由出口国主管机构签发的单证,证明食品和动物制品(包括死动物在内)适合人类食用,并对检查细节予以详细说明。(UN/ECE/FAL)

853 动物检疫证书(Veterinary certificate)

由出口国的主管机构签发的单证,证明出口的鲜活动物或禽鸟未侵染或感染疾病,同时提供它们的原产地、接种疫苗或经其他处理的细节。(UN/ECE/FAL)

855 商品检验申请表(Application for inspection certificate)

有关当事人呈交给主管机构的单证,请求依据国家或国际标准或进口国的法律法规或按合同中所规定的要求签发商品检验证书。(UN/ECE/FAL)

856 商品检验证书(Inspection certificate)

由主管机构签发的单证,证明其中所描述的货物已依据国家或国际标准和国家的法律法规或合同中所规定的要求进行检验。(UN/ECE/FAL)

860 原产地证书申请表(Certificate of origin,application for)

有关当事人呈交给主管机构的单证,请求其根据相关标准和货物原产地的证据签发原产地证书。(UN/ECE/FAL)

861 原产地证书(通用条款)(Certificate of origin)(generic term)

由主管当局或授权机构签发的证明货物产地的特定单证,证明其中所述的货物源产自某特定的国家。"国家"一词可能包括一组国家,某一个地区或某一个国家中的地区。证书中也可能包括制造商,生产商、供应商、出口商或其他相关当事人的声明(CCC Glossary)

861 -CCC 原产地证书(CCC Certificate of origin)

京都公约附件 D.2(有关原产地证明文件)中规定的特殊格式的原产地证书。(CCC Glossary)

861 普惠制原产地证明书(联合国贸易与发展大会)(GSP Certificate)(UNCTAD)

享有普惠制优惠待遇的货物的原产地证书的特殊格式(原产地证明书格式 A 是原产地声明和证书合二为一的联合证明)。

862 原产地申明(Declaration of origin)

制造商、生产商、供应商、出口商,或商业发票中或与货物有关的任何其他单证中的相关人员做出的有关出口货物的原产地的恰当陈述。(CCC、京都公约附件 D.2)

863 地区名称证书(Regional appellation certificate)

根据当局或授权机构的规定所制定的证书,证明其所描述的货物符合冠以特定地区名称的条件(如香槟酒、葡萄酒、帕玛森乳酪)。(UN/ECE/FAL)

870 领事发票(Consular invoice)

由出口商所在国编制并交由进口国外交代表背书之后,由其中所指的进口货物有关的进口商呈递的单证。(UN/ECE/FAL)

890 危险货物申报单(Dangerous goods declaration)

由发货人开具的符合适用公约或规则的单证,描述适运危险货物或材料,并声明包装和标识符合相关公约或规则的规定。(UN/ECE/FAL)

895 出口统计报表(Statistical document,export)

按照负责国际贸易统计信息采集的机构要求,由出口商提供的有关出口货物信息的单证。(UN/ECE/FAL)

E.2.9 入境和过境规定

910 进口许可证申请表(Import licence,application for)

相关方据以向主管机构申请允许进口限量限制进口的物品,或在一定的期限内进口无限量进口该种物品,并列明了物品的种类、产地及价值等的单证。(UN/ECE/FAL)

911 进口许可证(Import licence)

主管机构依照现行的进口规定和单证而签发的单证,据此授权给所指定的一方,在一定期限内和在

单证所规定的条件下，进口限量指定的物品，或无限量进口该种物品。(UN/ECE/FAL)

925 调汇申请(Application for exchange allocation)

进口商/买方据以向主管机构申请调配一定数额外汇给出口商/卖方以偿还货款。(UN/ECE/FAL)

926 调汇许可(Foreign exchange permit)

由主管机构签发的批准进口商/买方转付一定数额外汇给出口商/卖方以偿还货款的单证。(UN/ECE/FAL)

927 进口结汇核销单(Exchange control declaration)(import))

进口商/买方填写的单证，主管机构凭此作为一种监管手段，对已划拨外汇的贸易交易的完成情况，以及按现行支付条件和外汇管理规定转付外汇资金的情况进行监管。(UN/ECE/FAL)

930 内销货物报关单(Goods declaration for home use)

根据《京都公约》附录 B.1(有关国内消费货物进口清关)，凭付进行货物进口清关申报的单证。(CCC)

931 海关即刻放行报关单(Customs immediate release declaration)

由进口商出具的单证，用于通知海关在海关批准立即放行下的货物已从进口的交通工具上转移到进口商的场地；或用于请求即刻放行货物的授权。(UN/ECE/FAL)

932 海关放行通知(Customs delivery note)

海关凭依放行其监管的货物，置于由相关方处置的单证。同义词：海关放行单。(UN/ECE/FAL)

933 到港货物申报单(Cargo declaration)(arrival)

通用条款，有时也被称为"运输申报单"，提供海关要求的商业运输工具运载的货物的细节的单证。(CCC Glossary)

933-IMO 到港货物报关单(IMO Cargo declaration)(arrival)

《国际便利海上运输公约》(伦敦 1965)规定的特定货物申报单，作为船舶抵离港时提供政府当局要求的货物相关信息的基本单证。(IMO-FAL)

934 货物价值申报清单(Value declaration)

申报者(进口商)在其中列明发票价格或其他价格(如售价，同种货物的价格)，详细说明运输、保险和包装等成本、交货和支付条件以及与贸易伙伴的关系等，以确定进口货物的海关价值的单证。(UN/ECE/FAL)

935 海关发票(Customs invoice)

进口国海关要求提供的单证，其中出口商列明发票价格或其他价格(如售价，同种货物的价格)，详细说明运输、保险和包装等成本以及交货和支付条件、与贸易伙伴的关系等，以确定进口货物在进口所在国的海关价值。(UN/ECE/FAL)

936 邮政包裹报关单(Customs declaration)(post parcels)

根据《万国邮政公约》的《包裹细则》第 106 条规定，随附于邮政包裹并在其中列明包裹内容细节的单证。(UPU)

937 增值税申报单(Tax declaration)(value added tax)

进口商在其中列明由主管机构要求的相关信息以评估增值税的单证。(UN/ECE/FAL)

950-CCC 海关过境货物报关单(-CCC Goods declaration for Customs transit)

根据《京都公约》附件 E.1(有关海关转运制度)的规定，发送人凭依进行过境货物海关申报的单证(CCC)。

950 TIR 单证册(TIR carnet)

经由海关批准的担保团体颁发的国际海关单证(国际公路运输)，在其担保下的货物大多数情况下施加海关封志，由符合在国际公路运输手册担保下进行国际货物运输的海关公约要求的公路运输车辆和/或集装箱运载。其一般包含评估所需的进口关税、税收的详细信息(如适用)。

955 ATA 单证册 (ATA carnet)

根据1961年《关于货物暂准进口的ATA报关单证册海关公约》规定而签发的国际海关单证(临时免税进口/暂准进口),其包含国际有效担保并替代国家海关单证和进口税担保,可用于担保暂准进口货物和过境货物(如适用)。如果临时出口和重复进口的货物已接受监管,国际担保将不适用。(CCC Glossary)

955 转运保税单(Transit bond-note)

国家海关单证,授权在未提前缴付进口关税和税款,但已提交担保的情况下,货物可以在海关监管并保持海关封志完整的情况下转运至目的地海关。其一般包含评估所需的进口关税、税收的详细信息(如适用)。(CCC Glossary)

955 进口统计报表(Statistical document,import)

按照负责国际贸易统计信息采集的机构的要求,由进口商提供的有关进口货物信息的单证。(UN/ECE/FAL)

ICS 03.100.01
A 02

中华人民共和国国家标准

GB/T 28531—2012

运输通道物流绩效评估与监控规范

Guideline on transport corridor performance measurement and monitoring

2012-06-29 发布　　　　2012-10-01 实施

中华人民共和国国家质量监督检验检疫总局
中国国家标准化管理委员会　发布

前　言

本标准按照 GB/T 1.1—2009 给出的规则起草。

本标准由中华人民共和国商务部提出并归口。

本标准起草单位：浙江双马国际货运有限公司、国富通信息技术发展有限公司、上海新景程国际物流有限公司、深圳市联合纵横国际货运代理公司、福建金航国际货运代理有限公司厦门分公司、广州惠尔通物流有限公司、全国国际货运代理标准化技术委员会、大连锦程物流网络技术有限公司、中外运长航集团有限公司、中国海运(集团)总公司、中钢国际货运有限公司、新时代保险经纪有限公司、内蒙古安快物流集团。

本标准主要起草人：林忠、高爽、陈峥、冯建萍、曹玺、杨旭、刘孅姗、景洪德、张海峰、李莉丽、陈智勇。

引　言

当前，我国尚未对主要运输通道的形成、运输通道上的货源分布与货物流向及其对物流成本的影响、运输通道之间构成的竞争态势等进行全面科学的分析、评估和监控，缺乏能真实反映主要运输通道物流成本的历史数据，从而难以发现阻碍主要运输通道建设与发展的因素。

本文件旨在促进和规范运输通道物流绩效的评估和监控活动，全面分析诸如物流节点间的运量、运价、货物流向、运力调配、贸易量的地区分布和季节变化等情况，以有效引导业务管理机构进行宏观调控、政策制定，提升企业优化物流管理能力，全面降低物流成本和促进贸易物流便利化。

运输通道物流绩效评估与监控规范

1 范围

本文件规定了运输通道物流绩效评估与监控的范围、功能、评估指标和方法。

本文件适用于与贸易物流相关的单位对运输通道物流绩效的评估与监控，以及物流企业对运输通道的最优化选择，亦可作为优化交通运输资源配置、加强运输通道监管和综合物流枢纽建设的依据。

2 规范性引用文件

下列文件对于本文件的应用是必不可少的。凡是注日期的引用文件，仅注日期的版本适用于本文件。凡是不注日期的引用文件，其最新版本(包括所有的修改单)适用于本文件。

GB/T 2659 世界各国和地区名称代码

GB/T 6512 运输方式代码

GB/T 7635.1 全国主要产品分类与代码 第1部分：可运输产品

GB/T 15514 中华人民共和国口岸及相关地点代码

GB/T 26319 国际货运代理单证标识符编码规则

JT/T 470 海上运输航线代码

JT/T 307.1 公路及主要构筑物、管理养护单位代码——省干线公路代码

JT/T 19 运输货物分类和代码

TB/T 1945 中华人民共和国铁路线路名称代码

ISO 3166-1 国家及行政区划名称表示代码 第1部分：国家代码(Codes for the representation of names of countries and their subdivisions—Part 1:Country codes)

ISO 3166-2 国家及行政区划名称表示代码 第2部分：国家行政区划代码(Codes for the representation of names of countries and their subdivisions—Part 2:Country subdivision code)

HS 商品名称及编码协调制度(The Harmonized Commodity Description and Coding System)

3 术语和定义

下列术语和定义适用于本文件。

3.1

物流节点 logistic nodes

所连接物流线路并进行物资中转、集散和储运的结节之处。包括港口、空港、火车货运站、公路枢纽、公共仓库及现代物流(配送)中心、物流园区等。

3.2

运输通道 transport corridor

按照约定的或习惯的或地理上的物流节点间的运输路线的辐合地带、水域或空域。

4 组织构成与工作准备

组织构成与工作准备，参见附录A。

5 评估与监控范围

5.1 基础设施状况。

5.2 贸易和贸易服务的法律框架、政府间协定或国际条约以及从始发地到消费地货物流动和储存的物流服务监管。

5.3 贸易物流涉及的海关、检验检疫、边防等业务管理机构，港口、进口商、出口商、中间商、货运代理、承运人、银行等经济实体。

6 评估与监控功能

6.1 评估

6.1.1 具备对指定货物的流动进行定量和定性评估的功能，可测量到达某个具体目标的进程，反映运输通道各要素单独或组合的效率或质量。

6.1.2 具备对不同的运输通道、运输路线、运输方式以及过境停留、边境检查、各停留点之间的连接或交汇处的指标可相互比较的功能。

6.1.3 具备反映基础设施状况的功能。

6.1.4 具备法律框架与政府间协定或国际条约状况分析的功能。

6.1.5 具备反映业务管理机构监管与服务的能力、时间、费用等方面的功能。

6.1.6 具备反映企业物流服务能力和专业人员的能力水平等方面的功能。

6.2 监控

6.2.1 通过监控运输通道上运行时间和成本，具备选择最佳运输线路，合理调配运力，以减低成本，改善运输效率的功能。

6.2.2 通过监控运输通道上运行时间和成本，具备识别国际、国内段运输中的低效率点和障碍发展的因素，提出改进措施的功能。

6.2.3 通过监控运输通道上运行时间和成本，具备为贸易物流便利化政策制定提供技术支持(例如：路线优先次序确定、投资决策和资金安排等)，帮助业务管理机构更好实施运输和贸易物流便利化战略的功能。

6.3 功能结构

6.3.1 物质基础设施状况

——建设、供给和布局的影响；

——技术或功能的影响；

——管理能力的影响；

——物流服务能力的影响。

6.3.2 法律框架、政府间协定或国际条约

——法律制度；

——整体商业环境；

——监管和商业程序；

——技术壁垒；

——标准化程度；
——区域交流与合作；
——私营部门服务的可获得性。

6.3.3 业务管理机构监管与服务能力

——查验技术；
——查验标准；
——查验机构的数量；
——监管或业务处理的时间和费用；
——边境机构的所有要求和程序透明化；
——有关收费、关税透明化；
——多边、多层次过境机构交流和合作机制；
——与过境国单据的协调统一；
——获取信息的渠道畅通；
——公、私部门互动；
——由于自然原因和劳动争议导致的边境过境点关闭的天数/年数；
——货物或运输工具查验次数和比例，如电子扫描集装箱的百分比，实际查验集装箱百分比，货物被查验的次数。

6.3.4 企业物流服务能力

——报关、报检服务能力；
——运输线路设计能力；
——运力调配能力；
——转运能力；
——仓储能力；
——加工、配送能力；
——装卸能力；
——内陆运输能力；
——多式联运能力；
——风险防范与控制能力；
——跨境、跨区域运输追踪能力；
——计算机和网络技术运用能力；
——满足新兴贸易或贸易方式的要求能力。

6.3.5 时间

——完成与贸易物流相关的各环节总耗时；
——运输时间；
——运输工具在过境点为入境所耗时；
——运输工具周转时间；
——过境等待时间；
——非正常营运时间。

6.3.6 费用

——完成与贸易物流相关的各环节所需的总费用；

——过境点或沿途的官方或非官方相关收费；
——中转站、港口、机场、场站、堆场、仓储等费用；
——运输费用；
——物流管理费用；
——贸易物流单据处理费用；
——风险管理费用。

6.3.7 专业人员的能力水平

——业务管理机构相关人员的能力水平；
——贸易商、物流服务商相关人员的能力水平；
——贸易和运输相关协会相关人员能力水平。

6.3.8 其他

——供应链安全管理；
——其他。

7 评估与监控指标

7.1 基本信息

7.1.1 控制号

为完成某一全程运输的绩效评估和监控活动分配的惟一编号。

7.1.2 完成调查日期

运输工具驾驶人员或相关人员完成指定的运输通道绩效评估与监控的信息收集登记的日期。

7.1.3 运输通道名称

为某一运输通道分配的惟一名称。

7.1.4 运输通道编号

为某一运输通道分配的惟一编号。

7.1.5 路线计划

运输工具计划行程路线，始于始发、途径所有计划停靠、终止于最终目的的城市或城镇或港口、空港、火车货运站、公路枢纽、大型公共仓库及现代物流（配送）中心、物流园区等的地点名称，以及国家的名称。

7.1.6 运输工具信息

包括运输工具注册国籍、制造国、型号、制造商、制造年份、排放标准、运输工具驾驶人员国籍等信息。

7.1.7 货物分类

所运输货物的说明，如服装、水果及蔬菜、罐装货物、石油加工设备、建筑材料或混合商品、危险品、易腐货物等。如是集装箱运输的货物，填写“吨数”并标明是20英尺或40英尺集装箱。

7.1.8 货物重量

运输工具在指定全程运输中，所运输货物的总重。

7.2 里程

运输工具在指定的运输通道上从一个停靠点至另一个停靠点所运行的距离。

7.3 总里程

运输工具在指定的运输通道上完成某一全程运输所运行的总距离。

7.4 在途运输时间

运输工具在指定的运输通道上完成某一全程运输所运行的时间，不包括为完成某指定活动所花费的活动时间。

7.5 活动时间

运输工具在指定的全程运输中，为完成某指定活动所花费的时间，不包括在途运输时间。

7.6 总时间

运输工具在指定的运输通道上完成某一全程运输所运行的总时间。

7.7 时间占比

运输工具在指定的运输通道上完成某一全程运输中，在途时间和各种活动时间各占比例。

7.8 过境点时间

运输工具在指定的全程运输中，通过某一过境点所需的总时间。

7.9 过境点活动最长时间

在指定的时间段内，运输工具在某一过境点进行各项指定活动所用时间的最大值。

7.10 过境点活动平均时间

在指定的时间段内，运输工具在某一过境点进行各项指定活动所用时间的平均值。

7.11 全程无延误的平均速度

运输工具在指定的运输通道上完成某一全程运输过程中，不包括过境或途中的停靠、等候或进行其他活动的时间的平均速度。

无延误的平均速度＝总里程/在途运输时间

7.12 全程有延误的平均速度

运输工具在指定的运输通道上完成某一全程运输过程中，包括过境或途中的停靠、等候或进行其他活动时间的平均速度。

有延误的平均速度＝总里程/总时间

总时间＝在途运输时间＋活动时间

7.13 运输工具运行总运营费用

运输工具在指定的运输通道上，为完成某一全程运输所支付的所有固定费用的总和。

7.14 运输工具总活动费用

运输工具在指定的运输通道上，为完成某一全程运输中的指定活动支付的费用的总和。

7.15 全程总费用

运输工具在指定的运输通道上，完成全程运输所支付的总运营费用与总活动费用的总和。

7.16 费用占比

表示运输工具在指定的运输通道上，总运营费用、总活动费用在全程运输总费用中各自所占的比例。

7.17 费用变化

运输工具在指定的运输通道和运输方式上，全程运输中各种运输费用的变化情况。

7.18 运输工具每500 km运营费用

在指定的运输通道和运输方式上，全程运输中每500 km的固定费用(成本)。

7.19 运输工具每500 km活动费用

在指定的运输通道和运输方式上，全程运输中每500 km的活动费用。

7.20 运输工具每500 km全程总费用

在指定的运输通道和运输方式上，全程运输中每500 km的全程总费用。

7.21 非官方收费所占比例

在指定的运输通道和运输方式上，全程运输中官方活动费用和非官方活动费用占总活动费用的百分比。

7.22 过境点费用

运输工具在指定全程运输中，一次通过某一过境点所用的总费用。

7.23 过境点活动最高费用

在指定的时间段内，运输工具在某一过境点进行各项指定活动所用费用的最高值。

7.24 过境点活动平均费用

在指定的时间段内，运输工具在某一过境点进行各项指定活动所需费用的平均值。

7.25 是否使用集装箱运输

用“是”或“否”表示货物是否使用集装箱运输。

7.26 使用国际运输系统的比例

在指定的运输通道和时间段内，使用国际运输系统的货物占总运输货物的比例。

7.27 货物种类所占的比例

在指定的运输通道和时间段内，各种类货物所占总运输货物的比例。

7.28 不同运输方式所占时间的比例

7.28.1 在某一全程运输中，不同运输方式所占时间的比例。
7.28.2 在指定的运输通道和时间段内，不同运输方式所占时间的比例。

7.29 不同运输方式所占货物的比例

7.29.1 在某一全程运输中，不同运输方式所载运货物的比例。
7.29.2 在指定的运输通道和时间段内，不同运输方式所载运货物的比例。

7.30 跨境运输所占比例

在指定的运输通道和时间段内，跨境运输所占比例。

8 评估与监控方法

8.1 时间/成本-距离法

使用图表来表示运输过程中成本和时间数据之间的关系，通过检视运输通道上每一运输段的成本和时间特征，来识别某条运输通道上的低效率点和辨析阻碍发展的因素；分析在指定的运输通道上影响某一种类货物运输成本和时间的因素。时间指将货物从起点通过指定的运输路线运送到终点所花费的时间，其中包括由于交通堵塞或服务质量等原因而造成的延误。成本是指与货物移动和运输工具有关的支付费用。示意见图1。

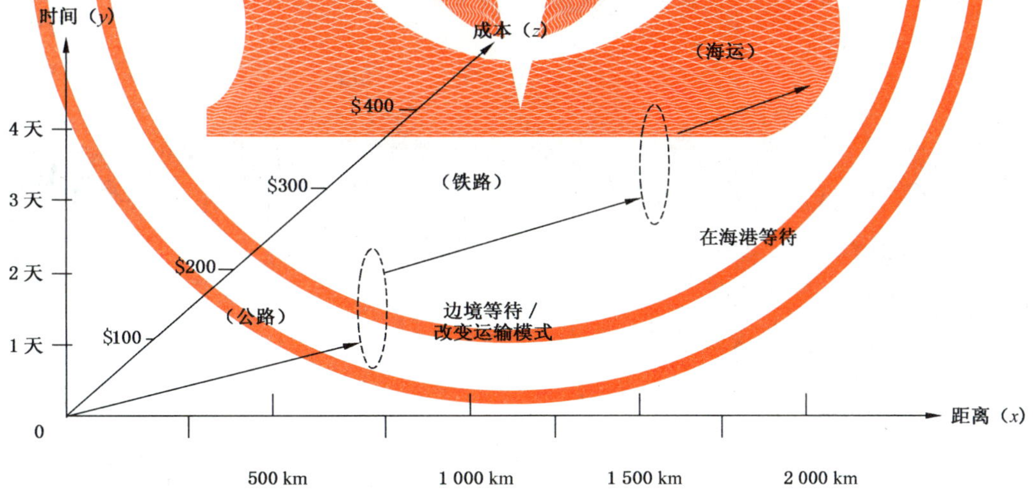

图1 时间/成本-距离计算方法

8.2 效益变化表示法

使用图表来表示运输过程中成本和时间与距离之间的关系，即用时间/成本与距离的夹角表示效益变化，分析运输通道上每一运输段所耗费的成本和时间及其效益变化的情况；比较和评估同一运输通道上相互竞争的不同运输方式；比较和评估替代过境运输通道的优劣；比较和分析不同运输通道的货物运输优势。示意见图2。

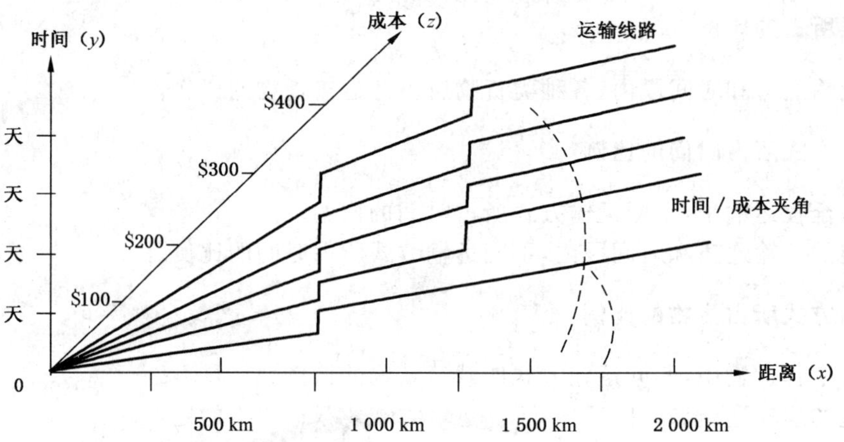

图 2　时间/成本与距离的夹角表示效益变化

附　录　A
（资料性附录）
组织构成与工作准备

A.1　组建机构与人员指定

A.1.1　组建信息数据处理与监控单位。

A.1.2　指定协调人员。

A.1.3　指定现场专家。

A.1.4　指定运输工具驾驶人员。

A.2　前期工作

A.2.1　按 TB/T 1945、JT/T 470、JT/T 307.1 及其他相关规定，对运输通道进行标识。可按 GB/T 2659、GB/T 15514、ISO 3166-1 和 ISO 3166-2 的规定，对运输通道沿途各节点进行标识。

A.2.2　按 GB/T 7635.1 或 JT/T 19 或 HS 规定，对货物种类进行标识。

A.2.3　按 GB/T 6512 规定，对运输方式进行标识。

A.2.4　对协调员、运输工具驾驶人员进行信息收集培训。

A.2.5　由经营具体运输路线上的运输工具经营者或货运代理企业收集定量和定性的数据。

A.2.6　建立行程登记制度，对运输工具信息及计划运输线路等进行登记。行程登记簿参见示例 1。

A.2.7　按 GB/T 26319 规定，对每一行程进行编号，并将该编号（控制号）记入运输工具驾驶人员信息收集登记表，参见附录 B。

A.3　文件准备

A.3.1　行程登记簿

指用于记录运输工具信息及计划运输线路等信息的文件。行程登记簿参见表 A.1。

表 A.1　行程登记簿

日期	控制号	运输工具驾驶员姓名	运输工具驾驶员国籍	运输工具型号及国籍	计划运输线路

A.3.2　协调员工作簿

指用于记录协调员工作过程的文件。协调员工作簿参见表 A.2。

表 A.2 协调员工作簿

表格填写的完整性是否审阅过?		是		否	(表格)审阅日期	
表格填写的准确性是否审阅过?		是		否	(表格)审阅日期	
是否跟进司机澄清相关问题?		是		否	跟进司机的日期	
表格是否录入 TCD 表格?		是		否	数据输入的日期	
TCD 完整性是否经过审阅?		是		否	(TCD)审阅日期	
TCD 准确性是否经过审阅?		是		否	(TCD)审阅日期	
协调员姓名和签字						

A.3.3 运输工具驾驶人员信息收集登记表

指用于运输工具驾驶人员或相关人员按既定要求记录所收集到的定量和定性数据的文件。运输工具驾驶人员信息收集登记参见表 B.1。

A.3.4 TCD 表格 TCD template

用于录入、处理、统计、分析以时间/成本-距离法所收集到的定量和定性的数据信息的模板,参见附录 C。

A.4 工作职责

A.4.1 运输工具驾驶人员

指运输工具驾驶人员,包括协助其完善数据信息的有关机构与相关人员,如货运代理或物流节点上的中转、集散和储运等相关机构,包括港口、空港、火车货运站、公路枢纽、公共仓库及现代物流(配送)中心、物流园区等。

A.4.2 运输工具驾驶人员职责

——向协调员领取运输工具驾驶人员信息收集登记表,并与其核对表上的信息;
——向协调员了解清楚所要执行的任务;
——在运输工具驾驶人员信息收集登记表上记录运输工具运行成本、活动成本以及时间等信息;
——及时向协调员报告途中异常情况;
——存疑时澄清任何问题。

A.4.3 协调员

指协调运输工具驾驶人员与现场专家工作关系,并负责 TCD 表格数据信息录入的人员。

A.4.4 协调员职责

——接受填写 TCD 表格的培训;
——负责对收集数据的运输工具驾驶人员就如何填写运输工具驾驶人员信息收集登记表进行

培训；

——根据工作安排和所选择的运输通道，指定收集数据的运输工具驾驶人员；

——向运输工具驾驶人员布置任务；

——货物起运之前，分配控制号，并将该编号记入运输工具驾驶人员信息收集登记表；

——在行程登记簿中登记控制号、路线计划、运输工具及其驾驶人员国籍的信息，按时间顺序和统一的识别编码记录、跟踪每一份表格，并予以完整保存；

——从运输工具驾驶人员处收取填写完毕的登记表，检查运输工具驾驶人员是否按规定正确填写表格；

——监控数据收集程序，并向信息处理与监控单位报告存在的问题；

——负责将数据录入 TCD 表格并在规定的时间内提交给信息处理与监控部门；

——及时答复信息数据处理与监控部门所提出的问题；

——跟踪所记录的费用变化情况；

——负责将原始收据/证明文件归档；

——提示货币兑换汇率，填写统一规定的货币值；

——将工作过程完整记入协调员工作簿。

A.4.5　现场专家

指协调协调员和信息数据处理与监控部门工作关系，并负责审核 TCD 表格的人员。

A.4.6　现场专家的职责

——考察既定的国家、地区的运输通道相关情况；

——组织协调员的培训；

——与协调员讨论选择运输通道进行数据收集；

——对协调员所提交的 TCD 表格进行审核。

A.4.7　信息数据处理与监控部门

指负责信息数据的处理、统计、分析理与监控，并编写 CPMM 报告的机构。

A.4.8　信息数据与监控部门职责

——汇总 TCD 表格数据；

——按设定的模式就 TCD 表格数据进行统计分析；

——编写 CPMM 季报和年报的报告；

——向 TCD 数据的最终用户递交报告。

A.4.9　工作流程

工作分工与流程参见图 A.1。

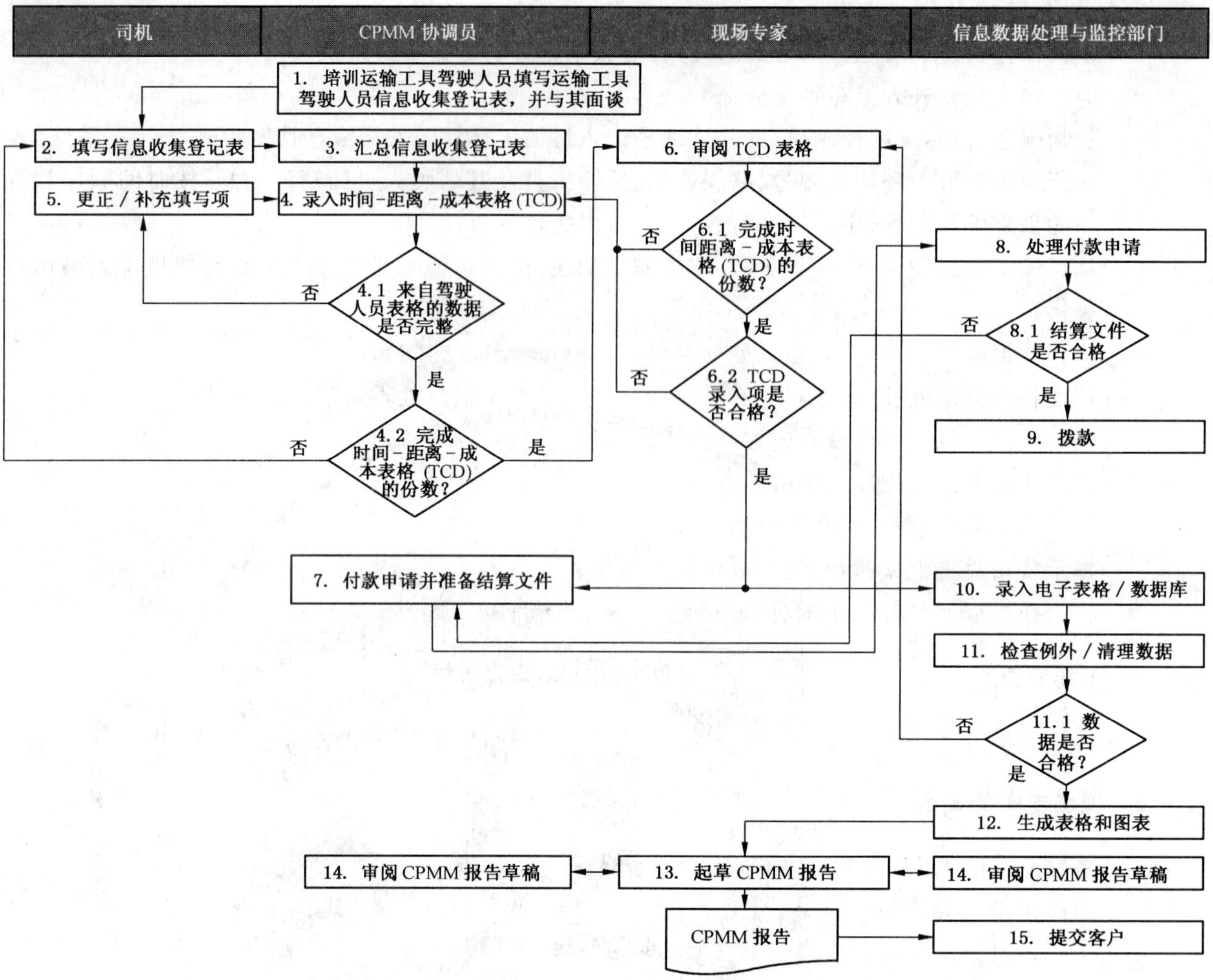

图 A.1 工作分工与流程图

附　录　B
（资料性附录）
运输工具驾驶人员信息收集登记表

B.1　运输工具驾驶人员信息收集登记表

B.1.1　控制号，指为某一全程运输分配的唯一编号；

B.1.2　路线计划，指运输工具计划行程路线，始于始发、途径所有计划停靠、终止于最终目的的城市或城镇或港口、空港、火车货运站、公路枢纽、大型公共仓库及现代物流（配送）中心、物流园区等的地点名称，以及国家的名称。

B.1.3　运输通道，指按照约定的或习惯的或地理上的物流节点间的运输路线。

B.1.4　运输通道编号，指为某一运输通道分配的唯一编号。如果运输工具停靠的地点位于该运输通道 20 km 范围之内，应标注运输通道编号；运输工具停靠点不在运输通道范围内，可不必标注运输通道编号。

B.1.5　国际运输系统，为适用指定的国际过境或转运约定而开发的货物运输信息系统，如国际陆路运输协定（Transport International Router，TIR）或计算机化过境转运系统（National Car Testing Service，NCTS）。注明所使用的具体国际过境协定或国际过境转运信息系统。

B.1.6　运输方式，指货物从运输工具前一停靠点运送至本次停靠点所采用的运输方式。如公路运输、铁路运输、水路运输、航空运输、管道运输、多式联运等。

B.1.7　运输工具信息

——注册国籍，指所用运输工具正式注册的国家名称。
——制造国，指生产该运输工具的国家名称。
——型号，指运输工具类型或型号。
——制造商，指生产运输工具的单位名称。
——制造年份，指生产运输工具的年份。
——排放标准，指运输工具所符合的排放标准。
——运输工具驾驶人员国籍，指护照中所载的运输工具驾驶人员的国籍，适用于公路运输。

B.1.8　货物信息

——货物类型，指所载运货物的说明，如服装、水果及蔬菜、罐装货物、石油加工设备、建筑材料或混合商品，按 GB/T 7635.1 规定的代码填写。如是用集装箱运输的货物，应加以注明并填写“吨数”和标明是 20 英尺或 40 英尺集装箱。
——货物重量，所载运货物的总重，以吨表示。
——货物仓储地点。
——货物仓储日期时间。
——货物项目检查地点。
——货物项目检查时间。

B.1.9　运输工具作业形式、时间和地点

——实际集结货物日期时间和地点。
——接货日期时间和地点。
——拼箱日期/装、拆箱日期时间和地点。
——货物装载于运输工具日期时间和地点。
——装货基本港。
——运输工具启运地点。

——运输工具实际启程日期时间。
——续运日期时间和地点。
——卸货基本港。
——运输工具抵达日期时间和地点。
——卸货日期时间和地点。
——交货地收货日期时间和地点。
——交付最后收货人日期时间和地点。
——运输工具在港停泊日期时间和地点。
——铁路运输;换轨作业、列车编组、技术查验、商品查验、载货保护、保安服务的日期时间和地点。
——运输工具过轮渡/驳载日期时间和地点。
——起始时里程表读数,在始发地或行程开始时的里程表读数。
——终止时里程表读数,到达最终目的地时的里程表读数。

B.1.10 运输工具停靠

——运输工具停靠次数,从始发地到目的地之间的运输工具停靠次数。每次运输工具停靠应有相应的活动、持续时间、所产生的费用及用途、里程、运输工具停靠地点等。每次停靠时间超过15 m或包含重要活动,如接受警察检查站的检查或高速路收费站缴费或遇有额外付款的情况,应记录在案。
——与运输工具前一停靠点的距离(km),运输工具的前一停靠点到本次停靠点的里程。
——运输工具前一停靠点与本次靠点之间的持续时间(h),从运输工具从前一停靠地点到本次停靠地点之间所花费的时间。
——运输工具停靠原因,运输工具停靠的原因,如中途停靠、离境、入境、最终目的地。
——中途停靠,除运输工具出入境停靠及最终目的停靠以外的停靠。
——运输工具停靠点,运输工具停靠时所在的城市或城镇或港口、空港、火车货运站、公路枢纽、大型公共仓库及现代物流(配送)中心、物流园区等的地点名称,以及国家的名称。

B.1.11 活动时间、地点、费用及费用性质

——活动持续时间(h),完成某指定活动所花费的时间;
——活动费用,为指定活动支付的费用;按照支付当时的汇价将本币折算为统一货币,如人民币元。
——费用性质,指定活动的付费是否得到了业务管理机构的批准;用“O”表示正式支付;用“U”表示非正式支付。非正式支付是指贿赂、非正式活动费以及没有正式收据的付款。
——卫生/健康检疫,由业务管理机构执行的检查人体是否携带恶性或传染病等的健康检查活动。记录此项活动所占用的时间和具体付费款项,包括官方和/或非官方的付费。
——植物检验检疫,由业务管理机构执行的检查货物是否携有害虫或植物病的活动。记录此项活动所占用的时间和具体付费款项,包括官方和/或非官方的付费。
——动物检验检疫,由业务管理机构执行的检查货物中是否存在传染性动物疾病,以及对流向指定地区的动物与动物制品进行监管活动。记录此项活动所占用的时间和具体付费款项,包括官方和/或非官方的付费。
——环境/生态检查站,由业务管理机构执行的检查排放、排污等防止环境污染和保护生态环境等的活动。记录此项活动所占用的时间和具体付费款项,包括官方和/或非官方的付费。
——边检/边防,由边防人员执行的对出境、入境的人员及其行李物品、交通运输工具及其载运的货物实施边防检查、监护等活动。记录此项活动所占用的时间和具体付费款项,包括官方和/或非官方的付费。
——签证/移民,在边境过境点由出入境管理局进行的护照查验活动,以及在运输工具驾驶人员没有有效护照的情况下,办理延期手续等活动。记录此项活动所占用的时间和具体付费款项,包括官方和/或非官方的付费。
——海关清关,进、出口货物和转运货物进入一国海关关境或国境向海关申报,办理海关规定的各项手续,履行各项法规规定的义务等活动;在进出境时办理海关申报、查验、征税、放行等手续

由海关进行的文件和物品检查活动。记录此项活动所占用的时间和具体付费款项，包括官方和/或非官方的付费。

——重量/标准检查，由业务管理机构进行的载货运输工具体积和重量检查活动。记录此项活动所占用的时间和具体付费款项，包括官方和/或非官方的付费。

——警察检查点/检查站，运输工具在行进途中接受正式或非正式检查点/检查站或者任何由警察或交通部门设置的检查站的检查。记录此项活动所占用的时间和具体付费款项，包括官方和/或非官方的付费。

——运输/车辆查验，对运输工具的登记、运输及/或者缴纳适用的道路使用税及/或者过境费用等情况的检查活动。记录此项活动所占用的时间和具体付费款项，包括官方和/或非官方的付费。

——港口国监督(Port State Control，PSC)或其他安全检查，港口国监督审查官员在本国口岸对外国船舶的安全检查活动，检查是由核实各项检查的。

——意外/事件或事故，由于不能预见的原因所引起的事件或事故，记录事件或事故所发生的地点、时间和所产生的费用。

——修理，运输工具因故障或其他原因在途中修理，记录修理所发生的地点、时间和所产生的费用。

——装卸作业，运输工具装卸货物的活动，记录装卸所发生的地点、时间和所产生的费用。

——货物包装、绑扎、衬垫、加固、标志、分票、隔票、堆码—进行货物包装、绑扎、衬垫、加固、标志、分票、隔票、堆码的活动，记录这些活动的地点、时间和所产生的费用。

——理货，对货物进行理货的活动，记录理货活动的地点、时间和所产生的费用。

——护送/押运，在边境入境点集合等待护卫/护送车队以前往下一地点的时间。记录此项活动所占用的时间和具体付费款项，包括官方和/或非官方的付费。

——绕道/绕航，由于不可预见的情况，如道路阻塞、雪崩等或海上躲避台风、雾区等，而偏离既定路线。记录此项活动所占用的时间、燃油和其他费用。

——等候/排队，因排队或其他因等候不能进行任何活动而造成的空闲时间。如公路运输中经常发生在边境过境点和军事检查站；水上运输中经常发生等待领航员、锚地或泊位；铁路运输中经常发生等候换轨作业等。记录此项活动所占用的时间和所产生的费用。

——过夜/休息，公路运输中运输工具驾驶人员途中停驶休息或过夜住宿的时间。

——用餐，公路运输中运输工具驾驶人员途中停驶就餐所占用的时间。

——加油时间，在中途加油所占用的时间。

——额外保险费，为履行本航次/班次/车次/航班运输任务，需要额外购买货物保险或责任保险等的费用。

——运输工具驾驶人员津贴，公路运输中支付给运输工具驾驶人员的津贴。

——装货/卸货，为发运、转运、接运、仓储等而装卸货物的活动。记录此项活动所占用的时间和所产生的费用，包括官方和/或非官方的付费。

——其他活动，不包括在运输工具驾驶人员信息收集登记表中列明的其他活动。

B.1.12 运输工具运行

——运输工具运行运营费用(成本)，运输工具从一个停靠点运输至下一个停靠点所需的固定费用，其中包括运输工具驾驶人员工资、运输工具折旧、运输工具租金、燃油费用、正常维修及保养费用及其他相关费用，如运输工具注册、保险等费用；包括如集装箱等运输设备的空箱返回费用、清洗及修理等相关费用，但不包括运输工具驾驶人员信息收集登记表中所列活动的费用。

——在途运输时间(小时)，运输工具在指定的运输通道上完成某一全程运输所运行的时间，不包括为完成某指定活动所花费的活动时间。

B.2 运输工具驾驶人员信息收集登记表示例

运输工具驾驶人员信息收集登记表示例参见表 B.1。

表 B.1 运输工具驾驶人员信息收集登记表

运输工具驾驶人员信息收集登记表
请在行程结束时将填写完整的本表交给各自协调员

控制号		启运地		启运日期时间		里程表起始读数		目的地		抵达日期时间		里程表抵达读数	
货物名称/种类		货物重量		易腐货物		集装箱		集装箱		TIR		计划路线	

停车次数	1	2	3	4	7	9	10
城镇/城市							
国家							
运输通道							
运输模式							
与上次停靠点之间的距离(千米)							
与上次停靠地安之间的时间(小时)							

	花费	货币	汇率	花费	货币	汇率	花费	货币	汇率	花费	货币	汇率	花费	货币	汇率	花费	货币	汇率	花费	货币	汇率
运输工具运营成本																					
燃料费																					
运输工具驾驶人员工资																					
运输工具折旧成本																					
维修/保养费																					
保险费																					
是否过境点?																					
停车的原因(选择一个)	1 2 3 4			1 2 3 4			1 2 3 4			1 2 3 4			1 2 3 4			1 2 3 4			1 2 3 4		

活动	持续时间	官方收费	非官方收费	总费用	费率	持续时间	官方收费	非官方收费	总费用	费率	持续时间	官方收费	非官方收费	总费用	费率	持续时间	官方收费	非官方收费	总费用	费率	持续时间	官方收费	非官方收费	总费用	费率	持续时间	官方收费	非官方收费	总费用	费率	持续时间	官方收费	非官方收费	总费用	费率
卫生/健康检疫																																			
植物检验检疫																																			
动物检验检疫																																			
环境/生态检查站																																			
边检/边防																																			
签证/移民																																			
重量/标准检查																																			
警察检查站/检查点																																			
运输/车辆查验																																			
护送/押运																																			
绕道																																			
等候/排队																																			
过夜/休息																																			
用餐																																			
装货/卸货																																			
其他(请说明)																																			
注释																																			

停车原因:1——中途停留;2——离境;3——入境;4——最终目的地。

附 录 C
（资料性附录）
TCD 表示例

C.1 TCD 表格汇总部分参见表 C.1。

表 C.1 TCD 表格汇总部分

FILE ID	1	2	3	4	5	6	…
路线							
货物							
货物分类							
易腐							
货物重量/t							
是否使用集装箱							
是否使用 TIR							
问卷填写完成时间							
距离/km							
运输在途时间/h							
活动时间/h							
总时间/h							
车辆运营成本/CNY							
活动成本/RMB							
总行程费用/RMB							
无延误情况下速度/(km/h)							
有延误情况下速度/(km/h)							
车辆运营成本/(CNY/500 km)							
活动成本/(CNY/500 km)							
总行程费用/(CNY/500 km)							

C.2 TCD 表格信息录入部分参见表 C.2。

表 C.2　TCD 表格信息录入部分

		启运地				停留 1			
停留地	城市名称								
	国家名称								
	运输通道编号								
运输方式									
从上一点到此点的距离									
行程所用时间/h		h	min			h	min		
过境成本/(美元)									
停留原因		启运地							
	活动	时间		成本/CNY	是否官方	时间		成本/CNY	是否官方
对停留的描述	卫生/检疫	h	min			h	min		
	植物检疫	h	min			h	min		
	动物检验检疫	h	min			h	min		
	边境安全/边防	h	min			h	min		
	签证/移民局	h	min			h	min		
	海关通关	h	min			h	min		
	绕道	h	min			h	min		
	等待/排队	h	min			h	min		
	装/卸	h	min			h	min		
	押运	h	min			h	min		
	重量/标准检验	h	min			h	min		
	警察检查站	h	min			h	min		
	运输/交警检查	h	min			h	min		
	环境/生态检查站	h	min			h	min		
	车辆登记	h	min			h	min		
	修理/换胎	h	min			h	min		
	转运	h	min			h	min		
	其他 1	h	min			h	min		
	其他 2	h	min			h	min		
	其他 3	h	min			h	min		
总计		h	min			h	min		
对活动的描述(例如办理途中某一段路程的手续)									

注：停留 2 及往后停靠点的相关内容与停留 1 相同，可根据停靠站点数量顺延。

参 考 文 献

［1］ 世界银行时间/成本—距离计算方法
［2］ 亚洲开发银行中亚区域运输通道绩效评估与监控方法

ICS 03.100.01
A 02

中华人民共和国国家标准

GB/T 28532—2012

承运人标识符编码规则

Code rule for carrier identifier

2012-06-29 发布　　2012-10-01 实施

中华人民共和国国家质量监督检验检疫总局
中国国家标准化管理委员会　发布

前　言

本标准按照 GB/T 1.1—2009 给出的规则起草。

本标准由中华人民共和国商务部提出并归口。

本标准起草单位：浙江双马国际货运有限公司、国富通信息技术发展有限公司、上海新景程国际物流有限公司、深圳市联合纵横国际货运代理公司、福建金航国际货运代理有限公司厦门分公司、广州惠尔通物流有限公司、全国国际货运代理标准化技术委员会、大连锦程物流网络技术有限公司、中外运长航集团有限公司、中国海运(集团)总公司、中钢国际货运有限公司、新时代保险经纪有限公司、内蒙古安快物流集团。

本标准主要起草人：林忠、高爽、陈峥、冯建萍、曹玺、杨旭、刘嫩姗、景洪德、张海峰、李莉丽、陈智勇。

引　言

随着电子商务日益发展，在电子单证信息交换过程中的承运人标识符成为承运人企业与其业务关联方之间业务联系的必不可少技术手段。由于目前尚未对众多承运人标识符的编码进行统一的规范，企业自定义代码差异性大，直接影响和降低业务信息交换的畅通和效率；其真实性也难以确认，加大业务操作成本和风险。本标准的制定，旨于规范承运人标识符，为承运人业务的信息交换和信息共享、业务统计、业务管理和交易提供技术支持和保障。

承运人标识符编码规则

1 范围

本标准规定了承运人标识符的代码结构和编写规则。

本标准适用于承运人与业务关联方间的信息交换、身份识别，亦可用于相关机构对承运人的管理。

2 规范性引用文件

下列文件对于本文件的应用是必不可少的。凡是注日期的引用文件，仅注日期的版本适用于本文件。凡是不注日期的引用文件，其最新版本(包括所有的修改单)适用于本文件。

GB/T 12402—2000 经济类型分类与代码

GB/T 22154—2008 国际货运代理服务质量要求

GB/T 26319—2010 国际货运代理单证标识符编码规则

GB/T 26321—2010 国际货运代理业务数据元

3 术语、定义和缩略语

3.1 术语和定义

GB/T 26321—2010 中界定的以及下列术语和定义适用于本文件。

3.1.1

承运人 carrier

用自己的运输工具实际进行运输或任何以明示或默示的方式承担运输责任的人。

[GB/T 22154—2008，定义 3.7 和 3.8]

3.1.2

承运人业务类型 type of carrier

承运人所采用的运输方式。

3.1.3

经济类型 economic categories

按不同资本(资金)来源和资本组合方式划分经济组织和其他组织机构的类别。

3.2 缩略语

下列缩略语适用于本文件。

AWB	国际航空运输协会(IATA)空运单
CIM	铁路托运单(CIM 公约)
CIMP	国际航空运输协会(IATA)货物交换报文程序手册(CARGO-IMP 手册)
CMR	公路托运单(CMR 公约)
IATA	国际航空运输协会
IMO	国际海事组织
IMO/FAL	国际海上组织-国际海上运输便利化协定

MAR　　　　　　　　国际海运组织(IMO)格式和国际航运公会(ICS)标准提单
UNLK　　　　　　　 联合国单证样式

4　代码结构和编写规则

4.1　代码结构

采用 GB/T 26321—2010 的规定，承运人标识符为 17 位不等长(即总长度不超过 17 位)的字母数字型代码组成，代码分为 5 部分，具体结构如图 1 所示。

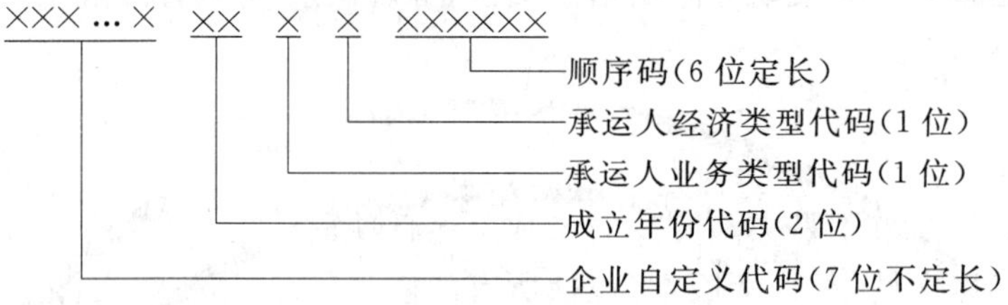

图 1

4.2　代码编写规则

4.2.1　顺序码

从右至左起算，代码的第 1～6 位为顺序码，数字型，定长 6 位，即企业顺序码的代码的总长度为 6 位，不足 6 位则从左端起补零。

4.2.2　承运人经济类型代码

从右至左起算，代码的第 7 位为承运人经济类型代码，用 5.2 规定的代码。

4.2.3　承运人业务类型代码

从右至左起算，代码的第 8 位为承运人业务类型代码，用 5.1 规定的代码。

4.2.4　成立年份代码

从右至左起算，代码的第 9、10 位为企业成立的年份代码，用年份的后两位数字表示。如 2009 年成立的企业，年份代码为 09。

4.2.5　企业自定义代码

从右至左起算，代码的第 11～17 位为企业自定义代码，字母数字型，不定长。即企业自定义的代码的总长度不超过 7 位。其中，字母放在代码中的左端，数字编号放在代码中的右端。为了避免与其他企业名称混淆，可用企业名称或类似的缩写等表示。

5　代码定义

5.1　承运人业务类型代码

5.1.1　承运人业务类型按其运输方式划分。

5.1.2　采用 GB/T 26319—2010 规定，分为 10 种并用 0～9 数字表示承运人业务类型，代码定义如表 1 所示。

表 1　承运人业务类型的代码定义

代码	名　　称	描　　述
0	未指定的运输方式(Transport mode not specified)	没有指定的运输方式
1	海上运输(Maritime transport)	经海上运输货物和/或人员
2	铁路运输(Rail transport)	经铁路运输货物和/或人员
3	道路运输(Road transport)	经公路运输货物和/或人员
4	航空运输(Air transport)	经航空运输货物和/或人员
5	邮递(Mail)	通过邮寄的方式运送货物
6	多式联运(Multimodal transport)	通过多式联运的方式运送货物
7	固定式运输设施(Fixed transport installation)[a]	运输项目是经固定式运输设施
8	内陆水上运输(Inland water transport)	经内陆水路运输货物和/或人员
9	运输方式不适用(Transport mode not applicable)	运输方式不适用
[a] 本代码适用于连续运输的设施,如管道、缆车和电力线路。		

5.2　承运人经济类型代码

采用 GB/T 12402—2000 的规定,承运人经济类型分为内资、港澳台投资、国外投资及其他四种,并用 A、B、C 和 D 四个字母表示,各自的代码定义如表 2 所示。

表 2　承运人经济类型代码定义

代码	经济类型名称	说　　明
A	内资	资本(资金)主要来源于内地的经济组织的经济类型
B	港、澳、台投资	资本(资金)部分(达到国家规定比例以上)或全部来源于港、澳、台的经济组织的经济类型
C	国外投资	资本(资金)部分(达到国家规定比例以上)或全部来源于国外的经济组织的经济类型
D	其他	以上未包括的经济组织的经济类型

6　在单证中的位置

按 GB/T 26321—2010 规定,承运人标识符在下列各自单证中的位置:

——AWB:L 24,P 13-29,34-36,41-43;

——CIM:L 04-08,P 02-07;

——CIMP:(312):an2;

——CMR:L 09,P 63-80;

——MAR:L 13,P 63-80;

——UNLK:L 09,P 63-80;

——MAR:IMO/FAL 1,7。

注: L 表示行,后接所示单证样式规定的数据项的行号(或行数);P 表示位置,后接所示单证样式规定的数据项的字符位置号(或位置数)。

参 考 文 献

［1］《2000年国际贸易术语解释通则》（International Rules for the Interpretation of Trade Terms of 2000，INCOTERMS2000）

［2］ **ISO 7372 国际贸易数据元目录 标准数据元（TDED）（ISO 7372 Trade Data Elements Directory—Standard data element）（TDED）**

ICS 29.260.20
K 35

中华人民共和国国家标准

GB/T 28533.1—2012

爆炸性气体环境用电气耦合连接器 第1部分:"n"型耦合连接器

Coupling connector for use in explosive gas atmospheres—Part 1: Type of protection "n" coupling connector

2012-06-29 发布　　2012-11-01 实施

中华人民共和国国家质量监督检验检疫总局
中国国家标准化管理委员会　发布

前　言

GB/T 28533《爆炸性气体环境用电气耦合连接器》包含以下部分：

——第1部分："n"型耦合连接器；

——第2部分：隔爆型耦合连接器(正在制定中)。

本部分是GB/T 28533的第1部分。

本部分按照GB/T 1.1—2009给出的规则起草。

本部分的技术内容参考了GB 3836.1—2010《爆炸性环境　第1部分：设备　通用要求》、GB 3836.8—2003《爆炸性气体环境用电气设备　第8部分："n"型电气设备》和GB/T 11918—2001《工业用插头插座和耦合器　第1部分：通用要求》的相关要求。

本部分由中国电器工业协会提出。

本部分由全国防爆电气设备标准化技术委员会(SAC/TC 9)归口。

本部分主要起草单位：北京北方永邦科技股份有限公司、南阳防爆电气研究所、宝鸡友泰电子有限责任公司、国家防爆电气产品质量监督检验中心、上海工业自动化仪表研究院、沈阳电气传动研究所等。

本部分主要起草人：李昌富、张丽晓、王鲜华、仲丽云、徐建平、葛庆、郑琦、陈在学、邓永林、侯韩芳等。

爆炸性气体环境用电气耦合连接器 第1部分:“n”型耦合连接器

1 范围

GB/T 28533的本部分规定了Ⅱ类爆炸性气体环境用“n”型电气耦合连接器(以下简称耦合连接器)的术语和定义、型式和基本参数、技术要求、试验方法、检验规则、标志、说明书、包装、运输和贮存等。

本部分适用于额定电压不高于690 V AC/DC的爆炸性气体环境用Ⅱ类“n”型(EPL Gc)耦合连接器。

本部分不适用于“n”型防爆插接装置类和其他防爆型式的耦合连接器。

2 规范性引用文件

下列文件对于本文件的应用是必不可少的。凡是注日期的引用文件,仅注日期的版本适用于本文件。凡是不注日期的引用文件,其最新版本(包括所有的修改单)适用于本文件。

GB/T 2423.1—2008 电工电子产品环境试验 第2部分:试验方法 试验A:低温(IEC 60068-2-1:2007,IDT)

GB/T 2423.2—2008 电工电子产品环境试验 第2部分:试验方法 试验B:高温(IEC 60068-2-2:2007,IDT)

GB/T 2423.3—2006 电工电子产品环境试验 第2部分:试验方法 试验Cab:恒定湿热试验(IEC 60068-2-78:2001,IDT)

GB/T 2423.5—1995 电工电子产品环境试验 第2部分:试验方法 试验Ea和导则:冲击(idt IEC 60068-2-27:1987)

GB/T 2423.10—2008 电工电子产品环境试验 第2部分:试验方法 试验Fc:振动(正弦)(IEC 60068-2-6:1995,IDT)

GB/T 2900.35—2008 电工术语 爆炸性环境用设备(IEC 60050-426:2008,IDT)

GB 3836.1—2010 爆炸性环境 第1部分:设备 通用要求(IEC 60079-0:2007,MOD)

GB 3836.8—2003 爆炸性气体环境用电气设备 第8部分:“n”型电气设备(IEC 60079-15:2001,MOD)

GB 4208—2008 外壳防护等级(IP代码)(IEC 60529:2001,IDT)

GB/T 5095.2—1997 电子设备用机电元件 基本试验规程及测量方法 第2部分:一般检查、电连续性和接触电阻测试、绝缘试验和电压应力试验(idt IEC 512-2:1994)

GB/T 5095.5—1997 电子设备用机电元件 基本试验规程及测量方法 第5部分:撞击试验(自由元件)、静负荷试验(固定元件)、寿命试验和过负荷试验(idt IEC 512-5:1992)

GB/T 5095.7—1997 电子设备用机电元件 基本试验规程及测量方法 第7部分:机械操作试验和密封性试验(idt IEC 512-7:1993)

GB/T 5095.8—1997 电子设备用机电元件 基本试验规程及测量方法 第8部分:连接器、接触件及引出端的机械试验(idt IEC 512-8:1993)

GB/T 11918—2001 工业用插头插座和耦合器 第1部分:通用要求(idt IEC 60309-1:1999)

GB/T 13384—2008 机电产品包装通用技术条件

3 术语和定义

GB/T 2900.35、GB/T 11918—2001 界定的以及下列术语和定义适用于本文件。

3.1

连接器 connector

与连接到电源的一根软电缆成一体的或预定与该电缆连接的那一部分。

3.2

电气耦合连接器 electrical coupling connector

能进行电连接的耦合器件,分为电缆(电线)耦合连接器和器具耦合连接器。

3.3

电缆耦合连接器 cable coupling connector

能随意连接两根软电缆的器件,由连接器和插头两部分组成。

3.4

器具耦合连接器 appliance coupling connector

能将软电缆随意连接到设备的器件,由连接器和器具输入插座两部分组成。

3.5

插头 plug

与连接到设备或连接器的一根软电缆成一体的或预定与此软电缆连接的那一部分。

3.6

器具输入插座 appliance inlet

安装在设备里的、或固定到该设备的、或预定固定到该设备的那一部分。

3.7

插座 socket-outlet

预定与固定布线安装在一起的或安装在设备里的那部分。

插座也可安装在隔离变压器的输出电路里。

3.8

"n"型耦合连接器 type of protection "n" coupling connector

可适用于可燃性气体、蒸气与空气混合形成的爆炸危险场所 2 区环境,并符合本部分要求的耦合连接器。

4 型式和基本参数

4.1 型式

4.1.1 按安装形式分类

a) 固定式;

b) 非固定式。

4.1.2 按用途分类(见图 1)

a) 电缆耦合连接器;

b) 器具耦合连接器。

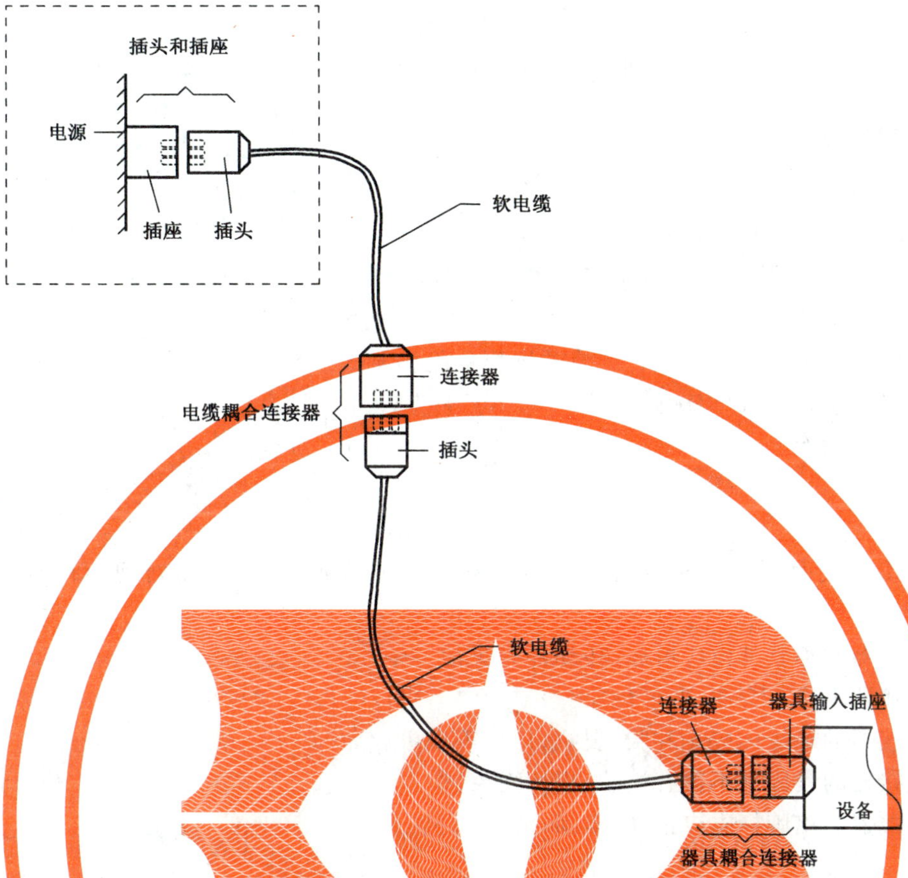

注：图 1 中虚线中内容不属于本部分的范围，插头的电输出部分接连接器。

图 1 "n"型耦合连接器用途示意图

4.2 基本参数

4.2.1 额定工作电压范围和额定电压优选值为：(20～25)V、(40～50)V、(100～130)V、(200～250)V、277 V、(380～415)V、(440～460)V、(480～500)V、(600～690)V。

注：本部分中所述的"电压"、"电流"均指交流有效值或直流值。

4.2.2 额定电流优选值为：≤16 A、32 A、63 A、125 A、250 A。

注：电流参数不符合上述规定时，若其他性能参数能满足要求，则仍认为符合本部分要求。

5 技术要求

5.1 基本要求

5.1.1 耦合连接器应符合 GB 3836.1—2010、GB 3836.8—2003 的相关规定。

5.1.2 耦合连接器应符合本部分规定，还应符合 GB/T 11918—2001 的相关规定。

5.1.3 依据 GB 3836.1—2010 附录 A 的规定，对耦合连接器，须按照经国家授权的检验机构审查的图样和技术文件制造，同时应取得该机构颁发的"防爆合格证"后，方可生产。

5.1.4 防爆标志

Ex nA ⅡA T1～T6 Gc 或

Ex nA ⅡB T1～T6 Gc 或

Ex nA ⅡC T1～T6 Gc。

注 1：具体的温度组别应依据 6.3.6 测定的最高表面温度确定。

注 2：如是金属外壳，则符合ⅡA、ⅡB、ⅡC；如是非金属外壳，则具体应参照 GB 3836.1—2010 中 7.4.2 确定。

5.2 正常工作条件

——环境温度：(－20～＋40)℃；

——大气压力：(80～110)kPa；

——周围环境相对湿度：≤95％(＋25 ℃时)；

——无淋水、积水的地方；

——可燃性气体、蒸气与空气混合形成的爆炸危险场所 2 区环境；

——安装类别：Ⅲ；

——污染等级：2 级。

5.3 外观质量

5.3.1 耦合连接器表面须平整光滑，色泽均匀，不得有尖角或毛刺，表面处理不得有剥落及伤痕等缺陷。

5.3.2 耦合连接器的锁紧部位应可靠，转动部分灵活。

5.3.3 耦合连接器不得有弯曲、变形现象。

5.3.4 耦合连接器的绝缘体应无肿胀、裂纹、掉块等现象。

5.3.5 耦合连接器的紧固件不得有松动、损坏现象。

5.3.6 耦合连接器的铭牌标志应正确、牢固、清晰、完整。

5.4 结构

5.4.1 对于电缆耦合连接器，插头和连接器的外壳应将接触件和电缆端完全封闭。

5.4.2 对于器具耦合连接器，连接器外壳应将接触件和电缆端完全封闭，插座端必须做到触件和电缆端不会有接触的危险。

5.4.3 耦合连接器的不同零部件彼此间应可靠固定，正常使用过程中不会松脱，不用专用工具应无法将耦合器插头和插座拆开。

5.4.4 如装有绝缘衬垫，此衬垫应有足够的机械强度，并固定到外壳上，做到若不严重损坏便无法将其拆下，或不能将其置于不正确的位置。

5.4.5 耦合连接器正常使用要求下，安装了电缆不进行耦合时，连接器、连接器插头和器具输入插座应有各自的附件，将其封闭，同时防护等级达到 5.5.1 的要求。

5.4.6 联锁。耦合连接器应符合下列要求之一：

a) 用具备实现机械、电气或其他方法联锁，以使触头带电时耦合连接器不能接通和分开，并且当连接器分开后触头不得带电。

b) 按 GB 3836.1—2010 中 9.2 规定的特殊紧固件连接在一起，并按 GB 3836.1—2010 中 29.11e) 的规定在设备上增设警告标志“严禁带电断开”。

在与电池连接的情况下，如断开前不能断电，则标志应按 GB 3836.1—2010 中 29.11f) 的规定增设警告标志“只允许在非危险场所断开”。

5.4.7 插头。插头和触件应在未插入插座或连接器时不得带电。

5.4.8 端子的结构满足 GB/T 11918—2001 第 11 章的要求。

5.4.9 插座的结构满足 GB/T 11918—2001 第 15 章的要求。

5.4.10 插头和连接器的结构满足 GB/T 11918—2001 第 16 章的要求。

5.4.11　器具输入插座的结构满足 GB/T 11918—2001 第 17 章的要求。

5.4.12　螺钉、载流部件和连接满足 GB/T 11918—2001 第 25 章的要求。

5.4.13　耦合连接器应有接地触头，接地触头的长度必须大于其他触头。

——插入插头或连接器时，如有中线，应在相线及中线接通之前先接通地线；

——拔出插头或连接器时，如有中线，应在接地线断开之前先断开相线及中线。

5.4.14　互换性。不同型号规格的耦合连接器，应有防止产生互换的措施。

5.5　防爆要求

5.5.1　外壳防护等级

耦合连接器外壳防护等级不低于按 GB 4208—2008 要求的 IP54。

5.5.2　机械强度

耦合连接器外壳应符合 GB 3836.1—2010 中 26.4.2 规定的冲击试验要求。插头还需满足 GB 3836.1—2010 中 26.4.3 规定的跌落试验要求。

5.5.3　非金属外壳和外壳的非金属部件

耦合连接器的非金属外壳和外壳的非金属部件应符合 GB 3836.1—2010 中 26.7、26.8、26.9 规定的耐热、耐寒试验，GB 3836.1—2010 中 26.10 规定的光老化试验，GB 3836.1—2010 中 26.13 规定的表面电阻试验要求。

5.5.4　连接件

耦合连接器的连接件应符合 GB 3836.8—2003 第 6 章规定的要求。

5.5.5　电气间隙、爬电距离

耦合连接器的电气间隙、爬电距离应符合 GB 3836.8—2003 第 7 章规定的要求。

5.5.6　绝缘介电强度

耦合连接器的绝缘介电强度应符合 GB 3836.8—2003 第 8 章规定的要求。

5.5.7　电缆引入装置

耦合连接器的电缆引入装置应符合 GB 3836.8—2003 第 6 章规定的要求。

5.5.8　最高表面温度

耦合连接器的最高表面温度应符合 GB 3836.1—2010 第 5 章规定的要求。

5.6　性能要求

5.6.1　恒定湿热

插合好的耦合连接器应经受温度为(40±2)℃、相对湿度为(90～95)%、持续时间为 48 h 的恒定湿热试验，试验后外观质量应符合 5.3 的规定，绝缘电阻符合 5.6.10 的规定，绝缘介电强度符合 5.5.6 防爆要求的规定。

5.6.2 高低温性能

5.6.2.1 低温性能

a) 严酷等级：−20 ℃；

b) 持续时间：2 h。

5.6.2.2 高温性能

a) 严酷等级：+40 ℃；

b) 持续时间：2 h。

5.6.2.3 试验结果要求

进行以上两项环境试验，试验后，耦合连接器不得因本部分规定的试验而变得危险或不安全，并应能正常工作。

5.6.3 振动

插合好的耦合连接器按使用安装方式固定在振动台上，在振动频率(10～55)Hz、位移幅值为0.75 mm、振动方向为互相垂直的三个方向振动作用下，每轴持续振动时间30 min，耦合连接器的紧固件不得有松动、损坏现象，装置应能正常工作。

5.6.4 冲击

插合好的耦合连接器经受150 m/s，持续时间11 ms的冲击后，不出现目视可见的裂纹和影响使用的异常现象。

5.6.5 接触件在绝缘体中的固定性

耦合连接器的任一接触件装入绝缘体后，在40 N轴向力的作用下，不应从安装板中脱出且无任何机械损伤。

5.6.6 绝缘体在外壳中的固定性

绝缘体在外壳中应固定，防止有害于导体连接的轴向位移和转动。

5.6.7 插拔力

对于连接器和插头及类似内部连接的连接件一般视为是有火花型，除非它们要求至少15 N(1.5 kgf)的断开力或它们用机械的方法防止拔脱或断开。

5.6.8 机械寿命

耦合连接器在无电负荷的情况下，在经受500次连接和分离后，外观应符合5.3的规定，接触件接触电阻应不大于5.6.9规定值的120%。

5.6.9 接触件电阻

接触件的接触电阻应符合表1规定。

表 1 接触件的接触电阻

额定电流/A	单极最大接触电阻/mΩ
≤16	0.55
32	0.50
63	0.30
125	0.18
250	0.10

5.6.10 绝缘电阻

耦合连接器的任意相邻接触件之间，或任一接触件与外壳之间的常态绝缘电阻不小于 100 MΩ，恒定湿热试验后不小于 5 MΩ。

5.6.11 触件材料

——铜；
——铜合金：铜含量至少为 58%的合金，适于做冷轧制成的部件；铜含量至少为 50%的合金，适于做其他部件。

5.6.12 防触电保护

耦合连接器防触电保护应满足 GB/T 11918—2001 第 9 章的规定。

6 试验方法

6.1 外观检测

在正常照明条件下，目测检查外观。

6.2 结构检查

按照图样及 GB 3836.1—2010、GB 3836.8—2003、GB/T 11918—2001 规定的要求进行，符合本部分 5.4 的要求。

6.3 防爆要求

6.3.1 外壳防护等级

按 GB 4208—2008 中 13.4 和 14.2 的规定进行。

6.3.2 机械强度

冲击试验按 GB 3836.1—2010 中 26.4.2 的规定进行，跌落试验 GB 3836.1—2010 中 26.4.3 的规定进行。

6.3.3 非金属外壳和外壳的非金属部件

耐热、耐寒试验、光老化试验、表面电阻试验分别按 GB 3836.1—2010 中 26.7、26.8、26.9、26.10、

26.13 的规定进行。

6.3.4 绝缘介电强度

绝缘强度试验按 GB 3836.8—2003 中第 8 章的规定进行。

6.3.5 电缆引入装置夹紧试验

按 GB 3836.8—2003 中 26.4 的规定进行。

6.3.6 最高表面温度试验

按 GB 3836.1—2010 中 26.5.1 的规定进行。

6.4 恒定湿热

按 GB/T 2423.3—2006 中试验 Cab 的规定进行。

6.5 高低温性能试验

6.5.1 低温性能

按 GB/T 2423.1—2008 中试验 A:低温的规定进行。

6.5.2 高温性能

应能满足 GB/T 2423.2—2008 中试验 B:高温的规定进行。

6.6 振动

按 GB/T 2423.10—2008 中试验 Fc 的规定进行。

6.7 冲击

按 GB/T 2423.5—1995 中试验 Ea 的规定进行。

6.8 接触件在绝缘体中的固定性

按 GB/T 5095.8—1997 中 2.1 试验 15a 的规定进行。

6.9 绝缘体在外壳中的固定性

按 GB/T 5095.8—1997 中 2.2 试验 15b 的规定进行。
按 GB/T 5095.8—1997 中 2.3 试验 15c 的规定进行。

6.10 插拔力

按 GB/T 5095.7—1997 第 2 章中“试验 13b:插入和拔出力”的规定进行。

6.11 机械寿命

按 GB/T 5095.5—1997 第三篇寿命试验中规定的方法进行。

6.12 接触电阻

按 GB/T 5095.2—1997 第 3 章中“试验 2a:接触电阻——毫伏法”规定的方法进行。

6.13 绝缘电阻

按 GB/T 5095.2—1997 第 11 章中“试验 3a:绝缘电阻”规定的方法进行。

6.14 防触电保护

按照 GB/T 11918—2001 第 9 章防触电保护中的要求进行。

7 检验规则

7.1 检验分类

耦合连接器的检验分型式试验和出厂检验。

7.2 检验项目

按表 2、表 3 的规定进行。

表 2 检验项目

序号	检验项目	技术要求	试验方法	型式检验	出厂检验
1	外观质量	5.3	6.1	√	√
2	结构	5.4	6.2	√	√
3	防爆性能	5.5	6.3(表 3)	√	注 2
4	恒定湿热	5.6.1	6.4	√	—
5	高低温性能	5.6.2	6.5	√	—
6	振动	5.6.3	6.6	√	—
7	冲击	5.6.4	6.7	√	—
8	接触件在绝缘体中的固定性	5.6.5	6.8	√	—
9	绝缘体在外壳中的固定性	5.6.6	6.9	√	—
10	插拔力	5.6.7	6.10	√	—
11	机械寿命	5.6.8	6.11	√	—
12	接触电阻	5.6.9	6.12	√	—
13	绝缘电阻	5.6.10	6.13	√	√
14	防触电保护	5.6.12	6.14	√	—

注 1:“√”为必检项目,“—”为不检项目。
注 2:防爆性能检验项目中,部分检查为出厂检验项目见表 3。

表 3 防爆性能检验项目

序号	检验项目	技术要求	试验方法	型式检验	出厂检验
1	防爆结构检查	5.3、5.4、5.5.4、5.5.5	按 GB 3836.1、GB 3836.8	√	√
2	外壳防护等级试验	5.5.1	6.3.1	√	—

表 3（续）

序号	检验项目	技术要求	试验方法	型式检验	出厂检验
3	冲击试验	5.5.2	6.3.2	√	—
4	跌落试验	5.5.2	6.3.2	√	—
5	非金属外壳和外壳的非金属部件	5.5.3	6.3.3	√	—
6	绝缘介电强度	5.5.6	6.3.4	√	√
7	电缆引入装置夹紧试验	5.5.7	6.3.5	√	—
8	最高表面温度试验	5.5.8	6.3.6	√	—

7.3 型式检验

7.3.1 在下列情况之一时应进行型式检验：

a) 新产品或老产品转厂生产的试制定型鉴定；

b) 在正式生产后，当设计、工艺和材料等方面有较大改变，可能影响产品性能时；

c) 产品停产 2 年以上，恢复生产时；

d) 出厂检验结果与上次型式检验有较大差异时；

e) 国家质量监督机构提出相应的要求时。

在 a)、b)项的情况下，从试制品中任意抽取 2 台，作为被检样本；在 c)、d)、e)项情况下，应随机抽取同一批产品中的 3 台，作为被检样本。被检样本只有在所规定的检验项目全部符合本部分时，则型式检验通过。但对 c)、d)、e)项的情况，若其中只有一台产品中有一个检验项目不符合要求时，则应加倍抽取样本进行复检，复检样本只检验被检样本的不合格项目；经检验全部合格后，则型式检验通过，否则为不通过。

7.3.2 型式检验项目见表 2 和表 3。

7.4 出厂检验

7.4.1 出厂检验应对每台产品逐一进行检验，经检验合格，附有产品质量合格证方可出厂。

7.4.2 进行出厂检验的耦合连接器，应符合全部出厂检验项目的要求方为合格。

7.4.3 出厂检验项目：

a) 按图样及有关文件规定检验耦合连接器的装配质量、外观和成套性；

b) 出厂检验项目见表 2、表 3。

7.5 防爆合格证的检验程序

凡属下列情况之一者，应按 GB 3836.1—2010 或 GB 3836.8—2003 的规定进行图样及文件审查和样品试验。

a) 未取得“防爆合格证”的产品；

b) 已取得“防爆合格证”的产品，因局部更改涉及防爆性能时，则应将更改部分图样及说明送原检验单位重新审查；

c) 防爆合格证的有效期满时；

d) 对已发“防爆合格证”的产品进行复查时。

8 标志、说明书、包装、运输、贮存

8.1 标志

耦合连接器外壳明显处应设置铭牌和警告牌“严禁带电断开”，铭牌应保证字迹在产品整个使用寿命内不易磨灭，铭牌应包括下列内容：

a) 产品名称、型号；

b) 主要技术参数：

   1) 额定电流；

   2) 额定电压；

   3) 外壳防护等级；

c) 防爆标志；

d) 防爆合格证编号；

e) 出厂编号和生产日期；

f) 制造厂名称、商标；

g) 其他。

8.2 产品使用说明书

产品使用说明书的内容应符合 GB 3836.1—2010 第 30 章的要求。

8.3 包装

产品的包装应按照 GB/T 13384—2008 的要求进行，在包装前应进行清洁和干燥处理。

产品包装标志与随机文件应符合 GB/T 13384—2008 第 7 章的要求。

8.4 运输和贮存

包装箱在运输、贮存过程中均不得受雨水侵袭。产品应放置在没有雨雪侵入，空气流通相对湿度不大于 95%（25 ℃），温度不高于＋40 ℃不低于－5 ℃的仓库中，周围无腐蚀性气体存在。

ICS 29.130.10
K 43

中华人民共和国国家标准

GB/T 28534—2012

高压开关设备和控制设备中六氟化硫(SF_6)气体的释放对环境和健康的影响

The health and environmental impact on release of sulphur hexafluoride(SF_6) used in high-voltage switchgear and controlgear

[IEC 62271-303:2008, High-voltage switchgear and controlgear—Part 303:Use and handling of sulphur hexafluoride(SF_6), MOD]

2012-06-29 发布　　2012-11-01 实施

中华人民共和国国家质量监督检验检疫总局
中国国家标准化管理委员会　发布

前　言

本标准按照 GB/T 1.1—2009 给出的规则起草。

本标准使用重新起草法修改采用 IEC 62271-303:2008《高压开关设备和控制设备　第 303 部分:六氟化硫(SF_6)的使用和处理》。

本标准与 IEC 62271-303:2008 的技术性差异及其原因如下:

——删除了与本标准无关 IEC 62271-303 中第 7 章:安装和交接期间 SF_6 的处理、第 8 章:正常使用寿命期间 SF_6 的处理、第 9 章:维护期间 SF_6 的恢复和回收、第 10 章:寿命终了时 SF_6 电力设备的拆卸。

本标准由中国电器工业协会提出。

本标准由全国高压开关设备标准化技术委员会(SAC/TC 65)归口。

本标准起草单位:西安高压电器研究院有限责任公司、西安西电高压开关有限责任公司、新东北电气(沈阳)高压开关有限公司、上海天灵开关厂有限公司、ABB(中国)有限公司、北京北开电气股份有限公司、江苏省如高高压电器有限公司、上海电气输配电试验中心有限公司、厦门 ABB 高压开关有限公司、广东番开电气设备制造有限公司、汕头正超电气集团有限公司、深圳电气科学研究所、宁波天安集团、益和电气集团股份有限公司、浙江开关厂有限公司、河南平高电气股份有限公司、西安西电开关电气有限公司、施耐德电气(中国)投资有限公司、泰兴科立德制冷设备有限公司。

本标准主要起草人:邢娜、吴鸿雁、南智勇、黄超、陈志彬、李新春、张承波、孙会刚、谢建波、李金玲、李宝宝、陆以安、申亮、林复明、杨坤、李世岗、宁茂亮、阎关星、沈春明、雷小强、冯小红、肖敏英、莫康、邓永辉。

引　言

SF_6 气体应用于电气开关设备和控制设备已有 30 余年。它主要是用在额定电压超过 1 kV 直到所有已制造出的最高额定电压的开关设备和控制设备中。据估计，目前已有几百万台不同类型的充有 SF_6 的单元在运行。

根据 GB/T 11022，共有 3 种气体系统在技术上是可用的：

——可控压力系统；

注 1：因为不可接受的泄漏率（见 GB 7674），对于新设备不再使用可控压力系统。

——封闭压力系统：对于现代电力设备泄漏率的标准值为每年 0.5% 和每个充气隔室 1%；

——密封压力系统：对于现代中压电力设备（商业上称为“终身密封产品”或“气密密封系统”），密封压力系统的密封性由其预期使用寿命来规定。相对于泄漏性能的预期使用寿命由制造厂来规定。优选值为 20 年、30 年和 40 年。

注 2：为了满足预期使用寿命的要求，认为密封压力系统的年泄漏率小于 0.1%。

电气开关设备和控制设备中使用 SF_6 的长期经验证明，只要建立和遵守某些基本的预防措施和程序，就有益于运行、工作和环境的安全性，例如：

——设备的安全运行；

——资源和工具的优化；

——设备停运时间的最小化；

——SF_6 处理人员的标准培训；

——处理操作期间气体的排放量降低到功能物理限值以下；

——避免任何蓄意的排放，例如排放到大气中；

——在交接、使用、运行和寿命终了处理期间将 SF_6 的消耗和排放降到最低。

最近，关于 SF_6 技术应用于开关设备和控制设备方面的最新实践推荐已经由 CIGRE B3 研究委员会的 B3.02 工作组出版[1]。这些信息用来制定本标准。

高压开关设备和控制设备中六氟化硫(SF_6)气体的释放对环境和健康的影响

1 范围

本标准适用于在高压开关设备和控制设备正常和异常操作时 SF_6 处理以及人员的安全和环境兼容的程序,也包括了 SF_6 的储存和运输以及人员培训。

应该认为这些程序是保证从事 SF_6 工作的人员安全和将 SF_6 排放到环境中的数量减到最小的最低要求。

本标准通常也适用于包含 SF_6 的混合气体。

注 1:为了便于本标准的使用,通常意义上的高压开关设备的电压范围是泛指额定电压 3.6 kV 及以上。实际应用中,通常中压开关设备的额定电压范围是 3.6 kV~63 kV;高压开关设备的额定电压范围是 72.5 kV~252 kV;超高压开关设备的额定电压范围是 363 kV~800 kV;特高压开关设备的额定电压范围是 1 100 kV 及以上。

注 2:整个标准中,术语"电力设备"代表"高压和中压开关设备和/或控制设备"。

在本标准中,不可能包含现行的所有关于 SF_6 的细则(规程),它主要考虑安全方面,并给出在正常和异常运行条件期间以开关设备和控制设备中采用的 SF_6 为工作对象的基本知识和导则。

这些建议应作为保证以 SF_6 为工作对象的工作人员安全的最低要求。

本标准适用于充有工业纯 SF_6 气体的开关设备和控制设备。

2 规范性引用文件

下列文件对于本文件的应用是必不可少的。凡是注日期的引用文件,仅注日期的版本适用于本文件。凡是不注日期的引用文件,其最新版本(包括所有的修改单)适用于本文件。

GB 1984 高压交流断路器(GB/T 1984—2003,IEC 62271-100,MOD)

GB/T 2900.20—1994 电工术语 高压开关设备(IEC 60050,NEQ)

GB 7144 气瓶颜色标志

GB/T 8905 六氟化硫电气设备中气体管理和检测导则(GB/T 8905—1996,IEC 60480,NEQ)

GB/T 11022—2011 高压开关设备和控制设备标准的共用技术要求(IEC 62271-1:2007,MOD)

GB/T 12022 工业六氟化硫(GB/T 12022—2006,IEC 376,IEC 376A,IEC 376B,MOD)

GB/T 28537—2012 高压开关设备和控制设备中六氟化硫(SF_6)的使用和处理(IEC 62271-303:2008,MOD)

3 术语和定义

GB/T 2900.20—1994 界定的以及下列术语和定义适用于本文件。

注:许多不同类型的开关设备和控制设备都采用 SF_6 气体作为绝缘和/或熄弧介质。

3.1

六氟化硫(SF_6)的异常释放 abnormal release of sulphur hexafluoride(SF_6)

压力系统故障引起的 SF_6 从运行设备中的释放。

注:异常的 SF_6 释放通常是不希望的和连续的气体排放。只要探测到异常的 SF_6 泄漏,应立即采取适当的措施定位和减少泄漏。

3.2

六氟化硫(SF_6)的处理 handling of sulphur hexafluoride(SF_6)

可能涉及 SF_6 转移的任何过程。

3.3

抽真空 evacuation

把不同于 SF_6 的气体(例如空气或氮气)从充气隔室转移到大气中。该操作通过真空泵实现。

3.4

六氟化硫(SF_6)的收回 recovery of sulphur hexafluoride(SF_6)

把 SF_6 从充气隔室转移到回收装置或储存器中。该操作通常采用回收压缩机实现。

3.5

续充六氟化硫(SF_6) topping-up with sulphur hexafluoride(SF_6)

将预先充气的隔室充入六氟化硫气体至其额定充入压力。

注:预先充气隔室为发运前在工厂充气的封闭压力系统。充入 0.02 MPa～0.05 MPa 之间的典型压力(相对压力)以便现场交接的简洁和快速。

3.6

六氟化硫(SF_6)的回收 reclaim of sulphur hexafluoride(SF_6)

一系列 SF_6 的处理,包括收回、SF_6 的最低提纯过程(如灰尘、副产物、湿度、油等的过滤)。

注 1:标准的回收装置在第 7 章中描述。

注 2:有时,"reclaiming(强调动作)"和"reclamation(名词)"可以具有"reclaim(动词)"相同的意义。

3.7

金属封闭开关设备和控制设备 metal-enclosed switchgear

除外部连接外,全部装配完成并封闭在接地金属外壳内的开关设备和控制设备。

[GB/T 2900.20—1994 的 3.5]

3.8

绝缘封闭开关设备和控制设备 insulation-enclosed switchgear

除外部连接外,全部装配完成并具有绝缘外壳的成套开关设备和控制设备。

注:外部绝缘可以装有(半)导体层提供。

[GB/T 2900.20—1994 的 3.10,修改过]

3.9

气体绝缘金属封闭开关设备 gas insulated metal-enclosed switchgear

绝缘的获得至少部分通过绝缘气体而不是处于大气压力下空气的金属封闭开关设备。

注 1:本术语通常适用于高压开关设备和控制设备。

[GB/T 2900.20—1994 的 3.12]

注 2:三极封闭气体绝缘开关设备适用于三极封闭在一个公共外壳内的开关设备。

注 3:单极封闭气体绝缘开关设备适用于每极封闭在一个独立外壳内的开关设备。

3.10

充气隔室 gas-filled compartment

开关设备和控制设备的隔室中的气体压力由下述系统之一保持:

——可控压力系统;

——封闭压力系统;

——密封压力系统。

注 1:几个充气隔室可以永久地连接形成一个公共压力系统(气密装配)。

注 2:本定义与 GB/T 11022—2011 的 3.6.6.1 的相同。

3.11

气体的可控压力系统　controlled pressure system for gas

可以从外部压缩气源或内部气源自动补气的容器。

注1：可控压力系统的例子有压缩空气断路器或气动操动机构。

注2：容器可以由几个永久连接的充气隔室组成。

注3：本定义与GB/T 11022—2011的3.6.6.2的相同。

3.12

气体的封闭压力系统　closed pressure system for gas

只能定期地以人工方式连接到外部气源补气的容器。

注1：封闭压力系统的例子是单压式SF_6断路器。

注2：本定义与GB/T 11022—2011的3.6.6.3的相同。

3.13

气体的密封压力系统　sealed pressure system

在预定的使用寿命期内不需要对气体或真空作进一步处理的容器。

注1：密封压力系统的例子有真空断路器的灭弧室或某些SF_6断路器。

注2：密封压力系统的组装和试验全部在工厂进行。

注3：本定义与GB/T 11022—2011的3.6.6.4的相同。

3.14

工业级六氟化硫(SF_6)　technical grade sulphur hexafluoride(SF_6)

具有符合GB/T 12022的非常低的不纯净度的SF_6气体。

3.15

使用过的六氟化硫(SF_6)　used sulphur hexafluoride(SF_6)

初始充有符合GB/T 12022或GB/T 8905的SF_6气体，从电气设备中取出的气体。充入后，在设备运行期间不论何种原因(例如维修、运行、维护)取出的气体，应予以转移且被认为是使用过的气体。

注：附录C给出了以气态和固态副产物形式出现的SF_6分解物的资料。

3.16

适合于现场再利用的使用过的六氟化硫(SF_6)　used sulphur hexafluoride(SF_6) suitable for reuse on site

使用过的但不纯净度不超过GB/T 8905规定的SF_6。

注：为了满足规定的技术要求，如果必要可以采用带有适当的过滤器和吸附材料的运行单元。

3.17

适合于气体制造厂再利用的使用过的六氟化硫(SF_6)　used sulphur hexafluoride(SF_6) suitable for reuse at the gas manufacturer

超过了GB/T 8905规定的最大可接受的不纯净度，但符合气体制造厂给出的气体再利用技术规范的使用过的SF_6。

注：为了满足规定的技术要求，如果必要可以采用带有适当的过滤器和吸附材料的运行单元。

3.18

不适合于再利用的使用过的六氟化硫(SF_6)　used sulphur hexafluoride(SF_6) not suitable for reuse

符合3.15但不符合3.16和/或3.17的气体。

注：不适合于再利用的使用过的六氟化硫应按照关于废物管理方面的地方或国际法规进行处置。

3.19

未经受电弧的六氟化硫(SF_6)　non-arced sulphur hexafluoride(SF_6)

气体副产物的体积比小于0.1%(近似值)的使用过的SF_6。

注：典型的未经受电弧的六氟化硫出现在充入后、带电和/或绝缘试验前，和/或从来不经历电弧的绝缘隔室中。

3.20

经受正常电弧的六氟化硫(SF_6)　normally arced sulphur hexafluoride(SF_6)

气体副产物的体积比介于0.1%(近似值)和5%(近似值)之间的使用过的 SF_6。

注1：典型的经受过电弧的六氟化硫通常出现在正常(负载和故障)操作后的断路器和负荷开关中。

注2：少量的固体副产物，主要有金属氟化物以及可能出现的钨氧氟化物。

3.21

经受严重电弧的六氟化硫(SF_6)　heavily arced sulphur hexafluoride(SF_6)

气体副产物的体积比超过5%(近似值)的使用过的 SF_6。

注1：典型的经受严重电弧的六氟化硫通常出现在内部电弧故障后的所有气体隔室中；断路器/负荷开关开断失败后；断路器成功开断几次接近额定短路电流值的短路电流后。

注2：大量的固体副产物，主要有金属氟化物以及出现的钨氧氟化物。

4　SF_6 的储存和运输

4.1　概述

无论是在容器中还是在电力设备中储存和运输 SF_6 都应符合地方和国际法规。

注：空的 SF_6 容器可能仍然包含一定量剩余的 SF_6。它应该和充气的容器一样储存和运输。

4.2　充有 SF_6 容器的储存

通常，SF_6 可以采用两种方式储存，即2 MPa压力以下的气体，或者5 MPa以下的液体。气态储存的优点是减少了收回和充入时间，但是要求大的储存容积，因此，通常局限于小容积的设备或者用于固定地点的气体处理设备。液态储存能够降低储存容积且经济地运输大量的 SF_6。

容器应小心处理并储存在凉爽、干燥、通风良好并远离易燃易爆物的区域。应该防止太阳的直接照射，安放在与湿地面一定距离处并保证防止倾倒。应采取特殊的阀保护以避免阀自身的潜在损坏。

容器应是可再充入的(不可再充入的容器是禁止的)并在容器上清楚地标记以辨认它们所装的气体。装有工业级 SF_6 的容器、适合于现场再利用的使用过的 SF_6 的容器、装有适合于气体制造厂再利用的 SF_6 或不适合于再利用的使用过的 SF_6 的容器从盛装气体的种类区分开来。

表1给出了所有可能的储存方法以及基于这些方法的储存容器的综述。

表1　SF_6 的储存方法

储存方法	要　求	特　点
气态	典型压力低于2 MPa，SF_6 仍保持气态	需要相对小的收回压力差(典型值为100∶1)但需要较大的储存容积。运输时容器中的 SF_6 不能液化。因此，限于少量的(典型值为200 kg)和静止用途
冷却辅助液化	典型压力等于3 MPa，压缩后采用辅助的冷却系统冷却 SF_6，允许 SF_6 液态储存	需要相对小的收回压力差(典型值为700∶1)但需要冷却集成。冷却集成的性能会影响流程速度。附加的维护要求。要求有限的储存容积但通常不适合于运输
仅压力液化	典型压力等于5 MPa，SF_6 压缩至5 MPa并仅靠压力液化	需要收回压力差典型值为1 000∶1，不需要额外的集成冷却。可以用于额定压力5 MPa或以上的任何容器
注：不推荐采用“冷却辅助液化”的储存方法。		

如果使用过的 SF_6 储存在现场，储存容器应符合地方或国际关于压力容器方面的法规。容器标识

也应遵守地方和国际法规。

注：国际法规由危险物品运输(DTG)以及联合国欧洲经济共同体的分类和标识的全球协调系统(GHS)专家委员会发布和定期修订。

表2给出了容器类型和要求的标签的综述。出于实际考虑，尽可能采用推荐优选的运输储存容器。

表2　SF_6 运输和储存容器的类型和标签

气体	特性	容器类型	容器标签
工业级气体	液态惰性气体	适合于压力达7 MPa的液化气体。[a] 建议：按照GB 7144应有深绿色色环且容器涂成银灰色	模版印制于容器：UN 1080 六氟化硫[34] 危险标签：2.2
适合于现场再利用的使用过的气体	液态惰性气体	适合于压力达7 MPa的液化气体。[b] 建议：建议将容器涂成特定的颜色以避免和工业级的 SF_6 混淆(建议容器的上面三分之一段用橙色)	模版印制于容器：UN 3163 六氟化硫、四氟化碳、空气和氮气[34](见注2) 危险标签：2.2
适合于气体制造厂再利用和/或不可再利用的使用过的气体	液态惰性气体	容器类型和标签与适合于现场再利用的使用过的 SF_6 一致	
	包含毒性副产物的液态气体(见注3)	与适合于现场再利用的使用过的 SF_6 一致	模版印制于容器：UN 3162 六氟化硫、氟化氢、氟化亚硫酰[34](见注2) 危险标签：2.3
	包含毒性和腐蚀性副产物的液态气体(见注4)	具有腐蚀防护阀和连接器的储存和运输腐蚀性气体(例如氢氟酸)的专门容器	模版印制于容器：UN 3308 六氟化硫、氟化氢、氟化亚硫酰[34](见注2) 危险标签：2.3+8

注1：充入系数是容器中包含的 SF_6 的重量除以容器的容积，通常用kg/L表示。

注2：仅规定两种最常见的杂质。

注3：任何包含毒性气体副产物的使用过的 SF_6 可以在现场通过分离出毒性气体副产物来回收以便于运输。

注4：任何包含毒性和腐蚀性气体副产物的使用过的 SF_6 可以在现场通过分离出毒性和腐蚀性气体副产物来回收以便于运输。

[a] 工业级 SF_6 的充入系数达到1.04 kg/L。

[b] 由于存在其他气体(例如氮气和氧气)，充入系数小于0.8 kg/L(见注1)。

4.3　装有 SF_6 的容器的运输

含有 SF_6 电力设备和/或 SF_6 容器的国际运输规则使用公路运输(ADR)[35]、铁路运输(RID)[36]、船运(IMDG)[37]和空运(IATA-DGR)[38]的规则。这些规则类似于UN编码、分类、危险品标记、最终的分类以及运输文件。但是官方语言不同，具体如下：

——ADR：德文、法文、英文；

——RID：英文；

——IMDG：英文；

——IATA-DGR：英文。

表 3 中给出了 SF_6 运输的国际法规的摘要。

表 3　SF_6 运输的国际法规摘要

气体	特性	分类	最终的类别	运输文件
工业级 SF_6（见注 1）	液化的惰性气体	2A	UN 1080 液化的气体，n. o. s 2. 2[34]（见注 4）	UN 1080 液化的气体（六氟化硫），n. o. s 2. 2[34]
适合于现场再利用的 SF_6	液化的惰性气体	运输等级和危险标签与工业级 SF_6 一样	UN 3163 液化的气体，n. o. s 2. 2[34]	UN 3163 液化的气体（六氟化硫、空气、氮气和四氟化碳），n. o. s 2. 2[34]
适合于气体制造厂再利用的 SF_6 和/或不适合于再利用的 SF_6	液化的惰性气体	UN 编码、运输等级、危险标签、最终的类别以及运输文件和适合于现场再利用的使用过的 SF_6 一样		
	液化的毒性气体（气体包含毒性气体副产物）（见注 2）	2T	UN 3162 液化的毒性气体，n. o. s 2. 3[34]	UN 3162 液化的毒性气体（六氟化硫、氢氟酸以及氟化亚硫酰），n. o. s 2. 3[34]
	液化的毒性和腐蚀性气体（气体包含毒性和腐蚀性气体副产物）（见注 3）	2TC	UN 3308 液化的毒性和腐蚀性气体，n. o. s 2. 3＋8[34]	UN 3308 液化的毒性和腐蚀性气体（六氟化硫、氢氟酸以及氟化亚硫酰），n. o. s 2. 3＋8[34]

注 1：用于工业级 SF_6 的容器应避免任何杂质。

注 2：任何包含毒性气体副产物的使用过的 SF_6 可以在现场通过分离出毒性气体副产物来回收以便于运输。

注 3：任何包含毒性和腐蚀性气体副产物的使用过的 SF_6 可以在现场通过分离出毒性和腐蚀性气体副产物来回收以便于运输。

注 4：n. o. s 表示未另作详细说明的。

4.4　充有 SF_6 的电力设备的储存和运输

充有 SF_6 的电力设备应按照地方和国际法规储存和运输。

4.5　责任

使用 SF_6 的电力设备的业主负责设备和气体的正确使用、运输以及处置。他还负责 SF_6 在设备和/或储存在容器中累积的记录以及年度排放率。按照 GB/T 12022，由设备的原始制造厂和气体供应方手册提供的基本信息予以支持。

5　安全性和紧急救助

5.1　一般安全规则

5.1.1　概述

对电力设备进行任何维护、服务工作之前，应详细检查和报告设备的详细状态、条件。作为对所需满足的地方安全法规的补充，至少应遵守下述一般的安全规则：

——开关分闸并隔离；

——防止重合闸；

——验证设备不带电;

——设备短路并接地;

——对临近带电部件进行屏蔽或设置围栏。

允许对电力设备进行工作的书面文件应在设备的业主、运行者和服务的提供者之间达成一致并签字。

表4列出了从事SF_6电力设备作业需考虑的主要问题。

无论SF_6在何处处理,应有明确的标识禁止明火、吸烟、热动力的使用、加热超过200 ℃以及没有特殊防护措施的焊接活动,并给出紧急救助的规程。

表4 从事SF_6电力设备作业时的措施

项目	临近设备工作(设备的操作、外观检查、房屋清洁)	充气隔室的充入、收回、抽真空	充气隔室的打开、敞开隔室的作业
材料安全性数据页、使用手册	不要求	适用	适用
培训	适用(见注)	适用	适用
SF_6处理设备	不要求	适用	适用
清洗、中和设备	不要求	不要求	适用
人员防护设备	不要求	不要求	适用
注:按照地方安全法规,一般的信息应根据作业和设备的类型确定。			

在运行过的电力设备充气隔室打开时,为了避免同可能存在的细小的固体副产物接触,人员应穿戴适当的防护服。特别注意保护眼睛和呼吸系统。对于工作在包含正常经受电弧的和/或严重经受电弧的SF_6的充气隔室中或者靠近打开的充气隔室的人员:

——采用适当的工具和设备;

——遵照高标准的人员保健;

——离开作业区域前清洁人员自身和使用任何材料的设备;

——离开作业区域后尽可能快速的脱掉防护服并彻底清洗自身;

——确保与副产物接触过的衣服、工具和元件安全地装在密封的袋内或者其他密封的容器内以及随后对残留物进行中和处理。

5.1.2 人员防护

SF_6仅应由有资质的人员处理。根据从事电力设备作业的种类可以采用不同的培训模块(见第6章)。

对于打开和/或进入充气隔室的人员,应涵盖充气隔室中取出的使用过的SF_6收回的专门培训。应严格遵守原始设备制造厂(OEM)提供的设备操作使用手册。

表5给出了打开和/或进入气体设备时的潜在危险、安全性措施以及要求的安全设备和工具的一览表。操作人员打开和/或进入充气隔室时,对于户内和户外条件没有给出明显的差异。

认为在敞开空气中体积比大于19%的SF_6浓度存在窒息的潜在危险。这是因为它将氧气浓度降到了16%(体积比),通常这是窒息的门槛值。因此,建议在接近充气隔室之前测量氧气含量。此外,如果在封闭的空间内作业,可以检查周围的氧气含量。

接近或打开充气隔室时不允许吃、喝和吸烟。为了防止潜在的刺激性或灼伤危险,推荐在工作结束后尽可能快的更换衣服和清洗皮肤。

表 5　打开和/或接近充气隔室时的安全措施

项目	包含经受正常和严重电弧的 SF_6 的隔室	包含未经受电弧的 SF_6 的隔室
潜在危险	清洁物质的蒸气 缺氧 使用过的 SF_6 的残留物 剩余的活性气体副产物 固体副产物和吸附剂材料	清洁物质的蒸气 缺氧 制造过程中使用过的 SF_6 或者其他气体的残留物
安全措施	移开固体副产物和吸附剂材料 通风 进入前测量氧气浓度 佩戴人员防护设备 防止固体副产物水解	通风 进入前测量氧气浓度
安全设备和工具	抽风机或真空吸尘器 氧气浓度测试仪 单人使用的保护套装,保护鞋袜、帽子 防酸的安全手套 全面部面罩(优选的)或者至少呼吸防护罩 护目镜 防止雨和/或风(仅户外)的环境防护	抽风机或真空吸尘器 氧气浓度测试仪

5.1.3　污染的安全设备和工具的处理

认为与固体副产物和/或吸附剂接触过的设备和工具是受污染的。它们应被收集起来并存放在塑料袋中。该塑料袋应用胶带封装并做好标签,按地方法规予以处置。

可再利用的设备和工具应予以清洗并用重量比为10%的苏打水进行中和,然后用干净的水漂洗。表 6 中给出了中和方案的例子。

苏打水和洗涤用水的处置应符合地方法规。

表 6　中和方案

活性剂	分子式	浓度/(kg/100 L)	T1(见注 1)/h	T2(见注 2)/h	参考文献
石灰	$Ca(OH)_2$	饱和的	不适用	24	[2]
碳酸钠(洗涤用碱)	Na_2CO_3	1.1	不适用	24	[3]
		3	清洗	不适用	[2]
		10(见注 3)	不适用	0.25	[4]
		10～14(见注 3)	1	48	[5]
		3	不适用	不适用	[6]
碳酸氢钠	$NaHCO_3$	1(见注 4)	不适用	不适用	[4]

注 1:可再用的安全设备、工具、充气隔室以及经受正常电弧的 SF_6 的隔室中的内部零部件,如果可行,应该经过时间 T1 的中和方案来处理,然后用干净的水漂洗。

注 2:可再用的安全设备、工具、充气隔室以及经受严重电弧的 SF_6 的隔室中的内部零部件,如果可行,应该经过时间 T2 的中和方案来处理,然后用干净的水漂洗。

注 3:当采用这种高浓度的碱性溶液时,应当注意避免接触皮肤、眼睛等。

注 4:推荐用于洗涤皮肤。

5.1.4 承压设备、工具和测量装置

和其他压缩气体一样，体积的突然膨胀会导致局部温度降低并可能冻结。在充气操作期间从事高压管路、阀门或连接器作业时应佩戴适当的手套和护目镜。

在 SF_6 处理期间所使用的设备和工具可能包含处于高压力下的液体或气体 SF_6，这些设备和工具应谨慎使用。

5.1.5 人员安全和保护设备

人员安全和保护设备的使用与 SF_6 电力设备本身的存在无关。按照地方法规，靠近开关设备时可能要求穿戴标准的安全鞋、头盔和护目镜。

由于外部火焰或者内部电弧故障引起的 SF_6 的异常释放，按照 5.2，进入开关设备小室时附加的安全规则适用。

根据现场工作的类型和表 5 的规定，应对从事 SF_6 处理的工作人员提供下列人员安全和保护设备：

——保护手套：由氯丁橡胶、PVC、橡胶制成的抗酸手套。作为对保护手套的补充，建议使用保护霜剂。

——护目镜：符合地方法规(例如欧洲标准 EN 166[43])的化学型工业眼镜。

——呼吸防护面罩：可以和护目镜一起使用，呼吸防护面罩帮助防止嘴和鼻子吸入灰尘且仅用于暴露在轻度灰尘的区域。

——全面罩防毒面具：对于在可以提供通风但副产物浓度可能超过相应的最大水平之处的短期检查和工作，推荐采用符合地方法规(例如欧洲标准 EN 140[40]、EN 141[41] 和 EN 143[42] 分别规定了罩子、气体过滤器和微粒过滤器。按这些标准制造的 A2/B2/E2/K2/P3 型组合过滤器是适用的，并且能提供对包含颗粒直径大于 1 μm 的固态副产物的保护)的带可更换的活性炭过滤器的面罩。

——单人使用的防护套装：可以套在正常的衣服、鞋和帽子外面的防尘套装。无口袋、带兜帽、不渗透(例如粘接的聚丙烯)易处理的工业级套装，它具有弹性的踝部和腕部套箍，以便套在鞋袜和手套上。

——呼吸防护器：当进入发生重大泄漏的户内时，氧气浓度或者副产物的总量处于不安全的水平，根据地方法规(例如欧洲标准 EN 136[39])应使用呼吸防护器。

——用于长期监测环境中氧气浓度的氧气浓度测量装置。

——户外的环境保护：打开充气隔室时，防止雨水浸入和风吹散固体副产物(如果有的话)的临时掩体。

——真空吸尘器：高效专用真空吸尘器，它装有能捕获微米范围颗粒的过滤器和非金属开端喷嘴，符合地方法规(例如英国标准 BS 5415 及第 1 号补充：1986[39] 中的 H 型机[44,45])。

——抽风机：用于对封闭空间和其他不易接近地区(例如电缆沟、SF_6 容器等等)强迫通风的设备。根据安装尺寸的不同，这些设备可以是移动的或永久性安装的。

5.1.6 设施和服务

如果充气隔室包含使用过的 SF_6 需要抽真空或者打开，最好能为工作人员提供足够的洗涤设施和可能需要准备用于清洁的水源。

5.2 在因外部火灾和内部电弧故障而导致 SF_6 异常释放情况下附加的安全措施

一般的安全建议采用 5.1 中给出的现场 SF_6 作业时所采取的措施。本条款讨论在因外部火灾和内部电弧故障而导致 SF_6 异常释放情况下附加的安全措施。

在这种条件下，允许按模块C1或C2(分别见6.2.5和6.2.6)经过培训的人员进入和清洁开关设备小室或者接近电力设备。表7给出了潜在的危险和要求作为安全措施以及设备和工具的概要。

注：消防队员可以按照地方法规进入开关设备小室。

同样的规则适用于发生排放水平较低、通风较差或者没通风的区域(例如电缆沟、检查井、排水系统)。对于户外条件，户外设备需要采用标准的措施(例如防雨、防风)。自然通风通常足以防止缺氧的潜在危险。当进入氧气浓度较低的区域时，应有专人监护、保持通话和可视联系。

表7　附加的安全措施

项　　目	经受严重电弧的 SF_6 的异常释放	未经受电弧或经受正常电弧的 SF_6 的异常释放
潜在危险	清洁物质的蒸气 缺氧 SF_6 的异常释放 剩余的活性气体副产物 固体副产物和吸附剂材料	清洁物质的蒸气 缺氧 SF_6 的异常释放
安全措施	移开固体副产物 通风 进入前测量氧气浓度 佩戴人员防护设备	通风 进入前测量氧气浓度
安全设备和工具	抽风机或真空吸尘器 氧气浓度测试仪 单人使用的保护工作服，保护鞋、帽 防酸的安全手套 全面部面罩(优选的)或者至少呼吸防护罩 和护目镜	抽风机或真空吸尘器 氧气浓度测试仪

5.3　紧急救助设备和处理

5.3.1　概述

紧急救助设备有：

a)　包括盛有含盐溶液的洗眼设备的常用工业急救设备；

b)　联系紧急救助的手段；

c)　医生的指导。

一般安全规则的应用应使得事故的发生率尽可能减少，一旦发生事故，应按照5.3.2～5.3.4给出的方法进行救助。

5.3.2　皮肤疼痛

如果出现皮肤疼痛的征兆，人应离开现场。应脱去受污染的工作服，并且在冷的流水中洗涤受影响的部分。应遵照专业医生的建议。

5.3.3　眼睛疼痛

如果出现眼睛疼痛的征兆，人应离开现场。应立即并不停地对一只或两只眼睛进行冲洗，直到医务人员建议患者停止为止。

5.3.4 呼吸困难

受影响的人员应立即转移到新鲜的空气处。受污染的工作服应脱去,并且患者应当用毯子盖上以及保持静止和受到监护。应立即召唤紧急医疗救护,如果呼吸停止,应由经过培训的或有资质的人员进行人工呼吸。

6 培训和证书

6.1 概述

根据采用 SF_6 的电力设备所使用的技术特征,运行的安全性和环境方面在本质上是紧密结合在一起的,因此,应该同时考虑。

下述条款针对需要进行的培训,以确保使用 SF_6 的电力设备满足运行安全要求和环境方面的要求。

电力设备的作业涉及到的气体处理(例如开发、制造、试验、安装、交接、维护、服务和寿命终了时的拆卸)是由有资质的人员或者在有资质人员的监督下进行的。对于所涉及的人员,培训是强制性的。培训可以在不同地点(例如用户的专业的培训中心、工厂或现场设备的安装、安装设备的交接和维护)进行。

根据电力工业和设备的特征,安全性和服务的连续性非常重要。除了一般的培训模块(见 6.2.1 的模块 A),培训范围还与具体的设计(例如高压瓷柱式断路器、中压开关设备、高压绝缘开关设备)相关,不同的设计要求进行不同的资质培训。

注:完成培训后应该通过"室内"考试并由有实力的培训机构记录或者"室内"培训机构签发其他与培训模块相关的书面确认件。

无论如何,培训应基于当地法规、设备的运行使用手册、仪器仪表数据清单、国际标准、现有的技术报告和 CIGRE 手册。

6.2 培训模块

6.2.1 概述

根据 3.12 和 3.13 中给出的不同的压力系统的定义,各个培训程序和其模块的构成应根据密封压力系统进行选择,在其整个使用寿命期间维护时不要求气体处理。

从事 SF_6 的人员应熟悉安全、法规和环境要求、气体的特性、气体的处理工具和设备以及程序来保证服务的连续性和 SF_6 的最低排放。

模块内包含的培训目的是为了满足对电力设备上进行的工作的需要。它们是:

——模块 A:了解;

——模块 B1:不包含气体收回的维护;

——模块 B2:安装和交接;

——模块 C1:包含气体收回的维护(例如使用寿命期间的扩展);

——模块 C2:电力设备寿命终了时的拆卸。

下述条款中更详细地描述了这些模块。

6.2.2 模块 A:了解

本模块提供了要求培训的基本水平且适用于所有涉及到的功能,尤其在:

——管理层授信的公司职员对工艺和相关的自己的产品或第三方的人员操作气体充入设备负有责

任，而不论其是否进行 SF_6 处理。

——所有从事 SF_6 充入设备作业的人员，不论是否需要进行 SF_6 处理。

不要求参加培训作为先决条件。

注：所有工作在 SF_6 充入设备附近的人员都应知晓 5.1 中给出的一般安全规则。

培训包括下述几个方面：

——相关环境协议方面的基本知识(例如气候变化、京都协议、全球变暖，见附录 B)；

——SF_6 排放和减少的方法的环境相关性[12]；

——SF_6 的物理、化学和环境特性(见附录 A)；

——电力设备中 SF_6 的使用；

——已有的地方法规和国际标准；

——人员安全和紧急救助(例如地方法规，在窒息、内部电弧故障情况下的急救计划和说明)(见第 5 章)；

——电力设备的设计(特性、应用/功能)。

6.2.3 模块 B1：不包含气体收回的维护

该模块为需要从事下列作业的人员提供了第一个中级培训：

——现场检查 SF_6 的质量；

——进行 SF_6 的再充入操作。

如果要求参加此培训，需取得模块 A 的资质。作为替代，可以安排包含模块 A 和模块 B1 的组合培训课程。

培训包含下述方面：

——与任务相关的已有地方法规和国际标准；

——符合 GB/T 12022(工业级 SF_6)和 GB/T 8905(再利用的 SF_6) 的 SF_6 质量；

——与任务相关的、原始设备制造厂(OEM)提供的使用手册；

——人员安全和紧急救助(例如人员防护所需的安全设备)(见第 5 章)；

——SF_6 充气隔室的类型(见 3.10、3.11、3.12 和 3.13)；

——检查 SF_6 质量的仪器和程序(见 7.4 和 GB/T 28537—2012 的 5.2)；

——封闭压力系统的再充入程序(见 GB/T 28537—2012 的 5.1)；

——泄漏探测方法和维修技术；

——SF_6 回收和再利用的类别(见 3.14、3.15、3.16、3.17、3.18、3.19、3.20 和 3.21)；

——SF_6 的储存和运输(见第 4 章)；

——SF_6 气体的监测和与当地环境规约相关的数据的记录。

6.2.4 模块 B2：安装和交接

该模块为需要从事电力设备现场安装和交接作业的人员提供了第二个中级培训。

涉及到模块 B1 证书的人员要求参加该培训。作为替代，可以安排包含模块 A、模块 B1 和模块 B2 的组合培训课程。

培训包括下述方面：

——与任务相关的已有地方法规和国际标准；

——与任务相关的、原始设备制造厂(OEM)提供的使用手册；

——人员安全和紧急救助(例如从事与任务相关的打开的充气隔室作业)(见第 5 章)；

——抽真空和 SF_6 充入程序(见 GB/T 28537—2012 的 4.2)；

——续充 SF_6 的程序(见 GB/T 28537—2012 的 4.3)；

——未经受电弧的 SF_6 的收回和回收程序(见 GB/T 28537—2012 的 6.2);
——与任务相关的 SF_6 处理设备(见第 7 章)。

6.2.5 模块 C1:包含气体收回的维护

该模块为需要从事下列作业的人员提供了第一个高级培训:
——从事使用 SF_6 的电力设备的维护,包括气体收回、回收和副产物的适当处理;
——提供在电力设备运行周期内的进一步扩展。

涉及到模块 B1 证书的人员要求参加该培训。作为替代,可以安排包含模块 A、模块 B1 和模块 C1 的组合培训课程。模块 B2 可以增加为可选项。

培训包括下述方面:
——与任务相关的已有地方法规和国际标准;
——与任务相关的、原始设备制造厂(OEM)提供的使用手册;
——人员安全和紧急救助(例如人员防护的安全设备、从事与任务相关的打开的充气隔室作业、副产物的中和和处理);
——在因火灾或者内部电弧故障引起的 SF_6 异常释放的情况下进入开关设备小室的程序;
——经受正常的或者严重的电弧的 SF_6 的收回和回收程序(见 GB/T 28537—2012 的 6.2 和 6.3);
——与任务相关的 SF_6 处理设备(见第 7 章);
——副产物和中和物的清洁程序(见 5.1.3);
——接触过固体副产物的安全设备和工具的处理(见 5.1.3)。

6.2.6 模块 C2:电力设备寿命终了时的拆卸

该模块为需要从事电力设备在寿命终了时拆卸作业的人员提供了第二个高级培训。

涉及到模块 C1 证书的人员要求参加该培训。作为替代,可以安排包含模块 A、模块 B1、模块 C1 和模块 C2 的组合培训课程。模块 B2 可以增加为可选项。

培训包括下述方面:
——与任务相关的已有地方法规和国际标准;
——与任务相关的、原始设备制造厂(OEM)提供的使用手册;
——如果适用,将电力设备运输到拆卸现场(见 4.4);
——设备的解体和零部件分类(见 GB/T 28537—2012 的第 7 章);
——如果适用,从电力设备中收回 SF_6 采用紧密配钻系统时原始设备制造厂应给出说明。

6.3 证书

成功完成培训可获取室内证书,此处"室内"证书是指资格证书或者由于满意地完成与相关工作有关的培训课程,雇主对自己的雇员或者外部人员签发的书面确认件。理论上和/或实际上进行的考试是为了证明所获得的技能和能力。

记录应当限于:
——确认培训内容;
——确认人员有资质从事哪种任务和设备设计(例如 SF_6 收回);
——人员资质适用的(例如模块 C1 和 C2)限定的任务(例如某种设计的 SF_6 收回);
——保持较高的专业水平。

7 SF_6 处理设备的种类

7.1 概述

本章对 SF_6 处理设备和专用元件的技术规范、最低功能和性能判据给出了导则。

7.2 回收装置

应根据需要处理的 SF_6 的数量来选择合适的回收装置的类型和规格。图 1 给出了通用回收装置的基本功能表。标准回收装置的典型功能如下：

——充气隔室的抽真空；

——充气隔室中 SF_6 的充入；

——充气隔室中 SF_6 的收回；

——SF_6 的储存和过滤；

——利用周围空气冲洗充气隔室。

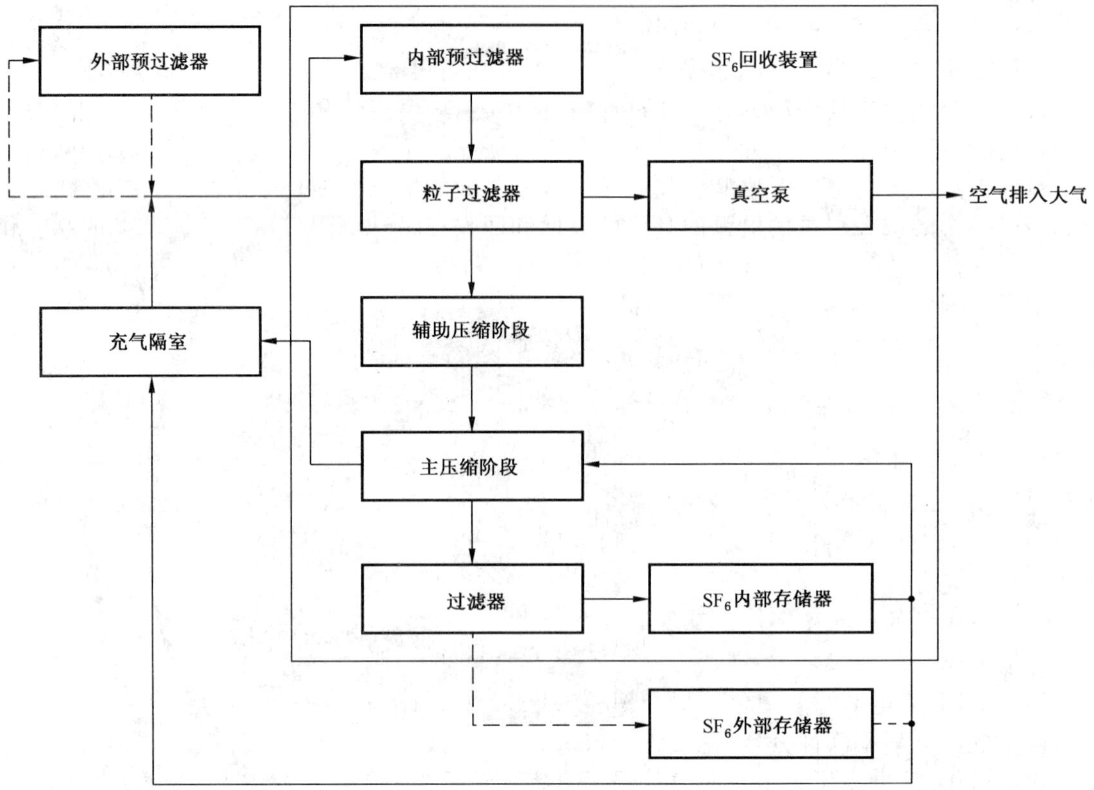

图 1　通用回收装置

7.2.1 外部和内部预过滤器

无论是外部还是内部过滤，要求使用预过滤器来收回使用过的 SF_6。活性的气体副产物是能够损伤回收装置和储气容器的酸性化合物。预过滤单元的要求基本上和安装在通用回收装置中的过滤单元的要求一样，但是，认为预过滤单元的能力可能更高。

推荐的主要特性如下：

——细孔直径小于 10 μm（低通阻）；

——剩余水分小于 200 ppmv；

——剩余活性的气体副产物小于 200 ppmv；

7.2.2 过滤器

7.2.2.1 概述

要求过滤器在气体储存之前去除活性的气体副产物，以便允许 SF_6 再利用。这些过滤器安装在回收装置中。

表 8 给出了 SF_6 回收期间使用的典型的过滤器类型。

表 8　SF_6 回收期间使用的典型的过滤器类型

过滤器类型	任　务	主要特性
粒子过滤器	在回收装置入口处去除固体副产物和其他粒子	细孔直径小于 1 μm
干式过滤器	去除活性气体副产物和水分	剩余水分小于 100 ppmv 剩余 SO_2+SOF_2 小于 12 ppmv 粒子保持能力
油过滤器	要求时去除油	采用活性炭的特殊过滤器

7.2.2.2　粒子过滤器

开合过程期间产生的某些副产物由细小的固体粒子组成(例如,金属粒子,固体副产物)。粒子过滤器的内侧由能够阻止大于 1 μm 粒子的纸或适当粘合而成的纤维构成。通常,粒子过滤器安装在回收装置的入口处或者出口的上游以保护回收装置以及储气容器的部件。

7.2.2.3　干式过滤器

适当的过滤器可以吸附水分和活性气体副产物。它们主要和粒子过滤器一起使用。使用了细孔直径小于 0.5 nm 的分子筛。在使用较大细孔尺寸的情况下,某些条件时可能出现导致严重的过滤器过热的热力学发热反应。

苏打(Na_2CO_3)不能用作 SF_6 的过滤器材料,因为它和某些活性气体副产物接触后生成很难从 SF_6 中分离出来的 CO_2。

7.2.2.4　油过滤器

如果使用了油润滑的机器或者使用 SF_6 的电力设备包含了油绝缘的电器元件,应该在 SF_6 罐中插入油俘获器。为了避免油的扩散,分几步实现油的去除。

7.2.3　真空泵

用于对充有不同于 SF_6 的气体(典型为空气或氮气)的隔室、容器、样品管抽真空的真空泵以避免 SF_6 和其他气体混合。

真空泵入口处的剩余压力应小于 100 Pa。为了加速气体隔室的抽真空,建议使用入口处剩余压力小于 10 Pa 的真空泵。

真空泵应配有压力表。真空压力表的分辨率至少应小于 1 kPa(建议值为小于 10 Pa)。通常建议不同类型的气体使用不同的真空压力表。热敏真空传感器取决于气体类型且不予以推荐,因为它们同 SF_6-蒸气以不同的方式反应而给出错误的读数。

建议采用阀门来关闭气体隔室和真空泵之间的连接。真空泵停止后阀门至少应能手动(推荐自动)关闭以避免油弥漫到充气隔室。

真空泵的容量应该与充气隔室的容积和抽真空时间相适应。连接的直径也非常重要。对于容积为 1 000 L的充气隔室,推荐使用直径为 20 mm(或 3/4 英寸)的连接(管)。如果使用了较小直径的连接,抽真空过程就会相当长且采用更高容量的真空泵也没有效果。

7.2.4　主压缩机和辅助压缩机

如果充气隔室中的 SF_6 压力高于储气容器中的压力,允许直接的气体扩散较为快速。在所有其他

情况下,要求压缩机回收气体。当充气隔室中的压力变化范围很大,应采用双压缩机系统:

——主压缩机,通常采用活塞型压缩机,在气体入口压力 100 kPa(典型高于 50 kPa)和储气容器压力之间工作。

——辅助压缩机,需要时串联连接,在充气隔室压力和主压缩机入口压力之间工作。

注 1:可以使用几乎所有类型的活塞型压缩机,但是,干型的和气密密封型的优先使用以降低可能的 SF_6 泄漏和油污染。正在研发的压缩机可以在入口处达到 100 Pa 压力。

注 2:额定出口压力为 2.5 MPa 的压缩机足以满足以气态储存 SF_6(推荐压力 5 MPa)。可以采用附加的冷却装置加速 SF_6 收回。

7.2.5 外部和内部气体储存器

对于使用过的 SF_6,商用压力容器或特殊储存器可以作为气体储存器。它们可以是移动的、静止的或安装在回收装置中。仅允许使用经过特殊批准的容器对使用过的 SF_6 进行储存和/或运输。储存器的最大压力应该适合于压缩机的最终压力。应该遵守压力容器操作的地方法规。对于液态 SF_6 储存的储存器,采用 5 MPa 的标称压力。

7.2.6 干燥器和气体储存容器加热器

如果 SF_6 以液态储存而气态使用,当大量气体在短时间内处理时,气体储存容器就会出现结冰和霜冻。干燥器从气体储存容器接受液态 SF_6 且设计应使得没有液体进入充气隔室。

气体储存容器加热器的设计应避免偶然过热且不超过 60 ℃。

7.2.7 气体配管和管道连接

气体配管和管道连接的设计应避免泄漏和腐蚀。为此,可以采用铜、黄铜和不锈钢。配管和连接的设计应考虑到振动,从而不要求周期性的操作如连接件的再次密封。

7.2.8 控制仪表

应提供控制仪表来显示充气隔室中的气体压力、真空度、气体温度等。它们应布置在通用回收装置启动操作时能够观察到的位置。仪表的准确度和分辨率应足以保持安全操作条件。

7.2.9 安全阀

SF_6 循环中使用的安全阀用于压力释放。应遵守地方安全法规。应使用不直接将 SF_6 排放到大气中的安全阀。

7.3 软管连接

回收装置、气体储存容器和充气隔室之间通过软管连接。为了降低气体污染的可能性,应特别小心避免软管内存在空气和其他化合物。正因为如此,管道连接要求自密封和真空密封连接器。要求能够耐受真空和渗透的适当的管道,典型由 PTFE(聚四氟乙烯和乙烯-四氟乙烯共聚物)或弹性不锈钢制成。

7.4 气体测量的便携装置

7.4.1 概述

表 9 给出了气体测量装置(包括推荐的测量范围和最低准确度)的摘要。

比较时应考虑气体温度,参考温度为 20 ℃。

气体质量测量可以在实验室和现场进行。下述条款描述了现场使用的最常用的便携式仪器用于测量：

——气体中的水分含量；

——SF_6 百分比/惰性气体数量；

——剩余活性气体副产物的数量/剩余酸含量。

但是，基于新技术的一些其他仪器在市场上可以得到且允许联合确定多个气体特性。

表 9　气体测量装置

装置	测量量	范围	最低准确度
露点仪	水分	露点：−50 ℃～0 ℃	±2 ℃
SF_6 百分比测量	SF_6 百分比：SF_6/N_2 或 SF_6/空气	0%～100%体积比	±1%体积比
活性气体副产物分析仪	副产物如 SO_2 油雾	1 ppmv～25 ppmv 0.16 ppmv～1.6 ppmv	全量程的±15%
SF_6 压力表	压力	0 MPa～1 MPa	±10 kPa
温度计	温度	−25 ℃～70 ℃	±1 ℃

7.4.2　露点仪

水分含量可以采用不同的测量原理和测量仪器进行测量。但是，露点仪是测量水分最常用的便携式仪器。仪器测量气体的露点，单位为℃，也可以将其转化成相对质量浓度，用 mg/kg 表示。

理想的特性为：

——传感器能够抗油迹和腐蚀性气体；

——采用自封阀连接的管道连接抗渗透；

——经过校准的或能够现场校准；

——没有 SF_6 排放到环境中(例如小压缩机充气或使用气瓶)；

——每次测量使用的气体小于 6 g；

——获取读数的平均时间小于 5 min。

7.4.3　SF_6 百分比测量装置

通过比较 SF_6 混合气体和纯 SF_6 的声速以及热导率来确定 SF_6 百分比的装置。基于声速的装置较快(响应时间小于 1 min)，准确到±1%体积比，不需要重新校准且气体用量最少。它们的读数为用体积百分比表示的 SF_6 浓度。大多数对于 SF_6 以及氮气和/或空气的混合物进行了校准。

理想的特性为：

——没有 SF_6 气体排放到环境中(例如小压缩机充气或使用气瓶)；

——每次测量的气体用量小于 3 g。

通过测量非活性气体(如氧气传感器)浓度来计算 SF_6 体积百分比的装置不宜使用，因为可能存在不同的非活性气体(如氮气和 CF_4)。

7.4.4　对 SO_2 敏感的反应管

如果包含 SO_2 的 SF_6 经过反应管，反应管会改变它们的初始颜色。SO_2 反应管也对 SOF_2 敏感。需要从设备中取出少量 SF_6(约 6 g)。气体样品流经反应管进行测量。用 μL/L 表示。推荐的测量范围为 0 ppmv～25 ppmv。

理想的特性为：

——对于 SO_2 和 SOF_2 校准；
——连接管能够耐受活性的气体副产物且使用自封阀连接；
——没有 SF_6 气体排放到环境中(例如小压缩机充气或使用气瓶)；
——每次测量的气体用量小于约 6 g。

不宜使用对高频敏感的反应管，因为该气体与所有金属快速反应形成金属氟化物。

7.4.5 便携式 SF_6 探测器

便携式 SF_6 探测器大概分成两类：

a) 采用β-粒子源电离泵出的样品的电子捕获探测器。测量电极间的电离电流。通常采用惰性气体载体。这种类型的价格较高且认为相对于类型 b)缺乏便携性。可以达到空气中 SF_6 含量 0.1 ppmv 的灵敏度。

b) 采用高电压(1 kV～2 kV)施加到点对板电极结构的电晕放电管。测量放电电流。这类探测器使用范围广并具有很高的便携性，电池供电单元的成本相对低。可以达到低于 10 ppmv 的灵敏度，但并不适用于所有的单元[7]。

第一种类型的探测器通常用于泄漏示踪和定量。

第二种类型的探测器，如果足够灵敏，可以用来评估该区域是否包含 SF_6 且对泄漏探测非常有用。

7.4.6 SF_6 探测器的报警系统

报警系统要求探测器具有非常高的长期稳定性。SF_6 的红外吸收特性作为这种类型的大多数探测器的基础[8]。用红外源加热差分压力测量装置(采用灵敏的电容传感器)中的样气，测量压力升高。

可以达到 10 ppmv 的灵敏度。可以加入自校准装置。在某些装置中，空气样品从各个点传到中心探测器。活跃的探测点可以自动或人工选择。

包含探测器的 SF_6 报警系统通常仅用于户内设备中包含非常大体积 SF_6 的场合，例如在高压 GIS 设施中。

7.5 气体样品的气瓶

推荐容积小于 1 L 的不锈钢气瓶。气体数量不应小于 6 g。应采用适当的连接器从容器(例如充气隔室，回收装置的储气容器)中直接获取气体。如果气体容器中的压力超过气瓶的最大允许压力，就应该使用压力调节装置和压力表。

附　录　A
（资料性附录）
六氟化硫

A.1　简介

六氟化硫（SF_6）是由6个氟原子聚集在处于中心位置的硫原子周围形成的合成气体。硫和氟之间的化学链是已知的最稳定的原子链之一。6个氟原子使得分子具有非常高的化学和热稳定性。

SF_6 具有强的电负性（即倾向于吸引自由电子）。它具有独特的物理特性组合：高的介电强度（大约是空气的3倍）、高的热阻断能力（大约是空气的10倍）以及高的热传导性能（大约是空气的两倍）。

正因为如此，自从20世纪60年代初期，SF_6 就成功应用于高压输配电领域的电力设备工业（例如高压和中压开关设备、气体绝缘变电站、环网供电单元、断路器、变压器和电缆）。

其他非电工领域的应用包括：铝制造、铸镁、半导体制造、平板屏幕的制造、核燃料循环、隔噪窗户、轮胎、高性能雷达、气象测量和电厂管道的示踪气体以及军事应用。

A.2　化学特性

纯 SF_6 无色、无气味、无毒、不可燃、非常稳定且惰性。它在水中的溶解率低于空气的4倍。在温度180 ℃以下，它与电气结构中所用的材料的兼容性类似于氮气。

表A.1列出了 SF_6 的主要化学特性。

表 A.1　SF_6 的主要化学特性[9]

分子式	SF_6
CAS序号	2551-62-4
摩尔质量	146.05 g/mol
硫含量	21.95%
氟含量	78.05%
分子结构	在6个棱角上带有氟原子的八面体
键	共价的
碰撞距离	0.477 nm
石英容器中的分解温度	500 ℃

A.3　物理特性

SF_6 是所知的最重的气体之一：在通常条件下，它大约是空气重的5倍。

通过对流和扩散，SF_6 与空气混合是缓慢的，但一经混合，它就不再分离。

虽然 SF_6 的热导率比空气低，但由于其黏度较低和密度较高，总的热传输特性要好于空气2～5倍。

在电力设备中，SF_6 的通常压力范围是在0.1 MPa和0.9 MPa绝对压力之间。此气体的压力/温度/密度特性如图 A.1 所示。

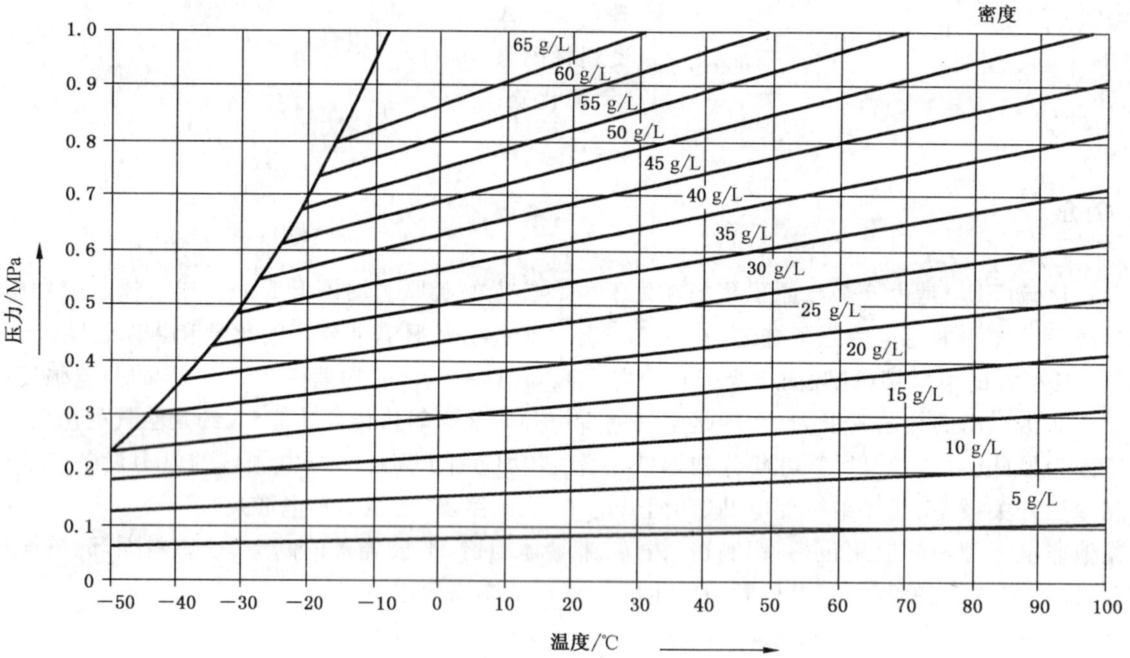

图 A.1 SF_6 的压力/温度/密度特性[9]

表 A.2 列出了 SF_6 的主要物理特性。

表 A.2 SF_6 的主要物理特性[9]

在 20 ℃、100 kPa 下的密度	6.07 kg/m^3
在 25 ℃、100 kPa 下的热导率	0.013 W/(m·K)
临界温度	45.58 ℃
临界压力	3.759 MPa
临界密度	740 kg/m^3
20 ℃时水中的溶解率	6.31 cm^3 SF_6/kg H_2O
在 0 ℃、100 kPa 下声速	129.06 m/s
折射率	1.000 783
生成热	(−1 221.58±1.0) kJ/mol
反应熵	−349.01 J/(mol·K)
在 20 ℃、100 kPa 下定压比热	96.6 J/(mol·K)
状态方程	见图 A.1

A.4 电气特性[11]

SF_6 的优良的绝缘特性是缘于其分子强的电负性。它具有粘附自由电子构成移动性较低的强离子的明显趋向，这就使电子崩的发展非常困难。

SF_6 的电气强度约是相同条件下空气电气强度的 3 倍。

因为 SF_6 的离解温度低而离解能量大，所以 SF_6 是一种优良的灭弧介质。

当电弧在 SF_6 中冷却时，到相对较低的温度它仍是导电的，因而在电流过零之前使截断电流最小并由此避免了高的过电压。

表 A.3 列出了 SF_6 的主要电气特性。

表 A.3 SF_6 的主要电气特性[9]

相对于压力的临界击穿场强	89 V/(m·Pa)
在 25 ℃和 0.1 MPa 绝对压力下的相对介电常数	1.002 04
在 25 ℃和 0.1 MPa 绝对压力下的损耗因数(tanδ)	$<2.0\times10^{-7}$
有效电离系数	$\frac{\alpha}{p}=A\frac{E}{p}-B$ α：m^{-1} E：V/m p：Pa A：2.8×10^{-2}/V B：89 V/(m·Pa)

A.5 处理、危害和健康特性

SF_6 不支持燃烧。因为该气体比空气重很多，在与空气不充分混合的条件下具有往低处聚集的倾向。低于地平面的区域、通风差或没有通风的区域(例如电缆槽、电缆沟、检查沟、排水系统)可能充满 SF_6。人员应知晓此类区域中的呼吸危险。包含 SF_6 的设备不宜进入没有充分通风且人员没有防护器具的区域。

纯 SF_6 是无毒的和在生物学上是不活泼的。按照美国政府工业健康联合会(ACGIH)，用时间权重平均值(TWA)表示的门槛限值(TLV)为 1 000 ppmv(6 100 mg/m^3)。该值适用于人员每天工作 8 h 每周工作 5 天的场合[10]。该 TLV 适用于大气中不存在的所有无害气体。

SF_6 不会危及生命和生态，但是，却是潜在的和持久的温室气体，如附录 B 所描述的。

因此，处理 SF_6 时有必要采用保持气体处于封闭循环内的程序，以避免向大气中任何有意的释放。

按照 GB/T 12022，工业级 SF_6 可作商用。

按照 GB/T 8905，使用过的 SF_6 可以在现场再利用。

按照气体制造厂给出的技术规范，使用过的 SF_6 可以在气体制造厂再利用。在气体不符合技术规范的情况下，应按照关于废品管理的地方和国际法规处置。

附 录 B
（资料性附录）
SF_6 的环境影响

B.1 引言

每个人的活动对环境都有影响，特定活动的影响取决于它的规模和涉及的材料。生产或使用气体的活动都可能引起向大气的排放。考虑了3个主要方面：

——生态毒物学：毒性材料和影响环境的气体以及生活的所有形式；

——臭氧减少：同温臭氧层中的孔洞增大；

——全球变暖、气候变化：增加温室效应。

B.2 生态毒物学

SF_6 是无毒的且没有报告表明其具有剧烈的或长期的生态毒性。由于其在水中的溶解率非常低，因此，对地表水和地下水以及土壤没有危害，不会出现营养循环中的生物聚集。因此，SF_6 不会伤害生态系统。SF_6：

——不是致癌物：不会引起癌症；

——不是致变物：不会伤害基因组织；

——不会硝化：不会富化食物链；

——低溶于水。

B.3 臭氧减少

电力设备中应用的 SF_6 及其副产物不会损坏同温臭氧层，因为它们不包含氯和溴。

B.4 全球变暖和气候变化（温室效应）

地球的平均全球温度，是在太阳辐射的加热作用和地球辐射的红外线相关的冷却之间平衡的结果。某些红外线辐射反射到地球表面且发生温室效应是自然现象，因此造就了地球上的生命。

这是由于自然的温室气体（主要包括水分、碳氧化物和沼气）对于来自太阳的射线是透明的，而又能够吸收了地球反射的红外线。

没有温室气体，来自太阳的热量将反射回太空且地球的温度会更低。

温室气体会捕捉一些大气中的太阳能量。和不存在温室气体相比导致星球的平均温度较高。科学评估计算出最多可提高 33 ℃（从 −18 ℃到实际的 15 ℃）[11]。

今天，自然现象占绝对主导作用且人类的活动对总的温室效应的贡献很小。但是，随着人类活动的增长，这就成为今天的主要问题。根据几项研究，如果不可逆，实际的趋势将导致地球平均温度的大幅提高，将改变全球气候。

人造的和自然的温室气体都是温室效应形成的因素。京都议定书[13]是控制人为温室气体排放的国际协议。

按照京都议定书，温室气体由碳氧化物（CO_2）、沼气（CH_4）、氮氧化物（NO_2）、氢氟化碳（HFC）过氟化碳(PFC)以及六氟化硫(SF_6)组成。后三种物质是氟化的温室气体(或 F-气体)。

相对于环境,不同气体的浓度以及它们在京都议定书中的规定由几个科学团体定期监测。特别是气候变化的国际政府委员会(IPCC)定期起草评估报告,更新已有的排放信息并根据排放趋势的不同评估它们对环境未来潜在的影响。最新出版的是2007年的第四次评估报告(AR4)[11]。

IPCC 由世界气象组织(WMO)和联合国环境程序(UNEP)于1988年成立。已知 F-气体和 CO_2 相比由于其更高的全球变暖影响能力,是全球变暖影响的主要因素,对总体温室气体效应的促成作用占到1.5%。根据第三次评估报告,SF_6 强烈的红外吸收能力和环境中的长寿命是其具有很高的全球变暖潜力(GWP)的原因,高于 CO_2 的22 200倍。GWP 是在100年周期内,1 kg 气体相对于1 kg 二氧化碳的变暖潜力。对于所有应用其对温室气体效应的总体促成作用总和达到大约0.2%。

但是,单独 SF_6 的 GWP 不足以测量基于 SF_6 技术的电力设备对环境的影响。应使用 ISO 规定的寿命周期评估法——LCA 法[14],来估算和/或比较任一特定应用对环境的影响。

电力工业使用的 SF_6 在一个封闭的循环内,如气体绝缘变电站(GIS)、中压和高压气体断路器(GCB)、高压气体绝缘线路(GIL)、气体绝缘电压互感器(GVT)。在亚洲,大量的 SF_6 用于气体绝缘电力变压器(GIT)。

尽管电力工业被报为世界范围内最重要的 SF_6 使用者,但电力工业是全球 SF_6 排放的较小促成因素,远低于其他行业或气体"开放使用"的用户。但是,其作为排放源的重要性地区差别和国家差别很大,取决于采用的 SF_6 处理程序、电力设备的密封性以及电力设备中的气体总量。

目前,地区平均排放率在远低于1%到大于10%之间变化。总体来说,从1995年起,排放率大幅降低。在欧洲[15]、亚洲[16]以及北美洲[17,18],行业行为的目标是降低排放50%~90%。这些行为包括:

——设计 SF_6 用量更少的设备和更高等级的密封性;

——根据现有的标准改进全寿命周期阶段的处理工艺和处理设备。

B.5 副产物

40年的经验记录表明引起气体排放的重大失误极少。在这种极端情况下的排放量受到产品的标准设计为隔室化并将故障限制到其发生点的极大制约。涉及的气体量是整个变电站的非常小的一部分。

附录 C 说明副产物可以毫无困难地转化成自然界中的中性物质。它们的处理和处置程序保证了它们对环境的影响可以忽略。

B.6 SF_6 的环境兼容政策

SF_6 应在一个封闭循环内处理,以避免任何无意的向环境的排放。在所有的倡导中,气体收回和再利用具有最高的优先权。

涉及制造厂和用户在某些国家已经签署的自愿者协议[19]的目标是控制和降低电力设备中 SF_6 的排放。总的来说,在该协议中,环境兼容政策提及使用 SF_6 的电力设备的开发、制造、安装、运行、维护和寿命终了的处理,采用先进的技术和程序使 SF_6 的排放最少。

附 录 C
（资料性附录）
SF_6 副产物

C.1 SF_6 的分解

C.1.1 概述

当 SF_6 中由于正常开合操作、开断故障或者在不大可能的内部燃弧故障情况下出现燃弧时，将同时产生不同数量的各种 SF_6 分解物[5,9]。当 SF_6 分子受温度作用时，会出现氟原子辐射或放出电荷和分离，随着激发类型和能量输入的不同，按照式(C.1)产生了大量的原子团、离子或中性分子：

$$SF_6 \xrightarrow{\Delta E} SF_x + (6-x)F, 0 < x < 6 \quad \cdots\cdots (C.1)$$

当能量 ΔE 的输入终止时，大多数原子重新复合形成 SF_6，而其他同装置中的不同物质化合构成各种稳定的最终产物。这些物质包括，特别是氧和水，还有在设备结构中使用的材料。

认为这些副产物与供给 SF_6 的能量有关。

C.1.2 电弧中 SF_6 的性能

大电流燃弧通常出现在断路器的开合和故障开断的操作期间以及异常的内部电弧故障期间。

从 500 ℃起，SF_6 气体开始分解成其构成部分，其分解程度正比于转换能量的大小。在式(C.1)规定的离解过程中，SF_6 分子约在 3 000 ℃下分裂成硫和氟原子。

在此过程期间所吸收的大量的热是依靠对流和扩散从弧区散发出来的。温度低于约 1 000 ℃时，这些原子重新复合或同其他物质(例如汽化的电极金属、罐壁、塑料或杂质)起化学反应。包括金属氟化物和硫化氟在内的气态和固态副产物皆可能产生，其中最重要的是 CuF_2、AlF_3、WF_6、CF_4 和 SF_4。

这些通常称为原始副产物的产物是在小于 1 s 范围内的放电期间或之后很短时间内生成的。正常操作期间可能出现在绝缘子表面像灰尘样的沉积物对其绝缘性能没有不利的影响。

某些副产物化学上是稳定的；而另一些非常不稳定，特别是当存在水时。

存在氧时，可生成下述副产物：

$$S + O + 2F \longrightarrow SOF_2 \quad \cdots\cdots (C.2)$$

$$SF_4 + O \longrightarrow SOF_2 + 2F \quad \cdots\cdots (C.3)$$

$$SF_3 + O \longrightarrow SOF_2 + F \quad \cdots\cdots (C.4)$$

$$SF_5 + O \longrightarrow SOF_4 + F \quad \cdots\cdots (C.5)$$

反应式(C.2)、式(C.3)、式(C.4)和式(C.5)中包含的氧通过抽真空程序可能有遗留，或者，燃弧期间可能从电极材料中释放出来。SOF_2 是主要副产物。

当存在水蒸气时，发生下列反应：

$$F + H_2O \longrightarrow HF + OH \quad \cdots\cdots (C.6)$$

$$SF_5 + OH \longrightarrow SOF_4 + HF \quad \cdots\cdots (C.7)$$

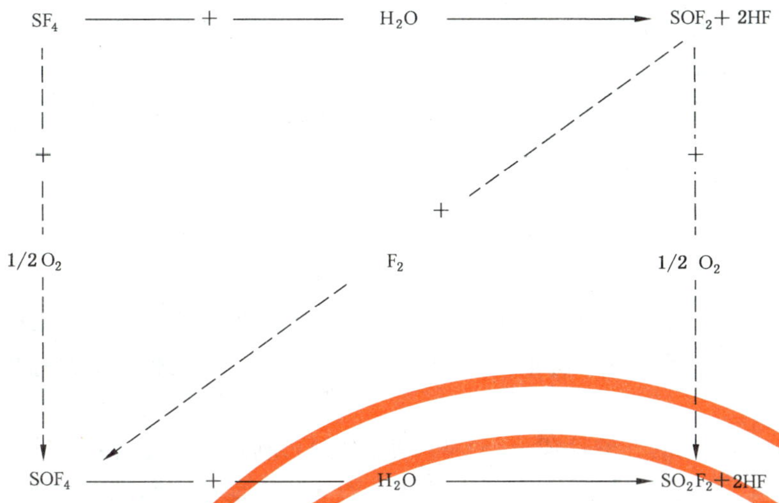

……………………………（C.8）

式(C.8)中的虚线表示，在电弧中 SF_6 分解期间这些反应仅是有限度地发生。虽然式(C.8)中反应意味着生成大量的 HF，但是，在电力设备中燃弧之后，没有报告说明这一产物的数量很大，这可能是因为副产物的生成主要是按照式(C.2)、式(C.3)和式(C.4)，也可能是，由式(C.8)的反应生成的 HF 进一步同金属蒸气发生反应而产生了金属氟化物。

大量产生的 SF_4，在潮气中迅速地发生水解，见式(C.8)。

在继续存在水的情况下，会发生进一步水解，导致：

$$SOF_2 + H_2O \longrightarrow SO_2 + 2HF \quad \text{……………………………（C.9）}$$

在文献中还报导了其他反应，可能生成附加的燃弧副产物例如 S_2F_{10}。但是，在燃弧条件下生成的 S_2F_{10} 的数量是极少的，因为在高温下产生的 SF_5 原子团，只有当非常迅速地冷却时才生成 S_2F_{10}，在电弧中这一条件不可能适用[20]。

C.1.3 小电流放电时 SF_6 的分解物

当运行的电压施加到含有 SF_6 的设备上时，就不可能排除小电流放电(例如电晕、火花和局部放电)的可能性。然而，由这一放电产生的副产物的浓度可能非常低。当 SF_6 在火花放电中分解时，式(8)中以虚线表示的反应将占优势[20]。

C.1.4 SF_6 的催化分解(高温性能)

SF_6 能在石英容器中加热到 500 ℃而不分解。温度小于 150 ℃时，所有常用的材料，例如金属、玻璃、陶瓷、橡胶和聚酯树脂，都是抗 SF_6 的。仅仅是在高于 200 ℃的温度下，某些金属才开始对 SF_6 有分解作用，但是在常用的金属和合金的情况下，温度范围达到 400 ℃～600 ℃的之前的任何温度，都观察不到这一作用[9]。

因为在不发生燃弧的情况下，电力设备内的最高运行温度远远低于这些值，所以，认为在运行期间此类 SF_6 分解是不可能出现的。

C.2 SF_6 及其副产物的腐蚀性能

SF_6 是一种完全不发生反应的气体。所以，不存在由 SF_6 本身直接引起腐蚀的可能性。但是，SF_6 的初始和二次副产物，依据同潮气接触的情况，可能生成腐蚀性的电解质而对用在设备内部的某些材料可能引起损害。

常用的金属，例如铝、钢、铜和黄铜几乎不受侵蚀，然而，根据有关的腐蚀物质浓度的不同，某些材料，例如玻璃、瓷、绝缘纸和类似的材料是比较易受损的。其他绝缘材料，例如环氧树脂、聚酯、聚乙烯、氧化聚甲烯、聚四氟乙烯、聚氯乙烯等等，所受的影响不大。

重要的是，考虑到副产物的腐蚀特性，设计时一定要采取措施。可以通过彻底地排除潮气和采用合适的材料以防止腐蚀。

C.3 清除 SF_6 副产物的措施

运行中设备内的潮气和 SF_6 副产物可以用吸附剂降低到可接受的水平。为此目的，可采用氧化铝、分子筛或它们的混合物。它们吸收气态活性副产物非常有效且实际上不可逆，同时保证此气体保持在低的露点[9]。

处理从设备中取出的副产物是容易做到的。酸性成分(硫酸和氟化氢)可利用碱性化合物来降低。

大多数固态的活性产物是不溶于水的，或者难于溶解，但是某些金属氟化物能同水起反应生成氢氟酸。所以，必须用氢氧化钙(石灰)去处理固态的活性产物，例如中和酸性成分。然后，最后的残渣可以按照地方法规处理。

C.4 SF_6 副产物的生理特性

SF_6 副产物能对皮肤、眼睛和黏膜(例如呼吸系统中的)产生刺激，并且暴露在高浓度下经过足够的时间后，可能发生肺水肿。

含有副产物的 SF_6 有一种使人讨厌的刺鼻气味，此气味本身带有刺激性的作用。嗅觉的界限值(特别是对 SOF_2、SO_2 和 HF)和 TLV 是同一数量级。由于这些特性，即使少量的气态副产物也可以在可能发生任何中毒危险之前，在以秒计的时间内发出明显无误的警告指示[5]。

附 录 D
（资料性附录）
SF_6 副产物对健康的潜在影响

D.1 引言

本附录讨论由泄漏和在内部故障情况下而使 SF_6 偶然释放到当地大气中所引起的对健康的危害。

正常运行期间，SF_6 气体保持在电力设备之内，并且生成的副产物除了被自然复合过程中和以外，还被分子筛中和。由于泄漏，或者如果气体外壳丧失包含气体的能力（例如在很难发生的内部故障情况下），则 SF_6 可能出现在大气中。在评价对健康的危害时，必须明确地区分泄漏条件和导致 SF_6 突然释放的内部故障情况。

在泄漏的情况下，必须考虑受 SF_6 气态副产物长期作用的影响。在空气中这些产物的浓度应保持很低，满足在正常工作期间（例如 8 h）对未加保护的工作人员不构成威胁。

在由于内部故障引起的 SF_6 突然释放的情况下，强制性的排气和通风程序意味着作用是暂时的。如果作用时间大大减少的话，分解物的浓度可能允许比例如 8 h 期间允许的水平更高。显然，在此情况下，应当考虑所有可能的毒性释放源，并且这要求全部生成物的详细知识。在这方面，完整的处理应考虑到金属蒸气、烧过的塑料、电缆的绝缘、油漆等等的作用，它们与 SF_6 所起的作用相同。

注：例如，以长期作用的极限值比较，由电极汽化产生的铜烟雾的毒性，大约是电弧分解的 SF_6（SOF_2）毒性的 4 倍，而铝烟雾略低于 4 倍。在产生电弧的任何场合，不管采用什么绝缘介质，两者都可能大量地产生，而且可能构成对健康的主要危害（见 D.4.8.3）。塑料燃烧产生的烟雾的作用（见 D.4.8.4）也是非常重要的。

本附录的首要目的是拟定基本指导方针，用来估计释放有 SF_6 的环境中毒性副产物在空气中的浓度。也考虑了在故障条件下释放的其他有潜在毒性的物质的影响。

下面各条款给出了计算与泄漏和内部故障导致大气中存在副产物相关的风险以及进行计算所采用的原理。

D.2 综述

为了计算由于泄漏和内部故障而在大气中存在副产物所引起的危害，提出了许多方法。下面条款中提出了进行计算所采用的原理。

D.3 SF_6 副产物的生成和对健康的影响

D.3.1 SF_6 副产物的生成

在 SF_6 中大功率燃弧期间，弧柱达到的温度为 10 000 K 数量级。在该温度下，气体的分子完全分裂成其原来的原子——硫和氟（见 C.1.2）。存在的任何杂质，例如空气或水蒸气，也以类似的方式分解。这样的结果是一个仅含有 S、F、H、N、O 的单原子和各种离子的局部区域。弧根对电极的加热增加了进入该局部区域的铜、钨、石墨和/或铝的蒸气。

在电弧熄灭以后或者在开始冷却的区域，这些原子开始重新结合在一起且主要形成 SF_6。但是，随着杂质特别是水和氧的存在，发生了化学反应，增加了所谓的电弧副产物（见附录 B）。生成的数量同放电的能量直接有关。

大多数经常遇到的副产物是：SOF_2、SO_2、HF 以及还有 CF_4、SF_4 和 SO_2F_2[21]。只有这些副产物进入当地的大气，它们的存在才有重要意义。它们在电力设备中的浓度没有直接意义，特别是由于吸附剂(例如分子筛)的存在将有助于气体的净化。

有一段时间曾经担心，高毒性的气态副产物 S_2F_{10} 可能构成其中曾发生燃弧的 SF_6 的毒性主要来源。但是，之后的经验表明，这一看法没有得到证实[22]。事实上，现在看来，在燃弧期间生成的 S_2F_{10} 数量很少，以致于对 SF_6 总毒性的影响可以忽略。

现在也认识到 S_2F_{10} 是 SF_6 在低能量条件下放电生成的，并且在这些情况下，S_2F_{10} 的产生率比燃弧期间更高[23]。这一化合物的浓度直到目前还难以检测，而其剧毒性已促使投入相当多的资金用于进行有关其存在的潜在危险的研究[20]。但是，潮气存在时，在温度超过 200 ℃的情况下和在环境温度下随着催化壁面的分解，S_2F_{10} 将逐渐减少[23]。最后一个机理非常有效，它可使在设备中产生的 S_2F_{10} 减少到可忽略不计的数值[24]。

D.3.2 SF_6 副产物对健康的影响

D.3.2.1 概述

如果已受到燃弧或低能量放电作用的 SF_6 排放到工作场所，那么，潜在的健康危害取决于空气中每一副产物的浓度，并因而取决于电力设备所在房间的容积。估计毒性时，应当考虑在相应的作用时间内、各项允许浓度内存在的每一成分的浓度。

D.3.2.2 电弧分解的 SF_6 对健康的影响

对于多成分混合物，毒物学规定了 3 种一般情况：

——每一成分以不同方式、或对不同目标的器官起作用；因而效果是不累加的，并且每一成分分别处理；

——许多成分以类似的方式对同一目标器官起作用；因而它们的效果是累加的，并且计算时应对此加以考虑；

——一种成分的作用大大地超过其他成分的作用；整体的毒性影响可以通过单独研究这一成分的浓度进行估计。

通过对过去几十年来在 SF_6 的大功率电弧分解方面所进行的大多数工作的调查[21,25]，可以得出下列结论：电弧分解的 SF_6 的毒性起初是一种特殊化合物——氟化亚硫酰 SOF_2 气体占优势。

此结论证明了下面的做法是正确的：由电弧分解的 SF_6 引起的对工作人员的全部健康危害，应当利用所产生的 SOF_2 浓度进行估计。

本标准中，副产物 SOF_2 被用作电弧分解的 SF_6 全部毒性效应的指示物。这可使在各种情况下的健康危害连同安全程序的意义一起进行估计。

存在高浓度的水蒸气时，可能发生 SOF_2 的水解，生成 SO_2 和 HF(见 C.1.2)。如果忽略这样的事实，即由于 HF 的反应作用很强，它不大可能长期保持在大气中，则如 D.4.6.2 中所详述的，受这种混合物作用的危害将稍微高于 SOF_2 的危害。当估计由于泄漏引起的危害时，这一点应考虑到，即无论是设备之内，还是在大气中，都可有足够的时间去发生水解反应。对于内部故障的情况，在故障和随后的通风和修理工作之间的时间较短，可以忽略 SOF_2 的水解。

D.3.2.3 低能量放电分解的 SF_6 对健康的影响

在低能量放电期间，可能会生成少量的副产物 S_2F_{10}。S_2F_{10} 是已知的、最具毒性的 SF_6 副产物；由于这一原因，在估计由于从高压设备中泄漏引起的危害时，它也应被考虑。在已被低能量放电分解的 SF_6 中，其他副产物，例如 SOF_2、SO_2 和 HF，所产生的毒性是可以忽略的，所以，对这些产物不予考虑。

D.3.2.4 作用的持续时间和在空气中的稀释

对于有毒物质引起的对健康的危害的任何估计来说都是必不可少的两个关键概念是：

a) 向周围容积的稀释；

b) 作用的持续时间。

所以要求第一个概念是为了有可能使得从电力设备内生成的副产物浓度变换成工作场所大气中的浓度水平(见注)。

注：例如，在1 L试验容器中生成的刚好可发出警报的副产物浓度1 000 ppmv，当释放到3 m×3 m×2.5 m房间中时，浓度将会降到一个很低的值0.04 ppmv。

第二个概念适用于确定正常条件(基本泄漏)或异常条件(内部故障)下估计潜在的健康危害的方法。

在正常条件下，应当采用TLV(界限值)浓度(见D.8.2)。这就保证了在充SF_6的电力设备附近整天作业的人员的安全。

在异常条件下，例如内部电弧故障下，人员在几分钟之内离开了电力设备所在的房间，因而作用是短时的。对于这类作用，可以允许远高于TLV的限值(见D.4.3)。

D.4 副产物浓度的计算

D.4.1 概述

下列内容提供了对各种类型的设施，在设备所在的房间内大气中气态SF_6副产物浓度的计算方法和结果。同时估计了在内部故障期间出现的其他危害源(例如烟尘、烟雾和蒸气)的作用。

对于泄漏的情况，考虑了在24 h期间泄漏的SOF_2和S_2F_{10}的数量。假定没有气体从设备所处的房间中排出，考虑了SOF_2的水解效应。

对于内部故障情况，认为生成的全部SOF_2迅速地散发到周围大气中，并且认为在所关心的时间内是稳定的。

对于电力设备(特别是可控的和/或封闭的压力系统)维修的情况，在GB/T 28537—2012中给出了导则。在这一情况下，打开电力设备之前，工作程序要求收回全部的SF_6。

D.4.2 计算准则

无论是泄漏，还是内部故障，在整个处理期间都采用了下列准则：

a) 假定设备室是完全封闭的，并且假定在所关心的期间内未进行通风；

b) 假定在所关心的期间，装在电力设备内的电弧副产物的吸附剂是不起作用的；

c) 假定在相对于工作日或作用持续时间来说较短的时间内，电力设备内放出的气体同室内空气均匀地混合。

D.4.3 危害估计

D.4.3.1 泄漏情况

实例计算的结果给出了在电力设备室内空气中SOF_2(见D.4.6)和S_2F_{10}(见D.4.7)的浓度C。每个C值应当同全天工作的允许浓度(TLV)(见D.8.2)相比较。每一计算的最终结果用比率C/TLV表示；为了没有显著的危害和允许全天工作，此值必须小于1。

对于SOF_2水解的情况(见D.4.6.2)，应计算SO_2和HF的浓度。认为HF和SO_2对人体组织有累积影响，并且对于这样的多成分混合物，单个浓度对TLV的比率之和R_{tot}应不超过1。

$$R_{tot} = SO_2\text{浓度}/TLV(SO_2) + HF\text{浓度}/TLV(HF) \leqslant 1$$

注：这是一个谨慎的假定，它使得每一成分的最大允许浓度低于其 TLV。采用此值是为了保持接近最坏的情况。

表 D.1 中给出了所关心的四种化合物 SOF_2、SO_2、HF 和 S_2F_{10} 的 TLV[10]。

表 D.1　SOF_2、SO_2、HF 和 S_2F_{10} 的 TLV

	SOF_2	SO_2	HF	S_2F_{10}
TLV/ppmv	1.6	2	3	0.01

D.4.3.2　内部故障情况

对于这些异常情况，所有的 SF_6 是在短时间内释放的，所以 SOF_2 的浓度远高于泄漏情况。标准程序规定对设备室应进行排气和通风。所以，受电弧分解后的 SF_6 的作用是短时的。由于这一原因，将计算的 SOF_2 浓度同 TLV 进行比较不再是合适的(见 D.8.2)。

一般说来，IDLH(对生命或健康出现立即危险)值提供了短时作用的导则(见 D.8.3)。然而，至今还没有发布针对 SOF_2 的 IDLH 值。所以，为了获得关于非重复短时作用的参考值(C_m)，有必要借助于毒物学数据的结果。

$$C_m = 500\ \text{ppmv}$$

注：已有试验动物受含有 SOF_2 的大气作用的毒物学数据[26,27]，这些数据包括 3 种不同的哺乳动物受浓度直到几千 ppmv 的 SOF_2 作用 1 h 的影响。结果表明，承受浓度直到 100 ppmv(大、小老鼠)以及 500 ppmv(家兔)的作用，在作用期以后 24 h，所有的动物都表现出正常的一般状态。

将算得的 SOF_2 浓度和 C_m 比较，可以估计在内部故障期间或以后副产物对健康的危害。为了估计危害和评价安全程序，还应考虑可能更重要的其他因素(见 D.4.8.3 和 D.4.8.4)。

对于人的作用，由于较大的生物体通常对毒剂不敏感，可能忍受高于 500 ppmv 的浓度 1 h。因此，可以推想，为了和计算的浓度比较，采用短时作用的极限值 C_m 为 500 ppmv 作为参考值是可以接受的。

D.4.4　内部故障情况的计算限值

D.4.4.1　非常小的房间容积

在这些情况下，例如中压/低压变电站的内部故障，主要的健康危害不是由电弧副产物引起的。电弧本身、热气浪、烟尘、由燃烧的油漆、塑料或金属蒸气产生的烟雾以及最后的冲击波，可能构成主要的危害(见 D.4.8.3 和 D.4.8.4)。

因此，外推到房间容积远小于 50 m^3，可能不是一个作为估计健康危害的有效方法。虽然如此，还是包含了一个采用房间容积小于 50 m^3 的实例计算以估计 SOF_2 对总毒性的影响。

D.4.4.2　非常长的燃弧时间

对于所有的内部故障计算，假定电弧的环境是不变的，它导致在 100 ms 的燃弧时间期间 SOF_2 的产生率不变(见 D.7.3.2)。正如下面所解释的，对于燃弧时间大于 100 ms，不变的产生率肯定是无效的。

D.4.4.2.1　中压和高压断路器以及环网供电单元(RMU)中的内部故障

在这些情况下，释放阀将迅速打开隔开大气的充气隔室。电弧产生的压力升高力图在几分之一秒内将大部分 SF_6 排出，但电弧仍然主要在由电极汽化而生成的金属蒸气中燃烧。显然，仅仅是总电弧能量的一部分用于 SF_6 副产物的生成。所以，为了能够外推到 100 ms 以上，还需进行试验。

D.4.4.2.2　气体绝缘开关设备(高压 GIS)中的内部故障

在这些情况下,生成了大量的金属蒸气,并且在 SF_6 和铝电极之间发生放热反应。燃弧环境将极大地改变,因此,没有理由采用不变的副产物产生率。

D.4.5　研究的情况

已研究过的有代表性的情况如下:

a) 3 次连续开断 31.5 kA 三相故障电流后中压断路器的泄漏(见 GB 1984,试验方式 T100)。

b) 3 次连续开断 31.5 kA 三相故障电流后高压断路器的泄漏(见 GB 1984,试验方式 T100)。

c) 经过 30 年出现过局部放电的高电压充气隔室的泄漏。

d) 经过 30 年出现过电晕放电的高电压充气隔室的泄漏。

e) 在 30 年期间,每年出现 200 次火花的高压负荷隔离开关的泄漏。

f) 40 kA、245 kV GIS 母线中导致压力释放或烧穿的内部故障(单相故障)。

g) 在 31.5 kA、145 kV GIS 母线中导致压力释放或烧穿的内部故障(包括两个相间电弧的故障)。

h) 在 25 kA、中压 GIS 开关柜中导致压力释放或烧穿的内部故障(单相故障)。

i) 在 25 kA、中压断路器中导致压力释放的内部故障(单相故障)。

j) 在 16 kA 中压环网供电单元中导致压力释放的内部故障(包括两个相间电弧的故障)。

D.4.6　断路器泄漏出的 SOF_2 浓度的确定

D.4.6.1　概述

这里仅考虑断路器的泄漏,这是因为断路器中 SF_6 的分解程度高于其他类型的设备。

电力设备室内参考气态分解物 SOF_2 浓度的计算是针对刚刚连续 3 次开断三相故障电流(如 GB 1984 试验方式 T100 所要求的)且随后泄漏含有副产物的 SF_6 的断路器。计算了 24 h 内泄漏的 SOF_2 的数量,并同房间容积相比以求得浓度。

计算副产物浓度的程序如下。D.7 中给出了每一步骤的数据和中间计算结果。

a) 计算总电弧能量,以千焦耳(kJ)表示($E=I\times U\times t\times n\times m$),式中 n 是相数,m 是开断次数(数据见 D.7.3.1)。

b) 计算生成的 SOF_2 的数量,以升(L)表示(根据产生率 r,以 L/kJ 表示,见 D.7.4 和 D.7.5)。

注 1:燃弧发生在铜-钨触头之间。

c) 计算断路器内的 SOF_2/SF_6 体积比(考虑到充气压力,见 D.7.7)。

d) 确定泄漏率 L,以升每天(L/d)表示(根据制造厂的数据,见 D.7.6)。

e) 计算泄漏进设备室中的 SOF_2 数量(见 D.7.7)。

f) 计算在 24 h 内累积的 SOF_2 数量(以 L 表示,见 D.7.7)。

g) 计算累积的 SOF_2 对设备室中的空气体积之比(以 ppmv 表示,数据见 D.7.1)。

h) 将此浓度和 TLV 比较(见 D.8.2),并将结果表示成比率 $R=C/\text{TLV}$。如果 R 的值小于 1,就没有健康危害。

因此,24 h 内,计算设备室内 SOF_2 浓度 C(以 ppmv 表示)见式(D.1):

$$C=r\times E\times L\times 10^6/(V\times v\times P_f) \quad \cdots\cdots\cdots\cdots(\text{D.1})$$

式中:

r ——产生率,单位为升每千焦(L/kJ);

E ——电弧能量,单位为千焦(kJ);

L ——泄漏率,单位为升每天(L/d);

V ——房间容积，单位为升(L)；

v ——电力设备隔室的容积，单位为升(L)；

P_f ——SF_6 充气压力(MPa 绝对气压)对大气压力之比。

泄漏情况实例的计算结果(数据见 D.7)见表 D.2。

表 D.2　泄漏情况实例的计算结果

断路器	V_1 (泄漏的 SOF_2)/ L	V (房间容积)/ L	C (SOF_2 浓度)/ ppmv	SOF_2 的 TLV (见注)/ ppmv	R
中压	1.3×10^{-6}	120×10^{3}	11×10^{-6}	1.6	6.8×10^{-6}
高压	108×10^{-6}	700×10^{3}	154×10^{-6}	1.6	96×10^{-6}
注：TLV 为界限值：暴露等级基于 8 h 重复暴露数据，见 D.8.2，参考文献[28]。					

V_1 是 24 h 内泄漏进大气的数量(见 D.7.5、D.7.6 和 D.7.7)。如比率 R 的值所示，浓度 C 远远小于 TLV。

注：外推到更长的累积时间需要有关由于通风而引起的空气更换速率的详细数据。

D.4.6.2　考虑到 SOF_2 水解影响的附加计算

在 C.1.2 中，式(C.9)给出了 SOF_2 的水解生成的 SO_2 和 HF。在长期存在潮气的情况下，SOF_2 无论是保持在电力设备的充气隔室内，或者是设备房间内的大气中，这都可能发生。但是，吸附剂应使充气隔室内部维持一个低的湿度，以限制在泄漏之前，水解发生的程度。正常的通风应能防止 SOF_2 在大气中的积聚。

假定，由于通风不够而使 SOF_2 得以积聚，则在估计任何对健康的危害时，必须考虑最终的产物。

水解反应中每个 SOF_2 分子产生一个 SO_2 分子和两个 HF 分子。因此，每个摩尔的 SOF_2 产生一个摩尔的 SO_2 和两个摩尔的 HF，每个摩尔占有摩尔体积。所以，一个给定体积的 SOF_2 产生一个相等体积的 SO_2 和两倍该体积的 HF，并且在一给定房间容积中的浓度也成类似关系。但是，HF 是很易发生反应的，因而不大可能在大气中保持足够长的时间以达到高的浓度。

认为 HF 和 SO_2 对人的机体有类似的影响，因而，对于这样的多成分混合物，单个浓度与 TLV 之比的总和 R_{tot} 应不超过 1。

$$R_{tot} = SO_2\ 浓度\ /TLV(SO_2) + HF\ 浓度\ /TLV(HF) \leqslant 1$$

注：这是一个谨慎的假设，它使得每一成分的最大允许浓度低于其 TLV。此处采用它是为了保证接近最恶劣的情况。

假定，全部 SOF_2 都经过水解，并且全部生成物 SO_2 和 HF 都保留在大气中，则 D.4.6 的结果给出下列的 R_{tot} 值。R_{tot} 的值(以及单个浓度对 TLV 之比的值)非常之低说明危害可以忽略。

表 D.3　考虑到 SOF_2 水解时对于泄漏情况的结果

断路器	SOF_2	SO_2		HF		R_{tot}
	浓度/ ppmv	TLV(见注)/ ppmv	浓度/ ppmv	TLV(见注)/ ppmv	浓度/ ppmv	
中压	11×10^{-6}	2.0	11×10^{-6}	3.0	22×10^{-6}	12.6×10^{-6}
高压	154×10^{-6}	2.0	154×10^{-6}	3.0	308×10^{-6}	180×10^{-6}
注：参考文献[27]和[28]中给出 SO_2 和 HF 的 TLV。						

D.4.7 泄漏的 S_2F_{10} 浓度的确定

D.4.7.1 概述

对于正常使用情况，在存在低能量放电情况下，通常认为 SF_6 的分解率是极低的，因而意味着可忽略对健康的危害。对于局部放电(PD)和电晕作用，这主要是由于涉及的能量极低；只有在很长一段时间(几周或几个月)放电活跃时，才发生显著的分解。但是：

——固体绝缘子内的局部放电活动不会影响气体；

——充 SF_6 的电力设备通常是无电晕的，并且检测到的显著电晕放电通常起源于设备外部，例如在套管上等；

——如同进行无线电干扰测量一样，标准 PD 试验程序使这一类型放电的设备受到屏蔽。

高压隔离开关电弧的影响之所以有限，首先是因为每次操作的总能量较低，其次是因为在典型使用条件下，在每次操作之间的时间很长，第三是因为峰值电弧电流比较高。

尽管实际情况的 S_2F_{10} 迅速衰减[23]，但是，由于 S_2F_{10} 的毒性相对较高[22]，因此，不管上述情况如何，对电力设备中可能存在的 S_2F_{10} 一直表示担心。

为了举例说明在实际情况下，由 S_2F_{10} 引起的健康危害极低，下面对上列 3 种情况给出了估计。对每一情况采取了几种方案。

所采用的放电能量准确值可以增大几个数量级而不显著地改变结论。这提供了可观的安全裕量以便用于异常的高放电水平。

对每一情况，计算方法都是相似的：

——假定放电活动无条件地生成稳定的 S_2F_{10}，它在电力设备内积聚了 30 年；

——然后，该气体以每年 1%(每天 27×10^{-6})的标准速率泄漏进电力设备所处的房间(700 m^3)；

——然后，估计在 24 h 内积累的数量，并将求得的浓度 C 同 TLV(0.01 ppmv)[28] 相比得出比率 R；

——比率 R 远小于 1 显然意味着对健康的危害可以忽略。

注：参考文献中报导的衰减率导致 S_2F_{10} 的浓度比这里估计的浓度约小 100 倍。

在所研究的 3 种情况下，算得的最大累积浓度是处在小于十万分之一 TLV 的范围之内。这一结果意味着，在这种低能量放电的情况下，电力设备中产生的 S_2F_{10} 对健康的危害实际上不存在。在实际情况下，SOF_2 的积聚数量应当大大减少，从而进一步加强这一结论。此外，计算还忽略了由于潮气存在而引起在 S_2F_{10} 产生率方面的任何减少。

D.4.7.2 局部放电情况

采取下列假定：

——气体中的 PD 水平为 5 pC；

注 1：这是在 GIS 验收试验期间惯用的典型最大值。

——每一周期的放电次数很高；

注 2：所有的放电皆有相同的幅值并且假定是在电压波上均匀分布。

——额定电压是 245 kV，50 Hz；

——S_2F_{10} 的产生率为 0.2×10^{-9} mol/J；

注 3：文献中没有查到在交流激励下局部放电时的 S_2F_{10} 产生率。因此，这一计算是基于火花放电测量结果的外推。

——放电连续进行了 30 年，并且生成的 S_2F_{10} 不减少。

结果用表 D.4 表示。在 24 h 期间泄漏的 S_2F_{10} 将是极少的(88.3×10^{-9} L)。累积的浓度将是 $C=126\times10^{-9}$ ppmv 以及比率 $R=C/\text{TLV}$ 将是 12.6×10^{-6}。

表 D.4 局部放电时 S_2F_{10} 浓度的实例计算

每次放电转移的电荷	Q	5×10^{-12} C
每一周期的放电次数	N	20
每一周期转移的电荷	$Q=q\times n$	0.1×10^{-9} C
额定电压	U_r	245 kV
每一周期消耗的能量	$E=Q\times U_r/\sqrt{3}$	14.1×10^{-6} J
每秒消耗的能量	$E_s=50\times E$	0.707×10^{-3} J
每年消耗的能量	$E_y=31.5\times10^6\times E$	22.3×10^3 J
S_2F_{10}的产生率	r	0.2×10^{-9} mol/J
每年产生的 S_2F_{10}	$P=r\times E_y$	4.46×10^{-6} mol
以升表示的 S_2F_{10}体积(每年)	$V=24.45\times P$	109×10^{-6} L
30 年中积聚的 S_2F_{10}	$U=30\times V$	3.27×10^{-3} L
24 h 内泄漏的 S_2F_{10}	$v=27\times10^{-6}\times U$	88.3×10^{-9} L
浓度(700 m^3 的房间)	$C=v/(700\times10^3)$	126×10^{-9} ppmv
S_2F_{10}的 TLV	TLV	0.01ppmv
比率 R	$R=C/\text{TLV}$	12.6×10^{-6}

D.4.7.3 电晕情况

对于电力设备内部的放电活动，采取下列假定：

——在 300Ω 两端测得的总电晕电压(RIV)是 3 μV；

——额定电压是 245 kV；

——S_2F_{10}的产生率是 0.05×10^{-9} mol/J。S_2F_{10}不减少。

正如表 D.5 所示，在 24 h 期间泄漏的 S_2F_{10}约为 45×10^{-9} L，浓度 C 为 64×10^{-9} ppmv 和比率 $R=C/\text{TLV}$ 为 6.4×10^{-6}。

表 D.5 电晕放电时 S_2F_{10}浓度的实例计算

电晕电压	V_c	3×10^{-6} V
测量阻抗	Z	300 Ω
电晕电流	$I=V_c/Z$	0.1×10^{-9} A
GIS 额定电压	U_r	245×10^3 V
每秒消耗的能量	$E_s=I\times U_r/\sqrt{3}$	14.1×10^{-3} J
每年消耗的能量	$E_y=31.5\times10^6\times E_s$	44.5×10^3 J
S_2F_{10}产生率	r	0.05×10^{-9} mol/J
每年产生的 S_2F_{10}	$P_y=r\times E_y$	2.2×10^{-6} mol
每年产生的 S_2F_{10}的体积	$V=24.45\times P_y$	54.4×10^{-6} L
30 年中积聚的 S_2F_{10}	$U=30\times V$	1.63×10^{-3} L
24 h 内泄漏的 S_2F_{10}	$v=27\times10^{-6}\times U$	44.7×10^{-9} L
浓度(700 m^3 房间)	$C=v/(700\times10^3)$	63.8×10^{-9} ppmv
S_2F_{10}的 TLV	TLV	0.01 ppmv
比率 R	$R=C/\text{TLV}$	6.4×10^{-6}

D.4.7.4 隔离开关火花

采取下列假定：

——隔离开关每年操作 200 次。每次操作的能量是 0.25 kJ。

注 1：采用的平均值是：电弧电压 1 kV 和电容电流 0.25 A，电弧的持续时间为 1 s。

——产生率（见注 2）为 0.05×10^{-9} mol/J，并且生成的 S_2F_{10} 不减少。

注 2：在隔离开关出现火花期间，单个电弧的峰值电流最大为 3 kA，但仅持续几十微秒。在缺乏公布数据的情况下，选用的产生率所反映的情况是处于火花放电范围的较低端，但比高功率电弧的大 2 000 倍。

正如表 D.6 所示，24 h 期间泄漏的 S_2F_{10} 为 50×10^{-9} L，累积的浓度为 $C=72\times10^{-9}$ ppmv 和比率 $R=C/\text{TLV}$ 为 7.2×10^{-6}。这些理论上的估计已被在高速操作条件下对实际隔离开关的测量证明是符合实际的[23]。

表 D.6 隔离开关出现火花时 S_2F_{10} 浓度的实例计算

每次操作的能量	$E_o=I\times u\times t$	0.25 kJ
每年消耗的能量	$E_y=200\times E_o$	50 kJ
S_2F_{10} 的产生率	r	0.05×10^{-9} mol/J
每年产生的 S_2F_{10}	$P_y=r\times E_y$	2.5×10^{-6} mol
每年产生的 S_2F_{10} 体积	$V=24.45\times P_y$	61×10^{-6} L
30 年中积聚的 S_2F_{10}	$U=30\times V$	1.8×10^{-3} L
24 h 内泄漏的 S_2F_{10}	$v=27.4\times10^{-6}\times U$	50×10^{-9} L
浓度（700m^3 房间）	$C=v/(700\times10^3)$	72×10^{-9} ppmv
S_2F_{10} 的 TLV	TLV	0.01 ppmv
比率 R	$R=C/\text{TLV}$	7.2×10^{-6}

D.4.8 内部故障情况下的浓度的确定

D.4.8.1 概述

内部故障不一定引起 SF_6 释放。出现释放仅有的几种情况是：

——造成过压释放动作或充气隔室打开的故障；

——造成电弧烧穿充气隔室的内部故障情况。

除了 D.4.2 中给出的假定以外，对这些情况还采取了下述假定：

a） 生成的全部气态副产物迅速地排进周围空气中；

b） 非常强的对流和气吹力使得放出的气体同设备室内的空气迅速混合；

c） 假定产生的 SOF_2 在所关心的时间内是稳定的。

对每一情况，在设备室内空气中 SOF_2 浓度的计算如下。D.7 中给出了每一步骤的数据和中间结果：

1） 计算电弧电能 E，以千焦表示（见 D.7.3.2）。

2） 计算生成的 SOF_2 数量 V_f，以升表示[根据产生率 r，以升每千焦(L/kJ)表示，见 D.7.4 和 D.7.5]。

3） 计算设备室的容积 V，以升表示（见 D.7.1）。

4） 计算 SOF_2 体积/设备室容积的比值 C，以 ppmv 计。

5） 将这一 SOF_2 浓度同 SOF_2 的短时作用极限值 C_m 比较。以 ppmv 表示的关于 SOF_2 室内浓度

C的基本公式为：

$$C=r\times E\times10^6/V \qquad \text{(D.2)}$$

表D.7中给出了内部故障情况实例计算的结果(数据见D.7)。

表D.7 内部故障情况时SOF_2浓度的实例计算

内部故障	V_f 生成的SOF_2/L	V 房间容积/L	C SOF_2浓度/ppmv	SOF_2的C_m(见注1)/ppmv
245 kV GIS	60	$2\,000\times10^3$	30	500
145 kV GIS	95	700×10^3	135	500
中压GIS	11.3	120×10^3	94	500
中压断路器	1.9	120×10^3	15	500
中压环网供电单元(见注2)	3.0	30×10^3	100	500

注1：C_m见D.4.3.2。

注2：在此情况下，房间体积较小，见D.4.4.1。

D.4.8.2 SF_6副产物相对作用的估计

电弧分解的SF_6是个多成分的产物。每个成分对健康危害的相对作用应该用该成分的浓度除以相应的允许水平(TLV、IDLH等)来评价。求得的比率越小，则使总毒性的增加愈小。将对不同成分求得的比率进行比较可表明它们的相对重要性。这可用对熟知的SF_6副产物SOF_2、SO_2F_2和S_2F_{10}(已有它们的可靠数据)的结果加以说明[22,26,28]。

注1：所用的产生率：SOF_2为3.7 mL/kJ、SO_2F_2为0.06 mL/kJ、S_2F_{10}为2.4×10^{-6} mL/kJ；TLV：SOF_2为1.6 ppmv、SO_2F_2为5 ppmv、S_2F_{10}为0.01 ppmv；对于短期暴露：SOF_2的C_m为500 ppmv、SO_2F_2的IDLH为1 000 ppmv、S_2F_{10}的IDLH为1.0 ppmv[26]。

注2：获取产生率数据所采用的实验条件在不同的研究者之间存在差异。为了这些评估的目的，幅值的数量级仍然应该是可比的。

采用D.4.7的方法，把中压断路器作为例子求出C/TLV比率：

$SOF_2=9.3$；$SO_2F_2=0.05$；$S_2F_{10}=0.001$

对于短期作用，下面示出的比值对SOF_2用C/C_m计算；而对其他副产物用C/IDLH计算：

$SOF_2=3.0\times10^{-2}$；$SO_2F_2=2.5\times10^{-4}$；$S_2F_{10}=4.0\times10^{-5}$

两种情况显然表明S_2F_{10}的作用可以忽略，最重要的是SOF_2占优势。

即使S_2F_{10}的产生率变化两个数量级也对此结论没有影响。虽然S_2F_{10}可能存在于电弧分解的SF_6中，但它的高毒性被极少的生成量大大抵销。因此，就总的毒性而言，它的存在可以忽略不计。

D.4.8.3 金属蒸气的作用

在任何介质中大功率故障燃弧期间，电弧弧根在电极上消耗的能量熔化和蒸发了大量的金属。在导致SF_6充气隔室打开的内部故障情况下，大部分生成的蒸气将排进设备室中，并且会成为总毒性的一部分。

作为一级近似，该作用的上限值可以这样估计，即假定所有从弧根注入的能量皆用于加热、熔化、然后蒸发金属，最后金属蒸气排到房间中。于是，获得的结果可同试验的电弧腐蚀数据比较以检验幅值的数量级。

但是，对由于在铝蒸气和 SF_6 之间发生强烈放热反应并进一步增加蒸气的产生而引起的高压烧穿情况，这一处理方法是不正确的。忽视这一事实将导致对给定电弧能量产生的金属蒸气总量严重地估计过低。

下列评论适用于这些计算的结果：

——对于内部故障，电弧分解的 SF_6 的作用不应不加思索地设想为支配着大气的总毒性。不管这一计算的近似性质如何，它都表明，对于 D.4.5 的两种中压情况，铜蒸气可能支配着总的毒性。

——即使在弧根处消耗的能量的 10%用于生成蒸气，或者生成的蒸气的 90%在电力设备内凝结或转变，这一结论仍然是正确的。

——因此，不管绝缘介质是什么，所有电力设备都应采取类似的安全预防措施。纯粹根据金属蒸气的产生而不是根据 SF_6 的分解量来制定这些安全预防措施，很可能是明智的。

这一处理方法忽略了在金属蒸气和绝缘气体之间存在的化学反应。

缺乏更可靠的方法时，包括任何类型开关设备和控制设备在内的内部电弧情况下，下述近似处理方法都有突出总毒性潜在主要供给者的优点。

下述用作估计铜蒸气对毒性的绝对最大作用的程序如下；此程序假定，所有被弧根消耗的能量全部用于金属蒸气的生成：

——总的阳极加阴极的电压降取约 30 V，对于 D.4.5 情况 i)和 j)中的中压断路器和环网供电单元(RMU)，分别给出了注入电极的能量为 75 kJ 和 96 kJ。

——将起始在室温下的 1 mol 铜转变成蒸气所需要的能量已算得为 390 kJ。

——将上述数值进行比较，便得出在每一情况下生成的金属蒸气量的上限值，对中压断路器为 0.19 mol，对环网供电单元 0.25 mol。

——根据铜的摩尔质量为 64 g/mol，这些值分别相应于 12 g 和 15.8 g 气化的金属。

——这意味着，包括给定的电弧能量合理的金属腐蚀量约为 1.4 cm^3 和 1.8 cm^3。

——这些值比从多次燃弧，4 kA 试验所得的试验数据外推出的值约高 40%，后者得出铜电极腐蚀率在 2.5 mg/A/s 和 4.5 mg/A/s 之间。

——采用 D.7.1 中给出的设备室的容积分别为 120 m^3 和 30 m^3，则获得的最终浓度约为 100 mg/m^3 和 520 mg/m^3。

——将这和 0.2 mg/m^3 的铜的 TLV 进行比较[28]。

注：采用近似数据和方法得到的这些结果是理论上推导出的，还未得到实践证明。

D.4.8.4 塑料燃烧的作用

由于超出本标准的一般范围，所以这一问题没有像上述那样处理。但是，这些元件的潜在毒性极大，因此考虑它们很有必要。内部故障发生后，塑料材料(例如导线的绝缘)的燃烧，将产生各种与电力设备技术无关的有毒蒸气。

作为一例，考虑了聚氯乙烯(PVC)的情况。聚氯乙烯的 TLV 是 1 ppmv=2.6 mg/m^3[28]。这意味着，仅仅 8 g 完全蒸发就将使一个 30 m^3 房间内的大气浓度达到 TLV 的 100 倍。对于一个 120 m^3 的房间，32 g 的 PVC 将产生同样的结果。这相当于长 1.2 m，直径 1 mm 标准导线的绝缘。

通常的中压设备室可能包含几千米这样尺寸的导线，每千米包含 PVC 约为 7 kg。

对每一种在故障期间易于燃烧的塑料材料都可以进行这些估计。以前的观察结果表明，不应忽视塑料燃烧引起的蒸气的作用，并且受此蒸气的作用应低到合理可行。

结论是，电力设备中 SF_6 的存在，内部故障引起的对大气产生的毒性增加很少。这的确是在 1987 年进行的研究所得出的结论[6]。

因此，程序和规程不应简单地借口电力设备采用 SF_6 而要求单独处理。

注：PVC 蒸气同大气中的其他产物发生反应将产生毒性较小的副产物。因此，上述情况是最坏的情况。

D.5 结果的评价

D.5.1 泄漏情况

由于燃弧和低能量放电生成的 SF_6 副产物从充 SF_6 气体设备中泄漏而释放，在工作场所的大气中达到的浓度可以忽略不计。在最坏情况的条件下，对中压和高压情况求得的浓度低于 TLV 的 4 个数量级。

对低洼区段，没有理由担心和不需要不同于正常通风惯例的预防措施。考虑到 D.4.2 中采取的起始简化假定时，更强化了这一结论。

甚至在异常泄漏的情况下(例如，泄漏率比通常泄漏率高 3 个数量级)，这些结论也不变。

D.5.2 内部故障

为了说明这些情况，选择了有关中压和高压领域的 5 种稀少而又似乎可能的情况。在这些情况中最严重的一种情况下，设备室中 SOF_2 的浓度仍然是低于短时作用的极限值 C_m(见 D.4.3)。

在此类故障的任何情况下，基本的安全程序包括排气的规定，该规定保证工作人员受排出的材料作用不多于几分钟。此外，强制通风和/或排气保证浓度水平在几分钟内降低到很低的数值。采用上述措施之一或两者所带来的附加的安全裕量是相当大的。

因此，简单的安全程序可保证实际作用是短时的，并且不会危及工作人员的健康。

D.5.3 户外设施

对泄漏和故障两种情况，都按与上述相同的方式进行计算，但是，在户外情况下，电弧分解的 SF_6 释放进入的空气体积是很大的(如果不是无穷大的话)。一般流动的风和高的排出速度也会加速稀释。显然，对于泄漏的情况，获得的浓度将是无穷小。对于内部故障情况，在几秒钟之内，浓度会降到远低于 TLV 值。

结论是，认为不可能出现从户外电力设备中放出的 SF_6 副产物毒性引起的健康危害。

D.6 结论

基于最新技术的实例计算的结果表明，对于泄漏的情况，不存在由于副产物的作用引起的对健康的危害。

这些结果也表明，在不大可能发生的导致 SF_6 释放的内部故障情况下，在设备室中可能出现浓度颇大的副产物。但是，计算的浓度并未超过短期作用下已证明了的极限值。

因此，可得出结论，只要遵从正常的安全程序，特别是与电力设备中采用 SF_6 相关的危害是极小的。

这一点已强调过，即在任何内部故障情况下，不管 SF_6 是否存在，都会产生腐蚀性的和/或有毒的蒸气。在这些蒸气进入开关室大气的情况下，已经证明与 SF_6 无关的电弧产物可能是总毒性的主要成分。这进一步加强了在电力设备中使用 SF_6 并不会显著地增大与内部故障相关的危险的观点。

D.7 用于计算的数据

D.7.1 设备室的典型容积

245 kV GIS 大楼(7 间隔)：25 m×12 m×6.5 m＝2 000 m^3

145 kV GIS 大楼(7 间隔):12.5 m×8 m×7 m=700 m^3

中压配电大楼(用作断路器和中压 GIS 情况)(15 个断路器柜):10 m×4 m×3 m=120 m^3

中压环网供电单元室(1 个环网供电单元)(亦见 D.4.4.1):4 m×3 m×2.5 m=30 m^3

D.7.2 开关设备和控制设备的容积和充气压力

开关设备和控制设备的容积和充气压力见表 D.8。

表 D.8 开关设备的容积和充气压力

	容积/L	压力(绝对气压)/MPa
中压断路器	45	0.3
中压环网供电单元	200	0.1
中压 GIS	1 000	0.1
高压断路器	500	0.5
GIS 母线	2 000	0.3

D.7.3 燃弧特性

D.7.3.1 故障电流开断/泄漏情况

电弧能量数值是三相故障电流三次开断的总数,即 9 次单相开断的数值。开断时的电弧能量见表 D.9。

表 D.9 开断时的电弧能量

	I/ kA	U_{arc}/ V	T_{arc}/ ms	$9\times E_{arc}$/ kJ
中压断路器	31.5	200	15	851
高压断路器	31.5	500	15	2 126

D.7.3.2 内部故障/排气情况

电弧能量数值为 N 个同时存在的电弧的能量。所选的电弧数量代表了最大可能的内部故障情况。内部故障时的电弧能量见表 D.10。

表 D.10 内部故障时的电弧能量

	I/ kA	U_{arc}/ V	T_{arc}/ ms	N	E_{arc}/ kJ
254 kV GIS	40	1 000	100	1	4 000
145 kV GIS	31.5	1 000	100	2	6 300
中压 GIS	25	300	100	1	750
中压断路器	25	200	100	1	500
中压环网供电单元	16	250	100	2	800

燃弧时间的数值代表了实际燃弧时间、安全膜动作、烧穿、燃弧环境不变和得到的产生率数据有效范围之间的折衷值。因此，将这些数值线性外推两倍以上会极大地高估所得的结果(见 D.4.4.2)。

D.7.4 SOF_2 产生率

在放电期间生成的气体数量通常以每焦耳消耗的能量所产生的气体数量(产生率，r)表示。

试验确定的 SOF_2 产生率取决于使用的电极材料和所考虑的放电类型。铝电极情况下发生的放热反应似乎提高了产生率。

试验结果通常以 mol/J 表示，但是，在大多数实际情况下，可以很方便地是将它变换成 L/kJ。采用下列事实可实现这一变换，即 1 mol 的任何气体，在 25 ℃和大气压力下占有 24.45 L。

这里使用的数值是在目前参考文献[21]和[25]中所能得到的数据范围内的平均值。SOF_2 产生率见表 D.11。

表 D.11 SOF_2 产生率

电极材料	SOF_2 产生率(r)	
	mol/J	L/kJ
铜、铁、铜钨	150×10^{-9}	3.7×10^{-3}
铝	600×10^{-9}	15×10^{-3}
注：假定铝电极仅用于 GIS 母线的情况。		

D.7.5 生成 SOF_2 的数量

可根据电弧能量和产生率求得。生成 SOF_2 的数量见表 D.12。

表 D.12 生成 SOF_2 的数量

	中压		高压	
	mol	L (0.1 MPa 下)	mol	L (0.1 MPa 下)
泄漏	0.13	3.15	0.319	7.87
内部故障				
245 kV GIS			2.4	60
145 kV GIS			3.8	95
中压 GIS	0.45	11.25		
中压断路器	0.075	1.9		
中压环网供电单元	0.12	3.0		

D.7.6 泄漏率

终生密封的电力设备的泄漏率以每秒每巴充气压力表压所损失的 SF_6 体积给出。

对于可补气的电力设备，泄漏率以每年总气体损失的百分数给出。

表 D.13 给出了三极断路器的典型值，且已变换成每天(24 h)泄漏的总的 SF_6，而对于中压情况，则变换成每巴充气压力的 MPa 值。

表 D.13　SF_6 的泄漏率

	中压断路器	高压断路器
基本泄漏率	3×10^{-6} cm^3/(s·MPa 表压)	0.5%总 SF_6 体积,L/a
每天泄漏率	27×10^{-5} L/(d·MPa 表压)	$13.7\times10^{-6}\times$(SF_6 体积),L/d

D.7.7　SOF_2 的泄漏率(采用 D.7.5 和 D.7.6 的数据)

SOF_2 的泄漏率(采用 D.7.5 和 D.7.6 的数据)见表 D.14。

表 D.14　SOF_2 的泄漏率

	中压断路器	高压断路器
生成的 SOF_2 体积(在 0.1 MPa 绝对气压下)/L	3.15	7.87
SF_6 的总体积(在 0.1 MPa 绝对气压下)/L	135	2 500
断路器内 SOF_2/SF_6 的比率	2.33%(体积比)	0.31%(体积比)
充气压力(绝对气压)/MPa	0.3	0.5
泄漏的 SOF_2(见注)/(L/d)	1.26×10^{-6}	107.8×10^{-6}
注:这是在无通风房间中 24 h 泄漏后积聚的 SOF_2 总量。		

D.8　作用极限值

D.8.1　概述

用作确定允许的作用极限值的术语可以分成两组:

——用于规定在不带保护器具的情况下人能长期工作的条件,例如,界限值(TLV);

——用于规定人必须离开房间的短时作用的异常或例外情况,例如,对生命或健康立即出现危险(IDLH)。

D.8.2　TLV(界限值)

D.8.2.1　概述

界限值(TLV)是美国工业卫生学家联合会(ACGIH)主张采用的术语。它指的是在规定的作用时间内,从生理学和物理学上考虑可接受的元素或物质的最大浓度。

界限值-时间加权平均值(TLV-TWA)是指人一天能工作 8 h、一周 40 h 而无不良健康影响的时间加权平均浓度。进行平均可以允许瞬时浓度水平为 TLV-TWA 的几倍。根据此标准,TLV-TWA 简称为 TLV,并且所有的 TLV 都应是 TLV-TWA。

D.8.2.2　SOF_2 的 TLV

全部工作时间都受作用时,法定允许的工作场所的 SOF_2 浓度(TLV)以氟含量表示[27,28],取在 25 ℃和大气压力下每平方米空气中氟的 TLV=2.5 mg。

这相应于在 25 ℃和大气压力下的空气中含有 5.66 mg/m^3 的 SOF_2。

以体积比表示的 SOF_2 的大气浓度取 TLV=1.6 ppmv。

注 1：在某些出版物中，引用的 SOF_2 的 TLV 为 0.65 ppmv。显然，此值是利用 SOF_2 的相对分子质量(86.1)而不是它的氟含量(2×19)的值导出的。

注 2：可通过计算相当于 TLV(表示为每立方米空气中氟为 2.5 mg)的每立方米空气中 SOF_2 的质量进行变换。SOF_2 的摩尔质量对其氟含量的比值是 86.1/(2×19)=2.266；因此，在 TLV 下每立方米空气中存在的 SOF_2 质量是 2.5×2.266=5.66 mg。

注 3：通过乘以摩尔体积(在 25 ℃下为 24.45 L)并除以摩尔质量(86.1 g/mol)，就从 mg/m^3 变换成 ppmv[28]。

D.8.3 IDLH(生命或健康立即出现危险)

这是一个只要作用不超过 30 min，从中出来的人就可避免不可恢复的健康影响的浓度值[28]。

参 考 文 献

[1] CIGRE WG B3. 02 TF SF_6. Guide for the perparation of customised"Practical SF_6 handling instructions". CIGRE brochure N. 276,2005

[2] KEMA. SF_6 Safety Regulations. internal document for use in laboratories,1982

[3] The Electricity association. Engineering recommendation G 69. UK,1988

[4] Standards Association of Australia. Recommendations for the handling of contaminated SF_6 gas and associated arc by-products in or from electrical equipment. AS-2791,1989

[5] G. Mauthe,K. Pettersson,et al. Handling of SF_6 and its by-products in gas insulated switchgear(GIS). Electra,1991,136(6):69-89,137(8):81-108

[6] KEMA. Het gebruik van middenspanning installaties met SF_6 als isolatie en/of blusmedium. report No. 00067-DZO 87-1002,17 February 1987(in English)

[7] J. A. J Pettinga. Gaslekzoekapparatuur toegepast voor het meten van SF_6 concentraties in lucht. Electrotechniek,1990,68

[8] J. A. J Pettinga. Studie naar de mogelijkheid van ruimtebewaking in onderstations waarin SF_6 schakel-materiaal is opgesteld,n. v. KEMA report,1986

[9] Sulphur Hexafluoride brochure(Solvay Fluor,2006)

[10] R. J. Lewis Sr. Sax's Dangerous Properties of Industrial Materials. 11th edition. Hobken NJ:John Wiley and Sons Inc. ,2004

[11] R. T. Watson,the Core Writing Team. IPCC(Intergovernmental Panel on Climate Change). Third Assessment Report: Climate Change 2001 http://www. ipcc. ch/pub/reports. htm,2001

[12] Eggleston H. S. ,Buendia L. ,Miwa K. ,Ngara T. ,Tanabe K. IPCC(Intergovernmental Panel on Climate Change) 2006. 2006 IPCC Guidelines for National Greenhouse Gas Inventories. Prepared by the National Greenhouse Gas Inventories Programme. http://www. ipcc-nggip. iges. or. jp,2006

[13] J. T. Houghton,et al. IPCC(Intergovernmental Panel on Climate Change). Climate Change 1995: The Science of Climate Change. Cambridge:Cambridge University Press,1996

[14] ISO 14040 Environmental management—Life cycle assessment—Principles and framework

[15] S. Wartmann and J. Harnisch. Reductions of SF_6 emissions from high and medium voltage electrical equipment in Europe. Nurnberg:Ecofys GmbH,2005

[16] K. Yokotsu,Y. Ichikawa,et al. Recent practice for huge reduction of SF_6 gas emission from GIS & GCB in Japan. CIGRE SC A3 & B3 Joint Colloquium and Tutorial in Japan,26th-28th Sep 2005, Tokyo,Japan,2005

[17] United States Environmental Protection Agency(EPA). Global Anthropogenic Non-CO_2 Greenhouse Gas Emissions. Washington DC,United States,2006: 1990-2020

[18] United States Environmental Protection Agency(EPA). Global Mitigation of Non-CO_2 Greenhouse Gases. Washington DC,United States,2006

[19] CIGRE WG B3-02. Template for Voluntary agreement on the use of SF_6 and on measures for SF_6 emission reduction in the national. regional electric industry,2003

[20] CRADA. Cooperative Research and Development Agreement. Investigation of S_2F_{10} production and mitigation in compressed SF_6 insulated power system. Technical Note No. 1,22,December

1992

[21] F. Y. Chu. SF_6 Decomposition in gas insulated equipment. IEEE Trans,on Elec. Insul. ,EL-21,No. 5,October 1986

[22] R. J. Van Brunt,J. K. Olthoff,et al. Production of S_2F_{10} by electrical discharge in SF_6. I. H. S. 1992,Swansea,U. K. ,Vol. 1,p. 418,1992

[23] H. D. Morrison,V. P. Cronin,et al. Production and decay of S_2F_{10} in a disconnect switch,7th Int. Sym. Gaseous Dielectrics,Knoxville,TE,USA,1994

[24] L. Niemeyer. S_2F_{10} in SF_6 insulated equipment,7th Intern. Sympos. On Gaseous Dielectrics, Knoxville,TE,USA,1994

[25] B. Belmadani,et al. SF_6 decomposition under power arcs. physical aspects. IEEE Trans. On Elec. Ins. ,1991,26(6)

[26] E. Truhault,C. Boudene,et al. Toxixite de quelques derives gazeux fluor et oxyfluors du soufre. Archives des maladies professionnelles de Medecine du Travail et de la Securite Sociale(Paris), T34,No. 10-11,October-November(pp 581-591),Translation available,1973

[27] Documentation of the threshold limit values and biological exposure indices,5th ed. Cincinnati,OH,American Conference of Governmental Industrial Hygienists,Inc. ,1986,5:272,1986

[28] U. S. Department of Health and Human Services Publications Dissemination,DSDTT National Institute for Occupational Safety and Health. NIOSH pocket guide to chemical hazards. 4676 Colombia parkway,Cincinnati,Ohio 45226,USA

[29] IEC 60050-601 International Electrotechnical Vocabulary(IEV)—Part 601:Generation, transmission and distribution of electricity—General

[30] IEC 60695-7-1 Fire hazard testing—part 7:Guidance on the minimization of toxic hazard due to fires involving electrotechnical products—Section 1: General

[31] IEC 62271-200 High-voltage switchgear and controlgear—Part 200: AC metal-enclosed switchgear and controlgear for rated voltages above 1 kV and up to and including 52 kV

[32] IEC 62271-201 High-voltage switchgear and controlgear—Part 201: AC insulation-enclosed switchgear and controlgear for rated voltages above 1 kV and up to and including 52 kV

[33] IEC 62271-203 High-voltage switchgear and controlgear—Part 203: Gas-insulated metal-enclosed switchgear for rated voltage above 52 kV

[34] UN Recommendations on the Transport of Dangerous Goods—Model Regulations Fourteenth revised edition—Part 3.

[35] ADR: European Agreement concerning the International Carriage of Dangerous Goods by Road

[36] RID: Regulations Concerning the International Carriage of Dangerous Godds by Rail

[37] IMDG: International Maritime Dangerous Goods

[38] IATA-DGR: International Air Transport Association-Dangerous Goods Regulations

[39] EN 136 Respiratory protective devices—Full face masks—Requirements,testing,marking

[40] EN 140 Respiratory protective devices—Half masks and quarter masks—Requirements, testing,marking

[41] EN 141 Respiratory protective devices—Gas filters and combined filters—Requirements, testing,marking

[42] EN 143 Respiratory protective devices—Particle filters—Requirements,testing,marking

[43] EN 166 Personal eye-protection—Specification

[44] BS 5415-1 Safety of electrical motor-operated industrial and commercial cleaning appliances. Specification for general requirements

[45] BS 5415-2 Supplement No. 1, Safety of electrical motor-operated industrial and commercial cleaning appliances. Particular requirements. Specification for type H industrial vacuum cleaners for dusts hazardous to health

ICS 29.220.20
K 84

中华人民共和国国家标准

GB/T 28535—2012

铅酸蓄电池隔板

Separators for lead-acid batteries

2012-06-29 发布 2012-11-01 实施

中华人民共和国国家质量监督检验检疫总局
中国国家标准化管理委员会 发布

前　言

本标准按 GB/T 1.1—2009 给出的规则起草。

本标准由中国电器工业协会提出。

本标准由全国铅酸蓄电池标准化技术委员会(SAC/TC 69)归口。

本标准主要起草单位:沈阳蓄电池研究所、营口市日捷蓄电池隔板有限公司、宁波东海蓄电池有限公司、超威电源有限公司、浙江省丽水市浙南蓄电池隔板有限公司、山东义和诚实业集团有限公司、浙江兰良实业有限公司、天能电池集团有限公司、启东市福华玻纤隔板有限公司、天津日硝玻璃纤维有限公司、浙江海久电池股份有限公司、福建富发蓄电池隔板有限公司、天津安培企业有限公司、戴瑞米克中国。

本标准主要起草人:谢爽、王薇、钱友良、周明明、谢东林、陈希峰、岳耀奇、杨元玲、陆剑忠、曹世光、朱俭、邹学亭、甄树国、张明、杨德山。

铅酸蓄电池隔板

1 范围

本标准规定了铅酸蓄电池隔板(以下简称隔板)的术语和定义、分类与命名、标记、要求、测定方法、检验规则、标志、包装、运输、贮存等。

本标准适用于铅酸蓄电池隔板(超细玻璃纤维隔板、微孔聚乙烯隔板、微孔橡胶隔板、烧结聚氯乙烯隔板、熔喷聚丙烯隔板)。

2 规范性引用文件

下列文件对于本文件的应用是必不可少的。凡是注日期的引用文件,仅注日期的版本适用于本文件。凡是不注日期的引用文件,其最新版本(包括所有的修改单)适用于本文件。

GB/T 2918 塑料试样状态调节和试验的标准环境

GB/T 14436 工业产品保证文件 总则

3 术语和定义

下列术语和定义适用于本文件。

3.1

最大孔径 max. pore size

隔板最大孔隙的直径。

3.2

孔率 porosity

隔板孔隙的体积占整个隔板体积的百分率。

3.3

电阻 electrical resistance

在硫酸溶液中隔板阻碍离子迁移的能力,用1平方分米隔板欧姆值表示。

3.4

润湿性 wet ability

隔板被硫酸溶液润湿的能力,用时间表示。

3.5

定量 basis weight;grammage

单位面积单位厚度隔板的质量。

3.6

浸酸失重 weight loss in acid-soaking

隔板在一定温度、一定密度的硫酸溶液中浸泡一定时间后质量的变化率。

3.7

毛细吸酸高度 acid-wicking height

隔板吸酸时酸液自由爬升的高度。

3.8

发泡性 foamability

由纯铅电极和隔板组成的单元在恒流充电下，硫酸溶液液面上产生气泡(沫)的程度。

3.9

隔板高 separator height

沿隔板成型方向(即沿极板高方向)的长度。

3.10

耐腐蚀性 corrosion resistance

在恒流过充电下隔板被穿透造成电极短路所需的时间，用单位厚度隔板被穿透所需时间表示。

3.11

尺寸稳定性 dimension stability

隔板在一定温度的硫酸溶液中浸泡一定时间后其尺寸的变化。

3.12

横向伸长率 CMD elongation

隔板横向拉伸前后其长度的变化率。

3.13

油含量 oil content

隔板中油的质量所占整个隔板质量的百分数。

4 分类与命名、标记

4.1 分类

隔板按其形式分为片型(包括平板形、筋条形、压槽形、复合形、筋条形)、袋型和毡型。

4.2 命名、标记

隔板命名与标记用隔板主体材料英文名称的缩写表示，组成如下：

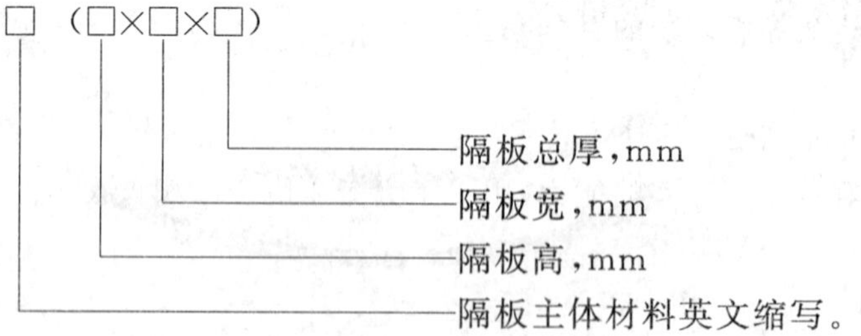

示例1：高146 mm，宽148 mm，总厚1.5 mm的玻璃纤维隔板命名与标记为：

AGM(146 mm×148 mm×1.5 mm)。

示例2：高146 mm，宽148 mm，总厚1.5 mm的聚乙烯隔板命名与标记为：

PE(146 mm×148 mm×1.5 mm)。

示例3：高146 mm，宽148 mm，总厚1.5 mm的橡胶隔板命名与标记为：

橡胶(146 mm×148 mm×1.5 mm)。

示例4：高135 mm，宽152 mm，总厚1.2 mm的聚氯乙烯隔板命名与标记为：

PVC(135 mm×152 mm×1.2 mm)。

示例5：高146 mm，宽148 mm，总厚1.5 mm的聚丙烯隔板命名与标记为：

PP(146 mm×148 mm×1.5 mm)。

5 要求

5.1 外观

隔板表面平整、颜色均匀，无裂纹、穿孔、缺角、明显分层等缺陷。成卷的隔板允许存在每 1 000 延长米 15 处以下的上述缺陷，且穿孔处应有明显的标识。

5.2 规格尺寸

5.2.1 规格尺寸应符合制造厂产品图样要求或符合用户与制造厂商定的产品图样要求。

5.2.2 尺寸偏差在产品图样没有特殊要求时应符合表 1 规定。

表 1 尺寸偏差

单位为毫米

型 式	基本尺寸	尺寸偏差				
		高	宽	对角线	总厚	基底厚
片型	≤200	±1.0	±1.0	≤1.5	±0.05	+0.05 −0.02
	>200	±1.5	±1.0	≤2.0	±0.05	+0.05 −0.02
毡型	≤200	±1.0	±1.0	≤1.5	±8%*d*	—
	>200	±1.5	±1.0	≤2.0	±8%*d*	—
袋型	≤200	±1.0	±1.0	≤1.5	±0.05	+0.05 −0.02
	>200	±1.5	±1.0	≤2.0	±0.05	+0.05 −0.02
注：*d* 为总厚。总厚在 1.5 mm 以上的玻璃纤维复合隔板（片型）其总厚的尺寸偏差按其总厚的 5%计算。						

5.3 物理化学性能

隔板物理化学性能见表 2、表 3、表 4、表 5、表 6。

表 2 超细玻璃纤维隔板物理化学性能

序 号	检验项目	片型、袋型隔板		毡型隔板	
				总厚/mm	极限值
1	拉伸强度	≥3.00 MPa		≤2.00 mm >2.00 mm	≥0.42*d*[a] kN/m ≥0.84 kN/m
2	电阻/Ω·dm^2	普通形[b]	复合形[c]	≤2.00 >2.00	≤0.000 40*d* ≤0.000 50*d*
		≤0.001 0[d]	≤0.001 5		
3	最大孔径/μm	≤30		≤22	
4	孔率	≥85%		—	
5	润湿性/s	≤5.0		—	
6	定量/[g/(m^2·mm)]	—		130.0～150.0	

表 2（续）

序 号	检验项目	片型、袋型隔板	毡型隔板
7	毛细吸酸高度	—	≥75 mm/5 min
		—	≥620 mm/24 h
8	浸酸失重	≤4.0%	≤3.0%
9	加压吸酸量	—	≥550%
10	还原高锰酸钾物质/(mL/g)	≤15.0	≤5.0
11	铁含量	≤0.008 0%	≤0.005 0%
12	氯含量	≤0.003 0%	
13	水含量	≤1.0%	
14	发泡性	气泡（沫）不能完全覆盖硫酸溶液液面	—

[a] d 为以 mm 为单位的被测试隔板厚度的数值。

[b] 普通形隔板是指外层未附有粗玻璃纤维的隔板。

[c] 复合形隔板是指外层附有粗玻璃纤维的隔板。

[d] 此电阻极限值对应的隔板总厚不大于 2.0 mm。

注 1：出厂前未经压缩的毡型隔板，其物理化学性能由供需双方自行决定。

注 2：当隔板尺寸小于本标准规定的试样尺寸要求时，其极限值由供需双方协商确定。

表 3　微孔聚乙烯隔板物理化学性能

序 号	检验项目	汽车型		其他型（包括复合型）	
		基底厚/mm	极限值	基底厚/mm	极限值
1	电阻/$\Omega \cdot dm^2$	≤0.30[a] >0.30	≤0.001 0 ≤0.001 5	≤0.30 >0.30～0.50 >0.50	≤0.001 5 ≤0.002 5 ≤0.003 5
2	横向伸长率	≥300.0%		≥200.0%	
3	孔率	≥55%		≥50%	
4	润湿性/s	≤60.0		—	
5	浸酸失重	≤4.0%		≤4.0%	
6	尺寸稳定性	≤1.0%		≤1.0%	
7	还原高锰酸钾物质/(mL/g)	≤10.0		≤10.0	
8	铁含量	≤0.010%		≤0.010%	
9	氯含量	≤0.030%		≤0.030%	
10	水含量	≤4.0%		≤4.0%	
11	油含量	总体：12.0%～18.0%		基底厚/mm ≤0.30	总体：12.0%～20.0%
				基底厚/mm >0.30	总体：14.0%～22.0%

注：复合型是指：以微孔聚乙烯原料为基底复合一层玻璃纤维做成的隔板。

[a] 表示该基底厚隔板正面筋条间距宽度不小于 5 mm。

表 4 微孔橡胶隔板物理化学性能

序 号	检验项目	极限值	
1	电阻/Ω·dm^2	基底厚/mm	极限值
		≤0.80 >0.80～1.00 >1.00～1.20 >1.20～1.40 >1.40	≤0.003 0 ≤0.003 5 ≤0.004 0 ≤0.004 5 ≤0.005 0
2	拉伸强度/MPa	≥3.00	
3	最大孔径/μm	≤5	
4	孔率	≥58%	
5	耐腐蚀性/(h/mm)	≥340	
6	还原高锰酸钾物质/(mL/g)	≤15.0	
7	铁含量	≤0.010%	
8	氯含量	≤0.003 0%	
9	水含量	≤2.0%	

表 5 烧结聚氯乙烯隔板物理化学性能

序 号	检验项目	极限值	
1	电阻/Ω·dm^2	基底厚/mm	极限值
		≤0.30 >0.30～0.50 >0.50	≤0.001 5 ≤0.002 5 ≤0.003 0
2	拉伸强度/MPa	≥5.00	
3	最大孔径/μm	≤25	
4	孔率	≥38%	
5	润湿性/s	≤5.0	
6	浸酸失重	≤2.0%	
7	发泡性	气泡(沫)不能完全覆盖硫酸溶液液面	
8	还原高锰酸钾物质/(mL/g)	≤15.0	
9	铁含量	≤0.005 0%	
10	氯含量	≤0.003 0%	
11	水含量	≤1.0%	

表6 熔喷聚丙烯隔板物理化学性能

序号	检验项目	极限值	
		基底厚/mm	极限值
1	电阻/Ω·dm^2	≤0.50 >0.50～0.80 >0.80	≤0.001 0 ≤0.001 5 ≤0.002 0
2	拉伸强度/MPa	≥3.00	
3	最大孔径/μm	≤36	
4	孔率	≥65%	
5	润湿性/s	≤5.0	
6	浸酸失重	≤1.0%	
7	发泡性	气泡(沫)不能完全覆盖硫酸溶液液面	
8	尺寸稳定性	≤1.0%	
9	还原高锰酸钾物质/(mL/g)	≤15.0	
10	铁含量	≤0.004 0%	
11	氯含量	≤0.003 0%	
12	水含量	≤1.0%	
13	分层	无分层间隙	

5.4 贮存期

隔板贮存期为一年。

6 试验方法

6.1 抽样

6.1.1 抽样条件

产品应在常温下的生产场所、使用场所或库房内放置。

6.1.2 抽样方法

抽样采用随机抽样方法。片型和袋型隔板或已裁切成片状的毡型隔板从至少三个包装中抽取;成卷的隔板从至少三个包装的三卷中的每卷中沿长度方向截取。样本单位见表10～表14。

6.1.3 样品保存方法

随机抽得的样品应放置在GB/T 2918规定的标准环境下,并加以覆盖,以防积灰、机械损伤等。

6.2 试样的状态调整及标准环境

试样应在标准环境下调整不少于24 h,测试环境在没有特殊规定下按GB/T 2918细则执行。

6.3 外观

6.3.1 检验方法

在光线明亮的室内目测检查隔板表面颜色、是否缺角。在暗室内备有一面透光的箱体，箱体装有100 W白炽灯泡或40 W荧光灯管，透光一面装有玻璃板(距箱内光源100 mm)，将隔板平放在玻璃板上，用眼睛观察隔板是否存在裂纹、穿孔等缺陷。

6.3.2 结果判定

存在上述缺陷的样品数占一个批次总数的0.2%或0.2%以下时，该项合格，超过0.2%时，该项为不合格。

6.4 外形尺寸

6.4.1 高、宽、对角线的测定

将试样平放在水平台面上，用分度值为0.5 mm的通用量具测量试样的高、宽和对角线。

6.4.2 厚度的测定

6.4.2.1 仪器

厚度计应满足以下条件：

——百分表的分度值0.01 mm；

——测量头直径28 mm；

——接触压力10 kPa±1 kPa。

6.4.2.2 试样的制备

a) 毡型隔板和平板形隔板裁取五个约100 mm×100 mm的试样，若样品小于该尺寸，但不小于35 mm×35 mm，可按实际尺寸裁取五个方形试样。

b) 其他隔板测基底厚时，裁取五个长约100 mm，宽尽可能大些的试样，若样品尺寸小于100 mm则以实际长度为试样的长。

测总厚时以样品为试样，若样品为成卷的隔板，则裁取五个约100 mm×100 mm的试样。

6.4.2.3 测试步骤

调整厚度计的百分表零点，提起测量头将试样放在测量面上，毡型隔板以低于3 mm/s的速度，其他隔板以约6 mm/s的速度将测量头压在试样上，不应冲击试样，待百分表指针稳定后读出示值。

6.4.2.4 结果计算

每个试样分布均匀的测试三个点，取算术平均值，然后五片试样再取算术平均值。小于100 mm×100 mm的毡型隔板试样，每个试样测试一个点，取算术平均值，计算结果表示到小数点后二位。

6.5 拉伸强度

6.5.1 原理

在专用的试验机上恒速拉伸试样，通过对试样的测试即可得出拉伸强度。片型及袋型隔板以试样单位横截面积所承受的最大力表示，毡型隔板以试样单位宽度所承受的最大力表示。

6.5.2 装置

拉力机。

6.5.3 试样的制备

片型及袋型隔板沿隔板成型方向裁取五个试样，试样长为 70 mm、宽为 10 mm，带筋条隔板正面筋条在试样中间，压槽形隔板凸凹槽各取一半，在试样上做出夹距为 30 mm 的标记。

毡型隔板沿隔板成型方向裁取五个试样，试样长为 100 mm、宽为 15 mm，在试样上做出夹距为 50 mm的标记。

6.5.4 测试步骤

将试样夹在拉力机的上、下夹具上，在测试过程中应将试样夹紧，不能滑动和损坏试样，夹具中心线应与试样的中心线同轴，片型及袋型隔板试样以 200 mm/min±20 mm/min 的速度拉伸，毡型隔板试样以 100 mm/min±5 mm/min 的速度拉伸，记录试样破坏时的负荷。

在无法区别试样的成型方向时，应在长、宽方向上各取五个试样，以实测数据较高的一组为试样破坏负荷。如试样在夹紧部位被拉断，测试无效，应补加试样重新测试。

6.5.5 结果计算及判定

片型及袋型隔板试样拉伸强度按式(1)计算：

$$\delta_t = \frac{P}{bd_{均}} \qquad \cdots\cdots(1)$$

式中：

δ_t ——拉伸强度，单位为兆帕(MPa)；

P ——试样破坏负荷的数值，单位为牛顿(N)；

b ——试样宽度的数值，单位为毫米(mm)；

$d_{均}$——试样平均厚度的数值，单位为毫米(mm)。

带筋条隔板试样平均厚度按式(2)计算：

$$d_{均} = d_{基} + \frac{n_{(+)}b_{筋(+)}d_{筋(+)} + n_{(-)}b_{筋(-)}d_{筋(-)}}{b} \qquad \cdots\cdots(2)$$

式中：

$d_{均}$ ——试样平均厚度的数值，单位为毫米(mm)；

$d_{基}$ ——试样基底平均厚度的数值，单位为毫米(mm)；

$b_{筋(+)}$——试样正面筋条宽度的数值，单位为毫米(mm)；

$b_{筋(-)}$——试样负面筋条宽度的数值，单位为毫米(mm)；

$d_{筋(+)}$——试样正面筋条厚度的数值，单位为毫米(mm)；

$d_{筋(-)}$——试样负面筋条厚度的数值，单位为毫米(mm)；

b ——试样宽度的数值，单位为毫米(mm)；

$n_{(+)}$ ——试样正面筋条数的数值；

$n_{(-)}$ ——试样负面筋条数的数值。

毡型隔板试样拉伸强度按式(3)计算。

$$\delta_t = \frac{P}{b} \qquad \cdots\cdots(3)$$

式中：

δ_t ——拉伸强度的数值，单位为千牛每米(kN/m)；

P ——试样的破坏负荷的数值，单位为牛顿(N)；

b ——试样宽度的数值，单位为毫米(mm)。

测试结果以五个试样测定值的算术平均值表示，计算结果表示到小数点后二位。

若有一个或一个以上试样测定结果不合格，则该项不合格。

6.6 横向伸长率(适用于微孔聚乙烯隔板)

6.6.1 原理

在专用的试验机上，恒速拉伸试样，通过对试样的测试即可得出横向伸长率。

6.6.2 装置

拉力机。

6.6.3 试样的制备

按图1沿隔板横向制备五个试样(**微孔聚乙烯复合隔板只测试微孔聚乙烯材质部分**)。

单位为毫米

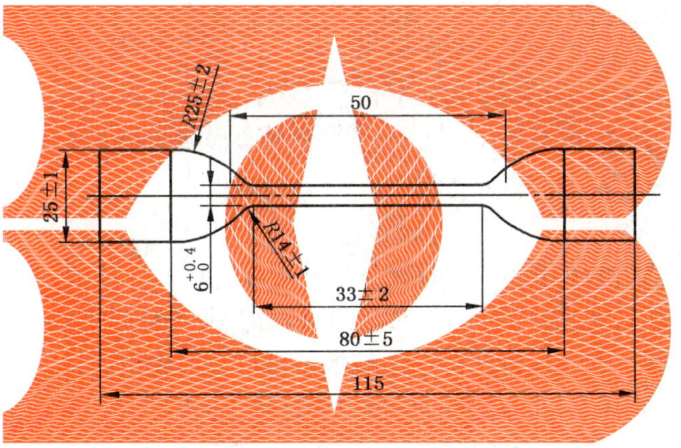

图1 横向伸长率试样示意图

6.6.4 测试步骤

调整拉力机试样夹具间距至80 mm，将试样夹在夹具上，在测试过程中应与试样的中心线同轴，以300 mm/min速度拉伸试样，记录试样断裂时，基准长度的变化量。

6.6.5 结果计算及判定

横向伸长率以长度变化率 E 计，数值以%表示，按式(4)计算：

$$E=\frac{\Delta L}{50}\times 100 \qquad \cdots\cdots(4)$$

式中：

ΔL ——断裂时基准长度变化量的数值，单位为毫米(mm)；

50 ——试样基准长度的数值，单位为毫米(mm)。

结果以五个试样测试值的算术平均值表示，保留到小数点后一位。

若有一个或一个以上试样测定不合格，则不计算算术平均值，该项不合格。

6.7 电阻

6.7.1 原理

在硫酸溶液中由于隔板阻碍离子电迁移，在恒流状态下，隔板插入前后其电位及电阻将发生变化，由此计算得隔板电阻。

6.7.2 仪器、装置及试剂

——隔板电阻测试见示意图 2；
——浸酸槽：内部尺寸，100 mm×150 mm×200 mm；
——干式荷电起动用铅酸蓄电池正、负极板；
——直流稳流器：量程 0 A～10 A；
——直流电压表：精度 0.5 级，量程 0 V～300 mV，内阻大于 300 Ω/V；
——直流电流表：精度 0.5 级，量程 0 A～5 A；
——镉电极：直径 8 mm～10 mm，长 120 mm～150 mm；
——裁纸刀；
——硫酸：分析纯，密度 1.280 g/cm^3±0.005 g/cm^3(25 ℃)；
——水浴槽；
——温度计：量程 0 ℃～100 ℃、分度值 1 ℃；
——密度计：量程 1.000 g/cm^3～1.300 g/cm^3、分度值 0.001 g/cm^3。

6.7.3 试样的制备

将样品裁成 142 mm×146 mm 的试样，若样品尺寸小于 142 mm×146 mm，则至少裁成 125 mm×135 mm 的试样，每组试样片数不得少于表 7 规定。将裁好的试样放入浸酸槽内使试样完全浸没在 25 ℃±2 ℃、密度 1.280 g/cm^3±0.005 g/cm^3 的硫酸溶液中，浸酸时间为 1 h～5 h，以试样浸透为限；起动用干式荷电蓄电池用隔板浸泡 20 min，毡型隔板不浸泡。（对于微孔聚乙烯隔板，则将裁好的试样放入沸腾的蒸馏水中煮 10 min，取出后轻轻擦干表面的水，然后放入密度 1.280 g/cm^3±0.005 g/cm^3 的硫酸溶液中浸泡 20 min，待测。）

表 7 电阻测试插入试样片数

厚度 mm	片型、袋型隔板								毡型隔板		
	≤1.00	>1.00 ～1.20	>1.20 ～1.30	>1.30 ～1.50	>1.50 ～1.80	>1.80 ～2.20	>2.20 ～2.70	>2.70	≤1.00	>1.00 ～1.50	>1.50
插入试样片数 n	10	9	8	7	6	5	4	3	5	4	3
测试次数	1	1	1	1	2	2	3	3	1	1	2

6.7.4 测试步骤

6.7.4.1 电压法

调整测试槽内硫酸溶液的温度为 25 ℃±2 ℃，调整硫酸溶液密度为 1.280 g/cm^3±0.005 g/cm^3，按图 2 接通电路，以 1 A～3 A 的电流恒流充电，直到镉电极电压稳定。

调节直流稳流器旋钮，将电流调整到 1.0 A，待电流表稳定后记录空白镉电极电压，然后按表 7 规定，从浸酸槽中取出试样插入(毡型隔板直接插入)测试槽中(待隔板完全浸透)，若试样间存有间隙应使用塑料夹具夹紧试样，以使试样不松动为宜，待镉电极电压稳定后记录电压。(测试槽中硫酸液面高度应高于隔板高度 20 mm～30 mm)。

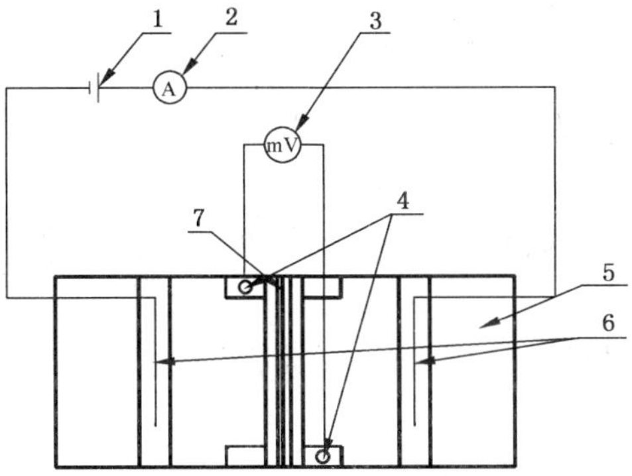

1——直流稳流器；
2——电流表；
3——电压表；
4——镉电极；
5——耐酸容器；
6——极板；
7——隔板。

图 2 电阻测试线路图

6.7.4.2 电阻法

调整测试槽内硫酸溶液的温度为 25 ℃±2 ℃，调整硫酸溶液密度为 1.280 g/cm³±0.005 g/cm³，接通电路对极板进行完全充电，待毫欧表稳定后，记录电阻。然后按表 7 规定从浸酸槽中取出试样插入(毡型隔板一不用浸酸直接插入)测试槽中，测试槽内试样的有效测试面积为 1 dm²。若试样间存有间隙应使用塑料夹具夹紧试样，待毫欧表稳定后记录电阻。

6.7.5 结果计算及判定

电压法测定按式(5)计算：

$$R=\frac{(V_1-V_0)\times S}{n\times I} \qquad \cdots\cdots(5)$$

式中：

R ——试样电阻的数值，单位为欧姆平方分米(Ω·dm²)；
V_0 ——插入试样前镉电极电压的数值，单位为伏特(V)；
V_1 ——插入试样后镉电极电压的数值，单位为伏特(V)；
S ——试样测试面积，$S=1$ dm²；
I ——电流数值，单位为安培(A)；
n ——插入试样片数。

电阻法测定按式(6)计算：

$$R=\frac{(R_1-R_0)\times S}{n}\times 10^{-3} \qquad \cdots\cdots(6)$$

式中：

R ——试样电阻的数值,单位为欧姆平方分米(Ω·dm²)；

R_0 ——插入试样前硫酸溶液的电阻数值,单位为毫欧姆平方分米(mΩ·dm²)；

R_1 ——插入试样后被测的试样的电阻数值,单位为毫欧姆平方分米(mΩ·dm²)；

S ——试样测试面积的数值,为 $S=1\ dm^2$；

n ——插入试样片数。

测试两次以上(包括两次)者,测定结果取算术平均值,片型、袋型隔板计算结果表示到小数点后四位。毡型隔板计算结果表示到小数点后五位。

若有一次测定结果不合格,则不计算平均值,该项不合格。

注1：电压法测定和电阻法测定结果同样有效,但两种测定方法有争议时,以电压法测定为准。

注2：若起动用干式荷电蓄电池用隔板浸泡 20 min 时电阻测定不合格,而浸泡 20 min 以上电阻测定合格,则该隔板适用于非干式荷电蓄电池。

6.8 最大孔径

6.8.1 原理

采用气泡法测定隔板的最大孔径。将隔板的每一小孔看成为一根毛细管,用异丙醇润湿隔板并对隔板施以液压,当相反方向的外气压达到某一值时,隔板最大孔处首先冒出气泡,这一孔的直径与此时的压力差关系为：

$$\Phi=\frac{\frac{4}{g}\alpha_t\cos\theta_r}{\rho_1h_1-\rho_2h_2}\times 10^4 \qquad \cdots\cdots(7)$$

式中：

Φ ——隔板最大孔径,单位为微米(μm)；

g ——测试地重力加速度,单位为厘米每秒平方(cm/s²)；

α_t ——测试温度 t 时异丙醇的表面张力,单位为达因每厘米(dyn/cm)(1 dyn=10^{-5} N)；

θ_r ——异丙醇接触角,$\theta_r=0°$；

ρ_1 ——U型压力计中水或汞的密度,单位为克每立方厘米(g/cm³)；

h_1 ——U型压力计中水或汞柱的高度差,单位为厘米(cm)；

ρ_2 ——测试温度 t 时异丙醇的密度,单位为克每立方厘米(g/cm³)；

h_2 ——注入异丙醇的高度,通常为 2 cm。

6.8.2 仪器、装置及试剂

——U型压力计:分度值 1 mm；

——切样机；

——空气压缩机或气源；

——异丙醇:分析纯。

装置如图3所示。

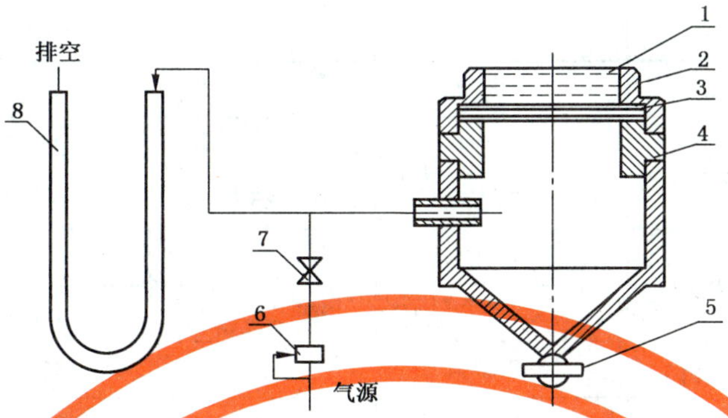

1——异丙醇；

2——减压阀；

3——试样；

4——测孔器；

5——开关；

6——减压阀；

7——调节开关；

8——U 型压力计。

图 3　最大孔径测试装置示意图

6.8.3　试样的制备

在切样机上裁取五个直径为 50 mm～65 mm 的试样，编号后浸入异丙醇中，浸泡 10 min(微孔橡胶隔板浸泡时间为 1 h、烧结聚氯乙烯隔板试样浸泡时间为 30 min)。筋条较厚的试样可将试样周边筋条削去。

6.8.4　测试步骤

调节气源开关，控制压缩空气压力在 0.10 MPa±0.01 MPa；调整调节开关使 U 型压力计的水柱上升速度为 5 mm/s±1 mm/s；将试样放置在测孔器上，垫上软胶垫，拧紧罩帽，注满异丙醇；关闭测孔器底部开关，通入压缩空气。微调通入压缩空气的速度，当液面出现第一个气泡时，记下 U 型压力计中水柱的高度差和室温。(微孔橡胶隔板测试时 U 型压力计内使用汞)。

6.8.5　结果计算及判定

试样最大孔径按式(7)计算。异丙醇不同温度时的表面张力 α_t 和密度 ρ_2 见表 8。

结果以五个试样测定值的算术平均值表示，计算结果保留到整数。(微孔橡胶隔板计算结果保留到小数点后一位)

若有一个或一个以上试样测定结果不合格，则该项不合格。

表 8　测试温度(t)时异丙醇的表面张力(α_t)和密度(ρ_2)关系表

t ℃	α_t/ (dyn/cm)	ρ_2/ (g/cm^3)	t ℃	α_t/ (dyn/cm)	ρ_2/ (g/cm^3)
5	22.80	0.798 0	23	21.40	0.785 5
6	22.70	0.797 4	24	21.35	0.784 5
7	22.65	0.796 7	25	21.30	0.783 5
8	22.60	0.796 0	26	21.20	0.783 0
9	22.50	0.795 5	27	21.10	0.782 0
10	22.45	0.795 0	28	21.00	0.781 2
11	22.40	0.794 5	29	20.95	0.780 0
12	22.35	0.794 0	30	20.90	0.779 5
13	22.30	0.793 5	31	20.80	0.778 5
14	22.20	0.793 0	32	20.70	0.777 5
15	22.10	0.792 5	33	20.60	0.776 8
16	22.00	0.791 5	34	20.55	0.776 1
17	21.95	0.791 1	35	20.50	0.775 5
18	21.90	0.790 1	36	20.45	0.775 0
19	21.80	0.789 5	37	20.40	0.774 5
20	21.70	0.788 5	38	20.30	0.774 1
21	21.60	0.787 5	39	20.20	0.773 8
22	21.50	0.786 5	40	20.10	0.773 5

6.9　孔率

6.9.1　原理

采用浮力法测定隔板孔率。通过测试试样在不同状态下的质量，计算得隔板孔率。

6.9.2　仪器与装置

——分析天平：感量 0.001 g 以上；
——切样机；
——干燥器；
——恒温干燥箱；
——培养皿；
——烧杯。

6.9.3　试样的制备

在切样机上裁取五个直径 50 mm～60 mm 的试样，在 80 ℃±2 ℃条件下干燥 2 h～3 h，然后置于干燥器内，待冷却至室温后称量至恒重，前后两次称量偏差不应大于 1 mg。

6.9.4 测试步骤

6.9.4.1 玻璃纤维隔板、烧结聚氯乙烯隔板、微孔橡胶隔板

准确称取干燥后的试样质量，精确至 0.001 g。然后将其放在培养皿或烧杯中，加入 70 ℃±2 ℃蒸馏水，浸泡 3 h 以上，至试样完全饱和(毡型隔板加入 25 ℃±2 ℃蒸馏水，浸泡 20 min～30 min 至试样完全饱和)，准备一块吸湿性高的棉布吸足蒸馏水(以提起不往下滴液为限)，从冷却至室温的蒸馏水中取出试样在棉布上轻轻擦拭使试样表面不带水滴，立即称量该试样的质量，在 5 s 内读取数值，然后再称取试样在蒸馏水中的质量(试样不能贴靠杯壁)。

6.9.4.2 微孔聚乙烯隔板(复合隔板只测试微孔聚乙烯材质部分)

准确称取干燥后的试样质量，然后将其放在 0.2%十二烷基硫酸钠水溶液中(25 ℃±5 ℃)浸泡 2 h 以上，至试样完全饱和；准备一块吸湿性高的棉布，从 0.2%十二烷基硫酸钠水溶液中取出试样在棉布上轻轻擦拭，使试样不带液滴，立即称量该试样的质量，在 5 s 内读取数值。然后称取试样在 0.2%十二烷基硫酸钠水溶液中的质量(试样不能贴靠杯壁)。

6.9.4.3 熔喷聚丙烯隔板

准确称取试样质量，然后将其放在培养皿或烧杯中加入含量 95%以上乙醇，浸泡 3 h 以上，至试样完全饱和；准备一块吸湿性高的棉布吸足乙醇，从培养皿或烧杯中取出试样在棉布上轻轻擦拭，使试样不带液滴，立即称量该试样的质量，在 5 s 内读取数值。然后称取试样在乙醇当中的质量(试样不能贴靠杯壁)。

6.9.5 结果计算及判定

试样的孔率以体积分数 A 计，数值以%表示，按式(8)计算：

$$A=\frac{m_1-m}{m_1-m_2}\times 100\% \qquad \cdots\cdots(8)$$

式中：

A ——试样孔率的体积分数；

m ——试样质量的数值，单位为克(g)；

m_1——试样饱和后质量的数值，单位为克(g)；

m_2——试样在蒸馏水中的质量的数值，单位为克(g)。

测试结果以五个试样测定值的算术平均值表示，计算结果保留到整数。

若有一个或一个以上试样测定结果不合格，则不计算平均值，该项不合格。

6.10 润湿性

6.10.1 原理

隔板置于硫酸溶液液面上，硫酸溶液在隔板表面分子间力作用下进行扩散而润湿，用硫酸溶液完全润湿一定面积的隔板所需时间表示。

6.10.2 装置及试剂

——秒表：分度值 0.2 s；

——耐酸容器：规格 160 mm×160 mm×50 mm；

——硫酸：分析纯，密度 1.280 g/cm³±0.005 g/cm³(25 ℃)。

6.10.3 试样的制备(微孔聚乙烯复合隔板只测试微孔聚乙烯材质部分)

裁取五个 140 mm×142 mm 的试样,如果样品尺寸小于标准试样,则以实际尺寸为准,如果从裁切加工前的原料中裁取试样其尺寸不能小于 100 mm×100 mm。

6.10.4 测试步骤

将硫酸溶液加入到耐酸容器中,加入约容器容积三分之二左右的硫酸溶液,保持酸液温度在 23 ℃～25 ℃,将试样正面朝上平放在硫酸液面上,试样与液面间不允许有封闭的气体,立即记录试样被完全润湿的时间,精确至 0.1 s。

6.10.5 结果判定

以五个试样测定值的算术平均值表示,计算结果表示到小数点后一位。

若有一个或一个以上试样测定结果不合格,则不计算平均值,该项不合格。

6.11 定量(仅适用于玻璃纤维隔板)

6.11.1 原理

称取单位体积的毡型隔板的质量,用每平方米面积、每毫米厚的毡型隔板的克重表示。

6.11.2 仪器

——分析天平:感量 0.001 g 以上;

——厚度计:分度值 0.01 mm;

——尺:分度值 0.5 mm;

——恒温干燥箱。

6.11.3 试样的制备

剪取五个 100 mm×100 mm 的试样,如果样品小于标准尺寸,则按实际尺寸裁取五个正方形试样。

6.11.4 测试步骤

试样在 105 ℃±2 ℃下干燥 2 h,然后置于干燥器内冷却至室温分别称量试样质量,精确至 0.001 g;用厚度计测量试样厚度;用尺测量试样的边长。

6.11.5 结果计算及判定

定量按式(9)计算:

$$G=\frac{m}{l\times b\times d} \qquad \cdots\cdots(9)$$

式中:

G ——试样定量的数值,单位为克每平方米毫米[g/(m^2 · mm)];

m ——试样的质量的数值,单位为克(g);

l ——试样长度的数值,单位为米(m);

b ——试样宽度的数值,单位为米(m);

d ——试样厚度的数值,单位为毫米(mm)。

测试结果以五个试样测定值的算术平均值表示,计算结果保留到小数点后一位。

若有一个或一个以上试样测定结果不合格,则该项不合格。

6.12 毛细吸酸高度(仅适用于玻璃纤维隔板)

6.12.1 原理

毡型隔板浸于硫酸溶液中,在毛细作用下酸液向上爬升,在一定时间内酸液爬升的高度的数值的大小表明毡型隔板的毛细吸酸作用的大小。

6.12.2 5 min 毛细吸酸高度的测定

6.12.2.1 仪器与试剂

——纸张吸收性测定仪:标尺长 200 mm,分度值 1 mm;
——秒表:分度值为 1 s 以上;
——硫酸:分析纯,密度 1.280 g/cm^3 ±0.005 g/cm^3(25 ℃)。

6.12.2.2 试样的制备

沿毡型隔板成型方向裁取五个长 250 mm、宽 15 mm 的试样。

6.12.2.3 测试步骤

将试样的一端夹在测定仪的夹具上,使试样的另一端垂直地插入硫酸溶液中 5 mm 深处,观测试样相对光滑的一面用 pH 试纸测试 5 min 时酸液上升的高度,精确至 1 mm,如果每个试样上升的润湿线不在一个水平线上,以最高点为准。

6.12.3 24 h 毛细吸酸高度的测定

6.12.3.1 仪器、装置及试剂

——硫酸:分析纯,密度 1.280 g/cm^3 ±0.005 g/cm^3(25 ℃)。
仪器装置如图 4 所示。

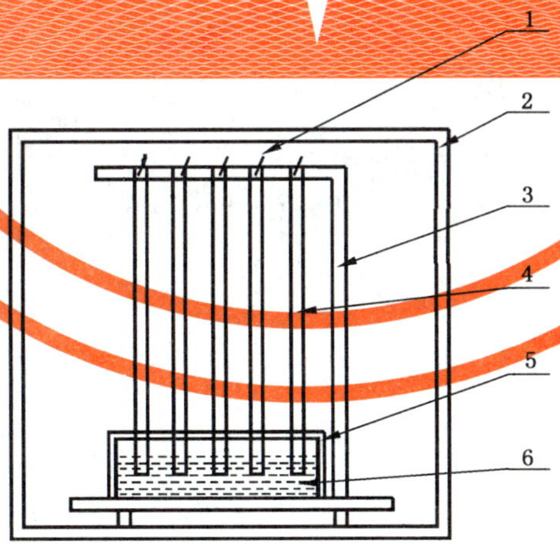

1——鱼嘴夹;
2——有机玻璃箱(210 mm×220 mm×900 mm);
3——试样架;
4——试样;
5——有机玻璃盒(120 mm×130 mm×45 mm);
6——硫酸溶液。

图 4 毛细吸酸高度装置示意图

6.12.3.2 试样的制备

沿毡型隔板成型方向裁取五个长 750 mm、宽 15 mm 的试样。

6.12.3.3 测试步骤

按图示将试样的一端夹在试样架上,使试样的下端垂直地插入到硫酸溶液中并始终保持至 10 mm 深,关闭箱门,记录 24 h 后酸液爬升的高度,精确至 1 mm。如果每个试样酸液上升的润湿线不在一个水平线上,以最高点为准。

6.12.3.4 结果判定

测定结果以五个试样测定值的算术平均值表示,计算结果保留到整数。

若有一个或一个以上试样测定结果不合格,则不计算平均值,该项不合格。

6.13 浸酸失重

6.13.1 原理

隔板浸于硫酸溶液中,其中某些物质因被硫酸溶解而析出,隔板质量减小。

6.13.2 仪器、装置与试剂

——分析天平:感量 0.001 g 以上;
——恒温干燥箱;
——干燥器;
——玻璃烧杯:规格 1 000 mL;
——玻璃棒:直径约 4 mm,长约 100 mm;
——广口磨口瓶:规格 250 mL;
——真空抽滤装置;
——表面皿:直径 80 mm;
——耐酸滤过漏斗 G_4;
——硫酸:分析纯,密度 1.280 g/cm^3 ±0.005 g/cm^3(25 ℃)。

6.13.3 试样的制备

6.13.3.1 片型和袋型玻璃纤维隔板

称取约 10 g 已裁成约 20 mm×40 mm 的试样,并在 95 ℃±2 ℃恒温干燥箱内干燥 2 h 以上,然后取出置于干燥器内冷却至室温。

6.13.3.2 毡型玻璃纤维隔板

称取约 5 g 已裁成约 20 mm×40 mm 的试样,在 105 ℃±2 ℃下干燥 1 h 以上,然后取出试样置于干燥器内冷却至室温。

6.13.3.3 烧结聚氯乙烯隔板、熔喷聚丙烯隔板、微孔聚乙烯隔板

称取 5 g～6 g 已裁成约 50 mm×50 mm 的试样,并在 95 ℃±2 ℃的恒温干燥箱内干燥 2 h 以上,然后取出置于干燥器内冷却至室温。

6.13.4 测试步骤

6.13.4.1 玻璃纤维隔板

称取约 2 g 已干燥好的试样，精确至 0.001 g。将试样放入 250 mL 磨口瓶内，注入 200 mL 硫酸溶液，盖紧瓶盖后置于干燥箱内在 70 ℃±2 ℃下保持 72 h(片型和袋型在 80 ℃±2 ℃下保持 24 h)。取出试样放在事先准确称好重量的耐酸滤过漏斗 G_4 内，用蒸馏水经真空抽滤装置洗涤至中性。将装有试样的耐酸滤过漏斗 G_4 置于干燥箱内在 105 ℃±2 ℃下干燥 4 h(片型和袋型在 95 ℃±2 ℃下干燥 4 h)，然后置于干燥器内，待冷却至室温称重，前后两次称量偏差不应大于 1 mg，否则重新干燥。记录试样浸酸后质量，精确至 0.001 g。

6.13.4.2 烧结聚氯乙烯隔板、熔喷聚丙烯隔板、微孔聚乙烯隔板

准确称取试样质量，精确至 0.001 g，将试样置于烧杯内，按 1 g 试样需 100 mL 硫酸溶液的比例，将硫酸溶液加入烧杯中，试样用玻璃棒间隔开，再用塑料袋罩在烧杯上口，用橡皮筋扎紧以防酸雾外逸。把装有试样的烧杯置于干燥箱内在 80 ℃±2 ℃下保持 24 h。取出试样洗至中性，置于表面皿内，在 95 ℃±2 ℃下干燥 4 h，然后置于干燥器内，待冷却至室温称量，前后两次称量偏差不应大于 1 mg，记录试样浸酸后质量，精确至 0.001 g。

6.13.5 结果计算及判定

浸酸失重以质量分数 L 计，数值以%表示，按式(10)计算：

$$L=\frac{m_1-m_2}{m_1}\times 100\% \qquad \cdots\cdots(10)$$

式中：

L ——试样浸酸失重的质量分数；

m_1——试样浸酸前的质量的数值，单位为克(g)；

m_2——试样浸酸后的质量的数值，单位为克(g)。

计算结果保留到小数点后一位。

若测定结果不合格，则该项不合格。

6.14 加压吸酸量(仅适用于玻璃纤维毡型隔板)

6.14.1 仪器、装置与试剂

——分析天平：感量 0.001 g 以上；

——游标卡尺：精度 0.05 级；

——耐酸容器；

——加压测试装置。

——硫酸：分析纯，密度 1.280 g/cm^3±0.005 g/cm^3(25 ℃)。

加压测试装置如图 5 所示。

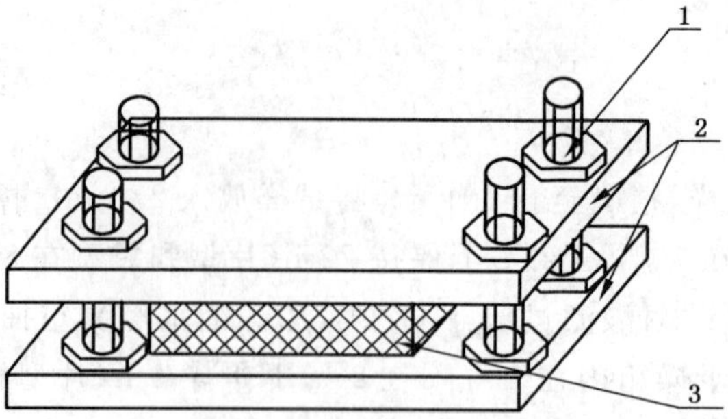

1——耐酸螺丝；
2——耐酸板材(厚度大于 8 mm)；
3——试样。

图 5 测定加压吸酸量的装置示意图

6.14.2 试样的制备

将毡型隔板裁切成 50 mm×50 mm 的正方形 10 片以上，在 105 ℃±2 ℃下干燥 1 h 以上，然后取出试样置于干燥器内冷却至室温。

6.14.3 测试步骤

按表 9 要求，用 10 kPa、50 kPa 测厚仪分别测量试样的厚度，并将用 50 kPa 测厚仪测得的厚度相加得待测试样的总厚。称取待测试样的总重量记为 g_1；将待测试样置于夹具中间，调整夹具，使其间距为在 50 kPa 测厚仪下测得的厚度(此时用游标卡尺测得)，并将夹具、隔板一起放入盛有密度为 1.280 g/cm^3±0.005 g/cm^3(25 ℃)硫酸的耐酸容器中，30 min 后取出，保持压力沥 5 min，取出隔板称总重量记为 g_2。

6.14.4 结果计算及判定

吸酸量以质量分数 X 计，数值以%表示，按式(11)计算：

$$X=\frac{g_2-g_1}{g_1}\times 100\% \qquad \cdots\cdots(11)$$

式中：

X ——试样吸酸量的质量分数；

g_1 ——试样浸酸前的质量的数值，单位为克(g)；

g_2 ——试样浸酸后的质量的数值，单位为克(g)。

计算结果取两次测试结果的算术平均值，计算结果保留到整数。

若测定结果不合格，则不计算平均值，该项不合格。

表 9 吸酸量测试加入试样片数

厚度(10 kPa 压力下测得) mm	毡型隔板		
	≤1.00	>1.00～1.50	>1.50
置入试样片数	10	8	5
测试次数	2	2	2

6.15 耐腐蚀性(仅适用于微孔橡胶隔板)

6.15.1 原理

在恒流过充电状态下,隔板被加速腐蚀,当隔板被击穿时,正负极板电压约为零。以每毫米厚的隔板被击穿时间的长短来表示隔板的耐腐蚀性。

6.15.2 仪器、装置及试剂

——恒温水浴槽;
——直流稳流电源,量程 0 A~10 A;
——耐酸容器(内部尺寸,100 mm×120 mm×190 mm);
——硫酸:分析纯,密度 1.280 g/cm³±0.005 g/cm³(45 ℃)。

装置如图 6 所示:

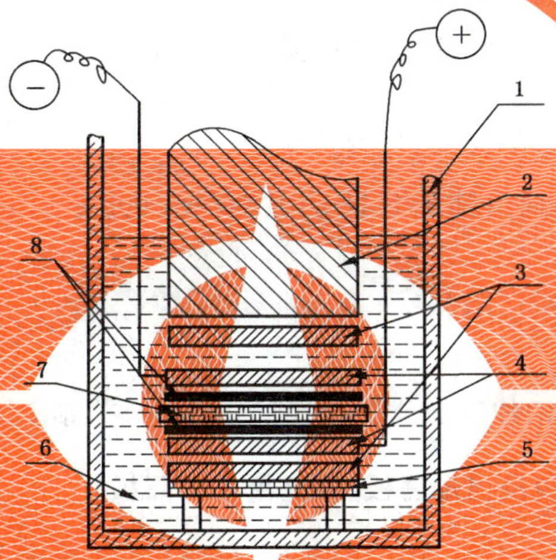

1——耐酸容器;
2——铅块((5±0.1)kg,50 mm×50 mm);
3——软橡胶(50 mm×50 mm×4 mm);
4——纯铅板(50 mm×50 mm×1.5 mm);
5——塑料垫板(50 mm×50 mm×2.0 mm);
6——硫酸溶液;
7——试样(55 mm×55 mm);
8——纯铅板(50 mm×50 mm×0.5 mm)。

图 6 耐腐蚀性装置示意图

6.15.3 试样的制备

裁取五个 55 mm×55 mm 的试样,按 6.4 中规定的方法测定其厚度并编号。

6.15.4 测试步骤

按图 6 要求将试样装入耐酸容器中,注入约 500 mL 硫酸溶液,置入 45 ℃±2 ℃的恒温水浴槽中,在每对正负电极间均输入 2.5 A 电流进行充电。每间隔 1 h 测量一次电压,并记录。测试过程中应保持硫酸溶液密度在 1.280 g/cm³±0.005 g/cm³,水浴温度在 45 ℃±2 ℃范围内。电极间电压降到约为零时隔板被击穿,记录此刻时间。

6.15.5 结果计算及判定

试样耐腐蚀性 T 以小时每毫米(h/mm)表示,按式(12)计算:

$$T=\frac{t}{d} \tag{12}$$

式中:

t ——试样自测试开始至被击穿时所经历的时间的数值,单位为小时(h);

d ——试样的平均厚度的数值,单位为毫米(mm)。

结果以五个试样测试值的算术平均值表示,保留到整数。

若有一个或一个以上试样测定不合格,则不计算算术平均值,该项不合格。

6.16 分层(仅适用于熔喷聚丙烯隔板)

6.16.1 试样的制备

将样品裁成 142 mm×146 mm 的试样,若样品尺寸小于 142 mm×146 mm,则以样品为试样。

6.16.2 测试步骤

取 20 片试样,沿试样高度方向将其对折 180°,共 20 次,观察试样对折部位是否存有分层间隙,若有则判定试样分层。

6.16.3 结果判定

20 片试样当中,若有四片或四片以上分层,则判定隔板分层,结果为不合格。

6.17 尺寸稳定性(仅适用于熔喷聚丙烯隔板、微孔聚乙烯隔板)

6.17.1 原理

隔板置于一定温度的硫酸溶液中,由于其微观分子排列发生变化,导致外形尺寸的变化,以此表示隔板尺寸的稳定性。

6.17.2 仪器、装置及试剂

——恒温干燥箱;

——烧杯:规格 2 000 mL;

——量具:分度值 0.02 mm 以上;

——玻璃板:300 mm×300 mm;

——硫酸:分析纯,密度 1.280 g/cm³±0.005 g/cm³(25 ℃)。

6.17.3 试样的制备(微孔聚乙烯复合隔板只测试微孔聚乙烯材质部分)

裁取五个 120 mm×120 mm 的试样。

6.17.4 测试步骤

将试样平放在玻璃板上分别测量试样各边的长度,然后放入 2 000 mL 的烧杯内,在烧杯内注入硫酸溶液,以液面完全覆盖试样为准。将试样在 80 ℃±2 ℃的恒温箱中保持 3 h 后取出,用 40 ℃～60 ℃水冲洗至中性,将试样放入常温水中浸泡 5 min,然后在湿润状态下重新测量试样各边的长度。

6.17.5 结果计算及判定

尺寸稳定性以长度变化率 W 计，数值以%表示，按式(13)计算：

横向和纵向按式(13)计算：

$$W=\frac{L_f-L_i}{L_i}\times 100\% \qquad \cdots\cdots(13)$$

式中：

L_f ——最终尺寸的数值，单位为毫米(mm)；

L_i ——最初尺寸的数值，单位为毫米(mm)。

结果以五个试样测试值的算术平均值表示，保留到小数点后一位。

若有一个或一个以上试样测定不合格，则不计算算术平均值，该项不合格。

6.18 发泡性(适用于在生产过程中加入表面活性剂的隔板)

6.18.1 原理

隔板在恒流充电下，内含的表面活性剂将被浸出，如果消泡效果不佳，表面活性剂将产生气泡(沫)，以此判定隔板的发泡性。

6.18.2 仪器、装置及试剂

——直流稳流器：量程 0 A～5 A；

——铅板：100 mm×100 mm×2 mm；

——测试容器：110 mm×35 m×130 mm；

——硫酸：分析纯，密度 1.200 g/cm^3±0.005 g/cm^3(25 ℃)。

6.18.3 试样的制备

裁取十个 100 mm×100 mm 的试样。

6.18.4 测试步骤

将十个试样插入到两片铅板间，注入硫酸溶液使液面高出铅板约 10 mm～20 mm；接通电源，以 3.0 A 电流恒流充电 20 min，或用试样装配一只对应的单格蓄电池，以相应 10 小时率电流恒流充电 20 min，观察硫酸溶液液面发泡(沫)现象。

6.18.5 结果判定

气泡(沫)不能完全覆盖硫酸溶液液面。

若结果不合格，则该项不合格。

6.19 还原高锰酸钾物质

6.19.1 原理

在常温下隔板中被稀硫酸浸泡出的还原性物质，在一定的酸度、温度下加入过量的高锰酸钾使其充分氧化，然后用硫酸铁(Ⅱ)铵反滴定求还原高锰酸钾物质的含量。

6.19.2 仪器

——分析天平；感量 0.000 1 g。

——恒温干燥箱；
——恒温水浴；
——耐酸滤过漏斗 G_3。

6.19.3 试剂

——硫酸：分析纯，密度 1.280 g/cm^3±0.005 g/cm^3(25 ℃)；
——硫酸：分析纯；
——草酸钠：基准试剂；
——硫酸铁(Ⅱ)铵：分析纯，$c[(NH_4)_2Fe(SO_4)_2]=0.01$ mol/L 溶液，即称取 4 g $(NH_4)_2Fe(SO_4)_2\cdot 6H_2O$ 溶于 100 mL 1+1 的硫酸溶液中，用蒸馏水稀释至 1 000 mL，混匀；
——高锰酸钾：分析纯，$c(\frac{1}{5}KMnO_4)=0.1$ mol/L 标准溶液。

a) 配制

称取 3.30 g(精确至 0.01 g)高锰酸钾，溶于 1 050 mL 蒸馏水中，缓和煮沸 15 min，于暗处放置两周，用耐酸滤过漏斗 G_3 或玻璃棉过滤，滤液保存于棕色磨口瓶中。

b) 标定

称取在 105 ℃～110 ℃下干燥 2 h 的基准草酸钠 0.2 g(精确至 0.000 2 g)，溶于 100 mL 硫酸溶液(8+92)中，用 $c(\frac{1}{5}KMnO_4)=0.1$ mol/L 的高锰酸钾溶液滴定至近终点时，加热至 65 ℃，继续滴定至溶液呈浅紫红色保持 30 s，记消耗高锰酸钾溶液的体积为 V_1。

按以上方法同时做试剂空白试验(不加入草酸钠)，记消耗高锰酸钾溶液的体积为 V_0。

c) 计算

高锰酸钾标准溶液浓度 $c(\frac{1}{5}KMnO_4)$ 按式(14)计算：

$$c(\frac{1}{5}KMnO_4)=\frac{m}{(V_1-V_0)\times\frac{M(1/2Na_2C_2O_4)}{1\ 000}} \qquad \cdots\cdots(14)$$

式中：

m ——草酸钠的质量的数值，单位为克(g)；
V_1 ——标定时消耗高锰酸钾溶液的体积的数值，单位为毫升(mL)；
V_0 ——做空白试验时消耗高锰酸钾溶液的体积的数值，单位为毫升(mL)；
$M(1/2Na_2C_2O_4)$——草酸钠的摩尔质量，单位为克每摩尔(g/mol)。

——高锰酸钾：分析纯，$c(\frac{1}{5}KMnO_4)=0.01$ mol/L 标准溶液。

配制：将 $c(\frac{1}{5}KMnO_4)=0.1$ mol/L 高锰酸钾标准溶液用蒸馏水稀释为 $c(\frac{1}{5}KMnO_4)=0.01$ mol/L。

6.19.4 测定步骤

6.19.4.1 试样的制备

称取 10 g～20 g(精确至 0.01 g)50 mm×10 mm 的试样，置于 250 mL 三角杯中，准确加入 200 mL 密度为 1.280 g/cm^3±0.005 g/cm^3(25 ℃)的硫酸溶液，盖上表面皿，在 25 ℃±3 ℃下浸泡 24 h。如溶液混浊用干漏斗、干滤纸过滤于干烧杯中为待测液，用于还原高锰酸钾物质、铁、氯的含量的测定。

6.19.4.2 比值的校正

$c(\frac{1}{5}KMnO_4)=0.01$ mol/L 高锰酸钾标准溶液所消耗的体积(mL)对 $c[(NH_4)_2Fe(SO_4)_2]=0.01$ mol/L的硫酸铁(Ⅱ)铵溶液所消耗的体积(mL)的比值,以 K 表示,按以下方法校正和按式(15)计算:

用移液管吸取密度为 1.280 g/cm³±0.005 g/cm³(25 ℃)的硫酸溶液 20 mL,置于 250 mL 三角瓶中,用滴定管准确加入 $c(\frac{1}{5}KMnO_4)=0.01$ mol/L 高锰酸钾标准溶液 20 mL,在 75 ℃±2 ℃的恒温水浴上保持 15 min,取出冷却至室温,用滴定管准确加入 $c[(NH_4)_2Fe(SO_4)_2]=0.01$ mol/L 硫酸亚铁铵溶液 20 mL,立即用 $c(\frac{1}{5}KMnO_4)=0.01$ mol/L 高锰酸钾标准溶液滴定至浅紫红色。

$$K=\frac{V}{V_0} \qquad \cdots\cdots(15)$$

式中:

V ——消耗高锰酸钾标准溶液的体积,单位为毫升(mL);

V_0 ——消耗硫酸铁(Ⅱ)铵溶液的体积,单位为毫升(mL)。

6.19.4.3 试样的测定

用移液管吸取按 6.19.4.1 制备的待测液 20 mL 于 250 mL 三角杯中,用滴定管准确加入 $c(\frac{1}{5}KMnO_4)=0.01$ mol/L 高锰酸钾标准溶液 20 mL,以下操作按 6.19.4.2 进行。

6.19.5 结果的计算

还原高锰酸钾物质(X_1)以 1 g 试样消耗 $c(\frac{1}{5}KMnO_4)=0.01$ mol/L 高锰酸钾标准溶液的体积(mL)表示,按式(16)计算:

$$X_1=\frac{(V-V_0\times K)\times V_2}{m\times V_1} \qquad \cdots\cdots(16)$$

式中:

V ——消耗高锰酸钾标准溶液的体积,单位为毫升(mL);

V_0 ——消耗硫酸铁(Ⅱ)铵溶液的体积,单位为毫升(mL);

V_1 ——分取试液的体积,单位为毫升(mL);

V_2 ——试液的总体积,单位为毫升(mL);

m ——试样的质量,单位为克(g)。

计算结果表示到小数点后一位。若结果不合格,则该项不合格。

6.20 铁含量

6.20.1 原理

隔板中的铁被稀硫酸浸出,然后用氯化羟胺还原,在 pH=4~6 的溶液中与 1,10-菲罗啉形成橙红色络合物,借此比色测定铁。

试样中所含金属离子应不干扰测定。

6.20.2 仪器

——分析天平:感量 0.000 1 g;

——分光光度计；
——化验室常用仪器。

6.20.3 试剂

——硫酸：分析纯，密度 1.280 g/cm^3±0.005 g/cm^3(25 ℃)；
——氨水：分析纯，1+1 溶液；
——氯化羟胺：分析纯，10%溶液；(用时现配)
乙酸—乙酸钠缓冲液：分析纯，pH 为 4，称取 20 g 乙酸钠(NaAC·3H_2O)溶于适量蒸馏水，加 36%乙酸 134 mL，用蒸馏水稀释至 500 mL 混匀；
——1,10-菲罗啉：分析纯，0.1%溶液，加热溶解(该溶液应避光保存，确保溶液无色)；
——铁标准贮存溶液：准确称取 0.100 0 g 金属铁丝(纯度 99.95%以上)于 100 mL 烧杯，加入 10 mL 1+1 硝酸溶液，加热溶解，驱除氮的氧化物，取下冷却，移入 1 000 mL 容量瓶中，用 7%硝酸溶液洗涤并稀释至刻度，摇匀。此溶液 1 mL 含 0.000 1 g 铁；
——铁标准溶液：用移液管吸取 10 mL 铁标准贮存溶液于 100 mL 容量瓶中，用蒸馏水稀释至刻度，摇匀。此溶液 1 mL 含 0.000 01 g 铁。

6.20.4 测定步骤

6.20.4.1 标准曲线的绘制

在七个 50 mL 容量瓶中，用微量测定滴定管依次加入 0.00 mL、1.00 mL、2.00 mL、3.00 mL、4.00 mL、5.00 mL、6.00 mL 铁标准溶液，加蒸馏水稀释至 30 mL，加 3 mL 10%氯化羟胺溶液，用 1+1 氨水溶液调整至溶液的 pH 为 4，加 5 mL 乙酸—乙酸钠缓冲液，加 5 mL 0.1% 1,10-菲罗啉溶液，在室温下放置 30 min(或在沸水浴上加热 2 min)，用蒸馏水稀释至刻度，摇匀。取部分溶液于 3 cm 比色皿中，以试剂空白溶液为参比，在 510 nm 波长处，依次测量各溶液的吸光度，以铁含量为横坐标，相应的吸光度为纵坐标，绘制标准曲线。

6.20.4.2 试样的测定

用移液管吸取 10 mL～20 mL 待测液(6.19.4.1)于 50 mL 容量瓶中，加入 1+1 氨水溶液(按每毫升待测液加 1.6 mL 1+1 氨水溶液)，用蒸馏水稀释至约 30 mL，加 3 mL 10%氯化羟胺溶液，以下操作按 6.20.4.1 进行。以试剂空白溶液为参比，测得的吸光度从标准曲线上查得相应的铁的质量。按以上方法同时做试剂空白试验。

6.20.5 结果的计算

铁含量以质量分数 X_2 计，数值以%表示，按式(17)计算：

$$X_2=\frac{m_1\times V_2}{m\times V_1}\times 100\% \qquad (17)$$

式中：
V_1 ——分取试液的体积，单位为毫升(mL)；
V_2 ——试液的总体积，单位为毫升(mL)；
m_1 ——自标准曲线上查得的铁的质量，单位为克(g)；
m ——试样的质量，单位为克(g)。

计算结果表示到小数点后四位(微孔聚乙烯隔板、微孔橡胶隔板保留到小数点后三位)。若结果不合格，则该项不合格。

6.21 氯含量

6.21.1 原理

隔板中的氯在常温下被稀硫酸浸出，在硝酸微酸性溶液中，与银离子生成氯化银胶体混浊微小沉淀，均匀地悬浮于溶液中，比浊测定氯含量。

6.21.2 仪器

——分析天平：感量 0.000 1 g；
——化验室常用仪器。

6.21.3 试剂

——硫酸：分析纯，密度 1.280 g/cm^3±0.005 g/cm^3，溶液；
——硝酸：分析纯，1+4 溶液；
——硝酸银：分析纯，2%溶液；
——氯标准贮存溶液，称取经 500 ℃～600 ℃高温炉灼烧 1h 的基准氯化钠 0.824 5 g，溶于适量蒸馏水，移入 1 000 mL 容量瓶中，用蒸馏水洗涤并稀释至刻度，摇匀。此溶液 1 mL 含 0.000 5 g 氯；
——氯标准溶液：用移液管吸取 10 mL 氯标准贮存溶液于 100 mL 容量瓶中，用蒸馏水稀释至刻度，摇匀。此溶液 1 mL 含 0.000 05 g 氯。

6.21.4 测定步骤

用移液管吸取 10 mL～20 mL 待测液(6.19.4.1)于 50 mL 比色管中，于另一个 50 mL 比色管中加入 20 mL(原浸泡隔板试样所用)密度为 1.280 g/cm^3±0.005 g/cm^3 的硫酸溶液为空白液，两管同时加 2 mL 1+4 硝酸溶液，加 2 mL 2%硝酸银溶液，摇匀。向空白液比色管滴加氯标准溶液同时向待测液比色管滴加蒸馏水至两比色管混浊程度、体积一致，在暗处放置 15 min 不发生变化。记下消耗氯标准溶液的体积。

6.21.5 结果计算

氯含量以质量分数 X_3 计，数值以%表示，按式(18)计算：

$$X_3=\frac{0.000\,05\times V\times V_2}{m\times V_1}\times 100\% \qquad (18)$$

式中：

V ——消耗氯标准溶液的体积，单位为毫升(mL)；
V_1——分取试液的体积，单位为毫升(mL)；
V_2——试液总体积，单位为毫升(mL)；
m ——试样的质量，单位为克(g)。

计算结果表示到小数点后四位(微孔聚乙烯隔板表示到小数点后三位)。若结果不合格，则该项不合格。

6.22 水含量

6.22.1 仪器

——分析天平：感量 0.000 1 g；
——化验室常用仪器。

6.22.2 测定步骤

用铡刀或剪刀将隔板裁成10 mm×10 mm的试样，称取1.5 g～2.0 g(精确至0.000 2 g)置于已知质量的称量瓶中，放入100 ℃～105 ℃恒温箱中干燥2 h，取出放入干燥器中，冷却至室温称量，再干燥30 min称量至质量恒定。

6.22.3 结果的计算

水含量以质量分数X_4计，数值以%表示，按式(19)计算：

$$X_4=\frac{m-m_0}{m}\times 100\% \quad\cdots\cdots(19)$$

式中：

m_0——干燥后试样的质量的数值，单位为克(g)；

m——试样的质量的数值，单位为克(g)。

计算结果表示到小数点后一位。若结果不合格，则该项不合格。

6.23 油含量(仅适用于微孔聚乙烯隔板)

6.23.1 原理

将隔板试样置于注有适当萃取剂的萃取器中，加热煮沸一段时间后，其中的油分会被萃取出来，其质量减小，用萃取前后试样质量的变化率表示。

6.23.2 仪器、装置与试剂

——回流抽取器：规格1 000 mL；

——分析天平：感量0.000 1 g；

——控温电热套；

——恒温干燥箱；

——干燥器；

——正已烷(或三氯乙烯)：分析纯。

6.23.3 试样的制备(微孔聚乙烯复合隔板只测试微孔聚乙烯材质部分)

称取2 g左右的试样，首先沿筋条垂直方向裁切约10 mm高的样条，然后按高矮筋条均匀地裁成10 mm×10 mm左右的小块，放入恒重称量瓶中，在100 ℃～105 ℃干燥箱内干燥2 h，然后取出试样放入干燥器内冷却至室温。

6.23.4 测试步骤

准确称取烘干后试样的质量，精确至0.000 2 g。将试样置于回流抽取器中，量取350 mL～400 mL正已烷或三氯乙烯加入烧瓶中，再加入少许沸石，加热至沸腾，30 min后取出试样放入表面皿中，在100 ℃～105 ℃干燥箱内干燥1 h，取出试样放入干燥器内冷却至室温，称量至质量恒定。

6.23.5 结果计算及判定

试样的油含量以质量分数O计，数值以%表示，按公式(20)计算：

$$O=\frac{m_1-m_2}{m_1}\times 100\% \quad\cdots\cdots(20)$$

式中：

m_1——试样萃取前质量的数值，单位为克(g)；

m_2——试样萃取后质量的数值，单位为克(g)。

计算结果保留到小数点后一位。

若测定结果不合格，则该项不合格。

6.24 贮存期

隔板自生产之日起，在符合 8.4 规定条件下贮存一年应符合第 5 章的规定。

7 检验规则

7.1 检验分类

7.1.1 出厂检验、周期检验

凡提出交货的产品，应按出厂检验项目进行检验，检验的项目及样品数量见表 10～表 14。

7.1.2 型式检验

遇下列情况之一时应进行型式检验或全项试验项目检验，样品数量见表 15～表 19。

——试制的新产品；

——工艺配方或原材料变化以及产品结构改变时；

——出厂检验结果与上次型式检验结果有较大差异时；

——国家质量监督机构提出进行型式检验要求时；

——合同规定；

——正常生产或使用时，按表 10～表 14 规定的检验周期进行检验。

表 10 超细玻璃纤维隔板出厂检验和周期检验项目

序号	检验类型	项目名称	样本单位			检验周期
			片型	袋型	毡型	
1	出厂检验	外观	全数	全数	全数	—
2		尺寸	50 片	25 个	1.0 kg	—
3		拉伸强度	20 片	10 个	100 g	—
4		电阻	20 片	10 个	200 g	—
5		最大孔径	20 片	10 个	100 g	—
6		润湿性	20 片	10 个	—	—
7		定量	—	—	100 g	—
8		发泡性	40 片	20 个	—	—
9		加压吸酸量	—	—	300 g	—

表 10（续）

序　号	检验类型	项目名称	样本单位			检验周期
			片型	袋型	毡型	
10	周期检验	孔率	20 片	10 个	—	每月一次
11		毛细吸酸高度	—	—	200 g	
12		浸酸失重	20 片	10 个	100 g	
13		还原高锰酸钾物质	20 片	10 个	100 g	
14		铁含量				
15		氯含量				
16		水含量				
17		贮存期	—			每年一次

表 11　微孔聚乙烯隔板出厂检验和周期检验项目

序　号	检验类别	项目名称	样本单位		检验周期
			片型	袋型	
1	出厂检验	外观	全数	全数	—
2		尺寸	50 片	25 个	—
3		横向伸长率	20 片	10 个	—
4		电阻	20 片	10 个	—
5		孔率	10 片	10 个	—
6	周期检验	润湿性	20 片	10 个	每月一次
7		浸酸失重	20 片	10 个	每月一次
8		尺寸稳定性	10 片	5 个	每季一次
9		还原高锰酸钾物质	20 片	10 个	每月一次
10		铁含量			
11		氯含量			
12		水含量			
13		油含量			
14		贮存期	—		每年一次

表 12 微孔橡胶隔板出厂检验和周期检验项目

序号	检验类别	项目名称	样本单位	检验周期
1	出厂检验	外观	全数	—
2	出厂检验	尺寸	50 片	—
3	出厂检验	电阻	20 片	—
4	出厂检验	水含量	10 片	—
5	周期检验	拉伸强度	20 片	每月一次
6	周期检验	最大孔径	10 片	每季一次
7	周期检验	孔率	10 片	每月一次
8	周期检验	耐腐蚀性	20 片	每半年一次
9	周期检验	还原高锰酸钾物质	20 片	每月一次
10	周期检验	铁含量	20 片	每月一次
11	周期检验	氯含量	20 片	每月一次
12	周期检验	贮存期	—	每年一次

表 13 烧结聚氯乙烯隔板出厂检验和周期检验项目

序号	检验类别	项目名称	样本单位	检验周期
1	出厂检验	外观	全数	—
2	出厂检验	尺寸	50 片	—
3	出厂检验	电阻	20 片	—
4	出厂检验	发泡性	40 片	—
5	周期检验	拉伸强度	10 片	每月一次
6	周期检验	最大孔径	10 片	每季一次
7	周期检验	孔率	10 片	每季一次
8	周期检验	润湿性	20 片	每季一次
9	周期检验	浸酸失重	10 片	每半年一次
10	周期检验	还原高锰酸钾物质	10 片	每月一次
11	周期检验	铁含量	10 片	每月一次
12	周期检验	氯含量	10 片	每月一次
13	周期检验	水含量	10 片	每月一次
14	周期检验	贮存期	—	每年一次

表 14　熔喷聚丙烯隔板出厂检验和周期检验项目

序　号	检验类别	项目名称	样本单位		检验周期
			片型	袋型	
1	出厂检验	外观	全数	全数	—
2		尺寸	50 片	25 个	—
3		分层	20 片	10 个	—
4		电阻	20 片	10 个	—
5		最大孔径	10 片	5 个	—
6		润湿性	20 片	10 个	—
7		发泡性	40 片	20 个	—
8	周期检验	拉伸强度	20 片	10 个	每月一次
9		孔率	10 片	5 个	
10		浸酸失重	10 片	10 个	每半年一次
11		尺寸稳定性	10 片	5 个	每半年一次
12		还原高锰酸钾物质	20 片	10 个	每月一次
13		铁含量			
14		氯含量			
15		水含量	10 片	5 个	
16		贮存期	—		每年一次

表 15　超细玻璃纤维隔板型式检验与全项试验项目

序　号	项目名称	试样数量		
		片型	袋型	毡型
1	外观	全数	全数	全数
2	尺寸	5 片	5 个	100 g
3	拉伸强度	5 片	5 个	100 g
4	电阻	5 片	5 个	200 g
5	最大孔径	5 片	5 个	100 g
6	孔率	5 片	5 个	100 g
7	润湿性	5 片	5 个	—
8	定量	—	—	100 g
9	毛细吸酸高度	—	—	200 g
10	浸酸失重	5 片	5 个	100 g
11	加压吸酸量	—	—	300 g
12	还原高锰酸钾物质	5 片	5 个	100 g
13	铁含量			
14	氯含量			
15	水含量			
16	发泡性	10 片	5 个	—

表 16 微孔聚乙烯隔板型式检验与全项试验项目

序 号	项目名称	试样数量	
		片 型	袋 型
1	外观	5 片	5 个
2	尺寸	5 片	5 个
3	横向伸长率	5 片	5 个
4	电阻	5 片	5 个
5	孔率	5 片	5 个
6	润湿性	5 片	5 个
7	浸酸失重	5 片	5 个
8	尺寸稳定性	5 片	5 个
9	还原高锰酸钾物质	5 片	5 个
10	铁含量		
11	氯含量		
12	水含量		
13	油含量		

表 17 微孔橡胶隔板型式检验与全项试验项目

序 号	项目名称	试样数量
1	外观	5 片
2	尺寸	5 片
3	电阻	5 片
4	水含量	5 片
5	拉伸强度	5 片
6	最大孔径	5 片
7	孔率	5 片
8	耐腐蚀性	5 片
9	还原高锰酸钾物质	5 片
10	铁含量	
11	氯含量	

表 18 烧结聚氯乙烯隔板型式检验与全项试验项目

序　号	项目名称	样本单位
1	外观	全数
2	尺寸	5 片
3	拉伸强度	5 片
4	电阻	5 片
5	最大孔径	5 片
6	孔率	5 片
7	润湿性	5 片
8	浸酸失重	5 片
9	还原高锰酸钾物质	5 片
10	铁含量	
11	氯含量	
12	水含量	
13	发泡性	10 片

表 19 熔喷聚丙烯隔板型式检验与全项试验项目

序　号	项目名称	样本单位	
		片　型	袋　型
1	外观	5 片	5 个
2	尺寸	5 片	5 个
3	分层	5 片	5 个
4	拉伸强度	5 片	5 个
5	电阻	5 片	5 个
6	最大孔径	5 片	5 个
7	孔率	5 片	5 个
8	润湿性	5 片	5 个
9	浸酸失重	5 片	5 个
10	发泡性	10 片	5 个
11	尺寸稳定性	5 片	5 个
12	水含量	5 片	5 个
13	还原高锰酸钾物质	5 片	5 个
14	铁含量		
15	氯含量		

7.2 组批规则与抽样方案

7.2.1 组批规则

隔板应成批验收。每批由同一材料、同一规格、同一型号的隔板组成。片型隔板和已裁切成片状的毡型隔板，一批数量不大于 100 000 片；袋型隔板一批数量不大于 50 000 个；成卷的隔板一批数量不大于 200 kg。

7.2.2 抽样方案

按 6.1 规定的方法。

7.3 判定规则

检验结果中任何一项不合格时应加倍抽样，重复检验不合格项，如该项目仍不合格，则该批产品不合格。

8 标志、包装、运输与贮存

8.1 标志

产品包装箱的外壁应有下列标志：

——产品名称、规格、型号、标记、数量；

——生产单位名称、详细地址；

——出厂日期、贮存期；

——每箱净重与毛重；

——“小心轻放”“不可受潮”。

8.2 包装

产品采用瓦楞纸箱包装。毡型隔板应使用塑料薄膜作内层密封包装，其他隔板应使用防潮纸或塑料薄膜作内层包装；包装产品后的塑料薄膜或防潮纸不允许有破损。卷筒(卷盘)状包装时，纸芯外径应不小于 76 mm，成卷筒后外径不应大于 900 mm。同一材料规格型号的产品整齐装入同一瓦楞纸箱内，瓦楞纸箱内同时附有产品合格证，合格证应符合 GB/T 14436 的规定。

8.3 运输

产品适合汽车、轮船及飞机运输，运输过程中不得曝晒、雨淋，在装卸中要轻拿轻放。

8.4 贮存

产品应在温度 0 ℃～40 ℃、相对湿度不大于 80%的清洁、通风良好的库房内整齐排列，成垛堆放；离热源(如暖气设备)不得少于 1 m；应避免日光照射和受潮；严禁与油、有机溶剂及腐蚀性物品接触；产品贮存期一年。

ICS 27.120.10
F 63

中华人民共和国国家标准

GB/T 28536—2012

核电厂机械设备老化管理大纲编制导则

Guidelines for formulating the ageing management programme of mechanical equipment in nuclear power plants

2012-06-29 发布　　　　2012-11-01 实施

中华人民共和国国家质量监督检验检疫总局
中国国家标准化管理委员会　发布

前　言

本标准按照GB/T 1.1—2009给出的规则起草。

本标准由中国电力企业联合会提出并归口。

本标准起草单位：苏州热工研究院有限公司、大亚湾核电运营管理有限责任公司、秦山核电有限公司、核电秦山联营有限公司。

本标准起草人：薛飞、吴晓震、刘鹏、逄文新、林磊、戴忠华、陈军琦、吴宇坤、陈志林、池志远、王俊、孔德萍、薛新才、陶钧、魏文斌、张兴田、丁有元。

核电厂机械设备老化管理大纲编制导则

1 范围

本标准规定了核电厂机械设备老化管理大纲内容的基本要求。

本标准适用于核电厂运行期间(包括运行期延长期间)机械设备老化管理大纲的编制和修订。

2 规范性引用文件

下列文件对于本文件的应用是必不可少的。凡是注日期的引用文件,仅注日期的版本适用于本文件。凡是不注日期的引用文件,其最新版本(包括所有的修改单)适用于本文件。

GB/T 17569 压水堆核电厂物项分级

IAEA NS-G-2.12—2009 核电厂的老化管理(Ageing management for nuclear power plants)

IAEA 安全术语—2007 核安全和辐射防护系列(Terminology used in nuclear safety ande radiation protection)

3 术语和定义

下列术语和定义适用于本文件。

3.1

老化 ageing

结构、系统或部件的特征随时间或使用而逐渐变化的一般过程。

[IAEA 安全术语—2007]

3.2

老化效应 ageing effects

由老化导致的结构、系统或部件特征的净变化量。

[IAEA NS-G-2.12—2009]

3.3

老化降质 ageing degradation

能够削弱结构、系统或部件在其验收标准范围内运行能力的老化效应。

[IAEA 安全术语—2007]

3.4

老化管理 ageing management;AM

为把结构、系统或部件的老化降质控制在可接受限值内而采取的工程、运行和维护活动。

工程活动包括设计、鉴定和故障分析等。

运行活动包括监视、在规定限值内执行运行程序和进行环境测量等。

维护活动包括预防性维修、纠正性维修、更换等。

[IAEA 安全术语—2007]

3.5

老化管理大纲　ageing management programme

针对核电厂结构、系统或部件老化问题制定的电厂管理程序。

依据涵盖的范围不同分为全厂老化管理大纲、设备老化管理大纲等。

3.6

设备　equipment

可供企业在生产中长期使用，并在反复使用中基本保持原有实物形态和功能的劳动资料和物质资料的总称。

3.7

设备老化管理大纲　equipment ageing management programme

针对某一个或某一类设备制定的老化管理大纲。

依据不同的对象分为反应堆压力容器老化管理大纲、蒸汽发生器老化管理大纲、主管道老化管理大纲等。

3.8

老化管理相关大纲　ageing management related programme

与核电厂结构、系统或部件老化管理工作有关的核电厂执行大纲，如在役检查大纲、试验大纲、监督大纲、维修大纲等。

4　老化管理关注设备的选择与分级

4.1　设备的选择

核电厂老化管理工作首先应确定老化管理关注的设备。

核电站应制定明确的设备筛选方法和流程，可参考 IAEA NS-G-2.12。

筛选工作完成后获得核电厂老化管理关注设备清单。

4.2　设备的分级

依据老化管理关注设备清单应进一步开展设备的老化管理优先级分析，可参考 IAEA NS-G-2.12 4.16、GB/T 17569 等进行优先级分析。

优先级分析工作完成后获得老化管理关注设备分级清单。

老化管理关注设备优先级可分为三级，即 AM-1——老化管理关注 1 级设备(核电厂老化管理最优先关注的设备)、AM-2——老化管理关注 2 级设备、AM-3——老化管理关注 3 级设备。

4.3　设备老化管理大纲的建立

按照老化管理关注设备优先级宜编制详细计划，分期制定设备老化管理大纲。

AM-1 级设备必须制定设备老化管理大纲。核电厂根据实际情况可通过老化管理相关大纲对 AM-2、AM-3 级设备进行老化管理，也可制定设备老化管理大纲。

核电厂设备老化管理大纲的内容至少应包含 5.1～5.4 的内容并满足其要求。

5　设备老化管理大纲内容要求

5.1　设备老化的理解

5.1.1　经验反馈

采集、保存、分析老化管理关注设备在本核电厂、同类核电厂的运行经验反馈。

应建立运行经验反馈机制，确保及时了解本核电厂内部、外部相关运行经验反馈。

应建立研发成果反馈机制，确保及时将研发成果反馈到设备老化管理大纲中。

5.1.2 降质评估

依据老化管理关注设备的基础信息、运行信息、经验反馈、相关研究成果等进行设备潜在老化机理的分析，填写设备老化分析单相关内容，示例见附录 A。

在设备潜在老化机理分析、经验反馈分析等工作基础上，得出核电厂设备当前需要关注的老化机理。

老化机理的举例可参考 IAEA NS-G-2.12—2009 附录Ⅲ。

5.1.3 数据的采集和记录

根据 5.1.2 设备潜在老化机理分析结果，针对性地采集和保存设备基础信息、运行历史和维修历史信息。对于 AM-1 级设备应建立老化管理数据收集和记录保存系统，示例见附录 B。

5.2 老化管理要素

5.2.1 老化管理要素

依据相关规范/标准、经验反馈、相关研究成果等，对设备老化管理措施进行详细分析，给出合理、有效、可行的老化管理措施。进行分析时可借助于附录 C 的系统方法(德氏图)。

老化管理要素包括预防性措施、老化效应的探测、监控和趋势预测方法、缓解措施、接受判据、纠正措施等。

5.2.2 预防性措施

应明确预防性措施，包括状态监测或性能监测措施。

应明确需要监测或检查的参数。

应明确有助于改善老化效应的良好实践。

5.2.3 老化效应的探测

应对各种能有效探测设备老化效应的技术进行分析、评价，以确定最优老化效应探测方法、技术。

设备老化效应探测技术包括检查技术、试验技术、监测技术等。

5.2.4 监控和趋势预测方法

应明确核电厂设备老化程度监测的状态指标和参数。

应包含相关设备监测数据采集的要求。

应包含设备老化相关技术评估方法，包括数据分析、趋势分析、寿命评估等。

5.2.5 缓解措施

应对设备老化效应缓解措施进行可行性分析。缓解措施包括运行条件的改变、维修措施、修复措施、更换措施等。

若条件具备，应制定出相应的缓解措施方案。

5.2.6 接受判据

选择合适的老化评估方法、技术，应明确状态评估、适于继续服役的接受判据。

5.2.7 纠正措施

经过评估，对于不满足接受判据的设备应给出纠正措施方案。纠正措施包括临时纠正措施和长期纠正措施。

5.3 核电厂的老化管理工作

5.3.1 核电厂老化管理措施现状评估

综合5.1.2的结果和5.2的要求，分析核电厂当前采取的老化相关预防性措施、老化效应的探测、监控和趋势预测方法、缓解措施、接受判据、纠正措施等，完成核电厂老化管理措施现状的分析评估。

5.3.2 核电厂老化管理措施的改进

根据老化管理措施现状分析评估结果，分析核电厂需要改进的老化管理措施，针对不同的老化管理措施分别制定相应的改进方案。

5.3.3 综述表单

给出设备老化管理综述表单。示例见附录D。

5.4 质量管理

应包含老化管理大纲执行的行政控制流程。

应包含老化管理大纲易于评估和持续改进的指标。

应包含验证程序，以验证预防性措施是否充分、合理，以及纠正性措施是否完善、有效。

应包含数据收集和记录保存的要求，见附录B。

6 其他要求

核电厂应在生产准备阶段就开始制定初版老化管理大纲，初版老化管理大纲的内容可参考IAEA NS-G-2.12—2009相关章节。核电厂正式商业运行后，应及时将初版老化管理大纲升版。若在生产准备阶段未制定初版老化管理大纲，商业运行后应立即开始制定老化管理大纲。

核电厂运营机构负责设备老化管理大纲的贯彻和执行。

设备老化管理大纲的有效性应根据现有情况定期进行评估和修正。核电厂可开展如下三种类型的审查。

自我审查，由核电厂老化管理专业部门实施。宜1～3年进行一次。

同行审查，由核电厂外部相关组织、机构实施。目的是确定老化管理大纲是否符合普遍接受的标准和实践，并指出有待改进的领域。宜2～5年进行一次。

综合审查，由国家核安全监管部门实施。

附　录　A
（资料性附录）
设备老化分析单

老化分析单					
名称		版本		日期	
设备					
组件					
零(部)件					
材料牌号					
老化机理					
老化效应					
项　　目	内　　容				
运行环境					
影响因素					
现有的检查方法					
现有的维修方法					
维修/缓解记录					
可更换性					
老化相关的运行经验反馈					
老化分析结论					

附　录　B
（资料性附录）
老化管理数据收集和记录保存系统内容的示例

B.1　核电厂老化管理大纲所需数据一般可分为如下三类：

——基础信息，包括设计数据、设备开始服役时的状态；

——运行历史数据，包括设备的服役状态（包括瞬态数据）、设备可用性试验数据、设备的失效信息；

——维修历史数据，包括设备状态的监测和维修数据。

B.2　相关数据示例如下：

——环境鉴定试验记录，包括试验规程及结果；

——制造、建造记录，包括制造和检查规程、检查结果及偏差；

——役前检查结果，包括检查规程及结果，特别关注超标结论；

——调试试验结果，包括试验规程及结果，以及在调试过程中环境状态的描述；

——水化学调查结果及变更之处；

——在役检查结果，包括检查规程及结果，特别关注超标结论；

——定期功能性试验结果及相关结论；

——控制室和电站巡视人员监测结论；

——预防性维修结论；

——纠正性维修结论。

B.3　从有效的老化管理大纲中获取的数据将有助于核电厂有效地管理核电厂设备，反之亦然。设备老化管理数据库只是整个综合数据库的一部分，后者包含有运行、设备管理、维修及工程改造工作中的众多信息。

附　录　C
（资料性附录）
设备老化管理的系统方法（德氏图）

附　录　D
（资料性附录）
设备老化管理大纲综述表单示例

设备名称：

材料：　零(部)件 1：

　　　　零(部)件 2：

　　　　零(部)件 3：

应力状态/环境：

设备的外形图(和/或其敏感部位)

<table>
<tr><td colspan="2">老化分析
(材质、应力状态及环境)</td><td colspan="5">老 化 管 理</td></tr>
<tr><td rowspan="3">敏感部位</td><td rowspan="3">关注的老化机理</td><td colspan="2">在役检查,监测及维修</td><td rowspan="3">缓解措施</td><td rowspan="3">接受判据</td><td rowspan="3">纠正措施</td></tr>
<tr><td>法规或规范要求</td><td>建议</td></tr>
<tr><td></td><td></td></tr>
</table>

ICS 29.130.10
K 43

中华人民共和国国家标准

GB/T 28537—2012

高压开关设备和控制设备中六氟化硫(SF_6)的使用和处理

Use and handling of sulphur hexafluoride (SF_6) in high-voltage switchgear and controlgear

[IEC 62271-303:2008, High-voltage switchgear and controlgear—Part 303: Use and handling of sulphur hexafluoride(SF_6), MOD]

2012-06-29 发布　　2012-11-01 实施

中华人民共和国国家质量监督检验检疫总局
中国国家标准化管理委员会　发布

前　言

本标准按照 GB/T 1.1—2009 给出的规则起草。

本标准使用重新起草法修改采用 IEC 62271-303:2008《高压开关设备和控制设备　第 303 部分:六氟化硫(SF_6)的使用和处理》。

本标准与 IEC 62271-303:208 的技术性差异及其原因如下:

——删除了与本标准无关的 IEC 62271-303 中第 4 章:SF_6 的储存和运输、第 5 章:安全性和紧急救助、第 6 章:培训和证书、第 11 章:SF_6 处理设备的种类;

——删除了与本标准无关的 IEC 62271-303 中附录 A(资料性)、附录 B(资料性)、附录 C(资料性)和附录 D(资料性)的内容。

本标准由中国电器工业协会提出。

本标准由全国高压开关设备标准化技术委员会(SAC/TC 65)归口。

本标准起草单位:西安高压电器研究院有限责任公司、西安西电高压开关有限责任公司、新东北电气(沈阳)高压开关有限公司、上海天灵开关厂有限公司、ABB(中国)有限公司、北京北开电气股份有限公司、江苏省如高高压电器有限公司、上海电气输配电试验中心有限公司、厦门 ABB 高压开关有限公司、广东番开电气设备制造有限公司、汕头正超电气集团有限公司、深圳电气科学研究所、宁波天安集团、益和电气集团股份有限公司、浙江开关厂有限公司、河南平高电气股份有限公司、西安西电开关电气有限公司、施耐德电气(中国)投资有限公司、泰兴科立德制冷设备有限公司。

本标准主要起草人:南智勇、邢娜、吴鸿雁、陈志彬、黄超、李新春、张承波、孙会刚、谢建波、李金玲、李宝宝、陆以安、申亮、林复明、杨坤、李世岗、宁茂亮、阎关星、沈春明、雷小强、冯小红、肖敏英、莫康、邓永辉。

引　言

SF_6 气体应用于电气开关设备和控制设备已有 30 余年。它主要是用在额定电压超过 1 kV 直到所有已制造出的最高额定电压的开关设备和控制设备中。据估计，目前已有几百万台不同类型的充有 SF_6 的单元在运行。

根据 GB/T 11022，共有 3 种气体系统在技术上是可用的：

——可控压力系统；

注 1：因为不可接受的泄漏率(见 GB 7674)，对于新设备不再使用可控压力系统。

——封闭压力系统：对于现代电力设备泄漏率的标准值为每年 0.5% 和每个充气隔室 1%；

——密封压力系统：对于现代中压电力设备(商业上称为“终身密封产品”或“气密密封系统”)，密封压力系统的密封性由其预期使用寿命来规定。相对于泄漏性能的预期使用寿命由制造厂来规定。优选值为 20 年、30 年和 40 年。

注 2：为了满足预期使用寿命的要求，认为密封压力系统的年泄漏率小于 0.1%。

电气开关设备和控制设备中使用 SF_6 的长期经验证明，只要建立和遵守某些基本的预防措施和程序，就有益于运行、工作和环境的安全性，例如：

——设备的安全运行；

——资源和工具的优化；

——设备停运时间的最小化；

——SF_6 处理人员的标准培训；

——处理操作期间气体的排放量降低到功能物理限值以下；

——避免任何蓄意的排放，例如排放到大气中；

——在交接、使用、运行和寿命终了处理期间将 SF_6 的消耗和排放降到最低。

最近，关于 SF_6 技术应用于开关设备和控制设备方面的最新实践推荐已经由 CIGRE B3 研究委员会的 B3.02 工作组出版[1]。这些信息用来制定本标准。

高压开关设备和控制设备中六氟化硫(SF_6)的使用和处理

1 范围

本标准适用于高压开关设备和控制设备在安装、交接、正常和异常操作时 SF_6 处理、寿命终了的处置方面安全和环境的程序。

应该认为这些程序是保证从事 SF_6 工作的人员安全和将 SF_6 排放到环境中的数量减到最小的最低要求。

本标准通常也适用于包含 SF_6 的混合气体。

注1：为了便于本标准的使用，通常意义上的高压开关设备的电压范围是泛指额定电压 3.6 kV 及以上。实际应用中，通常中压开关设备的额定电压范围是 3.6 kV～63 kV；高压开关设备的额定电压范围是 72.5 kV～252 kV；超高压开关设备的额定电压范围是 363 kV～800 kV；特高压开关设备的额定电压范围是 1 100 kV 及以上。

注2：整个标准中，术语"电力设备"代表"高压和中压开关设备和/或控制设备"。

2 规范性引用文件

下列文件对于本文件的应用是必不可少的。凡是注日期的引用文件，仅注日期的版本适用于本文件。凡是不注日期的引用文件，其最新版本(包括所有的修改单)适用于本文件。

GB 1984 高压交流断路器(GB/T 1984—2003，IEC 62271-100，MOD)

GB/T 2900.20—1994 电工术语 高压开关设备(IEC 60050，NEQ)

GB/T 8905 六氟化硫电气设备中气体管理和检测导则(GB/T 8905—1996，IEC 60480，NEQ)

GB/T 11022—2011 高压开关设备和控制设备标准的共用技术要求(IEC 62271-1:2007，MOD)

GB/T 12022 工业六氟化硫(GB/T 12022—2006，IEC 376，IEC 376A，IEC 376B，MOD)

GB/T 28534—2012 高压开关设备和控制设备中六氟化硫(SF_6)气体的释放对环境和健康的影响(IEC 62271-303:2008，MOD)

3 术语和定义

GB/T 2900.20 界定的以及下列术语和定义适用于本文件。

注：许多不同类型的开关设备和控制设备都采用 SF_6 气体作为绝缘和/或熄弧介质。

3.1

六氟化硫(SF_6)的异常释放 abnormal release of sulphur hexafluoride (SF_6)

压力系统故障引起的 SF_6 从运行设备中的释放。

注：异常的 SF_6 释放通常是不希望的和连续的气体排放。只要探测到异常的 SF_6 泄漏，应立即采取适当的措施定位和减少泄漏。

3.2

六氟化硫(SF_6)的处理 handling of sulphur hexafluoride (SF_6)

可能涉及到 SF_6 转移的任何过程。

3.3

抽真空　evacuation

把不同于 SF_6 的气体(例如空气或氮气)从充气隔室转移到大气中。该操作通过真空泵实现。

3.4

六氟化硫(SF_6)的收回　recovery of sulphur hexafluoride (SF_6)

把 SF_6 从充气隔室转移到回收装置或储存器中。该操作通常采用回收压缩机实现。

3.5

续充六氟化硫(SF_6)　topping-up with sulphur hexafluoride (SF_6)

将预先充气的隔室充入六氟化硫气体至其额定充入压力。

注：预先充气隔室为发运前在工厂充气的封闭压力系统。充入 0.02 MPa～0.05 MPa 之间的典型压力(相对压力)以便现场交接的简洁和快速。

3.6

六氟化硫(SF_6)的回收　reclaim of sulphur hexafluoride (SF_6)

一系列 SF_6 的处理，包括收回、SF_6 的最低提纯过程(如灰尘、副产物、湿度、油等的过滤)。

注 1：标准的回收装置在 GB/T 28534—2012 第 7 章中描述。

注 2：有时，"reclaiming(强调动作)"和"reclamation(名词)"可以具有"reclaim(动词)"相同的意义。

3.7

金属封闭开关设备和控制设备　metal-enclosed switchgear

除外部连接外，全部装配完成并封闭在接地金属外壳内的开关设备和控制设备。

[GB/T 2900.20—1994 的 3.5]

3.8

绝缘封闭开关设备和控制设备　insulation-enclosed switchgear

除外部连接外，全部装配完成并具有绝缘外壳的成套开关设备和控制设备。

注：外部绝缘可以装有(半)导体层提供。

[GB/T 2900.20—1994 的 3.10，修改过]

3.9

气体绝缘金属封闭开关设备　gas insulated metal-enclosed switchgear

绝缘的获得至少部分通过绝缘气体而不是处于大气压力下空气的金属封闭开关设备。

注 1：本术语通常适用于高压开关设备和控制设备。

[GB/T 2900.20—1994 的 3.12]

注 2：三极封闭气体绝缘开关设备适用于三极封闭在一个公共外壳内的开关设备。

注 3：单极封闭气体绝缘开关设备适用于每极封闭在一个独立外壳内的开关设备。

3.10

充气隔室　gas-filled compartment

开关设备和控制设备的隔室中的气体压力由下述系统之一保持：

——可控压力系统；

——封闭压力系统；

——密封压力系统。

注 1：几个充气隔室可以永久地连接形成一个公共压力系统(气密装配)。

注 2：本定义与 GB/T 11022—2011 的 3.6.6.1 的相同。

3.11

气体的可控压力系统　controlled pressure system for gas

可以从外部压缩气源或内部气源自动补气的容器。

注 1：可控压力系统的例子有压缩空气断路器或气动操动机构。

注 2：容器可以由几个永久连接的充气隔室组成。

注 3：本定义与 GB/T 11022—2011 的 3.6.6.2 的相同。

3.12

气体的封闭压力系统　closed pressure system for gas

只能定期地以人工方式连接到外部气源补气的容器。

注 1：封闭压力系统的例子是单压式 SF_6 断路器。

注 2：本定义与 GB/T 11022—2011 的 3.6.6.3 的相同。

3.13

气体的密封压力系统　sealed pressure system

在预定的使用寿命期内不需要对气体或真空作进一步处理的容器。

注 1：密封压力系统的例子有真空断路器的灭弧室或某些 SF_6 断路器。

注 2：密封压力系统的组装和试验全部在工厂进行。

注 3：本定义与 GB/T 11022—2011 的 3.6.6.4 的相同。

3.14

工业级六氟化硫(SF_6)　technical grade sulphur hexafluoride (SF_6)

具有符合 GB/T 12022 的非常低的不纯净度的 SF_6 气体。

3.15

使用过的六氟化硫(SF_6)　used sulphur hexafluoride (SF_6)

初始充有符合 GB/T 12022 或 GB/T 8905 的 SF_6 气体，从电气设备中取出的气体。充入后，在设备运行期间不论何种原因(例如维修、运行、维护)取出的气体，应予以转移且被认为是使用过的气体。

注：GB/T 28534—2012 附录 C 给出了以气态和固态副产物形式出现的 SF_6 分解物的资料。

3.16

适合于现场再利用的使用过的六氟化硫(SF_6)　used sulphur hexafluoride (SF_6) suitable for reuse on site

使用过的但不纯净度不超过 GB/T 8905 规定的 SF_6。

注：为了满足规定的技术要求，如果必要可以采用带有适当的过滤器和吸附材料的运行单元。

3.17

适合于气体制造厂再利用的使用过的六氟化硫(SF_6)　used sulphur hexafluoride (SF_6) suitable for reuse at the gas manufacturer

超过了 GB/T 8905 规定的最大可接受的不纯净度，但符合气体制造厂给出的气体再利用技术规范的使用过的 SF_6。

注：为了满足规定的技术要求，如果必要可以采用带有适当的过滤器和吸附材料的运行单元。

3.18

不适合于再利用的使用过的六氟化硫(SF_6)　used sulphur hexafluoride (SF_6) not suitable for reuse

符合 3.15 但不符合 3.16 和/或 3.17 的气体。

注：不适合于再利用的使用过的六氟化硫应按照关于废物管理方面的地方或国际法规进行处置。

3.19

未经受电弧的六氟化硫(SF_6)　non-arced sulphur hexafluoride (SF_6)

气体副产物的体积比小于 0.1%(近似值)的使用过的 SF_6。

注：典型的未经受电弧的六氟化硫出现在充入后、带电和/或绝缘试验前，和/或从来不经历电弧的绝缘隔室中。

3.20

经受正常电弧的六氟化硫(SF_6)　normally arced sulphur hexafluoride (SF_6)

气体副产物的体积比介于 0.1%(近似值)和 5%(近似值)之间的使用过的 SF_6。

注 1：典型的经受过电弧的六氟化硫通常出现在正常(负载和故障)操作后的断路器和负荷开关中。

注 2：少量的固体副产物，主要有金属氟化物以及可能出现的钨氧氟化物。

3.21

经受严重电弧的六氟化硫(SF_6)　heavily arced sulphur hexafluoride (SF_6)

气体副产物的体积比超过5%(近似值)的使用过的SF_6。

注1：典型的经受严重电弧的六氟化硫通常出现在内部电弧故障后的所有气体隔室中；断路器/负荷开关开断失败后；断路器成功开断几次接近额定短路电流值的短路电流后。

注2：大量的固体副产物，主要有金属氟化物以及出现的钨氧氟化物。

4　安装和交接期间SF_6的处理

4.1　概述

本章给出的导则适用于按照GB/T 12022要求从事工业级SF_6的作业或按照GB/T 8905的要求使用适用于现场再利用的使用过的SF_6的作业，即给现场安装后的开关设备和充气设备的隔室充气。

4.2　抽真空、充气和充气后SF_6质量的检查

本条款适用于在周围压力或轻微过压力(典型为0.00 MPa～0.05 MPa)下包含不同于SF_6(典型为空气或氮气)的压力系统的开关设备隔室。

除非原始设备制造厂在使用说明书中另有规定，下述对每个隔室中空气/氮气的抽真空和SF_6的充入详细的操作程序应按照图1进行，补充的细节在表1中给出。

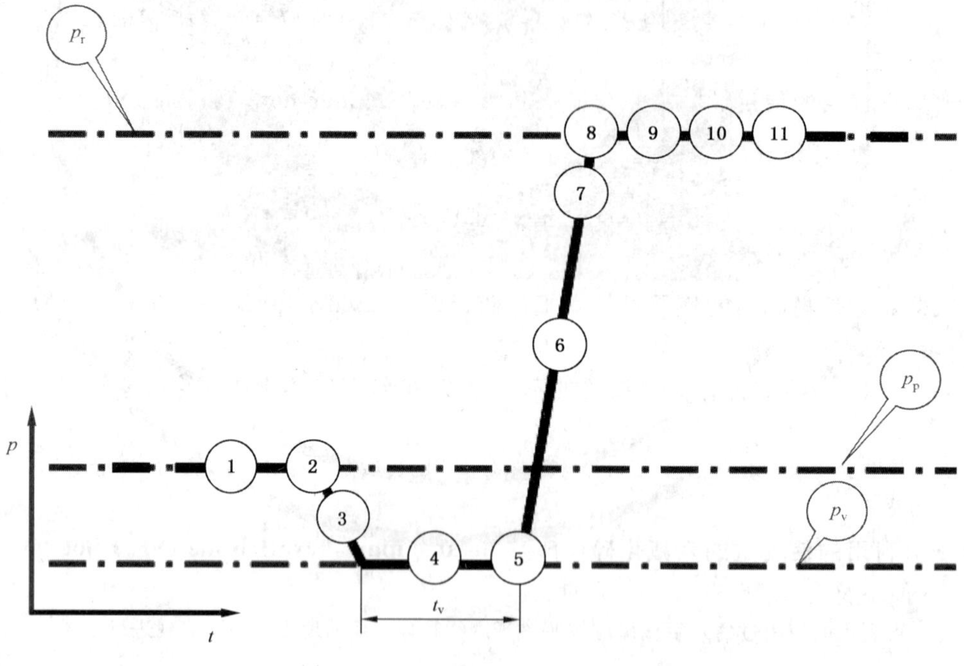

1——准备SF_6处理设备；
2——吸附剂安装；
3——抽真空；
4——剩余空气和/或水分含量；
5——文件化；
6——充入SF_6；
7——文件化；
8——压力/密度传感器检查；
9——密封检查；
10——SF_6质量检查；
11——文件化；
p_r——SF_6额定充入压力；
p_p——充气隔室的初始压力；
p_v——抽真空压力<2 kPa；
t_v——抽真空时间≥30 min。

图1　SF_6充气隔室的交接和再交接

表 1 SF_6 充气隔室的交接和再交接

步骤		程序
1	准备 SF_6 处理设备	检查回收装置是否正常工作、连接是否清洁和干燥以避免污染。检查校准仪器是否检定有效
2	吸附剂安装	在隔室中快速加入吸附材料，随后立即开始抽真空
3	抽真空	连接真空泵让其在隔室压力小于 2 kPa 后至少工作 30 min
4	剩余空气和/或水分含量	断开真空泵读取压力表，压力应保持在小于 2 kPa
5	文件化	至少应记录隔室的制造厂、出厂编号和/或标识、真空压力（即剩余空气含量）、周围温度及日期，以便进一步参考
6	充入 SF_6	连接 SF_6 储气罐直到隔室压力达到 SF_6 额定充入压力。为避免过充应使用经过校准的压力表和安全阀（见注 1 和注 2）
7	文件化	至少应记录隔室式的制造厂、出厂编号和/或标识、最终压力、周围温度及日期，以便进一步参考
8	压力/密度传感器检查	检查压力/密度传感器的功能性。可以在充气期间进行
9	密封检查	至少检查原始设备制造厂说明书中要求的所有现场连接的密封性
10	SF_6 质量检查	应按原始设备制造厂的说明书等待规定的时间再测量水分含量和 SF_6 百分比（见注 3）
11	文件化	至少应记录隔室的制造厂、出厂编号和/或标识、压力/密度传感器的功能性、水分含量和 SF_6 含量、周围温度及日期，以便进一步参考

注 1： 充入到充气隔室中的 SF_6 应是工业级 SF_6 或者适合现场再利用的使用过的 SF_6。

注 2： 如果气体来自于密封容器，或者储存在有合适标签或证书保证气体适合于再利用的密封容器中，不要求进行 SF_6 检查。对于所有其他情况，应在充入操作之前或者储存在有合适标签或证书保证气体适合于再利用的密封容器中检查 SF_6 质量，SF_6 质量的检查包括湿度和 SF_6 百分比含量。

注 3： 如果充气隔室容积较小，SF_6 质量检查后可能要求重新充气。

4.3 事先充有 SF_6 的隔室充入到额定压力/密度

本条款适用于压力系统的隔室在工厂交运前事先充过气，它们包含的 SF_6 高于大气压力（典型为 0.02 MPa～0.05 MPa），以便现场交接简便和快速。

除非原始设备制造厂的说明书中另有规定，将每个预充气的隔室充气至额定充入压力的操作应按图 2 中的详细程序进行。补充的细节在表 2 中给出。

4.4 密封压力系统的充气

绝大多数中压开关设备和/或控制设备都是 3.13 定义的密封压力系统。典型的这种设备就是在工厂充好 SF_6 并在其预期使用寿命期间不需要进一步的 SF_6 处理。

注： 在某些异常条件下（例如损坏），可能要求在现场对设备进行重新充气或重新交接，为此，应与原始设备制造厂联系。

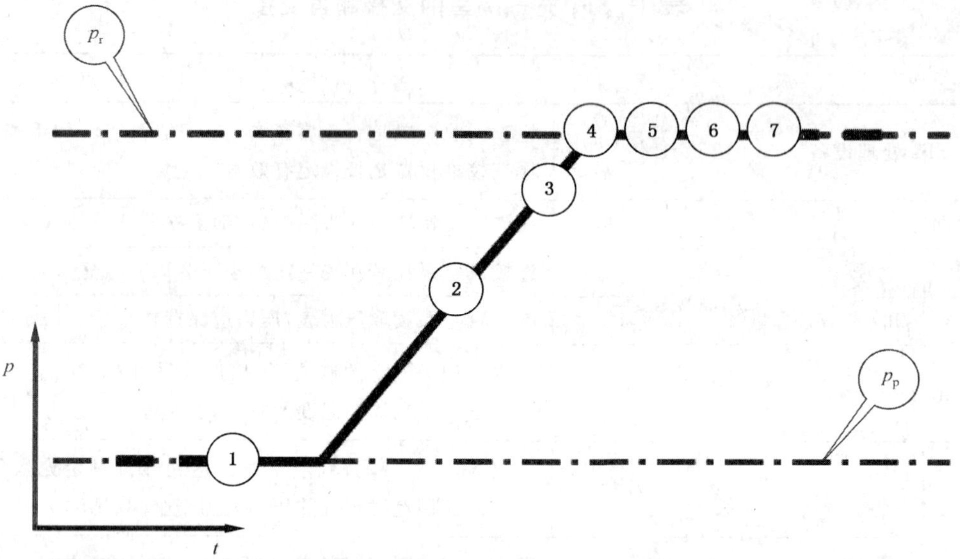

1——准备 SF_6 处理设备；
2——充入 SF_6；
3——文件化；
4——压力/密度传感器检查；
5——密封检查；
6——SF_6 质量检查；
7——文件化；
p_r——SF_6 额定充入压力；
p_p——充气隔室中的 SF_6 初始压力。

图 2　预充入 SF_6 的隔室充气至额定压力/密度

表 2　预充入 SF_6 的隔室充气至额定压力/密度

步骤		程序
1	准备 SF_6 处理设备	检查连接清洁和干燥、软管抽真空以及连接配管没有泄漏以避免污染。检查校正仪器是否检定有效
2	充入 SF_6	连接 SF_6 储气罐直到隔室压力达到 SF_6 额定充入压力。为避免过充应使用经过校准的压力表和安全阀(见注 1 和注 2)
3	文件化	至少应记录隔室的制造厂、出厂编号和/或标识、最终压力、周围温度及日期，以便进一步参考
4	压力/密度传感器检查	检查压力/密度传感器的功能性。可以在充气期间进行
5	密封检查	至少检查原始设备制造厂说明书中要求的所有现场永久连接的密封性
6	SF_6 质量检查	应按原始设备制造厂的说明书等待规定的时间再测量水分含量和 SF_6 百分比(见注 3)
7	文件化	至少应记录隔室的制造厂、出厂编号和/或标识、压力/密度传感器的功能性、水分含量和 SF_6 含量、周围温度及日期，以便进一步参考

注 1：充入到充气隔室中的 SF_6 应是工业级 SF_6 或者适合现场再利用的使用过的 SF_6。

注 2：如果气体来自于密封容器，不要求进行 SF_6 检查。对于所有其他情况，应在充入操作之前或者储存在有合适标签或证书保证气体适合于再利用的密封容器中检查 SF_6 质量，SF_6 质量的检查包括湿度和 SF_6 百分比含量。

注 3：如果充气隔室容积较小，SF_6 质量检查后可能要求重新充气。

5 正常使用寿命期间 SF_6 的处理

5.1 再充入 SF_6 至额定压力/密度

本条款适用于封闭压力系统的隔室(通常第一报警指示的、压力/密度监测装置指示的)以保证运行的连续性。在异常泄漏的情况下,应立即安排适当的纠正措施寻找泄漏点并消除泄漏。

除非原始设备制造厂(OEM)在使用说明书中另有规定,下述对每个隔室中 SF_6 再充入的详细操作程序应按照图 3 进行,补充的细节在表 3 中给出。

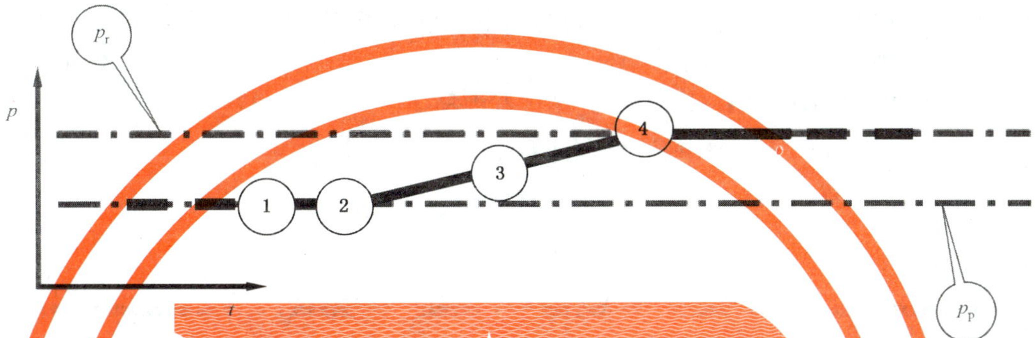

1——明确泄漏的特征;

2——准备 SF_6 处理设备;

3——再充入 SF_6;

4——文件化;

p_r——SF_6 额定充入压力;

p_p——充气隔室中的 SF_6 初始压力。

图 3 SF_6 再充入到额定压力/密度

表 3 SF_6 再充入到额定压力/密度

步骤		程序
1	明确泄漏特征	检查上一次气体隔室的再充气,以了解泄漏是否异常
2	准备 SF_6 处理设备	检查连接是否清洁和干燥、软管抽真空以及连接配管是否泄漏以避免污染。检查校正仪器是否检定有效
3	再充入 SF_6	连接 SF_6 储气罐直到隔室压力达到 SF_6 额定充入压力。为避免过充,应使用经过校准的压力表和安全阀(见注 1 和注 2)
4	文件化	至少应记录隔室的制造厂、出厂编号和/或标识、最终压力、周围温度及日期,以便进一步参考

注 1:充入到充气隔室中的 SF_6 应是工业级 SF_6 或者适合现场再利用的使用过的 SF_6。

注 2:如果再充入隔室的 SF_6 相对于隔室中的 SF_6 总量很小,则再充入操作完成后不需要进行 SF_6 质量检查。

5.2 SF_6 质量的检查

5.2.1 概述

SF_6 质量的检查通常利用便携式设备在现场进行。如果现场检验得不到满意的结果,可以通过气体抽样并送到有资质的化学实验室进行不在现场的分析以便交叉对比检查。

按照 GB/T 8905，典型的 SF_6 质量检查有湿度(例如用 mg/kg 表示的水分含量)、SF_6 百分比(例如用 mL/L 表示的空气和/或 CF_4)以及总的活性气体副产物(例如用 μL/L 表示的活性气体总量)。

如果不清楚充气隔室的历史或者充气隔室包含经受严重电弧的 SF_6，应首先检查总的活性气体副产物以防止损坏其他便携式设备。

5.2.2 用便携式设备测量 SF_6 的质量

本条款适用于可控的和/或封闭的压力系统的 SF_6 充气隔室或者装有 SF_6 的容器，以便利用便携式设备检查气体的质量。

除非原始设备制造厂在使用说明书中另有规定，下述对现场 SF_6 质量的检查的详细操作程序应按照图 4 进行，补充的细节在表 4 中给出。

便携式设备的特性在 GB/T 28534—2012 第 7 章中描述。

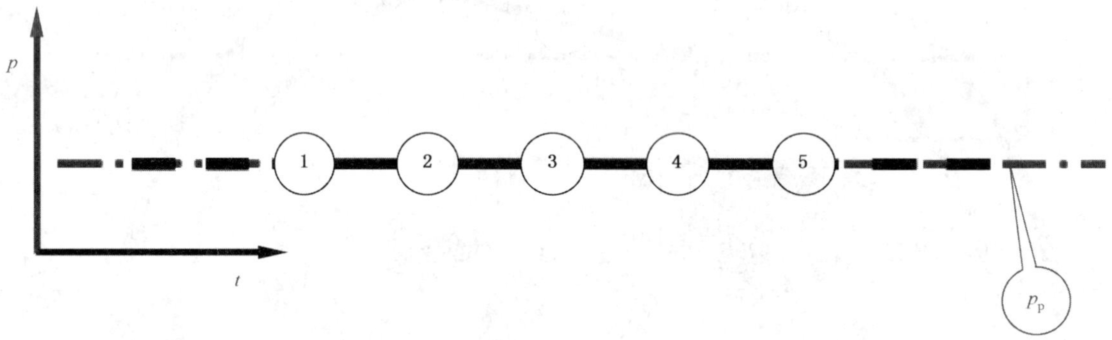

1——准备便携式设备；

2——连接便携式设备；

3——读取便携式设备数据；

4——脱开便携式设备；

5——文件化；

p_p——充气隔室中的 SF_6 压力。

图 4 现场检查 SF_6 质量

表 4 现场检查 SF_6 质量

步骤		程序
1	准备便携式设备	检查便携式设备正常工作，气体连接清洁和干燥、软管抽真空以及连接配管没有泄漏以避免错误测量。检查校正仪器是否检定有效。采用短的连接使 SF_6 排放最低
2	连接便携式设备	连接便携式设备。紧密连接并建立气体通路
3	读取便携式设备数据	参照便携式设备制造厂提供的操作使用说明书
4	脱开便携式设备	停止气体流通并脱开便携式设备(见注)
5	文件化	至少应记录隔室的制造厂、出厂编号和/或气体隔室的标识、读数及日期，以便进一步参考
注：如果充气隔室容积较小，SF_6 质量检查后可能要求重新充气。		

5.2.3 离场分析的 SF_6 的抽样和运输

本条款适用于可控的和/或封闭的压力系统的 SF_6 充气隔室或者装有 SF_6 的容器，以便交叉检查现场不满意的 SF_6 质量测量。

除非原始设备制造厂在使用说明书中另有规定，下述对 SF_6 抽样和运输的详细操作程序应按照图5进行，补充的细节在表5中给出。

SF_6 样品气瓶的特性在 GB/T 28534—2012 第7章中描述。

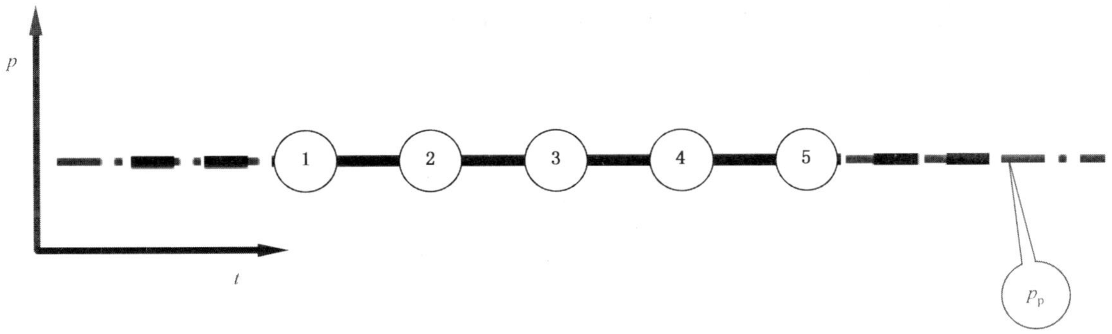

1——准备 SF_6 采样设备；
2——文件化；
3——连接采样气瓶；
4——脱开采样气瓶；
5——交运；
p_p——充气隔室中的 SF_6 压力。

图5 SF_6 采样和交运

表5 SF_6 采样和交运

步骤		程序
1	准备 SF_6 采样设备	对采样气瓶抽真空(见注1)。检查气体连接清洁和干燥、软管抽真空以及连接配管没有泄漏以避免样品污染，并采用短的连接使 SF_6 排放最低
2	文件化	给样品气瓶加上的标签至少包含下述信息：制造厂和出厂编号和/或气体隔室的标识、日期、压力和周围温度
3	连接采样气瓶	连接采样气瓶。紧密连接并建立气体流通
4	脱开采样气瓶	停止气体流通并脱开采样气瓶(见注2)
5	交运	按照 GB/T 28534—2012 附录A描述的地方或国际法规运送至实验室

注1：关于采样气瓶，见 GB/T 28534—2012 的第7章。
注2：如果充气隔室容积较小，SF_6 质量检查后可能要求重新充气。

6 维护期间 SF_6 的收回和回收

6.1 概述

本章包含来自维护期间的所有充气隔室的 SF_6 的收回和回收程序。

6.2 包含未经受电弧和/或经受正常电弧的 SF_6 的可控和/或封闭压力系统所有隔室中 SF_6 的收回和回收

如果需要收回进行维护时，本条款适用于包含未经受电弧和/或经受正常电弧的 SF_6 的可控和/或封闭压力系统的所有隔室。

除非原始设备制造厂在使用说明书中另有规定，下述对来自每个隔室的 SF_6 的收回的详细操作程序应按照图6进行，补充的细节在表6中给出。

应严格遵守 GB/T 28534—2012 第5章中给出的安全规则。

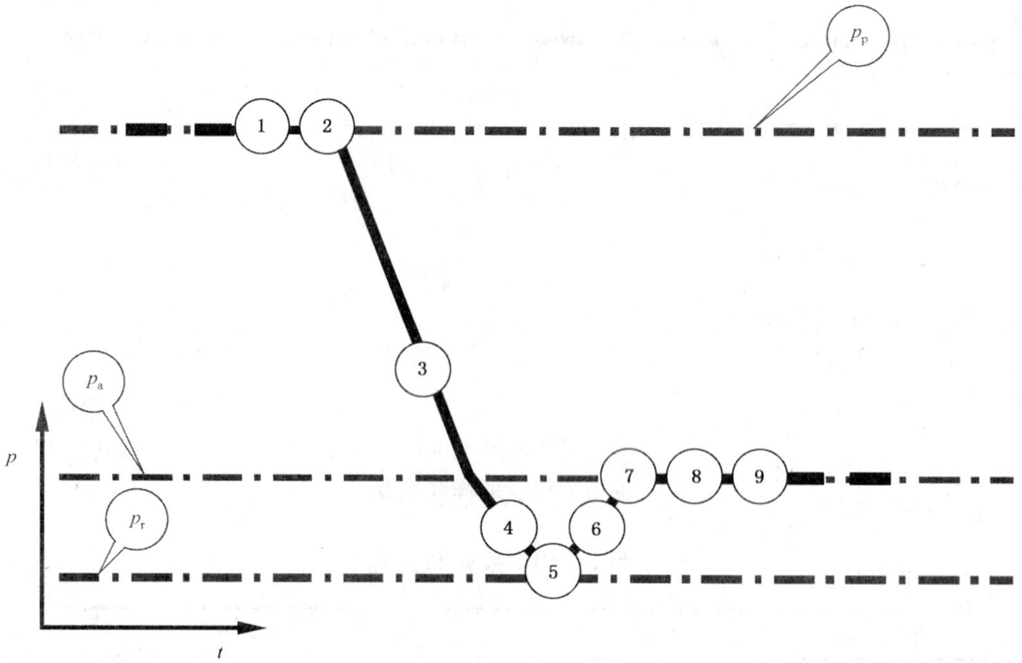

1——准备 SF_6 处理设备；

2——连接过滤器；

3——SF_6 收回；

4——使剩余的 SF_6 含量最小；

5——文件化；

6——充入空气；

7——打开充气隔室；

8——移开存在的固体副产物和吸附剂；

9——如有要求，中和；

p_p——充气隔室中的 SF_6 压力；

p_a——大气压力；

p_r——SF_6 剩余压力小于 2 kPa。

图6　包含未经受电弧和/或经受正常电弧的 SF_6 的可控和/或封闭压力系统所有隔室中 SF_6 的收回和回收

表 6　包含未经受电弧和/或经受正常电弧的 SF_6 的可控和/或封闭压力系统所有隔室中 SF_6 的收回和回收

步骤		程序
1	准备 SF_6 处理设备	检查回收装置正常工作、过滤器和预过滤器仍然可用，气体连接清洁和干燥、软管抽真空以及连接配管没有泄漏以避免样品污染。检查校正仪器是否检定有效
2	连接过滤器	在充气隔室和压缩机之间接入预过滤器以及在压缩机和储存器之间接入过滤器
3	SF_6 收回	连接充气隔室。采用主压缩机阶段尽快使隔室中的 SF_6 剩余压力接近储存器中的压力。采用安全阀和经过校准的仪器以避免储存器过充(见注)
4	使剩余的 SF_6 含量最小	如果隔室中的 SF_6 剩余压力接近 100 kPa 连接辅助压缩机阶段，并让其继续运行直到压力达到小于 2 kPa
5	文件化	至少应记录隔室的制造厂、出厂编号和/或标识、读数及日期，以便进一步参考
6	充入空气	断开压缩机使空气缓慢进入充气隔室
7	打开充气隔室	小心打开充气隔室。使用的安全规程见 GB/T 28534—2012 第 5 章
8	移开存在的固体副产物和吸附剂	立即使用真空吸尘器或者干净的软抹布擦拭来收集可能存在的固体副产物。将吸附材料装在塑料袋中。将塑料袋用胶带密封并做好标签
9	如有要求，中和	如果收集到了固体副产物，用重量比 10% 的苏打溶液或者等效的方法去冲洗和中和所有部件，然后用干净的水冲洗，见 GB/T 28534—2012 第 5 章
注：如果是液体储存，应该控制液体储存器的重量以避免过充。出于安全考虑，充入系数应小于 0.8 kg/L。		

6.3　包含经受严重电弧的 SF_6 的可控和/或封闭压力系统所有隔室中 SF_6 的收回和回收

如果需要收回进行维护时，本条款适用于包含经受严重电弧的 SF_6 的可控和/或封闭压力系统的所有隔室。

除非原始设备制造厂在使用说明书中另有规定，下述对来自每个隔室的 SF_6 的收回的详细操作程序应按照图 7 进行，补充的细节在表 7 中给出。

应严格遵守 GB/T 28534—2012 第 5 章给出的安全规则。

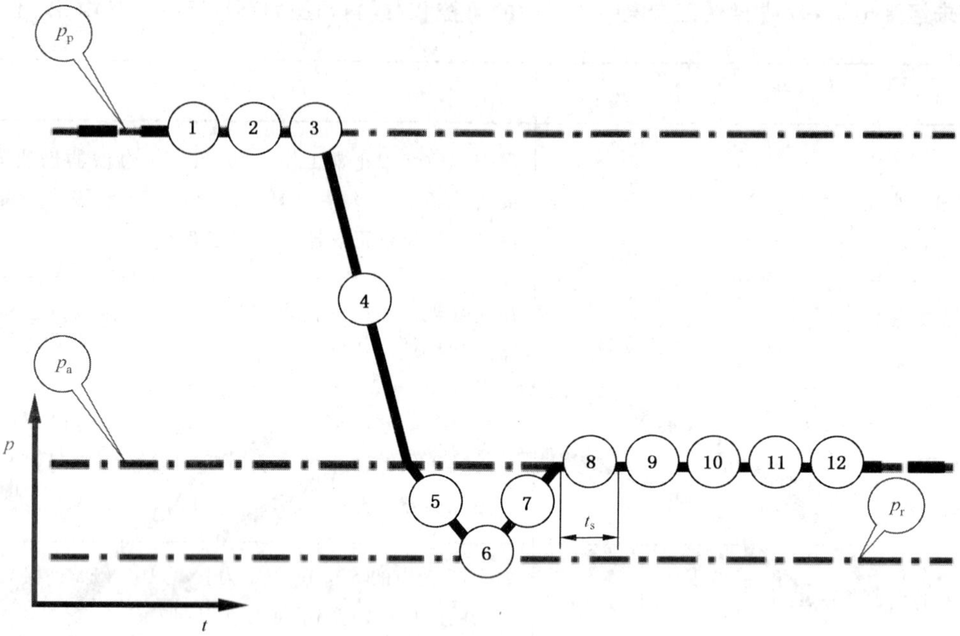

1——准备 SF_6 处理设备；
2——连接过滤器；
3——连接附加的预过滤器；
4——SF_6 收回；
5——使剩余的 SF_6 含量最小；
6——文件化；
7——充入空气；
8——固体副产物的沉淀；
9——打开充气隔室；
10——移开存在的固体副产物、吸附剂和可移开部件；
11——中和；
12——文件化；
p_p——充气隔室中的 SF_6 初始压力；
p_a——大气压力；
p_r——SF_6 剩余压力小于 2 kPa；
t_s——沉淀时间≥1 h。

图 7　包含经受严重电弧的 SF_6 的可控和/或封闭压力系统所有隔室中 SF_6 的收回和回收

7　寿命终了时 SF_6 电力设备的拆卸

7.1　概述

本章涵盖了寿命终了时电力设备拆卸的不同阶段。从环境的观点出发，这是产品寿命周期的重要阶段。

寿命终了的拆卸应按照地方法规进行，是业主/运行人员的责任，由于原始设备制造厂的知识和经验非常重要，因此，应给予支持。第三方，如有资质的服务公司，也可以从事寿命终了的拆卸。现代技术水平的电力设备应在设计阶段考虑设备的寿命终了时的处理。

注：本章中描述的程序也适用于维护和大修。

电力设备的拆卸以及使用过的 SF_6、气室、粉尘、吸附材料和废弃物的相关处理应按照考虑了人员和环境的安全性来进行，如 GB/T 28534—2012 第 5 章所述。

表 7　包含经过严重电弧的 SF_6 的可控和/或封闭压力系统所有隔室中 SF_6 的收回和回收

步骤		程序
1	准备 SF_6 处理设备	检查回收装置正常工作、过滤器和预过滤器仍然可用，气体连接清洁和干燥、软管抽真空以及连接配管没有泄漏以避免污染。检查校正仪器是否检定有效
2	连接过滤器	在充气隔室和压缩机之间接入预过滤器以及在压缩机和储存器之间接入过滤器
3	连接附加的预过滤器	在回收装置的入口处接入附加的预过滤器
4	SF_6 收回	连接充气隔室。采用主压缩机阶段尽快使隔室中的 SF_6 剩余压力接近储存器中的压力。采用安全阀和经过校准的仪器。采用外部存储器并避免其过充(见注 1)
5	使剩余的 SF_6 含量最小	如果隔室中的 SF_6 剩余压力接近 100 kPa，启动连接辅助压缩机，并让其继续运行直到压力达到小于 2 kPa
6	文件化	至少应记录隔室的制造厂和出厂编号和/或标识，读数及日期以便进一步参考
7	充入空气	断开压缩机使空气缓慢进入充气隔室
8	固体副产物的沉淀	等候至少 1 h 以给出足够的时间使得充气隔室中的固体副产物沉淀
9	打开充气隔室	小心打开充气隔室。适用的安全规程见 GB/T 28534—2012 第 5 章
10	移开存在的固体副产物、吸附剂和可移开部件	立即使用真空吸尘器来收集可能存在的固体副产物。将吸附材料和可移开部件装在塑料袋中。将塑料袋用胶带密封并做好标签
11	中和	用重量比 10%的苏打溶液或者等效的方法去冲洗和中和所有部件，然后用干净的水冲洗，见 GB/T 28534—2012 第 5 章
12	文件化	记录涉及内部故障的所有相关信息，包括一些照片
注 1：如果是液体储存，应该控制液体储存器的重量以避免过充。出于安全考虑，充入系数应小于 0.8 kg/L。 **注 2**：在充气隔室向大气打开的情况下，应从第 9 步开始程序。		

7.2　可控和/或封闭压力系统的寿命终了

图 8 给出了可控和/或封闭压力系统的寿命终了时应该遵循的典型程序。

如果不清楚充气隔室过去的使用历史，应按照第 6 章中的规定在安全的条件下分析和处理气体。一旦要收回和回收 SF_6，按照 GB/T 28534—2012 第 4 章，它既可以在现场再利用，也可以储存或者运离现场做进一步再利用。电力设备既可以在现场拆卸也可以运输到拆卸场。

7.3　密封压力系统的寿命终了

密封压力系统通常运输到拆卸现场，如图 9 所示。如果要求，SF_6 收回和进一步的拆卸也可以在现场进行。SF_6 收回的程序相同并在 7.4 中描述。

在取出 SF_6 之前，密封压力系统应该运输到拆卸现场，该项工作通常由服务公司完成。这些公司进行必要的处理和储存措施以避免可能使外壳破裂或泄漏的任何冲击，尤其是树脂基的外壳。经验表明，如果遵循原始设备制造厂发布的运输说明，在处理和运输期间 SF_6 在环境中扩散的风险极低。

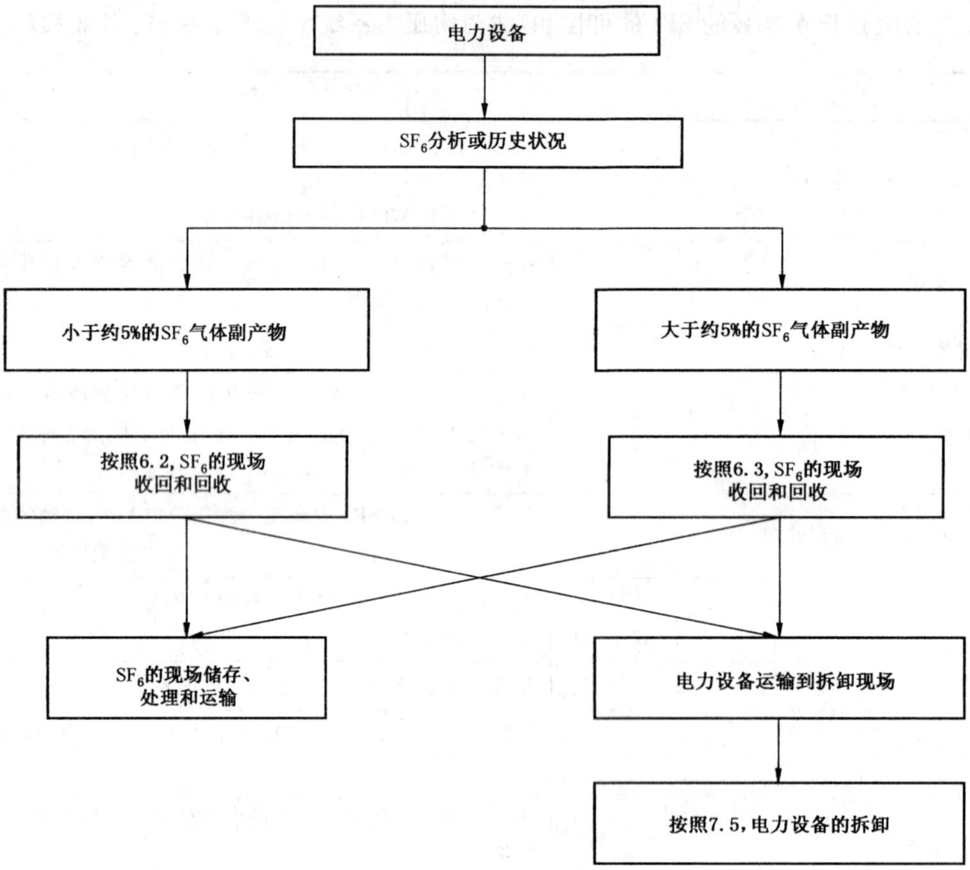

图 8　可控和/或封闭压力系统的寿命终了

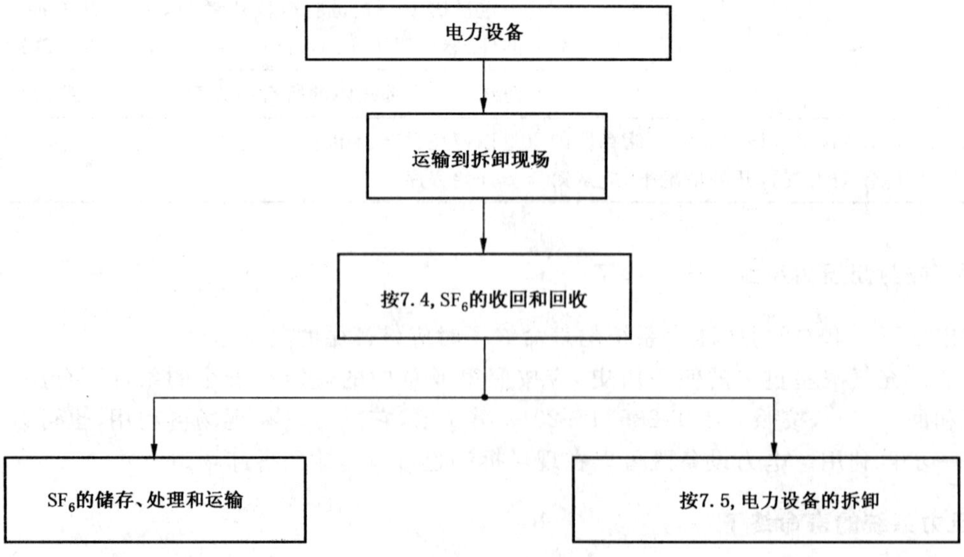

图 9　密封压力系统的寿命终了

7.4 密封压力系统寿命终了时 SF_6 的收回和回收

密封压力系统寿命终了时 SF_6 的收回和回收应在拆卸现场进行。如果密封压力系统配有符合制造厂说明书的连接设施、专用工具，则应该用于 SF_6 的收回。如果没有，应采用密封配钻装置。

除非在原始设备制造厂的使用说明书中另有规定，在密封压力系统寿命终了时对 SF_6 的收回和回收的下述详细操作程序应按照图 10 进行，补充的细节在表 8 中给出。

应严格遵守 GB/T 28534—2012 第 5 章给出的安全规程。

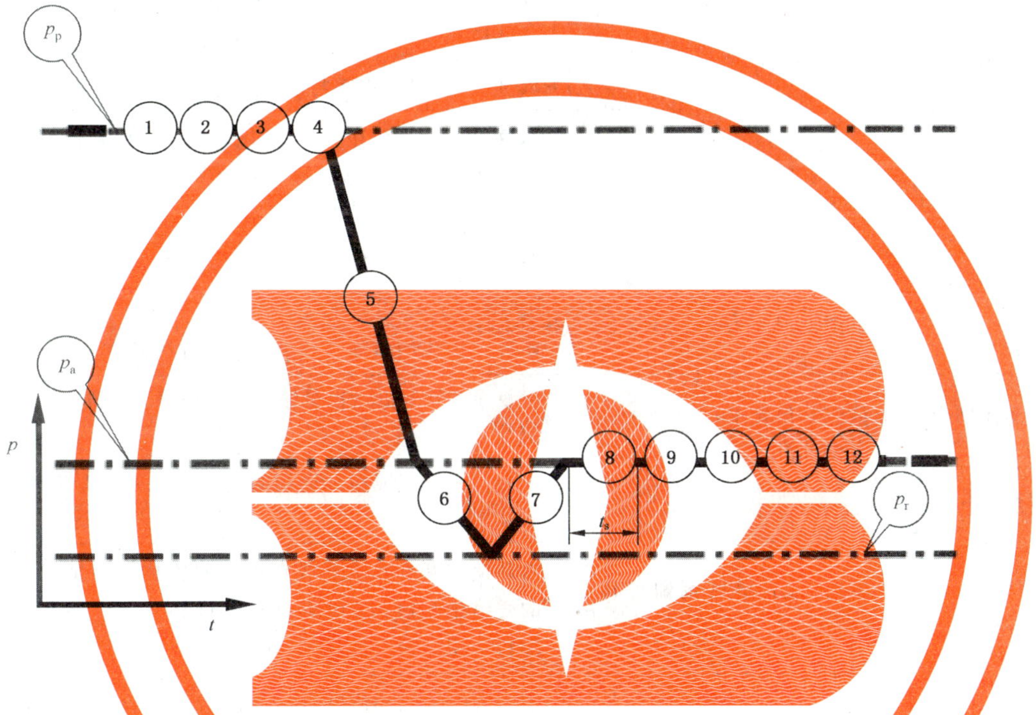

1——准备 SF_6 处理设备；
2——连接过滤器；
3——连接附加的预过滤器(如果要求)；
4——连接 SF_6 隔室；
5——SF_6 收回；
6——使剩余的 SF_6 含量最小；
7——充入空气；
8——固体副产物的沉淀(如果要求)；
9——打开充气隔室；
10——移开存在的固体副产物、吸附剂和可移开部件；
11——中和(如果要求)；
12——文件化；
p_p——充气隔室中的 SF_6 初始压力；
p_a——大气压力；
p_r——SF_6 剩余压力小于 2 kPa；
t_s——沉淀时间≥1 h(如果要求)。

图 10 密封压力系统寿命终了时 SF_6 的收回和回收

表 8 密封压力系统寿命终了时 SF_6 的收回

步骤		程　序
1	准备 SF_6 处理设备	检查回收装置正常工作、过滤器和预过滤器仍然可用，气体连接清洁和干燥、软管抽真空以及连接配管没有泄漏以避免污染。检查校正仪器是否检定有效
2	连接过滤器	在充气隔室和压缩机之间接入预过滤器以及在压缩机和储存器之间接入过滤器
3	连接附加的预过滤器(如果要求)	在回收装置的入口处接入附加的预过滤器
4	连接 SF_6 隔室	采用专用工具并遵守原始设备制造厂的说明书连接 SF_6 隔室。其他情况下，采用密封配钻装置
5	SF_6 收回	采用主压缩机阶段使隔室中的 SF_6 转移到储存器中。采用安全阀和经过校准的仪器。采用适当的外部存储器并避免其过充(见注)
6	使剩余的 SF_6 含量最小	启动连接辅助压缩机，并让其继续运行直到压力达到小于 2 kPa
7	充入空气	断开辅助压缩机使空气缓慢进入充气隔室
8	固体副产物的沉淀(如果要求)	等候至少 1 h 以给出足够的时间使得充气隔室中的固体副产物沉淀
9	打开充气隔室	小心打开充气隔室。适用的安全规程见 GB/T 28534—2012 第 5 章
10	移开存在的固体副产物、吸附剂和可移开部件	立即使用真空吸尘器或者干净的软抹布擦拭来收集可能存在的固体副产物。将吸附材料和可移开部件装在塑料袋中。将塑料袋用胶带密封并做好标签
11	中和(如果要求)	如果收集到了固体副产物，用重量比 10% 的苏打溶液或者等效的方法去冲洗和中和所有部件，然后用干净的水冲洗，见 GB/T 28534—2012 第 5 章
12	文件化	至少记录制造厂、设备的系列编号和/或标识、拆卸日期和回收的 SF_6 的数量(kg)
注：如果是液体储存，应该控制液体储存器的重量以避免过充。出于安全考虑，充入系数应小于 0.8 kg/L。		

7.5 寿命终了时电力设备的拆卸

图 11 描述了寿命终了时电力设备拆卸的典型程序。

第一个工作就是对拆卸现场的每个装配或分装进行标记。需要附有产品所有必要信息的标记清单。

气体隔室和内部零件可能包含固体副产物，应予以中和并清洗以便按照地方法规或国际标准对它们进行处理、回收和处置。中和和清洗的程序简单易用且仅需要准备 GB/T 28534—2012 第 5 章中给出的材料。

拆卸阶段，操作人员应了解产品。应该有可用的工具和图纸。

电力设备的典型构件由下列材料组成(以重量计的数量间的大致比例)：

——黑色和有色金属：75%～90%；

——绝缘材料：10%～25%。

如果存在 SF_6，只占总重量的很小一部分，而且，SF_6 的存在对准备回收、再利用和处置设备要求的工作量增加了一小部分。绝缘材料的大部分重量是固体绝缘材料(例如浇注的树脂、塑料、瓷)的重量。有回收价值的大部分是金属。

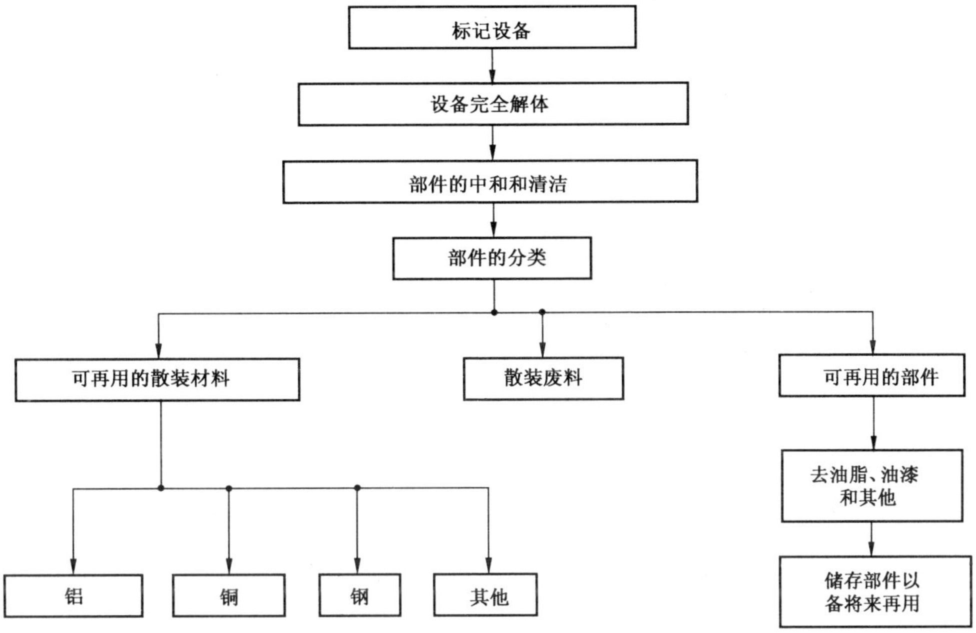

图 11 电力设备的拆卸

7.6 寿命终了时的副产物

电力设备的构件内副产物的数量取决于与 SF_6 总量相关的累积的电弧能量，以及吸附剂的类型和数量。这取决于所讨论的设备的功能和运行的历史。与具有频繁故障开断历史的高开断能力的断路器相比，负荷开关可能含有数量少得多的副产物。

GB/T 28534—2012 附录 D 中给出了分解物总量计算的实际示例。在绝大多数情况下，即使在断路器中，分解物的程度较低。

原因如下：

——平均来说，运行中有非常少的大电流开断；

——充气隔室中配有吸附剂材料。

表 9 中给出了各种类型的电力设备预期的 SF_6 特性和副产物数量。

表 9 预期的 SF_6 特性和副产物数量

设计	SF_6 特性	预期的副产品数量
GIS 母线、电缆终端、真空断路器隔室(SF_6 作为绝缘介质)……	未经受电弧的 SF_6	体积从零到千分之几
GIS 接地开关和隔离开关	经受正常电弧的 SF_6	轻微的粉状沉积
中压负荷开关和环网单元		轻微的粉状沉积
中压和高压断路器		达到百分之几(体积)，轻微的粉状沉积
内部电弧故障后的所有充气隔室	经受严重电弧的 SF_6	体积比可能超过 5%，中到重度的粉状沉积

参 考 文 献

［1］ CIGRE WG B3.02 TF SF_6. Guide for the preparation of customised “Practical SF_6 handling instructions”. CIGRE brochure N. 276,2005

ICS 11.040.70
C 40

中华人民共和国国家标准

GB/T 28538—2012

眼科光学 接触镜和接触镜护理产品 兔眼相容性研究试验

Ophthalmic optics—Contact lenses and contact lenses care products—Determination of biocompatibility by ocular study with rabbit eyes

(ISO 9394:1998,MOD)

2012-06-29 发布 2012-11-01 实施

中华人民共和国国家质量监督检验检疫总局
中国国家标准化管理委员会 发布

前　言

GB 11417《眼科光学　接触镜》、GB/T 28539《眼科光学　接触镜和接触镜护理产品　防腐剂的摄入和释放的测定指南》和 GB/T 28538《眼科光学　接触镜和接触镜护理产品　兔眼相容性研究试验》共同构成接触镜系列国家标准。

本标准按照 GB/T 1.1—2009 给出的规则起草。

本标准使用重新起草法修改采用 ISO 9394:1998《眼科光学　接触镜和接触镜护理产品　兔眼相容性研究试验》(英文版)。

本标准与 ISO 9394:1998 的技术性差异及其原因如下:

——关于规范性引用文件,本标准做了具有技术性差异的调整,以适应我国的技术条件,调整的情况集中反映在第 2 章“规范性引用文件”中,具体调整如下:

- 分别用等同采用的 GB/T 16886.1、GB/T 16886.2、GB/T 16886.10 代替了 ISO 10993-1、ISO 10993-2、ISO 10993-10;
- 用等同采用的 GB/T 27025 代替了 ISO/IEC 17025。

——删除了附录 C。

请注意本文件的某些内容可能涉及专利。本文件的发布机构不承担识别这些专利的责任。

本标准由全国光学和光子学标准化技术委员会医用光学和仪器分技术委员会(SAC/TC 103/SC 1)归口。

本标准起草单位:国家食品药品监督管理局杭州医疗器械质量监督检验中心、浙江省医疗器械检验所。

本标准主要起草人:陈献花、方丽、李家忠、李雪来、赵金川。

眼科光学　接触镜和接触镜护理产品兔眼相容性研究试验

1　范围

本标准规定了一种评价接触镜和接触镜护理产品眼内安全性的体内试验方法。本试验是评估产品在试验条件下对眼组织产生刺激的程度。本试验方法适用于兔眼试验。

2　规范性引用文件

下列文件对于本文件的应用是必不可少的。凡是注日期的引用文件，仅注日期的版本适用于本文件。凡是不注日期的引用文件，其最新本版本(包括所有的修改单)适用于本文件。

GB/T 16886.1　医疗器械生物学评价　第1部分:风险管理过程中的评价与试验(GB/T 16886.1—2011,ISO 10993-1:2009,IDT)

GB/T 16886.2　医疗器械生物学评价　第2部分:动物福利要求(GB/T 16886.2—2011,ISO 10993-2:2006,IDT)

GB/T 16886.10　医疗器械生物学评价　第10部分:刺激与迟发型超敏反应试验(GB/T 16886.10—2005,ISO 10993-10:2002,IDT)

GB/T 27025　检测和校准实验室能力的通用要求(GB/T 27025—2008,ISO/IEC 17025:2005,IDT)

3　总则

按照GB/T 16886.1规定对医疗器械进行生物学评价和分类;应遵循GB/T 27025相应部分的要求进行试验。

接触镜和接触镜护理产品的刺激试验和致敏试验按GB/T 16886.10进行。

结果评价要由有经验的专业人员进行。

4　试验动物和饲养管理

4.1　新西兰白化兔(雌雄不限)适用于每种类型的接触镜和接触镜护理产品，应使用同一来源同一品系的成年健康兔，体重＞2.5 kg。兔眼应无明显的眼刺激或角膜荧光素染色等临床症状。

推荐每次使用6只兔子。少于6只应有充分的说明，但至少应使用3只兔子。

如评价中需要对照物，可选择另一侧眼球或用与试验组等量的另一组动物作为对照。

试验不需要阳性对照。

注：对照物宜采用安全和性能特征已确定的产品。

4.2　试验应符合GB/T 16886.2规定的动物福利要求。

4.3　每只动物应分笼饲养，使用专用饲料和水。本试验不适宜群养，因为试验时从兔眼中滑落的镜片必须重新配戴回同一只兔子的同一只眼球。

4.4　兔子的标记可采用下面任一种方法:

a) 打耳号；

b) 花纹；

c) 微型芯片；

d) 持久性墨水标记。

试验前应使动物适应实验室环境至少5天。

4.5 不宜切除兔眼的瞬膜，在配戴镜片期间不宜缝合眼睑。动物的管理和使用应按照正确、适宜的规范要求进行。

注1：白化兔的眼球缺乏色素，便于检查，常用于眼刺激性试验。

注2：如果要将兔眼的瞬膜切除，至少在试验前两个星期进行，并在最终报告中注明。

4.6 试验时尽量不限制动物行为。

5 试剂/材料

5.1 符合药典标准的荧光素钠。

注：要注意染色程度和用于眼部的荧光素浓度(如3 μL 1%荧光素生理盐水溶液)。

5.2 接触镜护理产品，由制造商推荐。

5.3 接触镜，由制造商推荐。

6 仪器

6.1 配有合适的滤光片的裂隙灯显微镜。

6.2 放大镜：放大倍数至少6×。

6.3 天平或称重仪器：最大称量不小于5 kg，准确度为100 g。

7 试验样本

7.1 接触镜参数

接触镜应有足够的厚度以表征：

a) 人眼使用的合理的最大厚度；或

b) 制造商生产的最大厚度。

所选择的接触镜片应与兔眼适配状况良好。

注：尽量减少物理刺激和掉落次数。如果镜片厚度与兔眼的适配性不好，应选用具有良好适配性的最大厚度的镜片。

报告中应记录接触镜参数。

7.2 准备和存放

如果评价中使用到接触镜护理产品，接触镜应按照接触镜制造商说明书中的说明使用接触镜护理产品来进行准备、清洗、消毒和存放。在试验期间如果接触镜脱落，应用接触镜护理产品进行清洗，再重新戴回原来的兔眼中。

注1：为防止接触镜丢失或损坏，应多准备一些接触镜，并用接触镜护理产品进行处理。

注2：水凝胶接触镜掉落后，由于失水不能立刻戴回，应用按照说明书处理过的同类的接触镜替换。失水的水凝胶接触镜经清洗和再水合后方可再用。

配戴前，注意检查接触镜的状态，如有无颗粒物、物理损坏和含水镜片的正反面。在配戴接触镜的过程中，观察兔子与配戴对照镜片时的不同反应并记录。

在同一试验组内的兔子，接触镜不得混淆使用。

存放接触镜时，不同试验组之间不得混淆。

8 试验步骤

8.1 动物的初步检查

8.1.1 开始试验前 24 h 内，进行动物的初步检查。

8.1.2 兔子用天平称重并记录。

8.1.3 试验前用裂隙灯显微镜和荧光素染色检查每只兔子双眼，用 McDonald-Shadduck 评分系统(见附录 A)记录兔眼的评分。如果发现眼球有任何异常，则淘汰该兔。

8.2 试验镜片的配戴和摘取

8.2.1 根据 7.2 处理试验镜片。

8.2.2 把试验镜片戴入一只兔眼内，在戴入镜片时，兔眼应无荧光素染色。一般试验可以在任一侧眼球上进行，但最好在同侧眼球进行，另一侧的眼球作为对照。

注：对于水凝胶接触镜，可以宽松的粘贴外眦部眼睑以防止接触镜掉出。

8.2.3 从第 1 d～21 d，配戴 7 h～8 h 后，取出镜片。取出的镜片按 7.2 进行护理。

注：配戴镜片的当天为第 1 d。

8.2.4 如果戴入的镜片需要重戴或更换，必须记录下来。应定时检查兔眼中镜片的配戴情况，初期建议每小时一次。

8.2.5 镜片外观有任何改变，应及时记录。

8.2.6 每天按 8.2.1～8.2.5 进行试验。

8.2.7 在第 22 d，4 h～8 h 后从兔眼中取出镜片。

注：镜片保留，由制造商做进一步检查。

8.3 兔眼的检查

8.3.1 在第 1 d～第 7 d、第 9 d～第 14 d 和第 16 d～第 21 d，在摘取镜片之前检查每只兔眼，按 Draize 评分系统(见附录 B)记分。此外，每天两次检查兔眼，以便发现异常，及时记录。最好记录兔子的行为，扒或抓镜片的行为是眼刺激性的早期表现。

8.3.2 在第 8 d、第 15 d 和第 22 d，摘下镜片后，用裂隙灯显微镜和荧光素染色检查每只兔眼，按 McDonale-Shadduck 评分系统(见附录 A)记录眼球的情况。

8.4 动物称重

在第 22 d，用天平(见 6.3)将兔子称重并记录。

8.5 组织学检查

8.5.1 在第 22 d，取下镜片和临床检查结束后，人道法处死动物。

8.5.2 摘除眼球和附件，保存于适宜的固定液中(如 10%福尔马林溶液、Zenker's 固定液、Davidson's 溶液)。

8.5.3 用石蜡包埋眼球及其附件。

8.5.4 将每只眼球的角膜、结膜、虹膜、晶状体切片并染色便于显微评价。

应由有经验的专业人员来进行兔眼的评价和组织学切片检查。

8.5.5 组织学切片检查并记录结果。

8.6 角膜变形

若适宜，用适当的化学或物理方法来检测对角膜变形的影响，并考虑当前技术能力的状况。

注：如进行角膜变形评价，每个试验组或对照组应另外增加两只兔子。

9 试验报告

试验报告应按照GB/T 27025和良好实验室规范(GLP)的要求来执行。

10 结果评估

10.1 依据试验报告的所有内容，由经验丰富的专业人员对试验结果做出总体评价。

10.2 如经验丰富的专业人员认为结果不正确或无效，应考虑重新试验。

10.3 试验报告中应记录评价的结果。

附 录 A
（规范性附录）
McDonald-Shadduck 评分系统——裂隙灯

A.1 结膜充血

0＝ 正常。角巩膜缘无充血，睑结膜、球结膜血管清晰，可有浅红色轻微充血（12 点和 6 点方位除外）。

＋1＝ 睑结膜呈潮红色轻度充血，伴有角巩膜缘充血，但主要局限在眼睛的下部和上部 4 点～7 点和 11 点～1 点范围内。

＋2＝ 睑结膜呈鲜红色明显充血，角巩膜缘有 75％以上的区域充血。

＋3＝ 睑结膜和球结膜均有大片暗红色重度充血区，角巩膜缘明显充血，结膜上出现瘀点，瞬膜处斑点明显。

A.2 结膜水肿

0＝ 正常，无水肿。

＋1＝ 轻微水肿，无眼睑外翻，在裂隙灯检查时，水肿开始于结膜穹窿下方近内眦处。

＋2＝ 中度水肿，以致上、下眼睑闭合不全；水肿局限于上眼睑，上眼睑有部分外翻。

＋3＝ 明显水肿，伴有上、下眼睑外翻。

＋4＝ 明显的上、下眼睑外翻，很难恢复。

A.3 结膜分泌物

分泌物为类白色或灰白色的沉积物，避免与在某些兔眼内眦处的少量清晰、粘液样的正常分泌物混淆。

0＝ 正常，无分泌物。

＋1＝ 少量分泌物。

＋2＝ 分泌物较多，使眼睑和睫毛潮湿或粘着。

＋3＝ 分泌物使整个眼区潮湿或粘着。

A.4 房水闪辉

用裂隙灯检查兔眼前房，通过与正常 Tyndall 现象的比较对观察到的 Tyndall 现象的强度进行记分。房水闪辉的出现可作为血-房水屏障损坏的判断依据。

0＝ 前房透明，无 Tyndall 现象。

＋1＝ 勉强可以看到 Tyndall 现象，前房光线的强度弱于通过晶状体的裂隙光线的强度。

＋2＝ 前房的 Tyndall 光线可见，与通过晶状体的光线强度相同。

＋3＝ 前房的 Tyndall 光线可见，光线强度强于通过晶状体的裂隙光线的强度。

A.5 虹膜

应用初级、二级和三级血管确定虹膜的记分。假定血管充血越严重和二级、三级血管受累越多，那么虹膜受累的程度就越严重。

0＝　正常，无血管充血。通常在瞳孔周围12点～1点和6点～7点的位置，直径1 mm～3 mm的范围内，可见轻微的二级和三级血管充血。

＋1＝　二级血管轻度充血，三级血管正常。总的来说，是一致性的，但是在1点或6点的位置可能较严重。如果受限于1点或6点的位置，三级血管会大量充血。

＋2＝　三级血管轻度充血，二级血管轻、中度充血。

＋3＝　二级和三级血管中度充血，并伴有虹膜基质轻度水肿(虹膜表面有轻微的皱褶，通常在3点和9点位置较明显)。

＋4＝　二级、三级血管明显充血，虹膜基质明显水肿。虹膜出现皱褶；可能伴随前房充血。

A.6 角膜

记分包括角膜混浊严重程度和角膜受累面积。角膜混浊的严重程度评分如下：

0＝　正常透明。

＋1＝　透明度降低。在裂隙灯视野中仅可见累及的基质的前半部。在散射照明下，内部结构清晰可见，但有些部分明显混浊。

＋2＝　角膜半透明。混浊延伸至内皮层，基质呈现灰白色混浊。在散射照明下，内部结构清晰可见。

＋3＝　整个基质完全累及。在裂隙灯视野中，内皮表面仍然可见。在散射照明下，内部结构很难分辨(可参照闪辉、虹膜炎级别，观察瞳孔反应，注意晶状体变化)。

＋4＝　整个基质完全累及，内皮不再清晰可见。在视野中，内部结构不可见。角膜高度混浊。

角膜表面混浊面积分级：

0＝　正常，无混浊。

＋1＝　混浊面积达1％～25％。

＋2＝　混浊面积达26％～50％。

＋3＝　混浊面积达51％～75％。

＋4＝　混浊面积达76％～100％。

角膜血管翳是由于角膜基质中新血管的形成和穿透，分为三个级别：

0＝　无角膜血管翳。

＋1＝　有血管形成，但血管未侵入整个角膜周围，血管侵入不超过2 mm。

＋2＝　在整个角膜周围，血管侵入超过2 mm。

荧光素染色用于评价上皮损害程度。染色区域评分如下：

0＝　无荧光素染色。

＋1＝　在聚光点上轻微染色。在观察视野中内部结构清晰可见。

＋2＝　在聚光点上中度染色。在观察视野中内部结构可见，但不太清晰。

＋3＝　荧光素染色明显，角膜大部分均有染色。在观察视野中内部结构较难分辨。

＋4＝　荧光素染色显著，在观察视野中内部结构完全不可见。

观察有无晶状体混浊现象，并记录混浊位置：

前囊膜

前囊膜下

前皮质层

后皮质层

后囊膜下

后囊膜

附　录　B
（规范性附录）
Draize 眼损伤评分表

B.1　角膜

混浊程度（观察最致密混浊区）

（A）透明 …… 0

云翳或弥散混浊区，虹膜清晰可见 …… 1

易识别的半透明区，虹膜清晰可见 …… 2

乳白色区，看不见虹膜，勉强可见瞳孔 …… 3

混浊，看不见虹膜 …… 4

（B）角膜受累面积

大于 0，小于或等于 1/4 …… 1

大于 1/4，小于或等于 1/2 …… 2

大于 1/2，小于或等于 3/4 …… 3

大于 3/4 至整个角膜区域 …… 4

记分为 $A \times B \times 5$ …… 最大值＝80

B.2　虹膜

（A）分值

正常 …… 0

超出正常皱襞，充血水肿，角膜缘充血（其中一种或全部），仍有对光反应（反应迟钝为阳性） …… 1

无对光反射，出血性严重结构破坏（其中一种或全部） …… 2

记分为 $A \times 5$ …… 最大值＝10

B.3　结膜

（A）充血（指睑结膜和球结膜，不包括角膜和虹膜）

血管正常 …… 0

血管明显充血 …… 1

弥散性充血，呈深红色，血管纹理不清 …… 2

弥散性充血，呈紫红色 …… 3

（B）水肿

无水肿 …… 0

轻微水肿（包括瞬膜） …… 1

明显水肿伴有部分眼睑外翻 …… 2

眼睑水肿使眼呈半闭合状 …… 3

眼睑水肿使眼呈半闭合乃至全闭合状 …… 4

(C) 分泌物

无分泌物 …………………………………………………………………………………… 0

超过正常分泌量(不包括正常动物眼内眦少量分泌物) ………………………………… 1

分泌物浸湿眼睑及眼睑邻近睫毛 …………………………………………………………… 2

分泌物浸湿眼睑、睫毛和眼周围区域 ……………………………………………………… 3

记分为 $(A+B+C)\times 2$ …………………………………………………………… 最大值=20

B.4 最大总记分

最大总记分为角膜、虹膜和结膜的记分值之和,每只眼的最大总分可能为110。

ICS 11.040.70
C 40

中华人民共和国国家标准

GB/T 28539—2012

眼科光学 接触镜和接触镜护理产品防腐剂的摄入和释放的测定指南

Ophthalmic optics—Contact lenses and contact lens care products—Guidelines for determination of preservative uptake and release

(ISO 11986:1999,MOD)

2012-06-29 发布 2012-11-01 实施

中华人民共和国国家质量监督检验检疫总局
中国国家标准化管理委员会 发布

前 言

GB 11417《眼科光学　接触镜》与GB/T 28539《眼科光学　接触镜和接触镜护理产品　防腐剂的摄入和释放的测定指南》和GB/T 28538《眼科光学　接触镜和接触镜护理产品　兔眼相容性研究试验》共同构成接触镜系列国家标准。

本标准按照GB/T 1.1—2009给出的规则起草。

本标准使用重新起草法修改采用ISO 11986:1999《眼科光学　接触镜和接触镜护理产品　防腐剂的摄入和释放的测定指南》。

本标准与ISO 11986:1999的技术性差异及其原因如下：

关于规范性引用文件，本标准做了具有技术性差异的调整，以适应我国的技术条件，调整的情况集中反映在第2章"规范性引用文件"中，具体调整如下：

用一致性程度为非等效的GB/T 11417.4代替了ISO 18369-3:2006。

请注意本文件的某些内容可能涉及专利。本文件的发布机构不承担识别这些专利的责任。

本标准由全国光学和光子学标准化技术委员会医用光学和仪器分技术委员会(SAC/TC 103/SC 1)归口。

本标准起草单位：国家食品药品监督管理局杭州医疗器械质量监督检验中心、浙江省医疗器械检验所。

本标准主要起草人：陈献花、马莉、张莉、陈靖云、何涛、贾晓航、文燕、齐伟明、姜晓路、李家忠。

眼科光学　接触镜和接触镜护理产品防腐剂的摄入和释放的测定指南

1　范围

本标准提供了接触镜对防腐剂摄入和释放试验方法的选择、样品制备、实验指导的指南。

注：由于处理覆盖于接触镜表面的有机和无机的沉积物较困难，这些方法适用于新的、没有使用过的接触镜。

2　规范性引用文件

下列文件对于本文件的应用是必不可少的。凡是注日期的引用文件，仅注日期的版本适用于本文件。凡是不注日期的引用文件，其最新本版本（包括所有的修改单）适用于本文件。

GB/T 11417.4　眼科光学　接触镜　第4部分：试验用标准盐溶液（ISO 18369-3：2006，NEQ）

3　原理

将受试接触镜浸泡在25 ℃±2 ℃试验液中，以规定间隔时间进行防腐剂含量分析，直至稳定。

在上述稳定条件下，按每片1 mL的比例将镜片浸入符合GB/T 11417.4要求的标准盐溶液中，在37 ℃±2 ℃下保持15 h，分析浸泡后的溶液，从而得到已经析出的防腐剂量。

4　试验方法

4.1　总则

评估前，应取得下列资料：

a）选择的测试方法适用于特定的防腐剂测定和评估；

注：分析氯已定和苯扎氯铵的方法可参见中国药典。

b）选择的测试方法具有所需的重复性和复现性，并且检测限在规范的要求内；

c）满足b）规定的要求所需的测定仪数量；

注：当分析结果接近检测限和/或分析方法的精密度较低时，可能需要复现性试验。

d）确认在萃取过程中已达到平衡的判定准则；

e）每种类型接触镜的数量（每种材料类型的接触镜至少需要选用5片，用以保证吸收和释放的防腐剂的量高于分析方法的检测限）。

4.2　测试产品中防腐剂的摄入

4.2.1　选择适当的接触镜护理产品和/或适当的接触镜材料进行试验。

4.2.1.1　新的或改良过的接触镜材料对防腐剂摄入的检测，应依据接触镜护理产品预期用途（例如，推荐用于水凝胶接触镜或硬性透气性接触镜）来选择适当的产品。

4.2.1.2　通过接触镜来检测接触镜护理产品中新的或改良的防腐剂的摄入，应依据接触镜护理产品的预期用途（例如，推荐用于水凝胶接触镜或硬性透气性接触镜），选择当前市场中适当的接触镜材料进行试验。

注：检测镜片和镜片护理产品的选择宜进行充分的论证，水凝胶镜片宜包括含水低、中/高的离子和非离子型的典型镜片。硬性镜片宜包括硅、氟和硅氟类的典型镜片。

4.2.2 确定试验液中防腐剂的初始含量。

4.2.3 记录试验液的体积，把测试镜片浸入装有试验液，温度为25 ℃±2 ℃的合适小瓶中(见注1)，适时摇晃(以保证试验期间接触镜周围的溶液充分混和)。以不少于24 h的不同时间间隔等量抽取部分测试液，分析其中防腐剂含量。重复该过程，直到等量抽取的测试液显示不再有防腐剂被吸收为止。

注1：最好选择经过证明只吸收微量防腐剂的容器。然而，如果容器确实吸收防腐剂，这在进行测试时是允许的。例如用不含接触镜的同样的试验液来确定容器吸收防腐剂的量。

注2：另外，使用适当溶剂对接触镜萃取，可以直接从接触镜萃取液中测定接触镜吸收的防腐剂量。

注3：若等量抽取部分的量很大，导致测试液和测试镜组两者之间的体积比显著改变，则每次抽样间隔的抽样对象，可以使用附加的测试镜和容器。

注4：如果测试镜吸收的防腐剂含量很高，则有必要增加测试液和测试镜的体积比，并重新测试。

4.3 测试镜中防腐剂的萃取

把测试镜片从试验液中移出，吸去每片测试镜上的残留溶液，注意不要施加过度的外力及接触过长的时间。

按每片1 mL的比例将镜片浸入符合GB/T 11417.4的标准盐溶液中，在37 ℃±2 ℃中保持15 h，适时摇晃。

在不同时间抽取等量试验液，分析其中防腐剂含量。重复该过程直到不再有防腐剂被萃取出来。

注：若等量抽取部分的量很大，导致测试液和测试镜组两者之间的体积比显著改变，则每次抽样间隔的抽样对象，可以使用附加的测试镜和容器。

5 结果表述

5.1 接触镜吸收的防腐剂含量应根据a)或b)来计算：

a) 根据测试镜浸入前测试液中防腐剂含量与防腐剂吸收达到平衡以后测试液的浓度差来计算；

b) 用一个直接的测量方法测量接触镜吸收的防腐剂含量。

如果没有检测到防腐剂吸收，结果应表述为防腐剂吸收量低于检测方法的检测限。

5.2 接触镜释放的防腐剂应从达到平衡后的萃取液中防腐剂浓度计算得到。

在测试报告中，这些值应用a)或b)来表述：

a) 以μg/mg表示干测试镜的防腐剂含量(针对软性接触镜)；

b) 以$\mu g/cm^2$表示非水凝胶镜片的防腐剂含量。

6 试验报告

试验报告至少应包括以下内容：

a) 试验依据。

b) 受试接触镜的标识，包括批号和接触镜材料类型。

c) 防腐剂标识，测试液中防腐剂浓度和所用体积。

d) 选择用来萃取的溶剂的标识。

e) 浸泡时间，若适用，检测限和分析方法的校准曲线。

f) 试验日期。

g) 第5章规定的测试的结果。

参 考 文 献

[1] 中国药典.

[2] ISO 18369-1,Ophthalmic optics—Contact lenses—Part 1:Vocabulary,classification system and recommendations for labelling specifications.

[3] The Guidance For Industry,Premarket Notification (510(k)) Guidance Document for Contact Lens Care Products,U. S. Department of Health and Human Service,Food and Drug Administration, Center for Devices and Radiological Health, Chem.—Appendix A. Preservative Uptake/Release Testing Procedures,May 1,1997,pp. 82-85.

ICS 13.280
F 73

中华人民共和国国家标准

GB/T 28540—2012

铀尾矿(渣)氡-222析出率估算方法

Estimating method of radon-222 emanation rate from uranium tailings

2012-06-29 发布　　2012-11-01 实施

中华人民共和国国家质量监督检验检疫总局
中国国家标准化管理委员会　发布

前　言

本标准按照 GB/T 1.1—2009 给出的规则起草。

本标准由中国核工业集团公司提出。

本标准由全国核能标准化技术委员会(SAC/TC 58)归口。

本标准起草单位:核工业北京化工冶金研究院。

本标准主要起草人:李先杰、王尔奇。

铀尾矿(渣)氡-222析出率估算方法

1 范围

本标准规定了基于镭比活度、氡-222的扩散系数和射气系数、尾矿(渣)的干密度等参数估算铀尾矿(渣)氡-222析出率的方法。

本标准适用于铀尾矿(渣)库平均氡析出率的估算。

2 规范性引用文件

下列文件对于本文件的应用是必不可少的。凡是注日期的引用文件,仅注日期的版本适用于本文件。凡是不注日期的引用文件,其最新版本(包括所有的修改单)适用于本文件。

GB 11743—1989 土壤中放射性核素的γ能谱分析方法

GB/T 50123—1999 土工试验方法标准

EJ/T 1117—2000 土壤中镭-226的放射化学分析方法

EJ/T 1128—2001 铀矿冶废石、尾矿土质覆盖厚度及降低氡析出率的计算方法

NY/T 1121.3—2006 土壤检测第3部分:土壤机械组成的测定

NY/T 1121.4—2006 土壤检测第4部分:土壤容量的测定

HJ/T 61—2001 辐射环境监测技术规范

3 术语和定义

下列术语和定义适用于本文件。

3.1

尾矿(渣) tailings

在提取铀的矿石处理过程中产生的固体废弃物或废弃的固液混合物,包括水冶尾矿和堆浸尾渣。

水冶尾矿指在水冶厂通过破磨加工矿石以提取有用金属过程中产生的废弃物;

堆浸尾渣指通过矿石堆浸提取有用金属过程中产生的废弃物。

3.2

尾矿(渣)库 tailings impoundment

贮存或堆放水冶厂排出的尾矿浆中矿砂和矿泥(或干尾矿、渣)的专用设施,由堤坝围截而成,库内设有排水(洪)构筑物以排除库内的尾矿澄清水或暴雨洪水。

3.3

氡析出率 radon emanation rate

单位时间间隔内穿过单位面积界面析出氡的量,单位为贝可每平方米秒(Bq/(m^2·s))。

3.4

镭-226比活度 Ra-226 specific activity

单位质量物质中镭-226的放射性活度,单位为贝可每千克(Bq/kg)。

3.5

尾矿干密度 tailings dry density

尾矿孔隙中完全没有水时的密度称干密度,是指单位体积尾矿在干燥达到恒重后的质量,单位为千克每立方米(kg/m^3)。

3.6

射气 emanation(Em)

在三个天然放射系中镭(Ra)的子体放射性气体氡(Rn)。在铀系是镭射气(^{222}Rn,$T_{1/2}$=3.825 d),在钍系是钍射气(^{220}Rn 或 Tn,$T_{1/2}$=55.6 s),在锕铀系是锕射气(^{219}Rn 或 An,$T_{1/2}$=3.96 s)。

3.7

氡-222 射气系数 emanation coefficient

在矿石的一定体积和时间内脱离晶格进入自由空间(孔裂隙)的氡-222 射气量与该体积、时间内所生成的全部氡-222 射气量的比值称为射气系数。

3.8

有效扩散系数 effective diffusion coefficient

氡析出率与氡的浓度梯度的比值,单位为二次方厘米每秒(cm^2/s)。

3.9

含水饱和度 moisture saturation

已充填水的孔隙与总孔隙容积之比。

3.10

铀镭平衡系数 uranium and radium equilibrium coefficient

介质中镭-226 的放射性活度与同一介质中铀-238 的放射性活度的比值。

4 铀尾矿(渣)表面氡析出率的理论计算

当铀尾矿(渣)为均匀多孔介质,且湿尾矿(渣)(含水量大于 1%)厚度超过 2 m 或干尾矿(渣)(含水量小于或等于 1%)厚度超过 4 m 时,裸露尾矿(渣)表面氡析出率理论计算公式见式(1):

$$J_{t}=A_{Ra}\rho E\sqrt{\lambda D_{t}} \qquad \cdots\cdots(1)$$

当湿铀尾矿(渣)厚度小于 2 m 或干铀尾矿(渣)厚度小于 4 m 时裸露尾矿(渣)表面理论计算公式应修正为式(2):

$$J_{t}=A_{Ra}\rho E\sqrt{\lambda D_{t}}\,\mathrm{th}\left(\sqrt{\lambda/D_{t}}\,x_{t}\right) \qquad \cdots\cdots(2)$$

式中:

J_t ——铀尾矿表面氡析出率,单位为贝可每平方米秒($Bq/(m^2 \cdot s)$);

A_{Ra} ——尾矿中镭-226 的比活度,单位为贝可每千克(Bq/kg);

ρ ——尾矿的干密度,单位为千克每立方米(kg/m^3);

E ——尾矿的氡-222 射气系数,无量纲;

λ ——氡-222 衰变常数,2.06×10^{-6},单位为每秒(s^{-1});

D_t ——尾矿层中氡-222 的有效扩散系数,单位为二次方米每秒(m^2/s);

x_t ——尾矿层的厚度,单位为米(m);

th ——双曲正切函数符号。

其理论计算公式导出与边界条件见 EJ/T 1128—2001 附录 B。

5 相关参数确定方法

5.1 尾矿取样、保存与样品管理

5.1.1 取样和保存

一般在尾矿库滩面 20 m×20 m(最大不超过 40 m×40 m)范围布 1 个取样点,采取垂深 2 m 内的

尾矿样，以土壤采集器或取样铲进行取样。将每点采集的尾矿样去除杂物，现场均匀混合后取 2 kg～3 kg装入双层塑料袋内密封，再置于同样大小的布袋中保存。

以环刀法取样获得的尾矿样品，其样品保存见 NY/T 1121.4—2006。

5.1.2 样品管理

尾矿样品采集后的记录、保存、运输、交接、处理等管理要求见 HJ/T 61—2001 的第 6 章。

5.2 尾矿（渣）中镭-226 的比活度确定

5.2.1 尾矿（渣）中镭-226 的比活度测定

将 1.000 g 尾矿（渣）干样品置于 50 mL 铁坩埚（或石墨坩埚）中，加 0.2 g 硝酸钡、3 g～4 g 过氧化钠、3 g～4 g 无水碳酸钠与样品搅拌，再覆盖一层 5 g 氢氧化钠，置于马弗炉中加热熔融。当温度达到 680 ℃时，继续恒温 10 min～15 min，取出坩埚，冷却。冷却后的坩埚放在 300 mL 烧杯中，加入 100 mL 热洗涤液溶液（30 g 无水碳酸钠和 15 g 氢氧化钠溶于适量水中，并用水稀释至 1 000 mL），煮沸，直至熔融物全部脱离坩埚。将烧杯中的溶液和沉淀物在布氏漏斗上抽滤，用加热的洗涤溶液洗涤坩埚、烧杯和沉淀物各 3 次，弃去滤液。用混合酸溶解沉淀物并转移至扩散器中，溶解液的总体积控制在 30 mL～50 mL之间。用真空泵或双链球排气 10 min～15 min 后，立即封存，并记录封存时间和扩散器编号。视样品中镭含量的多少封闭 3 d～20 d 以积累足够量的氡-222。然后将氡-222 气体转入闪烁室，使氡及其子体达到平衡后，在氡钍分析仪上测量，按式(3)计算镭-226 的比活度：

$$A_{Ra}=1\ 000\times\left[\frac{k(I-I_0)}{r(1-e^{-\lambda t})}-A_b\right]/M_s \quad\cdots\cdots(3)$$

式中：

A_{Ra}——样品中镭-226 的比活度，单位为贝可每千克(Bq/kg)；

k ——闪烁室的刻度值，单位为贝可每分钟计数(Bq/计数·min^{-1})；

I ——测量的样品计数率，单位为每分钟计数(计数/min)；

I_0 ——闪烁室的本底计数，单位为每分钟计数(计数/min)；

A_b ——试剂空白样中的镭-226 活度，单位为贝可(Bq)；

r ——方法回收率，%；

λ ——氡的衰变常数，7.55×10^{-3}，单位为每小时(h^{-1})；

t ——氡的积累时间，单位为小时(h)；

M_s ——取样量干重，单位为克(g)。

具体仪器设备、试剂、操作方法和分析步骤详见 EJ/T 1117—2000。

尾矿（渣）中镭-226 的比活度测定也可以采用 GB 11743—1989 所给出的 γ 能谱分析方法。

5.2.2 尾矿渣中镭-226 的比活度 A_{Ra}估算

在铀矿石中镭-226 的比活度与其母体铀-238 放射性平衡状态以铀镭平衡系数来表征。因为在尾矿中几乎包含所有铀 238 衰变产生的镭，所以，它的比活度与矿石中最初的铀的比活度相关。而含 1% 天然铀品位矿石的铀-238 的比活度为 1.23×10^5 Bq·kg^{-1}，即铀的比活度为 1.23×10^5 G(Bq/kg)，则镭-226 的比活度 A_{Ra}可由式(4)估算：

$$A_{Ra}=1.23\times10^5 GK_P \quad\cdots\cdots(4)$$

式中：

G ——矿石中天然铀品位，%；

K_P——矿石的铀镭平衡系数，无量纲。

5.3 尾矿干密度的确定

采用环刀法获取尾矿样品，并立即对尾矿样品称重，同时测定样品的含水量，具体操作方法与步骤见 NY/T 1121.4—2006。尾矿干密度可由式(5)计算得到：

$$\rho=\frac{M}{V(1+\theta_g)} \qquad (5)$$

式中：

ρ ——尾矿的干密度，单位为千克每立方米(kg/m^3)；

M ——尾矿样品的总重量，单位为千克(kg)；

θ_g ——尾矿样品干基含水量，无量纲；

V ——尾矿样品的总体积，单位为立方米(m^3)。

尾矿样品干基含水量通常的测量方法为称重法。先取一部分待测尾矿样品，用 0.01 g 精度的天平称取尾矿样品的重量，记作尾矿样品的总重量(也称湿重量)，在 105 ℃±2 ℃的烘箱内将尾矿样品烘6 h～8 h至恒重，然后测定烘干尾矿样品，记作尾矿样品的干重量，具体操作方法与步骤见 NY/T 1121.3—2006 附录 A。则含水量由式(6)计算得到：

$$\theta_g=\frac{M}{M_s}-1 \qquad (6)$$

式中：

M ——尾矿样品总重量，单位为克(g)；

M_s——尾矿样品干重量，单位为(g)。

5.4 尾矿氡-222 射气系数的确定

5.4.1 尾矿氡-222 射气系数的测定(射气法)

将尾矿样品称重(约 100 g)后置于 500 mL～1 000 mL 的集氡容器内密封(容器上应有进、出气嘴)，在密封前应把样品孔裂隙中累积的氡排净。在保持取样时的含水量(＞1%)情况下，当样品在容器内密封 1 d～2 d 以积累足够量的氡后，采用循环法将氡转移到闪烁室或测氡仪的探测器中，使闪烁室或测氡仪的探测器与集氡容器内的氡达到完全平衡，然后测量出氡浓度，并测量出样品的镭-226 比活度、干重和干密度。尾矿氡-222 射气系数由式(7)计算得到：

$$E=\frac{C(V_z-M_s/\rho)}{RM(1-\theta_g)(1-e^{-\lambda T})} \qquad (7)$$

式中：

E ——尾矿氡-222 射气系数，无量纲；

C ——测量的氡浓度，单位为贝可每立方米(Bq/m^3)；

V_z——包括集氡容器、闪烁室或探测器和连接管道等循环体系的总容积，单位为立方米(m^3)；

T ——样品在集氡容器中密封至循环取样结束的积氡时间，单位为小时(h)；

其他符号意义与前面相同。

5.4.2 尾矿氡-222 射气系数的测定(γ谱法)

将尾矿样品装满样品盒并密封(保持取样时的含水率与密度)，在密封前应把样品孔裂隙中累积的氡排净。等 3 h～4 h 使氡析出处于稳定状态和氡及氡子体达到平衡状态，然后用 γ 谱仪测量样品盒的氡子体特征 γ 射线峰(609 keV)或峰群(294 keV、352 keV、609 keV)的强度。将密封的尾矿样品盒放几天后(3 天以上)，再次用 γ 谱仪测量样品盒(几何位置应与第一次测量时保持基本一致)，则尾矿氡-222 射气系数可按式(8)计算：

$$E=\frac{I_2-I_1}{\left[I_2-I_1\mathrm{e}^{-\lambda(t_2-t_1)}\right]\mathrm{e}^{-\lambda t_1}} \quad \cdots\cdots (8)$$

式中：

E——尾矿氡-222射气系数，无量纲；

I_1——尾矿样品盒第一次测得氡子体特征γ射线峰或峰群的净计数率，单位为每分钟计数(计数/min)；

I_2——尾矿样品盒第二次测得氡子体特征γ射线峰或峰群的净计数率，单位为每分钟计数(计数/min)；

t_1——尾矿样品盒从密封至第一次测量的时间，单位为小时(h)；

t_2——尾矿样品盒从密封至第二次测量的时间，单位为小时(h)。

5.4.3 尾矿氡-222射气系数的估计值

尾矿的氡-222射气系数E通常的范围是0.03～0.50，射气系数随着尾矿粒度的增加而减小。对于尾矿干重的含水率均大于1%，此时的射气系数范围是0.15～0.40。

射气系数E比较合理的取值为0.25。在没有对射气系数进行测定时，推荐使用射气系数的保守值为0.35。

5.5 尾矿层中氡-222的有效扩散系数的估算

尾矿中氡-222的有效扩散系数D_t可按下面的经验式(9)估算获得：

$$D_t=7\times10^{-6}\exp\left[-4(m-mn^2+m^5)\right] \quad \cdots\cdots (9)$$

式中：

m——含水饱和度，无量纲；

n——孔隙比，无量纲。

式中尾矿(渣)含水饱和度的测量，通常采用的也是称重法。通过环刀采取一定量的尾矿样品，将环刀与尾矿样品一起放在105 ℃±2 ℃的烘箱内烘6 h～8 h至恒重，测定烘干尾矿样品的重量(减去环刀的重量)，记作尾矿样品的干重量(M_s)；然后按GB/T 50123—1999中3.2.2的规定操作，将盛有尾矿样品的环刀装入饱和容器浸入水盘中，水盘中的水面不能淹没样品。环刀与尾矿样品在水中放置4 h～8 h，取出称重，然后再次浸入水中2 h取出称重，前后两次重量无显著差异时，说明已达到饱和。尾矿(渣)的含水饱和度由式(10)计算：

$$m=\frac{M_{sr}}{M_s}-1 \quad \cdots\cdots (10)$$

式中：

M_{sr}——尾矿(渣)样品含水饱和后的重量，单位为克(g)。

其他符号意义同前。

尾矿(渣)的孔隙比测定见GB/T 50123—1999的14.1.6。

ICS 29.080.01
K 40

中华人民共和国国家标准

GB/T 28541—2012

±800 kV 高压直流换流站设备的绝缘配合

Insulation co-ordination for equipments of ±800 kV high voltage direct current converter stations

2012-06-29 发布　　2012-11-01 实施

中华人民共和国国家质量监督检验检疫总局
中国国家标准化管理委员会　发布

前　言

本标准按照 GB/T 1.1—2009 给出的规则起草。

本标准由中国电器工业协会提出。

本标准由全国高压直流输电设备标准化技术委员会(SAC/TC 333)归口。

本标准起草单位:西安高压电器研究院有限责任公司、南方电网技术研究中心、西安西电避雷器有限责任公司、西安西电电力系统有限公司、西安电力电子技术研究所、西南电力设计院电网分公司、新东北电气(锦州)电力电容器有限公司、新东北电气(沈阳)高压开关有限公司。

本标准主要起草人:苟锐锋、程晓绚、吕金壮、黄莹、杨晓辉、何计谋、田方、王瑚、田恩文、黄超、楼晓峰、周德才、张化良、戈兴茹、李福成。

±800 kV 高压直流换流站设备的绝缘配合

1 范围

本标准规定了设备绝缘水平选择原则，给出了具有代表性的耐受电压值，在制定各设备标准时，应根据本标准的要求，确定设备的绝缘水平。

本标准适用于±800 kV 直流换流站换流设备和直流场设备的绝缘配合。

2 规范性引用文件

下列文件对于本文件的应用是必不可少的。凡是注日期的引用文件，仅注日期的版本适用于本文件。凡是不注日期的引用文件，其最新版本(包括所有的修改单)适用于本文件。

GB 311.1—1997 高压输变电设备的绝缘配合

GB/T 311.2—2002 绝缘配合 第2部分：高压输变电设备的绝缘配合使用导则

GB/T 311.3—2007 绝缘配合 第3部分：高压直流换流站绝缘配合程序

GB 11032—2010 交流无间隙金属氧化物避雷器

GB/T 13498—2008 高压直流输电术语

GB/T 22389—2008 高压直流换流站无间隙金属氧化物避雷器导则

IEC 60700-1:2008 高压直流输电系统晶闸管阀 第1部分：电气试验

IEC 60721-2-2 电气工程环境条件分类 第2部分 第2节 降水和风

3 术语和定义

GB/T 311.3—2007、GB 11032—2010、GB/T 13498—2008 和 GB/T 22389—2008 界定的以及下列术语和定义适用于本文件。为了便于使用，以下重复列出了 GB/T 311.3—2007、GB/T 22389—2008 中的某些术语和定义。

3.1

直流系统电压 DC system voltage

最高的对地平均电压或平均运行电压，不包括谐波和换相过冲。

[GB/T 311.3—2007，定义 3.1]

3.2

持续运行电压最大峰值(PCOV) peak value of continuous operating voltage

在换流站直流侧设备上持续运行电压的最高峰值，包括换相过冲。

[GB/T 311.3—2007，定义 3.2]

3.3

持续运行电压幅值(CCOV) crest value of continuous operating voltage

在换流站直流侧设备上持续运行电压的最高峰值，但不包括换相过冲。

[GB/T 311.3—2007，定义 3.3]

3.4

过电压 overvoltage

单相导体对地或相-相导体之间超过交流系统最高运行电压的峰值或直流换流站直流侧的持续运

行电压峰值(PCOV)的电压。

[GB/T 311.3—2007,定义 3.4]

3.4.1

暂时过电压(TOV)　temporary overvoltage

持续时间相对较长的工频过电压。

注:在某些工况下该电压的频率可能比工频高或低几倍。

[GB/T 311.3—2007,定义 3.4.1]

3.4.2

缓波前过电压　slow-front overvoltage

瞬态过电压,通常是单极性的,到峰值的时间为 20 μs<T_1<5 000 μs,半峰值时间 T_2<50 ms。

注:在绝缘配合中,缓波前过电压是根据波形来分类,与来源无关。尽管实际系统中产生的波形与标准波形有大的偏差,但在多数情况下,本部分以此过电压分类和峰值来描述是足够的。

[GB/T 311.3—2007,定义 3.4.2]

3.4.3

快波前过电压　fast-front overvoltage

由于雷电放电或其他原因在系统中特定位置引起的过电压,在绝缘配合中按类似于雷电冲击试验标准波形来考虑。

瞬态过电压,通常是单极性的。波前时间为 0.1 μs<T_1<20 μs,半峰值时间 T_2<300 μs。

注:在绝缘配合中,缓波前和快波前过电压是根据波形分类,与来源无关。尽管实际系统中产生的波形与标准波形有大的偏差,但在多数情况下,本部分以此过电压类别分类和峰值描述是足够的。

[GB/T 311.3—2007,定义 3.4.3]

3.4.4

极快波前过电压　very fast-front overvoltage

瞬态过电压,通常是单极性的,波前时间为 T_1<0.1 μs,总持续时间<3 ms,其叠加振荡频率为 30 kHz<f<100 MHz。

[GB/T 311.3—2007,定义 3.4.4]

3.4.5

陡波前过电压　steep-front overvoltage

瞬态过电压,属于快波前过电压,达到峰值时间为 3 ns<T_1<1.2 μs。用于试验的陡波前冲击电压定义如 IEC 60700-1:2008 的图 1。

注:波前时间由系统研究决定。

[GB/T 311.3—2007,定义 3.4.5,修改过]

3.4.6

联合过电压(暂时、缓波前、快波前、极快波前)　combined overvoltage

由同时施加于相间(或纵)绝缘的两个端子和地之间的两个电压分量组成的过电压。以峰值较高者来确定过电压类型。

[GB/T 311.3—2007,定义 3.4.6]

3.5

代表性过电压　representative overvoltages

该过电压对绝缘电介质效应等同于系统在运行时由于不同原因产生的某一给定类型的过电压。

注:在本部分中,一般的代表性过电压都是通过假定或实测的最大值来表征。

[GB/T 311.3—2007,定义 3.5]

3.5.1

代表性缓波前过电压(RSLO) representative slow-front overvoltage

设备端子间具有标准的操作冲击波形的电压。

[GB/T 311.3—2007,定义 3.5.1]

3.5.2

代表性快波前过电压(RFAO) representative fast-front overvoltage

设备端子间具有标准的雷电冲击波形的电压。

[GB/T 311.3—2007,定义 3.5.2]

3.5.3

代表性陡波前过电压(RSTO) representative steep-front overvoltage

波前时间小于标准雷电冲击而大于极快波前过电压的电压。

注:用于试验的陡波前冲击电压如 IEC 60700-1 中图 1 所示。波前时间是由系统研究决定。

[GB/T 311.3—2007,定义 3.5.3]

3.6

避雷器的持续运行电压 continuous operating voltage of an arrester

高压直流换流站直流侧避雷器持续运行电压是由直流电压叠加谐波电压组成的。其持续运行电压分为三个不同的值:

a) 最大峰值持续运行电压 peak continuous operating voltage,PCOV

最大峰值持续运行电压是指包括换相过冲的最高持续运行电压峰值。

b) 峰值持续运行电压 crest value of continuous operating voltage,CCOV

峰值持续运行电压是指不包括换相过冲的最高持续运行电压峰值。

c) 等效持续运行电压 equivalent continuous operating voltage,ECOV

等效持续运行电压是指等同于在实际运行电压下产生相同功耗的电压值。

注 1:既可选用工频电压,也可选用直流电压,或者两者的组合。

注 2:电压值和功耗可采用计算方法或通过特殊试验回路的试验确定。

[GB/T 22389—2008,定义 3.2]

3.7

避雷器配合电流 co-ordination currents of an arrester

用于系统绝缘配合,确定避雷器最大残压的电流称为配合电流。配合电流分为以下四种:

a) 陡波冲击电流 steep current impulse

按 GB 11032—2010 中 3.16 的规定。

b) 雷电冲击电流 lightning current impulse

按 GB 11032—2010 中 3.17 的规定。

c) 操作冲击电流 switching current impulse

按 GB 11032—2010 中 3.32 的规定。

d) 缓波前操作冲击电流 slow front switching current impulse

视在波前时间为 1 000 μs±100 μs,半峰值时间约为波前时间 2 倍的冲击电流峰值。

[GB/T 22389—2008,定义 3.4]

3.8

直接保护的设备 directly protected equipment

与避雷器直接并联的设备,它们之间的距离可以忽略。且任何代表性过电压等于相应的避雷器的保护水平。

[GB/T 311.3—2007,定义 3.11]

3.9

避雷器保护水平　protective levels of an arrester

对于每一种类别的电压，相应于配合电流下的避雷器两端的残压。

下述3.12.1到3.12.3定义适用高压直流换流站设备。

[GB/T 311.3—2007，定义3.12]

3.9.1

操作冲击保护水平(SIPL)　switching impulse protective level

当避雷器通过操作冲击配合电流时，出现在避雷器上的残压。

[GB/T 311.3—2007，定义3.12.1]

3.9.2

雷电冲击保护水平(LIPL)　lighting impulse protective level

当避雷器通过雷电冲击配合电流时，出现在避雷器上的残压。

[GB/T 311.3—2007，定义3.12.2]

3.9.3

陡波前冲击保护水平(STIPL)　steep-front impulse protective level

当避雷器通过陡波前冲击配合电流时，出现在避雷器上的残压。

[GB/T 311.3—2007，定义3.12.3]

3.10

配合耐受电压　co-ordination withstand voltage

在实际运行条件下，绝缘结构满足性能指标的每类电压的耐受电压值。

[GB/T 311.3—2007，定义3.13]

3.11

要求耐受电压　required withstand voltage

在标准耐受试验中确保绝缘耐受满足实际系统运行的配合耐受电压的试验电压值。

[GB/T 311.3—2007，定义3.14]

3.12

额定耐受电压　specified withstand voltage

经过适当选择的高于或等于要求耐受电压的试验电压。

注1：对于交流设备，额定耐受电压标准值见GB 311.1—1997。对于高压直流设备，额定耐受电压没有标准值，而是取舍到方便的可行值。

注2：设备耐受试验的标准波形及试验程序在GB/T 16927.1—1997和GB 311.1—1997中规定，但对一些直流设备(如晶闸管阀)，为了能够更为真实地反映实际运行情况，其标准冲击波形可以修正。

[GB/T 311.3—2007，定义3.15]

3.12.1

额定操作冲击耐受电压(SSIWV)　specified switching impulse withstand voltage

标准操作冲击波形的绝缘耐受电压。

[GB/T 311.3—2007，定义3.15.1]

3.12.2

额定雷电冲击耐受电压(SLIWV)　specified lighting impulse withstand voltage

标准雷电冲击波形的绝缘耐受电压。

[GB/T 311.3—2007，定义3.15.2]

3.12.3

额定陡波前冲击耐受电压(SSFIWV) specified steep-front impulse withstand voltage

IEC 60700-1:1998 中规定波形的绝缘耐受电压。

[GB/T 311.3—2007,定义 3.15.3]

3.13

旁路开关 bypass switch

跨接在一个或多个换流桥直流端子间的机械电力开关装置,在换流桥退出运行过程中把换流桥短路;在换流桥投入运行过程中把电流转移到换流阀中。

3.14

旁路隔离开关 bypass disconnector

与旁路开关并联的隔离开关。

3.15

高(压)端 12 脉动换流器 HV 12-p converter bridge

由两个 6 脉波换流桥串联组成的 12 脉波换流器,且一端与高压直流极母线相连,另一端与低(压)端 12 脉波换流器相连。

3.16

低(压)端 12 脉动换流器 LV 12-p converter bridge

由两个 6 脉波换流桥串联组成的 12 脉波换流器,且一端与直流中性母线相连,另一端与高(压)端 12 脉波换流器相连。

4 缩略语

下列缩略语适用于本文件。

LIPL:雷电冲击保护水平

SIPL:操作冲击保护水平

STIPL:陡波前冲击保护水平

SLIWL:额定雷电冲击耐受水平

SSIWL:额定操作冲击耐受水平

SSFIWV:额定陡波前冲击耐受水平

5 使用条件

5.1 正常环境条件

涉及到绝缘配合的正常环境条件如下:

a) 周围空气温度不超过 40 ℃且 24 h 内测到的平均值不超过 35℃。最低周围空气温度,对于"—10 ℃户外"级为—10 ℃;对于"—25 ℃户外"级为—25 ℃以及对于"—40 ℃"级为—40 ℃。

b) 海拔不超过海平面以上 1 000 m。

c) 周围空气没有显著地被灰尘、烟雾、腐蚀性气体、蒸汽或盐雾污染。

d) 通常会出现凝露和沉积。考虑了以露水、凝露、雾、雨、雪、冰或积霜形式出现的沉积物。

注:沉积物的绝缘特性见 GB/T 16927.1,其他特性见 IEC 60721-2-2。

5.2 标准参考大气条件

标准参考大气条件为:

a) 温度:t_0=20 ℃;

b) 压力：$p_0=101.3\ kPa$；

c) 绝对湿度：$h_0=11\ g/m^3$。

本标准规定的额定耐受电压均为相应于标准参考大气条件下的数据。

5.3 温度校正

对周围环境空气温度高于40 ℃处的设备，其外绝缘在干燥状态下的试验电压应取本标准的规定耐受电压值乘以温度校正因数 K_t，见式(1)：

$$K_t=1+0.0033(T-40) \quad \cdots\cdots(1)$$

式中：

T——环境空气温度，单位为摄氏度(℃)。

5.4 海拔校正

根据GB 311.1—1997附录B的规定，海拔校正因数 K_a 可根据式(2)进行计算：

$$K_a=e^{m(H-1000)/8150} \quad \cdots\cdots(2)$$

式中：

H——设备安装地点的海拔高度，单位为米(m)。

m 的取值如下：

a) $m=1.0$，对直流耐受电压；

b) $m=1.0$，对雷电冲击耐受电压；

c) $m=1.0$，对空气间隙和清洁的绝缘子的短时工频耐受电压；

d) m 按图1，对操作冲击耐受电压。

注：指数 m 取决于包括在设计阶段未知的最小放电路径在内的各种参数。

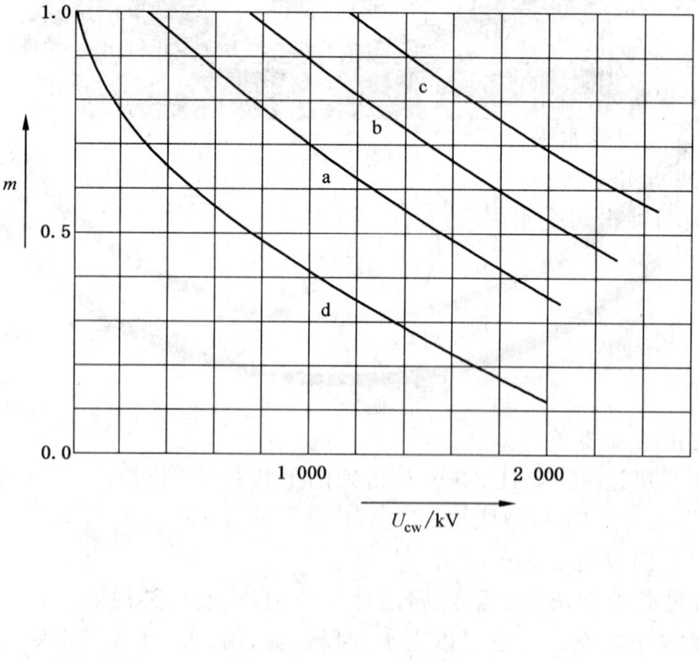

说明：

a——相对地绝缘；

b——纵绝缘；

c——相间绝缘；

d——棒-板间隙(标准间隙)。

对于由两个分量组成的电压，电压值是各分量的和。

图1 指数 m 与配合操作冲击耐受电压 U_{cw} 的关系

对污秽绝缘子，指数 m 是探讨性的。对污秽绝缘子的长持续时间试验和短时工频耐受电压(如果要求)，对于标准绝缘子 m 可低至 0.5，而对于防雾型 m 可高至 0.8。

6 ±800 kV 直流换流站设备的绝缘配合的基本原则

6.1 设备的绝缘配合

根据设备可能承受的过电压，并考虑设备的绝缘特性及可能影响绝缘特性的因素，从安全运行考虑和技术经济合理性两方面确定设备的绝缘水平。

6.2 设备上的作用电压

设备在运行中可能受到的作用电压，按照作用电压的幅值、波形及持续时间，可分为：

a) 持续运行电压(其值不超过设备最高电压 U_r，持续时间等于设备设计运行寿命)；
b) 暂时过电压(包括直流电压升高、谐振过电压)；
c) 缓波前(操作)过电压；
d) 快波前(雷电)过电压；
e) 陡波前过电压；
f) 联合过电压。

6.3 设备最高电压 U_m 的范围

范围Ⅰ：1 kV<U_m≤100 kV；
范围Ⅱ：100 kV<U_m≤820 kV。

6.4 设备的绝缘性能考核

6.4.1 耐受电压试验的类型

设备绝缘性能的考核包括以下几类绝缘试验：

a) 直流耐压试验；
b) 交流工频耐压试验；
c) 操作冲击试验；
d) 雷电冲击试验；
e) 陡波前冲击试验；
f) 联合电压试验；
g) 极性反转试验。

6.4.2 耐受电压试验类型的选择

6.4.2.1 范围Ⅰ的设备

范围Ⅰ的设备在持续直流电压、暂时过电压和操作过电压下的相对地绝缘性能，一般用直流耐压试验考核。

6.4.2.2 范围Ⅱ的设备

范围Ⅱ的设备在持续直流电压、暂时过电压和操作过电压下的绝缘性能用不同类型的试验考核。在持续直流电压及暂时过电压下，设备对老化和污秽的适应性宜用直流耐压试验考核。具体的持续时间在相关设备标准中规定。

在操作过电压下设备的绝缘性能用操作冲击试验考核。

在雷电过电压下设备的绝缘性能用雷电冲击试验考核。

注1：开关设备的纵绝缘，按不同的电压范围，选用不同的绝缘试验类型：

a) 范围Ⅰ的开关设备的纵绝缘性能用直流耐压试验和雷电冲击电压试验考核。

b) 范围Ⅱ的开关设备的纵绝缘性能用雷电、操作冲击电压和直流耐压试验考核。

设备在陡波前过电压下的绝缘性能用陡波前冲击电压试验检验。

注2：换流阀单阀需完成陡波前冲击电压试验。

直流转换开关采用操作冲击电压和转换电压的联合电压试验，以及雷电冲击电压和转换电压的联合电压试验检验。

7 ±800 kV 直流换流站过电压及避雷器保护方式

7.1 ±800 kV 高压直流换流站过电压类型

7.1.1 概述

高压直流输电设备在运行期间，有可能承受由于系统遭受雷击、操作、故障或其他原因而产生的各种波形的过电压，根据波头形状进行分类。

7.1.2 交流缓波前和暂时过电压

交流系统以最高电压运行时，发生在交流侧的缓波前过电压和暂时过电压。该类型过电压确定了高压直流换流站交流侧的过电压保护水平和绝缘水平，同时也影响到阀的绝缘配合。

交流母线避雷器承受的应力与交流网络中的暂态现象有关。引起这种暂态现象以及相应应力的主要因素是交流滤波器的投切和换流变再次励磁时的饱和特性。清除靠近换流站侧的单相或三相接地故障将在换流母线上引起严重的操作过电压。换流站附近发生接地故障时，滤波器组可能会完全放电，此时故障清除将引起暂态过电压。对交流侧缓波前过电压和暂时过电压的详细说明参见 GB/T 311.3—2007 的 6.4.1。

相对于±500 kV 直流系统而言，±800 kV 直流输送功率较大，其所需的无功补偿容量也相应显著增加，因此其直流甩负荷和接地故障清除等工况产生的暂时过电压的幅值更高，持续时间更长，并可能叠加谐波引起谐振过电压。

7.1.3 直流暂态过电压

7.1.3.1 直流系统运行方式

±800 kV 直流输电系统直流暂态过电压研究通常考虑下列运行方式(功率正送及功率反送下)：

a) 双极全压运行方式；

b) 双极半压运行方式；

c) 双极-极全压-极半压运行方式；

d) 单极全压金属回线方式；

e) 单极全压大地回路方式；

f) 单极半压金属回线方式；

g) 单极半压大地回路方式。

7.1.3.2 直流缓波前(操作)过电压

形成±800 kV 直流换流站缓波前(操作)过电压的故障工况包括：

a) 直流侧接地、短路和开路。例如高(压)端 Y/Y 换流变阀侧绕组对地闪络;双极对称或不对称运行时,一极接地故障,在健全极产生感应过电压;地极线、金属回线开路故障等。
b) 直流控制和保护系统失灵。例如全电压启动、阀连续丢失脉冲故障、逆变站闭锁而旁通对未解锁、阀误导通、换流站失去交流电源等。
c) 交流侧故障在直流侧产生的过电压。例如交流线路单相或三相接地和清除故障通过换流变压器传递至阀上,并且通过阀的串联联接,在阀侧产生对地附加过电压。
d) 直流侧开关操作过电压。例如高、低(压)端 12 脉波换流器旁路开关合闸和分闸;投切直流滤波器;单极金属回线与单极大地回线运行方式转换时直流转换开关操作等。

7.1.3.3 快波前(雷电)和陡波前过电压

7.1.3.3.1 概述

高压直流换流站的不同区域应使用不同的方法评估快波前和陡波前过电压。

7.1.3.3.2 从交流线路到换流变压器网侧端的交流开关场区域

交流开关场的出线较多,并接有大量的交流滤波器、电容器和电力载波滤波器(PLC 滤波器)等设备,对侵入的过电压有衰减作用。

7.1.3.3.3 从直流线路到平波电抗器线路端的直流场区域

直流开关场接有直流滤波器、PLC 滤波器和平波电抗器等阻尼雷电波的设备及直流线路、金属回线、接地极线、极线和中性母线等多组避雷器,雷电过电压一般不严重。

7.1.3.3.4 从换流变压器阀侧到平波电抗器的阀侧端的换流器区域

阀厅交流侧有换流变压器和换流变压器侧 PLC 滤波器的屏蔽,直流侧有极线及中性母线平波电抗器对雷电波的屏蔽,通过它们线圈之间和匝间电容传递到阀厅的雷电侵入波幅值很低,波形类似于缓波前过电压。因此将其作为换流器缓波前过电压进行绝缘配合。

7.1.4 交流滤波器过电压

交流滤波器设备绝缘水平可通过高压端对地故障研究决定,当故障地点发生在近地点时,高压端设备承受的过电压波形类似于快波前过电压。因为高压端电容和电感的阻尼作用,低压端设备基本不承受快波前过电压。

7.1.5 直流滤波器过电压

直流滤波器设备绝缘水平可通过高压端对地故障研究决定,当故障地点发生在近地点时,高压端设备承受的过电压波形类似于快波前过电压。因为高压端电容和电感的阻尼作用,低压端设备基本不承受快波前过电压。

7.2 ±800 kV 直流换流站设备的避雷器保护方式

7.2.1 概述

换流站设备可以采用避雷器直接保护或几种避雷器串联的方式保护,重要设备尽可能地由靠近的避雷器直接保护。最终采用的设备保护方式将在完成过电压和绝缘配合研究,获得系统最佳避雷器布置方式后确定。

±800 kV 高压直流换流站可能采用的避雷器及其布置见图 2。

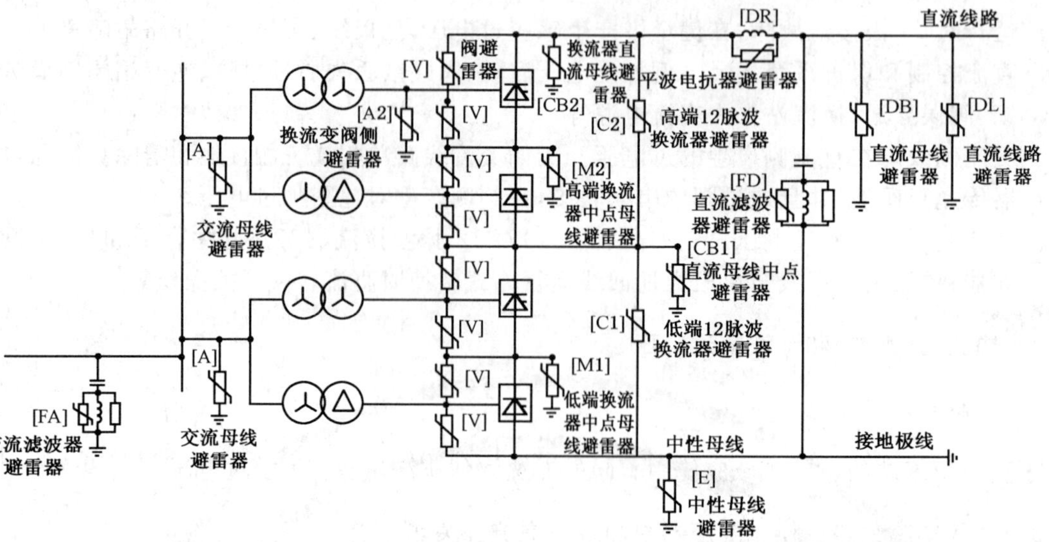

图 2 ±800 kV 高压直流换流站避雷器位置

换流站设备典型的避雷器保护方式如下所述。

7.2.2 换流阀、6 脉波换流桥和 12 脉波换流器

换流阀端子间由阀避雷器 V 直接保护，阀避雷器与晶闸管的正向保护触发配合构成阀的过电压保护(参见 GB/T 311.3—2007 的 9.4.4)，用于保护阀免受过电压的损坏。

±800 kV 直流换流器由两个 6 脉波换流桥串联组成一组 12 脉波换流器，高压端两个 6 脉波换流桥间的连接母线由高端 12 脉波换流器中点母线避雷器 M2 直接保护，或者采用阀避雷器 V3 串联直流母线中点避雷器 CB1 的方式保护。低压端两个 6 脉波换流桥连接母线由低端 12 脉波换流器中点母线避雷器 M1 直接保护。

±800 kV 直流系统中当双 12 脉波换流器中的一组独立运行时，高(压)端 12 脉波换流器避雷器 C2 保护高端 400 kV 12 脉波换流器，低(压)端 12 脉波换流器可以由低端 12 脉波换流器避雷器 C1 直接保护，也可以采用直流母线中点避雷器 CB1 串联中性母线避雷器 E 保护。

7.2.3 换流变压器

换流变压器网侧套管由交流母线避雷器 A 保护。

高(压)端 Y/Y 换流变压器阀侧套管及套管 CT 根据避雷器布置方式有两种保护方法，其一为采用高(压)端 Y/Y 换流变阀侧避雷器 A2 直接保护，另一种方式为高(压)端 12 脉波换流器中点母线避雷器 M2 串联阀避雷器 V3 保护。采用前者更有利于阀厅内设备的布置，但后者采用的方式更直观可靠。

高(压)端 Y/Δ 换流变压器阀套管及套管 CT 由阀避雷器 V3 串联直流母线中点避雷器 CB1 保护。

低(压)端 Y/Y 换流变压器阀侧套管及套管 CT 由阀避雷器 V3 串联低端 12 脉波换流器中点母线避雷器 M1 保护。

低(压)端 Y/Δ 换流变压器阀套管及套管 CT 由阀避雷器 V3 串联直流中性母线避雷器 E1H 保护。

7.2.4 平波电抗器

±800 kV 直流输电系统采用了干式平波电抗器，布置于极线的平波电抗器可以采用在平波电抗器两端跨接平波电抗器避雷器 SR 的方式进行保护，在某些工程中，因为换流器直流母线避雷器 CB2 和直

流母线避雷器 DB 已为该电抗器提供了充分的保护，可不安装该避雷器，此时极线平波电抗器线路侧端子由直流母线避雷器 DB 保护，阀侧端子由换流器直流母线避雷器 CB2 或直流母线中点避雷器 CB1 串联高端 12 脉波换流器避雷器 C2 保护；中性母线平波电抗器由中性母线避雷器保护。

7.2.5 极线设备

位于极线的设备包括极线穿墙套管、极线隔离开关、极线电压测量装置、极线电流测量装置、一端接于极线的旁路开关、一端接于极线的旁路隔离开关等。由于避雷器保护的距离效应，极线上的设备由不止一只的避雷器保护。包括直流母线避雷器 CB2、DB 及直流线路避雷器 DL（安装于直流线路入口处）。

极线穿墙套管和位于平波电抗器阀侧的极线电压测量装置和极线电流测量装置，当双 12 脉波换流器均投入运行时，可以由换流器直流母线避雷器 CB2 保护，也可以采用直流母线中点避雷器 CB1 串联高端 12 脉波换流器避雷器 C2 保护。当高端 12 脉波换流器独立运行时，可以由中性母线避雷器 E 串联高端 12 脉波换流器避雷器 C2 保护。

位于平波电抗器线路侧的极线电压测量装置、极线电流测量装置、极线隔离开关、一端接于极线的旁路开关、一端接于极线的旁路隔离开关均由直流母线避雷器 DB、DL 保护。

7.2.6 高、低端 12 脉波换流器之间的母线设备

位于高、低端 12 脉波换流器之间的电压测量装置、电流测量装置、隔离开关和接地开关、穿墙套管等设备由直流母线中点避雷器 CB1 保护。

7.2.7 中性母线设备

中性母线设备分别由靠近各设备的中性母线避雷器 E 保护。

7.2.8 交流滤波器

由交流滤波器避雷器 F_{ac}保护滤波器内各元件。

7.2.9 直流滤波器

由直流滤波器避雷器 F_{dc}保护滤波器内各元件。

8 ±800 kV 直流换流站设备的绝缘配合方法

8.1 概述

±800 kV 直流换流站设备的绝缘配合方法采用确定性法（惯用法），原则是在惯用过电压（即可接受的接近于设备安装点的预期最大过电压）与耐受电压之间，按设备制造和电力系统的运行经验选取适宜的配合系数。

8.2 确定要求耐受电压（U_{rw}）

在 GB 311.1—1997 中推荐使用绝缘配合因数 K_c 乘以代表性过电压 U_{rp} 获得相应的配合耐受电压，即 $U_{cw}=K_{cd}\times U_{rp}$（见 GB 311.1—1997 的 4.3）。对于在直流侧设备的实际计算方法中（见 GB/T 311.2—2002 的 3.3）用绝缘配合确定性因数 K_{cd}（见 GB/T 311.2—2002 的 3.3.2.1）代替 K_c。因数 K_{cd}考虑了以下因素：

a) 计算过电压数据及模型的局限性和避雷器的非线性特性对配合电流的影响；

b) 过电压波形和持续时间与标准试验波形之间的误差。

参考 GB 311.1—1997 的图 1，要求的耐受电压 U_{rw} 是通过配合耐受电压 U_{cw}、外绝缘大气校正因数 K_a 和取决于内部及外部绝缘类型的安全因数 K_s 确定的。安全系数 K_s 考虑了下列因素：

a) 绝缘寿命；

b) 避雷器特性的变化；

c) 产品质量的分散性。

绝缘配合确定法可用于换流站，根据经验对于海拔低于 1 000 m 的高压直流换流站，由避雷器保护水平乘以一个因数获得设备的要求耐受电压。这个因数考虑了上述的所有因数。如果用户或者相关设备标准没有给出具体规定，表 1 提供了用作设计目的的相应因数值。表 1 中的值适用于设备由紧靠的避雷器直接保护。反之，则应考虑距离影响，并在结果中说明增加的比率（参见 GB 311.1—1997 和 GB/T 311.2—2002 给出的配合因数和配合耐受电压）。

表 1　要求冲击耐受电压与冲击保护水平的比值

设备类型		要求冲击耐受电压与冲击保护水平比值[a,c]		
		SSIWV/SIPL	SLIWV/LIPL	SSFIWV/STIPL[b]
交流开关场，包括母线，户外绝缘和其他常规设备		1.20	1.25	1.25
交流滤波器元件		1.15	1.25	1.25
换流变压器（油绝缘设备）	网侧	1.20	1.25	1.25
	阀侧	1.15	1.20	1.25
换流阀		1.15	1.15	1.20
直流阀厅设备		1.15	1.15	1.25
直流开关场设备（户外），包括直流滤波器和平波电抗器		1.15	1.20	1.25

[a] 用于一般设计的比值。最后的比值（增高或减小）根据选择的性能指标确定。

[b] 阀避雷器的 STIPL。

[c] 以避雷器直接保护设备为基础的比值。

8.3 确定额定耐受电压

额定耐受电压等于或高于要求耐受电压。对于交流设备，额定耐受电压在 GB 311.1 中有相应的标准值。对于高压直流设备，没有标准耐受值，额定耐受电压可取舍到方便的可行值。

9 ±800 kV 直流换流站设备绝缘水平

9.1 设备最高电压

直流换流站设备的最高电压从下列值中选取（kV）：816，408，125，100，50。

9.2 直流换流站设备绝缘水平

选取设备的绝缘水平时，应考虑操作冲击和雷电冲击作用电压，和每一设备最高电压相对应，给出设备绝缘水平的两个耐受电压，即：

a) 额定雷电冲击耐受电压；

b) 额定操作冲击耐受电压。

注：对于换流阀设备还应给出陡波冲击耐受电压。

由于换流站主接线型式不同、换流站避雷器布置方式不同、所采用的避雷器型式不同以及避雷器保护原理不同等原因，表 2～表 7 中在同样的设备额定直流电压下，同一设备有可能出现不同的绝缘水平要求。表 2～表 7 中的绝缘水平为典型数值。

只有表 2～表 7 中同一横行中的一组绝缘水平才能构成一组标准绝缘水平。

附录 A 给出了一个±800 kV 高压直流换流站的绝缘配合计算例子。

表 2 换流阀的绝缘水平

直流系统电压 kV	位置	额定陡波冲击耐受电压 kV	额定雷电冲击耐受电压 kV	额定操作冲击耐受电压 kV
800	单阀	477	426	450
		474	458	458
	400 kV 12 脉波桥低压端对地	—	555	503
		—	450	325
	800 kV 12 脉波桥高压端对地	—	1 800	1 600
		—	1 800	1 600
	两 12 脉波桥间母线对地	—	903	825
		—	1 175	950
	高压 12 脉波桥中点	—	1 294	1 182
		—	1 550	1 300
	低压 12 脉波桥中点	—	594	558
		—	750	550

表 3 换流变压器的绝缘水平

直流系统电压 kV	单相双绕组换流变阀侧	额定雷电冲击耐受电压 kV	额定操作冲击耐受电压 kV
800	高压端 Y/Y	1 800	1 600
	高压端 Y/D	1 550	1 300
	低压端 Y/Y	1 300	1 050
	低压端 Y/D	950	750
		1 175	1 050

表 4　直流滤波器的标准绝缘水平

直流系统电压 kV	位　　置		额定雷电冲击耐受电压 kV	额定操作冲击耐受电压 kV
800	11	G	750	550
	12	G	550	450
	13	G	550	450
	10	11	1 950	1 707
	11	12	250	150
	12	13	250	150
	13	8	261	150
注 1：表中直流滤波器的绝缘水平选择三调谐滤波器进行说明，表格中的位置参考图 3。 注 2：G 表示接地。				

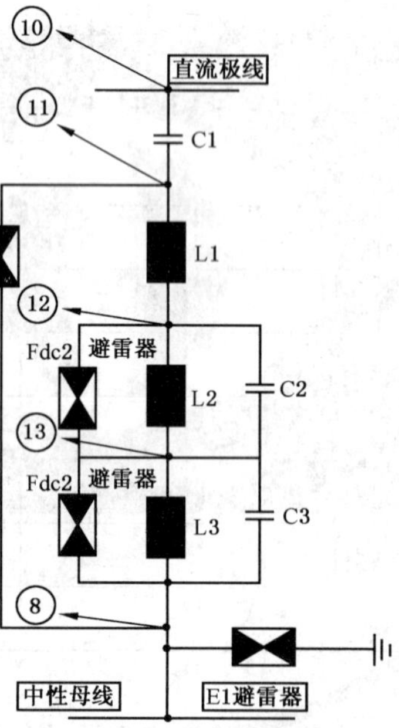

图 3　三调谐直流滤波器结构

表 5　直流极线设备的绝缘水平

设　　备	额定雷电冲击耐受电压 kV	额定操作冲击耐受电压 kV
直流极线平波电抗器、隔离开关和接地开关、极线 PLC（如有）、直流极线穿墙套管、旁路开关、直流极线 CT、PT	1 950	1 600

表 6　双 12 脉波换流器中间母线设备的绝缘水平

直流系统电压 kV	60 min 直流耐受电压 kV	额定雷电冲击耐受电压 kV	额定操作冲击耐受电压 kV
400	600	1 175	950
		950	850

注：双 12 脉波换流器中间母线设备包括双 12 脉波换流器中间母线隔离开关、穿墙套管、旁路开关、直流 CT。

表 7　直流中性母线设备的绝缘水平

设备最高电压 kV	60 min 直流耐受电压 kV	额定雷电冲击耐受电压 kV	额定操作冲击耐受电压 kV
50	75	450	450
100,72.5	143	450	450
		650	550

注：直流中性母线设备包括中性母线平波电抗器、隔离开关和接地开关、中性母线 PLC(如有)、中性母线穿墙套管、中性母线 CT、PT、中性母线电容器、接地极监视装置(电容器、电抗器)、直流转换开关。

附 录 A
（资料性附录）
±800 kV 直流换流站绝缘配合例子

A.1 概述

本附录给出了±800 kV 高压直流换流站的绝缘配合和计算方法。这个例子是一个非常简略的知识性的指导。主要讲述了基于上文中的程序，选定避雷器的额定值和规定的绝缘水平的步骤。

本附录中给出的结果是基于第 8 章中描述的程序和方法。因为对于直流没有标准耐受水平，为使实际使用方便，把 SSIWV、SLIWV 和 SSFIWV 的计算值向上取为整数。

A.2 避雷器保护方案

图 A.1 示例了±800 kV 高压直流换流站的避雷器保护方案，所有避雷器采用无间隙氧化锌避雷器。

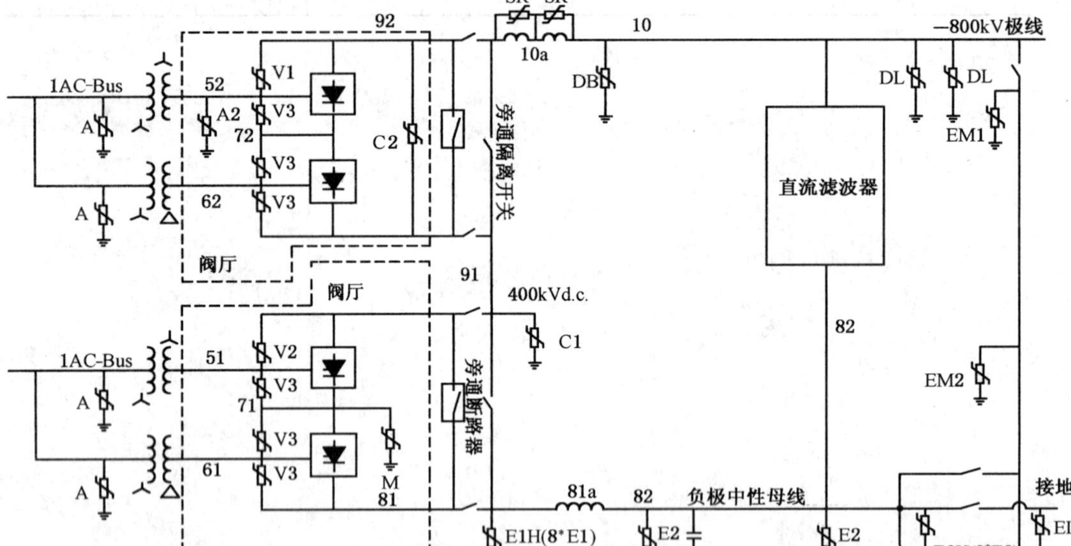

图 A.1 ±800 kV 高压直流换流站避雷器保护方案

A.3 避雷器保护水平和绝缘水平的确定

A.3.1 总则

下面的主要数据用于±800 kV 高压直流换流站绝缘配合设计。

交流侧：500 kV 交流系统网

直流侧：

直流电压	kV	800	（整流侧）
直流电流	A	3 125	
干式平波电抗器	mH	75	（4 台，极母线和中性母线各两台）
触发角	(°)	15/18	（整流侧/逆变侧）

换流变压器：

额定值(单相双绕组)	MVA	250.21
短路阻抗	p. u.	0.18
二次电压(阀侧)	kV	169.85
分接头档位数		+18/−6
分接头档位大小		±1.25%

交流母线避雷器(A)：

交流母线避雷器参数见表 A.1。

表 A.1　交流母线避雷器参数

参　　数	单　　位	母　　线
系统标称电压(有效值)	kV	500
系统最高电压(有效值)	kV	550
持续运行电压，相对地(有效值)	kV	318
SIPL(在 2 kA 下)	kV	780
LIPL(在 20 kA 下)	kV	907
并联柱数		2

RSIWV ＝ 1.20×780 kV ＝ 936 kV⇨ SSIWV＝1 175 kV

RLIWV ＝ 1.25×907 kV ＝ 1134 kV⇨ SLIWV＝1 550 kV

避雷器类型(V1)、(V2)和(V3)：

CCOV	kV	245	
避雷器能量	MJ	10	避雷器 V1
	MJ	5	避雷器 V2
	MJ	2.6	避雷器 V3

阀避雷器的作用由以下工况确定。

A.3.2　从交流侧传递的缓波前过电压

当单阀导通时从交流侧传递的缓波前过电压出现在两相之间，将对避雷器 V3 产生最大的作用。缓波前过电压的幅值取决于换流变阀侧交流母线避雷器 A 的最大保护水平。

阀避雷器(V3)的结果：

阀避雷器(V3)的操作冲击保护水平(SIPL)为：

SIPL＝395 kV　　　配合电流 1 kA

RSIWV＝ 1.15×395 kV　＝454 kV　　　⇨ SSIWV＝454 kV

雷电冲击保护水平(LIPL)为：

LIPL＝395kV　　　配合电流 0.6 kA

RLIWV＝1.2×395 kV ＝474 kV ⇨ SLIWV＝474 kV

A.3.3 低压端 400 kV 换流器单元单独运行时换流变压器阀侧套管对地故障

该故障对阀避雷器 V2 的作用取决于故障的起始时刻。为了确定最大作用，故障接入的时刻应从 0 到 360 电角度变化。

阀避雷器(V2)的结果：

阀避雷器(V2)的操作冲击保护水平(SIPL)为：

SIPL＝395 kV 配合电流 2kA

RSIWV＝1.15×395 kV ＝ 454 kV ⇨ SSIWV＝454 kV

雷电冲击保护水平(LIPL)为：

LIPL＝395 kV 配合电流 1.2kA

RLIWV＝1.2×395 kV ＝474 kV ⇨ SLIWV＝474 kV

A.3.4 换流变压器阀侧高压套管和阀之间的对地故障

该故障工况使保护最高位的三脉波换流组的阀避雷器 V1 承受最大应力。阀避雷器 V1 的最大应力取决于故障的起始时刻。为了确定最大作用，故障接入的时刻应从 0 到 360 电角度变化。

阀避雷器(V1)的结果：

阀避雷器(V1)的操作冲击保护水平(SIPL)为：

SIPL＝395 kV 配合电流 4kA

RSIWV＝1.15×395 kV ＝ 454 kV ⇨ SSIWV＝454 kV

雷电冲击保护水平(LIPL)为：

LIPL＝395 kV 配合电流 2.4 kA

RLIWV＝1.2×395 kV ＝474 kV ⇨ SLIWV＝474 kV

直流母线避雷器(DB)：

下面给出的值适用于两个换流站

CCOV 816 kV

能量 9MJ

对于直流母线避雷器(DB)设计，选择下列配合电流及其对应的值：

SIPL＝1328 kV 配合电流 1 kA

LIPL＝1579 kV 配合电流 10 kA

RSIWV＝1.15×1328 kV ＝ 1527 kV ⇨ SSIWV＝1 600 kV

RLIWV＝1.2 ×1579 kV ＝1894 kV ⇨ SLIWV＝1 950 kV

直流线路避雷器(DL)：

下面给出的值适用于两个换流站

CCOV 816 kV

能量 9 MJ

对于直流母线避雷器(DL)设计，选择下列配合电流及其对应的值：

SIPL＝1328 kV 配合电流 2kA

LIPL＝1579 kV 配合电流 20kA

RSIWV＝1.15×1 328 kV＝1 527 kV ⇨ SSIWV＝1600 kV

RLIWV＝1.20×1 579 kV＝1 894 kV ⇨ SLIWV＝1950 kV

高压端 12 脉波换流器避雷器(C2)：

下面给出的值适用于两个换流站

CCOV 477 kV

能量 4.6MJ

SIPL=706 kV 配合电流 1 kA

LIPL=791 kV 配合电流 5 kA

RSIWV=1.15×706 kV = 812 kV ⇨ SSIWV=950 kV

RLIWV=1.2×791 kV = 949 kV ⇨ SLIWV=1 175 kV

换流器直流母线避雷器(C1):

下面给出的值适用于两个换流站

CCOV 477 kV

能量 4.6 MJ

SIPL=706 kV 配合电流 1 kA

LIPL=791 kV 配合电流 5 kA

RSIWV=1.15×706 kV = 812 kV ⇨ SSIWV=950 kV

RLIWV=1.2×791 kV = 949 kV ⇨ SLIWV=1 175 kV

换流器中点母线避雷器(M):

下面给出的值适用于两个换流站

CCOV 245 kV

能量 2.8 MJ

SIPL=435 kV 配合电流 1kA

LIPL=447 kV 配合电流 1kA

RSIWV=1.15×435 kV = 500 kV ⇨ SSIWV=550 kV

RLIWV=1.2×447 kV = 536 kV ⇨ SLIWV=750 kV

中性母线避雷器(E):

下面给出的值适用于两个换流站:

CCOV >160 kV

能量 3.6 MJ

SIPL=263 kV 配合电流 1kA

LIPL=320 kV 配合电流 20kA

RSIWV = 1.15×263 kV = 302 kV ⇨ SSIWV=325 kV

RLIWV = 1.20×360 kV = 320 kV ⇨ SLIWV=420 kV

换流变压器阀侧避雷器 A2:

下面给出的值适用于两个换流站:

CCOV 885 kV

能量 9MJ

SIPL=1344 kV 配合电流 1kA

LIPL=1344 kV 配合电流 0.6kA

RSIWV = 1.15×1344 kV =1 546 kV ⇨ SSIWV=1600 kV

RLIWV = 1.20×1344 kV =1 613 kV ⇨ SLIWV=1800 kV

平波电抗器避雷器(SR):

下面给出的值适用于两个换流站:

CCOV >40 kVa.c.

能量　　2.0MJ

SIPL=641 kV　　配合电流 3 kA

LIPL=719 kV　　配合电流 10 kA

单个电抗器(75mH)冲击耐受电压

RSIWV = 1.15×641 kV = 737 kV　　⇨ SSIWV=750 kV

RLIWV = 1.20×719 kV = 863 kV　　⇨ SLIWV=950 kV

A.4 换流变压器(阀侧)耐受电压的确定

A.4.1 相对相

由于换流变的阀侧绕组没有被一个避雷器直接保护,就需要考虑下面两种工况:

a) 当阀导通时,换流变阀侧的相对相绝缘由一个阀避雷器(V)保护;

b) 当阀闭锁时,两个阀避雷器串联在相对相之间,在这种情况下,传输的缓波前过电压决定了避雷器最大缓波前过电压。

SIPL=473 kV (传递缓波前过电压)

RSIWV =1.15×473 kV = 543 kV　　⇨ SSIWV=650 kV

⇨ SLIWV=750 kV

A.4.2 高压端 12 脉波换流变压器星形绕组相对地

由 A2 避雷器直接保护,其保护水平如下:

SIPL=1 344 kV　　配合电流 1 kA

LIPL=1 344 kV　　配合电流 0.6 kA

RSIWV =1.15×1 344 kV=1546 kV　　⇨ SSIWV=1 600 kV

RLIWV =1.20×1 344 kV=1613 kV　　⇨ SLIWV=1 800 kV

A.4.3 高压端 12 脉波换流变压器三角形绕组

由避雷器 C1 和避雷器 V3 串联保护,其保护水平如下:

SIPL=706+395=1 101 kV。

RSIWV =1.15×1 101 kV =1 266 kV　　⇨ SSIWV=1 300 kV

SLIWV=1 550 kV

A.4.4 低压端 12 脉波换流变压器星形绕组

由避雷器 M 和避雷器 V3 串联保护,其保护水平如下:

SIPL=435+395=830 kV。

RSIWV =1.15×830 kV =955 kV　　⇨ SSIWV=1 050 kV

SLIWV=1 300 kV

A.4.5 低压端 12 脉波换流变压器三角形绕组

由避雷器 E 和避雷器 V3 串联保护,其保护水平如下:

SIPL=263+395=658 kV。

RSIWV =1.15×658 kV =757 kV　　⇨ SSIWV=750 kV

SLIWV=950 kV

A.4.6 计算结果表

见表 A.2～表 A.4。

表 A.2 换流站避雷器保护水平和配合电流

避雷器类型	A	A2	V1	V2	V3	M	C1	C2	D	E1H	E2	SR
CCOV/kV	318a.c.	885	245	245	245	245	477	477	816	50d.c. +80a.c.	50d.c.	>40a.c.
雷电保护水平/kV	913	1 344	395	395	395	435	791	791	1579	320	320	719
配合电流/kA	20	0.6	2.4	1.2	0.6	0.6	5	5	10	20	20	10
操作保护水平/kV	780	1 344	395	395	395	435	706	706	1328	263	263	641
配合电流/kA	2	1	4	2	1	1	1	1	1	1	1	3
能量/MJ	8.9	9	10	5	2.6	2.8	4.6	4.6	9	3.6	3.6	2.0

表 A.3 换流站各点端对地绝缘水平

保护位置	1	51	61	71	52	62	72	81	82	91	92	10
MCOV(CCOV)/kV	318 rms	477	245	245	886	710	710	50d.c. +80a.c.	50 d.c.	477	880	816 d.c.
保护避雷器	A	M+V3	V3+E1	M	A2	C1 +V3	C1+V3	E1	E2	C1	A2	D
LIPL/kV	907	—	—	435	1 344	—	—	320	320	791	—	1 579
SLIWV/kV	1 550	1 300	950	750	1 800	1 550	1 550	450	450	1 175	1 800	1 950
SIPL/kV	780	830	631	435	1 344	1 101	1 101	263	263	706	1 344	1 328
配合电流/kA	2	1	0.6	1	1	1	1	1	1	1	1	1
SSIWV/kV	1 175	1 050	750	550	1 600	1 300	1 300	325	325	950	1 600	1 600

表 A.4 换流站各点端对端绝缘水平

保护位置	51,61 相对相	51-61	81-91	52,62 相对相	52-62	91-92	92-10a	81-82	阀
保护避雷器	A’	2V	C1-E1	A’	2V	C2	SR	E	V
LIPL/kV	—	—	—	—	—	740	719	—	395
SLIWV/kV	750	1 175	1 175	750	1 175	1 175	1 050	450	454
SIPL/kV	473	790	706	473	790	706	641	263	395
SSIWV/kV	650	950	950	650	950	950	950	375	454

ICS 43.040.10
T 37

中华人民共和国国家标准

GB/T 28542—2012

道路车辆应急起动电缆

Road vehicles jump-start cables

2012-06-29 发布 2012-11-01 实施

中华人民共和国国家质量监督检验检疫总局
中国国家标准化管理委员会 发布

前　言

本标准参考了德国工业标准 DIN 72553:1994《内燃机道路车辆蓄电池跨接电缆的尺寸、要求、检验》和美国机动车工程协会标准 SAE J 1494:2001《蓄电池充电电缆》。

本标准由中华人民共和国工业和信息化部提出。

本标准由全国汽车标准化技术委员会(SAC/TC 114)归口。

本标准起草单位:建德市万家电器电缆有限公司、杭州出入境检验检疫局、浙江省检验检疫科学技术研究院、温州出入境检验检疫局、中国汽车技术研究中心、长沙汽车电器研究所、建德市质量技术监督局、建德市华隆电器工具有限公司、建德市低压电器行业协会。

本标准主要起草人:严利明、高熙康、唐仁幸、郑高科、郑镇、卢振球、潘鹏、程建文、戚方好、刘启平。

道路车辆应急起动电缆

1 范围

本标准规定了道路车辆应急起动电缆(以下简称起动电缆)的术语和定义、要求、试验方法、检验规则等。

本标准适用于标称电压为12 V或24 V、起动电流不超过750 A的起动电缆。

2 规范性引用文件

下列文件对于本文件的应用是必不可少的。凡是注日期的引用文件,仅注日期的版本适用于本文件。凡是不注日期的引用文件,其最新版本(包括所有的修改单)适用于本文件。

GB/T 191 包装储运图示标志

GB/T 1220—2007 不锈钢棒

GB/T 3953 电工圆铜线

GB/T 4909.2—2009 裸电线试验方法 第2部分:尺寸测量

GB/T 25085—2010 道路车辆 60 V和600 V单芯电线

SJ/T 11223 铜包铝线

3 术语和定义

下列术语和定义适用于本文件。

3.1

额定电流 rated current

起动电缆在特定条件下传输电流的能力。

3.2

电压降 voltage drop

起动电缆被连接到两个蓄电池电极之间并传输电流时,在两个蓄电池的正电极之间或负电极之间存在的电位差。

4 要求

4.1 一般要求

4.1.1 起动电缆应符合本标准的规定,并应按经规定程序批准的图样及设计文件制造。

4.1.2 起动电缆的规格用额定电流表示,见表1。

表1　起动电缆的规格和基本参数

起动电缆的规格（额定电流）/A	起动电缆总长度/mm	电缆导体截面积/mm^2	电压降/V	车辆发动机气缸工作容量/L	
				汽油发动机	柴油发动机
80	≥2 500	≥3	≤1.6	≤1.0	不适用
100	≥2 500	≥4	≤1.6	≤1.2	不适用
150	≥2 800	≥6	≤1.6	≤1.6	不适用
200	≥2 800	≥10	≤1.6	≤2.0	不适用
220	≥3 000	≥16	≤1.6	≤2.5	≤2.0
350	≥3 500	≥25	≤1.6	≤5.5	≤3.0
480	≥4 000	≥35	≤1.6	≤7.0	≤4.0
750	≥4 500	≥50	≤1.8	≤12.0	≤9.0

4.1.3　起动电缆包括普通温度型（−25 ℃～+70 ℃）和特低温度型（−40 ℃～+70 ℃）。

4.1.4　起动电缆由两条电缆及附件组成，每一条电缆的两端各连接一个蓄电池夹，其中一条电缆上应装有一个不可拆卸的警示标签，见图1。

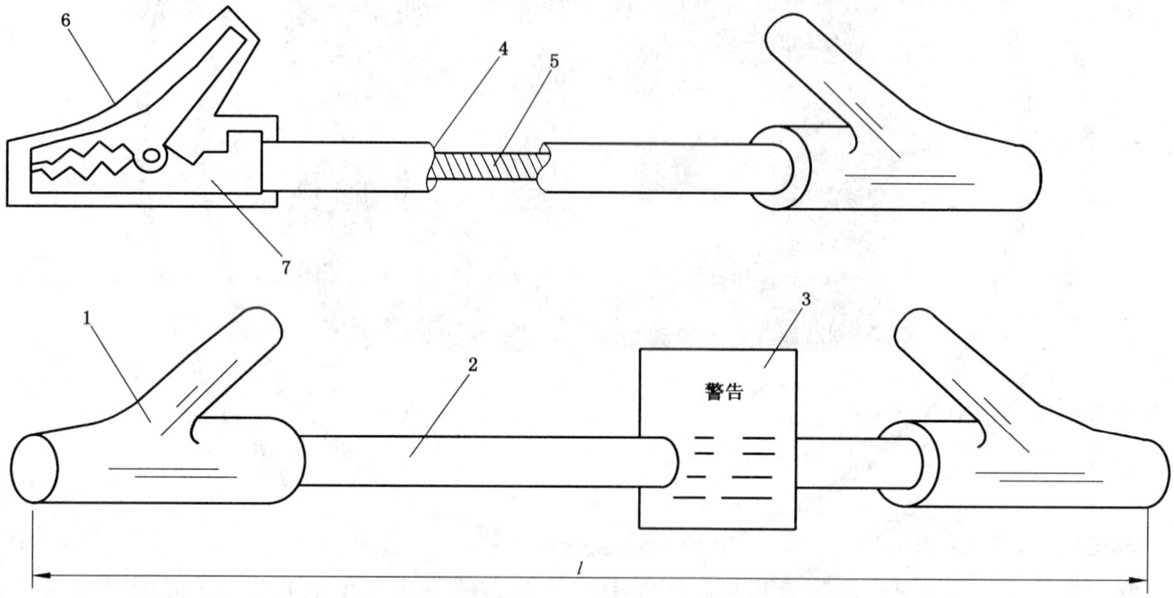

其中：
1——蓄电池夹；
2——电缆；
3——警示标签；
4——电缆绝缘层；
5——电缆导体；
6——蓄电池夹的绝缘层；
7——蓄电池夹（主件）；
l——总长度。

图1　起动电缆结构示意图

4.1.5 起动电缆的两条电缆上应标识下列内容：

a) 制造商名称或商标。

b) 适用温度范围。

c) 额定电流。

4.1.6 起动电缆的两条电缆的导体应由符合 GB/T 3953 规定的软铜线或由符合 SJ/T 11223 规定的软铜包铝线绞合而成。

4.1.7 起动电缆的总长度(l)应符合表 1 的规定。

4.2 起动电缆极性

起动电缆的一条电缆及其两端的蓄电池夹的颜色为黑色，另一条电缆及其两端的蓄电池夹的颜色为红色或明显区别于黑色的其他颜色(除了白色之外)。

4.3 电缆

4.3.1 电缆导体的截面积应符合表 1 的规定。

4.3.2 电缆外径和电缆绝缘层的厚度应符合表 2 的规定。

表 2 电缆外径和电缆绝缘厚度

导体截面积范围 S/mm^2	铜包铝软线绞合导体		铜丝绞合导体	
	电缆绝缘厚度(最小)/mm	电缆外径(最大)/mm	电缆绝缘厚度	电缆外径
$3 \leqslant S \leqslant 16$	0.80	8.30	见 GB/T 25085—2010 中的表 4	
$16 < S \leqslant 25$	1.04	10.4		
$25 < S \leqslant 35$	1.04	12.0		
$35 < S \leqslant 50$	1.20	14.0		
$50 < S \leqslant 70$	1.20	16.0		
$70 < S \leqslant 95$	1.28	19.0		

4.3.3 电缆绝缘层在 70 ℃温度下应具有足够的抗机械压力能力。

4.3.4 电缆绝缘层在－25 ℃(或－40 ℃)温度下应具有足够的抗卷绕能力。

4.3.5 电缆绝缘层在－25 ℃(或－40 ℃)～70 ℃温度范围内应具有足够的抗热漂移(高温短期老化)能力。

4.3.6 电缆绝缘层经有限接触汽油、柴油、机油后，应无破裂或绝缘失效，并且电缆外径的变化率应不大于 15%。

4.3.7 电缆绝缘层经有限接触火焰后，应无延燃现象发生。

4.4 蓄电池夹

4.4.1 蓄电池夹的张开力应符合表 3 的规定。蓄电池夹的夹持力应不小于 2 倍的张开力。

表 3 蓄电池夹的张开力

起动电缆的规格(额定电流)/A	蓄电池夹的张开力/N		
	蓄电池电极直径 10 mm	蓄电池电极直径 20 mm	蓄电池电极直径 30 mm
80	30±6	50±10	70±10
100、150、200、220	35±7	55±11	75±15

表 3（续）

起动电缆的规格(额定电流)/A	蓄电池夹的张开力/N		
	蓄电池电极直径 10 mm	蓄电池电极直径 20 mm	蓄电池电极直径 30 mm
350	40±8	60±12	80±16
480、750	50±10	75±15	95±19

4.4.2 蓄电池夹的绝缘件在低温－25 ℃(普通温度型)或－40 ℃(特低温度型)状态下，从 1.5 m 高处跌落后，其表面及结构应无破裂。

4.4.3 蓄电池夹的金属件应能耐受正常使用和存储环境下的盐雾侵蚀，其表面应无锈迹。

4.5 电缆与蓄电池夹间的接合强度

电缆与蓄电池夹之间的接合处在耐受下列拉力时，应无脱落或损坏：

a) 对额定电流不大于 150 A 的起动电缆，施加 245 N±5 N 的拉力；

b) 对额定电流大于 150 A 的起动电缆，施加 445 N±20 N 的拉力。

4.6 警示标签

4.6.1 警示标签应包含附录 A 中 A.1 规定的警示用语。

4.6.2 警示标签的图文应清晰易读、持久耐用。

4.6.3 警示标签在耐受 22 N 拉力后，应无破裂，其图文应保持清晰易读。

4.7 起动电缆的电压降和温升

在 23 ℃±5 ℃的环境温度下，起动电缆被接通额定电流，持续 15 s 时间，在起动电缆上产生的电压降应符合表 1 的规定，通电期间及之后，其蓄电池夹手柄背部及夹爪背部的温升应不超过 45 K，应不损坏起动电缆各部件的机械结构和电气结构。

5 试验方法

5.1 试验条件和试样要求

除非另有规定，所有试验均应在温度为 23 ℃±5 ℃的环境中进行。

除非另有规定，所有试样均应从新的或未经其他试验损伤的起动电缆上取得。

除非另有规定，试验前，应将试样放置在温度为 23 ℃±5 ℃的环境中，放置时间不少于 1 h。

5.2 起动电缆极性试验

目视或用其他适宜的方法检查起动电缆的极性。

5.3 电缆试验

5.3.1 导体截面积试验见 GB/T 4909.2—2009 中 5.4 的规定。

5.3.2 电缆外径和电缆绝缘层厚度试验见 GB/T 25085—2010 中 5.1.1～5.1.3 和 5.2.1～5.2.3 的规定，其中试样长度改为 2 200 mm。

5.3.3 电缆绝缘层高温压力试验见 GB/T 25085—2010 中 7.1 的规定，其中烘箱的温度设定为 70 ℃±2 ℃。

5.3.4 电缆绝缘层的低温卷绕试验见 GB/T 25085—2010 中 8.1 的规定，其中冷冻箱的温度设定为 −25 ℃±2 ℃(对普通温度型)或−40 ℃±2 ℃(对特低温度型)。

5.3.5 电缆绝缘层的抗高温短期老化试验见 GB/T 25085—2010 中 10.2 的规定，其中烘箱温度设定为 110 ℃±2 ℃，老化试验时间设定为 168 h。

5.3.6 电缆绝缘层的耐汽油、柴油、机油试验见 GB/T 25085—2010 中 11.2 的规定。

5.3.7 电缆绝缘层的抗延燃试验见 GB/T 25085—2010 中第 12 章的规定。

5.4 蓄电池夹试验

5.4.1 蓄电池夹张开力和夹持力试验

取蓄电池夹作为试样，按图 2 所示，按序进行下列 a)～d)项试验：

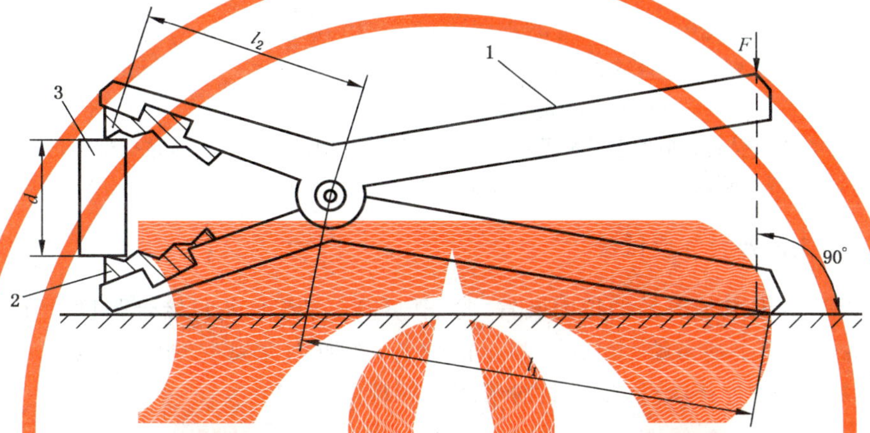

其中：

1——蓄电池夹；

2——夹爪导电件；

3——金属圆柱；

d——金属圆柱直径。

图 2 蓄电池夹张开力试验示意图

a) 用测量误差不大于±1 mm 的长度检测器具，测量蓄电池夹的手柄长度(l_1)和夹爪长度(l_2)，应满足 $l_1 \geqslant 2l_2$。手柄长度(l_1)为蓄电池夹的轴销中心至手柄末端之间的距离。夹爪长度(l_2)为蓄电池夹的轴销中心至夹爪导电件前端点之间的距离。

b) 用蓄电池夹分别夹持直径为 10 mm、20 mm、30 mm 的金属圆柱，在蓄电池夹手柄末端施加力 F，逐渐增大力 F 直至刚好可移动金属圆柱，分别记录此时力 F 的值即为张开力。

c) 蓄电池夹不夹持任何物品，在蓄电池夹手柄上施加力，使蓄电池夹的夹爪张开至最大位置，然后逐渐减小所施加的力，蓄电池夹的夹爪回至闭合状态，此为一次开合试验。一次开合试验的总时间为 2 s～6 s。重复 1 000 次开合试验。

d) 重复 b)项试验。

5.4.2 蓄电池夹低温跌落试验

取蓄电池夹作为试样，截去所带电缆，按序进行下列 a)～d)项试验：

a) 将试样放在 70 ℃±2 ℃的高温烘箱中 1 h。试验期间，烘箱内完全换气 8 次到 20 次。然后在 23 ℃±5 ℃温度下自然冷却 1 h。

b) 将经上述 a)项试验后的试样放在−25 ℃±2 ℃(对普通温度型)或−40 ℃±2 ℃(对特低温度

型)的低温箱中 1 h。

c) 随后从低温箱中取出试样,将试样从 1.5 m 高处自由跌落在混凝土平板上 5 次。试验时,自试样离开低温箱至 5 次跌落试验完毕的总时间应不超过 60 s。

d) 目视检查经上述 c)项试验后试样的绝缘件的表面及结构,记录其破裂或损坏现象。

5.4.3 蓄电池夹金属件耐锈蚀试验

取蓄电池夹作为试样,除去所带电缆及非永久固定的绝缘材料。按序进行下列 a)～e)项试验:

a) 将试样浸入四氯化碳、三氯乙烷或等效的脱脂剂中 10 min,以除掉所有的油脂。

b) 将试样浸入温度为 20 ℃±5 ℃、氯化氨含量为 10%的水溶液中 10 min。随后,将试样上的液滴甩掉,但不擦干。

c) 将试样放入温度为 20 ℃±5 ℃的饱和水汽中 10 min。

d) 将试样放入温度为 100 ℃±5 ℃的加热箱内 10 min。

e) 目视检查试样金属件表面的锈迹。

注 1:锐边上的锈迹或可擦掉的淡黄锈膜均可忽略不计。

注 2:对小弹簧之类及会受到磨损的不易触及部件,有一层油脂,即足以防锈。对这类部件,只有在对油脂层的功效有怀疑时,才进行试验,而且试验前不去除油脂。

5.5 电缆与蓄电池夹间接合强度试验

采用图 3 所示装置或其他等效的拉力装置,验证电缆与蓄电池夹间接合强度。在电缆上沿电缆轴线 F 方向、距离蓄电池夹手柄末端 500 mm 以上的位置,施加 4.5 规定的拉力,保持 60 s 时间,目视检查电缆与蓄电池夹之间的连接状况,记录其脱落或损坏现象。

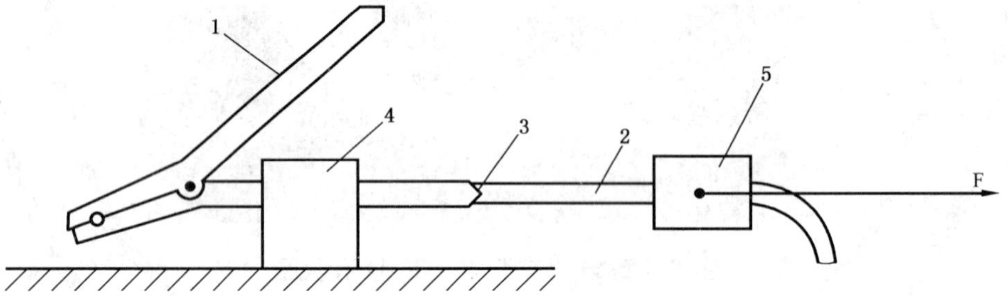

其中:

1——蓄电池夹;

2——电缆;

3——蓄电池夹手柄末端;

4——支架;

5——夹紧装置。

图 3 电缆与蓄电池夹间接合强度试验示意图

5.6 警示标签试验

5.6.1 目视检查警示标签的图文内容。

5.6.2 用手拿浸透水的布片擦拭警示标签上的图文 15 s,再拿浸透汽油的布片擦拭警示标签的图文 15 s,随后,目视检查警示标签上的图文是否清晰可读。

注:试验用汽油为脂肪族溶剂己烷,其最大芳香脂体积分数为 0.1%,贝壳松脂丁醇值为 29,初沸点约为 65 ℃,干点约为 69 ℃,密度为 0.68 g/cm^3。

5.6.3 按图 4 所示,将警示标签挂于起动电缆的电缆上,电缆处于水平拉直状态,通过试验夹对警示标签施加 22 N(包括试验夹的重量)的力,保持 60 s 时间,力的作用方向垂直向下,力的施加点应在警示标签边缘 6 mm 处,且尽量远离电缆。随后,目视检查警示标签是否破裂,其图文是否清晰可读。

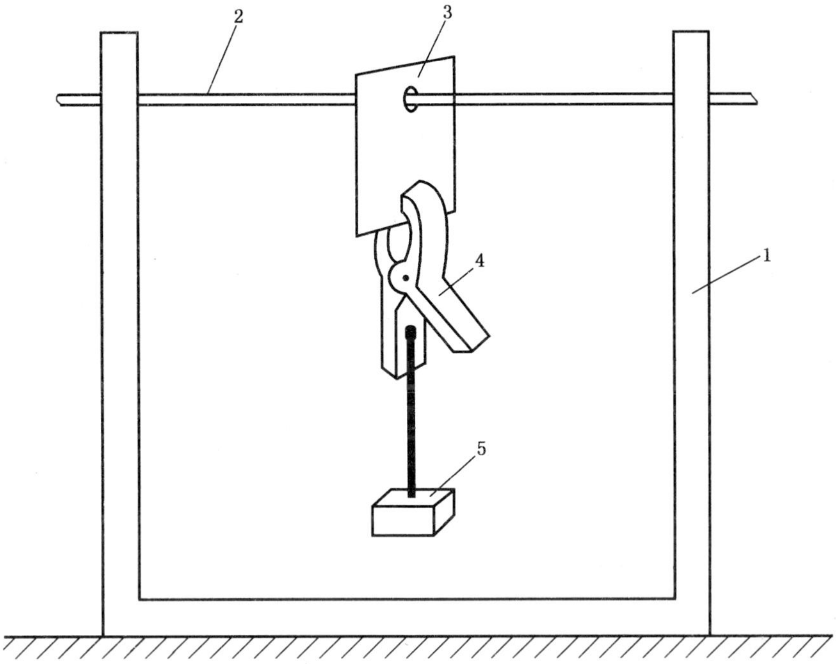

其中:
1——试验支架;
2——电缆;
3——警示标签;
4——试验夹;
5——重物。

图 4 警示标签抗拉力试验示意图

5.7 起动电缆电压降和温升试验

5.7.1 试验装置及环境条件如下:

a) 试验在 23 ℃±5 ℃温度下进行,试样所处环境应无强对流空气。

b) 采用直流型或交流(工频 50 Hz)型电流试验装置,其测量电路如图 5 所示。该试验装置的两个不锈钢电极为圆柱体,其直径为 25 mm±1 mm、长度为 60 mm,其材料牌号为 GB/T 1220—2007 中规定的 06Cr17Ni12Mo2 或 12Cr18Ni9。试验电流接于两个不锈钢电极的一端,电压降检测仪接在两个不锈钢电极的另一端。

c) 试验用时间测控仪器的误差应小于±0.5 s。

d) 试验用电流检测仪器的相对测量误差应小于±1%。

e) 试验用电压降检测仪器的测量误差应小于±0.01 V。

f) 温升测量误差应小于±2 K。

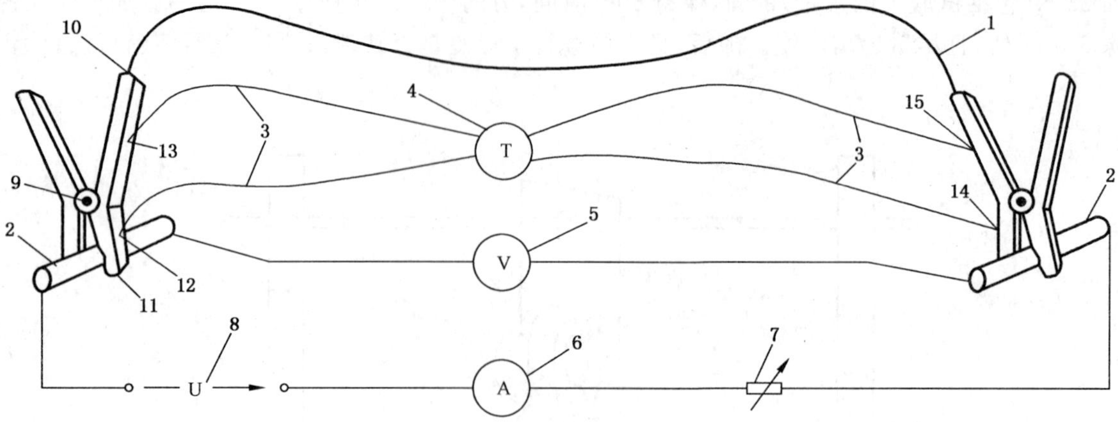

其中：

1——电缆；

2——不锈钢电极；

3——热电偶引线；

4——温升检测仪；

5——电压降检测仪；

6——电流检测仪；

7——限流电阻；

8——电源；

9——蓄电池夹轴销；

10——蓄电池夹手柄端点；

11——蓄电池夹夹爪端点；

12——温升检测点 A(位于蓄电池夹夹爪背部中点)；

13——温升检测点 B(位于蓄电池夹手柄背部中点)；

14——温升检测点 C(位于蓄电池夹夹爪背部中点)；

15——温升检测点 D(位于蓄电池夹手柄背部中点)。

图 5　起动电缆电压降和温升试验示意图

5.7.2　试样为经 5.5 规定的接合强度试验后的起动电缆。

5.7.3　按如下程序进行试验：

a)　取试样的 1 条电缆，按图 5 所示，将该电缆的 2 个蓄电池夹夹在不锈钢电极的中部位置，在 2 个蓄电池夹的手柄背部中点和夹爪背部中点粘结热电偶(图示 A～D 四个温升检测点)，以测量试样的温升。当蓄电池夹的绝缘层(见图 1)采用非永久固定方式时，应将其绝缘层移除后，再将热电偶粘结到蓄电池夹上，试验时不带该绝缘层。

b)　将通电时间设定为 15 s。接通试验电源，在 3 s 时间内使试验电流快速上升至额定电流，记录试样的电压降和温升值。

c)　通电过程，当电压降超过表 1 规定的极限值，或 4 个温升检测点中的任何 1 个温升值超过 45 K 时，立即切断电源，停止试验。否则继续 d)项试验。

d)　通电 15 s 后，断开试验电源。随后，在 120 s 时间内，继续监测温升值。当 4 个温升检测点中的任何 1 个温升值超过 45 K 时，停止试验。否则，将经上述试验后的试样放在室温下自然冷却 1 h 后，继续 e)项试验。

e)　按 5.5 规定的方法对该试样做接合强度试验。

f)　取同一试样的另 1 条电缆，重复上述 a)～e)项的试验。

6 检验规则

6.1 检验分类

检验分型式检验和出厂检验。

6.2 型式检验

6.2.1 出现下列情况之一时，应进行型式检验。

a) 新产品批量投产前鉴定。

b) 批量投产后，如结构、材料、工艺有较大改变而可能影响产品性能时。

c) 因某种特定或特殊情况，认为有必要进行型式检验时。

6.2.2 型式检验所用试样应从出厂检验合格的能够覆盖整个加工工艺的产品中随机抽取。型式检验项目为表4所列所有项目。

表4 检验项目及数量

章条号	检验项目	出厂检验	型式检验试样数量
5.2	起动电缆极性试验	全数检验	5套
5.3.1	电缆导体截面积试验	√	3个
5.3.2	电缆外径和电缆绝缘层厚度试验	√	3个
5.3.3	电缆绝缘层高温压力试验		3个
5.3.4	电缆绝缘层低温卷绕试验		3个
5.3.5	电缆绝缘层抗高温短期老化试验		3个
5.3.6	电缆绝缘层耐汽油、柴油、机油试验		3个
5.3.7	电缆绝缘层抗延燃试验		3个
5.4.1	蓄电池夹张开力和夹持力试验		5个
5.4.2	蓄电池夹低温跌落试验		5个
5.4.3	蓄电池夹金属件耐锈蚀试验		5个
5.5	电缆与蓄电池夹间接合强度试验	√	5套
5.6.1	警示标签图文内容	√	3个
5.6.2	警示标签图文的持久耐用试验		3个
5.6.3	警示标签抗拉力试验		3个
5.7	起动电缆电压降和温升试验	√	5套
7.1	包装	√	5套
注：√为应做项目。			

6.2.3 全部型式检验项目所需试样构成1个试样组。当表4所列项目的试验均合格时，即判定该组试样的型式检验合格。如有检验项目不合格，允许重新抽取加倍数量的试样，对其不合格项目进行复试，复试不合格，则判该组试样为不合格。

6.3 出厂检验

6.3.1 出厂检验项目、抽样方案及验收准则由制造商在产品技术文件中规定，或由供需双方协商确定。出厂检验项目应至少包括表4所示的“出厂检验”栏中的所有项目。

6.3.2 起动电缆应经检验合格方能出厂，并附有证明产品合格的文件或标记。

7 包装、运输及贮存

7.1 包装

7.1.1 每一套起动电缆应有一个包装袋(盒)。包装袋(盒)应采用塑料或其他适用的材料制成。起动电缆使用后应可以被重新装入包装袋(盒)中。应在包装袋(盒)内配置一份使用说明书，或在包装袋(盒)上印制使用说明，使用说明的内容见附录A中A.2。包装袋(盒)上应标识下列内容：

a) 产品名称、型号、规格。

b) 适用温度范围。

c) 起动电缆的总长度。

d) 电缆导体的主要材料。

7.1.2 外包装物宜采用瓦楞纸箱。包装箱外表应注明如下内容：

a) 厂名、厂址、联系方式。

b) 产品名称、规格、数量。

c) 产品标准号。

d) 生产日期。

e) 应有防潮、码放高度等符合GB/T 191规定的相应标识。

7.1.3 外包装箱内应装入随同产品供应的相关文件：

a) 装箱单(指多只包装)。

b) 产品合格证。

7.2 运输和贮存

在运输和贮存中，产品不得受剧烈机械冲撞、暴晒、雨淋、化学腐蚀性物品及有害气体侵蚀。

附　录　A
（规范性附录）
警示标签和使用说明

A.1　警示标签

警示标签应包括如下内容：

道路车辆应急起动、充电须知

警告：蓄电池含有酸性成分并可能产生易爆气体。

注意：操作者应戴上眼镜、手套等，以防人体的皮肤或器官受到伤害。本产品用于连接供电车辆和缺电车辆的蓄电池电极，以向缺电车辆传输应急起动电能。待连接的两辆车的蓄电池的额定电压必须相同，应确保两辆车的车体互不接触。详见使用说明书中的操作须知。以下操作仅适用于负极搭铁的系统：

a）将红色电缆的一个蓄电池夹接到缺电车辆蓄电池的正极“＋”上，将该电缆的另一个蓄电池夹接到供电车辆蓄电池的正极“＋”上。

b）将黑色电缆的一个蓄电池夹接到供电车辆蓄电池的负极“－”上。

c）将黑色电缆的另一个蓄电池夹接到缺电车辆的搭铁件上。该搭铁件为发动机缸体铁件或与发动机缸体牢固连接的其他铁件，并应尽量远离蓄电池，不允许直接接到蓄电池的负极上。

d）先起动供电车辆的发动机，随后起动缺电车辆的发动机。

e）按与上述相反的顺序拆除起动电缆。

A.2　使用说明

A.2.1　使用说明的图文应清晰可辨，应至少包括 A.2.2～A.2.5 中的所有内容。

A.2.2　警告：蓄电池含有酸性成分并可能产生易爆气体。在使用起动电缆时，切莫倾斜放置蓄电池。蓄电池必须始终远离火源（如：小火星，火苗，点燃的香烟）。

A.2.3　注意：

a）车辆蓄电池的电解液可能逸出，不要弯腰面向蓄电池。蓄电池夹的外表面裸露导电件可能导致电气短路和灼伤使用者的事故发生。操作者应戴上眼镜、手套等，以防人体的皮肤或器官受到伤害。

b）待连接的两辆车的蓄电池的额定电压必须相同（同为 12 V，或同为 24 V）。

c）应确保待连接的两辆车的车体互不接触。

d）供电车辆蓄电池应与车辆电网系统保持连接状态。

e）在连接起动电缆前，应关闭两辆车上的所有电力负载。挂上刹车。手动变速，将变速器置于空挡；自动变速，将挡位选择杆置于“驻车挡”（P）。

f）在连接起动电缆前，应先判别两辆车上的蓄电池的正负电极，并判别各车的搭铁电极是正极搭铁还是负极搭铁。两辆车的搭铁电极可能互不相同。严禁极性反接。谨防发生电气短路、燃烧、爆炸事故。

g）对较大型或重型车辆，或当环境温度较低时，或当缺电车辆的发动机、蓄电池状况较差时，应选择较大规格（额定电流）的起动电缆。

A.2.4　当缺电车辆的搭铁极为负极（即蓄电池的负极被搭接在发动机铁件上）时，按如下顺序操作：

第一步，将红色电缆的一个蓄电池夹接到缺电车辆蓄电池的正极“＋”上，将该电缆的另一个蓄电池夹接到供电车辆蓄电池的正极“＋”上。

第二步，将黑色电缆的一个蓄电池夹接到供电车辆蓄电池的负极“－”上，将黑色电缆的另一个蓄电池夹接到缺电车辆的搭铁件上。注意：该搭铁件为发动机缸体铁件或与发动机缸体牢固连接的其他铁件，并应尽量远离蓄电池，不允许直接接到蓄电池的负极上。

第三步，检查起动电缆的连接状态，应确保起动电缆与发动机的运转部件之间无任何接触。

第四步，起动供电车辆的发动机，使发动机保持中等速度运转。接着起动缺电车辆的发动机，每次起动时间不得超过 15 s(多次起动时，应至少有 60 s 以上的时间间隔)，成功起动发动机后，保持 2 min～3 min，直至发动机正常运转。注意：起动发动机前，所有人员应远离供电车辆蓄电池，谨防易爆气体伤人。

第五步，按与第一、二步相反的顺序拆除起动电缆。注意：拆卸时，应确保起动电缆与发动机的运转部件之间无任何接触。

A.2.5 当缺电车辆的搭铁极为正极(即蓄电池的正极被搭接在发动机铁件上)时，按如下顺序操作：

第一步，将黑色电缆的一个蓄电池夹接到缺电车辆蓄电池的负极“－”上，将黑色电缆的另一个蓄电池夹接到供电车辆蓄电池的负极“－”上。

第二步，将红色电缆的一个蓄电池夹接到供电车辆的正极“＋”上，将该电缆的另一个蓄电池夹接到缺电车辆的搭铁件上。注意：该搭铁件为发动机缸体铁件或与发动机缸体牢固连接的其他铁件，并应尽量远离蓄电池，不允许直接接到蓄电池的正极上。

第三步，检查起动电缆的连接状态，应确保起动电缆与发动机的运转部件之间无任何接触。

第四步，起动供电车辆的发动机，使发动机保持中等速度运转。接着起动缺电车辆的发动机，每次起动时间不得超过 15 s(多次起动时，应至少有 60 s 以上的时间间隔)，成功起动发动机后，保持 2 min～3 min，直至发动机正常运转。注意：起动发动机前，所有人员应远离供电车辆蓄电池，谨防易爆气体伤人。

第五步，按与第一、二步相反的顺序拆除起动电缆。注意：拆卸时，应确保起动电缆与发动机的运转部件之间无任何接触。

ICS 31.060.70
K 42

中华人民共和国国家标准

GB/T 28543—2012

电力电容器噪声测量方法

Noise measurement of power capacitors

2012-06-29 发布　　　　2012-11-01 实施

中华人民共和国国家质量监督检验检疫总局
中国国家标准化管理委员会
发布

前　言

本标准按照 GB/T 1.1—2009 给出的规则起草。

本标准由中国电器工业协会提出。

本标准由全国电力电容器标准化技术委员会(SAC/TC 45)归口。

本标准由国网电力科学研究院负责起草，上海思源电力电容器有限公司、西安西电电力电容器有限责任公司、合肥工业大学、西安高压电器研究院有限责任公司、浙江省电力试验研究院、青岛市恒顺电气股份有限公司、指月集团有限公司、桂林电力电容器有限责任公司参加起草。

本标准主要起草人：倪学锋、严飞、林浩。

本标准参加起草人：姜胜宝、蒋华毕、王崇祐、邓永辉、肖敏英、尚耀辉、房金兰、李志远、田恩文、赵鑫、张建平、李钢、付大志、史海洋、王培波、冯春林。

引　言

高压直流换流站中的滤波电容器装置是由大量电容器单元构成的，电容器装置的设计安装要考虑许多参数，其中噪声水平就是主要参数之一。而电容器装置噪声水平的主要影响因素之一就是电容器单元的噪声水平，因此，只有测准电容器单元的噪声水平，才能更为准确地控制电容器装置的噪声水平。

电容器单元噪声的产生主要来自静电力的作用，经过近四年的试验验证表明，电磁力、电容器单元的结构、尺寸、工艺和安装方式等对电容器噪声水平都有一定的影响。但影响最大的则是注入电容器的谐波电流大小，当谐波电流小时，电容器单元噪声很小，谐波电流较大时，电容器单元的噪声会明显增大。因此，电容器单元噪声测量的试验条件对测准电容器单元的噪声至关重要，特别是注入电容器的基波与谐波电流对试验结果影响巨大。这个特点决定了电容器单元噪声试验只有在注入电容器的基波和主谐波电流与电容器运行状况接近时才有意义。采用单一频率等效电源方法测到电容器单元的噪声水平将严重减小。

为确定电容器单元噪声测量时注入基波和谐波电流的大小、基波与谐波电流值的比例、谐波的频率等参数，对国内已在运行的直流换流站的滤波器设计参数进行了分析统计，并对多个换流站的滤波器在运行中的噪声及振动进行了细致测量，测量及设计参数均表明在直流换流站中的噪声以 11 次和 13 次(600 Hz)最严重。因此，在对电容器单元进行噪声测量的试验中，对谐波电流选取以 12 次(600 Hz)为准，谐波电流值选取则参考直流换流站设计的噪声计算基波电流值和谐波电流值。这样达到试验结果即有效地反映电容器单元的噪声水平，利于工程应用，又可避免电容器噪声试验条件过于偏严的情况发生，大量的验证试验证明这种依据广大工程进行试验参数的选取是有代表性的，是科学合理的。

本标准是为了解决目前高压直流换流站用电容器单元噪声测量无标准可依、方法多样、同一试品试验结果差异巨大等问题而制定的。

本标准制定的主要依据是目前噪声测量的相关国家标准和国网公司下达的、国网电科院完成的“电容器及滤波器噪声控制方法的研究”项目的研究成果。本标准在国内、国际上均属首次制定。

本标准是经过近四年的试验验证和现场测量，根据试验方法研究的成果转化而来。特别是工频电流叠加谐波电流试验方法、测量时注入电流的比例都是国内外首次提出，不仅是实验室中经过验证，也是在对我国在运的直流换流站滤波器的工频电流、谐波电流进行统计分析、现场噪声测量而确定的，具有工程指导意义。

电力电容器噪声测量方法

1 范围

本标准规定了电力电容器单元的声压级测量方法，并以此来确定电力电容器单元的声功率级。

本标准适用于标称电压 1 kV 及以上、频率为 50 Hz 的交流电力系统用并联电容器单元、交流滤波电容器单元、直流滤波电容器单元，其他电力电容器单元可参考本标准执行。

2 规范性引用文件

下列文件对于本文件的应用是必不可少的。凡是注日期的引用文件，仅注日期的版本适用于本文件。凡是不注日期的引用文件，其最新版本（包括所有的修改单）适用于本文件。

GB/T 2900.16—1996　电工术语　电力电容器

GB/T 3241　电声学　倍频程和分数倍频程滤波器

GB/T 3767—1996　声学　声压法测定噪声源声功率级　反射面上方近似自由场的工程法

GB/T 3785.1　电声学　声级计　第 1 部分：规范

GB/T 3947—1996　声学名词术语

3 术语和定义

GB/T 3947—1996、GB/T 2900.16—1996 和 GB/T 3767—1996 界定的以及下列术语和定义适用于本文件。为了便于使用，以下重复列出了 GB/T 3947—1996、GB/T 2900.16—1996 和 GB/T 3767—1996 中的某些术语和定义。

3.1

噪声　noise

断续或统计上随机的不需要的声音，在本标准中专指人耳可听声音范围。

注：改写 GB/T 3947—1996，定义 2.11。

3.2

声压　sound pressure

p

有声波时，媒质中的压力与静压的差值。单位为帕[斯卡]（Pa）。

注 1：一般使用时，声压是有效声压的简称。有效声压是在一段时间内瞬时声压的方均根值，这段时间应为周期的整数倍或长到不影响计算结果的程度。

注 2：声压的瞬时值、平均值、峰值、最大值或峰到峰值等应分别注明为瞬时声压、平均声压、峰值声压、最大声压或峰到峰值声压等。

[GB/T 3947—1996，定义 2.21]

3.3

声压级　sound pressure level

L_p

声压 p 平方与基准声压 p_0 平方之比的以 10 为底的对数的 10 倍，单位为贝[尔]（B）。但通常用 dB 为单位，基准声压必须指明。

注：基准声压为：

a） 20 μPa（空气中）；

b） 1 μPa（水中）。

$$L_p = 10\lg \frac{p^2}{p_0^2}$$

3.4

声功率（声能通量） sound power（sound energy flux）

W

单位时间内通过某一面积的声能。单位为瓦（W）。

注 1：声波为纵波时，声功率用下式表示：

$$W = (1/T)\int_S \mathrm{d}S\int_0^T p \cdot u_0 \cdot \mathrm{d}t$$

式中：

p ——瞬时声压，单位为帕（Pa）；

u_0 ——瞬时质点速度在面积 S 法线方向 n 的分量，单位为米每秒（m/s）；

S ——面积，单位为平方米（m^2）；

t ——时间，单位为秒（s）；

T ——周期的整数倍，或长到不影响计算结果的时间，单位为秒（s）。

注 2：在自由平面波或球面波上，通过面积 S 的平均声功率（时间平均）为：

$$W = p^2 \cdot S \cdot \cos\theta / \rho \cdot c$$

式中：

p^2——有效声压平方的时间平均，单位为平方帕（Pa^2）；

ρ ——媒质密度，单位为千克每立方米（$\mathrm{kg/m^3}$）；

c ——声速，单位为米每秒（m/s）；

θ ——面积 S 的法线与波法线所成的角度。

［GB/T 3947—1996，定义 2.30］

3.5

声功率级 sound power level

L_W

声功率与基准声功率之比的以 10 为底的对数，单位为贝［尔］（B）。但通常用分贝（dB）为单位，基准声功率必须指明。

注：基准声功率为 1 pW。

［GB/T 3947—1996，定义 2.49］

3.6

基准发射面 principal radiating surface

围绕试品的假想表面，认为声音是从该面发出来的。电力电容器的基准发射面通常是指由电容器 12 条边（包括套管）构成的长方体。

3.7

测量轮廓线 prescribed contour

与基准发射面相距某一规定水平距离（即测量距离）的水平线，各测量点位于此线上。

3.8

测量表面 measurement surface

包络声源，面积为 S，测点位于其上的一个假想几何表面。测量表面终止于一个或多个反射面上。

［GB/T 3767—1996，定义 3.4］

3.9

背景噪声　background noise

来自被测声源以外所有的其他声源的噪声。

注：背景噪声包括空气声、结构传导的振动、仪器的电噪声等。

[GB/T 3767—1996,定义 3.12]

3.10

合成声压级　synthesis of sound pressure level

两个或多个声源产生的声压级在声场中某点的叠加值。

3.11

基波电源　fundamental power

滤波器接入的交流系统其额定频率对应的功率源。

3.12

滤波电容器　filter capacitor

与其他元器件配合用来减少网络谐波的电力电容器。

[GB/T 2900.16—1996,定义 2.1.17]

4　噪声测量

4.1　测量条件

4.1.1　电容器电源注入要求

4.1.1.1　并联电容器电源注入要求

并联电容器最大允许注入电流约定为:基波电流不大于 $1.1I_N$(I_N 为电容器额定电流)谐波电流。

按直流换流站中并联电容器的噪声计算谐波电流中的主谐波进行选取。一般选 5 次和 7 次谐波电流或 5 次和 7 次的合成电流,谐波电流值不大于 $10\%I_N$。

4.1.1.2　滤波电容器电源注入要求

滤波电容器最大允许注入电流约定为:基波电流和谐波电流的合成电流约为 $0.90I_N$,谐波按直流换流站中 11/13 或 12 次滤波器的噪声计算谐波电流中的主谐波电流选取,一般选 11、13 次谐波电流或 11 和 13 次的合成电流值。

4.1.1.3　直流滤波电容器电源注入要求

仅考虑 $0.30I_N$ 的谐波电流的注入,谐波电流频率为 600 Hz 不考虑直流电压的作用。

4.1.2　注入电流值的规定

为便于不同制造方生产的电容器噪声水平进行比较,在此对注入电容器的电流值进行规定。在此规定电流值下的电容器噪声水平是必须测量的。其他电流值条件下的电容器噪声水平的测量由制造方与试验单位协商确定。

4.1.2.1　并联电容器注入电流值的规定

并联电容器噪声试验时,注入电流值选取工频电流 I_N 和工频电流 $1.1I_N$ 叠加 $10\%I_N$ 谐波电流两个电流值,其中谐波频率为 300 Hz。

4.1.2.2 **滤波电容器注入电流值的规定**

滤波电容器注入电流值均以电容器的额定电流为基准，进行对应序号的基波电流加谐波电流构成的 3 个电流组合(例如表 1 中序号 2 则试验电流为 $0.8I_N$ 的工频电流和 $0.40I_N$ 的 600 Hz 谐波电流同时注入电容器)，具体值如表 1 所示。

表 1 滤波电容器注入电流值

单位为安培

序号	1	2	3
基波电流值	$0.85I_N$	$0.80I_N$	$0.75I_N$
谐波电流值	$0.30I_N$	$0.40I_N$	$0.50I_N$

在该电流组合试验中，一般电源频率以 600 Hz 为基准。其他电流组合、频率由制造方与试验单位协商确定。

电容器实际使用的电流参数组合、滤波器的主频率按制造方给出的技术条件取值，该参数下的电容器噪声水平对电容器装置噪声水平控制具有重要参考作用。但非同参数、同试验条件下的电容器噪声水平间的比较意义不大。

4.1.2.3 **直流滤波电容器注入电流值的规定**

直流滤波电容器噪声水平仅在注入谐波而不加直流电压条件下进行测量。注入电容器的电流为 600 Hz 频率，谐波电流方均根值等于 $0.30I_N$。

4.2 **测量环境**

电力电容器单元的噪声测量应在消声室或背景噪声不大于 30 dB(A)、测量时实验室内不会产生影响测量结果的声波折反射的环境中进行。

测量前后，应在每个测点测量该点的背景噪声。背景 A 计权声压级较电力电容器单元在规定试验条件下测量的 A 计权声压级小 10 dB(A)，当不能满足此规定时，至少应满足 4.6.2 的规定。

4.3 **基本测量设备**

测量声压级时，应使用符合 GB/T 3785.1 的 1 型声级计，并按 GB/T 3767—1996 进行校准。

倍频程或 1/3 倍频程滤波器应符合 GB/T 3241 的要求。

4.4 **试品布置**

进行电力电容器噪声测量时，应采用基本不影响电容器噪声的产生和传播的固定方式，一般按电容器实际安装姿态，采用悬吊方式固定。

4.5 **传声器布置**

电力电容器基准发射面构成的长方体(包括套管)各面分别沿各自法线方向向外平移 0.3 m，这样就构成了一个更大的长方体，该长方体各面围成的表面即为测量表面，电力电容器的测量轮廓线应位于测量表面上。将测量表面各边按长度由大到小依次分为长、宽、高。将 4 条长边 3 等分，将等高的各等分点连接构成两个位于平行平面上的矩形；同理也将 4 条宽边 3 等分，构成 2 个矩形；再将 4 条最短的边 2 等分，连接等分点构成 1 个矩形。这样形成的 5 个矩形就是电力电容器的测量轮廓线，如图 1 所示。

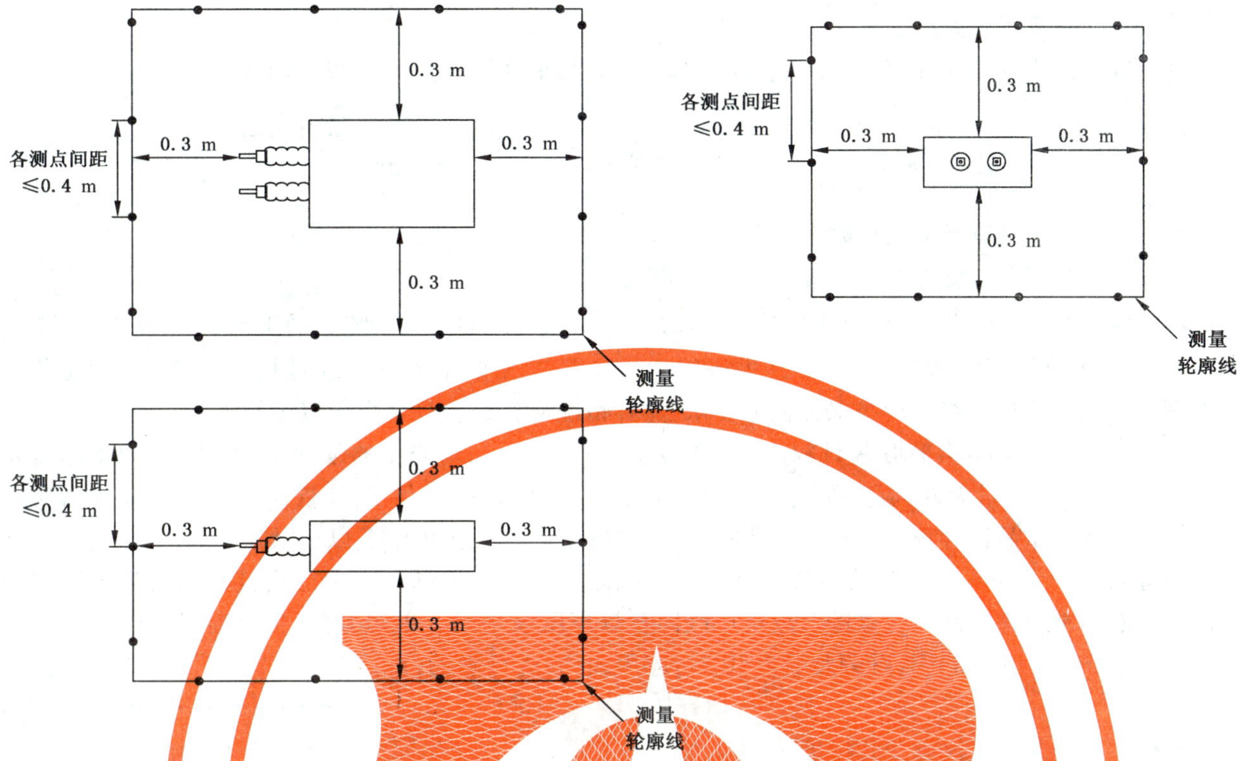

图 1 测量轮廓线及测点布置示意图

传声器应位于规定的测量轮廓线上，彼此间距大致相等，且间隔不得大于 0.4 m，测量轮廓线的每条边上至少设置 1 个传声器位置，即测点。对于只设置 1 个测点的边，应将测点设置在该边的中点上。测量时，应将传声器垂直于基准发射面的方向布置。

4.6 声压级测量

4.6.1 概述

测量应在背景噪声值近似恒定时进行。

在即将对试品进行声压级测量前，应先测出背景噪声的 A 计权声压级。测量背景噪声时，传声器所处的位置应与测量试品噪声时其所处的位置相同。

当测点总数超过 10 个时，允许只在试品周围呈均匀分布的 10 个测量点上测量背景噪声。

对于每一测点上的 A 计权声压级都需予以记录，应使用仪器的快速响应指示，以便确认和避免由于暂态背景噪声而引起的测量误差。

测量完毕且切除试品电源后，应立即重复测量背景噪声。

应在每次测量前、后，应用传声器准确度不低于±0.3 dB(按 GB/T 3785.1 规定 1 型)的声校准器校准，如果校准变化超过 0.3 dB，则本次测量结果无效，应重新进行测量。

4.6.2 平均声压级计算

平均 A 计权声压级 $\overline{L_{pA0}}$ 应由各测点测得的 A 计权声压级 L_{pAi} 按式(1)计算：

$$\overline{L_{pA0}} = 10\lg\left(\frac{1}{N}\sum_{i=1}^{N}10^{0.1L_{pAi}}\right) \qquad \cdots\cdots(1)$$

式中：

N——试品声压级测点总数。

背景噪声的平均A计权声压级$\overline{L_{bpA}}$应根据试验前、后的各测量值分别按式(2)计算：

$$\overline{L_{bpA}} = 10\lg\left(\frac{1}{M}\sum_{i=1}^{M}10^{0.1L_{bpAi}}\right) \qquad (2)$$

式中：

M ——背景声压级测点总数；

L_{bpAi}——各测点上测得的背景噪声A计权声压级。

如果试验前、后背景的平均声压级$\overline{L_{bpA}}$之差大于3 dB，且较高者与未修正的平均A计权声压级$\overline{L_{bpA}}$之差小于8 dB，则本次测量无效，应重新进行试验。但是，当未修正的平均A计权声压级小于保证值时除外，此时，应认为试品符合声级保证值的要求，这种情况应在试验报告中予以记录。

如果这两个背景噪声平均A计权声压级$\overline{L_{bpA}}$中的较高者，与未修正的平均A计权声压级$\overline{L_{bpA}}$之差小于3 dB，则本次测量无效，应重新进行试验。但是，当未修正的平均A计权声压级小于保证值时除外，此时，应认为试品符合声级保证值的要求，这种情况应在试验报告中予以记录。

当背景A计权声压级中的较高者与合成声压级之差小于3 dB时，应考虑用其他的测量方法进行测量。虽然标准允许试品与背景的合成声压级同背景声压级之间有小的差值，但仍需尽量使其差值不小于6 dB，当确实小于6 dB，而又大于3 dB时，应用式(3)进行修正。

$$\overline{L_{pA}} = 10\lg(10^{0.1\overline{L_{pA0}}} - 10^{0.1\overline{L_{bpA}}}) \qquad (3)$$

式中：

$\overline{L_{bpA}}$——两个计算出的背景噪声平均A计权声压级中的较小者；

$\overline{L_{pA}}$ ——进行背景修正后的合成A计权声压级。

上述要求概括于表1中。

试验接受准则见表2。

表2 试验接受准则

$\overline{L_{pA0}}$与较高的$\overline{L_{bpA}}$之差	试验前的$\overline{L_{bpA}}$与试验后的$\overline{L_{bpA}}$之差	结论
≥8 dB	—	接受
<8 dB	<3 dB	接受
<8 dB	>3 dB	重新试验
<3 dB	—	重新试验
注：如果$\overline{L_{pA0}}$小于要求值，则应认为试品声级符合要求，可无需重新试验，此情况应在试验报告中予以记录。		

4.7 声功率级计算

试品的A计权声功率级L_{WA}应由修正的平均A计权声压级按式(4)计算：

$$L_{WA} = \overline{L_{pA}} + 10\lg\frac{S}{S_0} \qquad (4)$$

式中：

S_0——基准表面积($S_0 = 1\ m^2$)，单位为平方米(m^2)；

S ——测量表面的面积，单位为平方米(m^2)，按式(5)计算：

$$S = 2(ab + ac + bc) \qquad (5)$$

式中：

a ——测量表面构成的长方体的长，单位为米(m)；

b ——测量表面构成的长方体的宽，单位为米(m)；

c ——测量表面构成的长方体的高，单位为米(m)。

5 试验报告

试验报告应包括下列信息：

a) 制造单位名称及制造地点；

b) 试验日期和地点；

c) 依据的测量标准；

d) 试验电路原理图；

e) 有关产品的型号、出厂序列号、额定容量、额定电流、额定电压、额定频率、额定电容、外壳尺寸；

f) 消声室的内部尺寸、试品的安装位置和安装方式；

g) 测点总数和布置方式(附图说明)；

h) 测量表面总面积的计算值；

i) 噪声测量设备型号、出厂序号、准确度等主要参数及校准情况；

j) 试验条件，包括试品的基波电压、基波电流、谐波频率、谐波电压及谐波电流等；

k) 试验前、后各测点上的A计权背景噪声声压级和试验前、后各测点上的A计权背景噪声平均声压级的计算值；

l) 各测点的A计权声压级及试品未经修正的平均A计权声压级的计算值；

m) 说明是否需要进行背景、环境和气压修正，需要修正的应给出修正后的平均A计权声压级；

n) 试品声功率级的计算结果；

o) 参与试验工作的人员名单；

p) 试验负责人的签名。

试验报告的典型样式见附录A。

附 录 A
（规范性附录）
电力电容器噪声测试报告典型格式

A.1 试品基本情况

型号：
编号：
制造单位：
制造地点：
制造时间：
额定频率（滤波电容器应包括基波和谐波频率）：
额定电压（滤波电容器应包括工频电压和谐波电压）：
额定电流（滤波电容器应包括工频电流和谐波电流）：
设计场强：
压紧系数：
外壳尺寸（不包括套管和吊盘）：
安装方式：

A.2 声级计参数

型号：
编号：
制造单位：
传声器型号：
准确度：
校准情况：
其他说明：

A.3 试验参数配置

试验电路原理图（附图说明）：
试验电路各设备型号参数：
消声室净空尺寸：
传声器、试品布置方式（附图说明）：
轮廓面的长、宽、高尺寸：
轮廓面面积：
试品所加的电源情况（填写表 A.1）：

表 A.1　试品所加电源情况

试验次数	电源频率 Hz	电压 kV	电流 A
1	50		
	…		
	合成值		
…			

A.4　噪声测量数据(见表 A.2 和表 A.3)

表 A.2　各测点背景 A 计权声压级数据

单位为分贝

测点位置	试验开始时	试验结束时
1		
2		
3		
4		
试验前背景噪声平均 A 计权声压级		
试验后背景噪声平均 A 计权声压级		

表 A.3　各测点 A 计权声压级数据

单位为分贝

测点位置	A 计权声压级
1	
2	
3	
4	
平均 A 计权声压级	
平均 A 计权声压级与较高的背景 A 计权声压级之差	
修正后的平均 A 计权声压级	
计算的 A 计权声功率级	

A.5　试验人员及时间

试验人员及职务：

签字：

日期：

ICS 17.240
F 88

中华人民共和国国家标准

GB/T 28544—2012

封装闪烁体光输出和固有分辨率的测量方法

Measurement methods of light output and intrinsic resolution for housed scintillators

(IEC 62372:2006,Nuclear instrumentation-housed scintillators Measurement methods of light output and intrinsic resolution,MOD)

2012-06-29 发布　　2012-11-01 实施

中华人民共和国国家质量监督检验检疫总局
中国国家标准化管理委员会　发布

前　言

本标准按 GB/T 1.1—2009 的规则起草。

本标准使用重新起草法修改采用 IEC 62372:2006《封装闪烁体光输出和固有分辨率的测量方法》。

本标准与 IEC 62372:2006 相比结构有较多调整，附录 A 给出了本标准与 IEC 62372:2006 的章条编号变化对照。

本标准与 IEC 62372:2006 相比存在技术性差异，这些差异涉及的条款已通过在其外侧页边空白位置的垂直单线(|)进行了标示，附录 B 给出了本标准与 IEC 62372:2006 的相应技术性差异及其原因。

本标准由全国核仪器仪表标准化技术委员会(SAC/TC 30)提出并归口。

本标准起草单位：中核(北京)核仪器厂、核工业标准化研究所。

本标准主要起草人：布素平、唐兆荣、王旭、肖晨、焦丽玲。

封装闪烁体光输出和固有分辨率的测量方法

1 范围

本标准规定了封装闪烁体的光输出和固有分辨率等参数的测量系统和测量方法。

本标准适用于对α、β、γ、X 辐射和中子进行计数和能谱测定的封装闪烁体。

2 规范性引用文件

下列文件对于本文件的应用是必不可少的。凡是注日期的引用文件，仅注日期的版本适用于本文件。凡是不注日期的引用文件，其最新版本(包括所有的修改单)适用于本文件。

GB/T 2900.82—2008 电工术语 核仪器 仪器、系统、设备和探测器(IEC 60050-394:2008,IDT)

GB/T 4960.6—2008 核科学技术术语 第6部分:核仪器仪表

3 术语和定义

GB/T 2900.82—2008 和 GB/T 4960.6—2008 界定的以及下列术语和定义适用于本文件。

3.1

闪烁体 scintillator

用一定量的闪烁物质做成适当形状的闪烁探测元件。

[GB/T 2900.82—2008 的 394-30-10]

[GB/T 4960.6—2008 的 2.3.10]

3.2

封装闪烁体 housed scintillator

被封装在具有反射层和光学窗口容器中的闪烁体。

3.3

闪烁探测器 scintillation detector

由闪烁体构成的核辐射探测器，该闪烁体通常直接或通过光导与光敏器件光耦合。

[GB/T 2900.82—2008 的 394-27-01]

[GB/T 4960.6—2008 的 2.3.41]

3.4

闪烁探头 probe (assembly)

包含封装闪烁体、光电倍增管、光电倍增管高压分压器的一个光屏蔽保护室。

3.5

(封装闪烁体的)光输出 light output (of scintillator)

C

封装闪烁体通过其电离辐射输出窗的光子总数(L_{ph})与闪烁体电离粒子所损失能量(E)之比。

$$C=\frac{L_{ph}}{E} \qquad \cdots\cdots(1)$$

[改写 GB/T 4960.6—2008 的 2.3.19]

3.6

(封装闪烁体的)固有分辨率　intrinsic resolution (of housed scintillator of ionizing radiation)

R_d

闪烁探测器能量分辨率中由闪烁体贡献的分量。

注:固有分辨率 R_d 由式(2)定义:

$$R_d = \sqrt{R_a^2 - R_{pm}^2} \quad \cdots\cdots(2)$$

式中:

R_a ——闪烁探测器的能量分辨率。

R_{pm}——光电倍增管的固有分辨率。

3.7

全吸收峰　total absorption peak

在核辐射探测器中,能谱响应曲线对应光子能量全吸收的那部分。

[GB/T 2900.82—2008 的 394-38-57]

[GB/T 4960.6—2008 的 3.2.47]

3.8

光电倍增管的光谱常数　photomultiplier tube spectrometric constant

A

表征光电倍增管典型特性(固有分辨率)的参数。

注:A 由式(3)定义:

$$A = (R_a^2 - R_d^2) \times C_{ph} \quad \cdots\cdots(3)$$

式中:

C_{ph}——(封装闪烁体的)光输出,单位为光子每兆电子伏(photorns/MeV)。

3.9

标准样品　working standard

用来检验测量系统以及用作比较法测量光输出的经标定的闪烁体样品(简称标样)。

3.10

半高宽　full width at half maximum

FWHM

在单峰构成的分布曲线上,峰值一半处曲线上两点的横坐标间的距离。

注:如果曲线包含几个峰,则每个峰都有一个半高宽。另外,由此术语还可以扩展定义 1/10 高宽(FWTM),1/50 高宽(FWFM)等。

[GB/T 4960.6—2008 的 3.2.27]

3.11

(光电倍增管的)光谱灵敏度　Spectral sensitivity (of a photomultiplier tube)

S(λ)

作为波长函数的光灵敏度。

[GB/T 4960.6—2008 的 2.3.36]

3.12

(光阴极的)量子转换效率

Q

conversion quantum efficiency (of a photocathode)

光阴极发射的电子数与给定能量的入射光子数之比。

[GB/T 4960.6—2008 的 2.3.38]

4　测量要求和测量系统

4.1　测量的一般要求

4.1.1　如果技术说明书中没有特别说明，封装闪烁体性能测量可在正常大气条件下进行，即环境温度15 ℃～35 ℃、相对湿度45％～75％、大气压强86 kPa～106 kPa。

4.1.2　试验前，封装闪烁体与光电倍增管应避光存放。

4.1.3　测量应预热30 min，即在最后一个仪器开机30 min后进行。

4.1.4　所有参数都在封装闪烁体与光电倍增管完全避光的环境中进行测量。

4.1.5　应按技术说明书在封装闪烁体与光电倍增管之间添加指定的光耦合材料。

4.1.6　如果技术说明书没有特别说明，光阴极的有效面积应与封装闪烁体光学窗的面积相重合。如果技术说明书有特别说明，可以使用光导或由多只光电倍增管组成的光电倍增管阵列。

4.1.7　放射源可以放在避光壳内。

4.1.8　应调整光电倍增管的工作电压和测量系统的放大倍数，使得所用源的脉冲分布曲线最大幅度位于脉冲幅度分析器总道数的3/4附近。

4.2　测量系统

4.2.1　测量系统构成

测量系统主要包括：

a)　闪烁探头（光电倍增管的参数已知，不包括待测闪烁体）；

b)　低压电源；

c)　高压电源；

d)　主放大器；

e)　多道脉冲幅度分析器；

f)　打印机；

g)　标准样品；

h)　吸收体。

4.2.2　闪烁探头

对闪烁探头的要求如下：

a)　光电倍增管分压器电流应比光电倍增管最大平均阳级电流大10倍以上；

b)　在测量过程中，光电倍增管高压电源的稳定度应好于0.05％。

4.2.3　测量系统的非线性和不稳定性

测量系统的非线性不应超过3％，其不稳定性不应超过2％。

4.3　放射源

4.3.1　一般要求

4.3.1.1　应使用已知能量的放射性核素作α、β、γ、X和中子的密封放射源。

4.3.1.2　放射源的能量分散对待测参数的影响可忽略不计。

4.3.1.3　除非技术说明书有明确规定，放射源根据被测封装闪烁体的类型来选择。具体如表1。

表 1 放射源的选择

用途	可选放射性核素
测量 α	^{239}Pu，^{241}Am，^{244}Cm，^{237}Np
测量 β	^{137}Cs，^{207}Bi
测量 γ	^{137}Cs
测量 γ 和 X	^{55}Fe，^{109}Cd，^{241}Am，^{57}Co
测量中子	^{239}Pu + Be，^{241}Am + Be，^{252}Cf

4.3.2 放射源的放置

4.3.2.1 γ 或 X 放射源和中子源应放在闪烁体的轴线上（偏差小于 5°），与闪烁体的距离为闪烁体直径或对角线的两倍或两倍以上；除非技术说明书中另有规定。

4.3.2.2 α 或 β 放射源应直接置于闪烁体入射窗上；除非技术说明书中另有规定。

4.3.2.3 在使用 α 或 β 放射源并需要使用单孔或多孔准直器时，孔的直径不应超过准直器的厚度。

4.3.2.4 其他源的放置方式按技术说明书规定。

5 测量方法

5.1 为测定封装闪烁体参数而测量系统的非线性

5.1.1 系统非线性

测量系统的输出脉冲幅度 m_{out} 与输入信号 m_{in} 的相互关系（即测量系统的转换特性）如式(4)所示：

$$m_{out} = k_a m_{in} + m_0 \qquad \cdots\cdots(4)$$

式中：

k_a——测量系统的转换系数；

m_0——测量系统转换特性原点，单位为道(ch)。

如果封装闪烁体的转换特性是线性的，则带有封装闪烁体的测量系统的转换特性也是线性的，即：

$$m_{out} = a \times E + m_{0d}$$

而

$$m_{0d} = m_0 + m_d = m_0 + a \times \text{eps} \qquad \cdots\cdots(5)$$

式中：

E ——电离粒子在封装闪烁体中损失的能量，单位为千电子伏(keV)；

a ——含封装闪烁体的测量系统的转换系数，单位为道每千电子伏(ch/keV)；

m_{0d}——含封装闪烁体的测量系统的转换特性原点，单位为道(ch)；

m_d ——封装闪烁体转换特性的原点，单位为道(ch)；

eps——以能量表示的封装闪烁体转换特性的原点，单位为千电子伏(keV)。

测量系统的非线性 Δa 由实验点与转换特性的偏离所确定，用百分比表示，按式(6)计算：

$$\Delta a = \frac{a_{max} - a_{min}}{a_{max} + a_{min}} \times 100\% \qquad \cdots\cdots(6)$$

式中：

a_{max}——a 的最大值；

a_{min}——a 的最小值。

5.1.2 测量要求

5.1.2.1 测量系统转换特性的非线性和原点 m_0 的测量，用封装闪烁体来测定，以 γ 射线激发。

5.1.2.2 测量封装闪烁体吸收 γ 辐射产生的脉冲幅度谱，应至少使用 5 个单能 γ 射线，它们的能量范围在 50 keV 到 1 500 keV 之间尽可能均匀分布。

5.1.2.3 对每一个能量值，测定全吸收峰峰位。

5.1.2.4 对低光输出封装闪烁体，需要在闪烁体标准样品与光电倍增管光窗之间加入吸收体。经吸收体衰减后，使脉冲幅度与封装闪烁体的脉冲幅度范围相适应。

5.1.2.5 测量非线性和原点 m_0 时，系统的总增益应与测量封装闪烁体时相同，并保持不变。

5.1.2.6 非线性和原点 m_0 应至少每月测量一次；在更换光电倍增管或进行设备修理之后，应重新进行测量。

5.1.3 测量方法

5.1.3.1 将封装闪烁体光耦合于光电倍增管光窗上。

5.1.3.2 将封装闪烁体和光电倍增管避光，给光电倍增管加高压。

5.1.3.3 放置 γ 源，允许将源置于外壳内。

5.1.3.4 测量脉冲幅度谱，确定对应全吸收峰的脉冲幅度道址 m。测量重复 3 次，读数取平均值。

5.1.3.5 对其他放射源重复 5.1.3.3 和 5.1.3.4 的步骤。对应每个能量值 E_i 得平均值 m_i。

注：允许同时用所有的放射源的 γ 射线激发闪烁体，累积脉冲幅度谱。

5.1.4 数据处理

对于每个能量 E_i，含封装闪烁体的测量系统的转换系数值 a_i 按式(7)计算：

$$a_i=\frac{m_{max}-m_i}{E_{max}-E_i} \quad \cdots\cdots(7)$$

式中：

m_{max}——对应于 E_{max} 的全吸收峰脉冲幅度道址，单位为道(ch)；

m_i ——对应于 E_i 的全吸收峰脉冲幅度道址，单位为道(ch)；

E_{max}——所用 γ 辐射的最大能量，单位为千电子伏(keV)；

E_i ——第 i 个 γ 辐射的能量，单位为千电子伏(keV)。

从一组 a_i 中可选择出最大值 a_{max} 和最小值 a_{min}。

测量系统的非线性值 Δa 按式(6)计算。

转换系数的平均值 $\bar{a}$ 按式(8)计算：

$$\bar{a}=\frac{1}{n-1}\sum_{i=1}^{n-1}a_i \quad \cdots\cdots(8)$$

式中：

n——所用 γ 辐射能量的个数。

含封装闪烁体的测量系统的转换特性原点 m_{0d} 按式(9)计算：

$$m_{0d}=\frac{1}{n}\left(\sum_{i=1}^{n}m_i-\bar{a}\sum_{i=1}^{n}E_i\right) \quad \cdots\cdots(9)$$

测量系统转换特性原点的值可由式(5)计算。

置信度为 95%（$k=2.6$）时，测量系统非线性的偏差不应超过 3%；测量系统转换特性原点的偏差不应超过±1 ch(对 256 道多道分析器)。

5.2 为测定封装闪烁体参数而测量系统的不稳定性

5.2.1 系统的不稳定性

测量系统的不稳定性可通过待测参数或相关中间参数随时间变化的相对偏差 Δy 用百分比来表示。

测量封装闪烁体的光输出时，系统不稳定性可通过脉冲幅度随时间的变化来测定。

测量封装闪烁体的固有分辨率时，系统不稳定性可通过脉冲幅度和闪烁探测器的幅度分辨率随时间的变化来确定。

测量系统不稳定性可采用封装闪烁体来测定，其基础是使用与待测闪烁体相同类型的闪烁体和相同类型的辐射源。

5.2.2 测量方法

按 5.1.3 在系统开始工作时以及在系统工作一段时间(例如 8 h)后，分别测量待测参数或中间参数，得到 y_1 和 y_2。

5.2.3 数据处理

将测量的参数带入式(10)，计算出测量系统的稳定性偏差 Δy。

$$\Delta y=\frac{y_1-y_2}{y_1+y_2}\times 100\% \qquad \cdots\cdots(10)$$

式中：

y_1——系统工作开始时被测参数的平均值；

y_2——系统工作结束时被测参数的平均值。

脉冲幅度不稳定性不应超过 2%。

能量分辨率不稳定性不应超过 3%。

5.3 用光电倍增管参数测量封装闪烁体的固有分辨率和光输出

5.3.1 测量方法

5.3.1.1 使用一支已知光谱灵敏度 $S(\lambda)$ 和量子转换效率 Q 的光电倍增管。

5.3.1.2 将待测封装闪烁体耦合到光电倍增管上，按 5.1.3 测量脉冲幅度谱。

5.3.1.3 当每次把不同光密度(不少于 5 种)的吸收体放在封装闪烁体的光窗和光电倍增管的光阴极之间时，按上所述方法进行测量，并获得全吸收峰 m 及其半高宽 Δm。

5.3.2 数据处理

对 n 次测量(n 为不同光密度的滤光器的个数，其不应少于 5 个)的每一次，闪烁探测器的能量分辨率 R_a 按式(11)计算：

$$R_a=\frac{\Delta m}{m} \qquad \cdots\cdots(11)$$

式中：

Δm ——全吸收峰的半高宽，单位为道(ch)；

m ——全吸收峰峰位道址，单位为道(ch)。

在 n 次测量的基础上，可得到 $R_a^2=f\left(\frac{1}{V}\right)$ 的关系图。一条通过实验点的直线，可近似地由式(12)的关系来表示：

$$R_a^2 = R_d^2 + \frac{A}{m} \quad \cdots\cdots(12)$$

式中：

R_d^2——坐标轴上的截距，对应于被测闪烁体的固有分辨率 R_d。

光电倍增管的固有分辨率 R_{pm} 按式(13)计算：

$$R_{pm} = \sqrt{(R_a^2 - R_d^2)} \quad \cdots\cdots(13)$$

封装闪烁体光输出（以光子/兆电子伏为单位）C_{ph} 则按式(14)计算：

$$C_{ph} = \frac{2.36^2}{R_{pm}^2 \times Q \times b \times E} \quad \cdots\cdots(14)$$

式中：

Q ——光电倍增管的光阴极的量子转换效率；

b ——光电倍增管光谱匹配系数，按式(15)计算：

$$b = \frac{\int S(\lambda) \times y(\lambda) \mathrm{d}\lambda}{\int y(\lambda) \mathrm{d}\lambda} \quad \cdots\cdots(15)$$

式中：

$S(\lambda)$——光电倍增管的光阴极的光谱灵敏度；

$y(\lambda)$——封装闪烁体的发射光谱。

封装闪烁体固有分辨率和光输出的另一种测量方法见附录 C。

5.4 用比较法测量封装闪烁体的光输出

5.4.1 概述

在被测封装闪烁体与标准样品为同类闪烁材料且结构相同的情况下，可用与标准样品相比较的方法测量其光输出。采用比较法确认的闪烁体能作为封装闪烁体的标准样品。

5.4.2 测量要求

5.4.2.1 所采用的标准样品与待测封装闪烁体的几何形状和结构尺寸应相同。

5.4.2.2 按被测封装闪烁体光窗的尺寸选择光电倍增管的尺寸，光电倍增管光阴极的灵敏度不均匀性应小于或等于 20%。

5.4.2.3 标准样品和待测封装闪烁体使用相同类型和能量的电离辐射源来激发。

5.4.3 测量方法

5.4.3.1 使用标准样品，按 5.1.3 测量脉冲幅度谱，得到标准样品全吸收峰 m_{d0}。

注：对有机闪烁体，将确定对应于在分布边界半高处的康普顿吸收边的脉冲幅度。

5.4.3.2 将标准样品换成待测封装闪烁体，保持其他条件不变，重复上述测量，得到待测封装闪烁体全吸收峰 m_a。

5.4.4 数据处理

待测封装闪烁体的光输出 C_{ph} 按式(16)计算：

$$C_{ph} = \frac{C_{ph0} \times (m_a - m_0)}{(m_{d0} - m_0)} \quad \cdots\cdots(16)$$

式中：

C_{ph0}——标准样品的光输出，单位为光子每兆电子伏（photorns/MeV）；

m_a——待测闪烁体的全吸收峰脉冲幅度道址，单位为道(ch)；

m_0——测量系统转换特性原点，单位为道(ch)；

m_{d0}——标样的全吸收峰脉冲幅度道址，单位为道(ch)。

置信度为95%时，待测光输出的相对扩展不确定度$\Delta C_{ph}/C_{ph}$不应超过按式(17)计算的结果：

$$\frac{\Delta C_{ph}}{C_{ph}}=1.1\times\sqrt{\frac{4}{100^2}+\left(\frac{\Delta C_{ph0}}{C_{ph0}}\right)^2}\times100\% \quad \cdots\cdots(17)$$

式中：

$\Delta C_{ph0}/C_{ph0}$——标准样品光输出测量的最大相对误差，%。

置信度为95%时，标准样品的光输出测量的最大相对误差不应超过2%。

5.5 用光电倍增管的光谱常数测定封装闪烁体的固有分辨率

5.5.1 光电倍增管光谱常数

5.5.1.1 测量方法

将标准样品装入测量系统，按5.1.3测量脉冲幅度谱，得到全吸收峰m_0及其Δm_0。

5.5.1.2 数据处理

含标样的闪烁探测器的脉冲幅度分辨率R_{a0}按式(18)计算：

$$R_{a0}=\frac{\Delta m_0}{m_0} \quad \cdots\cdots(18)$$

光电倍增管的光谱常数A按式(19)计算：

$$A=(R_{a0}^2-R_{d0}^2)\times C_{ph0} \quad \cdots\cdots(19)$$

式中：

R_{a0}——含标样的闪烁探测器的脉冲幅度分辨率，%；

R_{d0}——标准样品的固有分辨率，%；

C_{ph0}——标样的光输出，单位为光子每兆电子伏(photorns/MeV)。

注：含标样闪烁探测器的脉冲幅度分辨率、标样的固有分辨率和光输出，均在相同类型和相同能量的辐射下测定。

置信度为95%时，光谱常数A测量的最大相对误差不应超过10%。

5.5.2 封装闪烁体的固有分辨率

5.5.2.1 概述

封装闪烁体的固有分辨率通过带封装闪烁体的闪烁探测器的脉冲幅度分辨率减去光电倍增管的固有分辨率予以计算。

5.5.2.2 测量方法

测量方法如下：

a) 按5.3.2测量闪烁探测器的脉冲幅度分辨率R_a，%；

b) 按5.4测量待测封装闪烁体的光输出C_{ph}，单位为光子每兆电子伏(photorns/MeV)；

c) 按5.5.1测量光电倍增管的光谱常数A，单位为光子每兆电子伏(photorns/MeV)。

5.5.2.3 **数据处理**

闪烁探测器的脉冲幅度分辨率 R_a 用式(11)计算。封装闪烁体的固有分辨率 R_d 按式(20)计算：

$$R_d = \sqrt{R_a^2 - \frac{A}{C_{ph}}} \quad \cdots\cdots\cdots\cdots (20)$$

置信度为 95%时，封装闪烁体的固有分辨率测量的最大相对误差不应超过 12%(k=2.6)。

附 录 A
（资料性附录）
本标准与 IEC 62372:2006 的章条编号变化对照

本标准与 IEC 62372:2006 的章条编号变化对照见表 A.1。

表 A.1 本标准与 IEC 62372:2006 的章条编号变化对照一览表

本标准		IEC 62372:2006	
章条号	标题	章条号	标题
1	范围	1	范围
2	规范性引用文件	2	规范性引用文件
3	术语和定义	3	术语定义、符号和缩略语
		3.1	术语和定义
		3.2	符号和缩略语
4	测量要求和测量系统	4	封装闪烁体的参数
4.1	测量要求		
4.2	测量系统		
4.3	放射源		
5	测量方法	5	确定封装闪烁体基本参数的方法
5.1	为测定封装闪烁体的参数而测量系统的非线性	5.1	一般规定
		5.1.1	测量要求
		5.1.2	设备和测量仪器
5.2	为测定封装闪烁体的参数而测量系统的不稳定性	5.2	为测定封装闪烁体的参数而测量系统的非线性和不稳定性
		5.2.1	非线性测量
		5.2.2	不稳定性测量
5.3	用光电倍增管参数测量封装闪烁体的固有分辨率和光输出	5.3	用光电倍增管参数测量封装闪烁体的固有分辨率和光输出
5.4	用比较法测量封装闪烁体的光输出	5.4	用比较法测量封装闪烁体的光输出
5.5	用光电倍增管的光谱常数测定量封装闪烁体的固有分辨率	5.5	用光电倍增管的光谱常数测定量封装闪烁体的固有分辨率
附录 A	本标准与 IEC 62372:2006 的章条编号变化对照		
附录 B	本标准与 IEC 62372:2006 的相应技术性差异及其原因		
附录 C	封装闪烁体固有分辨率和光输出的另一种测量方法		

附　录　B
（资料性附录）
本标准与 IEC 62372:2006 的相应技术性差异及其原因

本标准与 IEC 62372:2006 的相应技术性差异及其原因见表 B.1。

表 B.1　本标准与 IEC 62372:2006 的相应技术性差异及其原因一览表

编号和标题	本标准的修改	修改理由
第 1 章　范围	删除不必要的说明	按 GB/T 1.1 的规则编写
第 2 章 规范性引用文件	用“GB/T 2900.82—2008/IEC 60050-394:2007　电工术语　核仪器　仪器、系统、设备和探测器”代替“IEC 60050-394:1995”；删除规范性引用文件“Guide to the expression of uncertainty in measurements, ISO, 1995”	适应最新技术的需要； 删除了 ISO Guide 中的术语和定义
第 3 章 术语和定义	删去符号和缩略语，用标准化的道址符号“m”代替“V”	减少符号的重复，符合标准要求
第 3 章 术语和定义	定义按 GB/T 2900.82—2008 或 GB/T 4960.6—2008（见参考文献）予以翻译；修改了 3.5“光输出”的定义；删除了“光产额”、“扩展不确定度”和“相对扩展不确定度”；增加了 3.11“光谱灵敏度”和 3.12“量子转换效率”	改正“光输出”定义的错误，满足对术语和定义的需求
第 4 章　测量要求和测量系统	删去“封装闪烁体参数”，而纳入 IEC 标准 5.1“一般规定”以及 5.2.1.2、5.2.2.2、5.3.1、5.4.2、5.5.1.1 和 5.5.2.2 章有关测量系统的内容，并予以补充	适应结构的需要，减少重复
第 5 章　测量方法	将有关测量系统的内容纳入第 4 章	适应结构的需要
5.3.2 的公式(12)	改为“$R_a^2=R_d^2+\frac{A}{V}$”	原公式错误
5.3.2	增加资料性附录 C“封装闪烁体固有分辨率和光输出的另一种测量方法”	满足实际测量的需求
5.4.4 的公式(19)	改为“$\frac{\Delta C_{ph}}{C_{ph}}=1.1\times\sqrt{\frac{4}{100^2}+\left(\frac{\Delta C_{ph0}}{C_{ph0}}\right)^2}\times100\%$”	原公式错误
5.4.4	待测封装闪烁体光输出测量的相对扩展不确定度改为“标准样品的光输出测量的最大相对误差不应超过 2%。”	符合实际情况
全文	“相对扩展不确定度”改为“测量的最大相对误差”	符合实际情况，便于标准实施

附 录 C
（资料性附录）
封装闪烁体固有分辨率和光输出的另一种测量方法

C.1 封装闪烁体的固有分辨率测量

C.1.1 按 GB/T 12564—2008 中的 5.3.2.1 测量带封装闪烁体的探测器的能量分辨率(R_a)。

C.1.2 按 GB/T 12564—2008 中的 5.3.2.3 测量光电倍增管的固有分辨率(R_{pm})。

C.1.3 封装闪烁体的固有分辨率(R_d)由式(C.1)计算：

$$R_d=\sqrt{R_a^2-R_{pm}^2} \qquad \cdots\cdots(C.1)$$

式中：

R_a ——闪烁探测器的能量分辨率；

R_{pm} ——光电倍增管的固有分辨率。

C.2 封装闪烁体的光输出测量

C.2.1 光电倍增管的固有分辨率也可用式(C.2)计算：

$$R_{pm}^2=\frac{5.56}{LQ\eta}\left(\frac{\delta}{\delta-1}\right) \qquad \cdots\cdots(C.2)$$

式中：

L ——单位衰变入射到光电面的光子数的平均值；

Q ——光电倍增管光电面的量子效率；

η ——第一倍增极的收集效率；

δ ——各个倍增极的二次电子倍增系数(这里假设各级相同)。

C.2.2 按照封装闪烁体光输出的定义 C 用式(C.3)计算：

$$C=\frac{L}{E} \qquad \cdots\cdots(C.3)$$

式中：

E——入射光子能量，单位为 MeV。

C.2.3 光电倍增管光电面的量子效率(Q)可由式(C.4)计算：

$$Q=Q_0\times b \qquad \cdots\cdots(C.4)$$

式中：

b ——光电倍增管光谱匹配系数，按式(15)计算；

Q_0 ——光电倍增管的峰值量子效率。

C.2.4 由式(C.2)、式(C.3)和式(C.4)可导出封装闪烁体光输出 C 的计算公式(C.5)：

$$C=\frac{5.56}{R_{pm}^2\times Q_0\times b\times\eta\times E}\left(\frac{\delta}{\delta-1}\right) \qquad \cdots\cdots(C.5)$$

参 考 文 献

[1] GB/T 4960.6—2008 核科学技术术语 第6部分:核仪器仪表
[2] GB/T 10263—2006 核辐射探测器环境条件与试验方法
[3] GB/T 12564—2008 光电倍增管总规范
[4] GB/T 13181—2002 闪烁体性能测试方法
[5] 光电倍增管基础及其应用.滨松光子学株式会社编辑委员会.株式会社数字出版印刷研究所 1993,4,20

ICS 27.140
K 55

中华人民共和国国家标准

GB/T 28545—2012

水轮机、蓄能泵和水泵水轮机更新改造和性能改善导则

Guideline for rehabilitation and performance improvement for Hydraulic turbines, storage pumps and pump-turbines

(IEC 62256:2008, Hydraulic turbines, storage pumps and pump-turbines—Rehabilitation and performance improvement, MOD)

2012-06-29 发布　　2012-11-01 实施

中华人民共和国国家质量监督检验检疫总局
中国国家标准化管理委员会　发布

前　言

本标准按照 GB/T 1.1—2009 给出的规则起草。

本标准使用重新起草法修改采用 IEC 62256:2008《水轮机、蓄能泵和水泵水轮机　更新改造和性能改善》。

本标准与 IEC 62256:2008 相比，在结构上有较多调整，附录 B 列出了本标准与 IEC 62256:2008 相比章条编号变化对照一览表。

本标准与 IEC 62256:2008 的技术性差异及其原因如下：

——增加了“规范性引用文件”，以适应我国的技术条件；

——增加了 GB/T 15468 作为规范性引用文件，以适合我国国情；

——删除了 IEC 62256:2008 第 4 章中“改造工程逻辑流程图”，以简化内容；

——删除了 IEC 62256:2008 6.3.4.2 中“美国胡佛坝水电站机组改造和加拿大奥特尔德斯电站(Outardes)3 号水轮发电机组的改造项目的实例和曲线”，不一定适合我国国情；

——删除了 IEC 62256:2008 表 6-23“仅改进混流式水轮机转轮水力设计后的潜在效率提高值”和图 6 加拿大魁北克拉格朗德三级电站(La Grande-3)水轮机转轮(1982 年投入运行)，通过对叶片出水边稍微切削而获得效率提高的情况和曲线，不一定适合我国国情；

——删除了 IEC 62256:2008 6.3.4.2 中“关于考虑表面粗糙度对模型到真机(原型)效率换算的影响，对已运行 60 年的水轮机，运行 60 年为 1%，运行 40 年为 0.5%，运行 20 年为 0.25%”，缺乏严谨的统计数据，不一定适合我国国情；

——删除了 IEC 62256:2008 表 25“新更换或已修复转轮时的转轮止水密封设计及其状况对的混流式水轮机效率的潜在影响(%)”，缺乏严谨的统计数据，不一定适合我国国情；

——删除了 IEC 62256:2008 表 26“混流式水轮机更换转轮(包括改进翼型、恢复表面状态和减小止漏环损失)混流式水轮机转轮预期效率提高值(截至 2000 年)”，缺乏严谨的统计数据，不一定适合我国国情；

——删除了 IEC 62256:2008 表 27“改造/更换更新混流式水轮机流道其他部件后水轮机潜在效率的提高(%)”，缺乏严谨的统计数据，不一定适合我国国情；

——删除了 IEC 62256:2008 图 7a“混流式水轮机改造后潜在效率的提高”和图 7b“转桨式水轮机改造后潜在效率的提高”，缺乏严谨的统计数据，不一定适合我国国情；

——增加了 6.3.4.5 中“在更新改造中转轮叶片伸长设计和导叶超长设计”内容，根据国内更新改造经验。

本标准由中国电器工业协会提出。

本标准由全国水轮机标准化技术委员会(SAC/TC 175)归口。

本标准起草单位：哈尔滨大电机研究所、水利部水利水电规划设计总院、中国水利水电科学研究院、东方电气集团东方电机有限公司、哈尔滨电机厂有限责任公司。

本标准主要起草人：刘光宁、游超、徐洪泉、王伦其、宫让勤。

水轮机、蓄能泵和水泵水轮机更新改造和性能改善导则

1 范围

本标准适用于下列型式的水轮机、蓄能泵和水泵水轮机：

——混流式；

——轴流式；

——贯流式；

——斜流式；

——冲击式。

本标准关于水轮机的描述，也适用于与之类似的蓄能泵或水泵水轮机。

本标准还涉及影响改造或受改造影响的电站建筑物及其他设备，但未作详细论述。

本标准是用来鉴别、评估和实施水轮机更新改造和性能改善的工作，可供业主、咨询单位和供货厂商确定下列事项：

——更新改造和性能改善的经济性分析；

——更新改造的工作范围；

——技术要求；

——效果评估。

本标准的目的在于：

——为决策过程提供帮助；

——为改造提供信息资源；

——改造过程中重大问题的认定；

——改造过程中关键点的确定。

2 规范性引用文件

下列文件对于本文件的应用是必不可少的。凡是注日期的引用文件，仅注日期的版本适用于本文件。凡是不注日期的引用文件，其最新版本(包括所有的修改单)适用于本文件。

GB/T 2900.45 电工术语 水电站水力机械设备(GB/T 2900.45—2006，IEC/TR 61364:1999，MOD)

GB/T 15468 水轮机基本技术条件

GB/T 15469.1 水轮机、蓄能泵和水泵水轮机空蚀评定 第1部分：反击式水轮机的空蚀评定(GB/T 15469.1—2008，IEC 60609-1:2004，MOD)

GB/T 15469.2 水轮机、蓄能泵和水泵水轮机空蚀评定 第2部分：蓄能泵和水泵水轮机的空蚀评定(GB/T 15469.2—2007，IEC 60609-1:2004，MOD)

GB/T 15613(所有部分) 水轮机、蓄能泵和水泵水轮机模型验收试验[IEC 60193(所有部分)]

GB/T 19184 水斗式水轮机空蚀评定(GB/T 19184—2003，IEC 60609-2:1997，MOD)

GB/T 20043 水轮机、蓄能泵和水泵水轮机水力性能现场验收试验规程(GB/T 20043—2005，IEC 60041:1991，MOD)

IEC/TR3 61366(所有部分) 水轮机、蓄能泵和水泵水轮机招标文件

3 术语和定义

GB/T 2900.45 界定的以及下列术语和定义适用于本文件。

3.1

更新改造 rehabilitation

设备的效率、容量恢复至接近"新设备"的水平或通过重新建立整机的机械性能，延长设备的使用寿命。

3.2

性能改善 performance improvement

机组的效率、容量提高并超过初始值。

3.3

增容 uprating

铭牌容量(功率)增大。

3.4

现代技术改造 modernization

采用现代技术改善性能，更换陈旧技术及部件。

4 改造的原因

在进行重大改造之前，水轮机的可靠运行时间一般在30年～50年之间(详见表1)，它取决于机组的型式、设计、制造质量、维护程度和其他相关因素。

表1 改造前水电站及其土建工程、机电设备和电力送出系统的预期寿命

电站建筑物与设备			预期寿命年	需考虑的因素
土建工程		大坝、引水渠、隧洞、地下洞室、水库、调压室	60～80	水权的持续时间、工程质量、破损状况、安全性、漏水
		厂房建筑物、水流控制建筑物、泄水建筑物、沉沙池、压力钢管、钢衬、道路、桥梁	40～50	总体运用条件、受力状态、材料的质量、最新的技术发展水平、安全性、钢材质量、腐蚀、维护
机械设备	水力机械及其附属设备	转桨式水轮机	25～50	运行安全性、水力损失、空蚀、(泥沙)磨损、裂纹、效率下降、性能改善
		混流式、定桨式和水斗式水轮机	30～50	
		水泵水轮机	25～35	
		蓄能泵	25～35	
		蝴蝶阀、球阀	25～40	
		调速系统及油压装置	25～35	
		厂房起重机	25～40	
	水工机械设备	平板闸门、弧形闸门、门机、起闭机、拦污栅、清污机等	25～40	材料质量、运行条件、安全性、设备质量、受力状态、性能改善

表 1（续）

电站建筑物与设备		预期寿命年	需考虑的因素
水轮发电机、励磁系统及主变压器、电气一次设备、电气二次设备自动化系统	发电机、励磁系统、主变压器	25～40	绕组和铁心情况、清洁度、运行安全性、最新的技术发展水平、总体运用条件、设备质量、维护
	高压开关、辅助电气设备、控制设备	20～30	
	蓄电池、直流设备	10～20	
输电线路	铁塔	35～50	路径合理性、腐蚀、运行安全性、气候条件、最新的技术发展水平、输电容量和服务（负荷）条件
	混凝土塔	30～40	
	木杆	20～25	
	线路、电缆	25～40	

更新改造的主要原因一般包括下述一个或多个：

a） 提高可靠性和可用性；

b） 修复性能和延长使用寿命；

c） 性能改进：
- 提高效率；
- 增大功率；
- 减少空蚀；
- 扩大运行范围；

d） 提高电站安全性；

e） 环境、社会和管理因素；

f） 降低运行和维护成本；

g） 其他方面的考虑：
- 政府规章制度的更改；
- 行政法规；
- 企业的形象准则；
- 水文条件改变；
- 市场条件变化。

5 更新改造的工作内容

5.1 资料收集和评估

5.1.1 资料收集

改造工程评估时，需要 10 年或 10 年以上的运行数据作为项目研究的基本资料。对于水位、流量、水头和发电量的数据资料，如可能，最好不少于 25 年。流量资料必须考虑除电站之外过水建筑物泄放的流量。

推荐收集以下有关资料：

a） 发电量和电量收益；

b) 辅助设施及其价值；

c) 运行维护成本；

d) 水轮机可靠性和可利用状况（水轮机运行事故及处理的案例，计划停机和强迫停机的资料）；

e) 现有的水文资料；尽可能长时间的运行记录（流量，净水头，上、下游水位和水质）；

f) 机械设备的整体性评估；

g) 水轮机全部主要部件的图纸以及相关设备、建筑物的图纸；

h) 性能评估（原来的模型试验、最近的原型性能试验或者功率-导叶开度试验）；

i) 原有的试运行资料；

j) 运行规程和维护规程；

k) 历次修改的原设备历史资料；

l) 现有和预期的法规要求。

5.1.2 资料评估

5.1.2.1 概述

通过资料评估应确定：

a) 总流量（发电流量和泄洪流量）随时间的变化趋势；

b) 发电量随年份的变化趋势；

c) 年运行与维护成本随时间的变化趋势；

d) 收益随时间的变化趋势；

e) 电厂负荷系数随时间的变化；

f) 水轮机机械设备整体性的评定；

g) 确定在现有的或经改进后的水力条件下，运行性能有多大的增长空间。

5.1.2.2 水轮机的可靠性、可用性和允许的运行范围

机组停机率明显增加是考虑机组改造的一种信号。但在开始改造之前，重要的是收集至少近 10 年来有关停机的历史资料（包括停机性质、停机频率及停机持续时间的资料），以便了解机组运行状况的趋势。

5.1.2.3 水轮机的运行和维修成本

收集过去 10 多年来水轮机修理后的实际运行和维修记录，每次修复后的运行小时数或涉及的费用。这些资料有助于分析和评估水轮机的受损程度及哪些是有问题的部件，从而得出水轮机改造后，能在多大程度上减少这些费用。

5.2 改造方案的确定

5.2.1 总则

最佳方案的确定是各种相关因素进行比较、综合和优化的过程和结果。如果更换新转轮增加的功率，需要改造或更换与之相关的其他机械部件、电气部件才能匹配，那就未必是最佳方案，通过提高效率但少增加一些功率或许是更好的投资方案。

5.2.2 改造方案的拟定

可以有以下方案：

a) 不进行重大的改造，让机组继续运行；

b) 修复有缺陷的部件，随后电站按正常维修方式继续运行；

c) 如果机组的整体状况良好或曾经改造过，可在不拆除机组的情况下，恢复原流道和水力型线（转轮、导叶、固定导叶、尾水管等），使之继续运行；

d) 改造水轮机的过流部件。过流部件的改造有以下方案可供选择：
- 更换转轮，包括更换固定和转动止漏环；
- 修复流道过流面；
- 修改固定导叶的形状；
- 修改或更换导叶；
- 加大导叶的开度；
- 修改尾水锥管形状；
- 修改或更换水轮机进口阀；
- 修改顶盖，以使止水密封效果更佳。

如果确定采用更换转轮和导叶，则必须对整个发电系统（水轮机、发电机及其辅助设施等），包括修复磨损、恢复机械的整体性等作出评估。

如果水轮机增大功率，必需对与其相配套的土建工程、所有机械和电气部件进行分析：

a) 引水渠道，发电隧洞和压力钢管；

b) 主轴；

c) 导叶接力器行程和操作油压；

d) 转桨式水轮机转轮接力器行程和油压；

e) 推力轴承；

f) 调速器；

g) 发电机；

h) 母线和电缆；

i) 变压器；

j) 励磁系统；

k) 输电线路；

l) 开关设备。

对电气设备的评估不包含在本标准的内容中。

机组台数多且利用率较低的电厂，可考虑只对少数机组进行改造并继续运行，而其余性能较差的机组，只在不经常出现的高负荷时才投入运行，或者只在电站短时间泄放大流量时才投入运行。

5.2.3 改造方案的比选

5.2.3.1 总则

尽管本标准的重点是水轮机，但改造与采购必须考虑相关的全部设备，包括调速器、发电机、变压器等，以便作出合理的经济分析。另外还要考虑对土建工程所需进行的改造。

5.2.3.2 比选方案费用的确定

费用的确定应考虑以下所有因素：

a) 采购新部件或更新部件有关的全部费用；

b) 业主、供货商和咨询机构与工程项目有关的全部费用；

c) 修改现有部件有关的费用；

d) 一次性的费用（例如模型试验、现场试验，模板等）；

e) 现场工作的费用：拆卸、回装、机加工、起重机修复等；

f) 停机期间损失的费用(发电量、容量和其他辅助服务损失)；

g) 运行及维护费的变化；

h) 不可预见费；

i) 贷款或利息的扣除；

j) 涨价因素；

k) 涉及到环境、社会或法规方面的费用；

l) 进度变化对涨价因素和现金流的影响。

5.2.3.3 比选方案进度安排的确定

需考虑停机时段和停机时间长短对停机电量的损失，更新改造一般应在枯水期低流量的时段实施。

5.2.3.4 比选方案效益的确定

比选方案的效益由以下因素确定：

a) 功率和效率预期性能的提高；

b) 根据上述预期性能的提高，预期的运行方案，及贷款偿还期内发电量的预期值，对电厂运行效益的改善，进行计算机模拟分析；

c) 评估运行及维修费用的减少；

d) 评估附加效益。

5.2.3.5 比选方案的风险性管理

各比选方案的风险领域包括如下方面：

a) 未能获得预期的性能(功率、效率、水力稳定性和空蚀破坏)；

b) 原先不属修复的部件发生损坏或故障而造成相应的电能损失；

c) 原先不准备修复而在拆机后才发现损坏的部件；

d) 通货膨胀率(建议做敏感性分析)；

e) 贷款或利率(建议做敏感性分析)；

f) 货币兑换风险(如果有)；

g) 停机时间延长及相应的电量损失；

h) 与安全、环境等有关的风险；

i) 市场变化；

j) 保险(所需的保险范围和时间)。

改造方案的范围会影响其风险程度。

5.2.3.6 最终方案的确定

对各比选方案进行综合分析，确定最佳的改造方案。

5.3 合同条款

一般包括技术条款和商务条款两个部分。可参考 IEC/TR3 61366 编制。

5.3.1 技术条款

水轮机改造的技术条款需要根据现场的特殊条件来制定。

编写技术条款有两种方法。第一种方式是详细地写技术说明，包括设备设计、部件以及制造/安装步骤等;第二种方式是写一个规范,规定设备安装后的性能要求,至于设备如何设计、制造及安装,留给制造商和安装部门。大多数技术条款采取以上两种方法的组合。选择哪一种方法,通常取决于业主和机组尺寸及设备在系统中的重要性。

5.3.1.1 招标文件中需提供的资料

招标文件应提供以下资料:

a) 现场条件,主要包括:
- 电站高程和水头范围;
- 电站引水系统包括枢纽进水口、闸门、隧道、钢管、阀门和尾水的资料(如水头损失没有测量,为了便于确定水头损失所需的资料);
- 包括表面粗糙度在内的目前水轮机过流通道状况;
- 可用的流量;
- 前池和尾水水位变化范围;
- 尾水位变化曲线(水位随流量变化曲线);
- 电站的流量过程曲线;
- 水温范围及水质(物理化学性能及裹挟泥沙类固体);
- 水轮机导水机构中心线高程及水轮机其他主要参数;
- 机组旋转方向;
- 厂房布置。

b) 拟采用的运行方式,对基荷、峰荷、径流发电或其他方面的要求。

c) 环境方面的要求。

d) 厂房或几何尺寸方面的限制。

e) 业主的各种要求:
- 转轮结构型式;
- 机组轴线位置;
- 旋转同步转速;
- 发电机目前设计中选取的飞逸转速(可能不同于目前稳定状态下的飞逸转速)。

f) 性能评估标准和处罚(效率、功率、空蚀及悬浮颗粒磨蚀)。

g) 试验基本要求及对最终模型试验或现场试验要求。

h) 水轮机设计、制造和试验的标准。

i) 机械设计要求。

j) 用于进行过渡过程计算的输水系统资料。

k) 交货进度要求。

l) 从现有水轮机竣工的图纸获得的几何尺寸及材料,即:转轮及转轮止漏环间隙、主轴、导轴承、主轴密封、蜗壳、具有全部过流通道尺寸的尾水管、尾水管里衬、转轮室或基础环、包括固定导叶翼型详细尺寸的座环、顶盖、底环、导叶(包括水力矩和摩擦力矩)、导叶操作机构、接力器和行程限位装置。

m) 发电机、变压器目前的限制容量(二者中较低者),包含最大容量,以及业主打算对其改造的详细步骤。

n) 推力轴承的承载能力。

5.3.1.2 在项目执行期间需制定的文件

以下列出了从现存设备档案中可得到的文件及在本项工作过程中需制定的文档清单:

a) 签合同前开始的工作：
- 拆机前的运行试验程序；
- 拆机前的运行试验报告；
- 拆机和重新装机程序；
- 拆机前的调整检查；
- 设备评估和检测程序；
- 重新装机调整检查程序；
- 重新装机试验范围及程序；
- 混凝土基础稳定性检测报告；
- 试运行程序。

b) 机组排水前的资料。包含如下试验内容：
- 甩负荷及带负荷时主轴摆度；
- 水轮机稳定性(测量尾水管和蜗壳压力脉动，绘制在某比能下随负荷变化曲线)；
- 振动测量(导轴承垂直和水平方向)；
- 轴承和主轴密封温度(观察冷却水流量和进出水温度)；
- 功率-导叶开度试验(在典型水头下测发电机功率随导叶开度变化)；
- 甩负荷试验(在25%、50%、75%和100%满负荷下甩负荷后测量转速和压力上升)；
- 接力器差压试验(在导叶打开和关闭两个方向接力器差压随接力器行程变化曲线，这在不清楚现有导叶的水力矩时是必须的，而且在所有情况下均值得去做)；
- 效率试验；
- 指数试验(测量水轮机的相对效率)；或
- 绝对效率试验。

c) 机组排水后的资料：
- 导叶间接触间隙(在有、无接力器预紧力情况下检查导叶接触线间隙)；
- 导叶上下端面间隙(在有、无接力器预紧力情况下)；
- 导叶开度随接力器行程变化(导叶角度或导叶开口)；
- 导叶开启及关闭时间(水轮机内无水，含缓冲时间)。

d) 机组拆卸时的资料：
- 找正和各部间隙的验证及记录(轴在轴承内的位置、转轮止漏环、发电机气隙)；
- 辅助系统部件磨损、损坏或其他观察到的相关问题(污油处理系统，油、空气和冷却水管路设备，走道等)的验证；
- 发电机部件磨损、损坏或其他相关观察到问题的验证；
- 水轮机部件(尤其要注意导水机构)磨损、损坏或其他相关观察到问题的验证。

e) 重新组装机组时的资料：
- 对中找正、间隙和实际飞逸转速的验证和记录。

f) 试运行的资料：
- 在未充水情况下仪器试验和率定报告；
- 在未充水情况下导水机构和接力器试验包括关闭时间和缓冲时间；
- 在充水情况下的试验报告，包括进行或重复b)中所述的、推荐在机组排水前进行的需签字的全部试验；
- 热态运转报告，考验机组满负荷工况的稳定状况。

g) 在设计阶段的资料：
- 水轮机轴的设计计算；

- 转轮的设计计算；
- 转轮止漏环间隙的核算、材料及设计细节设计；
- 所有修改部件的设计计算；
- 水力过流通道部件(转轮、导叶和固定导叶、蜗壳、尾水管)CFD 分析；
- 在整个性能范围内的机组流量、功率、效率和水推力；
- 对新运行特性的过渡过程计算，包括转速上升、压力上升、最终导叶接力器正常和考虑了有效缓冲时间的关闭规律；
- 图纸、技术说明书、采购规范(原材料、采购或制造的分包部件)、车间试验步骤。

5.3.1.3 技术条款的要求

必须明确改造项目或其子项目的供货范围、目标、相关的责任以及工程进度安排等。

关于功率、效率、空蚀和运行稳定性等预期性能的提高，在编制技术规范时，应明确性能保证值的验证方法：是通过模型验收试验(全模拟试验还是半模拟试验)，还是通过原型相对效率试验或绝对效率试验进行验收，或者两类试验都做。

5.3.2 商务条款

商务条款见附录 A。

5.4 合同确定方式

5.4.1 总则

改造工程的整个合同或部分合同的确定，一般采用两种方式：公开招标或邀请选定的供应商进行议标。也可以采用招标和议标结合起来的方式。

5.4.2 招标文件与评标

编制招标文件时，必须保证投标人能在一个相同的平台上提交资料并进行判断。在评标过程中，要允许澄清并对投标资料作相应调整，对性能改善的索赔要进行非常仔细的分析，以确认供应商在技术上是可信的。

5.4.3 授标

合同文件必须与授标前所用的其他所有文件一致。这里所指的其他文件包括招标文件、投标文件及其所有附件、所选的供货厂商的投标书、投标澄清文件、合同谈判会议纪要和其他可能与合同实施有关的文件。

5.5 项目实施

5.5.1 模型试验

业主应对下列活动进行监督和复查：

a) 设计，图纸和材料清单；

b) 制造中的相似性误差，与制造图纸对比的一致性，以及材料清单；

c) 装置与图纸的一致性、误差和试验步骤；

d) 在制造商实验室或中立的实验室进行的水轮机模型试验，还应包括仪器的标定。

如果选定的是竞标方式，且决定在制造商的实验室或在中立实验室进行模型试验，则至少须选两家水轮机供应商进行模型试验。

全模拟试验可以十分可靠地证明更新改造机组的性能改善和增加收益。在早期的详细研究阶段，可考虑先签订单独的合同进行全模拟试验。

如果改造项目相对较小，做模型试验可能不划算，可改用CFD来完成水力设计。

5.5.2 设计、施工、安装与试验

业主应对下列活动进行监督和复查：

a) 部件设计、图纸和材料清单；

b) 材料选择，与技术规范规定的材料进行对比；

c) 质量保证，质量控制(现场检查)要求；

d) 工厂试验及检查；

e) 按GB/T 15613和合同技术规范，进行尺寸和相似性检查(特别是转轮)；

f) 现场拆卸、部件修复或修正、回装和轴线校正；

g) 机组试运行；

h) 原型性能试验(绝对效率)，导叶开口/功率试验，或指数试验(相对效率试验)；

i) 甩负荷试验；

j) 转轮试验，确定固有频率和振动模态；

k) 水轮机部件应力测试；

l) 接力器压差试验；

m) 机组带负荷试验，测试轴承温度和油温；

n) 测量尾水管和蜗壳的压力脉动，轴系的摆度及顶盖的变形(挠曲)。

5.6 改造效果及性能保证值评估

5.6.1 概述

保证值可以从下列几个方面确定：

a) 通过模型试验和/或原型(相对或者绝对效率)试验确定功率增加和/或效率提高值；

b) 进度安排；

c) 空蚀限制；

d) 飞逸转速。

5.6.2 水轮机性能预估

水轮机性能的预估，通常是按GB/T 15468确定各项保证值，再按合同根据GB/T 15613模型试验或GB/T 20043原型性能试验(相对或者绝对效率)进行。原型试验对那些在模型试验时未做到全模拟，或者原型部件与模型没有完全几何相似的情况最为适合。但用原型试验来验证主合同中的性能保证值，测试费用较高，测量精度不够精确。在改造前、后进行的现场原型试验，最好是同一组试验人员，用相同的试验设备，在同一台机组上进行，这样可减少由于系统误差引起的争执。

在投标阶段，业主要尽最大努力列出现有原型机组流道表面粗糙度的资料，以便供计算有关保证值时使用。特别是转轮和导水机构(座环、活动导叶、顶盖流道表面、底环和基础环)，因为它们的摩擦损失对水轮机总效率有很大的影响。在招标文件中提供这些资料，能使投标者更好地提出改善流道表面状况的方案。

在规定的运行保证期内，应对空蚀进行一次检查。现场检查时应记录和描绘转轮及其相邻部件的空蚀状况，然后按GB/T 15469和GB/T 19184规定的评定方法将其与合同中的保证值进行比较。

5.6.3　**发电机性能评估**

如果合同规定水轮机效率是从机组效率换算得到，就应根据适用标准进行发电机性能试验。

5.6.4　**处罚和奖励评估**

业主可按合同条款对处罚或奖励进行评估。可依据模型或原型性能、原型空蚀保证、进度、费用、安全和其他可量化的因素，作为处罚或奖励的判据。

5.7　**改造进度、费用和风险分析**

5.7.1　**概述**

应认真研究改造工程的各个阶段，包括设备评估、可行性研究、工作范围的确定、技术规范的编制及项目的实施阶段的进度计划。

进度计划是用来协调各项工作、保证按时实施项目进程和涉及实现投资效益的项目管理工具。为确定改造的工作范围，应编制实施的工作计划和进度计划，用以指导工作的进程。工作计划和进度计划应能保证及时完成工作范围内的所有工作内容。

完成上述工作内容所需的时间及相关的费用，是决定项目可行与否的重要因素之一，而费用又与工期密切相关。如果必须在非常短的时间内完成，费用就可能增加，相反，如果项目拖延时间，则费用亦会增加。

5.7.2　**技术规范与招标阶段的进度计划**

应有足够的时间编制和审核招标文件，以保证其完整性和准确性。招标阶段的进度取决于选择合同的方式及合同方参与的方式。对下列项目要给予充分的时间：

a)　对投标者资质的审核；

b)　在招标初始阶段，安排投标者到现场对典型机组进行考察；

c)　对投标者提出的疑问进行澄清回复；

d)　投标准备工作；

e)　评标；

f)　条款协商和内部批准；

g)　授标或发出中标通知。

5.7.3　**项目实施阶段的进度计划**

工程实施阶段的进度计划对工程的总盈利有显著的影响。设计、施工或安装的延误，都会导致工程费用的超支。投标者应制定详细的进度计划以便业主监督工程的进展。项目组需定期调整、更新施工进度并进行监督。如果工程实际进度滞后于进度计划，应按不可预见性处理计划来赶回合同的进度。

所有影响计划进度的事件都应予以评估。需要考虑的事项有：

a)　停机持续时间(损失了发电时机)。

b)　机组修复更新前有关配套设备的修复进度，包括起重机、吊具、排水系统、进口闸门、水轮机进水阀及叠梁闸门等。

c)　排除危险或者有毒物品，如铅、石棉或聚氯联苯(PCB)等。

d)　设备和可重新利用部件拆卸和翻修后进行的检查。在计划进度中，应留出足够的时间，安排可重新利用的重要部件的翻修或备好备用部件。

e)　在拆机前未预料到损坏的设备或部件，以及未预料到问题的影响。

f) 交换工作班次的计划中，诸如：加班费、工人超时劳动引起的疲劳，换班信息的交接，所有班次的质量监督等。

g) 进入厂房的有效运输方式(及其限制性)、现场仓储设施的可用性、进出厂房的限制、厂内卸货区和停放区等。

5.8 经济和财务分析

5.8.1 概述

在更新改造的主要项目开始之前，都要对项目全过程的主要投资进行评估决策。

5.8.2 效益-费用分析

虽然本标准主要论述的是水轮机的改造或性能改进，但效益和费用分析应考虑项目的全部工作范围，包括为保证可靠发电的全部设备和建筑物。

5.8.3 预期效益的确定

5.8.3.1 概述

评估时段可以是经修复的电厂预期寿命的财务时段，也可以是投资成本更快得到回收的更短时段。应根据投资方自身特定的情况而定。

5.8.3.2 发电效益

这些效益如下：

a) 增加功率：对电厂增加容量或增加电能功率(或两者均增加)的方案需进行评估和分级排序，以便确定最经济的效益/费用方式；

b) 提高效率：必须考虑到改造或者性能改进所获的效率增值，因为即使效率增值很少，但在整个项目服役期内其经济利益仍相当可观，特别是由于要延长运行寿命而必须进行改造的机组更是如此；

c) 辅助服务的收益：包括旋转备用、无功控制(VAR)，黑启动能力和 AGC (自动发电或直接频率控制)；

d) 其他与拟定的(最佳)方案有关的效益。

5.8.3.3 运行和维护效益

这些效益如下：

a) 提高利用率：由于降低了强迫停机率和提高了机组的利用率，从而提高了电厂的运行可靠性，并由此取得的显著效益。

b) 改善运行性能：可配备现代化的控制系统、更换或修复电厂的那些易损辅助设备来改善运行性能。许多手控设备也都可以用自动数据采集设备或自动监控设备来代替。

c) 降低运行和维护费用：经改造电厂的运行维护费用通常要比未经改造而继续运行电厂要低得多。

d) 适当减少运行维护人员：机组经改造后，对人员配备进行评估，往往能获得较好的经济利益。特别是原来需要人员 24 小时值班的电厂，可减为只按值一个班的人员配备，或者由于采用了遥控设备，甚至可以无人值班，其效益就特别明显。

e) 延长维护周期：机组经改造后，维护的时间间隔可能延长。经改造的机组，在若干年内，需维修的内容会减少。

f) 降低保险费用：通常，由于安装了现代化的监测、控制和保护系统，保险费用会降低。

5.8.3.4 环境效益

电厂改造或性能改进项目，在技术改造中，能够将增进综合环境效益及运行和维护效益融合在一起。例如用自润滑轴承代替加黄油润滑轴承的轴承。

如果过鱼通道是一个特定的问题，那么可以将改善鱼道特性与水轮机的设计结合起来。同样，增大泄流量中的含气量也是可行的。

5.8.4 预期费用的确定

5.8.4.1 概述

水电站不同设备的剩余寿命是不同的，例如水轮机不需改造还可以运行 5 年，而发电机急需进行改造。在这种情况下，至少有两种选择可以考虑。首先，尽快改造发电机、推迟水轮机的改造；第二，同时改造发电机和水轮机。前者的主要优点是马上需要支出的费用较少，而后者可使机组得到最高的利用率。若两个方案的费用相差不多，则提高机组的可利用率往往是占支配地位的。

5.8.4.2 主要的费用

主要费用支出包括以下方面：

a) 设备费：包括设备、材料，与拆机有关的施工费用、新设备的安装费用、试验费用，以及老设备的处置等全部的直接费用；
b) 融资费：包括改造项目的融资费(如利息、通货膨胀等)及其他与融资费有关的费用；
c) 不可预见费：直接费用中其他估计不精确的补充费用、杂费及不可预见的费用。

5.8.4.3 与投资有关的费用

这些费用包括折旧费、灾害救助费以及其他有关的税费。

5.8.4.4 停机费用

电厂的更新改造能在没有弃水的时段完成，就不会因改造停机造成电能损失。如果因电厂故障强迫停机，实行改造就会造成发电容量损失和/或辅助服务损失。当装机容量有足够的备用容量，改造期间也可能不会造成电厂的收入(电量)减少。有些季节，电价较低，发电容量的损失也较低。电厂与电网的联系越紧密，就越有可能不会造成电能损失，甚至弃水都可以避免。

停机费用包括：

a) 在修复停机期间的收益损失（发电收入损失和弃水损失）；
b) 损失市场机会方面的费用(峰荷服务和辅助服务)；
c) 可获得的权益有可能丧失(通常与须重新获得许可有关，而非指改造本身)；
d) 与拟定方案有关的其他费用(额定值下降等)。

5.8.4.5 工程人员费用

为制定计划、设计咨询、采购、环境研究、工厂监造、现场监理、工厂和现场质量检查、试运行等所需的办公和人员费和现场培训费，应在评估项目成本时予以考虑。

通常在整个改造项目工期内，要求给现场工程人员提供一些临时办公设施。其中包括办公室、辅助人员、租金、办公设备、公用设施、临时用计算机与通信基础设施，以及所有为工程人员所必须的其他费用。在边远地区，还应包括有关生活设施。

5.8.4.6 计划工期与工期延误对工程的影响

计划工期会影响经济评估的很多方面。不仅对项目总工期和单台机组的停机时段有影响，对多台机组的电厂，分阶段性的连续停机对其效益和费用都会造成较大的影响。因工期延误而调整进度计划会给直接费用和间接费用带来影响。

5.8.4.7 敏感性分析

敏感性分析应包括重大参数的改变，如项目的主要费用、工期、可望获得的效率提高和发电产值的预期收益以及其他项目的收益等。其他方面的敏感性也可能存在，应对其带来的风险作出评估。常用的做法是绘出敏感性分析成果曲线，因为它能更清楚地展示其趋势。

5.8.4.8 结论

上面对改造项目的经济和财务分析有助于方案的评估，有助于电站工程师们从经济、财务的角度优选电厂最佳的改造方案。

6 更新改造工作范围的评估与决策

6.1 概述

水轮机更新改造总体评估包括3个方面：

a) 电厂现场条件评估；

b) 水轮机评估；

c) 相关设备评估。

6.2 电厂现场条件评估

6.2.1 水文

电厂的最佳运行不仅取决于水轮机的运行效率，还取决于能最大程度的利用流量和水头。在建设初期确定的设备主要运行条件，可能已经发生变化，应重新复核现场的水力资源和运行方式，按当前的最新情况予以考虑。

水轮机效率的提高通常不会对电站的运行方式产生较大的影响，但功率和效率两者结合起来的提高，却会增加发电量，改变电站的运行模式及其利用率，并对环境产生潜在的影响。

涉及的主要问题有：

a) 有没有改变引用流量；

b) 对电站上游水位或下游水位有哪些新的限制或放宽的条件，这种变化是否会导致水轮机水头的改变或电站空化系数的变化；

c) 出于对环境的影响或考虑社会因素，对电站运行模式有没有新的限制或放宽条件。

最好有25年或更长时间的纪录，用来做将来电力生产可靠的统计分析。总之，应具有在尽可能长的运行期内，电站所在地的水文资料，即小时平均、日平均、周平均或月平均的水头/流量随时间变化的资料。

如果上述资料不能通过测量获得，则可根据电厂的发电量和上下游的水位记录、计算或实测水轮机的能量损失以及实测或“假设”的水轮机效率、发电机效率、并考虑溢洪道泄水量等进行推算。当使用“假设”的效率时，应基于原厂家的资料或最近机组状况变坏后的试验结果。上述信息及相关的水力资料可用来确定电站现场的水文状况或电站的水力参数是否已经发生变化。

电站水力参数或预期运行模式的变化，会改变水轮机的额定工况，并影响水轮机更新改造最佳方案的选择。

6.2.2 实际发电量

电站现有的年发电量为业主提供了一个基准数据，根据该数据可以确定电站设备未来的性能改进值。如能有独立来源的水文资料，还可根据发电量的数据来确定水轮机设备性能恶化的趋势。如果没有这种独立来源的水文资料，则可根据过去的发电量记录，预估的电站泄水记录，以及对现有发电设备性能的大致认识，推出该电站的水文历史资料，其不确定度为±5%。

为了获得最大的准确度，对拟进行改造的每台机组应有一段尽可能长时期的发电量记录；这个时期不宜少于10年，如能达到25年或更长的时间则对统计分析更为有利。如果发电量记录小于10年，则其不确定度就会高于5%。

应将上述资料按记录的整个时段绘成曲线，以便观察其变化趋势，提出问题和解释问题。

造成发电量变化的原因可能包括：设备性能降低、水文条件变化、运行理念改变或水资源管理规则改变，以及与设备可靠性有关的计划停机或强迫停机影响等多种因素。注意不要过分注重曲线短期的趋势或事件。如果设备效率降低确实是导致变化趋势的根本原因，则可通过比较现有效率曲线和原效率曲线来确认。

通常，可通过改善水库管理使发电量显著增加。尽管这不是本标准涉及的范围，但总是任何重要改造工程应考虑的组成部分。

6.2.3 环境、社会及有关法规

环境、社会及其规范性法规决定了电厂的运行条件。制定这些法规是试图有效地综合利用水资源。通过平衡环境、社会和经济等方面的用水需求，实现多目标综合开发效益。对这些法律规定有重要影响的项目有：

a) 要求的最小流量；
b) 上游水位和下游水位变幅的限制；
c) 允许的流量变化速率(变化率)；
d) 鱼类及野生动植物用水流量；
e) 溶解气体的限制量；
f) 休闲旅游用水流量；
g) 本区域生活用水/灌溉用水流量；
h) 用于水力发电的流量。

如果只是为提高效率而决定电站改造，那么在改造前和改造后，水轮机的流量都是一样的，这样以前制定的规范性法规也就同样适用。然而，当功率增加超出了由于效率提高而增加功率的范围，就需要增加过流量或在电站运行期间使流态发生变化。而这些变化可能会触及新的法规，甚至在用水量没有变化的情况下，也可能会推出一些新的规定。

在改造项目开始时，应全面复核新的或修订过的用水管理法规，以决定其对运行和改造电厂的总收益是否有影响。

6.3 水轮机现状评估

6.3.1 概述

对现有水轮机进行评估，主要包括以下两个方面：

a) 水轮机的整体性评估或机械状况评估。评估时应进行仔细的目测检查，如果有要求时，可加上

各种测试，以及无损探伤检验。

b) 水轮机的性能评估。应对过去的运行记录和运行条件进行详细分析评估，从而评定水轮机性能实际上能获得多大程度的改善。性能评估的要点是：
   - 效率；
   - 功率；
   - 机械振动；
   - 水力稳定性；
   - 空蚀和磨损；
   - 运行条件及各项限制条件；
   - 运行年限(或实际运行小时数)。

6.3.2 水轮机整体性评估

6.3.2.1 概述

对水轮机进行机械整体性评估，需要逐项进行详查，这种详查，只能在机组排干水且确保安全隔离后进行。对水轮机部件的检查，必须由具有资质且经验丰富的工程师来完成，在水轮机还未完全拆卸和还不能进入部件内部进行检查的情况下，该工程师应能掌握部件的高应力区和可能出现裂纹的部位。即使有“行家”参与检查，也应按前述要求，按“机械结构检查表”来帮助检查。

在正式拆卸水轮机前，如判断不出水轮机部件整体性方面存在的主要问题，就很难确定改造项目的必要性和主要改造范围，也就难以确定改造的费用、准确的停机时间长短以及因此造成的收入损失。

6.3.2.2 按部件进行的整体性检查

可采用以下对照表，列出每个部件的检查表格，对现有水轮机进行评估。

编排顺序如下：

a) 水轮机埋入部件评估：
   - 座环，见表 2；
   - 蜗壳或半蜗壳，见表 3；
   - 基础环，见表 4；
   - 尾水管，见表 5。

b) 水轮机非埋入、非旋转部件评估：
   - 顶盖，见表 6；
   - 支持盖及内顶盖，见表 7；
   - 底环，见表 8；
   - 导叶，见表 9；
   - 导叶操作机构，见表 10；
   - 控制环，见表 11；
   - 接力器，见表 12；
   - 导轴承，见表 13；
   - 水轮机主轴密封，见表 14；
   - 推力轴承支座，见表 15；
   - 喷嘴，见表 16；
   - 偏流器和消能装置，见表 17。

c) 水轮机旋转部件评估：
  - 转轮，见表 18、表 19、表 20；
  - 水轮机轴，见表 21；
  - 受油器及配油管路，见表 22。

d) 水轮机辅助设备评估：
  - 转速及负荷调节系统(调速器)，见表 23；
  - 尾水管补气系统，见表 24；
  - 润滑系统(导水机构)，见表 25。

以上表格有些适合所有类型的水轮机，有些只对应某种型式的水轮机。有些部件应不只列在一个表里，但为了区分，仍只列在一个表内。比如，某些部件既可属于“埋件”又可属于“非埋件”，它完全取决于水轮机的设计。

在水轮机机械整体性评估和性能改善方面，对大部分涉及项目将有详细讨论，列表如下。

表 2 水轮机埋件的评估——座环(适合于混流式、轴流式水轮机)

涉及项目	原因或可能的理由	可采取的对策
□ 固定导叶裂纹	□ 振动 □ 混凝土中由于碱骨料反应引起变形 □ 因磨损或磨蚀导致结构整体性变坏 □ 设计或制造工艺差致使结构承载力薄弱 □ 材料缺陷	□ 调查以前的修理情况(数量及频度) □ 目测检查 □ 对固定导叶和上下环板的接头进行无损探伤检验 □ 对流态、材料和应力进行分析 □ 进行补焊修理修复
□ 泥沙磨损	□ 固定导叶翼型不佳 □ 水中含有磨蚀沙粒	□ 目测检查 □ 调查以前的修理情况(数量及频度) □ 与现代设计进行比较分析 □ 流态分析 □ 焊接修复表面 □ 修正水力翼型 □ 采用抗磨护层 □ 采用抗腐蚀性能的材料
□ 腐蚀	□ 表面涂层不当及其引起的损坏 □ 含有侵蚀性物质的水质	□ 目测检查 □ 喷沙处理、采用合理的涂层
□ 水力损失	□ 固定导叶翼型不佳 □ 表面光洁度粗糙	□ 流态分析 □ 与现代设计进行比较分析 □ 喷砂/打磨光滑 □ 对水力翼型进行改型 □ 刷漆
□ 流经法兰结合面的径向渗流	□ 因混凝土变形使径向法兰的状态变坏 □ 封焊处的疲劳裂纹(如原来法兰螺钉把合不够)	□ 处理密封或从结构上进行焊接修理

表 3　水轮机埋件的评估——蜗壳或半蜗壳(适合于混流式、轴流式水轮机)

涉及项目	原因或可能的原因	可采取的对策
□ 座环区域裂纹;在钢板或焊接接头部位	□ 混凝土中由于碱骨料反应引起的变形 □ 因磨蚀导致结构承载能力降低 □ 由于承压循环/压力波动/水力共振(低、中、高循环疲劳)	□ 目测检查;对损坏部位及数量绘图标明 □ 对蜗壳/座环的接头及其他可疑处进行无损探伤检验 □ 应力分析 □ 查询以前的修理情况(性质、范围及频度) □ 调整导水机构的关闭时间 □ 焊接修理
□ 进人门连接螺栓损坏	□ 腐蚀	□ 焊接修理 □ 对可更换部位进行更换
□ 表面光洁度降低严重	□ 腐蚀 □ 微生物 □ 甲壳动物 □ 表面涂层不当或脱落	□ 喷砂清理和应用合理的护层
□ 壁厚受损	□ 水中有泥砂 □ 腐蚀与磨损的联合作用	□ 测量钢板厚度 □ 应力分析 □ 涂刷防腐涂层 □ 调整导叶关闭规律或降低机组功率或两者都采用 □ 蜗壳加固
□ 进人孔渗漏或进人门失灵	□ 腐蚀 □ 门密封垫或法兰表面损坏 □ 门调整不好 □ 门铰损坏 □ 轴套磨损	□ 对封水表面进行目测检查 □ 更换密封垫 □ 采用新的封水设计 □ 对封水面进行修理 □ 更换或修理门铰的轴套或销子 □ 修改门铰设计

表 4　水轮机埋件的评估——基础环(转轮室)(适合于混流式、轴流式水轮机)

涉及项目	原因或可能的原因	可采取的对策
□ 裂纹	□ 设计不当 □ 制造缺陷 □ 压力脉动 □ 转轮擦伤基础环 □ 焊接修理不当	□ 全面进行目测检查和无损探伤 □ 应力分析 □ 焊接修理 □ 基础环加固 □ 补气(混流式) □ 机组轴线找正和平衡
□ 漏水	□ 装配缺陷 □ 设计不当 □ 螺栓松动	□ 目测检查 □ 确认螺栓是否拧紧 □ 修理或更换基础环

表 4（续）

涉及项目	原因或可能的原因	可采取的对策
□ 圆度不合格	□ 混凝土由于碱骨料反应引起下部结构变形(AAR)	□ 测量圆度和叶片外端部间隙 □ 检查机组对中 □ 调正下部混凝土结构 □ 重新调整叶片外端部间隙
□ 基础环变形、不对中或倾斜(对混流式水轮机为底环支撑处变形)	□ 装配缺陷 □ 混凝土由于碱骨料反应引起的下部结构变形	□ 测量(混流式水轮机)转轮的轴线位置与基础环中心的关系 □ 机组大修,重装机组重新找正中心
□ 非正常磨损	□ 转轮摩擦基础环内壁	□ 目测检查 □ 机组找正检查和纠正 □ 确认转轮叶片外端部间隙
□ 腐蚀	□ 水质腐蚀 □ 不合适的护层	□ 喷沙清理和应用合适护层
□ 泥沙磨损	□ 水中悬移质泥沙 □ 材料选择不当	□ 抗磨护层(金属喷涂或焊接) □ 修理或更换
□ 空蚀损坏	□ 运行条件 □ 叶片设计 □ 转轮叶片间隙	□ 检查并绘图标明空蚀部位 □ 确认转轮叶片间隙 □ 复核运行条件 □ 修理受损表面
□ 性能和环境方面的因素	□ 叶片外端部间隙过大	□ 将基础环调整至高于或低于叶片轴线

表 5　水轮机埋件的评估——尾水管(适合于混流式、轴流式水轮机)

涉及项目	原因或可能的原因	可采取的对策
□ 尾水管里衬背后脱空或里衬与混凝土之间分离	□ 压力脉动(部分或高负荷时涡带引起) □ 混凝土由于碱骨料反应引起的变形 □ 一期混凝土浇筑不当或锚固失效	□ 锤击检查;绘图标明脱空点(区) □ 灌注环氧沙浆或水泥沙浆 □ 增加辅助锚固
□ 空蚀破坏	□ 选用材料或护层材料不当 □ 在正常负荷或水力条件以外区域运行 □ 电厂运行方式改变 □ 转轮或导水机构翼型不当引起水流扰动	□ 目测检查 □ 流态分析 □ 与现代设计进行比较分析 □ 测量壳板厚度 □ 恢复过流表面状况 □ 喷砂清理和重新涂刷 □ 采用抗空蚀护层
□ 裂纹	□ 锚钩或外部加强筋脱开 □ 由于部分负荷和高负荷时的涡带引起的压力脉动	□ 目测检查 □ 调查以前的修理情况(数量及频度) □ 壳板厚度测量 □ 在进人孔部位和与基础环的连接处进行无损探伤试验 □ 对部分节段更新或表面修整(焊接、打磨并重新灌浆)

表 5（续）

涉及项目	原因或可能的原因	可采取的对策
□ 腐蚀或磨损	□ 水中含催化腐蚀的微生物 □ 浸没循环的次数 □ 带腐蚀性的水中由于材料匹配不当伴随有或没有电解腐蚀 □ 水中含有磨蚀颗粒	□ 目测检查 □ 测量壳板厚度 □ 喷砂并应用抗腐蚀和抗磨蚀涂层 □ 应用抗腐蚀或/和抗磨蚀的表面保护层或在高流速区采用钢里衬
□ 效率或功率低于正常值	□ 设计不当 □ 新的运行条件(负荷范围或水力条件)	□ 流态分析 □ 与现代设计进行比较分析 □ 对钢板/混凝土型线进行改型 □ 对基础环进行改型
□ 尾水管表面与形状受损	□ 由于混凝土浇筑质量差引起流道内混凝土脱落掉块 □ 由于磨蚀颗粒或混凝土的空蚀 □ 持续的高速腐蚀(二次流)	□ 目测检查 □ 检查并绘图标明损坏区域 □ 混凝土翻修 □ 进行混凝土打磨以获得可接受的连续流线型表面

表 6　水轮机非埋入、非旋转部件的评估——顶盖(适合于混流式、轴流式水轮机)

涉及项目	原因或可能的原因	可采取的对策
□ 裂纹	□ 反复加压 □ 压力脉动或压力波动 □ 水力共振(低、中、高周疲劳) □ 变形 □ 材料或设计不当 □ 设计的机械应力过高	□ 目测检查和无损探伤检验 □ 应力分析 □ 焊补修理 □ 顶盖补强 □ 更换顶盖
□ 抗磨表面或抗磨板损坏	□ 水中含磨蚀泥砂 □ 空蚀损坏 □ 腐蚀和磨损联合作用 □ 高速水流喷射通过很小间隙造成的“线条状腐蚀” □ 与导叶发生接触	□ 目测与尺寸检验 □ 修复与加工抗磨表面 □ 安装或更换抗磨板 □ 重调装配对中找正 □ 导叶垂直方向位置的调整
□ 顶盖-导叶触磨	□ 顶盖及/或底环找正不当 □ 导叶与顶盖间隙不够 □ 顶盖变形过大	□ 通过导叶操作力矩试验评估导叶失效的风险 □ 目测检查，探查部件结合部位的磨损和/或擦伤 □ 全面检查导叶尺寸，检查导叶、顶盖与底环的找正情况 □ 重调装配对中找正 □ 抗磨面的整修与重新机械加工 □ 抗磨板安装或更换

表 6（续）

涉及项目	原因或可能的原因	可采取的对策
□ 转轮上止水密封(迷宫环)损坏	□ 顶盖不对中 □ 转轮不对中 □ 间隙不当 □ 混凝土因碱骨料反应引起的变形	□ 目测检验 □ 修正间隙 □ 检查顶盖尺寸和检验转轮的对中 □ 机加工或更换转轮止水密封(止漏环) □ 更换顶盖 □ 更换转轮
□ 水平面不正确	□ 装配不当 □ 电站发生位移 □ 混凝土因碱骨料反应引起的变形	□ 检验顶盖安放面尺寸 □ 机加工顶盖安放面(座环法兰面)
□ 抗磨表面及抗磨板的平直度	□ 装配不当 □ 磨损量不相等	□ 检查机加工面的尺寸 □ 机加工顶盖抗磨表面或抗磨板 □ 安装或更换抗磨板 □ 更换顶盖 □ 重装机组
□ 漏水	□ 主轴密封或密封面磨损	□ 更换主轴密封 □ 重新调节密封面
□ 润滑(包含环境条件)	□ 黄干油脂管破裂 □ 黄干油润滑系统故障 □ 黄干油分配槽不当 □ 进入周围环境的黄干油消耗量过大 □ 导叶轴套磨损	□ 目测检查顶盖及其衬套黄干油润滑系统 □ 更换导叶轴套 □ 安装自润滑导叶轴套 □ 改进、修理、或重安排或拆除干油润滑系统
□ 螺栓松动或破损	□ 装配不当 □ 顶盖变形 □ 螺栓材料选择失当或对规定的材料考虑不够 □ 制造和安装过程中品质控制失当 □ 设计应力过大 □ 非正常的压力脉动 □ 水力共振(低、中、高周疲劳荷载)	□ 目测检查法兰和螺栓，如可行则应做无损探伤 □ 更换螺栓 □ 流态分析 □ 改变顶盖固有频率 □ 改善水轮机补气状况 □ 修改螺栓数量和/或螺栓尺寸和/或其材料
□ 排水不畅(排水问题)	□ 排水孔阻塞或排水不畅 □ 排水能力不足 □ 排水管堵塞 □ 主轴密封和/或导叶漏水量太大	□ 目测检验 □ 调研过去出现过的问题 □ 清理排水孔和排水管 □ 修理或更换排水泵(射流泵) □ 修改排水系统设计 □ 更换主轴密封或导叶密封
□ 考虑维修引起的进入通道问题	□ 设计不当 □ 再次维修或安全需要	□ 与现代设计进行比较分析 □ 修改顶盖设计 □ 更换顶盖

表6（续）

涉及项目	原因或可能的原因	可采取的对策
□ 导叶控制环导向板出现的问题	□ 导向板磨损 □ 摩擦力大	□ 更换导向板或改用自润滑材料
□ 导叶轴套磨损	□ 底环和顶盖同轴度不好 □ 润滑问题 □ 由于长期或特长时间工作造成的磨损	□ 目测检验 □ 机组重新对中 □ 更换轴套或改用自润滑材料 □ 改进、修理、或重新安排或拆除干油润滑系统

表7　水轮机非埋入、非旋转部件的评估——支持盖及内顶盖（适合于轴流式水轮机）

涉及项目	原因或可能的原因	可采取的对策
□ 裂纹	□ 设计不当 □ 材料性能不良或材料选择不当 □ 非正常的压力脉动，压力波动 □ 过渡过程中转轮上抬频繁 □ 流道中有杂物	□ 目测检查和无损探伤 □ 应力分析 □ 补焊修复 □ 加固 □ 更换 □ 检查转轮与内顶盖之间的间隙
□ 漏水	□ 装配不当 □ 设计不当 □ 螺栓松动	□ 目测检查 □ 确认螺栓状态 □ 更换合缝面密封和/或修整密封面
□ 过流表面磨蚀	□ 水中有磨蚀颗粒 □ 水力表面有不连续处	□ 目测检查并绘图标明损坏区域 □ 对损坏面进行焊补修复 □ 清除水力表面的不连续处
□ 螺栓松动或破断	□ 装配问题 □ 材料性能不良或材料选择不当 □ 螺栓把紧力不够 □ 振动使螺栓松动	□ 目测检查法兰把合面处的问题 □ 验证螺栓理论负荷，材料与装配力矩 □ 测量振动和压力脉动
□ 排水问题	□ 排水孔阻塞或排水不畅 □ 排水管堵塞 □ 主轴密封和/或导叶漏水量太大 □ 排水能力不足	□ 检查导叶密封，主轴密封与顶盖法兰密封 □ 清理排水孔和排水管 □ 更换或修理排水泵或射流泵 □ 改造排水系统 □ 更换导叶密封，主轴密封和顶盖法兰密封
□ 进入通道问题	□ 设计不当 □ 新的维护、安全或法规要求	□ 与现代设计进行比较分析 □ 修改 □ 更换

表 8　水轮机非埋入、非旋转部件的评估——底环(适合于混流式、轴流式水轮机)

涉及项目	原因或可能的原因	可采取的对策
□ 抗磨板损坏	□ 水中有磨蚀泥沙 □ 空蚀损坏 □ “线条状损伤” □ 与导叶触磨	□ 目测与尺寸检验 □ 表面修理与机加工 □ 安装或更换抗磨板 □ 重调对中 □ 调整导叶垂直方向的位置
□ 导叶操作不灵	□ 顶盖或底环对中不好 □ 底环与导叶间的间隙不够	□ 目测检查 □ 检验导叶尺寸,检查底环与顶盖的对中 □ 重调对中 □ 表面修理与机加工 □ 安装或更换抗磨板
□ 转轮下止水密封(止漏环)损坏(混流式水轮机)	□ 底环对中不好 □ 转轮对中不好 □ 设计间隙不当 □ 混凝土由于碱骨料反应引起的底环变形	□ 目测检查 □ 修改间隙 □ 检验底环尺寸与转轮对中 □ 转轮止水密封(止漏环)机加工或更换 □ 更换底环
□ 水平面不准确	□ 装配问题 □ 电站基础尺寸变化 □ 混凝土碱骨料反应	□ 检验底环及其底座的尺寸 □ 机加工底环支承表面
□ 抗磨板平直度	□ 装配问题 □ 磨损 □ 变形	□ 检查机加工面的尺寸 □ 机加工底环 □ 更换底环 □ 机组重新安装 □ 安装或更换抗磨板
□ 漏水	□ 密封件损坏或密封面损坏	□ 更换密封 □ 重新处理密封面
□ 导叶下轴套的润滑问题(包括对环境的影响)	□ 干油脂管破裂 □ 干油脂润滑分配槽不当 □ 干油脂润滑系统功能失效 □ 过多的干油脂消耗量污染环境 □ 导叶轴套磨损	□ 检查底环轴套及其润滑系统 □ 更换导叶轴套 □ 安装自润滑导叶轴套 □ 改进、修理或重新安排润滑系统
□ 螺栓松动或破断	□ 装配问题 □ 底环变形 □ 材料性能不良、材料选择不当	□ 目测检查螺栓与密封 □ 修改螺栓数目、材料或螺栓尺寸 □ 更换螺栓
□ 导叶轴套磨损	□ 底环与顶盖对中不好 □ 润滑问题 □ 运行时间太长或老化 □ 混凝土碱骨料反应	□ 目测检查 □ 检验底环尺寸和顶盖对中状况 □ 机组重装或重新找正中心 □ 用相近的或自润滑材料更换轴套 □ 修改、修理或重新安排润滑系统

表9 水轮机非埋入、非旋转部件的评估——导叶(适合于混流式、轴流式水轮机)

涉及项目	原因或可能的原因	可采取的对策
□ 裂纹	□ 振动 □ 由于颗粒磨损或空蚀使结构的整体性降低 □ 材料缺陷,设计或制造问题 □ 偶然出现的异常荷载	□ 调查以前的修理情况(次数与频度) □ 目测与无损检验 □ 应力与材料分析 □ 焊补 □ 重新机加工 □ 更换
□ 变形	□ 材料缺陷,设计或制造问题 □ 由于杂物夹持导致突发的异常荷载 □ 保护装置功能失效	□ 尺寸检验 □ 更换 □ 保护装置的检验、校正与更换 □ 修理或更换拦污栅
□ 空蚀	□ 导叶翼型 □ 在非正常状态下运行 □ 电厂运行或水力条件发生重大变化	□ 目测检查 □ 调查以前的修理情况(次数与频度) □ 材料与流态分析 □ 与现代设计进行比较分析 □ 焊补修复表面 □ 改型 □ 更换
□ 腐蚀	□ 涂层不当 □ 具有或不具有电解质腐蚀的含有侵蚀性水体	□ 喷砂/磨光 □ 采用更适当的涂层 □ 更换成更合适的材料
□ 磨蚀	□ 水中含磨蚀泥沙	□ 焊补修复表面 □ 应用抗磨蚀材料(堆焊、金属喷涂) □ 更换成更合适的材料
□ 与顶盖或底环触磨	□ 安装时找正不良 □ 材料间匹配不当 □ 间隙不够 □ 由外来颗粒引起 □ 混凝土的碱骨料反应	□ 对导叶和导水机构装配进行目测与尺寸检验 □ 通过焊接、打磨/再加工对表面进行整修 □ 使用抗擦伤的材料 □ 拆卸,调整及重新装配部件 □ 如有可能,勘查并消除外来的杂质颗粒源
□ 水力特性	□ 水力翼型不佳 □ 导叶安放角不一致 □ 导叶最大开度选定不当	□ 流态分析 □ 与现代设计进行比较分析 □ 修整翼型 □ 更换 □ 复查和调整导叶操作机构

表 9（续）

涉及项目	原因或可能的原因	可采取的对策
□ 枢轴磨损	□ 干油润滑系统失效 □ 泥沙沉积 □ 腐蚀 □ 材料匹配的选择不良	□ 目测检验 □ 在枢轴上设新的不锈钢轴领，或机加工不锈钢枢轴 □ 更换导叶 □ 用自润滑轴套替换干油润滑锡青铜轴套系统 □ 修改、修理或重新安排干油润滑系统
□ 端部和接触线处的密封不良	□ 接触面磨损/腐蚀 □ 导叶立面密封线之间的间隙调整不当 □ 导叶与顶盖或底环的间隙处的泥沙磨损，或间隙处的线条状损伤（线条状损伤为高速清水射流通过狭小间隙所致） □ 导叶关闭时接触压力不足 □ 原来选择的材料不良	□ 测量间隙 □ 修复接触面 □ 修整顶盖、底环和导叶端部 □ 调整导叶操作机构 □ 调整接力器在关闭位置上的预紧力 □ 更换导叶并尽可能对顶盖/底环进行修理
□ 振动	□ 装配公差不能保持 □ 水力翼型不良	□ 检查操作机构尺寸和动作状况 □ 修改或修理操作机构 □ 流态分析 □ 导叶翼型改型 □ 更换

表 10　水轮机非埋入、非旋转部件的评估——导叶操作机构（适合于混流式、轴流式水轮机）

涉及项目	原因或可能的原因	可采取的对策
□ 裂纹与变形	□ 由于杂物夹持或调整不当导致的异常荷载 □ 部件间错位（接力器对控制环，控制环对拐臂连杆） □ 某些剪断销或其他限荷装置或摩擦传动系统动作失效 □ 未经核算而过度增大接力器操作油压力 □ 材料选用或设计不当	□ 目测与尺寸检验 □ 无损探伤检验 □ 进行操作机构摩擦力试验 □ 应力计算与分析 □ 更换轴套或改用自润滑的轴套 □ 更新调整结果进行检验并修正 □ 部件进行机加工 □ 采用抗夹持的涂层
□ 表面损坏	□ 导叶连杆和拐臂受腐蚀	□ 目测检查 □ 喷砂并刷漆
□ 连接件间隙过大	□ 轴套磨损	□ 更换轴套或改用为自润滑轴套
□ 调整困难	□ 导叶枢轴或轴套磨损 □ 连杆/拐臂偏心销锁定系统不佳 □ 难于进行维修问题 □ 机械传动的设计问题	□ 评估导叶操作机构 □ 修改偏心连杆-销锁定系统 □ 应用抗夹持的涂层 □ 改善难于进行维修和改善相应工具

表 10（续）

涉及项目	原因或可能的原因	可采取的对策
□ 剪断销反复剪断故障	□ 导叶和接力器调整方面的问题 □ 剪断销设计不当 □ 剪断销的导叶限位约束系统的设计问题 □ 导叶轴套问题 □ 与顶盖和/或底环接触	□ 调查破断的原因、位置和频发程度 □ 应力分析 □ 修改剪断销设计 □ 修改剪断销的导叶限位系统 □ 调整导叶、连杆、控制环和接力器 □ 改造导叶轴套或改用自润滑轴套
□ 润滑问题（包括对环境的影响）	□ 干油输油管破裂 □ 干油润滑系统动作失灵 □ 轴套磨损 □ 排至厂外环境的干油过多	□ 目测检查 □ 清理管道布置和润滑油分配系统，包括导叶轴头中心孔和任何与导叶有关的通路 □ 拆除现有系统并改用为自润滑轴套 □ 修改、修理或重新安排润滑系统
□ 剪断销故障检测系统的问题	□ 供电问题 □ 检测系统过时/对潮湿条件考虑不周	□ 复核检测系统设计 □ 更换剪断销故障检测系统或将其进行现代化改造

表 11 水轮机非埋入、非旋转部件的评估——控制环（适合于混流式、轴流式水轮机）

涉及项目	原因或可能的原因	可采取的对策
□ 裂纹与变形	□ 导叶夹持杂物导致异常荷载 □ 接力器或导叶拐臂调整不当 □ 材料或设计不当 □ 制造缺陷	□ 目测并检验尺寸 □ 无损探伤检验 □ 应力分析 □ 重新调整接力器位置 □ 更换支撑控制环的抗磨板并重调操作系统
□ 异常磨损	□ 缺少干油润滑脂 □ 连杆轴套或控制环抗磨板损坏 □ 轴承表面受外来物污染 □ 接力器或导叶拐臂调整不当	□ 目测检查 □ 复查干油润滑脂系统 □ 更换连杆轴套或控制环抗磨板 □ 添加防污垢挡板 □ 重新调整接力器 □ 更换支撑控制环的抗磨板并重调操作系统

表 12 水轮机非埋入、非旋转部件的评估——接力器（适合于混流式、轴流式、水斗式水轮机）

涉及项目	原因或可能的原因	可采取的对策
□ 漏油	□ 密封磨损或破裂 □ 轴套磨损 □ 由于油污染导致活塞杆磨损或划痕	□ 目测检查 □ 进行漏泄试验 □ 更换密封 □ 修整推拉杆 □ 推拉杆重新镀铬 □ 更换推拉杆 □ 更换轴套 □ 修复或更换接力器

表 12（续）

涉及项目	原因或可能的原因	可采取的对策
□ 找正	□ 接力器螺栓把合和打销子不当 □ 基础板表面平整度或找正问题 □ 控制环支撑抗磨板磨损 □ 混凝土不稳定性影响接力器/控制环的调整	□ 复查接力器安装位置 □ 重新调整接力器/基础板 □ 更换支撑控制环的抗磨带并调整垂直方向的位置
□ 操作力不足	□ 管路问题 □ 调速器/液压系统问题 □ 接力器缸或活塞环磨损（经由活塞发生过量窜油） □ 由于轴套过量磨损或调整不到位造成接力器发黏	□ 活塞环漏泄试验 □ 更换活塞环 □ 整修活塞/活塞杆 □ 研磨或机加工接力器缸 □ 更换轴套 □ 改造调速器/液压系统 □ 重新调整操作系统
□ 导叶预紧力调整问题（关闭位置的压紧力）	□ 导叶立面密封状况恶化 □ 拐臂/连杆的偏心销锁定系统设计不当（所有导叶同步关闭时不同步） □ 接力器位置指示器不良或调整不当 □ 低油压 □ 预压紧力调整/行程限制系统设计不当	□ 修整导叶接触表面与立面密封 □ 调整预压紧力/行程限制系统并修改调整方法 □ 修改连杆/拐臂偏心销锁定系统 □ 修复接力器 □ 更新接力器 □ 改造调速器/液压系统
□ 接力器锁锭系统及安全问题	□ 锁锭系统设计太弱 □ 改变了导叶的最大开度 □ 部件磨损或损坏	□ 目测检查 □ 全面改造或更新锁锭系统 □ 改进锁锭系统设计 □ 更换接力器并采用新的锁锭系统

表 13　水轮机非埋入、非旋转部件的评估——导轴承（适合于混流式、轴流式、水斗式水轮机）

涉及项目	原因或可能的原因	可采取的对策
□ 失油	□ 油槽密封垫/“O”形圈损坏 □ 由以下一个或多个原因引起油溢出油槽内壁（轴颈部位）. ——油槽超灌； ——因调整不当或内壁变形导致贮油槽内壁与轴颈之间的空间不一致； ——贮油槽内油流过度扰动或不稳定	□ 目测检查 □ 更换衬垫/“O”形密封圈 □ 调整油位 □ 对相邻连接部件的不同心进行检查和更正 □ 在油槽内壁增加挡油环/密封 □ 修改导轴承使油流稳定 □ 修理油槽内壁（恢复内壁圆度）或更换

表 13（续）

涉及项目	原因或可能的原因	可采取的对策
□ 油中呈现水或固体颗粒	□ 冷却蛇形管/供水接头渗漏 □ 冷凝水 □ 油受污染 □ 油过滤不当或未及时过滤 □ 油漆涂层脱落 □ 巴氏合金瓦损坏	□ 为验证水/外来颗粒进行油检验 □ 修理供水接头 □ 更换冷却水管 □ 滤油 □ 更换油（在贮油槽充油时应经常使用过滤器） □ 检查巴氏合金瓦 □ 重浇巴氏合金 □ 表面清洗和重刷油漆
□ 巴氏合金状况不佳	□ 过量磨损 □ 轴振动超量 □ 脱壳 □ 油质不佳或油受污染	□ 检查巴氏合金是否损坏：磨损、熔化、开裂、脱壳 □ 手工刮研或重新机加工 □ 重浇巴氏合金 □ 更换瓦块或瓦壳
□ 油温/金属瓦温度过高	□ 冷却水供应系统运转故障或供水不足 □ 轴承/轴颈间隙太小 □ 导轴承处轴的轴摆度（轴振动）过大 □ 轴领偏磨 □ 温度探测器校验失准	□ 目测检查 □ 测量轴领圆度和中心度 □ 纠正供水故障 □ 清洗供水管路 □ 重新调整轴承/轴颈间隙或重新机加工轴承 □ 调整轴的摆度问题，进行机组机械或水力方面的平衡 □ 重新机加工轴领 □ 更换或重新校正温度探测器
□ 轴承/轴颈间隙过大或不均匀	□ 巴氏合金磨损 □ 轴领偏磨 □ 轴瓦调整不当（分块瓦式轴承） □ 轴承体找正不当或变形（筒式轴承）	□ 目测并对轴承间隙尺寸检查 □ 全面检查巴氏合金的状况 □ 手工刮研或重新机加工轴承 □ 重新浇制巴氏合金 □ 重新调整轴瓦的径向位置 □ 重新调整轴承体，或修复其圆度 □ 更换轴瓦 □ 更换轴承体
□ 轴承座裂纹	□ 振动剧烈 □ 动态荷载（应力）过大 □ 非正常的运行条件 □ 材料或设计不当 □ 螺栓松动或破损	□ 目测与无损探伤检验 □ 分析运行条件 □ 复核设计 □ 重紧螺栓或更换螺栓 □ 焊补后消除应力并机加工（如需要） □ 加固轴承座 □ 更换轴承座

表 13（续）

涉及项目	原因或可能的原因	可采取的对策
□ 观测仪器故障导致在异常温度或油位时不发信号	□ 仪器不可靠或有故障 □ 未标定或未调整 □ 技术落后	□ 采用现代化的观测仪器，如应用有自诊断功能的仪器 □ 调整并重新标定 □ 提供冗余度

表 14 水轮机非埋入、非旋转部件的评估——水轮机主轴密封(机械密封或填料密封盒)(适合于混流式、轴流式、水斗式水轮机)

涉及项目	原因或可能的原因	可采取的对策
□ 漏水过多或过滤的耗量过多	□ 密封元件磨损(密封环或密封填料损坏) □ 密封部件腐蚀损坏 □ 轴衬套磨损 □ 过滤供水中断或不足	□ 目测检查 □ 更换密封环(密封元件) □ 更换轴衬套 □ 机加工轴衬套或磨石抛光 □ 更换轴填料或密封装置
□ 密封元件磨损率过高	□ 轴衬套磨损 □ 腐蚀损坏	□ 机加工轴衬套或手工抛光 □ 更换轴衬套

表 15 水轮机非埋入、非旋转部件的评估——推力轴承支架(适合于混流式、轴流式水轮机单独的轴承支架或支撑于水轮机顶盖上的推力支架)

涉及项目	原因或可能的原因	可采取的对策
□ 裂纹	□ 材料或设计不当 □ 机械应力较高 □ 水推力增大 □ 机组不平衡 □ 不正常的动荷载(水力的或部件的共振)	□ 目测并无损探伤检验 □ 调查原先出现的状况 □ 进行现场试验(负载、应力、频率) □ 应力和负荷分析 □ 焊补 □ 加固推力轴承支架 □ 确认和纠正产生不正常动、静荷载的原因 □ 确认和处理转轮上止水密封水流入尾水管的情况 □ 机组轴线找正并进行平衡
□ 水平状况(或转动轴的垂直度)	□ 装配问题 □ 电站尺寸整体性的变化	□ 对轴承支撑基础尺寸进行全面检验 □ 机加工或调整轴承支撑基础
□ 进入通道问题	□ 设计不当 □ 新的维修或安全需要	□ 与现代设计进行比较分析 □ 修正推力轴承支撑设计

表 16 水轮机非埋入、非旋转部件的评估——喷嘴(适合于冲击式水轮机)

涉及项目	原因或可能的原因	可采取的对策
□ 渗漏及射流形成不良(射流形成不良会导致转轮水斗缺口及分水刃处发生空蚀)	□ 喷嘴口以及喷针头磨损 □ 喷针以及喷嘴口之间卡有异物,损坏了密封边	□ 设计可替换的喷嘴口 □ 修复喷嘴口 □ 更换喷针头以及喷嘴口
□ 喷针与喷嘴口磨蚀	□ 水中有磨蚀泥沙	□ 修复喷针头和喷嘴口 □ 更换喷针头和喷嘴口 □ 硬化处理喷针头和喷嘴口表面
□ 喷嘴体磨蚀(喷嘴帽)	□ 水中有磨蚀泥沙	□ 修复喷嘴帽 □ 更换喷嘴帽(可改变或不改变其材料)
□ 喷针动作不当	□ 衬套内的沉淀物使摩擦系数增大 □ 润滑油系统失效 □ 接力器磨损 □ 操作力不足(机械补偿机构失效或油压不足)	□ 更换衬套(若可能的话更换为自润滑衬套设计) □ 对润滑油系统进行大修 □ 修复接力器并更换活塞环 □ 调速器与液压系统大修 □ 对机械补偿机构进行大修

表 17 水轮机非埋入、非旋转部件的评估——偏流器和消能装置(适合于冲击式水轮机)

涉及项目	原因或可能的原因	可采取的对策
□ 运行不当	□ 轴承或衬套或操作机构损坏 □ 接力器磨损 □ 偏流器受侵蚀	□ 检修调速器与液压系统 □ 修复接力器 □ 操作机构大修 □ 修复或更换偏流器
□ 转轮机坑里衬损坏	□ 偏流的射流频繁操作 □ 转轮机坑里衬在射流冲击区的加固不良 □ 埋入锚筋失效	□ 目击检查并做无损探伤检验 □ 焊补修复 □ 在受影响区额外增加锚筋 □ 在受影响区加固转轮机坑里衬

表 18 水轮机旋转部件的评估——转轮(适合于混流式、轴流式水轮机)

涉及项目	原因或可能的原因	可采取的对策
□ 裂纹	□ 运行条件异常 □ 现场运行模式改变 □ 焊后残余应力 □ 荷载引起的应力 □ 空蚀引起的金属损失 □ 转轮止水密封处接触引发的周期性应力 □ 表面侵蚀引起的厚度减薄 □ 外部激振频率引发的共振	□ 调查分析过去的修理情况(原先状况、修理范围、频度) □ 目测并无损探伤检验 □ 模型或原型的荷载测量 □ 材料、应力与流态分析 □ 转轮动态/模态分析与试验 □ 疲劳分析 □ 与现代设计进行比较分析 □ 焊接修补 □ 评估焊后消除焊接应力的热处理有效性 □ 评估焊补后的影响(如焊后未进行热处理消除应力) □ 叶片出水边形状的修型(改变卡门涡频率和强度) □ 重新安装必需的转轮止水密封或叶片外缘间隙 □ 转轮改型 □ 更换转轮
□ 流道表面损坏	□ 材料选择不当 □ 磨蚀或空蚀 □ 腐蚀物造成的侵蚀 □ 低速转轮上的甲壳类生物繁殖	□ 目测与无损探伤检验 □ 以往修理情况调查(原先状况、修理范围、修理频度) □ 流态与材料分析 □ 模型或原型试验 □ 用抗空蚀或抗磨蚀的材料补焊 □ 磨蚀区域用硬度高的表面层覆盖 □ 喷砂与涂漆 □ 转轮改型 □ 更换转轮,如可能可更换其材料
□ 振动	□ 压力脉动 □ 共振 □ 机械不平衡 □ 水力不平衡 □ 导轴承间隙过大或不均匀 □ 现场运行模式改变	□ 目测检查并无损探伤 □ 调查过去的历史(原因、趋势、运行或机械结构的变化) □ 为分析振动做原型试验 □ 复查机组对中找正情况 □ 流态分析 □ 导叶翼型分析 □ 尾水管分析 □ 检查和修理各部轴承(作修改或不作修改) □ 检验和修理主轴轴颈 □ 转动部件平衡 □ 转轮改型以改善水力平衡 □ 更换转轮

表 18（续）

涉及项目	原因或可能的原因	可采取的对策
□ 空蚀	□ 在非正常工况区运行 □ 叶片型线不当 □ 由于补焊操作不当造成叶片翼型改变 □ 电厂运行方式改变，包括在无空化区域以外的负荷区运行 □ 材料选择不当	□ 尺寸检验 □ 目测检查并做无损检验 □ 模型或原型试验 □ 以往运行和修理情况（范围、频度）分析 □ 流态与材料分析 □ 与现代设计进行比较分析 □ 叶片修型 □ 更换转轮 □ 采用抗空蚀材料堆焊后打磨修整，并恢复型线或修改型线
□ 顶盖与底环的影响	□ 安装错位 □ 设计的转轮密封间隙过小 □ 底环或顶盖在受力下变形 □ 由于混凝土基础不稳定导致底环或顶盖变形	□ 目测、检验尺寸与调整 □ 历史状况（原先状况、目前状况、采取过的措施）分析 □ 机组重新对中找正 □ 机加工或更换转轮密封环 □ 修改底环或顶盖 □ 重新机加工顶盖和底环的支撑法兰（支撑面）
□ 出现不寻常的稳定运行范围受限区域	□ 尾水管压力脉动 □ 外部引水系统的水力共振 □ 转轮或尾水管水力设计 □ 水力不平衡（不均匀的叶片开口） □ 运行不当（如长时间在极低负荷运行） □ 电厂运行模式改变 □ 尾水管补气无效	□ 尺寸检验 □ 调查运行状况有何变化 □ 调查水力设计条件有何变化 □ 模型或原型试验 □ 流态分析 □ 与现代转轮设计比较分析 □ 评估/修改尾水管补气系统 □ 转轮改型 □ 更换转轮
□ 效率或功率低于正常值	□ 新的运行模式 □ 空蚀或泥沙磨损或其他表面损坏 □ 压力脉动限制了负荷范围 □ 转轮止水密封或叶片外端间隙过大 □ 补气过量 □ 水力设计不当	□ 尺寸检查 □ 调查运行实践和经验的变化 □ 模型或原型试验 □ 性能与流态分析 □ 与现代转轮设计比较分析 □ 转轮改型 □ 更换转轮 □ 评估尾水管与导叶

表 19　水轮机旋转部件的评估——转轮（适合于轴流式水轮机的补充）

涉及项目	原因或可能的原因	可采取的对策
□ 轮叶裂纹	□ 材料或设计不当 □ 压力脉动和共振 □ 空蚀修补不当 □ 流道中夹持重大外来物 □ 过渡过程中水体分离 □ 焊补后应力未释放 □ 转轮叶片外端与转轮室周期性接触	□ 目测检查并做无损检验 □ 调查运行和修理历史（范围、频度） □ 应力与荷载分析 □ 补焊并消除应力 □ 更换叶片 □ 调整尾水管补气系统（过渡过程时真空破坏系统） □ 调整导叶关闭时间 □ 重新确定合理的叶片外端间隙
□ 空蚀（叶片与转轮体）	□ 运行条件不当 □ 叶型不良（由于设计原因或由于修补不当） □ 材料选择不当 □ 叶片与转轮室/转轮体间隙不当	□ 目测检查并描绘受损部位 □ 调查运行条件和修理的历史（范围、频度） □ 用抗空蚀材料补焊 □ （大修时）更换叶片，如可能也变更材料
□ 水侵入转轮体（仅限于转桨式水轮机）	□ 转轮叶片密封失效（设计错误或磨损超量） □ 转轮叶片轴套磨损或轴承破损 □ 主轴法兰或转轮泄水锥密封损坏 □ 转轮体或泄水锥裂纹	□ 监控渗水 □ 检查和试验以查明渗水原因 □ 更换叶片密封 □ 转轮大修（更换轴套、轴承与密封） □ 焊补转轮体和泄水锥
□ 叶片外端损坏	□ 叶片外端转动间隙不够大 □ 转轮室变形 □ 转轮不平衡 □ 机组对中位置调整不良	□ 目测检查并描绘损坏处 □ 焊补 □ 恢复转轮叶片间隙 □ 机组平衡 □ 机组重新对中找正
□ 轮叶不能转动（仅限于转桨式水轮机）	□ 油压不足 □ 输油管漏油 □ 调速器失灵 □ 叶片操作机构损坏 □ 轴承/轴套磨损 □ 油污染	□ 测量启闭叶片所需油压 □ 评估叶片操作机构 □ 评估轴承/轴套磨损 □ 滤油或换油 □ 对叶片操作机构和轴承/轴套进行大修 □ 修复改造调速器

表 20　水轮机旋转部件的评估——转轮（适合于冲击式水轮机）

涉及项目	原因或可能的原因	可采取的对策
□ 裂纹	□ 泥沙磨损 □ 循环次数高 □ 未被查出的材料缺陷 □ 焊接与热处理不当	□ 核查以往的修理情况（位置、数量、次数、频度及方法） □ 调查运行历史 □ 目测检查 □ 无损探伤检验 □ 材料分析 □ 流态分析 □ 应力分析 □ 合理补焊修理并重新磨光，特别对关键区域（热处理）

表 20（续）

涉 及 项 目	原因或可能的原因	可采取的对策
□ 磨蚀	□ 水中有磨蚀泥沙 □ 满负荷运行小时数较多	□ 目测检查 □ 与现代设计进行比较分析 □ 焊接整修表面 □ 水力型线改型 □ 采用硬表面护层
□ 水力特性不良	□ 进水边缘不够锋利 □ 流面粗糙或有波浪纹 □ 因磨蚀导致在相邻的水斗出流处相撞使出口角变小	□ 磨削边缘 □ 恢复水斗内部轮廓 □ 消除表面波纹度 □ 与现代设计进行比较分析 □ 水力型线改型 □ 更换转轮
□ 壁厚太薄	□ 磨蚀损坏	□ 进行结构的焊补 □ 恢复水斗内部轮廓 □ 更换转轮

表 21　水轮机旋转部件的评估——水轮机主轴(适合于冲击式、混流式、轴流式水轮机)

涉 及 项 目	原因或可能的原因	可采取的对策
□ 裂纹	□ 振动 □ 设计应力过高 □ 动态(疲劳)应力 □ 运行条件不当 □ 出现意外事件或不正常的运行工况	□ 目测与无损检验 □ 设计审查 □ 焊接、热处理和机加工修理 □ 在不补焊的情况下去除裂纹并改变形状 □ 更换水轮机主轴 □ 平衡转轮及转子 □ 修理或修改导轴承和推力轴承
□ 轴领在导轴承处损坏	□ 由于轴承损坏出现划痕 □ 腐蚀 □ 润滑问题 □ 油污染	□ 目测检查和无损探伤检验 □ 采用机加工或磨石抛光修理表面 □ 恢复圆度和同心度 □ 水轮机轴重新对中找正
□ 联轴法兰面损坏	□ 腐蚀或侵蚀 □ 变形 □ 联轴器螺栓的紧度不适宜	□ 目测检查、尺寸检查与无损检验 □ 重新加工联轴法兰面 □ 更换联轴螺栓(更改或不更改设计) □ 更换水轮机主轴
□ 轴密封用衬套损坏	□ 腐蚀 □ 划痕 □ 润滑和冷却损坏	□ 目测、尺寸检查与无损检验 □ 采用机加工或磨石抛光以使表面复原 □ 恢复圆度和同心度 □ 更换轴衬套

表 21（续）

涉及项目	原因或可能的原因	可采取的对策
□ 相邻固定件处擦伤（轴密封座、轴承、轴承盖板）	□ 主轴错位不对中 □ 轴承或立轴密封或盖板调整不当	□ 目测检查，注意擦伤形迹 □ 检查和校正机组对中 □ 修理或更换轴衬套 □ 修理轴承和轴衬套
□ 振动过大	□ 主轴变形 □ 主轴不对中 □ 转子或转轮不平衡 □ 机组安装问题	□ 进行振动分析 □ 进行对中检查 □ 机加工主轴 □ 主轴重新对中 □ 发电机或转轮平衡调整 □ 更换水轮机轴

表 22　水轮机旋转部分的评估——受油器及配油管（适合于转桨式水轮机）

涉及项目	原因或可能的原因	可采取的对策
□ 漏油	□ 油管松动 □ 密封件磨损或松动 □ 油管裂纹 □ 受油器构件磨损或松动	□ 目测检查并对漏油点原因作出评估 □ 拆卸检查受油器 □ 拆卸检查油管 □ 更换受损密封件和垫圈 □ 修补裂纹 □ 更换受油器 □ 更换配油管
□ 振动/噪声	□ 油管把合不牢固 □ 受油器松动或衬套磨损 □ 法兰或紧固件破损	□ 目测检查 □ 拆卸并检查受油器 □ 拆卸并检查油管 □ 更换衬套和密封 □ 修理/加固法兰或紧固件

表 23　水轮机辅助设备的评估——转速及负荷调节系统（调速器）（适合于所有水轮机和水泵水轮机）

涉及项目	原因或可能的原因	可采取的对策
□ 对操作指令或系统频率变化响应不灵	□ 阀门或连杆磨损 □ 导叶位置反馈系统缆绳拉伸或磨损 □ 速度信号发生器损坏 □ 相对现代控制应用而言采用过时的技术	□ 检查和大修调速器（包含速度和负荷信号以及导叶位置反馈系统） □ 改造调速器以使其功能集成到以 PLC 为基础的现地和远程控制系统
□ 漏油	□ 密封/阀门磨损 □ 管道附件损坏	□ 目测检查 □ 更换密封件/阀门 □ 修复/更换管道
□ 油系统的运行问题	□ 压油罐（储油罐）的油/空气比例不当 □ 压油罐容量不足 □ 油泵功率不足 □ 压缩机/空气罐容量不足 □ 油位/压力仪表不可靠	□ 增加辅助压力油罐 □ 更换压力油罐 □ 修复或更换油泵 □ 修复或更换压缩机/空气罐 □ 仪器仪表和控制设备现代化

表 24　水轮机辅助设备的评估——水轮机补气系统(适合于冲击式、混流式、轴流式水轮机)

涉及项目	原因或可能的原因	可采取的对策
□ 效率下降或功率不足	□ 补气量过大 □ 不需补气时进行了补气(反击式水轮机) □ 气补入位置不当 □ 调节不良或对补气/注气的负荷范围无控制	□ 进行原型补气试验(补气量与效率关系) □ 与现代设计进行比较分析 □ 安装轴向补气系统或修改现有补气系统
□ 压力脉动过高	□ 补气量不当(由于系统设计原因可能背压超高) □ 在不需补气的负荷范围内注入了空气(能产生共振现象) □ 补气位置不当 □ 电厂运行条件改变 □ 水力条件的改变	□ 调查过去经历(水力条件、机组运行情况、补气系统的修改) □ 对现在和预期工况下的流态分析 □ 进行模型或原型试验 □ 安装轴向补气系统或修改现有补气系统 □ 采用压缩空气补气
□ 噪声水平	□ 补气系统设计原因 □ 补气量太大	□ 安装或改进消音器 □ 安装或改进补气流控制装置
□ 水轮机导轴承失油(仅限于冲击式)	□ 补气量或补气管进入转轮机坑的位置不当 □ 稳态或瞬时运行状态的转轮机坑/轴罩/导轴承的隔离不当	□ 完善水轮机轴承腔与转轮机坑间的隔离 □ 调整补气量或改变补气位置 □ 在转轮机坑内安装改进的轴罩

表 25　水轮机辅助设备的评估——润滑系统(导叶机构)(适合于混流式、轴流式水轮机)

涉及项目	原因或可能的原因	可采取的对策
□ 干油脂渗漏(进入周围环境)	□ 管道和接头磨损 □ 安装不当	□ 目测检查 □ 更换管道和附件 □ 拆除系统,改为自润滑耐磨部件
□ 干油脂粘附润滑管路	□ 润滑系统工作失常 □ 劣质干油脂 □ 维修保养不当	□ 目测检查 □ 分析维修保养方法并与现代方法进行比较 □ 重新选定干油脂型号和数量 □ 改进或重新设计润滑系统 □ 更换管路和附件 □ 拆除系统,改为自润滑耐磨部件
□ 干油脂附件进油不畅	□ 设计问题 □ 安装不当	□ 审核设计并改进 □ 改为自润滑系统
□ 干油脂输送量不足或消耗量过大(外漏进入自然环境中)	□ 油循环不当 □ 系统设计不当	□ 修改或重新设计润滑系统

6.3.2.3 材料及设计方面

6.3.2.3.1 概述

水轮机的机械整体性或实物整体性都与原来的设计和所用材料直接相关。设计和材料会影响部件的耐用性和可修复性，而且会限制水轮机在新的或临时发生的超荷载工况下是否能运行。

进行整体性评估时，应依据原来的设计、图纸、修改情况、材料清单及其他与机械设计和运行限制等方面的信息资料。如果找不到相应的技术文件和有关信息，则有必要对现有机器及其部件进行更深入的调查。如对某一部件所用的材料不清楚而又需按计划对其进行修理或改进时，则可能要进行取样和分析来确认修复方案是否可行。

对现有水轮机的部件进行评估时，业主应充分利用有资质的专业人员和经过验证的软件系统，邀请制造厂商及咨询部门来提供服务。原制造厂可以提供详细的制造图纸和材料清单，有了这些文件资料，就能对改造项目的设备、计划、进度进行有利的分析。在某些情况下，如果电站业主没有原始图纸和文件的使用权，就只好去购买原始图纸和文件的使用权。

为了减小两相邻运动部件之间可能发生的擦伤问题，材料选择十分重要。例如，导叶端面和相邻的顶盖和底环抗磨板表面以及转轮止水密封等部位就是最典型的例子。

6.3.2.3.2 裂纹、气孔及类似问题的处理

裂纹、气孔及类似的缺陷，会使部件弱化，虽不一定导致更换部件，但这些问题通常需要有完整的资料，并需进行全面的观察和分析。

需评估的基本问题是：

a) 部件可能损坏的危险程度；

b) 缺陷产生的根源：制造过程（热裂、气孔、未熔合、夹渣），或由于机组带负荷运行引起（冷裂、变形）；

c) 在预期负荷条件下缺陷尺寸的变化及缺陷可能发展的限值。

尤其对水轮机压力侧的所有部件，如果某一部件的损坏会导致水轮机停机或危及人身安全，则该缺陷就属于高危缺陷。

在部件制造过程中出现的缺陷，通常发生在蜗壳、压力钢管及其他应用早期的焊接工艺制造的部件中。如果这些缺陷经过多年运行都没有发展，则可以认为只是较小的或可承受的风险。在决定挖除这些缺陷和实行修理之前，必须对缺陷大小、出现方位和部位和部件的应力状况进行分析。在那些不能通过退火消除应力的部件，补焊本身会使残余应力状况发生变化，且会留下一个风险因素。

在机组运行时产生的裂纹，通常是在超负荷运行时，应力超过允许极限并常伴有高残余应力或部件内部有缺陷，或在两者的共同作用下产生的。

在原来制造时未曾发现的内部缺陷，或者已经发现的内部缺陷（考虑到已知位置、尺寸和方位是可以接受的）会因泥砂颗粒的磨蚀或空蚀破坏而到达部件的表面。例如：冲击式水轮机转轮水斗的根部或内轮廓面(inner contour)、与驱动枢轴（通常在上部）结合处的导叶瓣体轮廓面、混流式水轮机转轮叶片与上冠、下环的接合处。

促成裂纹产生和发展的条件有：高残余应力和外加应力、局部塑性应变、脉动的弹性应变以及腐蚀介质等。需要考虑这些因素的典型区域有：冲击式水轮机主轴靠近转轮联轴法兰处、密封不当的蜗壳或座环连接法兰、或转轮与主轴的连接法兰区域（特别是卧轴水轮机）。

相关档案资料和运行期间对其发展的观测是做好对上述缺陷影响评估的基本条件。档案资料包括：经过无损探伤检验得到的缺陷位置、尺寸、原始状态的描述，以及关于缺陷达到或超过允许限值情况下的处理方法。

对缺陷潜在影响的评估,可采用包括解析计算在内的常规技术,如有必要,可采用有限元法进行分析。在许多情况下,使用常规的比较分析方法可能最合适。应避免把缺陷处理放在一边,而把过多的时间和费用花在分析缺陷的影响方面,宜尽早将费用用于缺陷的修理。

缺陷的修理可通过打磨,将缺陷打磨掉,或通过焊接、打磨的方式修复部件原来的几何外形。

仅用打磨方式清除缺陷,应慎重评估其副作用,例如:由于水力型线变化造成的扰动而出现二次流动或部件缺陷部位出现弱化。

通过补焊的办法消除缺陷,确定合适的焊接工艺和焊接流程至关重要,因为补焊修理或热处理不当会造成损坏增大。

编制合适的修复程序之前,需要全面了解各种材料的性质、原设计要求、制造过程以及过去修理的全部历史资料。

水轮机供应商、原材料供应商、以及其检验人员或业主提交的水轮机的有关证明资料,包括在工厂和在现场对水轮机制造质量的检验证明和检修情况等,都是水轮机整体文件资料的一个部分。

填充金属物都需经过仔细选择。有3种可能途径对填充金属物进行选择:

a) 同材质的:选用的焊接金属的化学成分和原材料的化学成分一样,其微观构造也具有可比性;

b) 同类的:焊接金属的化学成分和原材料的化学成分相似,其微观构造不一样;

c) 不同的:焊接金属的化学成分及微观构造和原材料都不一样。

修理工作不宜采用不同的填充金属。例如,使用不同的奥氏体填充金属修复马氏体不锈钢,在后续的热处理时会有碳化物析出。

某些情况下,更换部件会比修理裂纹或其他缺陷更为经济。特别是只有将有关部件拆卸后才能进入受影响区域进行检查(检验)的情况,由于事先无法准确计算出需多长时间进行修复,因而机组的计划停机时间就有可能超出。

评估缺陷的重要性在于,一是确认该缺陷不会导致发生故障的后果,可考虑不作修理。二是确认在改造后部件的承载能力不会降低。

6.3.2.3.3 许用应力水平

即使现有部件运行良好且没有任何损坏迹象,也应对其应力进行新的分析,以确认这些部件能够适应设计寿命的使用期。当打算改变水轮机的运行模式、机组的功率、水头、机组过流量或转速时,就有必要对那些可能受上述变化影响的部件及其影响程度进行更详尽的分析。同样,如果某一部件在运行中发生裂纹或变形,则须判明引起损坏的原因。这就要求对一些部件进行详细的应力、应变分析,并采用比原先设计更先进的方法,例如采用有限元法进行分析。

老水轮机的许用应力水平,是按当时可采用的最佳设计手段制定的,即通过经验公式计算出某一给定部件或零件的“平均”应力。如果拟改造水轮机的预期最大负荷条件没有变化,则通常可不对其进行详细的应力、应变分析。如果改造后会增加水轮机的最大功率,则应按新的运行条件进行详细计算以作出评估。

采用有限元分析技术,可在设计阶段对主要部件绘制更为精确的应力图。为在预期的设计条件下确定新部件的使用寿命,应综合使用准静态应力分析和疲劳分析,对于准备再利用的部件也应进行这样的分析。从某种程度上说,动态应力水平是根据“经验”确定的,因为有时需对假定值进行一些检验。

对于一些大型机组,应考虑采用不稳定流的CFD计算法,来判断作用在转轮叶片上的动态压力负荷,这些负荷是由于水轮机转轮与导水机构相互干涉作用而引起的。

对于大型机组,推荐对每设计的第一台转轮,在投入试运行期间用应变仪(应变片)进行检验,以确认在疲劳计算时所设定的动态负荷是否超出。如果厂商在大型机组方面有相似的动态应力和残余应力数据,则对较小型机组的业主有很大好处。

6.3.2.3.4 其他零部件

成功的经验表明，暴露在流道内的或在干湿交替变化条件下工作的紧固件，在大修期间，全都应进行更换。在机组高压侧承受荷载的紧固件，以及承受疲劳荷载的紧固件，也都应更换。在大修期间，将紧固件进行清洗、仔细检查所花的费用，可能与完全更换不相上下，但从进度安排的角度来看，全部更换这些紧固件的风险则要更小些。

供水系统中，管径不大于 50 mm 的小水管，如果是非耐腐蚀材质的，则应进行更换。即使是耐腐蚀材质的，也应做水压试验，最好在修复项目的初步设计阶段，及时作出是否需要更换的决定。对于大口径的管路，则必须进行检验和试验，然后再作出是否更换的决定。

在项目改造期间都要拆除和回装部件的所有密封和垫圈，也宜全部更换。

机组大修对原来供货的、安装在机组上的仪表仪器提供了进行完整性检查和重新评估的良机。原有的仪表仪器未必仍能正常运行，否则就得进行更换。但最好的解决方案是，根据业主对机组显示、控制和保护的需要进行评估，并在大修时间内，应用最现代化的和最可靠的设备来全面满足这些要求。

6.3.2.3.5 基础

不能忽视基础对水轮机运行条件的影响。例如，在许多老电站中就存在因混凝土碱骨料反应导致的混凝土湿胀的问题。其结果会使预埋在混凝土内的水轮机和发电机部件发生位移，引起水轮发电机组固定部件和旋转部件的对中错位，从而导致主轴倾斜、导轴承上的径向负荷加大、导水机构构件歪斜，以及导叶、顶盖和底环过早磨损和转轮止水密封触碰等，可能还会引起固定导叶产生裂纹。

当这种现象难以制止又无解决办法时，只有通过对机组定期进行对中找正，全面调整或改造来解决。如果混凝土的膨胀率较高，则有必要对固定部件重新进行调整，以适应埋件发生位移，保证机组重新对中。

6.3.2.3.6 导水机构使用自润滑材料

所有老机组的导水机构及其操作机构的轴套，都是采用干油润滑的黄铜或青铜轴套。即使该系统仍然工作正常可靠，但出于保护环境，也应更换为自润滑材料。

所选用的自润滑材料必须具有良好的耐磨性和在水中工作时尺寸稳定。特别是在靠近水轮机流道的轴套上，应采用适当的密封，避免杂质进入滑动面。

许多自润滑材料轴瓦的热膨胀系数要比包裹轴瓦的金属轴套高得多。建议在轴套内恰当地粘合这些轴瓦材料以确保其长期运行的稳定性，确保轴承在各种运行条件下，特别是在寒冷的气候条件下，能够运行良好。

所有自润滑轴套和抗磨板都要求采用光滑的非腐蚀性材料与之配合，例如采用不锈钢材料。

对有些可采用的材料，特别是薄膜型的材料需要格外小心，以避免在安装期间被损坏。装配得当可使其可靠运行多年。

现在市场上自润滑材料的摩擦系数差别较大，复核导叶操作系统中接力器容量时应十分慎重。

导叶瓣体的正常变形会引起一定程度的边缘荷载，特别是在靠近流道的导叶轴的轴套处。选择导叶轴套材料时应考虑预期最大的边缘荷载。该材料应能经受“磨合”而不致造成损坏。

6.3.2.4 冲击式转轮的裂纹及缺陷

6.3.2.4.1 概述

冲击式水轮机与所有其他类型水轮机最大的不同，也是冲击式水轮机最大的问题，就是转轮水斗的承载问题。由于它们暴露在流速非常高的射流中，容易引起磨损和磨蚀，还要加上高次数循环喷射流的冲击(如旋转速度 500 r/min,6 喷嘴,按每年运行 1 500 h 计,每年循环 2.7×10^{8} 次)。

冲击式水轮机由于使用水头高,常应用于山区水电站。高山冰雪融化带来的小而硬的侵蚀性颗粒,由于尺寸小、质量轻,电站拦沙和排沙设施也难以将它们排除,往往引起磨损和磨蚀。

如图 1 中的水斗 A 区和 B 区必须彻底探查。A 区位于水斗根部,是高应力区,明显受到静态离心应力和动态弯矩应力的作用,若表层或浅表层部分有缺陷,就会成为裂纹的起源。其次是 B 区,位于分水刃的进水边和缺口处,同样承受高应力,此区水斗壁厚较薄,又要承受磨蚀。这两个区域内由于制造方法产生的缺陷,通常在制造过程中很难在厂内被检查出来并加以处理。

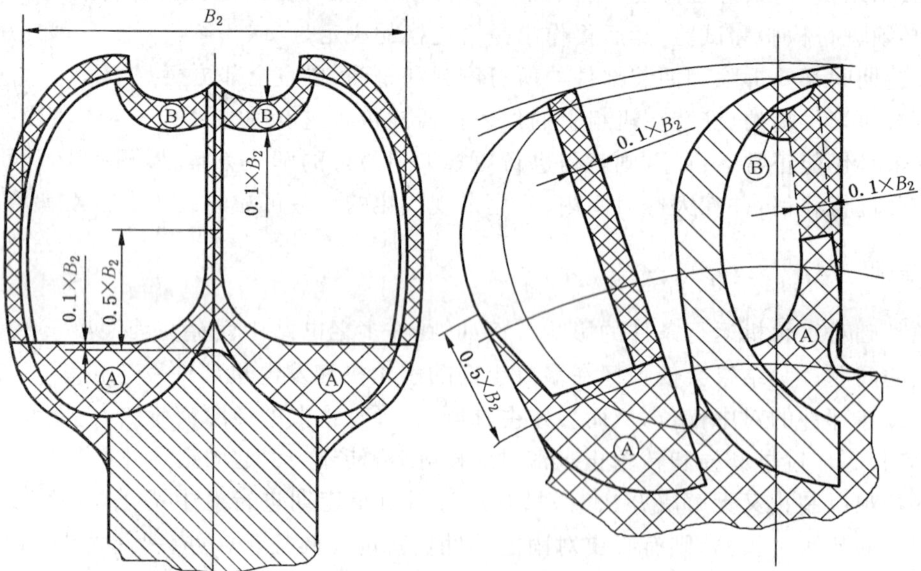

图 1　冲击式转轮水斗的裂纹危险区域“A”和“B”

6.3.2.4.2　冲击式转轮状况及相随的损坏风险的决断

即使补焊量再小,也会对部件的结构产生不利的影响。为保证补焊成功,应从水轮机制造阶段开始就尽可能多地收集相关资料,包括以前修理的全部资料。机械加工(铲磨、铣削等)的影响较小,可以忽略。

可以借助样板来确定磨损的范围。只要有可能,就应在数控机床上对水斗进行测量。必须将实际残存部分与设计的外形尺寸进行比较,确定其剩余的横断面部分并计算、评估其应力状况。

任何补焊包括焊后热处理,应谨慎选择热处理温度,以避免对母材的物理性质带来不利影响,并减少变形。由于任何热处理都会引起变形,因此,必要时,修理工序中应考虑重新进行机加工。

6.3.2.4.3　冲击式水轮机其他方面的问题

尾水渠有时尾水水位太高、水轮机机壳通风不良或尾水渠出流不畅,这类问题往往是因为尾水周边的水位或河流水位上涨,或流道被泥砂堵塞,或建筑结构发生变化,或者水轮机的最大过流量增大而尾水系统的排水能力未作相应调整等。

在水轮机机罩上增加通风孔,加大转轮机坑的通风,同时使机罩通过合适的通气管与大气连通,以免受有害噪声的影响。

6.3.3　部件的剩余寿命

部件的使用寿命会受到许多因素的影响,如水轮机的设计、使用材料、制造工艺、以往和将来的运行条件以及维修等。

理论上，部件的剩余寿命可通过断裂力学原理进行计算，但采用这种方法需要对许多参数进行评估研究，如材料性能、缺陷部位、形状以及尺寸大小，还有作用在部件上的精确的荷载和局部应力，以及施加的荷载的特征(包括动态条件下的幅值和循环数等)等。对大多数水轮机的现有部件而言，精确地确定所有这些数据，应该说是非常困难的。

通过对现有部件进行检验、请工程师作出判断、与在相似运行条件下运行多年的、采用相同技术(即采用相同的设计和材料)制成的部件做比较，只要不涉及有局部的或明显的缺陷，经过综合分析，便可能以合理的置信度评估许多部件的剩余寿命。

通常可以确定某一部件为什么会损坏或造成失效，输入这些资料对于预测类似部件的剩余使用寿命和修改损坏部件的设计是非常重要的。

为了估算部件的剩余使用寿命，确认部件出现的损坏迹象尤为重要，例如裂纹、严重的磨损、异常噪声、振动的振幅或频率改变、温度与压力改变以及异常泄漏等。将正常维修后的运行结果与有时发生的异常运行状态带来的影响进行定期复核，并以此来预测某一部件的“最终使用寿命”是很重要的。设备状态的定期评估资料，对进行任何评定工作都是必要的依据。

6.3.4 水轮机性能评估

6.3.4.1 概述

改造项目中最重要的性能因素，无疑是功率(或效率)能增加多少，效率能提高多少，空蚀破坏能降低多少，水力稳定性能有多大改善等。首先应尽可能准确评估性能改善的期望值，或许期待获得与新水轮机相同的性能。原有水轮机的性能可改善到什么程度，一般取决于机组类型及已运行的年限。

在特殊的情况下，例如发电机的频率已经改变，则要求水轮机的转速也需改变。如果转轮能更换则对水轮机性能来说是好事。在机组改造中采用“可变速”电机，对可逆式水泵-水轮机，对水头变幅大的水轮机、蓄能泵的运行是很有利的。对某一特定电站，由于改变了水电机组的激振频率会对整个过流系统的共振方面产生影响，是否采用改变机组转速或应用变速技术，应进行谨慎研究。

对业主来说，改进水轮机性能的第一要素，是使发电站具有尽可能高的可靠性和可利用率。为了在最大功率或效率方面获得较大增益而使改造机组的可靠性和可利用率降低，对业主是不利的。

6.3.4.2 功率增加

依据历年电厂的运行记录资料，或依据功率-导叶开度试验的资料，或根据相对效率试验推算到额定水力条件的资料，就可以得到一组功率下降的证据。例如，一旦在额定工况下导叶在全开度时的功率输出下降率超过4%～6%，就应立即重点检查水轮机过流面的水力状况及相关的流道。而且，在时间和条件允许的情况下，应通过专业的现场试验来确定水轮机的实际性能。若转轮运行已超过25年，明显因机械问题要对机组进行维修才能保证运行状态时，则必须拆卸机组进行修理。在这种情况下，安装新的水轮机转轮并尽可能对其他部件进行修改以获得性能改善，通常是比较经济的判断。

特定电厂获取最大功率的经济解决方案取决于许多因素，包括：

a) 与之相关的机械部件的原设计和现状；

b) 最大可引用的流量(这里可存在相关环境或其他合同的影响因素)；

c) 发电机容量(有效功率 MW)；

d) 与尾水位对应的水轮机安装高程；

e) 尾水管的型号及特性；

f) 尾水渠水位与总流量的关系；

g) 引水系统的水头损失。

老机组的主轴、联轴法兰、转子支臂和定子基础板(与之相关部件),稍加修改或不做修改,通常都能承受机组最大功率一定程度的增加。在某些情况下,也许会要求进行不大的修改。若要精确地确定功率增幅的大小,必须复查所有潜在的影响因素、评估各种状况才能确定,包括功率的增加会使应力比原设计值高等。

由于过去的许多老机组在额定净水头、导叶全开度下的功率能超过其正常值或“额定”值的10%～15%,因此改造机组的功率增加10%～20%是比较普遍的。这在应用计算流体力学(CFD)进行设计和数控(NC)机床加工产品之前已是很普遍的情况。

国外1965年以前制造的发电机,定子绕组都是采用B级的沥青/云母绝缘,要求的对地绝缘厚度要大于现代的F级的环氧/云母绝缘系统很多。这个事实说明,只要安装新的定子绕组便可使老发电机耐热容量增加20%～30%。

在其他的情况下,也有可能通过配备新的发电机来加大水轮机的转速和功率,这种改造是否经济合理,主要取决于机组最大功率增加值是多大。水轮机之外的水力系统的损失,在高于原最大功率的所有运行工况都有所增加,这在净效益计算分析中需要作出相应的评估。

6.3.4.3 效率提高

6.3.4.3.1 水轮机评估

评估效率改善的第一步,是对原水轮机的性能作出合适的评估。第二步则要看制造商能通过哪些途径改善水轮机性能。这是确定性能提高的最基本的条件,据此可以预估改造的效益(年收入增益)。

图2是2005年统计的混流式模型水轮机最高效率点的损失分布与比转速$\left(N_q=N\dfrac{\sqrt{Q}}{H^{3/4}}\right)$在较宽范围内的关系曲线。图中左边(纵坐标)是“以单位值计”的最高效率,而右边(纵坐标)是“以单位值计”的水力损失。从图中可以得到一个概念,对全新的机组,哪些方面的性能能期待得到改善。但是,只有极个别的老水轮机改造,能做到在相同尺寸、相同的运行工况下获得与新水轮机同样的效率。从图中可以看出,水轮机转轮是影响水力损失最重要的单个部件,而导水机构包括座环、导叶是水轮机第二重要的部件。而对低水头的水轮机,尾水管同样是非常重要的部分。

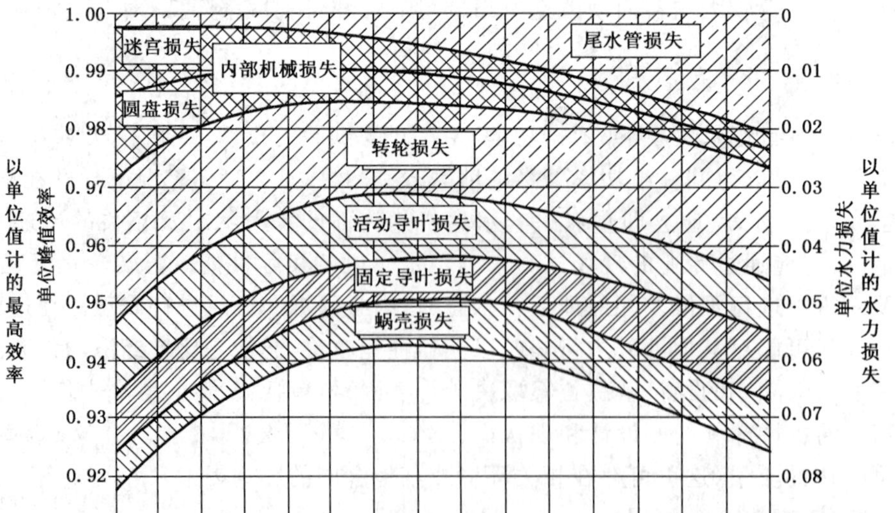

图2 2005年统计的混流式水轮机(模型)效率和水力损失分布与比转速的关系

通过近期仔细进行的功率/导叶开度关系的试验或相对效率试验，与先前做过的可靠的试验成果进行比较，可以观察到水轮机性能明显下降的迹象。

除此以外，对于小型的机组，还应同时进行仔细的检查，包括测量转轮止水密封间隙、活动导叶间隙、记录流道所有受损的情况，为有资质的顾问或制造商提供进行评估的基础。效率提高，可通过修改现有转轮或更换新设计的转轮来实现。同样，也可通过改进导水机构、座环、蜗壳及尾水管，获得各种可能的收益。

如果水轮机性能已经下降，需要对最近的试验结果与原来试运行试验的结果进行比较，可能要参考早先进行的试验结果，这样作总能为作出判断提供满意的信息数据。而最近的一次试验结果将作为评估水轮机将来性能改善的基准。

考察到各种效率试验的特点和成本，应根据改造项目的价值、发电增益，以及常常不能全部满足要求等，仔细考虑选择哪种形式的试验。可选方案包括下面几种：

a) 现场试验(改造前后的机组试验)：
   - 在可控的水力条件下进行的功率/导叶开度试验；
   - 在可控的水力条件下进行的相对效率试验；
   - 根据 GB/T 20043 进行的绝对效率试验。

b) 模型试验(新做的原水轮机模型和改造后的模型)。

c) CFD 分析，然后可进行或不进行模型试验结果验证。该方案须作出经济分析，以确定由分析研究与模型试验相结合的办法是否经济合理。

任何新转轮都应与水轮机流道内的其他部件相匹配，否则就不可能得到效率的改善。在极端情况下，新转轮的效率有可能比老转轮的还要低。

6.3.4.3.2 转轮改进

转轮密封的间隙增大，损失随之增大。恢复原有的止水间隙或使用更有效的密封设计，将有助于减小损耗，例如可使用迷宫式密封替代直缝式密封。此外，还应对密封设计重新进行分析，以确定优化了的理论间隙值。但该分析必须考虑下列机械因素，以确定最小的安全间隙值：

a) 压力荷载和导叶的反作用荷载导致顶盖和底环或基础环变形；

b) 转轮止漏环与固定止漏环的加工误差；

c) 轴系在轴承间隙内的摆度，该间隙使转轮在上下止漏环处也出现摆度；

d) 转轮部件(主要是下环)在正常荷载条件和在飞逸工况下发生的径向变形；

e) 水轮机轴承支座变形，这是由于接力器作用在控制环上的不平衡合力，作用在轴承支座上；

f) 转轮止漏环设计和间隙大小影响到漏水量和水轮机的轴向推力。轴向推力的增大会使推力轴承产生更大的损耗，因此可考虑在顶盖上增加一个反环流板来限制漏水从转轮上冠外部止漏环再次循环流动，从而降低作用在转轮上冠的压力荷载。同时，还应考虑转轮上冠卸荷孔面积、或均压管面积与上止漏环间隙面积的比值。均压管系统将转轮上部止漏环漏水排入尾水管内。其典型比值至少为 5 比 1。

从图 2 可以看出，转轮止漏环损失随比转速(水头)的分布并不是常量。对低比转速水轮机，由于沿止水密封的压力梯度差异甚大，已磨损的止漏环的损失要比高比转速水轮机的损失大得多。

6.3.4.3.3 水轮机其他部件的改进

由于蜗壳已埋入混凝土中，唯一能做的是改善其表面粗糙度，但须经过效益/成本分析。

可以通过CFD分析改进固定导叶的形状来减少水力损失。但是否可行，还需经过经济分析才能确定。改善固定导叶及上下护板的表面粗糙度对提高效率有利。

除转轮以外，更换导叶能改善性能而又经济合理。使用强度更高的材料制造导叶，可使导叶瓣体厚度减小，并改善水力性能。提高导叶表面的粗糙度也有助于减少损失。

如果新导叶的数量和枢轴直径与原来的相同，则对顶盖和底环没有重大的改变。但为了增大功率可能还要增大导叶的最大开度，这就需要对导叶的水力矩和接力器的行程及容量进行详细地复核。

尾水管占水轮机总损失的比重差异甚大，主要视电站的具体情况而定，并不总与“服役期限”有关（见图2）。运用CFD分析是确定预期性能改善的基本方法，对任何拟定的改造方案都要进行经济分析以确定是否可行。虽然尾水管表面粗糙度的影响对设计不良的尾水管（特别对非常老的机组来说）是次要的，但尾水管表面状况的恶化同样会使其损失增大。

为提高水轮机性能而进行的改造范围一般可能仅局限于机械部件，但如果经论证经济上合理，也可对混凝土尾水管形状进行实质性的改造。如前所述，为了达到最好的改造效果，应向正在考虑对改造项目进行报价的合同方提供详尽的全套现有设备的图纸，包括尾水管和任何改进现有水流状况的设施。

为改善一些早先肘型尾水管设计的流速分布状态对混凝土做一些相对小的修改，在大流量工况时获得性能上的实质性改善有时是可能的。

综上所述，水轮机表面粗糙度恶化对效率有重要影响。依次排列，影响最大的是转轮、导叶和座环，其次的是尾水管、蜗壳过流表面。转轮和导叶表面的改造或进行更换几乎肯定是经济的。对座环、顶盖和基础环暴露于水中的表面进行清洗和刷漆也同样是有益的。对蜗壳、尾水管过流表面进行清洗、刷漆或其他改进表面状况的做法也可能是有益的，有时是为了降低水力损失，有时则是为了减缓磨损、磨蚀造成的材料损耗。

6.3.4.4 空蚀

6.3.4.4.1 反击式水轮机的空蚀

实现无空化性能要求的现代转轮，能在给定的流量下，所需的淹没深度比老机组要少一些。这是因为制造商应用现代的设计技术和试验工具（CFD和模型试验），能使压力分布特别是转轮内部的压力分布更为合理。对已有电站，其托马系数（装置空化系数）是一个定值。通常由于老机组与新设计之间存在一定的“裕度”，水轮机制造商可利用这个“裕度”，增加导叶全开度（更高的流量系数）条件下的最大功率。包括额外增加流量，如果此时其下游渠道并未得到改善，则在最大流量时的尾水位就会抬高，电站的装置空化系数值将会增大。此时，水轮机的净水头也将要降低。

在混流式和轴流式这类反击式水轮机的转轮上，有几种典型的空蚀破坏形式。第一种空蚀是在叶片正面（正压面）或叶片背面（负压面）处发生的“进水边引起的空蚀”，造成的原因可能是由于水力设计错误、转轮内流态分布不好或运行的净水头或流量变化范围太大所造成。在1990年以后的设计中，尽管空蚀仍有可能发生，但制造商已掌握了更好地优化这些因素的处理方法。第二类空蚀是在靠近出水边的空蚀，如图3所示。其成因可能是由于流态分布不好使局部出现高流速或在低压区局部存在翼型误差所引起。后者只与在高负荷运行时下游缺乏足够的淹没深度（低托马系数）有关系。图3示出在不锈钢铺焊层区和铺焊层上游方向的两种空蚀。轴流定桨式水轮机和转桨式水轮机还会在叶片外缘处的背面和在叶片与转轮室相邻处发生叶片间隙空蚀。后面类型的空蚀与“设计”有关，它与沿整个圆周方向叶片正压侧与叶片负压侧之间的压差、叶片的厚度和叶片与转轮室的圆周间隙有关。有时可采用抗空蚀叶片裙边来减轻这类空蚀问题，但如果设计不当或制造不良，增加的叶片裙边本身就可能成为发生空蚀的根源。

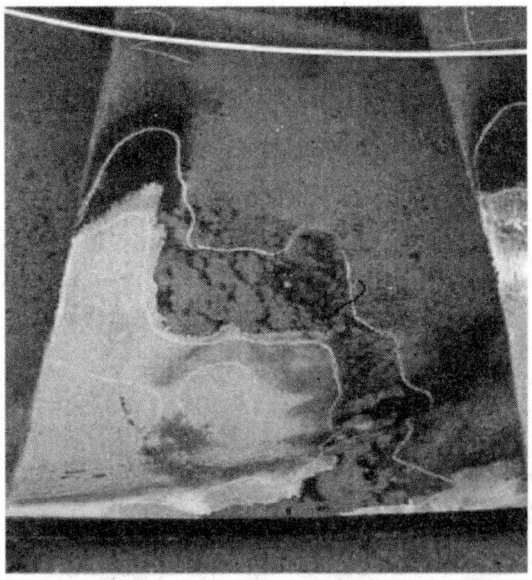

图 3 混流式水轮机转轮空化和磨蚀

6.3.4.4.2 冲击式水轮机的空蚀

水斗的进水边往往由于空蚀或由于水滴溅蚀而形成损坏。图 4 就是一个实例。

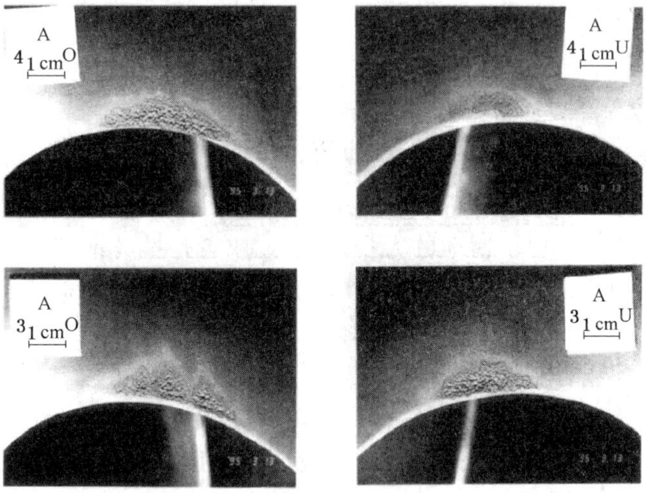

图 4 冲击式水斗进水边背面空蚀

造成破坏的原因有两点:

a) 由于型线不良,使水斗缺口背面出现低压;

b) 在下一个喷嘴喷出的高速水流撞击到水斗上后,水滴以低速离开水斗;这些水滴被带动到转轮材料上,其力量足以对转轮材料造成剥蚀。这种破坏现象通常发生在多喷嘴水轮机上,由于两个喷嘴射流的工作间隔时间太短,以致所有水滴不能及时离开水斗。

对损坏部分进行修理时,需要进行焊补并采用打磨和抛光的方法对整个水斗型线进行彻底地修形。

6.3.4.4.3 水泵水轮机的空蚀

虽然水泵水轮机的空蚀现象与传统的反击式水轮机非常相似,但由于导叶的出水边和转轮的进水边的型线需在抽水工况(水泵)和发电工况(水轮机)之间进行折衷,这样,水泵水轮机的转轮就面临更大的空蚀的风险。

水轮机工况的典型空蚀破坏如图 5 所示。特别是那些水头变化范围大,而且在水轮机工况下负荷变化范围也很大的机组，就更容易出现上述问题。在水轮机工况运行时，长期在空载或极低负荷下运行的机组，在叶片进水边正压面的下游侧是机组典型的空蚀区域。长期在水轮机工况高负荷下运行的机组，在叶片进水边负压面的下游侧是机组典型的空蚀区域。在水泵工况运行时，空蚀的风险主要在叶片靠近进口处的负压面，并随下游水位降低其风险会增大。

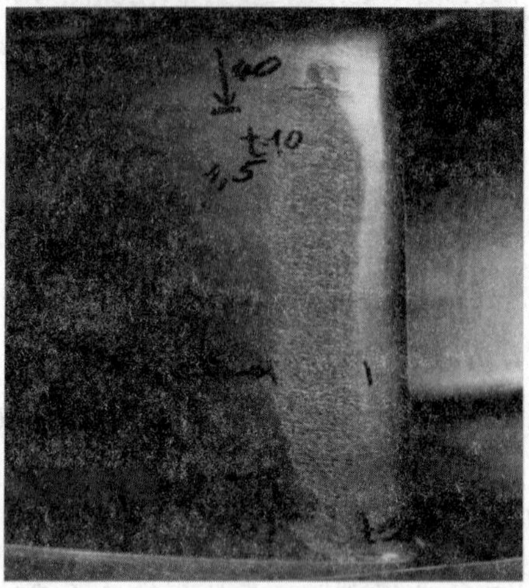

图 5　某混流式水泵水轮机在很低负荷超时运行所造成的进水边空蚀

6.3.4.4.4　现有水力机械减小空蚀的可能性

现代转轮的设计通常应用强度更高的不锈钢材料，与以前常用的铸铁、青铜或低碳钢等材料相比，也具有更高的抗空蚀性能。现代转轮通常为组焊结构，把经过数控机床分别加工的上冠、叶片和下环焊接装配在一起，而在大约 1975 年以前制造的大多数转轮，或者是整铸或者是手工打磨后再装配焊接成整体。这些现代化措施使理论设计、模型与原型转轮之间具有更好的相似性，这样，也就能更精确预测水轮机的空化性能。然而，对于小转轮，有时仍然会采用整体铸造。只要找到有资质的铸造厂家，就能保证这些小转轮的模型与原型有足够的相似性。这些铸造厂多年来具备的工艺和技术，可保证小型机组的精度达到合格的水平。即使如此，在这种情况下，精细的手工打磨也同样重要。

现代转轮设计，避免空蚀的办法，是通过正确的设计和选用合适的抗空蚀材料，来保护易受到空蚀的部位(部件)，并应在设计范围内的水头、功率和淹没深度下运行。如果不遵从合同规定的条款，就会导致新转轮发生本来可以避免的空蚀，并造成制造商不能满足合同规定的保证值要求。转轮能具有长期使用寿命的关键是制定严格的运行规则并认真执行，定期地检查并仔细、及时地对已出现的所有空蚀部位进行焊补和表面打磨。空蚀部位的修理应采用抗空蚀焊条焊补并应用样板恢复或保持叶片的型线。

推荐采用 GB/T 15469 和 GB/T 19184 作为有关空蚀性能合同条款的依据。转轮不应是空蚀保证的唯一部件，相关的其他部件，如导水机构、基础环和尾水锥管里衬都应列入空蚀保证范围。

6.3.4.4.5　采用特殊堆焊材料的经验

应考虑应用特殊的堆焊材料来改善抗空蚀性能。当模型试验观测结果显示，转轮在设计的运行范围内或稍微超出设计运行范围运行时，转轮的某一区域将会发生空化，而制造商在合同进度规定的时间内，经过进一步的努力又难以完全消除这种空化现象时，就应考虑采用特殊的堆焊材料来提高转轮的抗空蚀性能。另一种情况是，当新的原型转轮意外反复地出现空蚀的时候，也应考虑采用高强抗空蚀的焊条进行堆焊。运用上述这些材料进行补焊修复时，必须采用严格受控的焊接程序。

6.3.4.5 悬移颗粒磨损

6.3.4.5.1 受磨损影响的部件

含沙水流通过水轮机时，能够对流道中高速水流通过的部件产生磨损。严重的磨损(见图6)会造成重大的经济损失，因为需要对磨损部件(部位)进行频繁的补焊修理或频繁的更换部件。影响泥沙磨损的关键性参数是水中泥沙浓度、粒径、形状、硬度和流速。按流速参数可将水轮机受泥沙磨损的领域分为两部分：低流速的部件，如蜗壳、尾水管里衬，以及高流速的部件或者水流方向突然改变的部件，例如座环(特别是固定导叶)、活动导叶、顶盖、底环、转轮室(基础环)、转轮及转动止漏环。对混流式水轮机，磨损最严重的典型部位是转轮、转轮止漏环、活动导叶瓣体两端(与顶盖、底环相邻的表面)，顶盖(特别是固定止漏环)以及底环(特别是固定止漏环)。

图6 某混流式水轮机严重的颗粒磨损

6.3.4.5.2 悬移颗粒的磨损成因及其影响

造成悬移颗粒的磨损成因如下：

a) 颗粒尺寸增大将使磨损率相应增加，达到一定的尺寸值后，磨损率便趋于稳定。对流速不大于30 m/s，颗粒尺寸对磨损率似乎只有些微影响或者没有影响。这种情况对于反击式水轮机和水泵-水轮机所有部件都如此。
b) 相关颗粒的硬度与部件母材的硬度对磨损率有影响。当颗粒硬度等于或大于母材的硬度时，磨损率就高；相反，当母材的硬度超过颗粒硬度时，磨损率就低。
c) 颗粒的形状对磨损率影响很大。带有尖角形状的颗粒，磨损破坏力就高。
d) 磨损率与撞击水流的关系是呈指数关系，其指数值大小与母材的塑性有关。高弹性模量的材料例如钢，比低弹性模量的材料例如橡胶，其指数就要高些。
e) 撞击角会影响磨损的式样。尖角形状颗粒以小的撞击角撞击水轮机部件时，对母材基本上是切削作用。以大角度撞击部件时，会导致母材呈疲劳破坏，就像锤击效应把部件击碎。
f) 颗粒浓度和颗粒分布状况对磨损率也有重大影响。

在水轮机的部件上，两种磨损式样(切削和撞击疲劳)的影响都可观察到。例如，导叶与顶盖、底环的相邻表面，由于在导叶关闭或小开度时流速高、低冲击角撞击，造成切削型磨损。这会降低水轮机的性能，并由于部件间的间隙增大，导致停机时需要施加更大的制动力矩。撞击疲劳型的磨损通常发生在转轮叶片、导叶或固定导叶的进水边。无论何种形式的磨损，由于材料被磨损，降低了部件结构的整体性，改变了部件的水力型线，降低了机组的性能。对转轮来说，止水密封间隙增大会增加漏损，还会降低水轮机性能。止水密封间隙增大还会因增加轴向水推力而增大推力轴承荷载。泥沙磨损和空蚀的相互作用会加速部件的破坏程度。空蚀还会形成更多涡旋从而使磨损率增大。

6.3.4.5.3 减轻泥沙磨损的经验和方法

抗泥沙磨损的第一道防线是汛期排沙。大水库虽可沉积泥沙,但库容最终会减少。有的水库设有专门的排沙孔(管),可以减少过机水流的泥沙含量。

为降低磨损率,应改变水轮机的运行方式,避沙运行:当水中含沙量高时,水轮机应在最高效率区域附近运行。优化水流对导水机构和转轮叶片的冲角,减少过流部件的脱流空化,减少泥沙颗粒的撞击。水轮机停机时应尽量关闭进口阀,以减少高流速水流对导水机构导叶、顶盖、底环表面的冲刷。

对于低流速的部件,如蜗壳、尾水管里衬,推荐采用结实的弹性护层(例如环氧树脂和聚氨基甲酸酯为主的塑料涂层),当受到泥沙撞击时,由于涂层有足够的弹性,泥沙颗粒仅释放极小的破坏能量,使部件可以接受轻微的变形而不至于造成损坏。

对暴露于高流速水流中的部件,如导水机构和转轮,基于前述悬移颗粒磨损的机理,有 3 种有效的解决办法:

a) 在水力机械的易磨损区域,设计时降低其流速;

b) 对易于磨损的关键部件,应用抗磨材料和工艺;

c) 在易于磨损部位,应用硬涂层材料。

a)和 b)两者结合采用,对任何新的水力机械都是可行的,它可以减少以后对主要部件的改造。而一旦机组的转速和几何尺寸已经固定,通过修改设计来减轻磨损的可能性就很小。在更换新转轮的设计阶段,应全面考虑影响悬移颗粒磨损的所有因素:流速、改变流向、减少局部旋涡、降低空化、转轮的材料选用和设计特点。例如,在设计水轮机顶盖和底环上的固定止漏环时,可做成分块的,当需要更换时可不拆除水轮机。

在混流式水轮机更新改造时,国外有一种做法,就是将转轮下环部分叶片伸入尾水管锥管上部,如图 7 所示。这样可增大叶片面积,减轻空化,增大功率。但是,改造的结果会在尾水管锥管段的顶部增加紊流,加剧磨损。

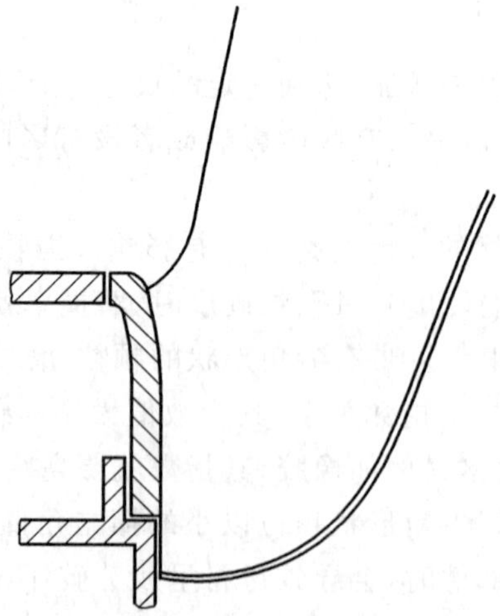

图 7 在更新改造中转轮叶片伸长设计

导叶超长设计(见图 8),会导致导叶尾部下端出现高紊流水流,影响转轮下环处叶片进口的流态,使水轮机不能稳定运行,并加剧泥沙磨损。因此,应通过加大导叶分布圆、增加导叶数量,尽可能避免采用导叶超长设计。

A放大

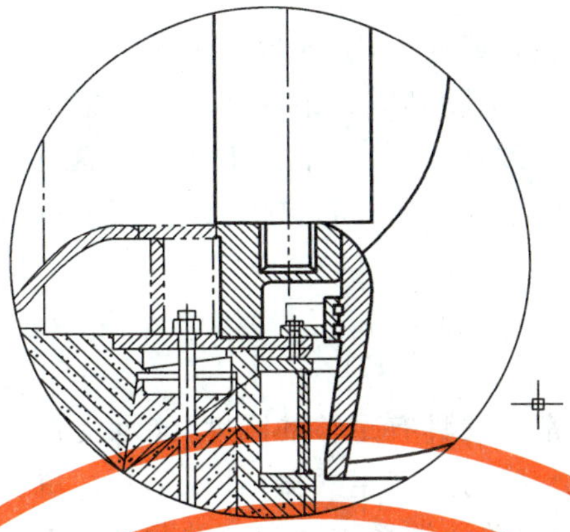

图8 导叶超长设计

如果水轮机需在导叶有压状态下停机，可采用端面密封。导叶的不锈钢端面应能更新或修补。在水流中凸出的紧固件头部会产生涡漩和二次流，加快磨损速率。

在应对严重磨损风险方面，业主应在编制技术规范文件时全面阐述水和悬移质的特性。另外，招标文件应明确无误地要求投标者说明采用什么有效措施来面对这个问题。

承受高流速的水轮机部件，例如座环、顶盖、底环、导叶和转轮，可用马氏体不锈钢如0Cr16Ni5Mo或0Cr13Ni5Mo进行制造或衬护，因为这类不锈钢具有较好的抗磨损性能。

在悬移颗粒含量很高时，可考虑应用表面护层。本标准并不推荐具体类型的涂层材料，因为护层种类很多，成功程度差异很大。各类应用的护层材料有陶瓷、硬金属或聚氨基甲酸酯为主的塑料涂层。另外，还要考虑仔细评估由于护层的应用减少了停机修理的时间而获得的潜在产出。即使应用的是专用的涂层，在运行条件特别恶劣的情况下，还需对某些水轮机部件的护层，频繁修复和重新涂装或将部件整个更换。

在颗粒尺寸很小的情况，广泛应用硬面护层材料如陶瓷，但应确定选用的护层材料的硬度要比悬移颗粒要更大些。抗泥沙磨损涂层在受空蚀破坏时表现不佳，在水中含有大颗粒例如“卵石”(高冲击负荷)时，效果也不好。采用无空化或几乎无空化设计的现代水轮机则为应用抗泥沙磨损的硬表面涂层提供了新的可能性。

在工厂进行硬面层材料的涂装，相对来说比较直接方便，虽然相对来说费用要高些。而在电厂现场条件下，硬涂层的成功涂装还是十分困难。因此，只要考虑应用硬涂层材料，明智的办法是作出返厂重新涂装的准备。

6.3.4.6 机组稳定性

6.3.4.6.1 概述

水电机组中频繁出现的问题就是振动过大。不正常的机械振动来源主要是：

a) 转轮的机械或水力不平衡；

b) 导轴承不佳；

c) 转轮止水密封间隙不佳；

d) 发电机的机械或电气不平衡；

e) 发电机组轴线对中不佳；

f) 水力不稳定。

6.3.4.6.2 转轮的机械或水力不平衡

转轮的机械不平衡会引起机械振动或摆度，会导致导轴承负荷增大，并对其支撑构件造成损坏。现代转轮平衡的允许误差要求很严，足以消除其成为主轴摆度不正常的原因。

如果转轮叶片间的开口大小不一致，就会导致水力不平衡。这种不平衡通常会造成主轴摆度随着负荷(过流量)增加而增大。GB/T 15613.2 给出了与此相应的允许误差，当然许多制造厂和用户甚至应用比这更严的容差。

6.3.4.6.3 导轴承不佳

水轮机导轴承和发电机导轴承都必须具有足够的刚度，能承受在最恶劣的工况下运行，而不会使转轮止水密封或发电机气隙发生接触。为防止产生共振，轴系第一阶临界转速应超出水轮机最大飞逸转速并应有满意的裕度。为此，必需十分关注轴系刚度和导轴承的支撑刚度。如果改造中更改了旋转部件、更改了各部导轴承或更改了其支撑系统，或者更换水轮机转轮具有更高的飞逸转速，都需要重新计算临界转速。若飞逸转速比原来高出了几个百分点，则还要确认发电机转子承受更高的速度的能力。

导轴承的冷态间隙的容差不够，以及运行中旋转部件和轴承本身从冷态到热态的变化，都会引起导轴承间隙的改变，导致振动超标或造成发电机组的机械损坏。间隙太大，会使轴摆度超标；间隙太小，轴承负载过大，轴承会过热，又会造成轴承过早损坏和故障。如果这些问题在运行机组中发生过，则机组的改造就为修改设计和消除故障提供了机会。

6.3.4.6.4 转轮密封间隙不佳

转轮的止漏环或密封面间必须留有适当的间隙，避免与固定部件发生接触，且应避免由于水力原因产生的振动或由于离心力的作用使旋转密封环发生碰撞。在改造时，厂商和业主为获取更多的电能，一般会通过减小转轮止水密封的间隙以获得更高的效率。这种做法应谨慎使用，应避免在临界稳定状态和瞬时运行条件下的转轮止水密封间隙低于最低安全值。在不减小止水密封间隙的情况下，通过修改密封型式也可能获得好的结果。飞逸转速工况下，转轮密封的瞬间局部摩擦未必会造成灾难性的后果，但如果发生完全碰触(在直径方向)则可能造成惨重的损失。

6.3.4.6.5 发电机不平衡

与发电机有关的振动通常有两种形式。第一种是机械不平衡，这是由于转子装配或由于原来设计或制造引起的机械不平衡。第二种是电磁不平衡，这是由于转子的同轴中心度或相对于转轴中心线的圆度误差引起的磁力不平衡。

6.3.4.6.6 发电机组轴线不对中

机组轴线不对中，会导致导轴承负荷增大而过早损坏，还会导致轴应力异常增大，使转轮止水密封间隙和发电机气隙出现问题。在进行重大的改造时，应拆开联轴法兰并进行尺寸检验，以确定是否需要重新机加工或找正。

6.3.4.6.7 水力不稳定

振动可能与水力不稳定性有关，它会引发共振并因此造成部件的损坏。

6.3.4.6.7.1 概述

水力稳定性基本上可分为三大类：

a) 冯·卡门涡列引发的共振现象。

b) 转轮/导水机构相互干涉现象。

c) 水压脉动。没有引发共振的或能引发共振的，没有导致功率/频率摆动或能引发功率/频率摆动的水压脉动。

6.3.4.6.7.2 冯·卡门涡列引发的共振现象

冯·卡门涡列引发的共振通常有3个来源：由固定导叶绕流引起的卡门涡列；由活动导叶绕流引起的卡门涡列和转轮叶片后的卡门涡列。形成这些涡漩的频率和强度取决于流量(速度)、部件的厚度和形状。因此，如果某改造项目要求增加最大流量时，就有可能产生共振，尽管这在机组改造前可能从未发生过。

第一种即由固定导叶引发的卡门涡列，通常以非常低的频率与固定导叶本身模态中的一种发生共振，并激发其振幅升高。特别是低水头机组，可引起固定导叶与固定导叶上下环板连接处产生裂纹。其频率范围可能从亚声频区域到低可听区域的范围，即从几个 Hz 到 50 Hz。修改固定导叶出水边形状，通常是问题的解决办法。

第二种即由活动导叶引发的卡门涡列，这是十分罕见的，因为导叶尾尖的厚度，在正常情况下，相对于该处的流速使其产生卡门涡列的可能性很小。如果万一发生了，对大中型尺寸的机组，其频率在低可听度范围内即 20 Hz～100 Hz。这个问题如果发生，其解决办法如同解决固定导叶的办法一样。

第三种可能产生冯·卡门涡列的是水轮机转轮叶片的出水边。对反击式水轮机(轴流式或混流式转轮)，在这个部位的出流速度是水轮机内最高流速的区域，它引发的频率会是在转轮叶片本身在水中的固有频率范围内。水轮机转轮有大量的振动模式，它在水中测量的频率与采用有限元法(FEM)计算的值或在空气中测量的值有很大的不同。也就是说，目前的设计手段还难以预见这种共振会不会发生。评估转轮在水中的固有频率的手段正在改进中，建议业主在招标文件技术规范中，明确要求选定的制造商确定能激振转轮的扰动频率，并在所推荐的设计方案中估算出转轮在水中的固有频率。应要求新的设计分析所能遇到的上冠、叶片、下环厚度和形式的各种组合，避免发生共振或扰动响应问题。

应该指出，用高强度材料制作的新转轮，其叶片出水边的厚度会比以往设计的旧转轮要小些，可以提高由卡门涡列产生的扰动频率。但另一方面，较薄叶片的固有频率中的基频及其各阶谐振频率要低些，这增加了共振的可能性。在转轮中可产生的频率是在低频到中频的可听区域范围，即 50 Hz～1 000 Hz。解决这类问题的一个便利条件是原因易于分析，有经验的制造商可以在电厂现场通过修改叶片出水边形状，在试运行期间就能解决问题。

6.3.4.6.7.3 转轮/导水机构的相互干涉

关于强迫振动的响应问题，转轮/导水机构相互干涉的问题，解决办法并不简单。因为这与导叶数和转轮叶片数以及把两者交错在一起的作用有关。这个问题在中高水头的混流式水轮机中比较普遍，因为导叶的出水边与转轮叶片的进水边之间非常接近。重要的是要求制造商采用可靠的设计，提供与其设计的几何相似的机组有在以前成功运行的证明，或用最有效的工具对新转轮的特性进行过分析，结果表明是安全可靠的。为解决此类问题，需要作出重大修改或者要彻底更换新转轮的情况都遇到过。

6.3.4.6.7.4 水压脉动

混流式水轮机尾水管内的水压脉动，实际上是所有反击式水轮机在偏离最优工况运行时的正常现象。自从19世纪后半段的技术诞生后，设计者和制造商就试图尽可能减少从转轮进出的二次流，以尽可能扩大高效率区的运行范围。至2006年，在消除由转轮引发的压力脉动的可能性方面，以及在消除引发的整个水力系统的共振方面，还没有取得成功的进展。更由于模型试验并不能判断是否会发生共振，即便是完全模拟了整个水力系统的模型试验也无济于事，从而使水力设计更加复杂化。

在分析研究共振频率时，应考虑整个输水系统，从电站进水口建筑的“自由表面”，经过发电隧洞、压力钢管、调压井、分叉管、水轮机、尾水管到尾水隧洞出口的“自由表面”，以上各项要素中只要该电站中存在的都要予以考虑。扰动频率来自转轮，与设计和流量有关，它在转轮旋转频率的25%～100%的范围内变化。低负荷运行通常引发最低的尾水管扰动频率，而在高负荷运行则引发最高频率。在整个水力系统，这个扰动频率的巨大差异，在设计时是难以预测发生共振的全部可能性的。当改造项目中包括增加机组的最大过流量时，其扰动频率的范围有可能会改变并产生一种新的共振条件，尽管未改造前机组可能从来没有出现过共振。

最常用的解决水力共振的办法就是向尾水管补气或注入空气，以改变水轮机尾水管的固有频率。此办法获得了两种效果。一是补气后改变了尾水管涡带的型式和行进频率(扰动频率)，二是由于两相流(水和空气状态)的迅速改变，整个尾水管的共振频率改变了。采用这种解决水轮机稳定的方法需要十分谨慎，因为在整个水力系统中，补气可以消除共振也容易引发共振。另一重要因素是补气量的大小，当补入的(或压入的)空气量超过水轮机流量(在标准温度和压力下)的1%～1.5%时，可以察觉出对水轮机效率的影响，特别是水轮机在最优效率区运行时更是如此。因此，如果不是为了消除共振，在导叶开度的正常范围内最好不要补气或不补压缩空气。水轮机在部分负荷或超负荷运行时，向尾水管补入或压入空气，对提高水轮机的效率稍有好处。

应注意到深埋(低安装高程)的混流式水轮机，特别是水泵-水轮机(因为其淹没深度取决于水泵运行模式的要求，一般埋深较大)，如果需要补气，可能不得不通过压缩空气源注入。

在尾水管中设置不同类型的导流装置取得了不同程度的成功。但其最大的弊端是，实践中只在很窄的过流量范围内起到优化作用，而在其他所有的运行工况，都成为影响效率的障碍物。

6.3.4.6.7.5　功率/频率摆动

尾水管压力脉动的频率可引发功率和频率摆动，特别是这种频率还可能会导致整个过流系统发生共振。由尾水管压力脉动产生的反射可作用在水轮机导水机构上游静压侧(蜗壳压力脉动)，将造成过流量波动并直接影响功率。这种情况很可能引起在高负荷运行时发生的由此类尾水管压力脉动诱发的压力脉动，一般可以由前述的减少压力脉动的办法来消除。

较低频率的功率/频率摆动，与不合理的调节参数有关。对拟增加最大过流量的电厂，整个水道系统的水流惯性时间将会增加。如果机组的惯性没有任何改变，应复核调节参数，以确认电厂(孤立运行电厂或通常是联网运行电厂)全部运行工况中的任何工况都能满足要求。增加最大过流量通常意味着应延长导叶关闭时间，以避免超过压力钢管和蜗壳的设计压力。这会增加机组甩满负荷时的瞬间转速上升值，还应确认飞逸和过速保护装置仍在安全允许范围内。对于这种情况，通常旋转部分本身是可以接受的，因为其正常设计的条件就是全飞逸运行工况，但这仍然是需要评估和确认的一个方面。

6.4　机组相关设备的评估与决策

6.4.1　概述

在水轮机改造过程中，有必要充分了解水轮机改造对电厂所有设备和相关结构的影响。

6.4.1.1　与水电机组相关的设备有两种不同的类型：

a)　受水轮机改造直接影响的设备：例如，发电机、调速器、调速器油压装置、调压阀、水轮机进水阀、压力钢管、引水隧洞、调压室、尾水洞等；

b)　机组维修和大修所需的设备以及其他设备：例如，起重机及其轨道系统、拆卸和安装设备及工具等。

6.4.1.2　水轮机改造对相关设备的影响，必须通过以下评估来确定：

a)　运行模式是否改变(例如，每天启动和停机的次数增加，就可能要求对推力轴承、机组制动及顶起设备做必要的改进)；

b) 甩负荷的过渡过程(速度上升、压力上升),特别是当改造中包括增大机组最大功率的影响;
c) 调速器操作容量是否满足要求;
d) 由于采用新设计的转轮而增大了轴向推力(可能有必要改变推力轴承的冷却系统);
e) 新转轮的飞逸转速是否改变(与旋转部件的应力及与临界转速有关系);
f) 由于采用新设计的转轮,是否存在新的逆向水压脉动风险(主要指混流式水轮机和水泵水轮机);
g) 由于水轮机最大过流量增加,改变了电厂的尾水位,应考虑对水轮机水头和空化有关的淹没深度(吸出高度)的影响;
h) 由于水轮机最大过流量增加,对水头造成影响(压力钢管、发电引水隧洞、尾水的损失更大);
i) 甩负荷时为抑制压力上升和转速上升所需的调压阀(如采用)容量需复核;
j) 水轮机进水阀及其控制系统是否适宜。

相关设备有可能都需进行改造以达到与改造后的水轮机相匹配。相关设备的评估不在本标准中详述,但与新转轮有直接影响的和有可能改变电站运行模式的内容将在后面予以说明。

表 26～表 30 列出了各部件相关设备在评估时所要考虑的"检查表"。

表格编排如下:

——调速器(表 26);
——发电机和推力轴承(表 27);
——压力钢管和水轮机进水阀(表 28);
——土建工程(表 29);
——起重机、吊装设备(表 30)。

以表格的形式对相关设备进行评估。

表 26　相关设备的评估——调速器

涉 及 项 目	可能的原因或理由	可采取的对策
□ 匹配性	□ 喷针或导叶的行程增加 □ 由于过流量增大使最大功率增加 □ 新导叶型线引起关闭规律的改变,或接力器行程改变,或关闭时间的改变	□ 修改/更换接力器 □ 修改压力油供油系统和贮油系统 □ 调节或更换调节阀 □ 修改调速器初始参数,或整定反馈装置
□ 功能	□ 不同的运行模式,例如,来自系统控制信号的直接频率控制 □ 有成组要求的控制修改 □ 远程控制自动化 □ 孤网运行或在当地电网中独自运行 □ 为稳定调节控制所要求的机组惯性和水力惯性的改变	□ 调速器参数调整 □ 更换调速器(如将机械调速器更换为电子的或基于可编程控制器(PLC)系统的调速器) □ 监控系统中调速器功能的整合 □ 安装电力消耗装置以提供最小负荷来保持或改善稳定性 □ 额外增加飞轮力矩 □ 更换全部或局部压力钢管以降低压力钢管内流速

表 27　相关设备的评估——发电机和推力轴承

涉及项目	可能的原因或理由	可采取的对策
□ 增大功率	□ 水轮机最大功率增大	□ 复查力矩传动部件 □ 修复或更换力矩传动部件 □ 复查定子绕组承载能力 □ 重绕发电机定子 □ 改造发电机励磁系统 □ 复查发电机冷却系统 □ 修改空气冷却器(发电机主冷却器) □ 增加冷却风量
□ 水推力	□ 新转轮的设计 □ 新转轮止水密封直径或较小的间隙值	□ 在水轮机上安装压力平衡装置或系统以减少水推力 □ 修改推力轴承 □ 修改推力轴承冷却系统 □ 增设高压油顶起系统供机组开停机时用
□ 最大瞬时过速增大	□ 机组最大功率增大而导叶关闭速率减小(即关闭时间延长)	□ 增加机组转动惯量 □ 导叶采用两段关闭
□ 瞬时的或稳态的飞逸转速增大	□ 新转轮设计 □ 最大导叶开度增大	□ 复查和修改主轴、转子支架、磁轭、磁极、导轴承和导轴承支座
□ 临界转速(扭振或弯振)	□ 较高的飞逸转速使新转轮接近机组一阶临界转速	□ 临界转速分析 □ 修改转动部件 □ 修改导轴承或其支持系统 □ 另外增加一座导轴承

表 28　相关设备的评估——压力钢管和水轮机进水阀

涉及项目	可能的原因或理由	可采取的对策
□ 水轮机压力脉动相关的水力共振	□ 新转轮,改变了出口涡带频率 □ 修改了尾水管 □ 导叶和转轮叶片之间交互影响	□ CFD 分析和非定常流分析 □ 安装抑制涡带或改变扰动频率的系统或设备 □ 尾水管补气或注入空气 □ 修改引水系统
□ 瞬态水压上升	□ 在新的最大流量下,由于导叶/喷针阀关闭的速率较高导致压力上升	□ 修改导叶/喷针的关闭特性 □ 评估导叶较慢的关闭速率对允许的较高的转速上升的影响 □ 修改引水系统(更换或加固压力钢管)
□ 水轮机进水阀结构的整体性	□ 由于最大流量增大或修改了关闭时间导致较高的最大工作压力	□ 应更换进水阀 □ 减小阀门的关闭速率或在设计上采用分段关闭限制瞬态过渡过程的影响

表 28（续）

涉及项目	可能的原因或理由	可采取的对策
□ 水轮机进水阀功能的适应性	□ 机组开停机次数增加	□ 修改阀及其操作系统使能承受更频繁的操作
□ 进水口快速闸门作为事故截断水流的装置关闭时压力钢管的通气量	□ 由于水轮机最大流量增加使截断水流的流量增大	□ 增加通气孔数量或加大其尺寸
□ 调压阀的适应性	□ 由于较高的水力瞬态变化使最大操作压力增大	□ 更换调压阀 □ 新的油压操作接力器 □ 新的密封
□ 水轮机尾水门的适应性	□ 由于水轮机过流量增加，下游水位变化，导致作用在尾水门上的水力负荷增加，启闭力加大	□ 更换尾水门 □ 更换尾水门启闭设备

表 29　相关设备的评估——土建工程

涉及项目	可能的原因或理由	可采取的对策
□ 引水渠道/隧洞水头损失增大	□ 过流量增加 □ 引水渠道/隧洞堵塞或阻塞	□ 限制开机爬升率或加负荷爬升率 □ 限制最大持续流量 □ 清理、衬砌或修改渠道/隧洞
□ 上游调压井水位在带负荷或甩负荷时可能出现较大水位变幅	□ 流量加大 □ 导叶/喷针最大开度或关闭速率加大	□ 复核调压井断面和水位波动幅度，改造调压井 □ 修改限制导叶（喷嘴）的关闭 / 开后速率
□ 下游调压室水位在带负荷或甩负荷时可能出现较大水位变幅	□ 流量加大 □ 导叶最大关闭速率加大	□ 复核调压室断面和水位波动幅度，改造调压室 □ 针对新的流量值延长导叶关闭时间
□ 尾水隧洞或尾水渠在持续大流量运行时水头损失增加或水位增高	□ 流量增大	□ 作经济分析，确定是否有必要对尾水隧洞或渠道进行改进 □ 修改尾水隧洞或渠道

表 30　相关设备的评估——起重机、吊装设备

涉及项目	可能的原因或理由	可采取的对策
□ 起吊的最大重量 □ 起吊点的定位精度（吊钩或销杆） □ 起重机和轨道的安全性（机械和结构的整体性）	□ 新机组部件的重量增加 □ 过时的结构、设备和控制系统 □ 腐蚀和磨损	□ 检查和修复起重机和轨道 □ 对起重机进行安全鉴定和评估 □ 更换起重机

6.4.2 发电机和推力轴承

轴向水推力可能会随新的水轮机转轮或者新转轮更小间隙的止水密封而改变。因此，推力轴承的设计必须按新的荷载条件进行验证。安装高压油顶起系统以用来减少更频繁的开、停机所造成的不利影响，或考虑使用非金属面层的推力瓦。对于持续的大负荷运行，必须修改推力轴承或其油冷却系统。

对高水头电厂的新水轮机转轮来说，如果打算增大其最大过流量，则常常会使飞逸转速和瞬态过速都增大。瞬态过速有可能超过持续的飞逸转速，而成为决定发电机设计的最高转速。如果下游设有调压室，这一点就显得更为重要了：因为瞬态过速在导水机构承受瞬态过压的同时，调压室的水位下降造成下游压力瞬态较低，而使瞬态过速变得更加严重。

如果转轮的叶片数或冲击式转轮的水斗数发生变化，则需复验其激振频率和设备固有频率之间的关系，特别是对转动部分来说，这一点非常重要。

必须复核发电机轴和水轮机转轮或水轮机轴之间联接法兰的设计。为减少机械振动，通常必须改善上述两个部件的对中找正状况。也可以考虑用现代的摩擦连接方式来替代现有的螺栓或传力销连接。

为减小腐蚀应力裂纹的危险，如果轴的表面暴露于过水流道表面，则应将其与水隔离。这一点对于冲击式机组（卧轴或立轴）来说特别重要。对暴露于过水流道表面区域，需要进行全面的无损探伤（NDT）检验。在许多情况下，计算应力腐蚀引起的开裂危险是很有用的。

当改造增加水轮机功率时，如果原设计中没有过多的余量，可能还会受到发电机的最大安全功率的限制。在许多情况下，如果发电机铁心进行了更新，有功功率是能够增大的，而现有的部件如定子机座或主轴经过复核是可以重新使用的。

国内在1988年以前制造的发电机，其绝缘大都是B级沥青/云母型绝缘系统，此系统要求对地绝缘的厚度要比现代的环氧/云母的F级绝缘系统厚得多。因此，如果业主决定选用F级绝缘的新定子绕组，则在相同的定子铁心槽内铜导体的面积可得以增加，这就允许在不对发电机作其他变动，且不明显超过B级绝缘系统运行温度的情况下，功率增加20%～30%。其他还可以考虑改进的有：设计新的磁极，采用高磁导的定子铁心硅钢片和在端部应用非磁性材料（绕组支架、磁极键、通风导管等）。

通过改进发电机的冷却系统，特别是固定在转子上的风叶和空气冷却通道，可在现有的几何尺寸的条件下减少通风损耗从而能发出更大的功率。

一般情况下，没有必要耗费巨资改造土建工程。

6.4.3 水轮机调速器

如果水轮机导叶或喷针进行修改或更换，或者更换一个全新的转轮，都可能会改变水轮机的最大流量，这样，开停机特性可能改变。这时，应检查接力器的尺寸，特别是其行程、供油泵及回油箱的尺寸。反击式水轮机采用新转轮后，其空载开度和甩负荷后的速度上升值都会发生较大变化。

水轮机最大过流量的增大，可能会导致导叶、喷嘴或轴流式转轮叶片的行程增加，反过来也需要对接力器的特性和供油系统进行核查。

由于受尾水管内小流量时的涡带影响，混流式水轮机或水泵水轮机以及定桨式或转桨式水轮机的允许持续运行的最低负荷，会随着新转轮的应用而发生很大的变化，因此有必要使运行限制与之匹配。

6.4.4 水轮机进水（出水）阀、调压阀

这些设备一般与水轮机有着相同的运行时间，但通常不会出现水轮机相同的磨损和磨蚀。因为它们主要是一种瞬时服务的和做后备保护用的设备。尽管如此，它们的机械完整性和运行可靠性必须视同水轮机一样，采用相同的方式进行调查。

水轮机水头提高（上游水位升高或下游水位降低）或水轮机最大流量增加时，必须全面复核进水和

出水阀、调压阀的设计及其操作系统，以及在事故关机时安全、可靠切断水流的能力。

另一个需要注意的问题是活门枢轴或活门的轴套或轴承的摩擦随时间可能增加。如果阀门长期处于开启状态，那么轴承或轴套的摩擦系数可能因为磨损，或因为外来颗粒或其他沉积物的污染而增大，导致事故关机切断水流时阀门关闭的可靠性下降。

再者，如果水轮机基础部分已经恶化，那么这些辅助部件及其支撑件和锚固螺栓也必须进行全面核查。

6.4.5 辅助设备

为追求效率的提高，也应包括减小辅助设备的功率损耗。要达到这个目标，需对损耗大的泵电动机、泵叶轮和阀门等进行更换。

发电机改造可能需要对发电机空气冷却器的冷却供水系统进行修改。

另一个改进的途径是，在轴承的设计条件允许的情况下，将高黏度的润滑剂替换为较低黏度的可替换产品。也可考虑采用生物可降解型润滑剂和液态润滑油替代。如果电厂现有的设备所用的润滑剂或液态润滑油产品的类型改变了，则一定要对该系统进行全面清洗，因为残余的老润滑剂可能与新的产品并不兼容。带有橡胶的或聚合物的密封圈的任何新产品、液压系统涂层或叶轮、阀门材料等，其兼容性都必须重新予以确认。在使用生物可降解的润滑剂时，必须确认它们不会与水接触，因为与水接触将会导致其分解和过早的老化。

更换主轴密封时，要求对冷却清洁水和润滑供水的适应性进行验证。

水推力发生变化时，需要对推力轴承的润滑油特性、冷却系统和油气清除系统（如果有）的适应性进行验证。

应用新转轮时，可能需对尾水管的补气系统进行修改，或者也很可能允许去掉该系统。在某些情况下，使机组稳定运行所需的补气量，会大到足以使电站的暖风系统和通风系统失衡，尤其是地下厂房的情况更是如此。

6.4.6 安装、拆卸和维护用的设备

厂房起重机、吊车及其轨道的设计时，考虑起吊的最大部件通常是装配好的发电机转子。在进行任何大修之前，都必须在正常荷载下检查和试验起吊设备及其支持系统，并试验起重机本身起吊和就位的精确度。

主厂房内的起重机，必须有能力处理由于任何新的也许是更重的部件而使起重机设计负荷增大的问题。需要特别注意的是起重机的吊钩、吊杆和提升吊具的设计，要保证它们与现有的部件和新的部件配合的兼容性。

6.4.7 压力钢管和其他过水流道

当最大流量或水头增大时，则需对水力过渡过程仔细地进行重新计算。如果导叶或喷针的关闭速率保持不变，那么最大瞬态压力上升将随最大流量的增大而增加。这一点对于有长隧洞、调压井和调压室或任何具有这些设施组合的电站，尤为重要。

水轮机尾水管压力脉动或由于导叶和转轮叶片的相互干涉作用引起的压力脉动，其脉动值在新的设计中可能有所不同，必须仔细地考虑和评估。

转桨式水轮机转轮更换后其最大流量增大时，也需要复核其水力过渡过程以及对土建结构的影响。

最大流量增加时，可能会在进水口结构处造成更大的水力损失或造成掺气旋涡，这个现象必须予以评估，并通过重新设计消除旋涡。

如果要增大水轮机最大流量或满负荷时的水轮机效率，尾水管是关键部件，尤其对水头较小的电站更是如此。因此，有时做包括尾水管和出口渠道在内的 CFD 分析是很值得的，以便看看能否对尾水管

或尾水渠的型式进行优化。

6.4.8 电站水头变化的影响

在某些情况下，电站的这些基本的水力特性在过去长年的运行中早已发生变化，例如：

a) 采用挡水闸板或其他方式抬高了上游水位；

b) 由于河床受到侵蚀，或在下游侧河床降低或搬除了堆积物从而降低了尾水位。

尾水高程的变化，需要对水轮机转轮的淹没深度（装置空化系数）予以复查，以保证转轮得到充分的保护，免遭空蚀破坏。但这也可能会影响到水轮机转轮出口旋涡以及尾水管自身的压力脉动的频率和幅值，反过来这又可能会成为一个水力共振源。在一定的流量下，下游水位降低对水泵水轮机的影响更为突出，因为它不仅可能对抽水工况下的拦污栅有影响，并且直接对采用的（净正吸出高度 NPSH）有影响。

7 水力设计及性能试验

7.1 概述

改造方案的水力设计可以是经过 CFD、模型试验，或将两者结合起来使用。

到目前为止，模型试验还是保证设计计算精度的最有效工具。因此，对于所有的大型机组来说，在实施原型改造之前，建议进行模型试验。对于水泵水轮机水力设计的改变，也应通过模型试验进行评估。对于小型机组，可参考相似模型的试验结果进行评估。

改造的最终结果也可以通过原型试验验证。但是，如发现问题再进行改进比在改造前的限制要多得多。原型试验不是开发的工具，只是一种用于确定合同承诺是否成功的手段。

水力研究和模型试验研究的深入程度，应通过成本分析、必要性和工程的技术难度来确定。例如，对于大型机组，水力研究和模型试验的费用和整个工程的投入相比小得多，因此可进行深入的水力研究和模型试验。对于小型机组，没有特殊的水力问题且有较好的相似水力模型可以参考，可不进行模型试验。对于中型机组，研究的深度则需具体问题具体分析。在决定是否进行开发时，首先应分析性能的下降值是多少，是否可以不通过特殊的设计研究和模型试验而得以提高。

对于任何确有技术难度的项目，在可行性研究阶段，应要求生产厂家进行多种方案的可行性研究，水力研究应在详细的研究阶段进行。

多数情况下，即使需要进行模型试验，也是在制造厂商投标之后。对于大型机组，最有利的办法是：与两个或者更多的制造商签订各自进行水力开发和模型试验的合同，并在同一个独立试验台进行验证试验。在这种情况下，可要求所有制造商（投标商）同时对水力开发和模型试验以及提供转轮和完成全部水轮机的更新改造进行报价。模型试验性能的差别可以和工程总投入的差值进行比较来评估。

水轮机改造的新部件（通常为转轮）应与已有流道匹配。

7.2 水力设计

7.2.1 性能预估

性能预估的范围：

a) 整个水轮机还是某些关键部件；

b) 现有水轮机或改造后的水轮机，还是都进行分析。

7.2.2 CFD 的作用

当能正确应用并清楚理解其约束和限制条件时，数值流体仿真或（流体动力学数值计算 CFD）是强

有力的工具。当电站改造时,可应用于:

a) 为老机组设计新部件;

b) 对老机组流道进行分析,以弄清与流道形状有关的运行问题并提出解决方案;

c) 水力翼型改进可能产生的效率改善,可先通过 CFD 分析,并进行经济分析,确定实际改型的可行性,随后再由模型试验验证。

在改造设计过程中,通过数值仿真,验证和优化转轮叶片或其他关键部件表面的压力分布,使进口到出口的流速、压力负荷分布更均匀,以提高效率、降低空化。通过 CFD,可减少修改模型的次数以达到保证值的要求。

在许多情况下,现有电站水轮机运行中的许多问题可以通过 CFD 得以解决。在解决一些特殊问题时,流动分析可帮助理解流动现象,通过改变流道部件形状来研究流态的相应变化,选择方案进行优化并应用到模型或原型中。

7.2.3 CFD 分析的步骤

CFD 分析包含如下主要步骤:

a) 确定流道的坐标和尺寸(过流表面);

b) 基于这些数据,将流道空间离散分成有限单元或有限单元体;

c) 根据有关水轮机的实际运行工况,建立边界条件以及非定常流模拟的初始条件;

d) 建立流动模拟;

e) 对结果进行后处理,以便对要鉴别的问题作出决定并提供必要信息。

解决方案的准确性及精度取决于每个步骤及如下问题是如何处理的:

a) 水轮机部件的基本坐标是否正确,或它们是否恰当地表示了水轮机的现状;

b) 单元体是否通过细心的选择,使计算范围得以正确体现,以尽量减少错误;

c) 是否已建立适合电站水轮机运行状况的边界条件和初始条件;

d) 采用了哪种 CFD 软件和设定了何种特殊参数(如紊流模型等);

e) 能否确定所有数据都是数值计算的结果,有没有重要结果被隐藏或错报。

7.2.4 CFD 计算的精度

CFD 计算结果的精度取决于 CFD 软件自身、采用的方法及应用者的专业经验。需要强调的是,流动仿真并不能精确地反映实际流动的复杂性。仿真是基于实际流动的数值模型得出的,因此,关键的问题是怎样才能使数值流动仿真接近实际。

通常用来描述通过水轮机的流体流动的控制方程是 Navier-Stokes(NS)方程。这组方程对层流及紊流是正确的。但是,对于通过像水轮机这样具有复杂几何形状机器的流动,解 Navier-Stokes(NS)方程在目前是不可能的。因此,通常都应用雷诺平均 Navier-Stokes(RANS)方程来仿真紊流流动。解析时,用一个平均值和一个脉动项来代替当点流速,用相应的压力代替真实的当点压力。这就需要引入紊流模型以考虑实际紊流在流动性能方面的影响。紊流模型还正在开发之中,紊流模型应用于精确计算紊流流动时对于提高分析精度具有较大影响。

需要补充说明的是,RANS 方程描述的是连续流动,只能求解空间内有限数量点的流动问题。因此,计算区域应当根据运算法则分割成一定数量的有限单元或有限体积。这样的离散化可能对于数值计算的求解及其精度有决定性的影响。关于如何形成"好"的计算网格是有些规律可循的,但在许多情况下也难以避免受被分析机器或部件形状几何约束而产生"坏单元"。单元的数量或给定单元数量的网格布局对于计算精度影响很大。

由于这些原因,仿真的精度受到限制。这种情况对于尾水管,尤其是那些老式尾水管来说更是如此。

7.2.5 怎样在改造中应用CFD

当采用新水轮机转轮或其他部件对老水轮机进行改造后的性能预估时，应用CFD分析有两种方式：

a) 从零开始设计一个新方案进行分析；

b) 首先对原部件进行分析，参考原试验数据进行修正，然后计算新部件或改型部件，比较新旧之间的差别。

第一种途径是完全寄托于数值预估的精度。在这种情况下，新部件在电站条件下的预估性能完全基于数值计算的方法。

第二种途径是考虑模型试验的测量结果(如果可以实现的话)或若干年当中的原型试验或电站运行现场数据。在这种方法中，要对老部件和新安装部件性能差异进行数值分析。因此，老部件和新安装部件的性能差异仅只受数值预估精度的影响。

显然，第二种方法比利用CFD进行性能预估更可靠，精度更高。但是，这将比第一种方法更耗时，费用更高，难度更大，因为无论是老部件还是新部件都将被分析，需要获得现用部件的精确几何参数。此外，为了实现对现役水轮机流动的精确相似，现役的设备应当有良好的文件记录并与实际流道情况一致。不幸的是，在许多情况下，文献很缺乏，尤其是转轮，其文献可用性很差。在这种情况下，必须进行精确的现场尺寸测量。

7.2.6 CFD和模型试验的比较

CFD是进行方案比较的好工具，但它不是能作为确定水力机械绝对效率水平的唯一工具。对于水轮机改造(尤其对于空化性能的评估)来说更是如此。

究竟是采用CFD或模型试验还是两者均采用，取决于电站的规模(尺寸)及改造后的年发电能力。

对于非常小的电站来说，模型试验通常比改造措施的总花费还要昂贵，对于老部件的分析或新部件的开发，CFD是唯一可行的选择。

对于中型尺寸的电站来说，可行的方式是通过半模拟的模型试验来试验经CFD优化的新部件。半模拟的模型试验，可在适度的花费水平下验证对性能进行的数值预估是否符合实际。这将使设计者对所采取的措施具有信心并有机会进一步完善设计。但是，在这些半模拟的模型中，机器部件和电站现在使用的部件是不相似的，这可能对测量性能有相当大的影响。在许多情况下半模拟的模型试验中，只有新转轮是相似的，而模型的其他部分在一定程度上是不相似的。

对于发电量大的大型电站来说，进行全模拟的模型试验通常是值得的。如果效率低1%，或者功率低1%，电站运行一年损失的价值就会大于模型试验的费用，应该考虑在一个有资质的实验室中进行全模拟的模型试验。这种方式可保证尽可能高的精度，可保证机组的改造在财务方面获得成功。

这就使电站改造的水力设计及性能试验选择途径有三类：

a) 小型水电站：可进行CFD；

b) 中型水电站：CFD结合半模拟的模型试验；

c) 大型水电站：CFD结合全模拟的模型试验。

至于改造项目是属于a)、b)还是c)，取决于电站各自的实际情况：

a) 改造后能多发多少电能；

b) 空蚀是不是主要问题，能否减轻或避免；

c) 有没有其他的水力因素引起的问题需要改善(如振动过大)；

d) 尾水管压力脉动或涡带是否到了不可接受的水平，需要减轻或消除。

包括CFD分析精度在内的许多因素都在随时间而变化，CFD的精度正在不断地得到完善。究竟采用何种方式，应根据实际情况决定。在任何情况下，进行成本利润计算都是必须的。

7.3 模型试验

7.3.1 概述

尽管CFD技术的有了很大的发展，模型试验仍然是检验水力计算、水力性能预估的唯一准确的方式，能预估功率、效率、空化、飞逸转速、压力脉动、轴力矩脉动、导叶力矩、尾水管补气特性、轴向水推力等原型的总体性能。但是，当涉及特殊的水力不稳定或共振现象时，即使模型和原型是相似的，模型试验也难以预估。

模型试验可以获得水力机械的绝对效率，只有非常小的不确定度（装备优良的实验室通常是±0.25%）。由于效率是最重要的性能参数，而且模型试验总是安排在项目开发的早期阶段，所以它作为一个预计受益估算的工具得以广泛应用。模型试验不仅适用于新水轮机的开发，同样适用于对电站改造中有多种方案（座环、导水机构、转轮和尾水锥管的改进）的预估。

在有些情况下，现场试验很困难，或非常昂贵，或者有很大的不确定性（例如低水头大容量的水轮机），模型试验可以作为合同的验收试验。这种方式特别适用于根据老水轮机翼型复制的模型和新水轮机的模型进行的对比试验。在这种情况下，合同的评估标准是基于改造后的新模型比老模型性能提高了多少，而不是其绝对效率。

类似的技术有时也应用于现场试验（“停机前的试验”和“改造后的试验”），以减小系统的不确定度，但费用昂贵。对于有十余台机组的大型电站，也可以有2或3个厂家参加竞争且在独立实验室进行同台对比试验。

7.3.2 模型试验的相似性

有两种类型的模型试验。

a) 全模拟的模型试验

全模拟的模型复制了老、新水轮机部件的流道。需了解老水轮机的全部准确尺寸（通过原设计图纸或者进行现场实际测量）。值得注意的是，即使有原版的竣工图纸，有时现场测量结果可有效地验证老水轮机流道的尺寸；

b) 半模拟的模型试验

在半模拟的模型中，老水轮机部件和经改进后的部件并不完全模拟。

因为半模拟的模型试验需要进行性能修正，以考虑所存在的某些不相似，而且这些性能修正还需要进行专题论证分析。

对于相对较小的机组，当相似性偏差不多，且制造商在该比转速范围内有良好的经验，采用半模拟的模型试验的风险不大，并可减少制造、工程设计的费用及模型试验时间。

7.3.3 模型试验内容

模型试验可包含如下项目：

a) 必要的项目：

- 水轮机全部运行范围内的等效率曲线；
- 确定进水边空化限制线（负压边和压力边）；
- 出水边空化对功率和效率的影响（即临界空化系数，测量功率和效率随空化系数变化并观测初生空化）；
- 在最大导叶开度、最高水头条件下正常和最小电站空化系数下的飞逸转速；
- 在正常的电站空化系数下，不同导叶开度下的蜗壳和尾水管的压力脉动（有些情况下电站空化系数要在预期的范围内变化）；

- 不同导叶开度和电站空化系数(NPSH 对水泵水轮机的影响)下的轴力矩摆动；
- 转桨式水轮机叶片水力矩试验；
- 水推力试验；
- 模型主要尺寸检查。

b) 辅助试验：

- 不同导叶开度和电站水头变化范围内的导叶水力矩试验(包含导叶不同步的影响测试)；
- 补气试验，以及对尾水管、蜗壳压力脉动及轴力矩脉动的影响；
- 在最大水头条件下变化导叶开度的轴向力和径向力；
- 在最大流量增加的情况下，尾水位变化对水斗式水轮机效率的影响；
- 喷嘴形式显著变化后的喷针力特性；
- 折向器力矩(如果与制造商的常规经验有显著变化)；
- 温特-肯尼迪流量系数率定，在电站水头和机组流量范围内，在两个或更多点(如蜗壳)测量压差。

7.3.4 模型试验的应用

7.3.4.1 概述

性能的提高既可以通过比较改造前原型效率试验值和新设计水轮机的模型试验结果进行适当的效率修正(模型到原型预估)来确定，也可以通过新旧两个部件在同一个试验台直接进行"模型对模型"的对比来实现。

7.3.4.2 模型和原型比较

模型对原型的比较是将近期获得的原型现场试验数据和进行了效率修正后的新机模型试验结果进行比较。这种方法的精度相对较低：

a) 现场效率试验不确定度相当大(0.7%～2%)，这取决于水轮机类型、现场条件及选择的试验方法。在试验条件差时，不确定度甚至更大。

b) 模型效率修正公式在准确反应新模型与装有新转轮以及其他改造部件的老原型流道之间实际损失的差异方面有局限性(GB/T 15613.1、GB/T 15469 和 GB/T 19184 都只涉及到新模型和新原型的粗糙度，而没有包含老原型的粗糙度范围)。

在最糟糕的情况下，该过程的总不确定度可能超过 2%。

7.3.4.3 模型对模型比较

直接通过新、老部件的模型试验来比较新、老水轮机的性能。假定新、老部件的表面粗糙度一致，均没有空蚀、腐蚀和其他破损并具有相同的转轮止水间隙，这种比较方法是非常精确的。

在"模型对原型"预估中，必须通过模型效率修正来将模型性能换算成原型性能。当模型试验完成后，预测原型性能的机理是建立在模型和原型相似的基础之上的。原型效率计算依赖于对几何参数和表面粗糙度的准确了解，相似性要求详见 GB/T 15613.1。当考虑了几何相似偏差并已知模型和原型的表面粗糙度时，就可以估算出原型性能。需要注意的是，当估算原型粗糙度时，一些重要部件的粗糙度如导叶以及影响稍小的固定导叶，其粗糙度都大大超过目前规程所规定的范围。在改造招标之前，应当对重要部件的粗糙度进行测量。然后，投标方可对各种流道部件推荐经过优化的改造方案，并基于要改造部件的状况计算比尺效应。如果没有测量表面粗糙度，则业主和制造商应就粗糙度影响的估算达成共识。

在“模型对模型”比较中，新老两种设计的所有转轮和被改造的其他部件在同一个模型机上试验，而该模型机的其他部件是相同的。新老两种设计转轮之间的效率差被认为比单独只做一个试验有更高的精度。这需要在同一个试验装置中试验两个模型转轮。

对于水轮机改造，采用“模型对模型”的对比精度取决于制造的模型与老水轮机相似的精确程度。经常出现的情况是老转轮叶片之间的型线及安放位置有差别。通常需测量至少三个叶片的翼型，计算其平均值，并假定老转轮叶片均匀分布，据此制造一个和老原型相似的新模型。

当老转轮模型相似性很好时，新、老原型转轮的效率差与新、老模型转轮效率差相近。如果只考虑粗糙度的差别，由于老原型的表面条件较差，老原型和新原型之间的效率差可能会比老模型和新模型之间的试验效率差更大。

“模型对模型”方式意味着：

a) 使业主有更高的安全度，不会得到不切合实际的保证效率，测得的效率增值可以加到原型效率之上。

b) 对制造商有更高的安全度，他们没有必要对除转轮外条件很差的水轮机其他部件进行绝对效率保证，而只要通过一次或几次模型试验改型（例如转轮或导叶）来实现对老水轮机效率的增加值。原型效率增加值可通过现场试验进行验证。

“模型对模型”方式还可以对新转轮提供空化性能评估。

在采用“模型对模型”方式之外，可在改造前后适时进行原型的指数试验，以验证模型试验预期的效率增加值。

7.3.5 模型试验地点

模型试验可以在制造商的实验室或独立实验室进行。

a) 模型试验在承包商的实验室进行

实际上，所有的模型开发试验和大多数合同要求的模型试验都是在生产厂商的实验室进行的。但是，某些业主要求合同模型试验在中立实验室进行。在这种情况下，通常是在开发试验完成后将模型从制造厂商实验室运到中立实验室。

b) 模型试验在中立实验室进行

● 根据传统的合同安排

当模型试验安排在中立实验室进行时，该合同试验模型通常是全模拟的。如果对制造厂商方便的话，开发试验也可以在中立实验室进行。

合同要求的模型试验在中立实验室进行的优点是可以由第三方对性能保证提供验证。其缺点是，当模型开发实验在制造商实验室而模型验收试验在别处时，整个模型试验时间需长达数月。

如果业主选择老水轮机和新设计的水轮机均进行模型试验时，两个试验要在同一个实验室进行。

模型机组通常都能适应中立实验室的试验回路。在过去，某些实验室的试验回路不能完全适合由制造商和业主选择的模型尺寸，有时需要加工多个模型。目前所有的生产厂商实验室及中立实验室的试验回路均采用相近的尺寸及功率。

● 在中立实验室进行竞争性模型试验

对于某些重要的改造项目（功率大或机组台数多），曾有过某些业主要在中立实验室进行竞争性模型试验的情况。不同的投标商被邀请，通常按分别签署的协议付款，在原型改造合同签署之前对他们的模型水轮机性能进行验证。显然，当有两个或更多投标商参与性能比较试验时，试验花费是昂贵的。但是，这个花费和可能带来的效益相比可能是合理的，尤其是当生产厂商被要求优化设计并在中立试验台试验时。这可能包含对一系列部件（不仅是转轮）利用 CFD 分析进行开发修改。在这种情况下，比较试验的精度大约为±0.15％，这就能可靠地估算非常小的效率差值所得到的长期财务效益。

7.4 原型性能试验

7.4.1 概述

应用于新水力机械的原型试验方法同样适用于改造机组。

在大多数情况下，原型试验的目的是检查水轮机效率是否满足制造商的保证值。原型试验的优点是可在选定方法及现场条件的精度范围内直接得出水轮机效率。但在试验期间，不可能验证其他一些重要参数，例如：定量确定空化性能。飞逸转速试验在原型上很少进行，因为存在毁坏机组（特别是电机）的危险，而且飞逸在整个机组运行寿命期内出现的可能性极小。考虑到这些危险，有些业主只在新设计机组中选择一台进行飞逸转速试验。

改造的水轮机与新水轮机相比有在改造前及改造后进行原型比较试验的优点。在这种情况下，第一位的经济参数是效率增加值，而不是绝对效率值。只要改造前和改造后试验由同一团队完成，并采用相同的仪器设备，在效率增加方面的不确定度会比分别测量绝对效率的偏差要小得多。

在某些情况下（例如小型机组），内容很少的现场试验可能已足够。这可能只包含保证功率的检查以及在正常功率运行范围内的机组常规性能检查（能稳定运行，没有出现危及机组功率性能或长期可靠性的压力脉动、振动或噪声等）。这种基本检查不需要精密复杂的试验设备。如果这一基本检查发现了有可能出现的问题，则对有相关参数的特殊测试可能会进行。合同应对确定预期试验的性质、标准和承担补充测试费用的承担方有明确的规定。

大多数电站都有在改造前和改造后进行原型指数试验和在模型开发试验中采取相关措施的有利条件。指数试验的方法及限制参见 GB/T 20043。

7.4.2 原型性能试验精度

虽经改善，水轮机现场试验的精度还是不如模型试验高。

原型试验不确定度的绝对水平取决于水轮机的设计。一般来说，高水头比低水头水轮机更容易获得高精度。对于较高水头的水轮机，采用热力学法直接测量效率通常是一种花费比较低、精度比较高的方案。水轮机及其引水系统的详细设计也很重要。例如，有足够长的直管道以便于安装流量计的水轮机比有弯曲流道的机组更容易获得高精度。

GB/T 20043 原级试验方法的绝对不确定度在±1.5%～±2%之内。当采用最先进的测试方法及设备，由高水平的试验队伍进行试验，在最佳试验条件下（例如，当水头超过 300 m，采用热力学法进行试验，或者是采用超声波法，4 个交叉通道，共 8 个通道，测量断面上游有 10 倍管径的直管段）的试验不确定度可能降低至±1%以下。和模型试验类似，在电站改造前后均进行试验以获得其效率差值的原型试验的不确定度比同样方法测绝对效率的试验不确定度要好于 20%（某些系统不确定度被抵消）。

7.4.3 原型性能试验类型

进行原型性能试验是为了验证合同保证值。

是采取绝对效率方式还是相对效率方式取决于合同规定。GB/T 20043 描述和规定了各种试验方式及其限制。

如果保证的是绝对效率，应采用绝对的“原级”方式。结果可能被用于评判是罚款还是奖励，以及用于涉及合同保证的其他处理。

对于改造机组来说，通常至少需证实的是在改造中投入的部分费用是为了获得效率的提高。因此，明智的选择是在改造前后均测量水轮机的性能。如此，绝对效率试验并非必须，可以用相对效率试验来代替。因此，从合同角度考虑水轮机的绝对流量可不必测量，其带来的显著优点是节省开支。但从另一个方面讲，为规划今后长期利润而言，水轮机效率的绝对值应当测量。对于改造机组，既可以测量相对过去的效率增值，也可以测量绝对效率，有时可同时进行两种方式的试验。

对于指数试验(例如 Winter-Kennedy 方法)来说，发电机功率要按所需的精确度进行测量，同时，通常还要测量蜗壳一个断面两个点之间的压力差。当电站改造完成时，在相同流量(例如在蜗壳断面上有相同的压差)下比较改造后的水轮机与原来水轮机的功率。在相同流量下功率的变化被用来确认性能的改善。这些测试可能需覆盖机组功率的全部区域。

尽管指数试验有许多优点，大概也是最便宜的方法，但其在技术上有某些难点：

a) 改造前及改造后的试验所涉及的改造范围必须都是有效的。

b) 水轮机设有测量流量的装置。通常是利用 Winter-Kennedy 测压嘴，但这些测压嘴并非总是已安装好或总是处于可使用的状态。其他管径处的压差也可以采用。

c) 改造前的试验精度以及最高效率水平要得到投标商的认可。这可能要由选定的投标商参加见证试验，或者请有资质的第三方来进行改造前和改造后试验。

7.4.4 结果评估

应当在考虑到采用方法的不确定度的情况下，根据 GB/T 20043 对保证效率和测试效率进行比较。在考虑了测试不确定度之后，如果测试的效率仍然低于保证值，则差值可能来自如下因素：

a) 如果绝对保证性能已经通过模型试验和换算的情况：

- 没有改造保留部件的尺寸及条件；
- 模型和原型之间的实体差别，特别是未改造的老部件(例如老部件的图纸不全，现场测量尺寸时因接近困难引起测试误差而产生的困难)可解释从模型到原型引起的性能差异；
- 计算时的比尺效应高于实际的比尺效应；
- 对于改造项目来说，未经改造的老部件的现状(在缺陷形状及粗糙度)可能会导致实际的比尺效应值比根据 GB/T 15613.1 计算的理论比尺效应值低。

b) 没有进行过模型试验的情况：

- 除了上述原因之外，可能是性能估算得过高了。

如果相对性能(改造前后试验的差值)得到保证，并通过模型试验验证，则对试验结果不需作任何解释。

附 录 A
（规范性附录）
经济分析和风险评估

A.1 项目组织

A.1.1 总则

机组更新改造是一项系统工程，涉及到不同学科，需要较长的时间，分多个阶段去完成。

A.1.2 组织机构

在改造工程的规划和项目实施阶段，应建立改造工程规划和项目办公室（以下简称项目办），对不同方案进行审核和评估，以便优选出安全、效益好的方案。

A.1.3 所需的专家

项目办确定后，业主需聘请不同专业的专家，确定最佳的方案。所需的专家应来自以下方面：

a） 运行和收益；
b） 水力工程；
c） 设备评估（状况，功率限制）；
d） 费用估算（所有方面）；
e） 进度安排；
f） 资质评审；
g） 经济和财务分析；
h） 详细的工程设计；
i） 模型试验和现场试验；
j） 新部件的制作；
k） 现有部件的改造；
l） 运输；
m） 现场安装；
n） 试运行。

A.1.4 改造工程的可行性研究

可行性研究可分成两个阶段：

第一阶段："项目建议书"和"预可研"。主要工作内容为电站及设备现状评估（参考第4章表1，查找需要进行改造和提高性能的项目）。如果本阶段的研究成果表明需要进行改造，则应进行更详尽的可行性研究。一般情况下，首选方案可能是更换新转轮，并改造其他部件。但这个方案不一定是最佳方案。因此本阶段需要多研究几个方案，对运行性能、工作范围、费用和进度安排等进行评估。

第二阶段：详细研究阶段。主要工作内容为确定工程规模、费用、效益、进度安排等。工程规模必须包括所有需进行改造的设备：水轮机、发电机、调速系统、励磁系统、变压器等，以及与发电和流量控制相关的建筑物等。本阶段的研究结果是决定项目实施或停止的关键。

A.2 风险分析

A.2.1 概述

除了进行总体经济评估外，一般还用风险分析来确定某项修复工程是继续进行下去或者是中断。第6章讨论了项目工作范围的评估，它是对电站是否进行改造风险评估的先决条件。风险一般定义为事件发生的概率与其量化的后果之间的乘积，因此减少类似事件的发生或减少其量化的后果的措施，可以降低(财务)风险。为减少可能出现的风险所造成的设备费用或其他费用应能在比选方案中与风险的代价进行比较。

可用风险分析中的敏感性分析来确定某些假定或某些因素对这些比选方案的影响。除了经济因素的重大影响外，对各比选方案的评估，还包括预估出现故障的概率，或者什么时候故障会发生。

风险分析的形式可分为以下几类：

a) 未达到预期性能的风险；

b) 由于设备故障而造成损坏的风险；

c) 停机时段延长带来的风险；

d) 财务风险；

e) 其他风险。

一旦确定和评估了这些风险因素之后，就应制定应急事故处理计划，以规避这些风险：

a) 能否改变工程计划来避免、减轻或消除风险；

b) 某种风险的可能性或后果能否减轻或降低；

c) 这些风险是否可以接受，或者这些风险对资金、时间、资源等造成的影响能否通过不可预见费来弥补。

如同项目的其他方面一样，对风险的认定和监控应贯穿于整个项目的全过程，以保证能有效地对其进行控制。应建立和监控执行措施，例如对项目费用和进度计划的监控，来确定何时需要执行不可预见性计划。

A.2.2 未达到预期性能的风险

改造工作在许多方面存在出现风险的可能性，合同方可能没达到预期的各种性能保证值，例如增加功率、提高效率、减少尾水管脉动压力和空蚀限量等。未能达到预期性的要求对费用的影响，一般会延续到设备的整个寿命期。业主会试图通过与合同方在合同中规定，由合同方支付保证金或违约罚金条款来补偿可能发生的上述费用。

业主可选择一些对策来降低这些风险。若要求在设备设计方面能演示其能达到规定的或保证的性能，就能降低性能不达标的概率。通过使用CFD和模型试验能增加达到预期性能值的信心(当然这会增加费用)。强行规定的在改造前后进行的原型试验，并不会对业主预期性能的有关风险有任何帮助。

A.2.3 不改造继续运行的风险

改造水轮机的目的之一就是改善机组的可靠性。将“水轮机不进行改造”这一方案包括在风险分析中是很重要的。在项目的早期评估阶段，应予以确定与“不进行改造的”相关的风险，例如因某个部件的毁灭性的故障造成项目的危害以及较长时间非计划停机等。与“不进行改造”相关的风险类型和大小，应采用与评估“进行改造”各个方案相同的方法进行评估。

与故障或损坏相关的风险，可能属较小的风险，例如只要安装一个新的备件就行了；但也可能属于灾难性的损坏甚至危及人身安全。必须考虑到其具体情况，只要是危险的、潜在的会导致毁灭性损坏或者证实是一种有严重后果的损坏，或者可造成人身安全的损坏，都必须立即进行改造。

评估必须包括不进行改造方案中的以下费用：

a） 由于效率恶化造成的电能损失；

b） 由于强迫停机和非计划性的停机时间造成的收入损失；

c） 增加的运行和维护费，包括为维持电厂运行增加额外的检查费用；

d） 增加的保险费。

在严重恶化的情况下，如果不能更换任何部件，则会导致更大的风险及相关的高风险费用。此费用的多少可由估算年数来确定，即计算部件因重大故障造成重大的发电损失或运行寿命减少（或者两者）的年数。

A.2.4 停机时间延长的风险

改造方案的进度安排中有一个计划停机时间，还要考虑加上计划外可能延长的时间。改造停机的时间，可能超过新的工程项目，原因是在项目的实施阶段，在拆机以后才发现有的设备（部件）需要修理或者需要更换。

不进行改造方案存在着设备故障导致停机时间延长的潜在可能性，包括设计、采购、制作和安装，不仅仅是损坏的部件，还可能其他部件以及其他设备，甚至结构损坏的修复时间。也许由于设备的损坏造成的停机会发生在一年中电能置换成本最高的关键时期。

A.2.5 财务风险

财务风险的例子有：

a） 实际通货膨胀与所推测的通货膨胀率不符的风险和影响；

b） 实际投资利率与所推测的利率不符的风险和影响；

c） 用于评估的将来电能和容量的收益与预测数值不同的风险；用于评估的改造期间电能和容量的收益损失与预测数值不同的风险；

d） 包括改造期间购买替代电能费用的财务风险；

e） 货币兑换风险（如果有）。

除基于对各部件作最佳估算的财务风险评估之外，一般对在财务分析中所做假定的项目经济敏感性评估也要慎重。

A.2.6 项目范围的风险

在项目规划阶段就包含了大部分财务风险和停机时段的风险。取决于改造机组的重要性，一般来说在关键路线图上的任何工作都有可能使工作范围增加的风险。在机组拆卸和检查之后所发现的问题，可能会增加事先既无计划又无预算的工作范围。

在确定工作范围时，可采用两种不同的方法：

a） 根据合同条款确定了的预期工作范围，拆卸和检查全部部件并按设计建议书要求进行修理。但这样做可能会并且通常也会引起工作范围的改变。

b） 提前作出用新部件更换全部可疑的现有部件的计划。

如果想压低最初编制的预算，可采用第一种方法来确定工作范围。出于对电站水文条件上的考虑，可将电厂计划停产期安排在方便的时期。但这通常会使工作范围的改变方面具有最高风险。

如果认为停产期很关键，通常倾向于第二种方法，以便最大限度减小非计划性停机时间延长的风险。在多机组的电站，第一台机组可采用第二种方法，随后计划改造的其他机组，则可将上述两种方法结合运用。而最佳的工作范围的确定方式，往往介乎两个极端之间。

在停机前确定工作范围存在低估改造工作范围的风险。然而，更大的风险可能是发现未曾预见到的处于恶劣工作状态下的部件，以及又不得不对其进行修复。解决这两个问题的方法是制订切实可行的计划，并在进度计划中留一定的活动余地，同时列入要大于或相当于新建项目所值的不可预见费。该不可预见费到底需多少，取决于计划中有多少部件需用新部件更换、电厂记录所反映的机组状态以及在机组拆卸之前能够对其检查的深入程度等。

A.2.7 其他风险

人身安全风险和环境风险等其他风险也应予以评估。

人身风险包括改造项目执行期间的意外伤害或死亡的潜在风险，或由于机组不作改造造成相应损失的风险。

由于下述原因造成对环境的破坏或对鱼类的伤害：

a) 由于计划的或突发性的流量变化，这种流量变化可因机组改造停机而出现，或在机组改造前的运行期间出现；

b) 由于计划的或突发性的水库水位变化，这种水库水位变化可因机组改造停机造成，或在机组改造前的运行期间发生；

c) 在停机或运行期间排放类似润滑油类的污染物。

不过，延长停机时间也可能为环境改善带来正面的影响，如：水质和河流流量状况的改善，河岸保护工作等。当将老的水轮机更换为对鱼类环保的新型水轮机时也会对环境改善带来有利的影响。

此外，改造后的机组可能对环境都会有一些正面或负面的影响，这取决改造前后改变了哪些东西。通常，对环境的影响最小而又能增加发电量的方法，就是不改变水轮机过流量，只从提高现有机组的效率来增加相应容量和发电量。

A.3 技术规范

A.3.1 概述

本章的主要作用是引导如何编写好水电站改造的合同文件。对于水轮机的改造，特别需要根据其现场特殊条件建立独特的设计标准。鼓励在一定的范围内采用国际标准。

一些应当包含的详细技术条款也包含在本章内。

有两种基本方法来提供技术规范。其一是详细地写技术说明，包括设备设计、部件、以及建造/安装步骤都要有详细的说明。第二种方式是写一个规范，规定设备安装后性能要求，至于如何去设计、制造及安装设备来满足这些性能要求，自由度留给制造商。大多数技术规格采取以上两种方法的组合。至于选择其中的哪一种方法，通常取决于业主的习惯、机组的尺寸及设备在系统内的重要性。

A.3.2 参考标准

建议作为招标文件以 IEC/TR 61366.1 为基础。该文献包含了准备招标文件需要考虑的主要事项并在下述说明中表达：

——投标文件目录的实例表；

——对投标评估因素的意见；

——投标表格清单；

——技术数据表实例；

——技术性能保证值；

——空蚀保证值实例；

——模型试验技术要求清单；

——泥沙磨损事项。

作为相同系列文献中一部分，IEC/TR 61366.2～61366.7 也推荐作为准备招标文件的基本参考文献。这些文献中描述了以下水轮机的技术要求：

——招标要求；

——项目概况、特殊状况及条件；

——一般要求、技术规范；

——工作范围、合同限定及业主提供的内容；

——设计条件、性能及其他保证值；

——机械设计的标准；

——设计文件、材料和制造、厂内检测及试验；

——对固定/埋入、静止/移动、旋转部件、导水机构、轴承、密封、推力轴承和其他部件、辅助系统、仪器仪表的技术要求；

——备品备件；

——模型试验；

——安装及试运转；

——现场验收试验。

上述参考的 IEC/TR 61366.1～61366.2 是为新水力机械招标而为业主准备的指导性文献，在总体方面对于现有水力机械改造的文件制定仍然是有效的。上述“导则”的目的是为了提供关于准备招标文件和投标说明书的技术事项全面清单。对于改造项目来说，还应注意规范中要特别关注改造的复杂性，因为必须要在拆机及其后的检查中才能发现受损部件，才能发现项目范围还有哪些可能的变化。

A.3.3　投标文件中需提供的资料

如下是在技术规范或招标文件其他地方列出的数据清单：

a)　现场条件包括：
- 电站“高程”(毛水头)范围；
- 关于进水结构、闸门、隧道、钢管、阀门和尾水(如水头损失没有测量，为了便于确定水头损失)的资料；
- 包括表面粗糙度在内的目前水轮机过流通道状况；
- 净水头范围；
- 可用的流量；
- 前池和尾水水位变化范围；
- 尾水位变化曲线(水位随流量变化曲线)；
- 相应前池水位及尾水位时的流量所占时间的百分比；
- 水温范围及水质(物理化学性能及裹挟泥沙类固体)；
- 水轮机导水机构中心线高程及水轮机其他主要参数；
- 机组旋转方向及厂房布置。

b)　拟采用的运行方式的基荷、峰荷、径流发电或其他方面的限制。

c)　各种环境方面的约束。

d)　厂房或几何尺寸方面的限制。

e)　业主的各种要求：
- 转轮结构型式；
- 机组轴线位置(立式或卧式)；
- 旋转同步转速(发电机目前的设计标准)；
- 发电机目前设计中选取的飞逸转速(可能不同于目前稳定状态下的飞逸转速)。

f)　性能评估标准和处罚(效率、功率、空蚀及悬浮颗粒磨蚀)。

g) 试验基本要求及对最终模型试验或现场试验要求。
h) 水轮机设计、制造和试验的标准。
i) 机械设计要求。
j) 过渡过程计算所需的钢管详细数据。
k) 交货进度计划。
l) 从现有水轮机竣工的图纸获得的几何尺寸及材料,即:转轮及转轮止漏环间隙、主轴、导轴承、主轴密封、蜗壳、具有全部过流通道尺寸的尾水管、尾水管里衬、转轮室或基础环、包括固定导叶翼型详细尺寸的座环、顶盖、底环、导叶(包括水力矩和摩擦力矩,如已知也要提供)、导叶操作机构、接力器和行程限位装置。
m) 发电机、变压器目前的限制容量(两者中较低者),包含最大容量,以及业主打算对其改造(需要进行经济分析)的详细步骤。
n) 推力轴承目前的承载能力。

A.3.4 在项目执行期间需制定的文件

如下列出了从现存设备档案中可得到的文件及在本项工作过程中制定的文件清单。负责准备各项工作的参加者取决于每一个具体项目的合同安排:

a) 签合同前开始的工作:
- 拆机前运行或"需签字的"的试验程序;
- 拆机前运行或"需签字的"的试验报告;
- 拆机和重新装机程序;
- 拆机前的调整检查;
- 设备评估和检测程序;
- 重新装机调整检查程序;
- 重新装机试验范围及程序;
- 混凝土基础稳定性检测报告;
- 试运行程序。

b) 机组排水前的资料。"需签字的"的试验包含如下内容:
- 甩负荷及带负荷时主轴摆度;
- 水轮机稳定性(测量尾水管和蜗壳压力脉动,绘制在某比能下随负荷变化曲线);
- 振动测量(导轴承垂直和水平方向);
- 轴承和主轴密封温度(观察冷却水流量和进出水温度);
- 功率-导叶开度试验(在典型水头下测发电机功率随导叶开度变化);
- 甩负荷试验(在25%、50%、75%和100%满负荷下甩负荷后测量转速和压力上升);
- 接力器差压试验(在导叶打开和关闭两个方向接力器差压随接力器行程变化曲线,这在不清楚现存导叶的水力矩时是必须的,而且在所有情况下均值得去做);
- 效率试验;
- 指数试验(测量水轮机的相对效率)或;
- 绝对效率试验。

c) 机组排水后的资料:
- 导叶间接触间隙(在有、无接力器预紧力情况下检查导叶接触线间隙);
- 导叶上下端面间隙(在有、无接力器预紧力情况下);
- 导叶开度随接力器行程变化(导叶角度或导叶开口);
- 导叶开启及关闭时间(水轮机内无水,含缓冲时间)。

d) 机组拆卸时：

- 找正和各部间隙的验证及记录(轴在轴承内的位置、转轮止漏环、发电机气隙)；
- 辅助系统部件磨损、损坏或其他观察到的相关问题(污油处理系统、油、空气和冷却水管路设备、走道等)的验证；
- 发电机部件磨损、损坏或其他相关观察到问题的验证；
- 水轮机部件磨损、损坏或其他相关观察到问题的验证，尤其要注意导水机构。

e) 重新组装机组时：

- 尺寸、对中找正、间隙和实际飞逸转速，验证和记录。

f) 试运行：

- 在未充水情况下仪器试验和率定报告；
- 在未充水情况下导水机构和接力器试验，包括关闭时间和缓冲时间；
- 在充水情况下的试验报告，包括进行或重复 b)款中所述的、推荐在机组排水前进行的"需签字的"全部试验；
- 热态运转报告，考验机组满负荷工况的稳定状况。

g) 在设计阶段：

- 水轮机轴的设计计算；
- 转轮的设计计算；
- 转轮止漏环间隙的核算、材料及细节设计；
- 所有修改部件的设计计算；
- 水力过流通道部件(转轮、导叶和固定导叶、蜗壳、尾水管)CFD 分析；
- 在整个性能范围内的机组流量、功率、效率和水推力；
- 对新运行特性的过渡过程计算，包括转速上升、压力上升、最终导叶接力器正常和考虑了有效缓冲时间的关闭规律；
- 图纸、技术说明书、采购规范(原材料、采购或制造的分包部件)、车间试验步骤。

附　录　B
（资料性附录）
本标准与 IEC 62256:2008 的章条编号对照情况

本标准与 IEC 62256:2008 相比，章条编号发生了变化，具体对照情况见表 B.1。

表 B.1　本标准与 IEC 62256:2008 的章条编号对照情况

本标准章条编号	IEC 62256:2008 章条编号
1	1
2	—
3	2
4	3
5、附录 A	4、5
6	6、8
7	7

ICS 27.140
K 55

中华人民共和国国家标准

GB/T 28546—2012

大中型水电机组包装、运输和保管规范

Specification for package, transportation and storage of large and medium hydraulic units

2012-06-29 发布　　2012-11-01 实施

中华人民共和国国家质量监督检验检疫总局
中国国家标准化管理委员会　发布

前　言

本标准按照 GB/T 1.1—2009 给出的规则起草。

本标准由中国电器工业协会提出。

本标准由全国水轮机标准化技术委员会(SAC/TC 175)归口。

本标准主要起草单位:东方电气集团东方电机有限公司、中国葛洲坝集团公司、哈尔滨电机厂有限责任公司、长江三峡设备物资有限公司。

本标准主要起草人:朱家兴、杨志忠、安磊、苏树昕、刘世平、陈秀霞、李云。

大中型水电机组包装、运输和保管规范

1 范围

本标准规定了大中型水电机组零部件的包装、运输和保管规范。

本标准适用于大中型水电机组零部件的包装、运输、交接验收和工地保管。小型水电机组零部件的包装、运输、交接验收和工地保管可参照执行。

2 规范性引用文件

下列文件对于本文件的应用是必不可少的。凡是注日期的引用文件，仅注日期的版本适用于本文件。凡是不注日期的引用文件，其最新版本(包括所有的修改单)适用于本文件。

GB 150(所有部分) 压力容器

GB/T 153 针叶树锯材

GB/T 191 包装储运图示标志

GB/T 700 碳素结构钢

GB/T 706 热轧型钢

GB/T 4768 防霉包装

GB/T 4817 阔叶树锯材

GB/T 4857(所有部分) 包装 运输包装件基本试验

GB/T 4879 防锈包装

GB/T 4897(所有部分) 刨花板

GB/T 5048 防潮包装

GB/T 5398 大型运输包装件试验方法

GB/T 6388 运输包装收发货标志

GB/T 6543 运输包装用单瓦楞纸箱和双瓦楞纸箱

GB/T 6544 瓦楞纸板

GB/T 6980 钙塑瓦楞箱

GB/T 7284 框架木箱

GB/T 7350 防水包装

GB/T 8166 缓冲包装设计

GB/T 9846(所有部分) 胶合板

GB/T 12464 普通木箱

GB/T 12626(所有部分) 湿法硬质纤维板

GB/T 13041 包装容器 菱镁砼箱

GB/T 13123 竹编胶合板

GB/T 13144 包装容器 竹胶合板箱

GB/T 13384 机电产品包装通用技术条件

GB/T 16470 托盘单元货载

GB/T 18925 滑木箱

GB/T 18926　包装容器　木构件
GB/T 20241　单板层积材
YB/T 5002　一般用途圆钢钉

3　总则

机组零部件的包装、运输、交接验收、工地仓储保管，应遵循“保证质量、安全快捷、正确无误、便于安装”的原则。

4　包装

4.1　基本要求

4.1.1　机组零部件包装应符合科学、牢固、经济、美观及机组合同要求，适应运输、装卸、工地保管及其环境条件，便于安装；在正常的装卸、多次转运、储存条件下，包装应保证自发货之日起一年内或机组合同规定时间范围内，不应发生因包装不善而引起零部件的损坏、变质、精度降低、受潮、锈蚀与散落等。

4.1.2　零部件的合格凭证、名称、规格型号、数量、外观质量(包括防护涂层)等均需验收合格方能包装；箱内实物与装箱清单相符，外观完好，箱内清洁无异物，检查合格才能封箱；箱件发货标识正确才能出厂。

4.1.3　为便于现场安装，包装应按机组部套号将同一部套所属的零部件、安装工具与安装消辅材料等同时包装或在近期内连续包装，以确保包装按机组部套号成套。

4.1.4　包装对运输、装卸、工地保管有特殊要求时，应提前说明并在箱件醒目位置牢靠固定清晰的特殊标识，标识应防水、防晒、防盐雾、不褪色。

4.1.5　包装尺寸与重量的确定：应尽量提高车船容积与载重的利用率；尽可能降低大件运输等级；标注大重型部件的尺寸与重量应正确。

4.1.6　部件采用箱装时，箱内壁与部件突出部位的间隙应不小于 20 mm，受运输限界限制的可适当缩小。

4.1.7　部件金加工面若与包装钢结构件直接接触时，根据部件接触面的材质及精度，应衬垫干燥、不易吸潮、无腐蚀性的合适衬垫材料。

4.1.8　易燃易爆物品应单独包装，并有确保安全的措施，还应符合国家行业主管部门的相关规定。

4.1.9　木质包装有防虫害要求时，应符合国家行业主管部门的相关规定。

4.1.10　备品备件、安装工具应单独包装，也可单独包装后再合入大箱。

4.1.11　包装环境应清洁、通风、干燥、无有害介质。

4.1.12　包装材料应尽量选用代木节木与环保材料。新材料、新结构的包装方案应遵守试验—模拟试验—试用—应用的程序。

4.1.13　包装应符合 GB/T 13384 的规定。

4.2　包装方式

4.2.1　包装主要方式有：裸装、局部包装、捆装、夹装、托盘包装、随形包装、箱装、随形箱装等，包装方式的选择应根据实际情况正确决定。

4.2.2　裸装：零部件不包装而直接装运叫裸装。

4.2.3　局部包装：对裸装件局部进行防碰保护的包装。

4.2.4　夹装：采用夹板方式对单件或将散件集中加固成整体的包装。

4.2.5　捆装：采用捆绑方式将散件集中加固成整体的包装。

4.2.6 托盘包装：对裸装或局部包装的单件或将散件集中堆码于托盘上加固成整体的包装。应符合 GB/T 16470 规定。

4.2.7 随形包装：按部件外形用柔性防锈、防雨材料随形包裹并在其上用防碰材料随形保护的包装。

4.2.8 箱装：有防护和固定措施的全木结构、钢木结构、钢木竹结构、竹木结构、菱镁砼预制件结构、全钢结构等包装箱的包装。

4.2.9 随形箱装：在箱装的基础上，包装箱箱体按部件外形全部或局部随形的包装。

4.3 包装材料

4.3.1 包装主材

包装主材可根据实际情况在下列材料中选用：

a) 木材按 GB/T 18926 规定选用适当树种的木材；
b) 针叶树锯材应符合 GB/T 153 规定；
c) 阔叶树锯材应符合 GB/T 4817 规定；
d) 竹胶合板应符合 GB/T 13123 规定；
e) 胶合板应符合 GB/T 9846 规定；
f) 层积材应符合 GB/T 20241 规定；
g) 纤维板应符合 GB/T 12626 规定；
h) 刨花板应符合 GB/T 4897 规定；
i) 菱镁砼应符合 GB/T 13041 规定；
j) 瓦楞纸板应符合 GB/T 6544 规定；
k) 钙塑瓦楞板应符合 GB/T 6980 规定；
l) 热轧工字钢、热轧槽钢、热轧角钢应符合 GB/T 706 规定；
m) 圆钢、钢板应符合 GB/T 700 规定；
n) 钢钉应符合 YB/T 5002 规定。

4.3.2 包装辅材

包装辅助材料应符合国家和行业相关标准的规定。

4.3.3 其他材料

包装还可以采用经试验证明性能可靠的其他材料。

4.4 包装箱

4.4.1 普通木箱应符合 GB/T 12464 规定，滑木箱应符合 GB/T 18925 规定，框架木箱应符合 GB/T 7284 规定，竹胶合板箱应符合 GB/T 13144 规定，层积材箱应符合 GB/T 20241 规定，菱镁砼箱应符合 GB/T 13041 规定，瓦楞纸箱应符合 GB/T 6543 规定，钙塑瓦楞箱应符合 GB/T 6980 规定。

4.4.2 包装箱钢结构：包装箱的底盘与支撑托架可用工字钢、槽钢、角钢等型钢和钢板焊接制作；框架可用槽钢和角钢焊接制作；精密、贵重的部件，必要时可采用全钢焊接结构包装箱。应清理干净焊渣、浮锈等易脱落物质，并喷涂防锈漆，必要时可喷涂面漆。

4.4.3 可使用加箍材料将零散件包装箱箱体加固成整体。纸箱和钙塑箱，根据内装重量，应使用捆扎带成“目”或“井”字形捆扎，应不损伤纸箱与钙塑箱。

4.4.4 为防止包装箱起吊受损，可在起吊与夹紧位置设置起吊护铁。

4.4.5 凡适合叉车作业的零散件包装箱结构，应方便叉车作业。

4.4.6 包装箱顶部一般为平顶,重要零部件包装箱及受运输限界限制的包装箱,可分别采用斜顶、“人”字形顶、弧形顶或随形结构。

4.5 防护包装

4.5.1 防水

使用柔性防水材料应有较好的抗撕裂性和热融性;使用全钢焊接结构包装箱,应有较好的防水密封性;包装防水结构应便于雨水外流和抗渗透性,并符合 GB/T 7350 规定。

4.5.2 防潮

有防潮要求的零部件,应确定防潮包装等级并采取相应的防潮措施。可借助柔性专业复合材料对零部件进行真空包装、充气包装、热合密封包装,包装内放置一定数量的干燥剂(硅胶、蒙脱石等),但不得直接放置在零部件上;包装箱两端面可开总面积足够的通风孔并装钉通风窗;若密封包装带有湿度指示器,则应在包装箱对应位置开设检查孔;零部件在进行防潮包装时若还有其他防护要求,则应采取相应的防护措施;均应符合 GB/T 5048 规定。

4.5.3 防锈

有防锈要求的零部件,在包装前应根据零部件特点和防锈等级要求按照相应工艺方法完成直接防锈或间接防锈。零部件包装应包含完善的防锈包装措施,可通过包裹气相防锈纸(膜)、放置气相防锈剂和干燥剂、密封包装等手段和方法达到不同等级的防锈包装要求,并符合 GB/T 4879 规定。

4.5.4 防霉

有防霉要求的零部件,应确定防霉包装等级并采取相应的防霉包装措施,并符合 GB/T 4768 规定。

4.5.5 防震、防碰、防磨

需防震、防碰、防磨零部件,应使用干燥、不易吸潮、无腐蚀性的防震、防碰、防磨材料,根据零部件特点,进行包裹、隔垫、衬垫、穿套、镶嵌或在小木箱内和纸箱内进行填充。防震防护包装应符合 GB/T 8166 规定。

4.6 包装零部件的摆放与加固

4.6.1 摆放

包装零部件的摆放与堆码应确保其不变形、不受损。应符合:大不压小、重不压轻;重心低、支面大、稳性好;分类摆放、堆码整齐、相互贴紧、防止窜动、便于清点;用干燥、不易吸潮、无腐蚀性的衬垫材料垫平、垫实,达到无歪斜、无摇晃、不滚动和受力均匀。

4.6.2 加固

包装零部件的加固应符合装运动态实际,确保完好无损。加固材料的规格、数量及加固点数,应保证零部件、加固与衬垫材料均不变形、不受损、不断裂,加固牢。能经受住正常运输和装卸的各种力的作用,防止位移、压塌、坠落、倾覆、滚动、旋转和奋下等。

4.6.3 加固方式

零部件加固常用方式有:螺杆(螺栓)加固、限位加固、捆绑加固、夹装加固、支撑加固等。利用零部件通孔采用螺杆(螺栓)加固的方式应优先使用。加固若需焊接零部件,应经机组设计或工艺部门会签同意后方可实施。必要时,可设计加固装置固定。加固方法根据零部件特点应组合使用。

4.7 包装试验

4.7.1 试验前提

下述情况应做包装件试验:

a) 新设计的包装件;

b) 成批投产前;

c) 在设计、材料、工艺上有较大改变时;

d) 合同规定对零部件包装件进行试验。

4.7.2 试验样品数量

包装试验件数应不少于3件,试验项目应根据零部件特点和储运情况而定。试验中若有不合格项目应分析原因,改进包装,进行复检至合格止。

4.7.3 试验项目

应根据包装件特点和要求,以及环境条件,按照GB/T 4857、GB/T 5048、GB/T 4879和GB/T 5398中有关试验项目的规定选做试验。

4.8 装箱交货资料

4.8.1 装箱交货资料

主要有交货明细表、装箱清单、零部件成品标识卡、合格凭证等。

4.8.1.1 交货明细表

4.8.1.1.1 “交货明细表”是单台机组装箱与开箱交货状态下的零部件明细,包括配套件、安装工具和安装消辅材料等。

4.8.1.1.2 主要内容有:制造单位名称,机组名称与编号,箱号,零部件的名称、规格型号、数量、单件重量、图样代号、所属装配代号,备注等。

4.8.1.1.3 交货明细表中箱号及装箱内容的编制:应按机组零部件的装配关系编排,凡装配成组装件发运的或装配在其他部件上的零部件均应注明“装配发运”;机组的零部件、外购件、安装工具、安装消辅材料等应注明“所属装配”;对包装、运输、工地仓储保管有特殊要求的应注明“特殊要求”;配套外购件或由配套制造单位直接发往工地的均应注明“外购件”和“直发工地”。

4.8.1.2 装箱清单

“装箱清单”除了包括“交货明细表”的主要内容外,还应有成套保管员、包装员、检查员、包装日期等。凡需说明事项应备注,与箱装零部件相符。箱内外各一份,并有防水、防丢失、不易毁损的可靠措施。

4.8.1.3 零部件成品标识卡

主要内容有:零部件的机组编号、箱号、名称、规格型号、数量、图样代号、所属装配号、备注等。与交货明细表一致,并与实物相符。包小包时应注明包数与该包数量。标识卡应对应固定在实物上,并有防水、防脱落的可靠措施。

4.8.1.4 合格凭证

合格凭证内容与实物相符，并有防水的可靠措施。

4.8.2 打印与签章

装箱清单、零部件成品标识卡、合格凭证均应打印正确、无涂改、签章齐全。

4.9 发货标识

运输包装收发货标志与包装储运图示标志应符合 GB/T 6388、GB/T 191 和机组合同规定。

4.10 发货交接

4.10.1 箱件交接

在发货装货结束时，制造单位与承运单位应根据制造单位发货清单、箱件发货标识，对车船上箱件的机组名称与编号，箱件的箱号、名称、数量、外观质量、大件的重量与尺寸等进行验收交接。

4.10.2 发货清单

发货清单是制造单位将箱件移交承运单位及承运单位据以办理工地交货的书面凭证，应办理及时、字迹清楚、无涂改、签章齐全、与所装箱件相符，特殊情况应注明。主要内容有：箱件交接内容，汽车牌照号，铁路车辆车号，船名船号，到站或目的地，发站或发货地，发货日期，全称的制造单位、发货单位、收货单位、提货与承运单位、经办人和特殊情况内容等。

5 运输

5.1 基本要求

5.1.1 运输应安全可靠、规范、防护性好，从发货地装车开始至工地开始卸货止或在运输合同范围内，不应发生因装运、中转等不当，而导致包装损坏和零部件的损坏、变质、精度降低、受潮、锈蚀与丢失等。
5.1.2 车船的选择：应根据零部件与包装的特点，箱件的重量、重心位置、支面结构与尺寸，零部件贵重程度，工地急需情况，运输线路限制条件，江海风浪气候条件及车船限制条件等，正确选择车型与船型。
5.1.3 大件运输线路应实地踏勘。选择的线路应符合：安全性高、经济和运输周期短(包括中转)。
5.1.4 运输手续齐全，符合国家行业主管部门的相关规定。大件运输技术方案与实施应符合“万无一失、完好无损”的原则，并经委托运输的单位审查。
5.1.5 箱装零部件在运输全程需用专用完好的防雨篷布有效遮盖，非箱装零部件应根据实际情况有效遮盖。
5.1.6 易燃易爆物品应单独装运，并符合国家行业主管部门的相关规定。
5.1.7 凡需运输防震零部件，运输的装载与运行均应采取减震措施。
5.1.8 从发货地装车开始至工地卸完货止，按机组和运输的合同范围，办理足额运输保险。
5.1.9 包装木质材料有防虫害要求，运输应符合国家行业主管部门的相关规定。

5.2 计划与装货成套

零部件的发货计划与装货，应优先考虑机组安装的成套性，确保工地及时成套安装。

5.3 装载加固

装载加固应根据零部件与包装的特点和装运实际情况，做到：重心低、支面大、稳性好、受力均匀，堆码符合箱件发货标识规定，加固牢，能经受住正常运行各种力的作用。

5.4 监装

在装载加固过程，应对安全性、完好无损性、符合方案性、车船合规性、箱件正确性与完好性等进行监装，并符合“按方案装车、发货地从严”的原则。

5.5 运行

车船运行速度应符合零部件与包装的特点、线路状况、装运技术方案，运行还应遵守国家行业主管部门的相关规定，停驶时、起运前、运行中应及时检查和处理异常情况。

5.6 运输装卸

装卸的设备、工具、场地、人员、施工条件等应符合零部件与包装的特点、箱件发货标识、安全与保质的要求。大件装卸技术方案与实施应符合“万无一失、完好无损”的原则，方案应经委托运输的单位审查。

5.7 运输交接

5.7.1 箱件交接

在卸货前，承运单位与收货单位应根据发货清单、箱件发货标识和运单，对车船上箱件的机组名称与编号，箱件的箱号、名称、数量、外观质量、大件的重量与尺寸等进行验收交接。

5.7.2 运输货物交接单

运输货物交接单是承运单位将箱件移交收货单位的书面凭证，应办理及时、字迹清楚、无涂改、签章齐全，与所交箱件及发货清单相符，特殊情况应注明。主要内容有：箱件交接内容，汽车牌照号，铁路车辆车号，船名船号，到站或目的地，发站或发货地，发货与交货日期，交货地，全称的制造单位、发货单位、承运单位、收货单位、经办人和特殊情况内容等。

6 保管

6.1 基本要求

6.1.1 工地仓储保管应安全可靠、规范、防护性好，从发货开始至工地开箱交货止的一年内或在机组合同范围，不应发生因工地的卸装、转运和仓储保管等不当，而导致包装损坏和零部件的损坏、变质、精度降低、受潮、锈蚀与丢失等。

6.1.2 卸装、堆码、转运应符合安全和箱件发货标识的规定，大件转运的技术方案与实施应符合“万无一失、完好无损”的原则。

6.1.3 产品到货后，应根据箱件发货标识的仓储存放等级和本标准的规定，存入相应的仓库。存放时的垫高：室外存放箱件的支垫高度，土质地面最低部位距地面不应小于 200 mm，柏油、水泥地面不应小于 150 mm；棚库存放不应小于 100 mm；室内存放不应小于 50 mm。支垫材料与支垫应平整、结实、稳固、受力均匀，不应导致产品变形或损伤。露天库存放应使用防雨蓬布有效遮盖。

6.1.4 密封包装拆开后若长时间存放，应再次密封或存放保温库。

6.1.5 制造单位有特殊仓储要求的零部件，仓储时应符合制造单位技术文件要求。

6.1.6 压力容器的仓储保管应符合 GB 150 的规定。

6.1.7 机组主要零部件在工地仓储保管期间应定期检查，发现问题及时处理。

6.2 仓库类别

6.2.1 保温库(A 级)

指具有恒温的永久库,适用于有绝缘要求、防潮等级较高、精密和有存放温度要求等箱装零部件。

6.2.2 永久库(B 级)

指具有门窗的砖砌结构、轻钢结构、钢筋混凝土预制件结构等全封闭式永久性建筑型仓库,适用于箱装及精密零部件。

6.2.3 棚库(C 级)

能有效遮挡雨雪,适用于夹装件、局部包装件、托盘包装件、随形包装件。

6.2.4 露天库(D 级)

适用于裸装件。

6.2.5 其他

条件具备时,仓储存放等级应向上调整,例如:裸装件可仓储棚库,夹装件、局部包装件、托盘敞装件、随形包装件均可仓储永久库,箱装件可仓储保温库。

6.3 仓储条件

6.3.1 工地运输线路

应有标识并正确清楚,安全畅通,符合大件运输要求。

6.3.2 仓储区

地势较高,地基坚实,排水系统符合要求,地面无积水和杂草等;周围应有围栏或围墙及安保措施;能经受住常年风、雨、雪等侵害;应远离焊接、锻压和化工等作业环境及居民住宅区。

6.3.3 设施

卸装设备和工具应与零部件配套,消防、通讯、照明与用电等设施均应符合国家行业主管部门的相关规定;必要时,应设置避雷装置。

6.3.4 库房

应清洁、干燥、通风,无酸、碱、盐及腐蚀性、易燃易爆气体和其他有害介质;防止老鼠、白蚁等危害性生物;不受常年尘、雨、雪等气候影响;箱件与取暖装置应保持足够距离;严禁烟火。永久库温度一般为 −5 ℃～40 ℃,相对湿度<75%;保温库根据当时存放产品的特点与气候条件,设置合适的温度和湿度,温度一般为 5 ℃～20 ℃,相对湿度为 50%～70%。

6.4 零部件开箱验收交接

6.4.1 开箱前检查

开箱前,制造单位、业主单位与安装单位等开箱交接人员应检查箱件外观质量和仓储保管状况。

6.4.2 **开箱验收交接**

制造单位、业主单位与安装单位等开箱交接人员共同开箱，按照机组零部件的装箱清单、发货清单、运输货物交接单等交货资料，对零部件的机组名称与编号及零部件的名称、规格型号、数量、外观质量等进行逐件清点验收移交。

6.4.3 **开箱验收交接纪要**

开箱验收交接纪要是制造单位将机组零部件移交收货单位的书面凭证，应办理及时、字迹清楚、无涂改、签章齐全，与零部件开箱验收交接情况一致，并与交货资料相符，特殊情况应注明。主要内容有：零部件开箱验收交接内容，全称的交接单位、交接人，交接日期与地点和特殊情况内容等。